普 通 高 等 教 育 规 划 教 材

大气污染控制工程

侯立安　陈冠益　主编

马德刚　刘庆岭　颜蓓蓓　副主编

化学工业出版社

·北 京·

内容简介

本书是侯立安、陈冠益主编的高等学校教材。

本书在天津大学2008年编写的同名教材（第二版）基础上，结合多年教学经验及读者的意见编写而成。教材跟踪国内外大气污染控制技术和大气科学的最新进展，兼顾不同的教学需求，阐述了大气污染物的生成机理，介绍了大气扩散，讲解了主流的除尘和脱硫、脱硝技术原理与应用，给出了管道设计计算方法，总结了我国大气环境治理政策和污染物协同控制进展，简要介绍了大气质量模型。此外，对燃烧与大气污染部分，补充了燃料与燃烧气态污染物相关的现状与发展，增加了VOCs治理技术等章节。针对国家最新的碳达峰碳中和目标，增加了温室气体捕集技术、碳达峰与碳中和内容。特别增加了室内空气污染控制一章。

本书可供高等学校环境类及能源类相关专业的学生使用，也可供从事环保工程设计、科研和管理的工程技术人员参考。

图书在版编目（CIP）数据

大气污染控制工程/侯立安，陈冠益主编. —北京：化学工业出版社，2021.11

普通高等教育规划教材

ISBN 978-7-122-39678-5

Ⅰ.①大… Ⅱ.①侯… ②陈… Ⅲ.①空气污染控制-高等学校-教材 Ⅳ.①X510.6

中国版本图书馆CIP数据核字（2021）第157078号

责任编辑：王文峡　　文字编辑：王文莉

责任校对：王鹏飞　　装帧设计：韩　飞

出版发行：化学工业出版社（北京市东城区青年湖南街13号　邮政编码100011）

印　　装：三河市延风印装有限公司

787mm×1092mm　1/16　印张24　字数598千字　2022年1月北京第1版第1次印刷

购书咨询：010-64518888　　售后服务：010-64518899

网　　址：http://www.cip.com.cn

凡购买本书，如有缺损质量问题，本社销售中心负责调换。

定　　价：59.00元

前言

大气污染控制工程是环境类专业主干课，也是面向社会的环境类基础知识通识课。本教材是根据教育部“工程教育专业认证标准”中“大气污染控制工程”教学内容要求，在天津大学2008年编写的同名教材（第二版）基础上，结合多年教学经验及读者的意见和要求修改编写的。

本书系统讲解了大气污染主要来源和危害、大气污染物产生及其特征，重点介绍了主要污染物控制技术原理、工艺特点及典型案例解析、有关设计计算，补充了新型污染物的控制技术，增加了最新的大气质量模型、大气环境治理政策，尤其针对双碳目标、臭氧与大气污染物的协同减排增加了新的内容和章节。考虑到大气污染控制过去关注的是室外大气环境质量，不涉及室内空气质量，但是这两者是相关联的，且居民从生活质量角度特别关注室内空气质量，结合编者在这方面的教学与研究积累，本书特别增加了室内空气污染控制一章。

本书由中国工程院院士侯立安担任主编，天津大学、天津商业大学、西藏大学教授陈冠益担任执行主编，马德刚、刘庆岭、颜蓓蓓教授担任副主编。全书共15章，参加各章编著的人员有李婉晴（第1、2、3、15章）、颜蓓蓓（第2、6章）、陶俊宇（第2章）、王媛（第1、3、12、14、15章）、宋英今（第3、4、5、8、10章）、龙正伟（第4、5、13章）、韩瑞（第6、7章）、程占军（第7章）、林法伟（第8章）、陈鸿（第9章）、宋春风（第10、15章）、孙越霞（第11章）、刘庆岭（第8、12章）、马德刚（第4、5、13章）、乔治（第12、14、15章）、孙昱楠（第15章）。李婉晴整理了附录，并对全书进行了汇总整理。侯立安和陈冠益对全书内容和章节进行了构思设计和规划统筹，也进行了统稿和校对。

本书在编写过程中，参考了清华大学郝吉明主编的《大气污染控制工程》等优秀教材，得到了很多兄弟院校及科研单位、相关企业给予的大力支持和帮助。郝吉明院士对本教材的编写提出许多指导性意见。多位校内老师为本书的出版付出了辛勤的劳动，校外专家学者为本书的编写提出了宝贵意见。天津大学一批学生也为本书的完善付出很多努力，在此一并表示感谢！由于编者水平有限，书中难免存在不足之处，欢迎读者批评指正。

编者

2021年10月于天津大学

目 录

第 8 章 氮氧化物污染控制 201

第 9 章 挥发性有机物污染控制 236

第 10 章 温室气体捕集技术 259

第 1 章 概论

1.1 大气污染

1.1.1 大气的组成

大气是包围地球的空气层，通常又被称为大气层或大气圈。大气的总质量约为 5.3×10^{15}t，其密度随着高度的增加而迅速减小，通常 98.2% 的空气都集中在 30km 以下的空间。虽然在上千千米的高空中仍有微量的气体存在，但通常都是把从地球表面到 1100 ～ 1400km 的气层视为大气圈的厚度。

大气是自然环境的重要组成部分，是人类及一切生物赖以生存的物质。一个成年人一昼夜要呼吸两万多次，吸入的空气量约为 10 ～ 12m^3，质量约为 13 ～ 15kg，相当于每天所需食物量的 10 倍、饮水量的 3 倍。人离开空气 5min 就会死亡，但是人类所需要的是新鲜、清洁的空气。为了评价大气质量和研究大气污染现象，首先要了解大气的组成。

自然状态下的大气由混合气体、水汽和悬浮颗粒组成。

除去水汽和悬浮颗粒的大气称为干洁空气。干洁空气的组成在 85km 以下是基本保持不变的，主要成分是氮（N_2）、氧（O_2）和氩（Ar）。按大气层容积计算，N_2 占 78.08%，O_2 占 20.95%，Ar 占 0.93%，三者共占大气总容积的 99.96%。其他气体，如二氧化碳（CO_2）、氖（Ne）、氦（He）、氪（Kr）、氢（H_2）、臭氧（O_3）、氙（Xe）等，仅占 0.04% 左右。干洁空气的组成见表 1-1。

表 1-1 干洁空气的组成

空气成分	体积分数 /%	空气成分	体积分数 /%
氮（N_2）	78.08	氪（Kr）	1.0×10^{-4}
氧（O_2）	20.95	氢（H_2）	0.5×10^{-4}
氩（Ar）	0.93	一氧化二氮（N_2O）	0.5×10^{-4}
二氧化碳（CO_2）	0.03	氙（Xe）	0.08×10^{-4}
氖（Ne）	1.8×10^{-4}	臭氧（O_3）	0.02×10^{-4}
氦（He）	5.2×10^{-4}		

由于气体的流动和动植物的气体代谢作用，从地面到 85km 高度范围内，干洁空气的各气体不仅有着比较稳定的容积混合比，而且各种气体的临界温度都很低，它们在自然条件下

都呈气体状态，因此干洁空气的物理性质基本稳定，可视为理想气体。干洁空气的平均分子量为28.966，在标准状态下（273.15K，101325Pa），其密度为1.293kg/m^3。CO_2和O_3是干洁空气中的可变成分，含量虽小，但是对大气的物理状况有很大的影响。它们能够吸收来自地表的长波辐射，阻止地球热量向空间的散发使大气层变暖。CO_2主要来源于燃料燃烧和动物呼吸。大气中的CO_2含量随时间地点会有所变化，但是由于生态系统的调节作用而呈稳定状态。现在的观察表明，自工业革命以来，因燃料的大量燃烧和森林植被的严重破坏导致了大气中的CO_2含量增加。

O_3是大气中的微量成分之一，由三个氧原子组成，中心氧原子采用sp^3杂化与其他两个配位原子相结合，形成两个R键，键角为116.18°，整个分子呈三角形，常温下，O_3是一种具有特殊臭味的淡蓝色气体，主要分布在距地面10～50km高度的平流层大气中，极大值在20～30km高度之间。常温常压下，O_3的化学性质活泼，可自行分解为O_2，并具有强氧化性。O_3与环境的关系密切，对人类的生存环境有重要作用。大气中的水汽含量随着时间、地区以及气象条件的变化差异很大。例如在潮湿的热带地区，水汽的体积分数可以达到4%，而在干旱的沙漠地带还不足0.01%。大气中水汽含量虽然不大，但它却在云、雾、雨、霜、露等各种天气现象的演变中起主要作用。

大气中的悬浮颗粒物是悬浮在大气中的固体、液体颗粒状物质的总称。液体悬浮颗粒是指水汽凝结物，如水滴、云雾和冰晶等。固体颗粒物是形形色色各种各样的，如火山爆发喷出的火山灰，大风刮起的尘土，森林火灾产生的烟尘，陨石流星烧毁产生的宇宙尘埃，海水溅沫蒸发散出的盐粒，以及飘逸的植物花粉、细菌等。由此可见大气中悬浮颗粒物的形状、密度、大小及光、电、磁等物理性质和化学组成因其来源及形成过程的不同而有很大差异。大气中悬浮颗粒的含量、种类、粒径分布和化学性质不断变化。细小的颗粒能够削弱太阳的辐射强度，影响大气的能见度。

1.1.2 大气污染的定义

所谓大气污染，从广义上说，是指自然现象和人类活动向大气中排放了过多的烟尘和废气，使大气的组成发生了改变或介入了新的成分而达到了有害程度。这些自然现象包括火山活动、森林火灾、海啸、土壤和岩石的风化以及大气圈空气的运动等。一般来说，自然现象所造成的大气污染能在一定时间内通过自身的物理、化学和生物机能调节而自动消除，这就是所谓的地球自净能力和自然生态平衡的自动恢复。通常说的大气污染主要是由人类活动造成的，人类活动既包括了各种生产活动，也包括了如取暖做饭等生活活动。所谓的大气污染是指由于人类活动或自然过程引起某些物质介入大气中，呈现出足够的浓度并达到了足够的时间，因此危害了人体的舒适、健康和福利或危害了环境。这里所说的危害到人体的舒适和健康，是指人体从正常的生活环境和生理机能到引起慢性病、急性病以致死亡这样一个过程；而所谓的福利，则是指与人类协调共存的生物、自然资源、财产以及器物等。

根据影响范围，大气污染可分为四类：a. 局部地区污染，如工厂或单位烟囱排气引起的污染；b. 地区性污染，如工业区及其附近地区或整个城市大气受到污染；c. 广域污染，是指跨越行政区划的广大地域的大气污染；d. 全球性大气污染，某些超越国界、具有全球性影响的大气污染，例如人类活动产生的CO_2含量已由19世纪的0.028%增加到现在的0.0415%，引起了全球性的气候异常；人类大量使用制冷剂导致臭氧层的破坏，又直接危及人类和动植物的生存，这已是全世界人民共同关心的环境问题。

1.1.3　影响大气污染形成的主要因素

污染物进入大气中，会不会造成污染呢？分析历史上发生的大气污染事件可以知道，大气中有害物质的浓度越高，滞留时间越长，污染就越重，危害也就越大。污染物质在大气中的浓度，首先取决于排放的总量（即源强，单位时间污染物的排放量），其次同气象条件、地形地貌以及排放源高度等因素有关。

污染物进入大气后，首先会得到稀释扩散。大气在不同的气象条件之下具有不同的稀释扩散能力。这些气象条件包括风向、风速、湍流、降雨雪及逆温等。风向决定了污染物质的水平输送方向，一般来说，下风向污染程度比较严重。风速大，污染物迅速随风而下，稀释速度快。大气湍流决定着污染物的扩散程度。降雨雪促进了污染物质的沉降，因此能净化大气。逆温决定了污染物质在气层中的滞留状况。在正常情况下，近地面气层的空气温度随高度递减，这样气层处在不稳定状态，上下对流剧烈，促使污染物迅速扩散。如果局部地区气温出现了随高度逆增的情况，那么上层则像一个“罩子”，阻碍了污染物在大气中的扩散，容易在局部地区形成大气污染。

地形、地貌和地物是影响大气运动的环境因素。因为复杂的地形及地面状况，会形成局部地区的热力环流，如山区的山谷风、滨海的海陆风以及城市的热岛效应等，会使气流产生环流和旋涡，大气中的污染物质容易聚集，从而影响了局部地区的大气污染的形成及危害程度。

为了减轻局部地区污染，目前广泛采用高烟囱排放。高烟囱把污染物送上高空使它们在远离污染源的更广阔的区域中扩散、混合，从而降低了污染物在近地面空气中的浓度。但是这并没有减少污染物的总量，天长日久可能会引起区域性或国际性的大气污染。

大气污染是一个极其复杂的气象、物理和化学的变化过程，在第 2 章中将详细地分析研究影响其形成的主要因素。

1.2　大气污染物及其发生源

1.2.1　大气污染物

大气污染物是指由于人类活动或自然过程排入大气的并对人类或环境产生有害影响的那些物质。大气污染物的种类很多，根据其存在的特征可分为气溶胶状态污染物和气体状态污染物两大类。

（1）气溶胶状态污染物

在大气污染中，气溶胶是指空气中的固体粒子和液体粒子，或固体粒子和液体粒子在气体介质中的悬浮体。按照气溶胶的来源和物理性质，可将其分为以下 5 种。

① 粉尘（dust）　粉尘是指悬浮于气体介质中的微小固体颗粒，受重力作用能发生沉降，但在某一段时间内能保持悬浮状态。粉尘通常是在固体物质的破碎、研磨、筛分及输送等机械过程或土壤、岩石风化、火山喷发等自然过程中形成的。因此粉尘的种类很多，如黏土粉尘、石英粉尘、滑石粉、煤粉、水泥粉尘以及金属粉尘等，其形状往往是不规则的。粉尘的

粒径范围很广，一般为 1 ～ 200μm 左右。

② 烟（fume） 烟一般是指燃料不完全燃烧产生的固体粒子的气溶胶。它是熔融物质挥发后生成的气态物质的冷凝物，在其生成过程中总是伴有氧化之类的化学反应。烟的特点是粒径很小，一般在 0.01 ～ 1μm 的范围内，烟颗粒能够长期地存在于大气之中。金属的冶炼过程是烟产生的主要途径之一。例如精炼铅和锌时，在高温熔融状态下，铅和锌能够迅速挥发并氧化生成氧化铅烟和氧化锌烟。

③ 飞灰（fly ash） 飞灰是指由燃料燃烧所产生的烟气中分散得非常细微的无机灰分。

④ 黑烟（smoke） 黑烟一般是指燃料燃烧产生的能见气溶胶，是燃烧不完全的碳粒。黑烟颗粒的大小约为 0.5μm。

在某些情况下，粉尘、烟、飞灰和黑烟等小固体颗粒气溶胶之间的界限难以确切划分。按照我国的习惯，一般将冶金过程或化学过程形成的固体颗粒气溶胶称为烟尘；将燃料燃烧过程产生的固体颗粒气溶胶称为飞灰和黑烟。

⑤ 雾（fog） 雾是气体中液滴悬浮体的总称。在气象学中是指造成能见度小于 1km 的小水滴悬浮体。在工程中，雾一般泛指小液体颗粒悬浮体。液体蒸气的凝结、液体的雾化以及化学反应等过程均可形成雾，如水雾、酸雾、碱雾或油雾等。

在大气污染控制中，根据大气中颗粒物的大小，又将其分为总悬浮颗粒物（total suspended particles，TSP）、可吸入颗粒物（inhalable particles）和细颗粒物（fine particulate）。

① 总悬浮颗粒物 指环境空气中空气动力学当量直径小于或等于 100μm 的颗粒物。

② 可吸入颗粒物 指环境空气中空气动力学当量直径小于或等于 10μm 的颗粒物，也称 PM_{10}。

③ 细颗粒物 指环境空气中空气动力学当量直径小于或等于 2.5μm 的颗粒物，也称 $PM_{2.5}$。

（2）气体状态污染物

大气中的气体状态污染物又简称为气态污染物，它是以分子状态存在的。气态污染物的种类很多，常见的有五大类：其一为以二氧化硫为主的含硫化合物，如 SO_2、H_2S 等；其二为以一氧化氮和二氧化氮为主的含氮化合物，如 NO、NH_3 等；其三为碳的氧化物，如 CO、CO_2 等；其四为碳氢化合物，如烷烃（C_nH_{2n+2}）、烯烃（C_nH_{2n}）和芳香烃类；其五为卤族化合物，如 HF、HCl 等。

气态污染物又分为原发性污染物和继发性污染物，即一次污染物和二次污染物。一次污染物指从污染源直接排放出来的原始污染物质，它们介入大气之后，其物理化学性质均未发生改变，例如燃烧煤时，从烟囱里直接排放出来的烟尘和 SO_2 等。二次污染物指一次污染物与大气中原有成分之间或者几种一次污染物之间经过一系列化学或光化学反应而生成的与一次污染物性质不同的新污染物，如硝酸、硝酸盐等是由一氧化氮氧化后生成的新污染物。在大气污染中，受到普遍重视的二次污染物主要有硫酸烟雾（sulfurous smog）和光化学烟雾（photochemical smog）。

① 硫氧化物 硫氧化物主要指 SO_2。SO_2 是目前来源广泛影响面比较大的一种气态污染物。SO_2 是具有辛辣及刺激性的无色气体，吸入过量的 SO_2 会损害呼吸器官。SO_2 是大气中的主要酸性污染物，在大气中会氧化而形成硫酸烟雾或硫酸盐气溶胶。SO_2 与大气中的烟尘有协同作用，著名的伦敦烟雾事件就是这种协同作用所造成的危害。

SO_2 主要来自含硫化石燃料的燃烧、金属冶炼、火力发电、石油炼制、硫酸生产及硅酸盐制品熔烧等过程。各种燃煤、燃油的工业锅炉和供热锅炉都会排放大量的 SO_2。全世界每年向大气中排放的 SO_2 量约为 1.5 亿吨，其中化石燃料燃烧产生的 SO_2 约占 70% 以上。火力电厂排烟中的 SO_2 浓度虽然较低，但是总排放量却最大。

② 氮氧化物　氮氧化物有 N_2O、NO、NO_2、N_2O_3、N_2O_4 和 N_2O_5，NO_x 是其总代表式。在大气中常见的氮氧化物污染物是 NO 和 NO_2。NO 是无色气体，毒性较低，但进入大气后会被氧化成 NO_2，当大气中有 O_3 等强氧化剂存在时，其氧化速度加快。NO_2 是一种红棕色的、具有恶臭刺激性的气体，其毒性约为 NO 的 5 倍。NO_2 会参加大气中的光化学反应形成光化学烟雾，其毒性更大。

NO_x 主要来自燃料的燃烧，例如各种炉窑。以汽油和柴油为燃料的各种机动车，特别是汽车，排出的废气中，含有大量的 NO_x。美国洛杉矶烟雾就是由数量巨大的汽车废气经太阳光作用而形成的光化学烟雾。

NO_x 的生成途径主要有两个。一是空气中的氮在高温下被氧化而形成 NO_x，温度愈高、燃烧区氧的浓度愈高，则 NO_x 的生成量也就愈大。据分析，燃煤发电厂排出的废气中，NO_x 含量为 400 ～ 24000mg/m^3。二是燃料中的各种氮化物在燃烧时生成 NO_x。此外，硝酸生产、炸药制备以及金属表面的处理过程也产生 NO_x。土壤和水体的硝酸盐在微生物的反硝化作用下也可以生成 NO_x。但大约 83% 的 NO_x 是由燃料的燃烧而产生的。

③ 碳氧化物　CO 和 CO_2 是各种大气污染物中发生量最大的一类污染物。CO 是一种无色无味无刺激性的气体，吸入人体后能与血红蛋白结合，损害其输氧能力，使机体缺氧，严重时使人窒息而死。冬季在我国北方煤气中毒事件时有发生，本质就是 CO 中毒。CO 的主要来源是燃料的不完全燃烧和汽车尾气。CO 排入大气后，由于大气的扩散稀释作用和氧化作用一般不会造成危害。但是在城市冬季取暖季节或交通繁忙地区等不利于尾气扩散时，CO 的浓度则有可能达到危害环境的水平。

CO_2 是无毒的气体，但是局部地区空气中的 CO_2 浓度过高时，会使氧含量相对减小而对人体产生不良影响。地球上的 CO_2 逐年增多而产生“温室效应”，导致全球气候变暖，这已受到世界各国的密切关注。

④ 碳氢化合物　碳氢化合物是由碳、氢两种元素组成的各种有机化合物的总称，包括烷烃、烯烃和芳香烃类等，主要来自煤和石油的燃烧以及各种机动车辆排出的废气。其中，世界卫生组织（WHO）将在常温下沸点在 50 ～ 260℃范围内的各种有机化合物定义为 VOCs（volatile organic compounds）。在我国，VOCs 是指常温下饱和蒸气压大于 70Pa、常压下沸点在 260℃以下的有机化合物，或在 20℃条件下蒸气压大于或等于 10Pa 且具有挥发性的全部有机化合物。

大气受到碳氢化合物的污染能使人的眼、鼻和呼吸道受到刺激并影响肝、肾和心血管的生理功能。在这类污染物质中，多环芳烃（PAH）如蒽、苯并蒽、荧蒽和苯并［*a*］芘等都具有一定的致癌作用，尤其苯并［*a*］芘更是强致癌剂。大多数多环芳烃是吸附在大气颗粒物上的，冬季因取暖燃煤量大增，烟尘多，附在其上的苯并［*a*］芘是大气受到 PAH 污染的标志。

碳氢化合物的更大危害还在于它与氮氧化物共同引起的光化学烟雾。由汽车、工厂等污染源排入大气的碳氢化合物和氮氧化物，在阳光照射下，发生一系列的光化学反应，生成了如臭氧、醛类、过氧乙酰硝酸酯（PAN）等二次污染物，其危害性远大于一次污染物。

还有许多复杂的高分子有机化合物，如酚、醛、酮等含氧有机化合物；过氧乙酰硝酸酯（PAN）、过氧硝基丙酰（PPN）、联苯胺、腈等含氮有机化合物；硫醇、噻吩、二硫化碳（CS_2）等含硫有机化合物以及氯乙烷、氮醇、有机农药 DDT（223）、除草剂 TCDD 等。随着化学工业和石油化工的迅速发展，大气中的有机化合物日益增加，这些有机污染物对人体危害越来越大，它们能强烈地刺激眼、鼻、呼吸器官，严重损害心、肺、肝、肾等内脏，甚至致癌、致畸，并促使遗传因子变异。

⑤ 硫酸烟雾　硫酸烟雾是大气中的 SO_2 等硫氧化物，在有水雾、含有重金属的飘尘或氮氧化物存在时，发生一系列化学或光化学反应而生成的硫酸雾或硫酸盐气溶胶。硫酸烟雾引起的刺激作用和生理反应等危害远比 SO_2 大得多，其对生态环境、金属和建筑材料也都有很大的危害。

⑥ 光化学烟雾　光化学烟雾是在阳光照射下，大气中的氮氧化物、碳氢化合物和氧化剂之间发生一系列光化学反应而生成的蓝色烟雾（有时呈紫色或黄褐色），其主要成分有臭氧、过氧乙酰硝酸酯、高活性自由基（RO_2、HO_2、RCO 等）、醛类、酮类和有机酸类等二次污染物。光化学烟雾形成的机制很复杂，其危害性也比一次污染物更强烈。

1.2.2　大气污染物的发生源

大气污染物的发生源也简称为大气污染源。大气污染物质产生于人类活动或自然过程，因此大气污染源可以概括为两类：人为污染源和自然污染源。在大气污染控制工程中，主要的研究对象是人为污染源。

根据对大气中主要污染物进行的分类统计，人为污染源又可以分作三类：燃料燃烧、工业生产和交通运输。从污染物发生源的移动性来看，前两类统称为“固定源”，而第三类称为“流动源”。另外，在环境监测中又把污染源分为：点源（如某一烟囱）、线源（如某一条运输线）、面源（如某一个工业区）等。

在各种工业生产过程排入大气的污染物质中，有的是原料，有的是产物，有的则是废气。污染物质的种类、数量及其组成也因生产工艺、原材料、能源及操作管理方法等条件不同而差异显著。工矿区污染源因排放集中，常常造成危害。

燃料燃烧是最大、最广泛的大气污染源，不同种类的燃料、燃料的不同组成以及不同的燃烧方式产生的大气污染物质的量和成分也不同。因为物质的燃烧不仅是简单的氧化，而且会发生裂解、环化、缩合或联合等化学反应过程。除了生成 CO_2 和水之外，其他有害物，如 CO、SO_2、NO_x、烟灰、金属及其氧化物、金属盐类、醛、酮及稠环碳氢化合物等的形成均和燃烧时间、温度等因素有关。表 1-2 就是几种锅炉因燃烧条件不同，同样烧掉 1t 煤而产生的主要污染物排放量。CO 最为明显，电厂锅炉燃烧条件好，CO 生成量小；而燃烧条件差，完全燃烧的程度低的取暖锅炉排出的 CO 量最大。

表 1-2　燃烧 1t 煤产生的各种主要污染物排放量　单位：kg

污染物	电厂锅炉	工业锅炉	取暖锅炉	污染物	电厂锅炉	工业锅炉	取暖锅炉
SO_2	60	60	60	碳氢化合物	0.1	0.5	5
CO	0.23	1.4	22.7	烟尘（一般情况）	11	11	11
NO_2	9	9	3.6	烟尘（燃烧较完全时）	3	6	9

改进燃烧方法、集中供热是节约能源、改善大气环境质量的有效途径。

大气污染的发生源及其产生的主要污染物归纳于表 1-3 中。

在污染源分类中，有人根据一次污染物和二次污染物的特征，将大气污染源分为一级污染源（即人为污染源）和二级污染源（即继发性污染源），表 1-3 显示了这种分类方法。

由表 1-3 可知，大气污染物主要来源于自然过程和人类活动。由自然过程排放污染物所造成的大气污染多为暂时的和局部的，而人类活动排放污染物是造成大气污染的主要根源，因此研究大气污染问题主要针对人为污染源。

表 1-3　大气污染源一览表

污染源类别		污染源及主要污染物
自然污染源		（1）大风刮起地面沙土灰尘
		（2）火山爆发喷放灰尘、岩浆、二氧化硫气体
		（3）森林火灾生成二氧化碳、灰尘
		（4）森林沼泽地带树叶草根腐烂变质，放出沼气、恶臭
		（5）海水浪花生成含盐粒、水雾的气溶胶
人为污染源（一级污染源）	流动污染源	（1）汽车：排放一氧化碳、氮氧化物、碳氢化合物、铅
		（2）火车：二氧化硫、粉尘、一氧化碳
		（3）飞机：一氧化碳、二氧化氮、醛
		（4）轮船：二氧化硫、烟尘、二氧化氮
		（5）拖拉机等农业机械：油烟、氮氧化物
		（6）吸烟：一氧化碳、丙烯醛、气溶胶
	固定污染源	（1）取暖锅炉、民用煤炉：粉尘、一氧化碳、二氧化硫
		（2）火力发电厂：二氧化硫、粉尘、氮氧化物
		（3）钢铁工业：粉尘、氟化氢、一氧化碳、碳氢化合物
		（4）炼油工业：油烟、一氧化碳、氮氢化物、粉尘
		（5）化工合成：粉尘、恶臭、碳氢化合物、二氧化硫
		（6）化肥工业：酸雾、粉尘、四氟化硅、二氧化硫
		（7）农药制造：酚、氯气、硫化氢、硫醇
		（8）制革、印染工业：恶臭气体、气溶胶
		（9）核试验、核电站：放射性尘埃、废气、废液
		（10）水泥、石灰、砖瓦、陶瓷：粉尘、二氧化硫、硫化氢
		（11）垃圾焚烧：一氧化碳、氮氢化物、恶臭
继发性污染源（二级污染源）		汽车、飞机、燃煤等废气经太阳光照射，发生光化学反应，生成具有强刺激性和毒性的复杂光化学烟雾

1.2.3　主要大气污染物治理技术和排放源概述

从主要大气污染物种类来看，颗粒物、二氧化硫、氮氧化物和挥发性有机物（VOCs）是目前主要的大气污染排放物。目前我国颗粒物的排放几乎覆盖所有行业，袋式除尘是主要的技术手段；二氧化硫的排放集中在能源、金属和非金属制品相关行业，主要技术手段是石

灰石 / 石膏法；氮氧化物的排放行业和二氧化硫排放行业类似，主要的末端治理技术集中在选择性催化还原（SCR）技术；VOCs 的排放则涉及较多的轻工业和化工行业，当前，国内的 VOCs 前治理技术种类繁多，其中蓄热式催化焚烧炉和蓄热式热力焚化炉技术是比例较高的技术。

总体来看，颗粒物和二氧化硫是国家管控历史较长的大气污染物，是治理技术非常成熟的污染物，在大多数行业，其处理率都能达到 90% 左右，而氮氧化物和 VOCs 属于管控历史较短的大气污染物，特别是 VOCs 整体处理率都比较低，且处理技术比较分散，缺乏占绝对优势的技术。根据国家发布的《第二次全国污染源普查公报》的公告，截止到 2017 年末，除了氮氧化物排放源中移动源位居第一位，其他主要大气污染物包括二氧化硫、颗粒物和挥发性有机物都是工业源居第一位，其中工业源二氧化硫排放量位居前 3 位的行业是：电力、热力生产和供应业，上述 3 个行业合计占工业源二氧化硫排放量的 66.75%；氮氧化物排放量位居前 3 位的行业是：非金属矿物制品业，电力、热力生产和供应业，黑色金属冶炼和压延加工业，上述 3 个行业合计占工业源氮氧化物排放量的 75.34%；颗粒物排放量位居前 3 位的行业是：非金属矿物制品业、煤炭开采和洗选业、黑色金属冶炼和压延加工业，上述 3 个行业合计占工业源颗粒物排放量的 54.77%；挥发性有机物排放量位居前 3 位的行业是：化学原料和化学制品制造业，石油、煤炭及其他燃料加工业，橡胶和塑料制品业，上述 3 个行业合计占工业源挥发性有机物排放量的 44.78%。

1.3 大气污染的影响

1.3.1 全球变暖和气候变化

由于温室效应的不断积累，导致地气系统吸收与发射的能量不平衡，能量不断在地气系统累积，从而导致温度上升，造成全球气候变暖。在全球范围内，气候平均状态统计学意义上的巨大改变或者持续较长一段时间（典型的为 30 年或更长）的气候变动称为全球气候变化。气候变化的原因可能是自然的内部进程，或是外部强迫，或者是人为地持续对大气组成成分和土地利用的改变。

全球变暖和气候变化的产生包括火山活动和地球周期性公转轨迹变动，而绝大部分是由人为因素造成的，主要包括人口的剧增、环境污染日趋严重、海平面上升、海水生态环境破坏、土壤侵蚀和沙漠化、森林面积锐减、酸雨、物种灭绝、水污染范围扩大、有毒化学品危害生态环境等。

按一些发展趋势，科学家预测有可能出现的影响和危害有：①海洋水体膨胀和两极冰雪融化导致海平面上升，危及全球沿海地区；②全球气温和降雨形态的迅速变化，造成大范围的森林植被破坏和农业灾害；③全球平均气温略有上升会带来过多的降雨、大范围的干旱和持续的高温，造成大规模的灾害损失；④加大疾病危险和死亡率，增加传染病。同样，我国也在遭受气候变化的影响，出现降雨、干旱等现象，严重影响农业生产，引起经济和社会的巨大损失。从风险评价角度而言，大多数科学家断言气候变化是人类面临的一种巨大环境风险。

1.3.2 臭氧层破坏

臭氧层是大气层的平流层中臭氧浓度最高的气层，浓度最大的部分位于距地面20～25km高度处，若把臭氧层的臭氧校订到标准情况，其厚度平均仅为3mm左右。臭氧含量随高度、纬度、季节和天气条件而变化。臭氧层中的O_3，是分子氧（O_2）在高空太阳辐射的作用下，首先分离出原子氧（O），而后O和O_2结合形成O_3。通常情况下，臭氧层中的O_3形成和分解的速率基本相等，因此，O_3的总量处于平衡状态。臭氧层主要有三个作用：①吸收太阳光中波长306.3nm以下的紫外线，保证长波紫外线和少量中波紫外线能够辐射到地面，保护地球上的人类和生物免受短波紫外线的伤害；②吸收紫外线并转换为热能加热大气；③起温室气体作用。

O_3可以与许多物质起反应而被消耗和破坏，最简单而又最活泼的是含碳、氢、氯和氮几种元素的化学物质，如氧化亚氮（N_2O）、水蒸气（H_2O）、四氯化碳（CCl_4）、甲烷（CH_4）和现在最受重视的氯氟烃（CFC）等。这些物质在低层大气层正常情况下是稳定的，但在平流层受紫外线照射活化后就变成了O_3消耗物质。这种反应消耗掉平流层中的O_3，导致臭氧层吸收紫外辐射的能力减弱，到达地球表面的紫外线UV-B明显增加，给人类健康和生态环境带来多方面的危害：a. 紫外线会损伤角膜和眼晶体，引发白内障，削弱免疫力，增加皮肤癌风险；b. 能损伤植物激素和叶绿素，从而使光合作用降低，导致农产品减产及品质下降；c. 引起浮游植物、浮游动物、幼体鱼类以及整个水生食物链的破坏。

1.3.3 酸雨

酸雨是指pH小于5.6的雨、雪或其他形式的降水。雨、雪等在形成和降落过程中，吸收并溶解了空气中的二氧化硫、氮氧化物等物质，形成了pH低于5.6的酸性降水。酸性沉降可分为湿沉降与干沉降两大类，前者指的是所有气状污染物或粒状污染物，随着雨、雪、雾或雹等降水形态而落到地面；后者则是指在不下雨的日子，从空中降下来的落尘所带的酸性物质，如酸雨为酸性沉降中的湿沉降。大气中的酸性物质一小部分来自大自然本身，如火山喷发、海水蒸发、动植物腐烂散发出的含酸性物质的气体；而大部分来自工矿生产时排放的废气、汽车等交通工具排放的尾气。大气中的这些酸性物质在一定的气象要素和阳光下，可以扩散到很远的地区，经过降水的冲洗降落到地面，影响树木、农作物的生长。酸雨又分硝酸型酸雨和硫酸型酸雨。中国的酸雨主要因大量燃烧含硫量高的煤而形成，多为硫酸雨，少为硝酸雨，此外，各种机动车排放的尾气也是形成酸雨的重要原因。

酸雨能使土壤酸化，当酸性雨水降到地面而得不到中和时，就会使土壤酸化。酸雨中过量氢离子的持久输入，使土壤中的营养元素（钙、镁、钾、锰等）大量转入土壤溶液并遭淋失，当土壤中缺乏钙和镁时植物就会表现缺钙、缺镁症状。其次，土壤微生物，尤其是固氮菌，只生存在碱性条件下，而酸化的土壤影响细菌、酵母菌、放线菌、固氮菌等微生物的活性，造成枯枝落叶和土壤有机质分解缓慢，养分和碱性阴离子返回到土壤有机质表面过程也变得迟缓。

除上述危害外，酸雨还能使河流、湖泊酸化，影响鱼类的繁殖和生长，水质的酸化还能引起水生态系统结构的变化。虽然目前酸雨和环境酸化还不会像“温室效应”和臭氧层破坏那样构成全球性危害，但无论对生态系统破坏程度还是所造成的经济损失都是十分惊人的。

酸雨和环境酸化已是不容忽视的重大环境问题。

1.3.4　大气污染对人体健康的影响

大气污染后，由于污染物质的来源、性质、浓度和持续时间的不同，污染地区的气象条件、地理环境等因素的差别，甚至人的年龄、健康状况的不同，对人体都会产生不同的危害。在公认的大气污染物中，雾霾、颗粒物与人群健康效应终点的流行病学联系最为密切。大气污染对人体健康的影响主要包括：a. 刺激并破坏呼吸道黏膜，使鼻腔变得干燥，破坏呼吸道黏膜防御能力，细菌进入呼吸道后容易造成上呼吸道感染；b. $PM_{2.5}$会沉积在肺部引起炎症，从而引起一些恶性病变；c. 导致心率变异性改变、心肌缺血、心肌梗死、心律失常、动脉粥样硬化等心血管疾病发病率和死亡率增高；d. 空气中的重金属通过呼吸道进入人体后有强致癌作用；e. 颗粒物能够引起遗传性 DNA 损伤，即生殖细胞的 DNA 损伤可遗传至下一代；f. $PM_{2.5}$和超细颗粒物可通过血脑屏障、嗅神经等途径进入中枢神经系统，与缺血性脑血管病、认知功能损害等中枢神经系统疾病损害有关；g. $PM_{2.5}$对机体的免疫调节能力也有一定的影响，可能引起过敏反应和哮喘发病；h. 雾霾天空气中的微粒附着到角膜上，可能引起角膜炎、结膜炎，或加重患者角膜炎、结膜炎的病情。

1.3.5　大气污染对植物的影响

植物生长受到大气污染物的危害程度要比动物严重得多，大气污染物如二氧化硫、氟化氢、氯气、臭氧、二氧化氮、氯化氢等，对植物产生不同程度的有害影响，一方面决定于污染物的浓度，另一方面决定于植物自身所具有的对抗性。许多有毒气体，随着植物光合作用过程的气体交换，与二氧化碳一起从气孔进入植物体内，影响植物的生理活动和光合作用。

一旦大气受污染就会严重地影响到植物的光合作用，使作物产量锐减，因此应引起人们高度重视。在工农业生产中要对能产生有毒气体的生产环节和汽车尾气进行治理，以保证农作物的增产。此外，应通过植树造林，例如，种植柳杉可大量吸收二氧化硫，桑树、滇柏、拐枣和垂柳等树种可吸收氟化物，从而减轻大气污染和减少有害气体对农作物的危害。

1.3.6　大气污染对器物和材料的影响

大气污染对金属制品、皮革制品、纸制品、纺织品、橡胶制品和建筑物等的损害也是严重的。这种损害包括沾污性损害和化学性损害两个方面。沾污性损害主要是粉尘、烟等颗粒物落在器物表面或材料中造成的，有的可以通过清扫冲洗除去，有的很难除去，如煤油中的焦油等。化学性损害是指由于污染物的化学作用，使器物和材料腐蚀或损坏。

颗粒物因其固有的腐蚀性，或惰性颗粒物进入大气后因吸收或吸附了腐蚀性化学物质，会产生直接的化学性损害。金属通常能在空气中抗拒腐蚀，甚至在清洁的湿空气中也是如此。然而，在大气中普遍存在的吸湿性颗粒物，即使在没有其他污染物的情况下，也能腐蚀金属表面。

大气中的SO_2、NO_x及其生成的酸雾、酸滴等，能使金属表面产生严重的腐蚀，使纺织品、纸品、皮革制品等腐蚀破损，使金属涂料变质，降低其保护效果。光化学氧化剂中的O_3，会使橡胶绝缘性能的寿命缩短，使橡胶制品迅速老化脆裂。O_3还侵蚀纺织品的纤维素，使其强度减弱。所有氧化剂都能使纺织品发生不同程度的褪色。

1.4 大气污染概况及综合防治措施

1.4.1 国外大气污染概况

人类活动造成的大气污染问题是和能源的利用及城市规模的扩大分不开的。因此大气污染状况在各个工业发达的国家都有一个发生、发展和演变的过程。自从12世纪人们开始用煤作燃料之后，排出的煤烟使大气污染日趋严重。到18世纪，伴随着燃汽机的发明和钻探石油的成功，生产力迅速发展，大气污染的状况也逐渐恶化。

从18世纪末到20世纪中期，大气污染主要是燃煤引起的所谓“煤烟型”污染，主要污染物是烟尘和SO_2。20世纪50～60年代，由于工业高速发展，城市林立，汽车数量倍增，石油类的燃料消耗量剧增，大气污染也发展成为“石油”型污染。飘尘、重金属、SO_2、NO_x、CO和碳氢化合物（HC）等污染物普遍存在，多种污染物共同作用造成的危害，已经不再局限于城市和工矿区，而是形成了广域的复合污染，如在此期间发生了令世界瞩目的英国“伦敦烟雾”、美国的“多诺拉烟雾”、日本的“四日市哮喘病”、美国的“洛杉矶光化学烟雾”等一系列重大的大气污染事件。

英国“伦敦烟雾”事件中，伦敦排放到大气中的污染物有大量烟尘、二氧化碳、氯化氢（盐酸的主要成分）、氟化物以及最可怕的二氧化硫，燃煤烟尘中有三氧化二铁，它能催化二氧化硫氧化生成三氧化硫，进而与吸附在烟尘表面的水化合生成硫酸雾滴。

美国“多诺拉烟雾”事件发生的主要原因是小镇上的工厂排放的含有二氧化硫等有毒有害物质的气体及金属微粒在气候反常的情况下聚集在山谷中积存不散，这些毒害物质附着在悬浮颗粒物上，严重污染了大气。

日本四日市号称“石油联合企业之城”，是日本石油工业的重要临海工业区，石油冶炼和工业燃油（高硫重油）产生的废气使整座城市终年黄烟弥漫。全市工厂排放大量粉尘、二氧化硫。大气中二氧化硫浓度超出标准5～6倍。在四日市上空500m厚度的烟雾中飘着多种有毒气体和有毒铝、锰、钴等重金属粉尘。重金属微粒与二氧化硫形成烟雾，强烈地刺激和腐蚀人的呼吸器官。

美国洛杉矶在20世纪40年代就已拥有大量汽车，每天消耗非常多的汽油，排出大量碳氢化合物、氮氧化物和一氧化碳。另外，还有炼油厂、供油站等其他石油燃烧源排放，这些化合物被排放到阳光明媚的洛杉矶上空，制造了一个毒烟雾工厂。洛杉矶三面环山，大气污染物不易扩散，而且洛杉矶经常受到逆温的影响，更使污染物聚集在洛杉矶本地。汽车尾气中的烯烃类碳氢化合物和二氧化氮被排放到大气中后，在强烈的阳光紫外线照射下会变得不稳定起来，原有的化学链遭到破坏，形成新的物质。这种化学反应被称为光化学反应，其产物为含剧毒的光化学烟雾。这种烟雾使人眼睛发红，咽喉疼痛，呼吸憋闷、头昏、头痛。

上述这些事件造成的危害，不是某一种污染物所为，而是多种污染物的共同结果。工业发达使人们享受到前所未有的物质文明，但是过度地消耗地球资源，产生的大量废弃物使环境恶化而直接威胁着人体的健康和福利。各国政府与企业不得不高度重视环境污染的治理问题，投入了大量的人力、财力和物力，采取了一系列的治理和预防措施，在 20 世纪 70 年代后期大气污染状况有了不同程度的好转。例如，自 1952 年烟雾事件后，伦敦便没有出现过类似的情景。

但是，由于汽车数量的不断增加，CO、NO_x、HC 和光化学污染仍然很严重。人口的增长和生产活动的增强，强烈地冲击着地球环境，许多自然资源日益减少。全世界每年消耗的矿物燃料，由 20 世纪初的不足 15×10^8t，增至 70 年代的 70×10^8 ～ 80×10^8t。大量的 SO_2 和 NO_x 进入大气圈形成酸雨，CO_2 浓度持续增高。监测结果表明，自 1958 年以来的 61 年中，大气中 CO_2 的体积分数由 0.0315% 增加到 0.0415%，而工业革命之前不超过 0.028%。由此产生的温室效应势必影响全球气候，这已成为国际社会普遍关注的全球性大气污染问题。

1.4.2 我国大气污染概况

我国大气污染经历了和发达国家类似的问题。从 20 世纪 70 ～ 90 年代大气污染物以烟尘和悬浮颗粒物为主；从 20 世纪 90 年代～ 21 世纪初，SO_2 和悬浮颗粒物成为国家重点关注的大气污染物，空气污染的范围由城市局部污染向区域性污染发展，出现了大面积的酸雨污染；从 2001 ～ 2010 年，该阶段的主要大气污染物治理目标增加了氮氧化物，大气污染初步呈现出区域性、复合型特征，煤烟尘、酸雨、$PM_{2.5}$ 和光化学污染同时出现；2011 ～ 2020 年，我国大气防治的主要对象为灰霾、$PM_{2.5}$ 和 PM_{10}，VOCs 和臭氧也逐渐受到关注，控制目标转变为排放总量与环境质量改善相协调，控制重点为多种污染源综合控制与多污染物协同减排；2020 年之后，我国提出大气污染和温室气体协同控制的新目标。当前大气污染已成为一类影响民生的重要环境问题，大气污染防治工作取得了很大进展，例如 2018 年，工业平均脱硫和除尘效率已经分别达到 95.3% 和 99.5%，但平均脱硝效率目前只有 79.1%，还有继续提高的潜力。但由于经济结构偏重、消费水平不断提高，我国依然面临着十分严峻的大气环境形势。根据最新的《中国生态环境状况公报》，2019 年，在全国 337 个地级及以上城市中，157 个城市环境空气质量达标，占全部城市数的 46.6%；180 个城市环境空气质量超标，占 53.4%。337 个城市累计发生严重污染 452 天，重度污染 1666 天，主要以 $PM_{2.5}$ 和 O_3 为首要污染物，其超标天数分别占总超标天数的 45.0% 和 41.7%，未出现以 SO_2、NO_2 和 CO 为首要污染物的重度及以上污染。原有的酸雨污染已经得到根本改善，2019 年，我国酸雨区面积约 47.4 万平方千米，仅占国土面积的 5.0%，其中较重酸雨区面积占国土面积的 0.7%。按照环境空气质量综合指数评价，环境空气质量相对较差的 20 个城市依次是安阳、邢台、石家庄、邯郸、临汾、唐山、太原、淄博、焦作、晋城、保定、济南、聊城、新乡、鹤壁、临沂、洛阳、枣庄、咸阳和郑州，集中在京津冀及其周边地区，主要表现为 $PM_{2.5}$ 和 O_3 浓度超标。

我国大气污染与当地工业污染和气象地理条件密切相关，时空分布特征明显，大气污染冬季最严重，其次为春秋季节，夏季最后；污染总体上北方重于南方，主要呈现煤烟型污染特征，但随着城市化水平的提高，机动车尾气和化工产业无组织排放废气总量迅速增加，氮氧化物污染、挥发性有机污染物污染导致的 O_3 浓度呈现增高趋势，成为继 $PM_{2.5}$ 之后影响我国大气环境质量的又一重要污染物。

1.4.3 大气污染的综合防治措施

人类对自然环境的冲击造成了环境的严重恶化。随着实践经验的积累和环境科学理论的发展，人们认识到环境总是具有区域性、系统性和整体性的，解决环境问题不能只关注污染问题，进行“尾部治理”，而是要从整体出发，对一个特控区域的人口、经济发展、资源和环境的承载能力进行全面的研究，采用防治结合的综合措施才能有效地控制污染。

大气污染综合防治就是视一个城市或特定区域为一个整体，统一规划能源结构、工业发展、城市布局和交通运输，运用各种防治污染的有效措施，达到改善整个城市或区域的大气环境质量的目标。大气污染综合防治的措施可以概括为以下几点：

① 严格的**环境管理**　环境管理是运用行政、法律、经济、教育和科学技术等措施，把社会经济建设和环境保护结合起来，使环境污染得到有效控制。完整的环境管理体制包括环境立法、环境监测机构和环境保护管理机构三部分。

20 世纪 70 年代以来，许多国家实施环境法，并设立了相应的管理机构。我国制定了《中华人民共和国环境保护法》《中华人民共和国海洋环境保护法》《中华人民共和国水污染防治法》《中华人民共和国森林保护法》《中华人民共和国草原法》和《中华人民共和国大气污染防治法》等法律，以及各种环保条例、规定与标准，使我国的环境法日趋完善。同时从中央到地方逐步建立起比较完整的监测系统，为环境的科学管理提供了大量资料。现在我国也建立了由中央到地方的各级环境管理机关，以保证国家各项环境保护法令和条例的执行。

② 全面规划、合理布局，进行**综合防治**　大气环境质量受各种各样的自然因素和社会因素影响，必须进行全面环境规划并采取区域性综合防治措施才能获得长期的效益。

在兴建大型工矿企业、工业区时，要对拟建工程的自然环境和社会环境做综合调查，进行环境模拟试验及污染物的扩散计算，摸清该地区的环境容量，做出科学的环境影响评价报告，确定为保护、协调和改善环境应该采取的各种措施，为政府部门确定兴建与否、规模和布局等提供科学依据。

③ 控制大气污染的**技术措施**　从对污染源及污染物的分析中知道，在各种工业生产过程中所产生的污染物，因工艺、流程、原材料、燃烧、操作管理条件和水平等的不同，其种类、数量、组成和特性差别甚大。因此，合理利用能源、改革工艺、改进燃料和进行严格的工艺操作是控制大气污染的有效技术措施。必须优先采用无污染或少污染的工艺；认真选配合适材料；改进和优选燃烧设备、燃料及燃烧条件，做到既节约能源又减少空气污染物的产生。

建立综合性的工业基地，也是控制大气污染十分有效的技术方案。在综合基地中，各企业紧密联系，相互之间综合利用原料和废弃物，将大量地减少污染物的总排放量。

④ 控制环境污染的**经济政策**　a. 应该保证对环境保护的必要投资，而且随着生产的发展而有所增加，以便使各种环保措施逐步改进；b. 银行发放低息长期贷款，对治理污染予以经济方面的优惠；c. 严格排污管理、实行排污收费。对污染严重且长期未能治理的企业实行强制停产。我国将排污所得收入回用于污染治理的政策，有益于环境保护。

⑤ 绿化造林　绿化造林不仅能够美化环境、调节大气的温度和湿度、保持水土、防风固沙，而且在净化空气、降低噪声方面也有显著的功能。

植物对空气的净化作用是多方面的。绿色植物吸收 CO_2，制造 O_2，保持着大自然中 CO_2 与 O_2 的平衡。植物对空气中的粉尘、细菌及各种有害气体都具有阻挡、过滤和吸收的作用，从而减少了空气中各种污染物的含量。

有些植物对污染物极为敏感，极易产生病态反应，例如：紫花苜蓿在SO_2浓度为3.57mg/m^{3}时，1h后就呈现病态，而浓度达到57.2mg/m^{3}时，人才有咳嗽、流泪等症状。因而这类植物对大气污染又可以起到监测和报警的作用。绿化工作也要统筹规划，以达到事半功倍之效。

⑥ 高烟囱排放及安装净化装置　目前还不可能做到无污染物排放。采用高烟囱排放，是当前许多国家防止大气污染的一种有效方法。它可以把大气污染物有组织地排向高空，向更广的范围扩散稀释，充分利用大气的扩散作用和自净能力，以减轻局部地区的大气污染。

安装废气净化装置是消烟除尘、防治污染、保证环境质量的基础。根据烟气中污染物质的种类，可分别采用除尘、吸收、吸附和催化转化等方法进行捕集、处理、回收利用，而使空气得以净化。这是实现环境规划等综合防治措施的前提。因此，各国对研究、制作、安装净化装置都非常重视。

1.5 大气环境质量控制标准

大气污染主要是人类的生产、生活活动造成的有害物质在自然界积聚的结果。大气环境质量标准是为了保护人体健康和维护一定的生存环境对大气中污染物或其他物质的最大容许浓度所作的规定。

大气环境质量控制标准按用途可分为大气环境质量标准、工业企业设计卫生标准、大气污染物排放标准、大气污染控制技术标准以及大气污染警报标准等。它们之间有着密切的联系，而大气环境质量标准是科学地管理大气环境的基本准则，也是评价大气质量、制定大气污染防治规划和污染物排放标准的依据。在各种标准中，根据其适用的范围又分为国家标准、地方标准和行业标准：

1.5.1 大气环境质量标准

（1）制定标准的原则

大气环境质量标准是为了防治生态破坏、创造清洁适宜的环境、保障人体健康而制定的。因此需要综合研究人体健康和生态环境与大气污染物浓度之间的关系，对其相关性作定量分析，以确定大气环境质量标准规定的污染物及其浓度限值。1963年世界卫生组织通过的空气质量四级水平，已成为多数国家判断空气质量的依据。这四级水平如下：

第一级：在处于或低于所规定的浓度和接触时间内，看不到直接或间接的反应（包括反射性或保护性反应）；

第二级：达到或高于规定的浓度和接触时间时，对人的感觉器官有刺激，对植物有损害，或对环境产生其他有害作用；

第三级：达到或高于规定的浓度和接触时间时，使人的生理功能发生障碍或衰退，引起慢性病，缩短生命；

第四级：达到或高于规定的浓度和接触时间时，敏感者将发生急性中毒或死亡。

确定空气质量级别，还要合理协调实现标准所需的代价与社会经济效益之间的关系。同时还应遵循区域差异性原则，特别是中国地域广阔，经济发展不平衡，更应充分考虑各地区的人群构成、生态系统结构功能等差异性，做到在实施标准时，投入费用最小，而收益最大。

（2）《环境空气质量标准》

《环境空气质量标准》（GB 3095—1996）是根据《中华人民共和国环境保护法》和《中华人民共和国大气污染防治法》以及国际先进标准制定的，并于1996年10月1日开始实施，取代了我国1982年制定的《大气环境质量标准》（GB 3095—82）。2000年进行了第二次修订，2012年又颁布了新标准。

《环境空气质量标准》（GB 3095—1996）规定了二氧化硫（SO_2）、总悬浮颗粒物（TSP）、可吸入颗粒物（PM_{10}）、氮氧化物（NO_x）、二氧化氮（NO_2）、一氧化碳（CO）、臭氧（O_3）、铅（Pb）、苯并［*a*］芘（B［*a*］P）、氟化物（F）等10种污染物的浓度限值。该标准将环境空气质量功能区分为三类：一类区为自然保护区、风景名胜区和其他需要特殊保护的地区；二类区为城镇规划中确定的居住区、商业交通居民混合区、文化区、一般工业区和农村地区，三类区为特定工业区。环境空气质量标准分为三级：一类区执行一级标准，二类区执行二级标准，三类区执行三级标准。《环境空气质量标准》（GB 3095—2012）调整了环境空气功能区分类，将三类区并入二类区；增设了颗粒物（粒径小于等于2.5μm）浓度限值和臭氧8h平均浓度限值；调整了颗粒物（粒径小于等于10μm）、二氧化氮、铅和苯并［*a*］芘等的浓度限值；调整了数据统计的有效性规定。各级标准对10种污染物的浓度限值见表1-4。

表1-4 各项污染物的浓度限值

污染物名称	取值时间	质量浓度限值		单位
		一级标准	二级标准	
二氧化硫（SO_2）	年平均	20	60	μg/m³
	24h平均	50	150	
	1h平均	150	500	
二氧化氮（NO_2）	年平均	40	40	
	24h平均	80	80	
	1h平均	200	200	
一氧化碳（CO）	24h平均	4	4	mg/m³
	1h平均	10	10	
臭氧（O_3）	日最大8h平均	100	160	μg/m³
	1h平均	160	200	
颗粒物（粒径小于等于10μm）	年平均	40	70	
	24h平均	50	150	
颗粒物（粒径小于等于2.5μm）	年平均	15	35	
	24h平均	35	75	
总悬浮颗粒物（TSP）	年平均	80	200	
	24h平均	120	300	
氮氧化物（NO_x）	年平均	50	50	
	24h平均	100	100	

续表

污染物名称	取值时间	质量浓度限值		单位
		一级标准	二级标准	
氮氧化物（NO_x）	1h 平均	250	250	μg/m^3
铅（Pb）	年平均	0.5	0.5	
	季平均	1	1	
苯并［*a*］芘（B［*a*］P）	年平均	0.001	0.001	
	24h 平均	0.0025	0.0025	

《环境空气质量标准》是在全国范围内进行环境空气质量评价的准则，因此在标准中对环境空气、污染物项目、取值时间及浓度限值等 14 种术语的定义，以及采样与分析方法和数据统计的有效性都一一做了规定，这表明了我国对大气环境的科学管理日趋完善。

1.5.2 工业企业设计卫生标准

我国于 1979 年重新修订并公布了《工业企业设计卫生标准》（TJ 36—79），规定了“居住区大气中的有害物质的最高容许浓度”和“车间空气中有害物质的最高容许浸度”标准。2002 年，《工业企业设计卫生标准》经修订后再次由卫生部颁布为两个标准——《工业企业设计卫生标准》（GBZ 1—2002）和《工作场所有害因素职业接触限值》（GBZ 2—2002）。修订后的标准是根据职业性有害物质的理化特性、国内外毒理学及现场劳动卫生学或职业流行病学调查资料，并参考美国、德国、苏联、日本等国家的职业接触限值及其制定依据而修订和制定的，是工业企业设计及预防性和经常性监督、监测使用的卫生标准。GBZ 2—2002 中列出了 329 个有毒物质容许浓度，规定了工作场所 47 种粉尘容许浓度。2010 年，对该标准进行了第二次修订，调整了标准的适用范围，新增加了事业单位和其他经济组织建设项目的卫生设计及职业病危害评价、建设项目施工期持续年数或施工规模较大、因特殊原因需要的临时性工业企业设计，以及工业园区总体布局等的规定；增加及更新了规范性引用文件；增加了工业企业卫生设计常用术语及定义；调整了部分章节编排顺序及逻辑关系；增加了建设项目可行性论证阶段、初步设计阶段及竣工验收阶段的职业卫生要求以及职业卫生专篇编制、职业卫生管理组织机构和人员编制要求等内容；增加了在无法避开自然疫源地，或毗邻气体输送管道，或工业污染区进行工业企业选址时的职业卫生要求；增加了工作场所职业危害预防控制的卫生设计原则；增加了工作场所防尘、防毒的具体卫生设计要求；适当调整了防暑、防寒的卫生学设计要求；调整了防非电离辐射的卫生学设计要求；增加了采光、照明设计的具体要求；增加了应急救援设计的具体要求；删除了已在 GBZ 2.2—2007 中包含的职业接触限值；删除了原 GBZ 1—2002 的规范性附录 - 附录 B：体力劳动强度分级方法；增加了工业企业卫生防护距离标准，见规范性附录 - 附录 B 等；特殊行业如制药、生物、食品加工等行业在遵守本标准基础上，还应根据行业特点制定符合本标准的配套标准。

1.5.3　大气污染物排放标准

（1）制定原则

制定大气污染物排放标准的原则是以环境空气质量标准为依据，同时综合考虑治理技术的可行性、经济的合理性及地区的差异性，并尽量做到简明易行。制定排放标准的方法大体上有两种。一是按最佳适用技术确定法。最佳适用技术是指现阶段实施效果最好且经济合理的污染物治理技术。按最佳适用技术确定污染物排放标准就是根据污染现状、最佳治理技术效果，对已有治理得较好的污染源进行损益分析来确定排放标准。这样确定的排放标准便于实施和管理，但有时不能满足大气环境质量标准，而有时又显得过严。按这种方法制定的标准有浓度标准、林格曼黑度标准及单位产品允许排放量标准等。二是按污染物在大气中的扩散规律推算法。按污染物在大气中的扩散规律推算时，以环境空气质量标准为依据，应用大气扩散模式推算出不同烟囱高度污染物的允许排放量或排放浓度，或根据污染物排放量推算出最低排放高度。这样确定的排放标准，由于模式的准确性和可靠性受地理环境、气象条件及污染源密集程度等影响较大，对不同的地区就难免出现偏严或偏宽的情况。

（2）工业“三废”排放标准

我国于1973年颁布了《工业“三废”排放试行标准》（GBJ 4—73），规定了13类有害物质的排放标准。经过20多年的试行，于1996年修改制定了《大气污染物综合排放标准》（GB 16297—1996）。该标准规定了33种在我国有普遍性、代表性的污染危害严重的大气污染物排放标准，它概括了我国原有的废气标准中的13个项目和现有的地方排放标准中几乎所有的项目。因此自1997年1月1日起在全国开始实施该标准的同时，原《工业“三废”排放试行标准》（GBJ 4—73）以及部分行业性国家排放标准（或其废气部分）也予以废止。

《大气污染物综合排放标准》（GB 16297—1996）对33种污染物的规定包括了最高允许排放浓度、最高允许排放速率和无组织监控浓度限值，同时还规定了标准的实施要求。该标准适用于现有污染源大气污染物的排放管理，以及建设项目的环境影响评价、设计、环境保护设施竣工验收和投产后的大气污染物排放管理。

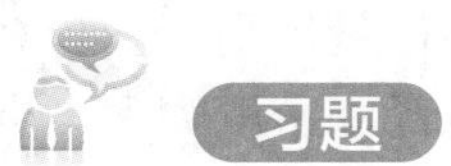

1.1　干洁空气中N_2、O_2、Ar和CO_2等气体组成的质量分数各为多少？

1.2　根据《环境空气质量标准》（GB 3095—2012）中的二级标准，计算SO_2、NO_2和CO三项污染物日平均浓度限值的体积分数。

1.3　成人每次吸入的空气量平均为$500cm^3$，假如每分钟呼吸15次，空气中颗粒物的浓度为$200\mu g/m^3$，试计算每小时沉积于肺泡上的颗粒物质量。已知颗粒物在肺泡上的沉积系数为0.12。

1.4　试分析我国大气污染的概况和综合防治措施。

1.5　请列举大气污染物的发生源，并选择典型源简要分析造成污染物产生的机理。

第2章 燃烧与大气污染

2.1 燃料及其性质

燃料是指在燃烧过程中，能够释放出热能且可以取得经济效益的物质。燃料主要包括常规燃料（如煤、石油、天然气，它们又称作化石燃料）和非常规燃料（如核燃料等）。燃料性质不同，其燃烧设备的结构和运行条件也有所差别，同时影响着大气污染物的生成和排放。本节将简要介绍煤、石油、气体燃料等常规能源的物理性质和化学性质。

2.1.1 常规燃料

（1）煤

煤是棕色至黑色的可燃固体，是最重要的固体燃料，主要由植物分解和变质而形成，可燃成分主要是由C、H及少量的O、N和S等构成的有机聚合物组成，各类聚合物之间通过不同的碳氢支链连接而形成较大的颗粒。

① 煤的分类　根据植物种类与炭化程度不同，可将煤分成泥煤、褐煤、烟煤和无烟煤。其中，泥煤质地疏松，含水率较高，氧含量较高，碳、硫含量较低；褐煤是泥煤进一步变化后形成的初始煤化物，因能够将热碱水染成褐色而得名。其结构类似木材，密度较大，含碳量较高，氧和氢的含量较低；烟煤是一种煤化程度较高的煤种，呈黑色，与褐煤相比，挥发分含量较少，密度较大，含水量较少，含碳量较高，氢和氧的含量较低；无烟煤是煤中矿化程度最高的一类，外观具有明亮的黑色光泽，密度较大，机械强度较高，含碳量较高，含硫量低，且分布广泛。

② 煤的工业分析　煤的工业分析包括测定煤中的水分、灰分、挥发分和固定碳分别占煤样质量的比例，以及煤的发热量、焦渣特性鉴定、灰熔点测定、颗粒度测定等。其中，水分是指在一定温度条件下所测得的煤中水分的质量分数；灰分是指煤中可燃物质完全燃烧以及不可燃矿物质发生分解、化合等反应后剩余的灰渣；挥发分是将煤在隔绝空气的条件下高温加热分解析出的全部气体和蒸气中，去除水分后得到的产物；固定碳是煤中减去水分、灰分和挥发分后的剩余部分。

③ 煤的元素分析　煤的元素分析包括分析煤中碳（C）、氢（H）、氧（O）、氮（N）、硫（S）五种元素占煤样质量的比例。因煤所处条件的不同，即采用不同质量基准，元素成分表示方法也不同，通常采用收到基成分、空气干燥基成分、干燥基成分和干燥无灰基成分四种方法表示。

④ **煤的使用特性**　煤的使用特性包括黏结性、耐热性、反应性、可燃性、灰熔点等。其中，黏结性是指粉碎后的煤在隔绝空气条件下加热到一定温度时，煤的颗粒之间互相黏结形成焦块的性质；耐热性是指煤在高温燃烧或气化过程中是否易于破碎的性质；反应性和可燃性是指煤的反应能力，即燃料中碳和二氧化碳及水蒸气进行还原反应的速度；灰熔点是煤的重要性质之一，工业上一般以软化温度作为衡量灰熔融性的主要指标。

（2）石油

① **石油的特性**　石油是液体燃料的主要来源。原油是天然存在的易流动液体，相对密度在 0.78 ～ 1.00 之间。由多种化合物混合而成，主要包括链烷烃、环烷烃和芳香烃等碳氢化合物。这些化合物主要含有元素碳和氢，还有少量的硫、氮和氧等，其含量因产地不同而存在差异。尽管原油易燃，但出于安全和经济的考虑，一般将原油加工为各种石油化学产品。

② **石油化学产品的分类**　石油压分馏可以得到石油气、汽油、挥发油、柴油、煤油等石油产品。其中，汽油燃烧性能好，黏度很低，闪点较低，挥发性好，但润滑性较差；煤油与汽油相比，煤油的馏程温度范围较高，密度较大，润滑性较好；柴油与煤油、轻挥发油相比密度较大，适合于柴油发动机的特定要求；重馏分油常常是炼油厂的副产品，基本上不含灰分，但黏度较高，难以雾化；重油是原油加工后各种残渣油的总称，含有相当数量的灰分（但与煤的灰分相比仍然很少），密度较大，黏度非常高，但其价格便宜，是工业炉窑的主要液体燃料。

（3）气体燃料

气体燃料由各种单一气体混合而成，其中主要可燃成分有一氧化碳（CO）、甲烷（CH_4）、氢气（H_2）和其他气态碳氢化合物以及硫化氢（H_2S）等；不可燃的气体成分有二氧化碳（CO_2）、氮气（N_2）以及水蒸气、焦油蒸气和粉尘等。

① **天然气**　纯天然气（简称天然气）的组分以 CH_4 为主，还含有少量的 CO_2、H_2S、N_2 和微量的 He、Ne、Ar 等气体。天然气既是制作合成氨、炭黑、乙炔等化工产品的原料气，又是优质的燃料气，加压处理成为液化天然气，更有利于运输和贮存。

② **人工燃气**　人工燃气包括干馏煤气、汽化煤气、油制气、高炉煤气、转炉煤气等。其中，利用焦炉、连续式直立炭化炉（伍德炉）和立箱炉等将煤干馏所获得的煤气称为干馏煤气；固体燃料汽化煤气由固体燃料汽化制得，压力汽化煤气、水煤气、发生炉煤气等均属于此类；油制气指利用重油制取的城市燃气，主要分为蓄热热裂解制气和蓄热催化裂解制气；高炉煤气是高炉炼铁过程的副产品，主要可燃成分是 CO（约 25% ～ 30%）；转炉煤气是转炉吹氧炼钢过程产生的炉气，主要成分是 CO，含量一般为 55% ～ 65%，最高可达 70%。

③ **液化石油气**　液化石油气是开采和炼制石油过程中作为副产品而获得的一部分碳氢化合物。液化石油气的主要成分是 C_3H_8、C_3H_6、C_4H_{10} 和 C_4H_8。这些碳氢化合物在常温、常压条件下呈气态，气压升高或温度降低时很容易转变为液态。

④ **沼气**　各种有机物质，如蛋白质、纤维素、脂肪、淀粉等，在隔绝空气的条件下发酵，并在微生物作用下产生的可燃气体，叫作沼气。沼气的组分中 CH_4 含量约为 60%，CO_2 约为 35%，此外，还有少量的 H_2、CO 等气体。

2.1.2 非常规燃料

除上述煤、石油、燃气等常规燃料外，所有可燃性物质均在非常规燃料之列。某些较低级的化石燃料，如泥炭、焦油砂、油页岩，也可作为非常规燃料使用。根据来源，非常规燃料可分为如下几种类型：a. 城市居民生活垃圾；b. 工业固体废物；c. 农产物和农村废物；d. 水生植物和水生废物；e. 污泥处理厂废物；f. 可燃性工业和采矿废物；g. 天然存在的含碳和含碳氢的资源；h. 合成燃料。

非常规燃料的重要性在于能够在某些领域代替日益减少的化石燃料供应，同时也是处理某些废物的有效方式。因此，非常规燃料的开发是建立在复杂的环境因素基础上的，它既能提供能源，又可以处置废物，减轻对环境的压力。但在非常规燃料的燃烧利用过程中常常会产生较常规燃料更严重的空气污染和水体污染，因此需要特别注意。

（1）城市居民生活垃圾

城市居民生活垃圾是指在城市日常生活中或者为城市日常生活提供服务的活动中产生的固体废物，以及法律、行政法规规定视为城市生活垃圾的固体废物。

① 种类　根据中华人民共和国城镇建设行业标准《生活垃圾采样和分析方法》（CJ/T 313—2009），我国居民生活垃圾可分为厨余、纸、橡塑、纺织、木竹、灰土、砖瓦陶瓷、玻璃、金属、其他和混合这 11 种垃圾类别，如表 2-1 所示。其中厨余、纸、橡塑、纺织和木竹等垃圾可以作为燃料利用。

表 2-1　生活垃圾物理组成分类表

序号	类别	说明
1	厨余类	各种动、植物类食品（包括各种水果）的残余物
2	纸类	各种废弃的纸张及纸制品
3	橡塑类	各种废弃的塑料、橡胶、皮革制品
4	纺织类	各种废弃的布类（包括化纤布）、棉花等纺织品
5	木竹类	各种废弃的木竹制品及花木
6	灰土类	炉灰、灰砂、尘土等
7	砖瓦陶瓷类	各种废弃的砖、瓦、瓷、石头、水泥块等块状制品
8	玻璃类	各种废弃的玻璃制品
9	金属类	各种废弃的金属、金属制品（不包括各种纽扣电池）
10	其他	各种废弃的电池、油漆、杀虫剂等
11	混合类	粒径小于 10mm 的、按照上述分类比较困难的混合物

② 特性　生活垃圾是一种复杂的混合物，其组分随着城市规模、城市居民生活水平的变化不断地变化，生活垃圾的重要特性包括容重、含水率、空隙率、粒度尺寸、元素组成等。其中，容重是指在自然堆积状态下，单位体积垃圾的质量，以 kg/m^3 或 t/m^3 表示；含水率是指生活垃圾中含水质量与垃圾质量的百分比，用质量分数（%）表示；空隙率是垃圾中物料之间隙的容积占垃圾堆积容积的比例，它是垃圾通风能力的表征参数；粒度尺寸是指垃

圾松散体不同成分的尺寸大小，是垃圾在进行资源回收时的一个重要参数指标；元素组成指不同元素的质量分数，垃圾中的元素可分为有机元素、微量元素和有毒元素三类。

（2）工业固体废物

工业固体废物是指在进行工业生产过程中形成的固体废物。按照固废危险性，工业固废可分为危险工业固废和一般工业固废，二者在排放量和处理方式上显示出不同的特点。在工业固废中，由《国家危险废物名录》所列出或国家规定的危险废物鉴别标准（GB 5085）、鉴别方法（GB 5086）和测定方法（GB/T 15555）所判断出的废物即为危险工业废物。由于有较大的危害性，危险工业固废通常被单独处理，是国家重点监管对象，并对其建立了相对成熟的法律法规和标准规范。一般工业固废是指没有被列入《国家危险废物名录》或者依据国家规定的相关鉴别标准及方法判断为不具备危险性的工业固废。一般工业固废，如尾矿、粉煤灰、煤矸石、冶炼废渣、炉渣等是占比最大的工业固体废物。

工业固废通常具有较多来源，其受处理方式、操作模式、工艺技术以及行业特征等方面因素的影响，通常存在多种特性。但是，普遍存在以下几个特点：

a. 工业固废的污染流动性和扩散性较差，具有呆滞性和长期性的特点，很容易持续破坏和污染周围环境，同时可能会出现复合污染和二次污染；

b. 工业固废的污染存在一定程度的间接性，通常不会直接污染自然环境，而是通过生物化学、物理等途径污染和破坏自然环境，其表现形式通常为重复污染和二次污染；

c. 受到间接性特征的影响，工业固废的污染具有一定的隐蔽性。

一般情况下，工业固废的污染会通过其他污染形式表现，同时，产生污染和破坏并没有一个确定的条件，因此很难被人察觉，导致人们会在一定程度上忽视工业固废污染，进而使相关工作人员无法科学有效地定量分析固体污染。

相对于农业固体废物和城市生活垃圾而言，工业固废通常来自工业生产，有毒有害成分普遍较高，污染物也具有更强的集中性，因此所产生的污染危害较为严重。

（3）农产物和农村废物

我国是农业大国，农村在日常生活服务中产生的固体废物主要包括植物纤维性废弃物（农作物秸秆、谷壳、果壳、树枝、杂草落叶等农产品加工废弃物）和畜禽粪便两大类。采取焚烧的方法处理垃圾，是当前世界工业发达国家最广泛应用的手段之一。垃圾焚烧法能最快实现垃圾无害化、稳定化、减量化、资源化的最终处理目标。垃圾焚烧法是将垃圾进行高温处理，在 800 ～ 1000℃的焚烧炉里，垃圾的可燃成分与空气中的氧气进行剧烈的化学反应转化成为高温的燃烧气体和少量固体残渣。植物纤维性废弃物较适合燃烧处理，而禽畜粪便因其高含水的特性不适合作燃烧处理。

① 农作物秸秆　根据燃烧的特点，农作物秸秆一般分为两类：一类为黄色秸秆（又称软质秸秆），主要包括麦秸、玉米秸和稻草等，在生物质秸秆燃烧应用中占很大比例；另一类为灰色秸秆又称硬质秸秆，主要包括棉秆、麻秆等。以我国最常见的、有代表性的秸秆——稻草、麦秸和玉米秸秆为例，与烟煤进行对比，分析其燃料特性。不同秸秆的元素分析结果不同，灰分组成也有明显的差异。秸秆的挥发分含量较多，特别是玉米秸的挥发分高达 70%，远远超过烟煤；秸秆固定碳含量较低，不到 20%，而烟煤的固定碳含量超过秸秆的两倍；另外，秸秆的含硫量和热值明显低于烟煤。三种秸秆中灰分含量相差很大，玉米秸

的灰分含量最低，稻草的灰分含量最高，麦秸和玉米秸的灰分含量远低于烟煤。秸秆特性对燃烧的主要影响有以下四点：

a．含水量高、热值低，产生的烟气体积较大，排烟热损失较高，因而炉膛温度低，燃烧效率也较低；

b．挥发分含量高，析出速度快，燃料在炉内能快速着火燃烧，燃烧时需补充大量空气，否则会造成空气供给量不足，难以保证秸秆燃料充分燃烧，从而影响锅炉的燃烧效率；

c．固定碳的含量远小于烟煤，由于固定碳的燃点高，其含量越高越难燃烧，因此秸秆很容易燃烧；

d．秸秆燃料中的硫、氮、碳含量较低，可以降低电厂 SO_2 和 NO_x 的排放，CO_2 近似零排放。

② 谷壳、果壳　作为一种生物燃料，谷壳具备成本低廉、环保无腐蚀、易点燃、锅炉升温快，且燃烧后产物可作为钾肥改善土壤板结等优势。但在食品、农产品加工生产过程中常会产生大量谷壳糠粉等可燃轻质粉尘，如啤酒生产车间，在受限高温空间内易发生燃烧、爆炸等事故，存在安全隐患。此外，谷壳在正常状态下进入锅炉燃烧室燃烧，一般存在起火慢、升温慢、燃烧效果不好、产生的气压低等缺点。随着经济林产业的发展，油茶、核桃、澳洲坚果等林产食品在我国农村迅速发展，这些林产食品加工过程中产生的大量果壳废弃物成为产业关注的焦点。油茶、核桃、澳洲坚果等经济林产品果壳主要成分为纤维素、半纤维素和木质素，热值高，具有巨大的生物质能源开发潜力，最简单、直接的利用方式是作为能源物质进行燃烧。对这些林产果壳废弃物进行燃烧综合利用，不仅对环境无污染，而且可减轻因燃烧化石能源造成的环境污染，缓解能源危机，促进经济林产业的发展，提高农民收入，促进社会和谐发展。坚果壳燃烧分为四个阶段，包括预热干燥、挥发分析出和燃烧阶段、固定碳主燃烧阶段及残余物燃烧阶段，质量损失主要集中在第二阶段和第三阶段。着火点、燃尽温度、最大燃烧速率、平均燃烧速率及综合燃烧特性指数随升温速率的增大而提高。

③ 树枝、杂草落叶等　落叶绝对含水率较高，含水率的多少会影响到原料在受热过程中的质量变化和热释放过程，导致落叶点燃时间最长，热释放速率和总热释放量也都较小，同时燃烧落叶测得 $PM_{2.5}$ 排放因子与常规燃料相比较高，则落叶在燃烧处理之前需采取相应的预处理手段改善其燃料特性，使其更加适配于燃烧处理。

（4）水生植物和水生废物

① 水生植物　水生植物是指生理上依附水环境，至少部分生殖周期发生在水中或者水表面的植物系群。广义的水生植物分为湿生（沼生）植物和浮游藻类。按生活类型细分为挺水植物、浮叶植物、沉水植物和漂浮植物。水生植物生长繁殖快，生物量大，覆盖面广，含有丰富的木质纤维素、淀粉类及脂类物质，是一种量大且速生的可再生资源。其中，湿生（沼生）植物是指生长在潮湿环境中，仅植株根系或近地部分浸没在水中，不可长时间承受水分亏缺的植物，常见的湿生植物包括芦苇、象草、再力花、大米草、凤眼莲（水葫芦）、水菖蒲、水浮莲等；浮游藻类是指与水生高等植物一样含有叶绿素，并可进行光合作用的自养生物。

② 水生废物　水生废物主要指因处置失控进入水体的固体废弃物。海洋垃圾是数量最大的水生废物，可分为塑料类、泡沫类、木质品类、玻璃类。塑料类垃圾分别占海面漂浮垃

圾、海滩垃圾、海底垃圾的88.7%、77.5%和88.2%。表层水体的塑料以碎片、颗粒、纤维为主，成分为聚丙烯（PP）、聚乙烯（PE）和聚对苯二甲酸乙二醇酯（PET）。海滩垃圾还含有大量聚苯乙烯（PS）塑料泡沫。塑料类垃圾具有较高的热值，如聚乙烯和聚丙烯的燃烧热分别高达46.63GJ/kg和43.95GJ/kg，均高于木材的燃烧热14.65GJ/kg。海洋垃圾中含有的少量的聚氯乙烯（PVC）、聚丙烯腈（PAN）等，燃烧时分别产生氯化氢（HCl）和氰化氢（HCN）气体，易造成二次污染。

（5）污泥处理厂废物

城镇污水与工业废水处理过程中，产生的半固态或固态物质为污泥处理厂的主要废物，统称污泥。其成分非常复杂，主要由有机残片、细菌菌体、无机颗粒、胶体污泥等组成。污泥的主要特性是含水率高，一般是介于液体和固体之间的浓稠物，可以用泵输送，但很难通过沉降进行固液分离。其次，污泥有机物含量高，易于腐化发臭，并且颗粒较细，相对密度较小（约为1.02～1.06），呈胶状液态。

① 污泥的种类　由于污泥的来源及水处理方法不同，产生的污泥性质不一，污泥的种类很多，分类比较复杂，一般可以按以下方法分类。

a. 按污泥来源划分：主要有生活污水污泥、工业废水污泥和给水污泥。

b. 按处理方法和分离过程划分可分为：初沉污泥，指污水一级处理过程中产生的沉淀物；活性污泥，指活性污泥法处理工艺二沉池产生的沉淀物；腐殖污泥，指生物膜法（如生物滤池、生物转盘、部分生物接触氧化池等）污水处理工艺中二次沉淀池产生的沉淀物；化学污泥，指化学强化一级处理（或三级处理）后产生的污泥。

c. 按污泥产生阶段划分包括：沉淀污泥，即初次沉淀池中截留的污泥，包括物理沉淀污泥、混凝沉淀污泥、化学沉淀污泥；生物处理污泥是在生物处理过程中，由污水中悬浮状、胶体状或溶解状的有机污染物组成的某种活性物质；生污泥指从沉淀池（初沉池和二沉池）分离出来的沉淀物或悬浮物的总称；消化污泥为生污泥经厌氧消化后得到的污泥；浓缩污泥指生污泥经浓缩处理后得到的污泥；脱水干化污泥，指经脱水干化处理后得到的污泥；干燥污泥，指经干燥处理后得到的污泥。

d. 按污泥成分和性质划分：有机污泥、无机污泥、亲水性污泥和疏水性污泥。

② 污泥的特性　污泥的特性包括含水率/固体含量、污泥比阻、挥发性固体、灰分、可消化程度等。其中，污泥中所含水分的质量与污泥总质量之比的百分数称为污泥含水率，相应地，污泥中所含固体物质在污泥中的质量百分比称为固体含量；污泥比阻指单位过滤面积上过滤单位质量的干固体所受的阻力；挥发性固体又称为灼烧减量，近似地等于污泥中有机物含量；灰分则表示无机物含量，又称为灼烧残渣；用可消化程度来表示污泥中可被消化降解的有机物数量。

（6）可燃性工业和采矿废物

可燃性工业废物，是指在工业生产过程中产生的容易燃烧的废物。工业中产生的废物有的燃点是非常低的，这类废物在环境中物理因素的影响下可能会引起火灾，具有一定可燃性，这些废物包括气体、液体废物和富含氧化剂的固体废物，如硫化氢、氯化氢、一氧化碳、含油废水、煤矸石等；采矿废物是在采矿过程中产生的非矿物和没有工业价值的矿物，如矸石。

① 硫化氢废气　是伴随工业化生产而产生的一种工业废气，来源于石油炼油厂、天然

气净化厂、石油化工厂等行业，数量上以石油炼制、天然气净化、煤气净化和合成氨原料气等为主。

② 氯化氢废气　是工业上一种常见的副产物。主要来源于生产和使用盐酸的化工、造纸、电镀、油脂等行业。此外，在盐酸的生产、贮存和运输过程中，在盐酸酸洗槽清洗金属过程中，在腐蚀照相、处理食品、加工玻璃和有机合成过程中，在制造化肥、燃料、电池、陶瓷的工艺过程中都有氯化氢废气的产生。氯化氢气体对生物、厂房和设备等危害极大。

③ 一氧化碳废气　广泛存在于工业生产过程，主要来源是冶金和化工行业。随着工业的发展，CO 废气排放量也越来越大，我国 CO 废气来源复杂，随着工业的发展，CO 废气总排放量增幅明显，不同种类废气中 CO 含量不同，体积浓度范围跨度较大。CO 含量较高的工业废气主要来源于钢铁及磷化工行业，排放量大，废气中其他主要组分多为还原性气体（如 H_2、CH_4）。

④ 含油废水　主要来源于石油开采、提炼及运输等过程，包括开采过程的采出水和洗井废水、提炼过程的冷却分离及洗涤废水、运输及加工过程的泄漏及洗涤废水等。含油废水的量大且成分复杂，常常含有大量的酚类、石油烃和芳香烃等有毒物质。

⑤ 煤矸石　煤矸石是在开采和清洗煤炭过程中所产生的一种固体废弃物，是一种含碳量较低、比煤坚硬的黑灰色岩石。煤矸石中含有一定量的碳和其他可燃物，因此可以用来作为发电燃料。煤矸石发电已经成为综合利用煤炭资源的有效途径之一，不仅解决了矸石山的堆放问题，而且还能够缓解电力紧张的局面。

（7）天然存在的含碳和含碳氢的资源

① 油页岩　是一种高灰分的含可燃有机质的天然沉积岩。它和煤的主要区别是灰分超过 40%，与碳质页岩的主要区别是含油率大于 3.5%。全球油页岩资源十分丰富，据不完全统计其蕴藏资源量约有 10 万亿吨，比煤炭资源量多 40%。爱沙尼亚、巴西、中国、以色列、澳大利亚、德国等国对油页岩的利用已经扩展到发电、取暖、提炼页岩油、制造水泥、生产化学药品、合成建筑材料以及研制土壤增肥剂等各个方面。

② 沥青砂　是在油气田中普遍存在的一种砂，因包裹有石油等重油，所以长期以来只是作为一种筑路材料。沥青砂为天然的混合物，内含有沥青、水、沙、黏土等物质，本身是一种胶状的黑色物质，可以用来生产液体燃料。普通油砂约含有 12% 的沥青。典型沥青砂中砂粒和黏土含量占 70% ～ 80%，水分含量小于 10%，油含量约为 0 ～ 18%。沥青砂属于非常规油藏中的一种，其储量远大于常规石油的探明储量。全世界的沥青砂储量估计有 1.55×10^5t，其中 19% 属可采储量。

③ 木柴　是能够次级生长的植物，如乔木和灌木等，是一种天然的含碳和含碳氢资源，对人类生活起着很大的支持作用。木柴平衡含水率随地区、季节及气候等因素而变化，约在 10% ～ 18% 之间。木柴在炉内且空气条件下燃烧，温度不超过 700℃。木柴或木质原料经过不完全燃烧，或者在隔绝空气的条件下热解，可以产生深褐色或黑色多孔木炭固体燃料，可以作为二级燃料进行再使用。而燃烧木柴会有燃烧不充分产生一氧化碳的危险，如室内环境通风不良将会导致一氧化碳中毒。

（8）合成燃料

合成燃料是指从固体物质或者含有丰富的碳、氢的烃类化合物中提取出的液态或气态燃料。目前国内外主要通过两种途径制备合成燃料：一种是以费托合成为代表的将煤炭、油页岩、沥青砂或天然气等利用热化学转化转变为合成燃料；另一种是通过对污泥和污水中的有机质进行处理获得燃料或者从特别栽培的作物和垃圾里提炼出来的酒精。

① 合成燃料的能源现状　在替代能源中，合成燃料有着极大的发展潜力，被广泛地应用于交通运输、工业生产和日常生活中。与其他能源形式相比，合成燃料的技术比氢能更加成熟；合成燃料释放的能量比风能、太阳能和潮汐能等更多；与核能相比合成燃料的利用门槛较低。此外，合成燃料的种类丰富，原料来源广泛，便于人们因地制宜地选择、开发和利用。

② 合成燃料的经济效应　现在，一大部分的能源消耗是以石油为基础的燃料。但是随着石油资源的日益消耗，资源逐渐短缺，使用的成本将越来越大。虽然合成燃料的成本并不低，但是随着合成技术的创新应用，合成燃料的成本进一步降低，进而推动其更加广泛的应用。

③ 合成燃料的弊端　合成燃料同样也会带来一些问题，例如煤炭由于含有大量的硫元素，所以在液化过程中，杂质与氧气会发生一些副反应生成含硫气体，进而导致酸雨等负面环境影响。除此之外，由于急于开发和使用生物燃料，也可能造成粮食作物价格上涨等“与人争粮”的困境。

2.2　燃料的燃烧过程

2.2.1　燃料完全燃烧的条件

根据燃料燃烧的完全程度，可以分为完全燃烧和不完全燃烧。完全燃烧是指燃料中可燃物质都能和氧充分反应，最终生成 CO_2、H_2O、SO_2 等燃烧产物；不完全燃烧是指燃料中部分可燃物质未能和氧充分反应，燃烧产物中存在气态可燃物，如 CO、H_2、CH_4 等，以及炭黑等固态可燃物。产生不完全燃烧的原因有多方面：空气供给不足；高温时燃烧产物发生解离；燃料与空气混合不充分；液体燃料未能很好雾化；固体燃料灰渣中夹炭；等等。

要使燃料完全燃烧，必须具备如下条件：

① 空气条件　燃料燃烧时必须保证相应空气的足量供应。如果空气供应不足，燃烧则不完全，但如果空气量过大，又容易降低炉内温度，增加排烟损失。因此，一般需要按照燃烧不同阶段供给相应空气量。

② 温度条件　燃料需要达到着火温度才能与氧发生燃烧反应。着火温度是指在有氧存在的条件下，可燃物开始燃烧所必须达到的最低温度。各种燃料都具有不同的着火温度。在燃料燃烧过程中，只有放热速率高于向周围的散热速率，才能维持一个较高的温度，使得燃烧过程继续进行。

③ 时间条件　燃料在高温区的停留时间应超过燃料燃烧所需要的时间。在所要求的燃烧反应速率条件下，停留时间将决定于燃烧室的大小和形状。由于反应速率随温度的升高而加快，所以在较高温度下燃烧所需要的时间较短。

④ 燃料与空气的混合条件　燃料和空气的混合程度取决于空气的湍流度。如果混合不充分，将导致不完全燃烧产物的生成。对于气相燃烧，湍流可以加速液体燃料的蒸发，而对于固体燃料燃烧，湍流有助于破坏燃烧产物在燃料颗粒表面形成燃烧阻碍层，进而提高表面

反应的氧利用率，加快燃烧的进行。

2.2.2 燃烧所需空气量

燃料燃烧所需要的氧，一般是从空气中获得，由燃料的组成决定。在燃烧计算时，通常需要如下假设：①空气中仅含有氮气和氧气，两者体积比为79/21=3.76；②燃料中的固定态氧可用于燃烧；③空气和烟气均符合理想气体定律，在标准状态下摩尔体积为22.4m^3/kmol。

（1）完全燃烧所需空气量

燃烧计算中首先需要计算理论空气量，即指单位量燃料（固、液体燃料用1kg，气体燃料用1m^3）完全燃烧所需的最少空气量。

① 固体和液体燃料燃烧所需理论空气量　固体和液体燃料的可燃物质为C、H、S，燃烧反应方程式为

$$C+O_2 = CO_2 \tag{2-1}$$

$$H_2+\frac{1}{2}O_2 = H_2O \tag{2-2}$$

$$S+O_2 = SO_2 \tag{2-3}$$

若燃料收到的基元素分析数据以质量分数w(C)、w(S)、w(O)、w(H)表示，则1kg燃料完全燃烧所需要的理论氧气量（标准状态，m^3/kg）为

$$V_{O_2}^{\ominus}=1.866w(C)+5.559w(H)+0.700w(S)-0.700w(O) \tag{2-4}$$

所需理论空气量（标准状态，m^3/kg）为

$$\begin{aligned}V_a^{\ominus}&=\frac{V_{O_2}^{\ominus}}{0.21}=4.76\times[1.866w(C)+5.559w(H)+0.700w(S)-0.700w(O)]\\&=8.882w(C)+26.46w(H)+3.332w(S)-3.332w(O)\end{aligned} \tag{2-5}$$

② 气体燃料燃烧所需理论空气量　气体燃料主要由H_2、CO、H_2S和碳氢化合物等组成，燃烧反应方程式为

$$H_2+\frac{1}{2}O_2 = H_2O \tag{2-6}$$

$$CO+\frac{1}{2}O_2 = CO_2 \tag{2-7}$$

$$CH_4+2O_2 = CO_2+2H_2O \tag{2-8}$$

$$C_mH_n+\left(m+\frac{n}{4}\right)O_2 = mCO_2+\frac{n}{2}H_2O \tag{2-9}$$

如果气体燃料的组成以体积分数$\varphi(H_2)$、$\varphi(CO)$、$\varphi(CH_4)$、$\varphi(C_mH_n)$、$\varphi(H_2S)$、$\varphi(O_2)$、$\varphi(N_2)$等表示，则1m^3（标准状态）气体燃料完全燃烧所需要的理论氧气量（标准状态，m^3/m^3）为

$$V_{O_2}^{\ominus}=0.5\varphi(H_2)+0.5\varphi(CO)+2\varphi(CH_4)+\Sigma\left(m+\frac{n}{4}\right)\varphi(C_mH_n)+1.5\varphi(H_2S-O_2) \tag{2-10}$$

气体燃料完全燃烧所需要理论空气量（标准状态，m^3/m^3）为

$$V_a^{\ominus}=\frac{V_{O_2}^{\ominus}}{0.21}=4.76\times[0.5\varphi(H_2)+0.5\varphi(CO)+2\varphi(CH_4)+\Sigma(m+\frac{n}{4})\varphi(C_mH_n)+1.5\varphi(H_2S-O_2)] \quad (2\text{-}11)$$

（2）燃烧所需实际空气量

在设计燃烧装置中，仅仅供给理论空气量不能保证燃料完全燃烧，因此实际供给的空气量 V_a 要比理论空气量 $V_a^{\ominus}$ 多。通常将比值 $V_a/V_a^{\ominus}$ 称为过量空气系数。因此，为保证燃料燃烧供给的实际空气量为

$$V_a=\alpha V_a^{\ominus} \quad (2\text{-}12)$$

过量空气系数值 α 的大小，与燃料种类、燃烧方式和燃烧装置的结构等因素有关。

表 2-2 给出了不同燃料用不同炉型的过量空气系数。

表 2-2 过量空气系数

炉型	烟煤	无烟煤	重油	煤气
手烧炉	1.3 ～ 1.5	1.3 ～ 2.0	—	—
链条炉	1.3 ～ 1.4	1.3 ～ 1.5	—	—
悬燃炉	1.2	1.25	1.15 ～ 1.2	1.05 ～ 1.1

如果空气中水分的含量较高，为保证精确计算，则应把空气中的水分计算在内，可按下式计算。

$$V_a=\alpha V_a^{\ominus}(1+1.24d_a) \quad (2\text{-}13)$$

式中，d_a 为空气的含湿量，kg/m^3 干空气。

2.2.3 燃烧产生的烟气量

（1）理论烟气量

理论烟气量是指单位质量（体积）燃料与空气完全燃烧后所产生的最少烟气量（过量空气系数为 1）。此时烟气中只含有 CO_2、SO_2、H_2O 三种污染物，以及由空气和燃料带入的氮和水蒸气。因此，对于固体和液体燃料，完全燃烧产生的理论干烟气量（标准状态，m^3/kg）为

$$V_{df}^{\ominus}=1.866w(C)+0.70w(S)+0.80w(N)+0.79V_a^{\ominus} \quad (2\text{-}14)$$

理论湿烟气量（m^3/kg）为

$$V_f^{\ominus}=V_{df}^{\ominus}+V_{H_2O}=V_{df}^{\ominus}+11.12w(H)+1.24[V_a^{\ominus}d_a+w(H_2O)] \quad (2\text{-}15)$$

式中，$w(N)$、$w(H_2O)$ 分别为燃料收到基中氮和水分的质量分数。

对于气体燃料，理论干烟气量（标准状态，m^3/m^3）为

$$V_{df}^{\ominus}=CO+CH_4+\Sigma mC_mH_n+H_2S+N_2+0.79V_a^{\ominus} \quad (2\text{-}16)$$

理论湿烟气量为

$$V_f^{\ominus}=CO+H_2+3CH_4+\Sigma(m+\frac{n}{2})C_mH_n+2H_2S+N_2+0.79V_a^{\ominus}+1.24(d_g+V_a^{\ominus}d_a) \quad (2\text{-}17)$$

式中，d_g 为燃气的含湿量，kg/m^3 干燃气。

（2）实际烟气量

当过量空气系数为 α 时，考虑过量空气带入的水蒸气，实际湿烟气量（标准状态，m^3/kg 或 m^3/m^3）为

$$V_f = V_f^{\ominus} + (1-\alpha)(1+1.24d_a)V_a^{\ominus} \tag{2-18}$$

实际干烟气量（标准状态，m^3/kg 或 m^3/m^3）为

$$V_{df} = V_{df}^{\ominus} + (\alpha-1)V_a^{\ominus} \tag{2-19}$$

2.3 燃料燃烧产生的主要污染物

燃料燃烧过程产生的大气污染物种类较多，主要有固体颗粒物和气态的硫氧化物、氮氧化物、一氧化碳、碳氢化合物等。二氧化碳虽然无毒，但属于温室气体，也应进行控制。

2.3.1 颗粒状污染物

燃烧过程中产生的颗粒污染物主要是燃烧不完全形成的炭黑以及烟尘和飞灰等。

（1）碳粒子的生成

燃烧过程中生成一些主要成分为碳的粒子，通常由气相反应生成积炭，由液态烃燃料高温分解产生结焦或煤胞。积炭是燃料气体在空气不足时发生热分解而形成的炭黑。不论是气体燃料、液体燃料和固体燃料，在燃烧时都会产生积炭。实践证明，如果让燃料与足量的氧混合，能够防止积炭生成。另外，在所有火焰中，压力越低则积炭生成趋势越小。

石油焦和煤胞的生成机理是：在多数情况下，液态燃料的燃烧尾气不仅含有气相过程形成的积炭，而且也会含有由液态烃燃料本身生成的碳粒。燃料油雾滴在被充分氧化之前，与炽热壁面接触，会导致液相裂化，接着发生高温分解，最后出现结焦。由此产生的碳粒叫石油焦，它是一种比积炭更硬的物质。多组分重残油的燃烧试验表明，燃料液滴燃烧的后期，将生成一种称为煤胞的焦粒，并且难以燃烧。煤胞外形为微小空心的球形粒子，其大小与油滴的直径成正比，一般为 10 ～ 300μm。

（2）燃煤烟尘的形成

固体燃料燃烧产生的颗粒物通常称为烟尘，它包括黑烟和飞灰两部分。黑烟主要是未燃尽的炭粒，飞灰则主要是燃料所含的不可燃矿物质微粒，是灰分的一部分。飞灰中含有 Hg、As、Se、Pb、Cu、Zn、Cl、Br、S，均属污染元素，有害健康。这些污染物在飞灰中富集了数百至数千倍。Hg、Se、Pb、Cu、Zn 属重金属元素，在原煤中均属痕量元素。

煤粉燃烧时，如果燃烧条件非常理想，煤可以完全燃烧，即其中的碳完全氧化为 CO_2 等气体，余下为灰分。如果燃烧不够理想，甚至很差，煤不但燃烧不好，而且在高温下发生热解。煤热解很易形成多环化合物，这样就会冒黑烟。碳粒燃尽的时间与粒子的初始直径、离子表面温度、氧气浓度等有关。因此，减少燃煤层气中未燃尽碳粒的主要途径应当是改善燃烧条件，包括燃料和空气的混合、燃烧温度以及碳粒在高温区的停留时间。

（3）燃煤尾气中飞灰的产生

燃煤尾气中飞灰的浓度和粒度与煤质、燃烧方式、烟气流速、炉排和炉膛的热负荷、锅炉运行负荷以及锅炉结构等多种因素有关。表2-3给出了几种燃烧方式的烟尘占灰分的比例。

表 2-3 几种燃烧方式的烟尘占灰分的比例

炉型	烟尘占燃烧灰分的比例 /%	炉型	烟尘占燃烧灰分的比例 /%
手烧炉	15 ～ 20	沸腾炉	40 ～ 60
链条炉	15 ～ 20	煤粉炉	75 ～ 85
抛煤机炉（机械风动）	24 ～ 40		

由表 2-3 可以看出燃烧方式不同，排尘浓度可以相差几倍甚至几十倍，其中煤粉炉的烟尘量最大。在理想条件下，是否容易形成黑烟与煤的种类和质量有很大关系，如烟煤最易形成黑烟。煤质（灰分和水分含量以及颗粒大小）对排尘浓度也有较大影响。一般灰分越高，含水量越少，排尘浓度就越高。

2.3.2 主要气态污染物

（1）SO_2 的形成

燃料含有一定量的硫元素，分可燃性硫和非可燃性硫两种。可燃性硫主要以元素硫、有机硫和无机硫的形式存在。这些硫在燃烧过程中生成 SO_2 排放到大气中。少量的非可燃性硫，即硫酸盐硫，伴随灰分进入灰渣中。无机硫的主要成分为黄铁矿（FeS_2），又称矿物硫。高硫煤中主要是无机硫。有机硫在煤中分布均匀，低硫煤中的主要硫分是有机硫。

当燃料燃烧时，元素硫和硫化物硫在燃烧时直接生成 SO_2，另有少量的 SO_2 被进一步氧化成 SO_3。而有机硫则先形成 H_2S、CS_2 等含硫化合物，进一步被氧化形成 SO_2。主要的化学反应如下。

元素硫燃烧
$$S+O_2 = SO_2 \tag{2-20}$$

$$SO_2+\frac{1}{2}O_2 = SO_3 \tag{2-21}$$

硫化物燃烧
$$4FeS_2+11O_2 = 2Fe_2O_3+8SO_2 \tag{2-22}$$

$$SO_2+\frac{1}{2}O_2 = SO_3 \tag{2-23}$$

有机硫的燃烧
$$CH_3CH_2SCH_2CH_3 \longrightarrow H_2S+2H_2+2C+C_2H_4 \tag{2-24}$$

$$2H_2S+3O_2 = 2SO_2+2H_2O \tag{2-25}$$

$$SO_2+\frac{1}{2}O_2 = SO_3 \tag{2-26}$$

【几点说明】

a．只有可燃性硫才参与燃烧，并在燃烧后生成 SO_2 及少量的 SO_3。

b．含硫量 0.5% ～ 5% 的煤，1t 煤中含硫 5 ～ 50kg，包括了可燃性硫和非可燃性硫，可燃性硫只占 80% ～ 90%。

c．由于可燃性硫中有 1% ～ 5% 转化为 SO_3，则燃煤中的硫转化为 SO_2 的转化率应为 80% ～ 85%。因此，在根据煤的含硫量计算烟气中 SO_2 的浓度时，硫的排放系数一般取 0.85 ～ 0.90。含硫量为 1% 的煤，燃烧后烟气中 SO_2 的浓度大致为 2000mg/m^3。

d．非可燃性硫以及残留在焦炭中的无机硫与灰分中的碱金属氧化物反应生成硫酸盐，并在灰中固定下来。

（2）NO_x 的形成

人类活动排入大气中的 NO_x，90% 以上来自燃料燃烧过程。燃烧过程中产生的 NO_x 主要是 NO 和 NO_2，其中 NO 约占 90%，NO_2 约占 5% ～ 10%，其余的有 N_2O 等。燃烧过程中的 NO_x 有 3 种不同的生成途径，称为不同的 NO_x，即热力型 NO_x、燃料型 NO_x 和快速型（瞬时型）NO_x。

① 热力型 NO_x　热力型 NO_x 是在高温燃烧时空气中的 N_2 和 O_2 反应生成的，其产生量与燃烧温度、燃烧气体中氧气的浓度及气体在高温区停留的时间有关。在氧气浓度相同的条件下，NO 的生成速度随燃烧温度的升高而增加。当燃烧湿度低于 300℃时，只有少量的 NO 生成，而当燃烧温度高于 1500℃时，NO 的生成量显著增加。为了减少热力型 NO_x 的生成量，应设法降低燃烧温度，减少过量空气，缩短气体在高温区的停留时间。热力型 NO_x 是燃烧过程中空气中的 N_2 在高温下氧化而生成的氮氧化物，占总的 NO_x 的 20% 左右。降低燃烧温度，会减少其生成量。

② 燃料型 NO_x　燃料型 NO_x 是燃料中含氮化合物在燃烧过程中氧化而生成的氮氧化物，它占氮氧化物生成量的 60% ～ 80%。燃料型 NO_x 的发生机制目前尚不完全清楚。一般认为，燃料中的氮化合物首先发生热分解形成中间产物，然后再经氧化生成 NO。燃料型 NO_x 主要是 NO，只有 10% 的 NO 在烟道中被氧化成 NO_2。

燃料型 NO_x 生成的最大特点是与燃烧方式、燃烧工况有关。燃料型 NO_x 的生成依赖于燃烧温度。如炉排炉燃烧温度比较低（1024 ～ 1316℃），燃料中的氮只有 10% ～ 20% 转化成 NO_x，而煤粉炉燃烧温度比较高（1538 ～ 1649℃），则有 25% ～ 40% 的燃料氮转化为 NO_x。

③ 快速型 NO_x　快速型 NO_x 是在火焰边缘形成 NO_x，快速型由于生成量很少，一般不考虑。就煤粉炉而言，快速型 NO_x 小于 5%。

在以上三类 NO_x 生成机理中，快速型 NO_x 不到 5%，当燃烧区温度低于 1350℃时几乎没有热力型 NO_x，只有当燃烧温度超过 1600℃时，热力型 NO_x 才可能占到 25% ～ 30%。对于常规燃烧设备，NO_x 的燃烧控制主要是通过降低燃料型 NO_x 而实现的。

机动车排放的 NO_x 也是不可忽视的排放源，主要是热力型 NO_x 和燃料型 NO_x。

（3）Hg 的形成

一般来说，Hg 常见于朱砂、氯硫汞矿、硫汞锑矿和其他矿物，其中以朱砂最为常见。朱砂在空气流中被加热，发生如下反应：

$$HgS+O_2 \longrightarrow Hg+SO_2 \tag{2-27}$$

Hg 在自然界以金属 Hg、无机 Hg 和有机 Hg 的形式存在。无机 Hg 主要有一价和二价化合物，有机 Hg 包括甲基 Hg、二甲基 Hg 和苯基 Hg 等。而且，二价 Hg 离子（Hg^{2+}）与二价硫离子（S^{2-}）具有很强的亲和力，一旦两者相遇，会很快结合形成稳定的 HgS 沉淀，因此汞一般以稳定的 HgS 形态存在于自然界中。

研究表明，全球每年排放到大气中 Hg 的总量约为 6000t，其中 80% 是人为的结果。造成 Hg 污染的主要人为因素包括矿石燃料燃烧、Hg 矿以及其他金属冶炼、电器工业以及氯碱工业中的 Hg 使用等。其中电站燃煤 Hg 排放量所占比例最大，接近 35%。煤中的 Hg 主要与无机矿物质相结合，FeS_2 和 HgS 是煤中 Hg 的主要载体。

煤粉在燃烧时，伴随矿物质分解，由于高温条件下大部分 Hg 化合物的热力不稳定性，绝大部分 Hg 转变成元素 Hg 进入气相与烟气混合，残留在底灰中的汞比例一般小于 2%。随着烟气流经各个设备，温度降低，在氯化物、氧化物和飞灰的作用下，部分 Hg 发生均相氧化反应和多相催化氧化反应，生成氧化态 $Hg^{2+}X$（g），其中 X 为 Cl_2、O 和 SO_4 等，其中以 $HgCl_2$ 为主。

Hg（g）与烟气中的常见组分 Cl_2、HCl（g）、Cl、O_2 和 NO_2 发生的氧化反应式如下：

$$Hg+Cl_2 \longrightarrow HgCl_2 \tag{2-28}$$

$$Hg+2HCl \longrightarrow HgCl_2+H_2 \tag{2-29}$$

$$Hg+Cl \longrightarrow HgCl \tag{2-30}$$

$$HgCl+Cl_2 \longrightarrow HgCl_2+Cl \tag{2-31}$$

$$2HgCl+2HCl \longrightarrow 2HgCl_2+H_2 \tag{2-32}$$

$$HgCl+Cl \longrightarrow HgCl_2 \tag{2-33}$$

$$2Hg+O_2 \longrightarrow 2HgO \tag{2-34}$$

$$2Hg+4HCl+O_2 \longrightarrow 2HgCl_2+2H_2O \tag{2-35}$$

$$4Hg+4HCl+O_2 \longrightarrow 4HgCl+2H_2O \tag{2-36}$$

$$Hg+NO_2 \longrightarrow NO+HgO \tag{2-37}$$

（4）HCl 的形成

垃圾成分复杂，氯含量随垃圾成分不同有较大的变化。虽然垃圾焚烧过程中氯的析出机理和行为特性尚不是很清楚。但研究表明，无论是无机氯化物还是有机氯化物其焚烧后的主要产物都是 HCl。

城市生活垃圾种类繁多，但氯元素主要存在于有机物如聚氯乙烯废物（包装材料、日用杂货、废弃汽车破碎粉尘等），聚偏二氯乙烯废物（食品容器、皮带软管等），氯丁二烯橡胶废物等和厨余类物质（以钠、钾和钙的氯化物等为主）中，焚烧过程中产生的氯化氢主要来自两部分：

a．有机氯化物产生

$$C_nH_mCl_p+pO_2 \longrightarrow xCO_2\uparrow+yCO\uparrow+zH_2O\uparrow+wHCl\uparrow \tag{2-38}$$

垃圾中的有机含氯组分通过式（2-38）生成 HCl。这样，生成的氯化氢随烟气排入大气，造成环境污染。

b．无机盐产生

以 NaCl 为例，反应如下：

$$H_2O+2NaCl+SO_2+0.5O_2 \xrightarrow{\triangle} Na_2SO_4+2HCl\uparrow \quad (2\text{-}39)$$

这些反应特性使得本来不含挥发性氯的某些纸、布类垃圾含水量较大，通过转移、堆放得到了无机氯盐以后，在焚烧过程中也会析出 HCl 气体。

【几点说明】

① 生活垃圾中含有的有机氯主要以 PVC 塑料的形式存在，我国塑料制品中 PVC 占 30% 以上，无机氯通常以 NaCl 的形式存在于厨余中。

② PVC 类塑料和厨余中含有的氯化钠是垃圾焚烧过程中氯化氢排放的主要来源。

③ 焚烧时，如果炉内空气过量时，一部分氯化氢也会在空气的作用下生成氯气。相对于氯化氢而言氯气更难处理。

（5）二噁英的形成

一般来讲，二噁英的产生离不开氯化物，而塑料以及橡胶的主要成分就是聚乙烯、聚氯乙烯、聚丙烯和聚苯乙烯树脂。在焚烧此类物质过程中就会产生二噁英，二噁英生成主要通过三种途径，即前驱物生成、从头合成和高温生成。

① 前驱物生成　在燃烧过程中，若缺氧燃烧，会生成二噁英的前驱物氯苯和氯酚等，前驱物与垃圾中的氯化物、O_2 和 O 离子进行复杂化学反应，生成二噁英类物质。由前驱物生成分为两种类型：异相前驱物催化生成和同相前驱物催化生成。异相催化生成即在催化剂催化作用下已有气态前驱物与飞灰表面吸附的二噁英类物质生成二噁英的过程。同相前驱物催化生成则是聚氯乙烯与前驱物的反应过程。

② 从头合成　从头合成反应是指碳、氢、氧以及氯等元素通过基元反应生成二噁英，或者由化学结构不相近的不含氯元素的有机物与氯发生反应生成。“从头合成”是燃烧过程中氧化反应的副反应。反应过程中，65% ～ 75% 的残留碳氧化生成二氧化碳，仅有 1% 的残留碳转化为氯苯，0.01% ～ 0.04% 的残留碳直接生成二噁英，二噁英的生成量随着飞灰残留碳气化速率增加而增加。

③ 高温生成　在焚烧炉中的高温区（500 ～ 800℃），塑料以及橡胶燃烧会生成的氯苯和氯酚等氯代前驱物通过自由基缩合、脱氯等反应过程生成二噁英。如果燃烧过程中缺氧，燃烧物中所有的有机氯和一部分的无机氯将会以 HCl 的形式释放，然后再转化为 Cl 和 Cl_2，最后会使得不完全燃烧产物发生氯化。在氯源比较充足的情况下，发生氯化反应的机会更大，在这种情况下，大量不完全燃烧产物就会产生，最后再聚合生成二噁英。

总体来说，二噁英的形成条件主要有：适宜的温度，一般在 200 ～ 500℃；需产生前驱体物质，主要是含苯环的有机物；燃烧物中必须要有氯的存在；铜、铁等金属催化剂。

2.1　煤的元素含量分析结果如下：S 0.6%；H 3.7%；C 79.5%；N 0.9%；O 4.7%；灰分 10.6%。如果该煤在空气过剩 20% 的条件下完全燃烧，计算烟气中 SO_2 的浓度。

2.2　某锅炉用煤气的成分组成如下：H_2S 0.2%；CO_2 5%；O_2 0.2%；CO 28.5%；H_2 13%；CH_4 0.7%；N_2 52.4%；空气含湿量为 12g/m³（标准，干）。过量空气系数为 1.2。试求

实际需要的空气量和燃烧时产生的设计烟气量。

2.3 干烟道气的组成为：CO_2 11%（体积分数，下同）；O_2 8%；CO 2%；SO_2 1.2×10^{-4}%；颗粒物 30.0g/m^3［测定状态，烟道气流量在 700mmHg（1mmHg=133.3224 Pa）和 443K 条件下为 5663.37m^3/min］，水汽含量 8%。试计算：

（1）过量空气系数；

（2）SO_2 的排放浓度（μg/m^3）；

（3）在标准状态下干烟道气的体积；

（4）在标准状态下颗粒物的浓度。

第 3 章　气象与大气扩散

大气污染的形成及其危害程度取决于地区的气象条件。因为污染物进入大气之后，在大气湍流的作用下扩散而被稀释。因此要研究大气污染现象，掌握大气污染物的扩散规律，对大气污染的形成进行有效的防治，就必须要了解大气扩散与气象条件之间的关系，以及地面条件对局部气象因素的影响。随着环境科学的发展，在大气环境科学中逐渐形成一个新的学科分支，即空气污染气象学。它主要研究两个方面的问题：一是各种气象条件对大气污染物的传输与扩散作用；二是空气污染物对天气和气候的影响。本章仅对第一类问题及其有关的厂址选择、烟囱高度的设计等问题进行简要介绍。

3.1　大气的垂直结构

大气的垂直结构是指气温、大气密度及其组成在垂直方向上的分布状况。这里主要研究气温的垂直分布。根据气温在垂直方向的分布状况，可将大气分为五层，即对流层、平流层、中间层、热层和外逸层（图 3-1）。

3.1.1　对流层

对流层是大气的最底层。整个大气有四分之三的质量及几乎全部的水汽集中在该层，因此，对流层的空气密度最大，也较潮湿。

由于此层直接毗连地表，下垫层受热不均匀，因此其主要特点是具有强烈的对流运动，气温随着高度的增加而降低。在一般情况下，每升高 100m，大气的温度平均降低 0.65℃，称之为大气温度的正常递减率，简称气温直减率。由于温度和湿度的水平分布不均匀，空气会出现水平运动。主要的天气现象，如云、雨、雾、雪等均发生在对流层。

对流层顶是对流层与平流层之间的过渡层，其厚度和温度随纬度和季节的不同而变化，且与天气系统的活动有关。一般来说，对流层厚度随纬度增高而降低：热带约 15 ～ 17km，温带约 10 ～ 12km，两极附近只有 8 ～ 9km。对同一地区来说，夏季大于冬季。

对流层又可分成摩擦层和自由大气层。自地面向上延伸 1 ～ 2km，这一层叫摩擦层或大气边界层。大气边界层受地表影响最大，地表面冷热的变化，使气温在昼夜之间有明显的差异。气流由于地面摩擦的影响，风速随高度的增加而增大，而且水汽充足，湍流盛行，因此这一层大气运动直接影响着污染物的输送、扩散和转化。

大气边界层以上称为自由大气，其受地表面影响甚微，可以忽略不计。

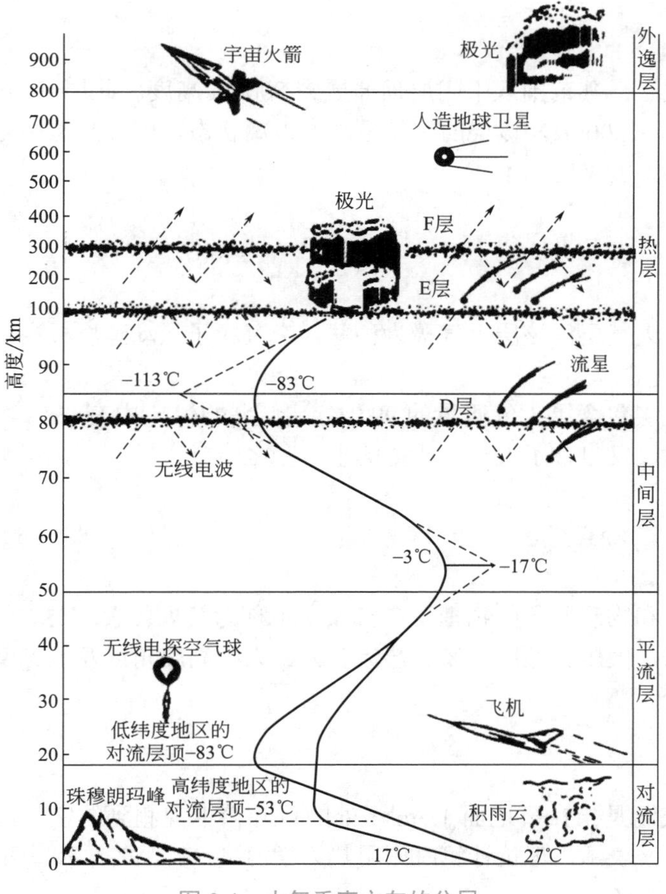

图 3-1 大气垂直方向的分层

3.1.2 平流层

从对流层顶到 50km 左右这一层称为平流层。平流层内空气比较干燥，几乎没有水汽。该层的气温分布是：下层等温，从对流层顶到 22km 左右，气温几乎不随高度变化；而上层的气温随高度迅速增高。平流层的主要特点是空气几乎没有对流运动，铅直混合微弱。在对流层顶以上臭氧量开始增加，22 ～ 25km 附近臭氧浓度达到极大值，然后减小，到 50km 处臭氧量就极微了，因此，22 ～ 25km 处叫臭氧层。

3.1.3 中间层

从平流层顶到 85km 左右这一层称为中间层。这一层的气温是随高度而下降的，存在空气的水平运动和垂直运动。中间层顶，温度极小值达 180K，以后温度随高度略有变化，再趋于增加。

3.1.4 热层

热层又称热成层，其范围从中间层顶伸展到 800km 高度。此层气温随高度上升而增高，到热层顶可达 500 ～ 2000K，该层的空气呈高度电离状态，因此热层中存在大量的离子和自由电子，故又被称为电离层。

3.1.5 外逸层

外逸层也称外大气层。该层大气极为稀薄，空气粒子运动速度极高，可以摆脱地球引力散逸到太空中去。

对流层和平流层包含了大气质量的 99.9%，剩余的 0.1% 中有 99% 集中在中间层。因此热层及其上层大气仅仅包含了大气总质量的十万分之一。

3.2 主要的气象要素

表示大气状态和物理现象的物理量在气象学中称为气象要素。与大气污染关系密切的气象要素主要有气温、气压、湿度、风、湍流、云、太阳高度角以及能见度等。

3.2.1 气温

气象上讲的气温是指在离地面 1.5m 高处的百叶箱中观测到的空气温度。气温的单位一般用摄氏温度（℃）表示，理论计算时则用热力学温度（K）来表示。两者间的换算关系是：T(K）=T(℃）+273.16。

3.2.2 气压

气压是指大气压强，即单位面积上所承受的大气柱的质量。气压的单位用帕（Pa）表示。在气象上常用百帕（hPa）来表示（1hPa=100Pa）。

根据气压的定义可知，高度越高，压在其上的气柱质量越小，气压也就越低。因此对于任何一个地点来说，气压总是随着高度的增高而降低的。在静止状态下，气压随高度降低的规律可用下式来表示。

$$\frac{\mathrm{d}p}{\mathrm{d}z}=-\rho g \tag{3-1}$$

式中 p——气压，Pa；

z——高度，m；

ρ——空气的密度，kg/m^3；

g——重力加速度，9.81m/s^2。

3.2.3　湿度

大气的湿度又简称为气温，用来表示空气中水汽的含量，即空气的潮湿程度。常用的表示方法有：绝对湿度、水蒸气压、相对湿度、饱和度、比湿和露点等。

3.2.4　风

空气的流动就形成风。气象上把水平方向的空气运动称为风。风是有方向和大小的。风向是指风的来向，例如，东风是指风从东方来。风向可用 8 个方位或 16 个方位表示，也可用角度表示。如图 3-2 所示。

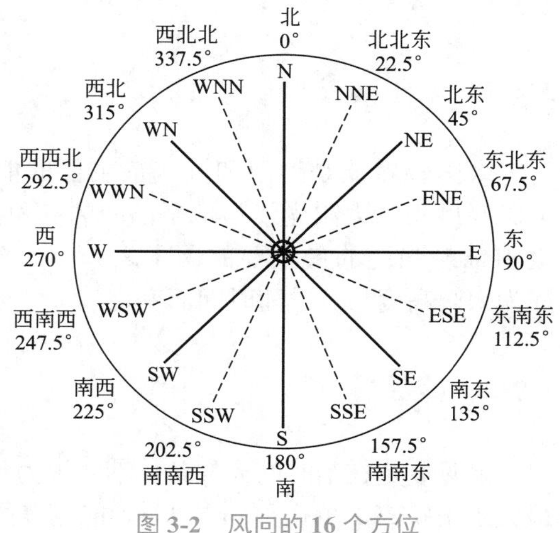

图 3-2　风向的 16 个方位

风速是指单位时间内空气在水平方向移动的距离，用 m/s 或 km/h 来表示。通常气象台站所测定的风向、风速都是指一定时间的平均值。风速也可用风力级数（0 ～ 12 级）来表示。若用 P 来表示风力，u 表示风速（km/h），则有

$$u \approx 3.02\sqrt{P^3} \tag{3-2}$$

由于地面对风产生摩擦，起阻碍作用，所以风速会随高度升高而增加，100m 高处的风速，约为 1m 高处风速的 3 倍。

3.2.5　湍流

大气湍流，是指大气不规则的运动。风速时大时小，主导风向上下左右出现摆动，就是大气湍流作用的结果。

大气湍流因形成原因不同，可分为两种。一种是机械湍流，它是由垂直方向风速分布不均匀以及地面粗糙程度引起的；另一种是热力湍流，这主要是地表面受热不均或垂直方向气温分布不均匀造成的。

空气在起伏不平的地面上活动时，由于空气有黏性，地面有阻力，在主要气流中会产生大大小小的湍流。湍流的强弱和发展及其结构特征取决于风速的大小、地面粗糙度和近地面的大气温度的垂直梯度。

3.2.6　云

云是由飘浮在空气中的小水滴、小冰晶汇集而成的。云对太阳辐射起反射作用，因此云的形成及其形状和数量不仅反映了天气的变化趋势，同时也反映了大气的运动状况。

云高是指云底距地面的高度。根据云高的不同可分为高云、中云和低云。高云的云高一般在 5000m 之上；中云则在 2500 ～ 5000m 之间；而低云又在 2500m 以下。

云的多少是用云量来表示的。云量是指云遮蔽天空的成数。我国规定，将天空分为 10

等分，云遮蔽了几分，云量就是几。例如，阴天时，云量为 10 分；碧空无云时，云量为零。在气象学中，云量是用总云量和低云量之比的形式表示的。总云量是指所有的云（包括高、中、低云）遮蔽天空的成数；低云量仅仅是指低云遮蔽天空的成数。国外计算云量是把天空分为 8 分，云遮蔽几分，云量就是几。因此它与我国云量的换算关系为：

$$国外云量 \times 1.25 = 我国云量 \tag{3-3}$$

3.2.7 太阳高度角

太阳辐射能是地面和大气最主要的能量来源，太阳高度角为太阳光线与地平面间的夹角，是影响太阳辐射强弱的最主要的因子之一。如图 3-3，h_0 即为太阳高度角，它随时间而变化。

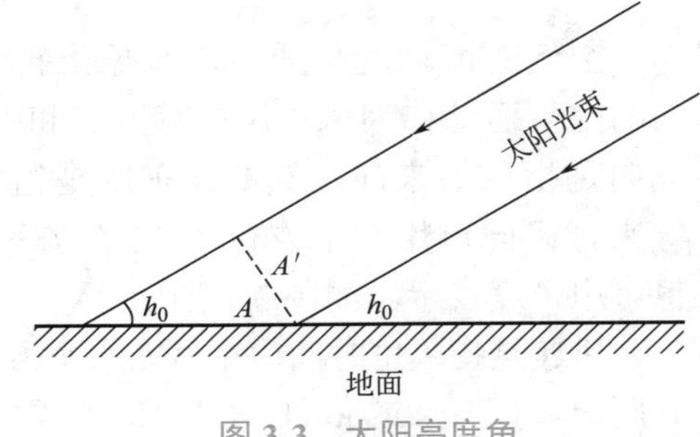

图 3-3 太阳高度角

3.2.8 能见度

能见度是在当时的天气条件下，视力正常的人能够从天空背景中看到或辨认出目标物的最大水平距离，单位是 m 或 km。能见度的大小反映了大气透明或浑浊的程度。能见度的观测一般分为 10 级，见表 3-1。

表 3-1 能见度级数与白日视程

能见度级数	白日视程 /m	能见度级数	白日视程 /m
0	50 及以下	5	＞ 2000 ～ 4000
1	＞ 50 ～ 200	6	＞ 4000 ～ 10000
2	＞ 200 ～ 500	7	＞ 10000 ～ 20000
3	＞ 500 ～ 1000	8	＞ 20000 ～ 50000
4	＞ 1000 ～ 2000	9	＞ 50000 以上

3.3 大气稳定度及其分类

大气稳定度是影响大气运动状况的重要因素，它与气温的垂直分布有关。

3.3.1 气温的垂直分布

气温是随着高度变化的。把高度每变化 100m 气温变化的度数叫作气温的垂直递减率，用 γ（℃ /100m）来表示，则：

$$\gamma = \frac{\partial T}{\partial z} \tag{3-4}$$

式中 T——气温，℃；

z——高度，m。

当气温随高度增高而降低时，$\gamma>0$，反之$\gamma<0$。

气温沿高度的分布，可以在坐标图上用一条曲线表示出来，如图3-4所示。这一曲线称为气温沿高度的分布曲线或温度层结曲线，简称温度层结。

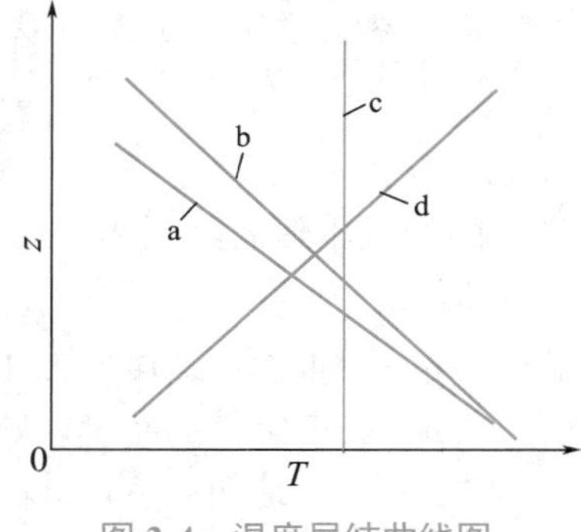

图3-4 温度层结曲线图

图3-4表示了近地面大气中温度层结的四种情况：a.气温随高度的增加是递减的，称为正常分布，或递减层结，$\gamma=-\dfrac{\partial T}{\partial z}>0$；b.气温的垂直递减率约为1，即$\gamma=-\partial T/\partial z=$ 1℃/（100m），称为中性层结；c.气温随高度增加不发生变化，即$\gamma=-\dfrac{\partial T}{\partial z}=0$，称为等温层结；d.气温随着高度的增加而升高，称为逆温层结，这时$\gamma=-\dfrac{\partial T}{\partial z}<0$。

3.3.2 干绝热直减率

如果有一小块干空气在大气中做垂直运动，并且不与周围空气发生热量交换，这称为干绝热过程。

当小干气块从地面绝热上升时，它因周围气压的逐渐减小而膨胀，这样部分内能用来反抗外界压力做膨胀功，而使自身温度逐渐降低；反之，当小干气块由高空绝热下降时，在下降过程中，周围空气的压力逐渐增大，外压力对气块做压缩功，使其内能增大导致温度上升。把干空气块在绝热过程中每上升（或下降）100m时，温度降低（或升高）的数值称为干空气温度的绝热垂直递减率，简称干绝热直减率，并用γ_d表示，其定义式为：

$$\gamma_d=-\frac{\mathrm{d}T}{\mathrm{d}z} \tag{3-5}$$

负号的意思是表示干气块在绝热上升的过程中，温度随高度升高而降低。

γ_d是一个用于比较的理论值，它可以根据热力学的原理计算出来。

小干气块在垂直运动的过程中服从热力学第一定律。即

$$\mathrm{d}Q=mC_V\cdot\mathrm{d}T+mp\mathrm{d}V' \tag{3-6}$$

式中 $\mathrm{d}Q$——小气块从外界获得的热量，J；

m——空气质量，kg；

C_V——空气的定容比热容，J/（kg·K）；

T——空气的温度，K；

p——空气的压力，Pa；

V'——干气块的比容，m^3/kg。

小气块从外界获得的能量$\mathrm{d}Q$，应等于其内能的增加值$C_V\cdot\mathrm{d}T$与反抗外力做的功$p\mathrm{d}V'$之和。因小气块与外界无热交换，所以$\mathrm{d}Q=0$。

又有

$$C_p-C_V=R \tag{3-7}$$

式中 C_p——空气的定压比热容，J/（kg·K）；

R——空气的气体常数，J/（kg·K）。

根据热力学第一定律可以导出大气绝热过程方程式为:

$$\frac{dT}{T}=\frac{R}{C_p}\times\frac{dp}{p} \tag{3-8}$$

因为气压随高度变化的规律可用式(3-1)来表示,因此得:

$$dp=-g\rho dz \tag{3-9}$$

式中 g——重力加速度,9.81m/s^2;

ρ——干空气的密度,kg/m^3;

z——离地面高度,m。

又有理想气体状态方程:

$$pV=RT \tag{3-10}$$

式中 V——空气的比体积,m^3/kg。

可以近似地视为密度 ρ 的倒数。因此得到下式:

$$p=\frac{RT}{V}=RT\rho \tag{3-11}$$

将式(3-9)和式(3-11)代入式(3-8),则得到:

$$\frac{dT}{dz}\approx-\frac{g}{C_p}$$

式中 C_p——干空气的定压比热容,1004J/(kg·K)。

因此,

$$\gamma_d=-\frac{dT}{dz}\approx\frac{g}{C_p}=0.98/100\approx1/100 \tag{3-12}$$

这表示干空气在做绝热上升(或下降)运动时,每升高(或下降)100m 温度约降低(或升高)1℃。

必须指出,$\gamma_d=-dT/dz$,表示干气块在垂直位移过程中,在绝热条件下温度的变化。它与气温随高度的分布,即气温的垂直递减率 $\gamma_d=-\partial T/\partial z$ 是完全不同的概念。γ_d 的数值是固定的,而 γ 则是随时间和空间变化的。

在研究大气边界层的温度场时,如果小空气块做垂直运动,外界气压变化很大,当气压变化的影响远远超过气块与周围热交换的影响时,可以认为气块的温度变化主要受气压变化的影响,而不考虑热交换的影响,这可视为绝热过程。

3.3.3 大气稳定度

大气稳定度是指大气中任一高度上的任一空气块在垂直方向上的相对稳定程度。大气稳定度的含义可这样理解,如果一空气块由于某种原因受到外力的作用,产生了上升或者下降的运动,当外力消除后,可能发生三种情况:a. 气块逐渐减速并有返回原来高度的趋势,则称此时的大气是稳定的;b. 气块仍然加速上升或者下降,此时大气则是不稳定的;c. 气块停留在外力消失时所处的位置或者做等速运动,这时大气是中性的。

如何来判别大气的稳定度呢?γ_d 是一个用于比较的理论值。可以比较 $\gamma-\gamma_d$ 的不同结果来判断大气是否稳定。推导 γ 与 γ_d 的比较关系式。

设想在 z_0 处有一小气块,其温度与周围空气的温度相同,均为 T_0。小气块在外力的作用下，向上移动了一段距离 Δz。小气块到达新的高度之后，其状态参数为 T'、p'和 ρ'，周围大气的状态参数为 T、p 和 ρ。则单位体积的气块在垂直方向受到的力是：周围空气的浮力 ρg，重力 $-\rho' g$，在两者的作用下产生了向上的加速度 a，则

$$a=\frac{g(\rho-\rho')}{\rho'} \tag{3-13}$$

假定气块在位移的过程中，其压力与周围空气的压力相等，即 $\rho'=\rho$，由状态方程可得：

$$\frac{\rho}{\rho'}=\frac{T'}{T} \tag{3-14}$$

代入式（3-13），则加速度可用温度来表示：

$$a=\frac{g(T'-T)}{T} \tag{3-15}$$

假定气块向上运动的过程满足干绝热条件，则达到新高度后的 $T'=T_0-\gamma_d\Delta z$；而同高度处大气 $T=T_0-\gamma\Delta z$。那么，式（3-15）则可写为：

$$a=g\left(\frac{\gamma-\gamma_d}{T}\right)\Delta z \tag{3-16}$$

分析式（3-16）可知：$\gamma>\gamma_d$ 时，$a>0$，气块加速，大气不稳定；当 $\gamma<\gamma_d$ 时，$a<0$，气块减速，大气稳定；当 $\gamma=\gamma_d$ 时，$a=0$，大气处于中性状态。

因此，如果知道了某时某地的气温直减率 γ，就可以将它与 γ_d 进行比较，用上面的判据来确定当时该地区的大气稳定度。这也可以直接用温度层结曲线来表示。在 T-z 坐标上，表示气块在绝热条件下升降过程中温度的变化曲线，称为状态曲线。

图 3-5 是用层结曲线和状态曲线的倾斜度对比来表示 γ 与 γ_d 的相对大小的。这里出现了四种情况，反映了大气的不同的稳定状态。

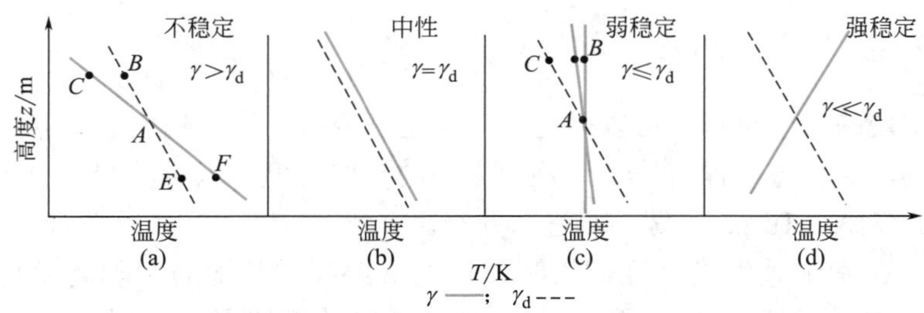

图 3-5　气温的层结曲线与状态曲线

图中实线表示实测的状态曲线；虚线表示干绝热直减率，EF 离地面同高度，在不同天气条件下，分别上升到 B 点和 C 点，得出不同斜率的直线 BE 和 CF

3.3.4　大气稳定度的分类方法

在研究大气污染问题时，大气稳定度是个重要因素，它是确定大气扩散系数的基础。大气稳定度的分类方法很多。

（1）帕斯奎尔分类

帕斯奎尔（Pasquill）分类方法是根据离地表 10m 高处的平均风速、太阳辐射强度和云

量等常规气象资料，将大气稳定度分为A、B、C、D、E、F六个级别。帕斯奎尔划分大气稳定度级别的标准见表3-2。对表3-2的几点说明如下。

a．稳定度级别中，A为极不稳定，B为不稳定，C为弱不稳定，D为中性，E为弱稳定，F为稳定。

b．稳定度级别A～B表示按A、B级的数据内插。

c．夜间的定义为日落前1h至日出后1h。

d．不论何种天空状况，夜间前后1h算作中性，即D级稳定度。

e．仲夏晴天中午为强日照，寒冬晴天中午为弱日照。

f．这种方法，对于开阔的乡村地区还能给出比较可靠的稳定度级别。但是对于城市，则不是太准确。因为城市地区有较大的粗糙度及城市热岛效应的影响。特别是在静风晴朗的夜间，这时乡村地区的大气状态是稳定的。但在城市中，高度相当于城市建筑平均高度数倍之内的大气是弱稳定或者是中性的，而在其上部则有一个稳定层。

表3-2　大气稳定度级别

地面风速（距地面10m处）/（m/s）	白天太阳辐射			阴天的白天或夜间	有云的夜间	
	强	中	弱		薄云遮天或低云≥5/10	云量≤4/10
＜2	A	A～B	B	D		
2～3	A～B	B	C	D	E	F
3～5	B	B～C	C	D	D	E
5～6	C	C～D	D	D	D	D
≥6	C	D	D	D	D	D

注：下限包含本值。

（2）帕斯奎尔分类方法的改进

用简单的常规的气象资料就可以确定大气稳定度等级，这是帕斯奎尔分类方法的优点。

但是也看到，这种方法没有确切地规定太阳的辐射强度，云量的观测也不准确，人为的因素较多，为此特纳（Turner）做了改进与补充。

特纳提出，在确定大气稳定度等级时，首先根据某时某地的太阳高度角和云量，按表3-3确定太阳辐射的等级数，然后再根据太阳的辐射等级和地面10m处的风速查表3-4来确定稳定度等级。

表3-3　太阳辐射等级数

云量	夜间	太阳高度角			
总云量/低云量		$h_0 \leq 15°$	$15° < h_0 \leq 35°$	$35° < h_0 \leq 65°$	$h_0 > 65°$
＜4/＜4	−2	−2	+1	+2	+3
5～7/＜4	−1	−1	+1	+2	+3
＞8/＜4	−1	−1	0	+1	+1
＞7/5～7	0	0	0	0	+1
＞8/＞8	0	0	0	0	0

表 3-4 大气稳定度等级

地面风速 / (m/s)	大气辐射等级度					
	+3	+2	+1	0	−1	−2
≤ 1.9	A	A ～ B	B	D	E	F
2 ～ 2.9	A ～ B	B	C	D	E	F
3 ～ 4.9	B	B ～ C	C	D	D	E
5 ～ 5.9	C	C ～ D	D	D	D	D
≥ 6	C	D	D	D	D	D

某时某地的太阳高度角按下式计算。

$$\sin h_0=\sin\varphi\sin\delta+\cos\varphi\cos\delta\cos t \tag{3-17}$$

式中 h_0——太阳高度角，(°)；

φ——地理纬度，(°)；

δ——太阳赤纬，(°)，可从天文年历查到，其概略值见表 3-5；

t——时角，以正午为零，下午取正值则上午为负，每小时的时角为 15°。

表 3-5 太阳倾角（赤纬的概略值）

月	旬	太阳倾角 / (°)	月	旬	太阳倾角 / (°)	月	旬	太阳倾角 / (°)
1	上	−22	5	上	+17	9	上	+7
	中	−21		中	+19		中	+3
	下	−19		下	+21		下	−1
2	上	−15	6	上	+22	10	上	−5
	中	−12		中	+23		中	−8
	下	−9		下	+23		下	−12
3	上	−5	7	上	+22	11	上	−15
	中	−2		中	+21		中	−18
	下	+2		下	+19		下	−21
4	上	+6	8	上	+17	12	上	−22
	中	+10		中	+14		中	−23
	下	−13		下	+11		下	−23

按照上述方法，只要有风速、云量和太阳高度角等资料，就可以客观地确定大气稳定度的等级。根据我国国家气象局与气象科学研究院对全国各地风向脉动资料整理推算结果，全国大部分地区的全年平均大气稳定度为帕斯奎尔级别的 D、C ～ D 及 C 级，近为中性状态。因此我国大气污染物综合排放标准选择中性大气稳定度作为计算的依据。

3.4 大气污染与气象

大气污染的形成和危害与气象条件密切相关，在对一些基本气象要素已经有所了解的基础上来分析大气污染与气象条件的关系。

3.4.1 气象要素对大气污染的影响

与污染有关的气象要素主要有风、大气湍流和大气稳定度等。有时，各气象因素之间互相作用且实际情况较复杂，这里只做一些简单的分析。

（1）风的影响

污染物排入大气之后会顺风而下，刮东风则烟向西行，这表明风向决定了污染物的移动方向。污染物靠风的输送作用沿下风向地带进行稀释。污染物排放源的下风向地区大气污染就比较严重，而其上风向污染程度就轻得多。

另外，还可以发现，当微风吹动时，烟雾缭绕，甚至还会出现烟雾弥漫的情景。而一阵疾风驰过，则会烟消雾散，这表明风速决定着大气污染物的稀释程度。风速的大小和大气稀释扩散能力的大小之间存在着直接对应关系。一般来说，当其他条件一样时，下风向任一点上污染物浓度与风速成反比。风速越大，稀释能力越强，因此大气中污染物的浓度也就越低。

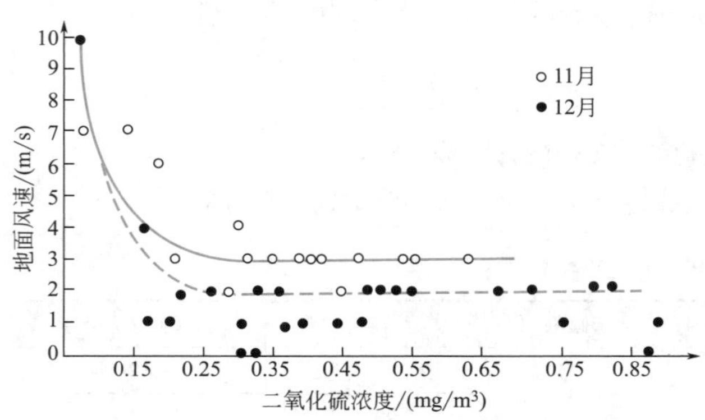

图 3-6 北京市地面风速与 SO_2 浓度的关系

图 3-6 是根据 1980 年 11 月 20 日至 12 月 20 日北京市的地面风速与 SO_2 浓度的观测数据绘制而成的。很明显，随着风速的增大，SO_2 的浓度值迅速减小。

在离地面 100m 左右的近地层中，风速与高度有关系。

风速廓线是指平均风速随高度变化的曲线。描述风速廓线的数学表达式称为风速廓线模式。近地层的风速廓线模式有很多，常用的形式有以下两种。

① 对数律模式　对数律模式用来描述中性层结近地层的风速廓线，即

$$\overline{u}=\frac{u^*}{K}\ln\frac{z}{z_0} \tag{3-18}$$

式中　u^*——高度 z 处的风速，m/s；

K——卡门常数，在大气中 K=0.44；

z_0——地面粗糙度，m。

表 3-6 列出了一些有代表性的地面粗糙度值。实际的 z_0 和 u^* 值，是利用在不同高度上测得的风速值按式（3-18）而求得的。利用式（3-18）又求得不同高度及凹凸不平的地表的风速值。但应该注意对数律模式适合于中性层结的条件，而在非中性层结情况下应用会出现较大的误差。

表 3-6　有代表性的地面粗糙度值

地面类型	z_0/cm	有代表性的 z_0/cm	地面类型	z_0/cm	有代表性的 z_0/cm
光滑、水平地面、海面、沙漠	0.001 ～ 0.03	0.02	村落、分散的树林	20 ～ 100	30
草原	1 ～ 10	3	分散的大楼（城市）	100 ～ 400	100
农作物地区	10 ～ 30	10	密集的大楼（大城市）	400	＞ 300

② 指数律模式　对于非中性层结时的风速廓线，可以用简单指数律模式描述。

$$\overline{u}=\overline{u}_1\left(\frac{z}{z_1}\right)^m \tag{3-19}$$

式中　$\overline{u}_1$——已知高度z_1处的平均风速，m/s；

m——稳定度参数。

参数 m 的变化取决于温度层结和地面粗糙度，尤其是温度层结越不稳定时 m 值越小。在实际应用时，m 值最好实测。当无实测数据时，可按《制定地方大气污染物排放标准的技术方法》（GB/T 3840）选取。200m 以下按表 3-7 选取，200m 以上取 200m 处的风速。

表 3-7　不同稳定度下的 m 值

稳定度级别	A	B	C	D	E、F
城市	0.10	0.15	0.20	0.25	0.30
乡村	0.07	0.07	0.10	0.15	0.25

大气污染物在扩散过程中，由地表到所及的各高度上都会受到风的影响，利用风速廓线模式可计算出不同高度上的风速，便于进行大气污染物浓度估计。

（2）湍流对大气污染物的扩散作用

烟囱里排出的烟流在随风飘动的过程中，会上下左右摆动，体积越来越大，最后消失在大气中，这就是大气湍流扩散的结果。

湍流的扩散作用与风的稀释冲淡作用不同。在风的作用下，烟气进入大气之后，可顺风拉长。而湍流则可使烟气沿着三维空间的方向迅速延展开来，大气中污染物的扩散主要是靠大气湍流的作用来完成的。湍流越强，扩散效应也就越显著。

湍流是由大大小小的尺度不同的涡旋组成的气流。根据涡旋的尺度可分为三类，如图 3-7 所示。从图 3-7 中还可以看到，湍流涡旋尺度不同，对烟气扩散的影响也是不同的。①小涡旋，尺寸比烟团小，因为扩散速度慢，烟气沿水平方向几乎呈直线前进；②大涡旋，尺寸比烟团大，这时烟团可能被大尺度的湍流夹带，前进路线呈曲线状；③复合尺度湍流，湍流由大小与烟团尺寸相似的涡旋组成，烟团被涡旋迅速撕裂，沿着下风向不断扩大，浓度逐渐稀释。

城市街道上空的污染物主要靠小尺度的湍流扩散和稀释。高烟囱排出来的污染物，要靠大尺度的湍流来扩散。

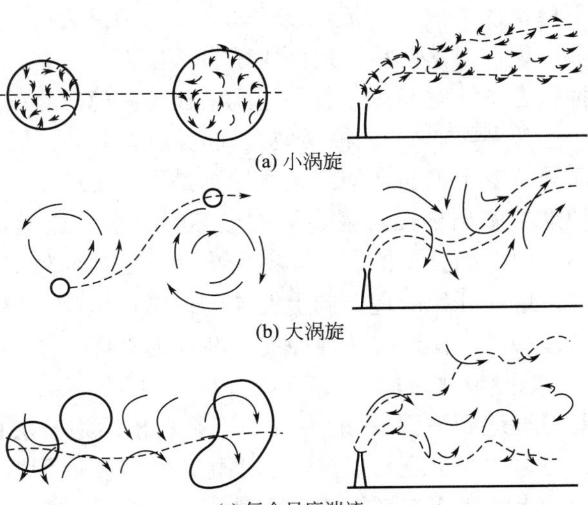

图 3-7　不同大小的湍流对烟气扩散的影响

（3）大气稳定度的影响

大气稳定度是影响污染物在大气中扩散的极重要因素。当大气处于不稳定状态时，在近地面的大气层中，下部气温比上部气温高，因而下部空气密度小，

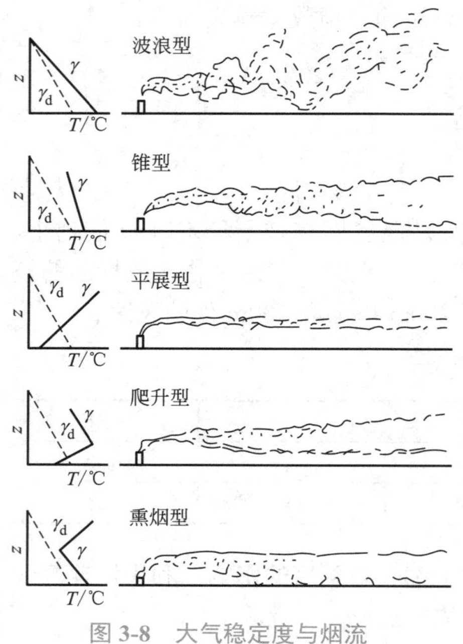

图 3-8　大气稳定度与烟流

空气会产生强烈的上下对流，烟流会迅速扩散。大气处于稳定状态时，将出现逆温层。逆温层像一个盖子，阻碍着空气的上下对流，烟囱里排出来的各种污染物质，因为不易扩散而大量地积聚起来，随着时间的延长，局部地区大气污染物的浓度逐渐增大，空气质量恶化，严重时就会形成大气污染事件。

烟流在大气中形态的变化，也能够反映出大气稳定度状态。图 3-8 是 5 种不同的温度层结状况下，烟流的典型状态。

① 波浪型　这种烟型曲折呈波浪状。多出现在晴朗的白天，阳光照射强烈，地面急剧加热，使近地面处气温升高。此时大气温度垂直递减率大于干绝热直减率，即 $\gamma-\gamma_d>0$，大气极不稳定。烟流可能在离烟囱不远的地方与地面接触，但是大气湍流强烈，污染物随着大气运动而很快地扩散，并随着离烟囱距离的增大其浓度迅速降低。

② 锥型　这种烟型如同一个有水平轴的圆锥体。多出现在阴天的中午和强风的夜间，此时大气处于中性状态，$\gamma-\gamma_d\approx 0$。烟流沿风向呈锥形扩散，垂直方向扩散较波浪型差。但烟流在离烟囱很远的地方与地面接触，很少会形成污染。

③ 扇型　这种烟流又称为平展型，在垂直方向扩散很小而呈扇形在水平面上展开。多出现在有弱风晴朗的夜间和早晨。在平坦地区，特别是有积雪时常常发生。此时大气非常稳定，烟囱口处大气出现逆温层，即 $\gamma-\gamma_d<-1$。污染情况随烟源的高度不同而异，烟源很高时，在近距离的地面上不会造成污染。烟源低时，烟流遇到山丘或高大建筑物的阻挡时，会发生下沉，给该地区造成污染。

④ 屋脊型　这种烟流也称为爬升型。它的形成是因为其下部是稳定的大气，而上部是不稳定的大气。烟流下部平直，上部在不稳定的大气中，沿主导风向进行扩散形成屋脊状。多出现在日落前后，地面由于有效辐射而失热，低层形成逆温，而高空仍保持递减状态。这种状态持续时间短，若不遇到山丘与高建筑物的阻挡就不会形成污染。

⑤ 熏烟型　这种烟型又称为漫烟型。它的形成恰好与屋脊型相反。烟流之上有逆温层，而其下方至地面之间的大气层则是不稳定的，因而烟气只能向下扩散，给地面造成威胁。这种烟型多出现在辐射逆温被破坏时。辐射逆温是常见的逆温情况。在晴朗的夜晚，云少风小，地面因强烈的有效辐射而冷却，近地面处的气温下降急剧，上空则逐渐缓慢。这就形成了自地面开始的逐渐向上发展的逆温，这就是辐射逆温。日出之后，由于地面增温，低层空气被加热，使逆温从地面向上渐渐地破坏，图 3-9 示出了一昼夜间辐射逆温的生消过程。

图 3-9 中（a）为下午时正常的递减层结；（b）为日落前 1h 逆温生成初始；（c）为黎明前逆温达到最强；（d）、（e）则是日出后逆温层自上而下的消失状况。这便导致了不稳定大气自地面向上逐渐发展。当不稳定大气发展到烟流的下边缘时，烟流就强烈向下扩散，而烟流的上边缘仍在逆温中，于是熏烟型烟流就产生了。烟气迅速扩散到地面，造成地面的严重污染，许多烟雾事件就是在这种条件下发生的。

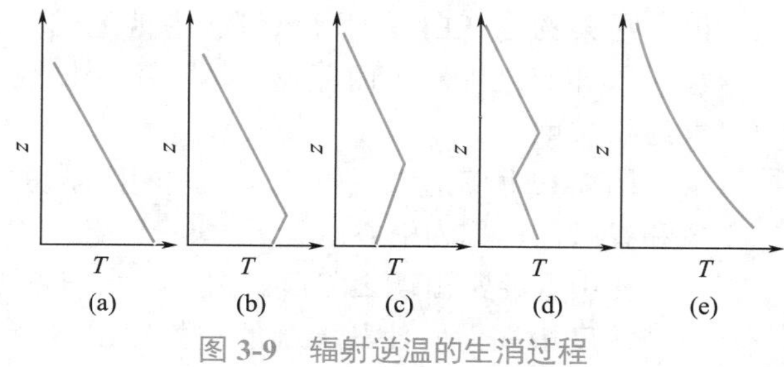

图 3-9　辐射逆温的生消过程

影响烟流形成的因素很多，这里只是从温度层结和大气稳定度的角度进行粗略的分析。但是这 5 种典型烟流可以帮助我们简单地判断大气稳定度状态，并分析大气污染的趋势。

3.4.2　地形、地物对大气污染的影响

（1）地形

就地形而言，地球表面有海洋和陆地，陆地上有平地、丘陵和山地，它们对烟气的扩散都有直接或间接的影响。

当烟流垂直于山脉的走向越过山脊时，在迎风面上会发生下沉作用，如图 3-10 所示，使附近地区遭受污染。如日本的神户和大阪市背靠山地，常因此而形成污染。烟气越过之后，又在背风面下滑，并产生涡流。这将使排放到高空的污染物重新带回地面，加重该地区污染的危害。

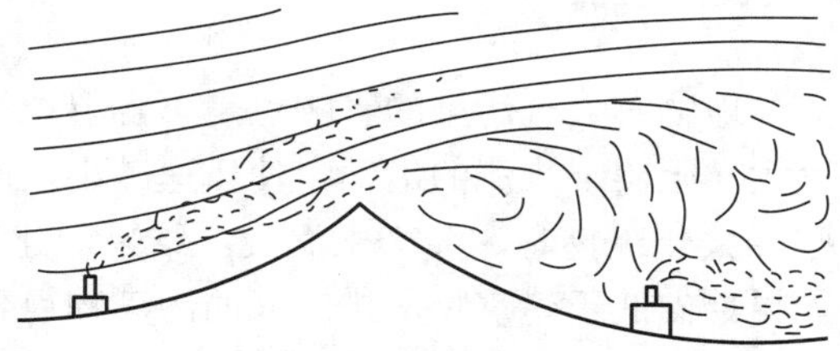
图 3-10　丘陵对烟流运行的影响

地形对于大气污染的影响，还在于局部地区由于地形的热力作用，会改变近地面气温与风的分布规律而形成局地风。如下面介绍的海陆风和山谷风，最终影响到污染物的输送与扩散。

沿海地区出现的海陆风是由于水陆交界处地形的热力效应所造成的周期为 24h 的局部环流。海水的热容比陆地大，所以其温度的升降变化较陆地迟缓。白天，在阳光的照射之下，陆地增温较海洋快。这就使得陆地上空的气温比海水上部的气温高，空气密度小，海面上的冷空气就过来补充，于是形成了由海洋吹向陆地的海风。夜间，陆地又比水体降温快，故水面上的气温又高于陆地上的气温，风便从陆地吹向海洋，这时形成的环流称作陆风，如图 3-11 所示。

从图 3-11 中还可以发现，当陆面出现海风时，高空则是陆风；而当陆面出现陆风时，高空出现海风，从而形成铅直的闭合环流，即海陆风。

在内陆湖泊、江河的水陆交界处，均会出现类似的闭合环流，但其活动范围较小。

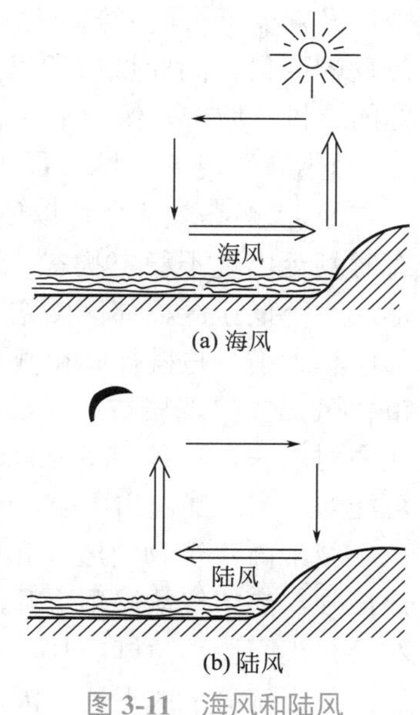

图 3-11　海风和陆风

海陆风对沿海地区的大气污染影响很大。如果工厂建在海

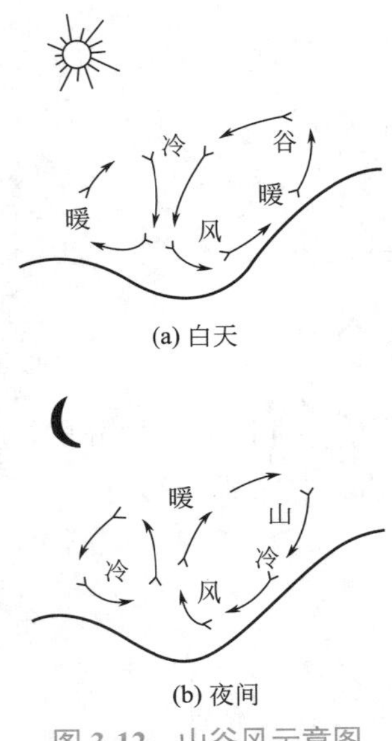

(a) 白天

(b) 夜间

图 3-12　山谷风示意图

滨，污染物会在白天随海风进入内地造成污染。若排放的污染物被卷入环流之内，去而复返，迟迟不能扩散，就会使该地区的空气污染加重。

图 3-12 所表示的是地形热力作用引起的另外一种局地风：山风和谷风，通称为山谷风。

在山区经常出现山谷风。白天，太阳首先照射到较高的山坡，山坡温度增高，而使其上部的空气比山谷中部同一高度上的空气温度高、密度小。故山坡上空的空气上升，谷底的冷空气就沿山坡上升来补充，这便是谷风。夜间，情况正好相反，山坡冷却得比较快，山坡上的空气要比山谷中部同一高度上的空气的温度低。因此，冷空气便由山顶顺坡向谷底流动，形成山风。山风出现时，因为冷空气沉于谷底，上部是由山谷中部原来的暖空气下降来补充，所以常伴随有逆温层的出现。大气呈稳定状态，污染物难以扩散稀释。同样如果污染物卷入环流中，也会长时间地滞留在山谷中，造成严重的大气污染事件。

（2）地物

地物对大气污染的影响也是不容忽视的。城市中有许多高大而密集的建筑物，地面粗糙度大，阻碍了气流的运动，使风速减小，而不利于烟气的扩散。烟囱里排出的烟气在超过这些高大建筑物时，会产生涡旋。结果，建筑物背风一侧的污染物的浓度明显高于迎风一侧。如果烟囱低于建筑物，排出来的污染物很容易卷入涡流之中，造成局部地区污染。

如果把城市作为一个整体与乡村比较，对烟气运行扩散来说，城市的“热岛效应”和“城市风”的影响较为突出。

城市的“热岛效应”是由于城市中工业密集，人口集中，大量消耗燃料，城市本身成为一个重要的热源。同时建筑物有较高的热容量，能吸收较多的热量。另外，城市水汽蒸发较少，又减少了热量消耗。据估计，在中纬度城市，由于燃烧而增加的热量为太阳供应边界层热量的两倍。因此城市的温度比乡村高，年平均温差为 0.5 ～ 1.5℃，这样相对周围温度较低的农村，城市好像一个“热岛”。

“热岛”现象是城市最主要的气象特征之一。它对污染物的影响主要表现在两个方面。一方面，“热岛效应”可以使得城市夜间的辐射逆温减弱或者消失，近地面温度层结呈中性，有时甚至出现不稳定状态，污染物易于扩散。而另一方面，城市温度高，热气流不断上升，形成一个低压区，郊区冷空气向市内侵入，构成环流，即形成所谓的“城市风”。城市风的形成和大小，与盛行风和城乡间温差关系很大。静风时，城市风非常明显。和风时，只在城市背风部分出现城市风，如图 3-13 所示。由于夜晚城乡温差远比白天大，夜间风呈涌泉式从乡村吹来，风速可达 2m/s。如果工业区建在城市周围的郊区，工业区排出的大量污染物可能随城市风涌向市中心，市中心污染物的浓度反而比工业区高得多。

城市内建筑物的屋顶和街道受热不均匀，又会形成“街道风”。白天东西向街道屋顶受热最强，热空气从屋顶上升，街道冷空气随之补充，构成环流。南北向街道中午受热，形成对流。夜间屋顶急剧冷却，冷空气下沉，促使街道内的热空气上升，构成了与白天相反的环流，下沉气流形成涡流。因此，不同走向的街道，同一街道的迎风面和背风面，污染物的浓度都不一样。这种“街道风”对汽车排放出来的污染物影响最为突出。

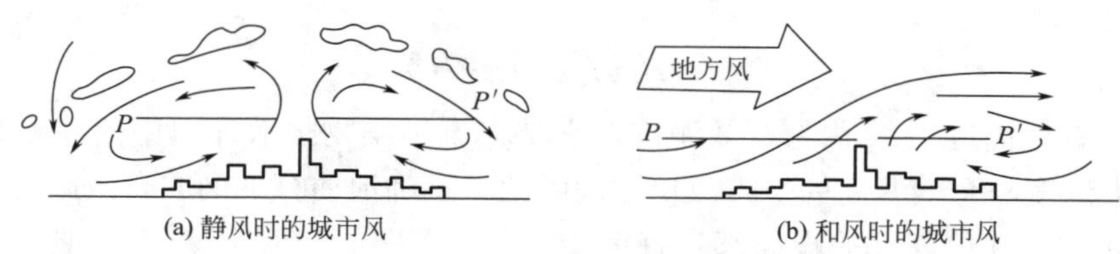

图 3-13 城市与乡村间环流

3.5 烟囱的有效高度及相关计算

3.5.1 烟囱的有效高度

（1）高架污染源——烟囱

大气污染源有点源、面源和线源之分。若按其排放时间的不同，又可分为瞬时源和连续源。瞬时源多因偶尔事故产生，存在时间短，数量小，连续源则长时间存在。正常生产中的工矿企业污染源都是以连续源的方式排污的，数量大，危害严重。污染源又可根据其排放高度的差别，分为高架源和地面源。高架源是在离开地面一定的高度处排污，而地面源则在近地面处排放污染物。

孤立的高烟囱，昼夜不停地向大气中喷发各种各样的污染物，通常都把它们作为高架连续点源来处理。

烟囱是炉内排烟的最后通路。其任务之一是使炉内自然通风，以维持正常的氧化燃烧。而另一任务则是将烟气排入高空，尽量地减小排烟中污染物质对地面的污染。前者是热工管理上所要考虑的问题，而后者则是环境工作者所关注的。

实践证明，在任何气象条件下，在开阔平坦的地面上，一个高架烟囱所造成的地面污染物浓度，总比源强相同的低烟囱所造成的浓度低。降低的程度依赖于烟囱高度、离源的距离及气象条件。高架烟囱已是当前解决地面污染（尤其是难以去除的硫化物）的既经济又有效的方法，因此，近几十年来，许多气象和环境工作者致力于研究在各种气象条件下烟囱排烟及烟气扩散规律，其目的是合理地选定烟囱的高度，做到既减少污染又不浪费材料。

（2）烟囱有效高度的计算

烟囱里排出的烟气，常常会继续上升，经过一段距离之后会逐渐变平。因此烟气中心的最终高度比烟囱更高，这种现象称为烟气抬升。其原因有二：一是烟气在烟囱内向上运动，具有的动能使它离开烟囱后继续上升，这叫作动力抬升；二是当烟气的温度比周围空气的温度高时，其密度较小，在浮力作用下上升，这称为浮力抬升或热力抬升。

由于烟气的抬升作用相当于烟囱的几何高度增加了，因此，烟囱的有效高度等于烟囱的几何高度与烟气的抬升高度之和。若用 H 表示烟囱的有效高度，H_s 表示烟囱的几何高度，ΔH 表示烟气的抬升高度（m），则：

$$H=H_s+\Delta H \tag{3-20}$$

抬升高度 ΔH 由动力抬升高度 H_m 和浮力抬升高度 H_t（m）组成，因此

$$\Delta H=H_m+H_t \tag{3-21}$$

所以又有

$$H=H_s+（H_m+H_t） \tag{3-22}$$

烟囱的有效高度 H 又称为有效源高，它是大气污染物扩散计算中的重要参数。污染物着地的最大浓度与有效源高的平方成反比。因此，正确地估算烟囱的有效高度，对大气环境质量控制和烟囱几何高度的设计都具有重要意义。烟囱的几何高度 H_s 一般都是已定的，因此，只要能求得烟气的抬升高度 ΔH，那么烟囱的有效高度 H 也就随之而定了。

3.5.2 烟气抬升高度的计算公式

（1）烟气抬升高度的影响因素

热烟气从烟囱中喷出、上升、逐渐变平，是一个连续的渐变过程，影响因素很多。根据大量的观测和定性分析，有风时热烟流的抬升过程可分为如图 3-14 所示的四个阶段。

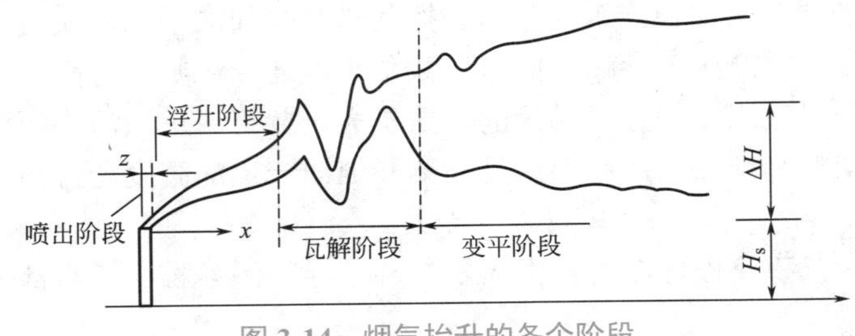

图 3-14 烟气抬升的各个阶段

① 喷出阶段 这一阶段主要依靠烟气本身的初始动量向上喷射；

② 浮升阶段 由于烟气和周围空气之间的温差获得浮力而上升；

③ 瓦解阶段 这时烟气与周围的空气混合，大气湍流作用明显加强，烟气失去了动量与浮力，自身结构破裂瓦解而随风飘动；

④ 变平阶段 在大气湍流作用下，烟云扩散，体积胀大，沿风向逐渐变平。

影响烟气抬升的因素很多，而烟气所具有的初始动量和浮力是决定其抬升高度的主要因素。初始动量的大小取决于烟流的出口速度和烟囱出口处的内径。浮力的大小主要取决于烟气和周围空气之间的温差，两者之间因组成不同所引起的密度可以忽略不计。

烟气与周围空气的混合速度对抬升高度有重要影响。混合越快，烟气本身的初始动量和热量降低得也越快，从而使烟气抬升高度减小。影响混合速度的主要因素是烟囱出口处的平均风速、大气稳定度及大气湍流强度。烟气的喷出速度大，会增高动力抬升高度，但由于促进了空气的混合，反而会减少浮力抬升高度，因此其大小要适当。实践证明，烟气的喷出速度高于出口处附近风速的两倍为好。

地貌复杂、地面粗糙度大使近地大气湍流强度加大也不利于烟气抬升。

（2）烟气抬升高度计算公式

对于烟气抬升高度 ΔH，20 世纪 50 年代以来，许多学者在理论研究和实际调查、观测的基础上，总结出各种计算的理论和经验公式。由于影响烟气抬升高度的因素甚多而且复杂，所以至今还没有一个通用的计算公式。下面介绍常用的比较简单的几种。

① 博赞克特（Bosanguet）Ⅰ式　这是早期发表的一个理论公式（1950年），直到现在依然为许多国家特别是日本所采用。它把烟气抬升高度的动力抬升高度 H_m 和浮力抬升高度 H_t 两部分分开来计算，即：

$$H_m=\frac{4.77}{1+\dfrac{0.43\bar{u}}{u_s}}\times\frac{\sqrt{Q_{V_1}u_s}}{\bar{u}} \tag{3-23}$$

$$\begin{cases} H_t=6.37g\dfrac{Q_{V_1}\Delta T}{\bar{u}^3T_1}\left(\ln J^2+\dfrac{2}{J}-2\right) \\ J=\dfrac{\bar{u}^2}{\sqrt{Q_{V_1}u_s}}\left(0.43\times\sqrt{\dfrac{T_1}{g\times\dfrac{d\theta}{dz}}}-0.28\times\dfrac{u_s}{g}\times\dfrac{T_1}{\Delta T}\right)+1 \end{cases} \tag{3-24}$$

式中　$\bar{u}$——烟囱出口处的平均风速，m/s；

u_s——烟囱出口处烟流的喷出速度，m/s；

Q_{V_1}——在温度为 T_1 时的排烟量，m^3/s；

T_1——排烟密度与大气密度相等时的温度，一般认为 T_1 就是大气温度，K；

ΔT——烟气温度与大气温度之差，K；

g——重力加速度，$9.81m/s^2$；

$d\theta/dz$——大气位温梯度，℃/m，严格的中性应取 $\dfrac{d\theta}{dz}=0$，实际计算中均取其为0.0033℃/m。

博赞克特I式表示了烟气所能达到的最大抬升高度，而实际的抬升高度要比理论计算值低，约为50%～75%，一般取65%比较适宜。这样烟气实算的有效高度为

$$H=H_s+0.65(H_m+H_t) \tag{3-25}$$

② 霍兰德（Holland）式　该式适用于中性大气状况。

$$\Delta H=\frac{u_sD}{\bar{u}}\left(1.5+2.7\times\frac{T_s-T_a}{T_s}D\right)=\frac{1}{\bar{u}}\left(1.5u_sD+9.79\times10^{-6}Q_h\right) \tag{3-26}$$

式中　u_s——烟气出口流速，m/s；

D——烟囱出口处的内径，m；

$\bar{u}$——烟囱出口处的平均风速，m/s；

Q_h——烟囱的热排放率，kJ/s；

T_s——烟气出口温度，K；

T_a——环境大气平均温度，K。

当大气处于稳定或不稳定状态时，用上式计算 ΔH 值，应在上式计算的基础上分别减去或加上10%～20%为宜。

用式（3-26）计算的值并非烟气的最大抬升高度，而只是烟囱排放口的下风向为烟囱高度2～3倍距离处的值。霍兰德根据美国橡树岭处三个热电厂烟流上升轨迹的照片，回归整理而得到上述中性条件公式。所测的三个烟囱都不太高，分别是48.5m、54.6m、60.5m。照

片上的烟流显示长度未超过 180m（现在要观测 1 ～ 2km）。因此只适用于烟囱较低的弱烟源，作为安全的估计是可行的。

③ 布里吉斯（Briggs）式　布里吉斯用因次分析方法结合实测资料提出下列抬升公式，其估算值与实测值比较接近，应用较广。下面是适用于不稳定和中性的大气条件下的计算式，x 是离烟囱的水平距离。

当 $Q_h > 20920\text{kJ/s}$ 时：

$$x \leqslant 10H_s \qquad \Delta H=0.632Q_h^{1/3}x^{2/3}\bar{u}^{-1} \tag{3-27}$$

$$x > 10H_s \qquad \Delta H=1.55Q_h^{1/3}H_s^{2/5}\bar{u}^{-1} \tag{3-28}$$

当 $Q_h \leqslant 20920\text{kJ/s}$ 时：

$$x \leqslant 3x^* \qquad \Delta H=0.362Q_h^{1/3}x^{1/3}\bar{u}^{-1} \tag{3-29}$$

$$x > 3x^* \qquad \Delta H=0.332Q_h^{3/5}H_s^{2/5}\bar{u}^{-1} \tag{3-30}$$

④ 我国《制定地方大气污染排放标准的技术方法》中推荐的抬升公式

a．当烟气热排放率 $Q_h \geqslant 2100\text{kJ/s}$，且 $\Delta T \geqslant 35\text{K}$ 时：

$$\Delta H=n_0Q_h^{n_1}H_s^{n_2}/\bar{u} \tag{3-31}$$

$$Q_h=0.35p_aQ_v\frac{\Delta T}{T_s} \tag{3-32}$$

式中　Q_h——烟气热释放率，kJ/s；

Q_v——实际排烟率，m^3/s；

ΔT——烟气与环境大气的温差，$\Delta T=T_s-T_a$，K；

T_s——环境大气平均温度，取当地近 5 年平均值，K；

H_s——烟囱距地面的几何高度，m；

p_a——大气压力 hPa，可取邻近气象台的季或年的平均值；

n_0、n_1、n_2——系数，按表 3-8 选取；

$\bar{u}$——烟囱口处平均风速，m/s，按幂指数关系换算到烟囱出口高度的平均风速。

当 $z_2 \leqslant 200\text{m}$
$$\bar{u}=u_1\times\frac{z_2}{z_1}\times m \tag{3-33}$$

当 $z_2 > 200\text{m}$
$$\bar{u}=u_1\times\frac{200}{z_1}\times m \tag{3-34}$$

式中　u_1——附近气象台（站）z_1 高度 5 年平均风速，m/s；

z_1——相应气象台（站）测风仪所在高度，m；

z_2——烟囱出口处高度（与 z_1 有相同高度基准），m；

m——参数，见表 3-7。

表 3-8　系数 n_0、n_1、n_2 值

Q_h/（kJ/s）	地表状况（平原）	n_0	n_1	n_2
$Q_h \geqslant 21000$	农村或城市远郊区	1.427	1/3	2/3
	城区及近郊区	1.303	1/3	2/3
$21000 > Q_h \geqslant 2100$ 且 $\Delta T >$ 35K	农村或城市远郊区	0.332	3/5	2/5
	城区及近郊区	0.292	3/5	2/5

b．当 1700kJ/s < Q_h < 2100kJ/s 时，烟气抬升高度按下式计算：

$$\Delta H=\Delta H_1+(\Delta H_2-\Delta H_1)\left(\frac{Q_h-1700}{400}\right) \tag{3-35}$$

$$\Delta H_1=2\times(1.5u_sD+0.01Q_h)/\overline{u}-0.048\times(Q_h-1700)/\overline{u}$$

式中　u_s——排气筒出口处烟气排出速度，m/s；

D——排气筒出口直径，m；

ΔH_2——按式（3-32）所计算的抬升高度，m。

c．当 $Q_h \leqslant$ 1700kJ/s 或者 ΔT < 35K，烟气抬升高度按下式计算：

$$\Delta H=2\times(1.5u_s\times D+0.01Q_h)/\overline{u} \tag{3-36}$$

d．凡地面以上 10m 高处年平均风速 $\overline{u}$ 小于或等于 1.5m/s 的地区使用下式计算抬升高度：

$$\Delta H=5.5Q_h^{1/4}\times\left(\frac{\mathrm{d}T_a}{\mathrm{d}z}+0.0098\right)^{-3/8} \tag{3-37}$$

式中　$\frac{\mathrm{d}T_a}{\mathrm{d}z}$——排放源高度以上环境温度垂直变化率，K/m。取值不得小于 0.01K/m。

3.6　大气扩散模式及污染物浓度估算方法

大气污染的形成及其危害程度在于有害物质的浓度及其持续时间，大气扩散模式是对污染源在一定条件下，用数学模式的形式给出污染物浓度的时空变化规律。

烟气进入大气后，其扩散程度取决于大气湍流。研究湍流场中物质扩散的理论体系主要有三种：梯度输送理论、统计理论和相似理论。从不同的原理出发，必然会导出不同形式的数学模式。主要介绍根据湍流扩散的统计理论推导出来的数学模式。

泰勒首先应用统计方法研究湍流扩散问题。假定大气湍流是均匀而平稳的，取原点为污染源、x 轴与平均风向一致，图 3-15 表示由污染源释放出来的粒子的扩散状况。假定从原点放出一个粒子，经过时间 T 之后，粒子离开原点的水平距离是 $x=\overline{u}T$。由于湍流脉动速度的作用，粒子在 y 方向的位移则是随时间而变化的，可正可负，可大可小。如果从原点放出许多的粒子，这些粒子位移的集合则趋于一个稳定的统计分布，即：这些粒子在 x 轴上的浓度最高，浓度的分布以 x 轴为对称轴，且符合正态分布。

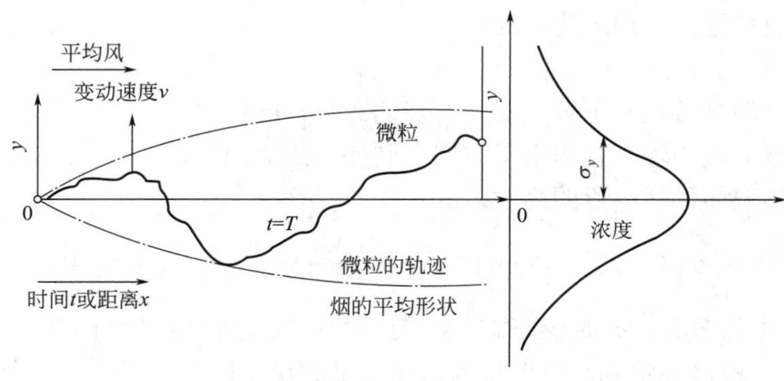

图 3-15　粒子的扩散状况

高斯应用了这种理论，对大量的实测资料进行分析，在污染物浓度符合正态分布的前提下，得出了污染物在大气中扩散的实用模式，这就是目前广为应用的高斯模式。

3.6.1 高斯扩散模式

（1）点源扩散的高斯模式

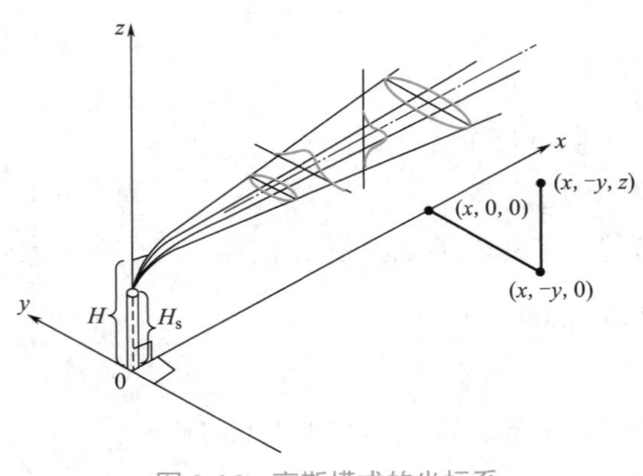

图 3-16 高斯模式的坐标系

高斯扩散模式适用于均一的大气条件。这里介绍的是点源扩散的高斯模式。排放大量污染物的烟囱、放散管、通风口等虽然大小不一，但只要不是讨论很近距离的污染问题，在实用上都可以近似地把它们视作点源。对于这种理想化的点源，高斯模式的坐标系如图 3-16 所示。

一般总是把排放口或高架源在地面上的投影点作为坐标原点；x 轴正向沿平均风向水平延伸；y 轴在水平面上垂直于 x 轴，x 轴左侧为正；z 轴垂直于水平面，向上为正。烟流中心的平均路径沿 x 轴或平行于 x 轴移动。高斯扩散模式有以下五点假定条件：

① 污染物的浓度在 y、z 轴上都是正态高斯分布；

② 在整个的扩散空间中，风速是均匀不变的；

③ 污染源的源强是连续的、均匀的；

④ 地表面充分平坦；

⑤ 在扩散过程中污染物的质量不变，即烟气到达地面全部反射，不发生沉降和化学反应。那么，在下风向任一点（x，y，z）的污染物的浓度公式为：

$$C(x,y,z,H)=\frac{Q}{2\pi\bar{u}\sigma_y\sigma_z}\exp\left(-\frac{y^2}{2\sigma_y^2}\right)\left\{\exp\left[-\frac{(z-H)^2}{2\sigma_z^2}\right]+\exp\left[-\frac{(z+H)^2}{2\sigma_z^2}\right]\right\} \tag{3-38}$$

式中 C——任一点的污染物的浓度，mg/m^3 或 g/m^3；

Q——源强，单位时间内污染物排放量，mg/s 或 g/s；

σ_y——侧向扩散系数，污染物在 y 方向分布的标准偏差，是距离 x 的函数，m；

σ_z——竖向扩散系数，污染物在 z 方向分布的标准偏差，是距离 x 的函数，m；

$\bar{u}$——排放口处的平均风速，m/s；

H——有效源高，m；

x——污染源排放点至下风向上任一点的距离，m；

y——烟气的中心轴在直角水平方向上到任一点的距离，m；

z——从地表面到任一点的高度，m。

上式的解析见图 3-17。式（3-39）的 $\exp\left(-\frac{y^2}{2\sigma_y^2}\right)$ 中，如图 3-17 中烟气，污染物浓度在中心轴水平断面上的分布，σ_y 是该正态分布图形的标准偏差。在铅直方向上，σ_z 是该向正态分布的标准偏差。根据假定⑤，可以认为地面像平面镜一样，对污染物起全反射作用。因此图 3-17（b）中烟气剖面图上，任一点 P 的浓度值反映在曲线 b 上，它是扩散和反射回来的两个浓度值的叠加。

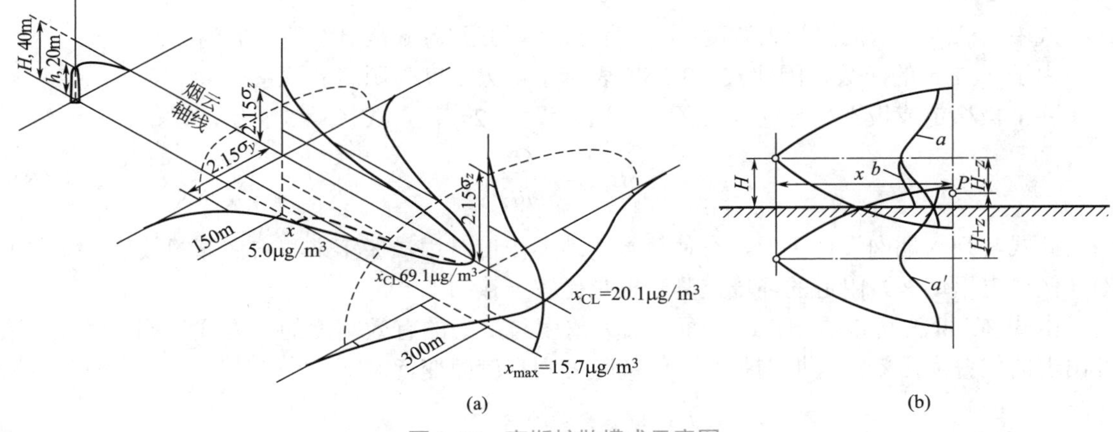

图 3-17　高斯扩散模式示意图

按照全反射原理，可以用“像源法”来解释。P 点的浓度可以看成两部分的贡献之和；一部分是假如不存在地面时，点（0，0，H）的实源在 P 点造成的浓度，即：

$$C_{实}=\frac{Q}{2\pi\bar{u}\sigma_y\sigma_z}\exp\left(-\frac{y^2}{2\sigma_y^2}\right)\exp\left[-\frac{(z-H)^2}{2\sigma_z^2}\right] \tag{3-39}$$

以及位于（0，0，$-H$）的像源在 P 点造成的浓度，即：

$$C_{虚}=\frac{Q}{2\pi\bar{u}\sigma_y\sigma_z}\exp\left(-\frac{y^2}{2\sigma_y^2}\right)\exp\left[-\frac{(z+H)^2}{2\sigma_z^2}\right] \tag{3-40}$$

$C_{实}+C_{虚}$便得到式（3-38），也就是 P 点的实际浓度。

（2）几种简单的实用模式

① 地面浓度　在式（3-38）中，令 z=0，便得到高架源的地面浓度公式：

$$C(x,y,0,H)=\frac{Q}{\pi\bar{u}\sigma_y\sigma_z}\exp\left(-\frac{y^2}{2\sigma_y^2}\right)\exp\left(-\frac{H^2}{2\sigma_z^2}\right) \tag{3-41}$$

② 地面轴线浓度　也就是 x 轴上的浓度。由式（3-41）在 y=0 时即可得到：

$$C(x,0,0,H)=\frac{Q}{\pi\bar{u}\sigma_y\sigma_z}\exp\left(-\frac{H^2}{2\sigma_z^2}\right) \tag{3-42}$$

若是地面源，即 H=0 时，则有：

$$C(x,0,0,0)=\frac{Q}{\pi\bar{u}\sigma_y\sigma_z} \tag{3-43}$$

③ 地面最大浓度及其出现距离　在实际解决空气污染问题时，最关心的是高架源的地面最大浓度和它离源的距离，现在对 σ_y 和 σ_z 的规律做一些近乎实际的假设，即假设 σ_y/σ_z=常数（σ_y 与 σ_z 均为 x 的函数），然后将式（3-42）对 σ_z 求导并取极值，则可求得：

$$\sigma_z\big|_{x=x_{C_{max}}}=\frac{H}{\sqrt{2}} \tag{3-44}$$

当式（3-44）成立时，地面浓度达到最大值。

$$C_{max}(x_{C_{max}}0,0,H)=\frac{2Q}{\pi e\bar{u}H^2}\times\frac{\sigma_z}{\sigma_y} \tag{3-45}$$

式中，C_{max} 表示地面最大浓度；$x_{C_{max}}$ 是它离源的距离；e 是自然数，值为 2.718。

由于 σ_z 是 x 的函数，因此式（3-35）表示了最大浓度与源高的关系。

除了极稳定或极不稳定的大气条件，通常设 $\sigma_y=2\sigma_z$ 代入式（3-45）有

$$C_{max}=\frac{Q}{\pi e\bar{u}H^2} \tag{3-46}$$

此式常列入烟囱设计手册，在估算最大地面浓度时用，多年来和它估算的数值与孤立烟囱（例如电厂烟囱）附近的环境监测数据是比较一致的。

由式（3-46）可以看出：a. 地面上最大浓度与烟囱的有效高度的平方成反比；b. 最大浓度出现的位置离污染源（烟囱脚）的距离随烟囱高度而变远。

3.6.2 扩散参数 σ_y 和 σ_z 的确定

（1）σ_y 与 σ_z 的变化规律

如前所述，经过简化了的大气扩散模式的估计实际上已归结为风向、风速、浓度分布的正态分布形式的标准偏差，以及烟囱的有效高度和源强等因素，其中各项参数的确定方法已做了介绍，现在来分析标准偏差即扩散参数 σ_y 和 σ_z 的确定方法。

为了能较符合实际地确定这些扩散参数，前人进行了各种理论推导和现场试验追踪或模拟监测，并对连续点源的扩散参数 σ 的性质找到了如下规律：

a．随着扩散距离的加长，σ 增大；

b．大气处于不稳定状态时，随着水平和垂直湍流的强烈交换，σ 较大，在距离源相同的下风处时，稳定大气状态的 σ 较小；

c．在上列两种条件都相同时，粗糙地面上的 σ 较大，而平坦地面的 σ 较小。

（2）帕斯奎尔扩散曲线法

这种方法的要点是首先要根据帕斯奎尔划分大气稳定度的方法来确定大气稳定度级别，然后分别从图 3-18 和图 3-19 中查得对应的扩散参数 σ_y 和 σ_z 的值，最后将 σ_y 和 σ_z 代入式（3-39）～式（3-45）中，就可以计算出污染源下风向任一点污染物的浓度和最大着地浓度及其离源的距离。

图 3-18 和图 3-19 中的曲线，是帕斯奎尔和吉福特（Gifford）根据不同稳定度时 σ_y 和 σ_z 随下风向距离 x 变化的观测资料做成的，因此这种方法又称 P-G 曲线法，此方法应用方便。

英国伦敦气象局又在此基础上制成表格，直接列出了不同稳定度时，一些 σ_y 和 σ_z 的具体数值（见表 3-9）。采用内插法，可以按表 3-9 中的数值求出 20km 以内 σ_y 和 σ_z 值。

当估算地面最大浓度 C_{max} 和它出现的距离 $x_{C_{max}}$ 时，可先按 $\sigma_z=\dfrac{H}{\sqrt{2}}$ 计算出 $\sigma_z|x=x_{C_{max}}$，按当时的大气稳定度级别由图 3-19 上查出对应的 σ_z 值，此值即为该稳定度下的 $x_{C_{max}}$。然后再从图 3-18 上查出与 $x_{C_{max}}$ 对应的 σ_y 值，代入式（3-45）即可算出 C_{max} 值，用该方法计算，在 C、D 级稳定度下误差较小，在 E、F 级时误差较大。H 越大，误差越小。

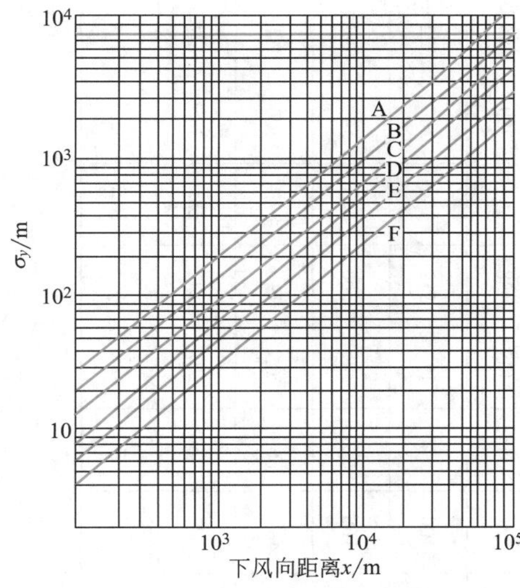

图 3-18 下风向距离和水平扩散参数的关系

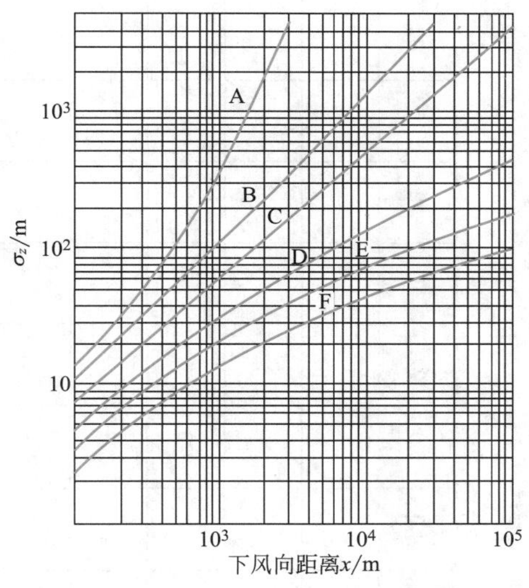

图 3-19 下风向距离和铅直扩散参数的关系

3.6.3 有上部逆温时的扩散

前面介绍的估算污染浓度的方法和模式都是适用于同一类稳定度气层的扩散计算，同时还需要地形平坦以及风速不太小等条件。实际上常常会遇到一些特殊的气象条件，如上部逆温的扩散、漫烟型的扩散和微风情况下的扩散等，原先的公式已不适用，这里仅介绍有上部逆温时的扩散情况。

（1）有上部逆温的扩散

大气边界层常常出现这样的温度分布状况：低层是中性层结或不稳定层结，在离地面几百米到一二千米的高度存在一个稳定的逆温层，即通常所说的上部逆温，它使污染物的铅直扩散受到抑制。观测表明，逆温层底上下两侧的浓度通常相差 5 ～ 10 倍，污染物的扩散实际上被限制在地面和逆温层底之间，上部逆温层底或稳定层底的高度称为混合层厚度。有上部逆温时的扩散是限制在混合层以内的扩散，亦称为“封闭型”扩散（图 3-20）。

（2）扩散模式

为推导这种情况下的扩散模式，假设扩散到逆温层中的污染物忽略不计，把逆温层底和地面同样看做起全反射作用的镜面。因此，这种类型的扩散公式仍可利用“像源法”导出，此时污染物处于地面和逆温层底之间，受到两个面的“反射”，就像置于两面镜子之间的物体会形成无数对“像”一样，污染物的浓度是实源和无数对“像源”的作用之和，图 3-20 是封闭型扩散的多次反射示意图。

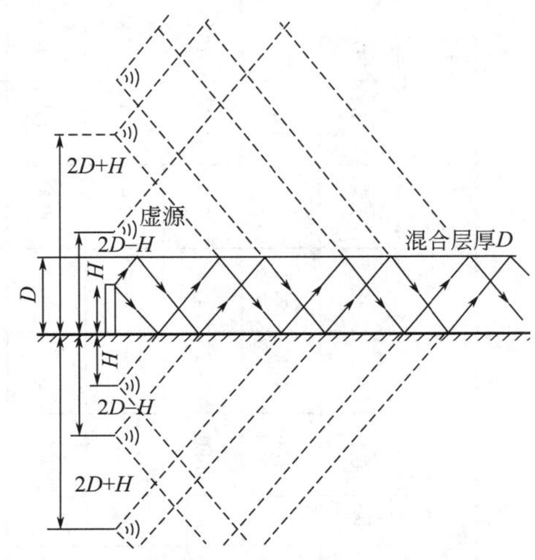

图 3-20 封闭型扩散的多次反射

表 3-9 帕斯奎尔曲线的 σ_y 和 σ_z 值

单位：m

稳定度	标准差	距离 /km																				
		0.1	0.2	0.3	0.4	0.5	0.6	0.8	1.0	1.2	1.4	1.6	1.8	2.0	3.0	4.0	6.0	8.0	10	12	16	20
A	σ_y	27.0	49.8	71.6	92.1	112	132	170	207	243	278	313										
	σ_z	14.0	29.3	47.4	72.1	105	153	279	456	674	930	1230										
B	σ_y	19.1	35.8	51.6	67.0	81.4	95.8	123	151	178	203	228	253	278	395	508	723					
	σ_z	10.7	20.5	30.2	40.5	51.2	62.8	84.6	109	133	157	181	207	233	363	493	777					
C	σ_y	12.6	23.3	33.5	43.3	53.5	62.8	80.9	99.1	116	133	149	166	182	269	335	474	603	735			
	σ_z	7.44	14.0	20.5	26.5	32.6	38.6	50.7	61.4	73.0	83.7	95.3	107	116	167	219	316	409	498			
D	σ_y	8.37	15.3	21.9	28.8	35.3	40.9	53.5	65.6	76.7	87.9	98.6	109	121	173	221	315	405	488	569	729	884
	σ_z	4.65	8.37	12.1	15.3	18.1	20.9	27.0	32.1	37.2	41.9	47.0	52.1	56.7	79.1	100	140	177	212	244	307	372
E	σ_y	6.05	11.6	16.7	21.4	26.5	31.2	40.0	48.8	57.7	65.6	73.5	82.3	85.6	129	166	237	306	366	427	544	659
	σ_z	3.72	6.05	8.84	10.7	13.0	14.9	18.6	21.4	24.7	27.0	19.3	31.6	33.5	41.9	48.6	60.9	70.7	79.1	87.4	100	111
F	σ_y	4.19	7.91	10.7	14.4	17.7	20.5	26.5	32.6	38.1	43.3	48.8	54.5	60.5	86.5	102	156	207	242	285	365	437
	σ_z	2.33	4.19	5.58	6.98	8.37	9.77	12.1	14.0	15.8	17.2	19.1	20.5	21.9	27.0	31.2	37.7	42.8	46.5	50.2	55.8	60.5

根据反射原理可算出实源和每一对像源的贡献，再求所有浓度之和，即得封闭型扩散公式，设混合层厚度为 D，则：

$$C=\frac{Q}{2\pi\bar{u}\sigma_y\sigma_z}\exp\left(-\frac{y^2}{2\sigma_y^2}\right)\times\sum_{-\infty}^{\infty}\left\{\exp\left[-\frac{(z-H+2nD)^2}{2\sigma_z^2}\right]+\exp\left[-\frac{(z+H+2nD)^2}{2\sigma_z^2}\right]\right\} \tag{3-47}$$

地面轴线浓度公式则为：

$$C=\frac{Q}{2\pi\bar{u}\sigma_y\sigma_z}\sum_{-\infty}^{\infty}\exp\left[-\frac{(H-2nD)^2}{2\sigma_z^2}\right] \tag{3-48}$$

式中　D——逆温层底高度，m；

　　n——烟流在两界面之间的反射次数，一般取 3 或 4。

在实际应用中，一般情况下并不采用式（3-47），而是按简化的经验法则来计算，这个简化法则的关键是确定 x_D，即烟流在铅直方向扩散时，其边缘刚刚触及逆温层底的那一点到污染源的水平距离，如图 3-21 所示。由正态分布扩散模式可以计算出，烟云中心线向上高度为 $2.15\sigma_z$ 处的浓度约等于同距离处烟云中心线浓度的 1/10，可视作烟流边缘。这个高度即为 $H+2.15\sigma_z$。所以

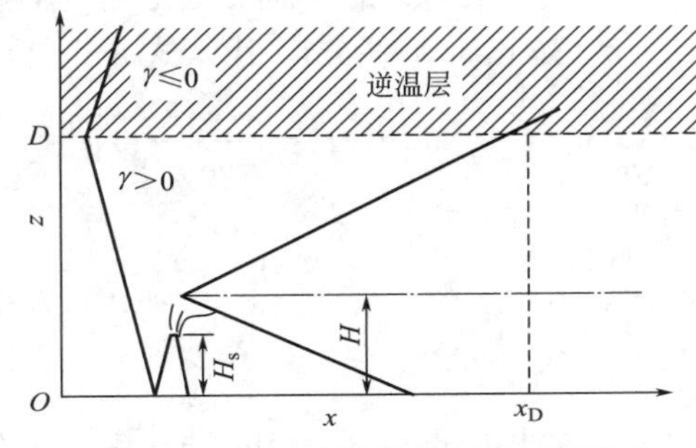

图 3-21　有上部逆温的扩散示意图

$$\sigma_z=\frac{D-H}{2.15} \tag{3-49}$$

由式（3-48）求得 σ_z 之后，可以查图 3-19 来确定 x_D 的值。

当 $D\gg H$ 时，式（3-49）可简化为

$$\sigma_z=\frac{D}{2.15} \tag{3-50}$$

确定了 x_D 之后，逆温层下混合层中污染物的浓度可根据下风向距离 x 的不同，分三种情况来进行估算。

① $x\leqslant x_D$ 时　这时烟流的铅直扩散尚未达到逆温层底的高度，故其上部扩散不受逆温层影响，烟云在垂直方向上仍有高斯正态分布。因此，$x<x_D$ 时，仍然可以用一般高架连续点源的扩散模式进行计算。

② $x\geqslant 2x_D$ 时　对于大于 $2x_D$ 的距离，可以认为污染物经过多次反射，在逆温层下的气层中，它在铅直方向即 z 方向上的浓度分布已经十分均匀了，并不再由于铅直扩散而进一步稀释了。此时，仅在 y 方向上浓度仍为正态分布，由质量连续性可推出 $x\geqslant 2x_D$ 时的浓度计算式：

$$C=\frac{Q}{\sqrt{2\pi}\bar{u}D\sigma_y}\exp\left(-\frac{y^2}{2\sigma_y^2}\right) \tag{3-51}$$

③ $x_D<x<2x_D$ 时　污染物浓度变化较复杂。一般取 $x=x_D$ 和 $x=2x_D$ 两点浓度的内插值。

【例 3-1】

试估算某燃烧着的垃圾堆排放 3g/s 的 NO_x，在风速为 7m/s 的阴天夜间，源的正下风向 3km 处的平均浓度。

解：假定该垃圾堆是一个有效抬升高度为零的地面源，根据风速及阴天条件，可由表3-2确定此时的大气稳定度为D，又已知 x=3000m，因此，由图3-18和图3-19查得：

$$C(3000,0,0,0)=\frac{Q}{\pi u\sigma_y\sigma_z}=\frac{3}{\pi\times7\times190\times65}=1.1\times10^{-5}\,(\mathrm{g/m^3})\,(NO_x)$$

【例3-2】

某石油精炼厂排放 SO_2，排放口有效高度 H=60m，SO_2 排放量 Q=80g/s，试估算在风速 $\bar{u}$=60m/s 的冬季阴天清晨8时，距离该厂正下风向500m处的地面轴线的浓度。

解：对于阴天的早晨取稳定度为D类，在 x=500m时，由图3-18及图3-19分别查得：σ_y=36m，σ_z=18.5m，代入式（3-42）得：

$$C(x,0,0,H)=\frac{Q}{\pi\bar{u}\sigma_y\sigma_z}\exp\left(-\frac{H^2}{2\sigma_z^2}\right)=\frac{80}{\pi\times6\times36\times18.5}\times\exp\left(-\frac{60^2}{2\times18.5^2}\right)$$

$$=0.00637\times\frac{1}{192.35}=3.3\times10^{-5}\ (\mathrm{g/m^3})$$

【例3-3】

某发电厂每小时烧10t煤，煤的含硫率为3%，燃烧后的 SO_2 由烟囱排出，其有效高度为 H=150m，在一个晴朗的夏季下午，地面上10m处风速为4m/s。据附近气象台站的无线电探空报告，此时该地区上空有锋面逆温，混合层厚度 D=1665m，当出现这种上空逆温时，试估算出 SO_2 分别在下风向 x=0.3km、0.5km、1.0km、3.0km、5.5km、11km、30km及100km处地面轴线浓度。

解：（1）先应确定 SO_2 的排放量，硫的分子量为32，并与分子量为32的氧化合，因而单位质量的硫燃烧后，就产生两个质量的 SO_2，排放量 Q 为：

$$Q=\frac{64}{32}\times\frac{10\times1000\times1000}{3600}\times3\%=167\ (\mathrm{g/s})$$

（2）求下风向各已知的地面轴线浓度。因为此时有上部逆温层，所以应先确定 x_D，再按相应的公式计算。由式（3-49）可得：

$$\sigma_z=\frac{D-H}{2.15}=\frac{1665-150}{2.15}=705\ (\mathrm{m})$$

已知此时是夏季晴朗的下午，日照应当是最强的，由表3-3查得太阳辐射等级为+3，因此 u=4m/s，可由表3-2确定大气稳定度为B，由上面计算出 σ_z=705m，查图3-19得：

$$x_D=5.5\mathrm{km}，则\ 2x_D=11\mathrm{km}$$

因为 x=0.3km、0.5km、1.0km、3.0km及5.5km，$x < x_D < 5.5$km，仍应按式（3-42）来计算，即

$$C(x,0,0,H)=\frac{Q}{\pi\bar{u}\sigma_y\sigma_z}\exp\left(-\frac{H^2}{2\sigma_z^2}\right)$$

而 x 等于或大于 $2x_D$=11km的11km、30km及100km点，应按式（3-51）计算，即

$$C(x,0,0,\mathrm{H})=\frac{Q}{\sqrt{2\pi}\bar{u}D\sigma_y}\exp\left(-\frac{y^2}{2\sigma_y^2}\right)$$

计算结果分别列于表中。

x/km	u/（m/s）	σ_y/m	σ_z/m	H/σ_z	$\exp\left(-\frac{H^2}{2\sigma_z^2}\right)$	C/（g/m³）
0.3	4	52	30	5	3.37×10^{-6}	2.9×10^{-8}
0.5	4	83	51	2.94	1.33×10^{-2}	3.8×10^{-5}
1.0	4	157	110	1.36	0.397	28×10^{-4}
3.0	4	425	365	0.41	0.919	7.1×10^{-4}
5.5	4.5	720	705	0.21	0.978	2.1×10^{-5}

x/km	$\bar{u}$/（m/s）	σ_y/m	D/m	C/（g/m³）
11	4.5	1300	1665	6.9×10^{-6}
30	4.5	3000	1665	3.0×10^{-6}
100	4.5	8200	1665	1.1×10^{-6}

3.6.4　非点源扩散模式

（1）线源扩散模式

平坦地形上的公路，可以将其视为无限长线源，它在横风向产生的浓度处处都相等。所以将点源扩散的高斯模式对变量 y 积分，便可获得线源扩散模式。点源没有方向性，计算点源浓度时，将平均风向取作 x 轴即可，而线源的情况较复杂，必须考虑线源与风向夹角及其长度等问题。

当风向与线源垂直时，连续排放的无限长线源下风向浓度模式为：

$$C(x,y,0,H)=\frac{\sqrt{2}Q}{\sqrt{\pi}\bar{u}\sigma_z}\exp\left(-\frac{H^2}{2\sigma_z^2}\right) \tag{3-52}$$

当风向与线源不垂直时，如果风向和线源交角为 φ 且 $\varphi>45°$，线源下风向的浓度模式为：

$$C(x,y,0,H)=\frac{\sqrt{2}Q}{\sqrt{\pi}\bar{u}\sigma_z\sin\varphi}\exp\left(-\frac{H^2}{2\sigma_z^2}\right) \tag{3-53}$$

当 $\varphi<45°$ 时，上式不能用。

当估算有限长的线源造成的污染物浓度时，必须考虑源末端引起的“边源效应”。随着接受点距线源距离的增加，“边源效应”将在更大的横风向距离上起作用。对于横风向有限线源，取通过所关心的接受点的平均风向为 x 轴。线源的范围是从 y_1 延伸到 y_2 且 $y_1<y_2$，则有限长线源扩散模式为：

$$C(x,y,0,H)=\frac{\sqrt{2}Q}{\sqrt{\pi}\bar{u}\sigma_z}\exp\left(-\frac{H^2}{2\sigma_z^2}\right)\int_{p_2}^{p_1}\frac{1}{\sqrt{2\pi}}\exp\left(-\frac{p^2}{2}\right)\mathrm{d}p \tag{3-54}$$

（2）面源扩散模式

城市中家庭炉灶和低矮烟囱数量很大，而单个排放量却很小，若按点源处理，计算工作量将十分繁重，这时应将它们当作面源来处理。下面介绍几种比较简便常用的方法。

① 虚拟点源的面源扩散模式（Ⅰ） 由于城市的家庭炉灶和低矮烟囱分布不均匀，所以将城市划分为许多小正方形，每一个正方形视为一个面源单元。一般在 0.5 ～ 10km 之间。这种方法假定：a. 每一面源单元的污染物排放量集中在该单元的形心上；b. 面源单元形心的上风向距离 x_0 处有一虚拟点源（图 3-22），它在面源单元中心线处产生的烟流宽度（$2y_0=4.30\sigma_{y_0}$）等于面源单元宽度 W；c. 面源单元在下风向造成的浓度可用虚拟点源在下风向造成的同样的浓度代替。由假定 b 可得：

$$\sigma_{y_0}=\frac{W}{4.3} \tag{3-55}$$

由求出的 σ_{y_0} 和大气稳定度级别，应用 P-G 曲线图可查出 x_0，再由（x_0+x）查出 σ_z 代入点源扩散的高斯模式［式（3-42）］，便可求出面源下风向的地面浓度。

$$C=\frac{Q}{\pi\bar{u}\sigma_y\sigma_z}\exp\left(-\frac{H^2}{2\sigma_z^2}\right) \tag{3-56}$$

式中 H——面源的平均高度，m。

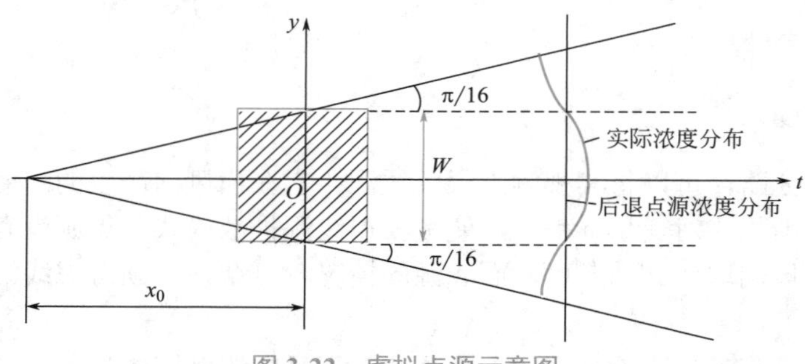

图 3-22 虚拟点源示意图

如果排放源高度相差较大，并且相对较高，也可假定 z 方向上有一虚拟点源，由源的最初垂直分布的标准差给出，由 σ_{z_0} 求出 x_{z_0}，由（$x+x_{z_0}$）求出 σ_{z_0}，由（$x+x_0$）求出 σ_y，然后代入式（3-56）中就可求出地面浓度。

② 虚拟点源的面源扩散模式（Ⅱ） 本模式将面源作为在 y 方向污染物浓度是均匀分布的虚拟点源来处理。a、b 点假设仍同模式（Ⅰ），c 点的假设是：在 y 方向扩散的污染物全都集中在长为 $\pi(x+x_0)/8$ 的弧上，且均匀分布（图 3-22）。因此，可按式（3-55）求 σ_{y_0} 后，按稳定度级别由 P-G 曲线图查取 x_0，再由 $x+x_0$ 求出 σ_z，即可按下式估算下风方向上任一点污染物的地面浓度。

$$C=\left(\frac{2}{\pi}\right)^{1/2}\frac{Q}{\bar{u}\sigma_z\pi(x+x_0)/8}\exp\left(-\frac{H^2}{2\sigma_z^2}\right) \tag{3-57}$$

3.6.5 大气化学传输模式

（1）模式及基本方程

大气化学传输模式是空气质量模拟系统的核心部分，通过输入初始和边界条件、气象场和源排放数据以及其他信息，对污染物在大气中的物理和化学行为进行模拟，从而获得污染物在一定时空范围内的浓度分布情况。为了实现上述模拟功能，大气化学传输模式自身也由不同功能的模块组成。

大气化学研究中的一个核心问题是：人类所赖以生存的大气圈如何去除人类活动以及自然所排放的大气污染物。这不仅是大气化学领域的一个关键科学问题，也是大气污染控制科学决策所亟待认识的重要问题。已有的研究发现，一次排放的大气污染物主要是通过化学氧化过程而去除。而大气中的光化学氧化过程非常复杂，通常主要由包含 OH、HO_2 和 RO_2 自由基的链反应完成。其中，OH 自由基是最主要的大气氧化剂。

（2）光化学氧化模式

光化学氧化模式从二十世纪六七十年代开始至今已经经历了五十多年，设计和开发了很多种类的模式，在不同的历史阶段、不同的地区，针对研究的不同目标，发挥了不同程度的作用。光化学氧化模式是以光化学烟雾污染为主要研究对象的空气质量模式，用于模拟光化学烟雾污染的发生、演变过程，研究臭氧的生成机制和各种影响因素的作用，探讨控制 NO_x、VOCs 等前体物排放对于控制光化学烟雾污染的效果。

对于光化学氧化模式，可按模拟域范围划分为城市尺度、区域尺度和多尺度嵌套三类。其共同特点是：a. 一般为边界层模式，模式顶距地面 2 ～ 4km；b. 采用的气相化学反应机理非常精致；c. 不考虑云过程和液相化学，为“干”模式，即使考虑湿沉降也非常简单，往往采用湿清除系数；d. 需要输入详细的气象资料和源排放资料，尤其关注 VOCs 的源排放清单。

近年来开始在模式中引入气溶胶模块，研究异相反应对臭氧生成的影响以及臭氧和气溶胶细粒子之间的耦合关系。现有光化学氧化模式对臭氧的模拟总误差平均为 25% ～ 30%。

描述光化学烟雾形成的化学反应机理是光化学氧化模式的核心部分。对流层大气是一种氧化型的大气，光化学烟雾污染实际上是碳氢化合物在氮氧化物和日光作业下缓慢氧化，同时形成一定量臭氧等氧化性很强的产物的过程。Friedlander 和 Seinfeld 于 1696 年最早提出的光化学烟雾形成的化学动力学机理仅包括 7 个反应：

$$NO_2+h\nu \longrightarrow NO+O \tag{3-58}$$

$$O+O_2\ (+M) \longrightarrow O_3\ (+M) \tag{3-59}$$

$$O_3+NO \longrightarrow NO_2+O_2 \tag{3-60}$$

$$O+RH \longrightarrow R\cdot + \text{产物} \tag{3-61}$$

$$RH+O_3 \longrightarrow \text{产物（包括 R}\cdot\text{）} \tag{3-62}$$

$$NO+R\cdot \longrightarrow NO_2+R'\cdot \tag{3-63}$$

$$NO_2+R\cdot \longrightarrow \text{产物（包括 PAN）} \tag{3-64}$$

反应的反应速率常数是可调的，以使之与典型的烟雾箱模拟试验数据相匹配。

随着对光化学烟雾形成机理认识的深入，相继提出了多种不同类型的机理，大体上可分为特定化学机理和归纳化学机理两大类。

① **特定化学机理** 详细列出大气化学反应中所包括的反应物、产物、中间产物以及它们反应速率的反应机理，称为特定化学机理。对流层大气的氧化反应及其涉及的物种数量很多，可达 20000 多个反应、几千个物种。

例如 Leone 和 Seinfeld 于 1984 年提出了甲苯 - 苯甲醛 -NO_x 光化学体系的特定机理，虽然只包括甲苯和苯甲醛两种有机物物种，但如果要描述它，仍需 102 个化学反应。

1996 年 Jenkin 发展的机理中包含了 120 种 VOCs、7000 个反应和 2500 个物种。

目前在模式中不直接使用特定机理，而是首先将它与烟雾箱试验结果进行对照，以确定大气中的有机污染物的各种反应途径，如果提出的特定机理与烟雾箱实验数据符合得比较好，再以它为基础，按照一定的方法进行归纳、合并，提出归纳化学机理，用于模式模拟计算。

② 归纳化学机理　为了使化学反应能够与复杂的气象条件和源排放过程同时模拟计算，只能采用反应个数和物种数较少的归纳化学机理。在归纳化学机理中，由于无机物的种类和反应个数较少，一般缩减较少，主要是减少有机物物种的种类和反应个数。减少反应的技术包括删去次要的反应途径，以及用参数化的方法处理有机过氧化物。

归纳化学机理分为：a. 按分子结构归纳的机理；b. 按分子类别和性质归纳的机理；c. Morphecule 机理。几种主要的归纳化学机理如表 3-10。

表 3-10　几种主要的归纳化学机理

简称	CBM-IV	SAPRC	RADM	RACM	MPRM
全称	carbon bond mechanism	statewide air pollution research center	the second regional acid deposition model mechanism	regional atmospheric chemistry mechanism	morohecule photochemical reaction mechanism
类型	结构分类	分子分类	分子分类	分子分类	分子分类
反应个数	81	约 158	156	236	＞ 150
物种数	32	约 54	55	69	54（250）
发展基础	CBM-EX	机动车排放	EPA 酸沉降模式	RADM2	—
归纳依据	有机物官能团及反应活性的不同	不同有机分子对 OH 的反应活性	HC 采用固定参数化方法：不同有机分子对 OH 的反应活性	以 RADM2 为基础对无机和有机反应进行了更新	用分子分类代表一组有机物
特点与优势	①体系中的 C 守恒；②有机物表物种以及反应数目较少，模拟结果精度高；③计算速度较快	提供实时的对 VOCs 部分的反应进行参数化的工具	处理过氧自由基时进行了精细化描述，即考虑了 OH 反应后的产物	对无机和有机反应进行了更新；异戊二烯、芳香烃部分做了较大修改	克服其他机理的不足，正发展中的新方法

3.7　烟囱高度的设计

增加排放高度可以减少地面大气污染物浓度。目前，高烟囱排放仍然是减轻地面污染的一项重要措施，地面浓度与烟囱高度的平方成反比，但烟囱的造价也近似地与烟囱高度的平方成正比，如何选定适当的烟囱高度是工业建设中经常遇到的问题。

确定烟囱高度的主要依据是要保证该排放源所造成的地面污染物浓度不得超过某个规定值，这个规定值就是国家环境保护部门所规定的各种污染的地面浓度值。

3.7.1　烟囱高度的计算方法

目前应用最为普遍的烟囱高度的计算方法是按正态分布模式导出的简化公式，由于对地面浓度的要求不同，烟囱高度的算法也不同，这里只介绍按地面最大浓度公式计算烟囱的高度。

$\sigma_y/=\sigma_z$ 常数时，由地面最大浓度公式，即式（3-45）解出烟囱高度 H_s（m），即：

$$H_s \geqslant \sqrt{\frac{2Q}{\pi e \bar{u} C_{max}} \times \frac{\sigma_z}{\sigma_y}} - \Delta H \tag{3-65}$$

式中，ΔH 是根据选定的烟气抬升公式所计算出的烟气抬长高度。

按照浓度控制法确定烟囱高度，就是要保证地面最大浓度 C_{max} 不超过某个规定值 C_0，通常取 C_0 等于《环境空气质量标准》规定的浓度限值，若有本底浓度 C_b，则应使 C_{max} 不超过 C_0-C_b，即：$C_{max} < C_0-C_b$。于是，烟囱高度为：

$$H_s \geqslant \sqrt{\frac{2Q}{\pi e \bar{u}(C_0-C_b)} \times \frac{\sigma_z}{\sigma_y}} - \Delta H \tag{3-66}$$

式中　$\bar{u}$——一般取烟囱出口处的平均风速，m/s；

$\frac{\sigma_z}{\sigma_y}$——一般取 0.5 ～ 1.0（不随距离而变），相当于中性至中等不稳定时的情况，此项比值越大，设计的烟囱就越高。

3.7.2　烟囱设计中的几个问题

① 关于设计中气象参数的取值有两种方法：一种是取多年的平均值，另一种是取某一保证频率的值。后一种更为经济合理。

σ_z/σ_y 的值一般在 0.5 ～ 1.0 之间变化。$H_s > 100$m 时，σ_z/σ_y 取 0.5；$H_s < 100$m 时，σ_z/σ_y 取 0.6 ～ 1.0。

② 有上部逆温时，设计的高烟囱 $H_s < 200$m，必须考虑上部逆温层的影响，观测证明，当有效源高 H 等于混合层高度 D，即 $H=D$ 时，最不利。此时地面浓度约为一般情况下的 2 ～ 2.5 倍，若按此条件设计，烟囱高度将大大增加。因此，应对混合层高度出现频率做调查，避开烟囱有效高度 H 与出现频率最高或较多的混合层高度 D 相等的情况。

逆温层较低时，烟囱有效高度 $H > D$ 为好。

③ 烟气抬升公式的选择是烟囱设计的重要一环，必须注意烟气抬升公式适用的条件，进行慎重的选择。

④ 烟囱高度不得低于周围建筑物高度的 2 倍，这样可以避免烟流受建筑物背风面涡流区影响，对于排放生产性粉尘的烟囱，其高度从地面算起不得小于 15m，排气口高度应比主厂房最高点高出 3m 以上，烟气出口流速 u_s 应为 20 ～ 30m/s，排烟温度也不宜过低。例如，排烟温度若在 100 ～ 200℃之间，u=5m/s，排烟温度每升高 1℃，抬升高度则增高 1.5m 左右，可见其影响之显著。

⑤ 增加排气量。由烟气抬升公式可知，即使是同样的喷出速度 u_s 和烟气温度，如果增大排气量，对动量抬升和浮力抬升均有利。因此分散的烟囱不利于产生较高的抬升高度，若需要在周围设置几个烟囱，应尽量采用多管集合烟囱，但在集合温度相差较大的烟囱排烟时，要认真考虑。

总之，烟囱设计是一个综合性较强的课题，要考虑多种影响因素，权衡利弊，才能得到较合理的设计方案。

3.8 厂址选择

厂址选择涉及政治、经济、技术等多方面的问题，本节从防治大气污染的角度，仅考虑气象和地形条件来讨论几个问题。

3.8.1 厂址选择中所需的气象资料

（1）风向和风速

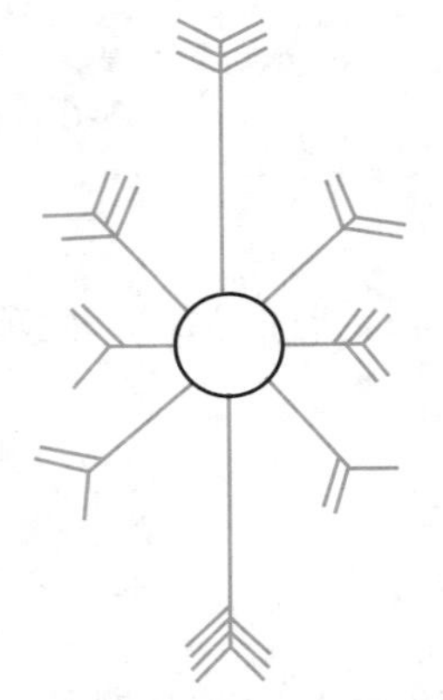

图 3-23 风向频率和风速的复合玫瑰图

风向和风速的气候资料是多年的平均值，也可以是某月或某季的多年平均值。为了观察方便，风的资料通常都是画成风玫瑰图，即在 8 或 16 个方位上给出风向和风速，并用线的长短表示其大小，然后将终点连接即成。图 3-23 则是同时表示了风向频率和风速的复合玫瑰图。

对于山区来说，因其地形复杂，在不同的高度地区，风速风向变化很大，可以选择不同的测点做局部的风玫瑰图。

因为在静风（$u < 1.0$m/s）及微风（u 为 1.0 ~ 2.0m/s）时，不利于污染物的扩散，容易造成污染。因此要特别注意，不仅要统计静风频率，还应统计静风的持续时间，绘制出静风持续时间频率图。

（2）大气稳定度

一般气象台没有近地层大气温度层结的详细资料，但是可以根据已有的气象资料，按照帕斯奎尔法对当地的大气稳定度进行分类。并统计出每个稳定级别所占的相对频率，作出相应的图表，要特别注意有关逆温情况的统计。

（3）混合层厚度的确定

混合层厚度的大小标志着污染物在铅直方向的扩散范围，是影响污染物铅直扩散的重要参数。

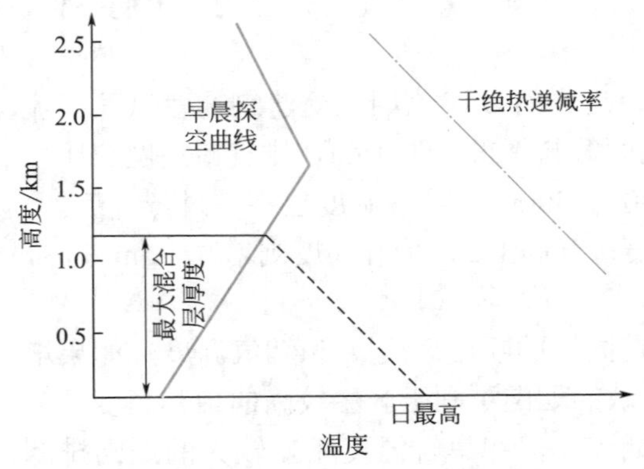

图 3-24 最大混合层厚度的确定

温度层结是昼夜变化的，因此混合层厚度也随时间而变化，一般下午混合层厚度最大，代表了一天之中最大的铅直扩散能力。

混合层厚度在空气污染气象学中，经常以最大混合度来表示，可以用简单的作图法来确定，在温度层结曲线上，从下午最高地面气温作干绝热线，与早晨温度层结即早晨探空曲线交点的高度，即为午后也就是全天混合层厚度，如图 3-24 所示。由此统计出月、季、年不同混合层厚度出现的频率。

3.8.2　长期平均浓度的计算

前面介绍的正态扩散模式都是在假定风向、风速和稳定度不变的条件下进行计算的，而实际上这些气象参数都是变化的。所以公式中的 $\bar{u}$、σ_y、σ_z 和 H 都随时间而异，利用上述公式计算的结果是一定时间的平均值，所显示的仅为当时的污染状况。如日平均值，则因其分辨能力较强，可显示出污染变化与气象因素的关系，一般情况下月平均值能揭示出季节性波动，而年平均值可以显示出污染物变化的长期趋势。因此，选择厂址或者进行环境质量评价，要以某点的长期（年、季、月）平均浓度为依据，这时应根据多年的气象统计资料来计算长期平均污染物浓度的模式。

气象部门提供的风向资料是按 16 个方位给出的，每一个方位相当于一个 22.5° 的扇形。应按每一个扇形来计算平均污染的浓度。

假设在同一扇形内各方向的风具有相同的风向频率，则可以进一步地假定：a. 污染物在该扇形之内的水平方向上，即 y 方向上是均匀分布的；b. 吹来某一扇形风时，全部的污染物都落在这个扇形里。

根据以上假定，来推导距离源为 x 的弧线 $\widehat{AB}$ 上任意点的污染物浓度计算模式，如图 3-25，当风向为 OP 时，弧 $\widehat{AB}$ 上的横风向积分浓度假设 b 应等于 $\int_{-\infty}^{+\infty} C(x,y,O)\,\mathrm{d}y$，即在 x 距离上 y 方向上的全部污染物都集中在弧 $\widehat{AB}$ 上了，在其以外处浓度均为零，欲求 $\widehat{AB}$ 上平均地面浓度，由假设 a 可知，用 $\widehat{AB}$ 上的横风向积分浓度除以弧长 $\frac{2\pi x}{16}$ 即可。这样便得某一扇形内距源 x 处的平均地面浓度为：

$$\bar{C}=\frac{1}{\frac{2\pi x}{16}}\int_{-\infty}^{+\infty} C(x,y,O)\,\mathrm{d}y=\frac{1}{\frac{2\pi x}{16}}\int_{-\infty}^{+\infty}\frac{Q}{\pi\bar{u}\sigma_y\sigma_z}\exp\left[-\left(\frac{y^2}{2\sigma_y^2}+\frac{H^2}{2\sigma_z^2}\right)\right]\mathrm{d}y$$

$$=\left(\frac{2}{\pi}\right)^{1/2}\frac{Q}{\frac{2\pi x}{16}\bar{u}\sigma_z}\exp\left(-\frac{H^2}{2\sigma_z^2}\right)\tag{3-67}$$

如果在所考虑的整个时段内，始终吹 OP 方向的风，用式（3-67）计算弧线上平均地面浓度，若某个方位的风向频率为 f（%），则在整个时段内的平均地面浓度应为：

$$\bar{C}=\left(\frac{2}{\pi}\right)^{1/2}\frac{0.01fQ}{\frac{2\pi x}{16}\bar{u}\sigma_z}\exp\left(-\frac{H^2}{2\sigma_z^2}\right)\tag{3-68}$$

由于人为地假定同一扇形中，同一弧线上的地面浓度相等，而不同方位的扇形内的风向频率又不相等，这就导致了扇形边界上浓度的不连续，显然不合理。消除这种不连续性的简单方法是以两相邻扇形中心线的浓度为基准做线性内插，便可以得到较合理的浓度分布。

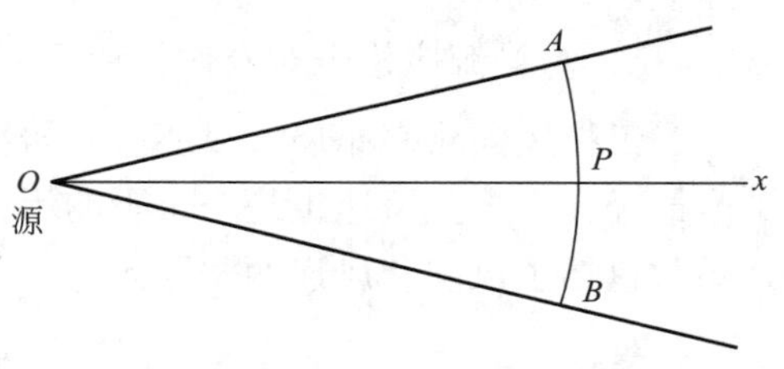

图 3-25　按扇形计算浓度示意图

对于长期平均浓度，应对每个扇形求出不同

稳定度 S 的 σ_{zs} 及不同的风速等级 N 的频率加权平均，于是，对于每一个方位 Q 的长期平均浓度为：

$$C(x,\theta)=\Sigma_S\Sigma_N\left[\left(\frac{2}{\pi}\right)^{1/2}\frac{f(\theta,S,N)Q}{\frac{2\pi x}{16}\bar{u}_N\sigma_{zs}}\exp\left(-\frac{H_N^2}{2\sigma_{zs}}\right)\right] \tag{3-69}$$

式中 $\bar{u}_N$——N 级风的代表风速；

σ_{zs}——表示稳定度属 S 类时的铅直扩散系数；

H_N——风速为 $\bar{u}$ 时的有效源高。

用上述方法可以计算出一个污染源周围各点的污染物浓度的长期平均值，进而画出长期平均浓度的等值线图，它能一目了然地给出该污染源周围的浓度分布，可作为规划设计工作的重要依据。

3.8.3 厂址选择的考虑因素

从保护环境角度出发，理想的建厂位置是污染物本底浓度小，扩散稀释能力强，所排出的烟气、污染物等被输送到城市或居民区的可能性最小的地方，大体上可从以下四个方面来考虑。

（1）本底浓度

本底浓度（C_b）又称作背景浓度，是指该地区已有的污染物浓度水平，它是由当地其他污染源和远地输送来的污染物造成的，选择厂址时首先应当搜集或者观测这方面的数据。显然，现有污染物浓度已经超过允许标准的地方不宜建厂。有时本底浓度虽未超过标准，但加上拟建厂的污染物浓度后将超过标准，而短期内又无法克服的也不宜建厂，应选择背景浓度小的地区建厂。

（2）对风的考虑

选择厂址时要考虑工厂与环境（尤其是周围居民区）的相对位置和关系，所以首先要考虑风向，最简单的方法是依据风向频率图，其原则如下：

a．污染源相对于居民区等主要污染受体来说应设在最小频率风向的上侧，使居住区受污染的时间最小；

b．排放量大或废气毒性大的工厂应尽量设在最小频率风向的最上侧；

c．应尽量减少各工厂的重复污染，不宜把各污染源配置在与最大频率风向一致的直线上；

d．污染源应位于对农作物和经济作物损害能力最弱的生长季节的主导风向的下侧。

仅按风向频率布局，只能做到居民区接受污染的时间最少，但不能保证受到的污染程度最轻。考虑到风速也是一个影响污染物扩散稀释的重要因素，它与浓度成反比，则污染系数包括了风向和风速两个因素：

$$\text{污染系数}=\frac{\text{风向频率}}{\text{平均风速}}$$

污染系数综合了风向和风速的作用。某方位的风向频率小，风速大，该方位的污染系数就小，说明其下风向的空气污染就轻。对于污染受体来说，污染源应该设在污染系数最小的方位上侧。表3-11是一个计算实例，依照各方位的污染系数及其百分数，可以画出污染系数玫瑰图，如图3-26。从这个例子可以看出，若仅考虑风向频率，工厂应设在东面；但从污染系数玫瑰图看，则应设在西北方，这说明了污染系数是选择厂址的一项重要依据。

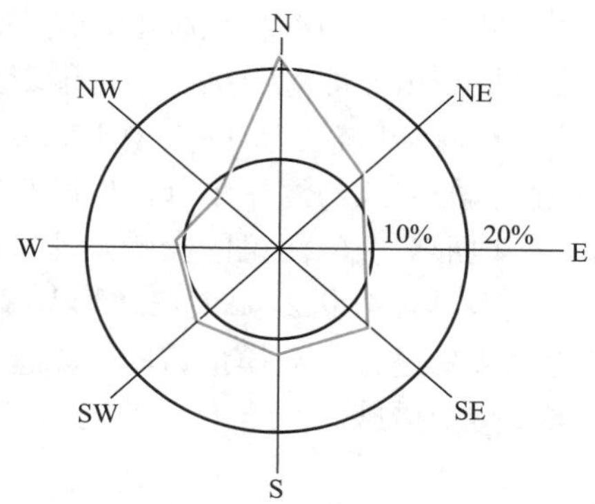

图 3-26 污染系数玫瑰图

表 3-11 风向频率与污染系数

方位	N	NE	E	SE	S	SW	W	NW	总计
风向频率 /%	14	8	7	12	14	17	15	13	100
平均风速 / (m/s)	3	3	3	4	5	6	6	6	
污染系数	4.7	2.7	2.3	3.0	2.8	2.8	2.5	2.1	
相对污染系数 /%	21	12	10	13	12	12	11	9	100

选择厂址时，要考虑的另一项风向指标是静风频率及其持续时间，要避免在全年静风频率高或静风持续时间长的地方建厂。

（3）对温度层结的考虑

选厂址时，要搜集当地的温度层结资料，因为离地面几百米以内的大气温度层结对污染物的扩散稀释过程影响极大，重点要收集近地逆温层的资料，如逆温层厚度、强度、出现频率、持续时间以及逆温层底的高度等数据，特别要注意逆温伴有静风或微风的情形。

近地面200～300m以下的逆温层对不同的烟源影响也不同。大多数中小型工厂的烟源不高，不宜建在近地逆温层频率高或持续时间长的地区。若大工厂的高烟囱，其排放口高于近地逆温层顶，污染物难以向下扩散，便产生了屋脊型扩散，对防止污染最为有利。

上部逆温层的影响则相反，它对低矮烟源的扩散无明显的影响。但常常是决定高大烟囱扩散的重要因素。有上部逆温层时，不会因烟囱高度进一步增加而使地面浓度明显降低。

除风和稳定度外，其他气象条件也要适当考虑。例如降水会溶解和冲洗空气中的污染物，降水多的地方空气往往较清洁。低云和雾较多的地方容易造成更大的污染。有的地方降雨时，伴有固定的盛行风向，被污染的雨水可能会被风吹向下风方向，在建厂时也应考虑这些问题。

（4）对地形的考虑

山谷较深，走向与盛行风交角为45°～135°时，谷内风速经常很小，不利于扩散稀释。

有效源高度不可能超过经常出现静风及微风的高度时，不宜建厂。

有效源高度不可能超过下坡风厚度及背风坡湍流区的地方时，不宜建厂。

谷地四周山坡上有居民区及农田，有效源高不能超过山的高度时，不宜建厂。

四周很高的深谷地区不宜建厂。

烟流虽然能过山头，仍可能形成背风面的污染，不应当将居民点设在背风面的污染区。

在海陆风较稳定的大型水域或与山地交界的地区不宜建厂。必须建厂时，应该使厂区与生活区的连线与海岸平行，以减少陆风造成的污染。

地形对空气污染的影响是非常复杂的，这里给出的几条只是最基本的考虑，对具体情况必须做具体分析。如果在地形复杂的地区选厂，一般应进行专门的气象观测和现场扩散试验，或者进行风洞模拟试验，以便对当地的扩散稀释条件做出准确的评价，确定出必要的对策或防护措施。

3.1 下列表中的数据是在铁塔上观测的气温资料，试计算各层大气的气温直减率：$\gamma_{1.5\sim10}$、$\gamma_{10\sim30}$、$\gamma_{30\sim50}$、$\gamma_{1.5\sim30}$、$\gamma_{1.5\sim50}$，并判断各层大气的稳定度。

高度 z/m	1.5	10	30	50
气温 T/K	298	297.8	297.5	297.3

3.2 在气压为 500hPa 处，一干气块的温度为 231K，若气块绝热上升到气压为 400hPa 处，气块的温度将变为多少？

3.3 某平原地区的气象站，在晴朗早晨 7 时，测得离地面 10m 处的平均风速为 4m/s，当时大气稳定度为中性，试计算该地 80m 高空处的平均风速。

3.4 某电厂的烟囱高度为 160m，烟囱口内径为 1.5m，烟气排出速度为 15m/s，烟气温度为 413K，周围环境温度为 303K，大气稳定度为 D 级，烟囱口处的平均风速为 4.6m/s，试用《制定地方大气污染物排放标准的技术方法》推荐的抬升公式、霍兰德式、布里吉斯公式和博赞克特式计算烟气的抬升高度值。

3.5 某化工厂烟囱有效源高为 65m，SO_2 排放量为 80g/s，烟囱出口处平均风速为 5m/s，$\sigma_y/\sigma_z=0.5$，试求下风向 500m 地面上 SO_2 浓度。

3.6 某电厂烟囱有效高度为 180m，SO_2 排放量为 162g/s，在冬季早上出现了辐射逆温，逆温层底高度为 400m，若混合层内平均风速为 4m/s，试计算正下风向 1km、2km、3.5km 和 10km 处 SO_2 的地面浓度。

3.7 某锅炉烟囱高 60m，排放口直径为 1.5m，烟气排出速度为 20m/s，烟气温度为 405K，大气温度为 295K，烟囱出口处平均风速为 5m/s，SO_2 排放量为 100g/s。试计算在大气稳定度为中性时，SO_2 最大着地浓度及出现的位置。

3.8 某烧结厂烧结机的 SO_2 排放量为 120g/s，烟气流量为 300m^3/s，烟气温度为 405K，大气温度为 293K，工厂区 SO_2 的背景浓度为 0.07mg/m^3，若 $\sigma_y/\sigma_z=0.5$，离地面 10m 处平均风速为 4m/s，$m=1/4$，试按《环境空气质量标准》（GB 3095—2012）的二级标准来设计烟囱的高度和烟囱口的内径。

第 4 章 除尘技术基础

为了深入了解除尘机理，能正确选择和应用各种除尘设备，应首先了解颗粒污染物的物理性质和除尘器性能的表示方法，这是气体除尘技术的重要基础。

4.1 颗粒污染物的粒径及其分布

4.1.1 颗粒污染物的粒径

颗粒污染物的大小不同，不仅其物理化学性质有很大差异，而且对人体和生物也会带来不同的危害，同时对除尘器性能的影响也各有不同，因此颗粒污染物大小是其重要的物理性质之一。

通常将粒径分为代表单个颗粒的单一粒径和代表各种不同大小颗粒的平均粒径。它们的单位为微米（μm）。

（1）单一粒径

颗粒污染物的形状一般都是不规则的，通常也用“粒径”来表示其大小。但是这里所说的粒径，由于测定方法和应用的不同，其定义及表示方法也不同。归纳起来有三种形式：投影径、几何当量径和物理当量径。

① 投影径　投影径是用显微镜观测颗粒时所采用的粒径，如：

a．定向直径 d_F，是菲雷特（Feret）于 1931 年提出的，故也称菲雷特（Feret）直径，为各颗粒在投影图同一方向上最大投影长度，如图 4-1（a）所示。

b．定向面积等分径 d_M，也称为马丁直径，是马丁（Martin）1924 年提出来的。系各颗粒在平面投影图上，按同一方向将颗粒投影面积分割成二等分的直线的长度，如图 4-1（b）所示。

c．圆等直径 d_H，系与颗粒投影面积相等的圆的直径，也称黑乌德（Heywood）直径，如图 4-1（c）所示。

一般情况下，对于同一颗粒有 $d_F > d_H > d_M$。

② 几何当量径　取与颗粒的某一几何量（面积、体积）相同的球形颗粒的直径为其几何当量径，如球等直径（d_r）系与被测颗粒体积相等的球的直径。

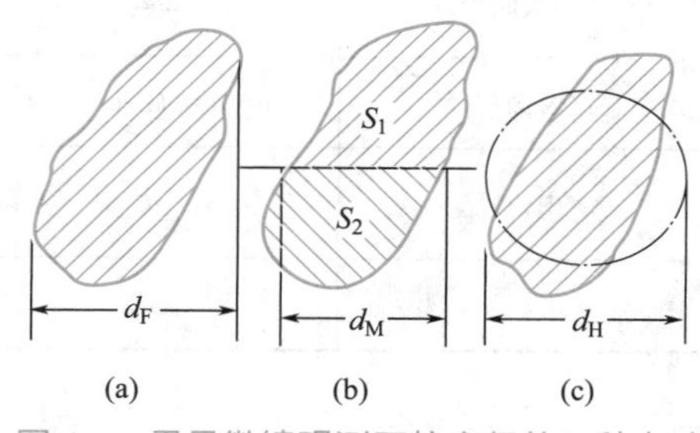

图 4-1　用显微镜观测颗粒直径的三种方法

③ 物理当量径　取与颗粒的某一物理量相同的球形颗粒的直径为颗粒的物理当量径，如：

a．斯托克斯直径（d_{st}），是与被测颗粒的密度相同，终末沉降速度相同的球的直径。当颗粒雷诺数 $Re_P < 1$ 时，按斯托克斯（Stokes）定律得斯托克斯直径（m）的定义式：

$$d_{st}=\sqrt{\frac{18\mu v_s}{(\rho_p-\rho)g}} \tag{4-1}$$

式中　μ——流体的黏度，Pa · s；

ρ_p——颗粒的密度，kg/m^3；

ρ——流体的密度，kg/m^3；

v_s——颗粒在重力场中于该流体中的终末沉降速度，m/s。

b．空气动力学直径 d_a，系在空气中与颗粒的终末沉降速度相等的单位密度（ρ_p=1g/cm^3）的球的直径。

斯托克斯直径和空气动力学直径是除尘技术中应用最多的两种直径，原因在于它们与颗粒在流体中的动力学行为密切相关。两者的关系为：

$$d_a=d_{st}(\rho_p-\rho)^{1/2} \tag{4-2}$$

（2）平均粒径

确定一个由粒径大小不同的颗粒组成的颗粒群的平均粒径时，需预先求出各个颗粒的单一粒径，然后加和平均。几种平均粒径的计算方法和应用列于表 4-1 中。表中的 d 表示任一颗粒的单一径粒，n 为相应的颗粒个数。实际工程计算中应根据装置的任务，颗粒污染物的物理化学性质等情况，选择最为恰当的粒径的计算方法。

表 4-1　平均粒径的计算方法和应用

名称	计算公式	物理意义	应用范围
算术平均值	$d_1=\frac{\Sigma nd}{\Sigma n}$	单一径的算术平均值	蒸发、各种粒径的比较
面积长度平均径	$d_4=\frac{\Sigma nd^2}{\Sigma nd}$	表面积总和除以直径的总和	吸附
体面积平均径	$d_3=\frac{\Sigma nd^3}{\Sigma nd^2}$	全部粒子的体积除以总表面积	传质、粒子充填层的流体阻力，充填材料的强度
质量平均径	$d_5=\frac{\Sigma nd^4}{\Sigma nd^3}$	质量等于总质量，个数等于总个数的等粒子粒径	气体输送、燃烧效率、质量、平衡
平均表面积径	$d_r=(\Sigma nd^2/\Sigma n)^{\frac{1}{2}}$	将总面积除以总个数取其平方根	吸收
比表面积径	$d=6(1-\varepsilon)/a$	由比表面积 a 计算的粒径	蒸发、分子扩散
中位径	d_{50}	粒径分布的累积值为 50% 时的粒径	分离、分级装置性能的表示
众径	d_d	粒径分布中频度最高的粒径	

4.1.2　粒径分布

粒径分布是指某种颗粒污染物中，不同粒径的颗粒所占的比例，也称颗粒污染物的分散度。粒径分布可以用颗粒的质量分数或个数百分数来表示，前者称为质量分布，后者称为粒数分布。由于质量分布更能反映不同大小的颗粒污染物对人体和除尘设备性能的影响，因此在除尘技术中使用较多。这里重点介绍质量分布的表示方法。

粒径分布的表示方法有列表法、图示法和函数法。下面就以粒径分布测定数据的整理过程来说明粒径分布的表示方法和相应意义。

测定某种颗粒污染物的粒径分布，先取尘样，其质量 m_0=4.28g。再将尘样按粒径大小分成若干组，一般分为 8 ～ 20 个组，这里分为 9 组。经测定得到各粒径范围 d_p ～（$d_p+\Delta d_p$）内的颗粒污染物质量为 9 组。经测定得到各粒径范围 d_p ～（$d_p+\Delta d_p$）内的颗粒污染物质量为 Δm（g）。Δd_p 称为粒径间隔或粒径宽度，在工业生产中也称为组距。将这一尘样的测定结果及按下述定义计算结果列入表 4-2 中。

表 4-2　粒径分布测定和计算结果

项目	分组号								
	1	2	3	4	5	6	7	8	9
粒径范围 d_p/μm	＞ 6 ～ 10	＞ 10 ～ 14	＞ 14 ～ 18	＞ 18 ～ 22	＞ 22 ～ 26	＞ 26 ～ 30	＞ 30 ～ 34	＞ 34 ～ 38	＞ 38 ～ 42
粒径宽度 Δd_p/μm	4	4	4	4	4	4	4	4	4
颗粒污染物质量 Δm/g	0.012	0.098	0.36	0.64	0.86	0.89	0.8	0.46	0.16
频率分布 g/%	0.3	2.3	8.4	15.0	20.1	20.8	18.7	10.7	3.7
频度分布 f/(%/μm)	0.07	0.57	2.10	3.75	5.03	5.20	4.68	2.67	0.92
筛上累积分布 R/%	100	99.8	97.5	89.1	74.1	54.0	33.2	14.5	3.8
筛下累积分布 G/%	0	0.2	2.5	10.9	25.9	46.0	66.8	85.5	96.2

图 4-2 是根据表 4-2 中的数据所绘制的。

（1）频率分布 g

粒径 d_p ～（$d_p+\Delta d_p$）之间的尘样质量占尘样总质量的百分数，即：

$$g=\frac{\Delta m}{m_0}\times 100\% \tag{4-3}$$

并有

$$\sum g=100\% \tag{4-4}$$

式中　Δm——粒径 d_p ～（$d_p+\Delta d_p$）内的颗粒污染物质量，kg；

m_0——试样总质量，kg。

根据计算出的 g 值表 4-2，可绘出频率分布直方图，见图 4-2(a)。由计算结果可以看出，g 值的大小与粒径间隔宽度 Δd_p 的取值有关。

（2）频率密度分布 f

简称频度分布（%/μm），系指单位粒径间隔宽度时的频率分布，即粒径间隔宽度

Δd_p=1μm 时尘样质量占尘样总质量的百分数，所以：

$$f=\frac{g}{\Delta d_p} \tag{4-5}$$

同样，根据计算结果可以绘出频度分布直方图，按照各组粒径间隔的平均粒径值，可以得到一条光滑的频度分布曲线如图 4-2（b）。

频率密度分布的微分定义式为

$$f(d_p)=\frac{dg}{dd_p}，即 f=\frac{dg}{dd_p} \tag{4-6}$$

它表示粒径为 d_p 的颗粒质量占尘样总质量的百分数。

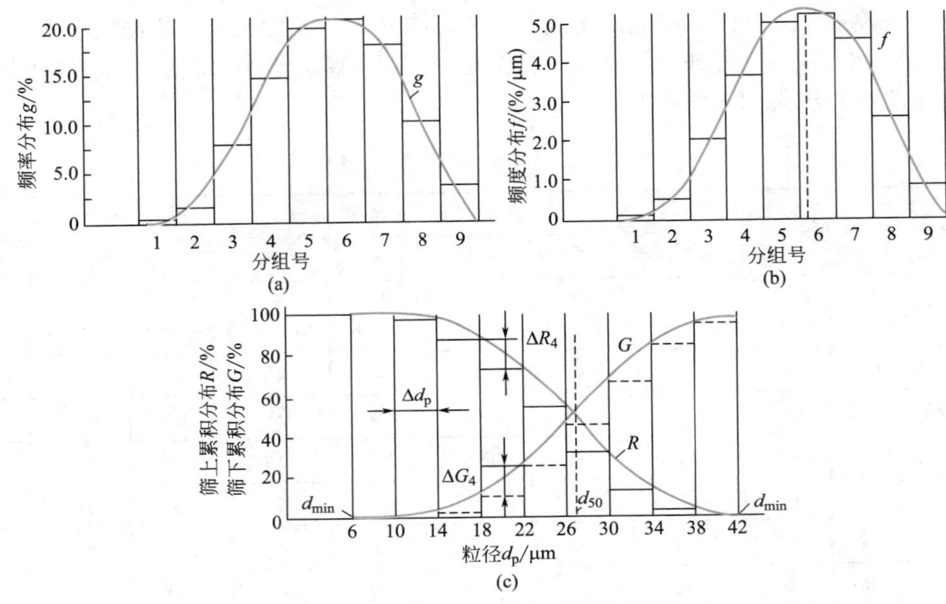

图 4-2　粒径的频率、频度及累积频率分布

（3）筛上累积频率分布 R

简称筛上累积分布，系指大于某一粒径 d_p 的全部颗粒质量占尘样总质量的百分数（%），即：

$$R=\sum_{d_p}^{d_{max}}g=\sum_{d_p}^{d_{max}}\left(\frac{g}{\Delta d_p}\right)\Delta d_p=\sum_{d_p}^{d_{max}}f\Delta d_p \tag{4-7}$$

或

$$R=\int_{d_p}^{d_{max}}f\mathrm{d}d_p=\int_{d_p}^{\infty}f\mathrm{d}d_p \tag{4-8}$$

反之，将小于某一粒径 d_p 的全部颗粒质量占尘样总质量的百分数称为筛下累积频率分布 G（%），简称筛下累积分布，因此：

$$G=\sum_{0}^{d_p}g=\sum_{0}^{d_p}f\Delta d_p \tag{4-9}$$

或

$$G=\int_{0}^{d_p}f\mathrm{d}d_p \tag{4-10}$$

按照计算所得的 R、G 值，可以分别绘制出筛上累积分布和筛下累积分布的曲线，如图 4-2（c）。

根据累积频率分布的定义可知

$$G+R=\int_0^{\infty} f\,\mathrm{d}d_p=100\% \tag{4-11}$$

即频度分布 f 曲线下面积为 100%。

筛上累计分布和筛下累计分布相等（$R=G=50\%$）时的粒径为中位径，记作 d_{50}，见图 4-2（c）中 R 与 G 曲线交点处对应的粒径。中位径是除尘技术中常用的一种表示颗粒污染物粒径分布特性的简明方法。而频度分布 f 达到最大值时相对应的粒径称作众径，记作 d_d。

4.1.3　粒径分布函数

颗粒污染物的粒径分布用函数形式表示更便于分析。一般来说颗粒污染物的粒径分布是随意的，但它近似地与某一规律相符，可以用函数表示。常用的有正态分布函数、对数正态分布函数、罗辛 - 拉姆勒（Rosin-Rammler）分布函数。这里简单地给出常用函数的形式。

（1）正态分布（或 Gauss 分布）函数

颗粒污染物粒度的正态分布是相对于频度最大的粒径呈对称分布，其函数形式为：

$$f(d_p)=\frac{100}{\sigma\sqrt{2\pi}} \tag{4-12}$$

或

$$R_j=\frac{100}{\sigma\sqrt{2\pi}}\int_{d_p}^{\infty}\exp\left[-\frac{(d_p-\bar{d}_p)^2}{2\sigma^2}\right]\mathrm{d}d_p \tag{4-13}$$

式中　$\bar{d}_p$——粒径的算术平均值；

σ——标准偏差，定义为：

$$\sigma^2=\frac{\sum(d_p-\bar{d}_p)^2}{N-1} \tag{4-14}$$

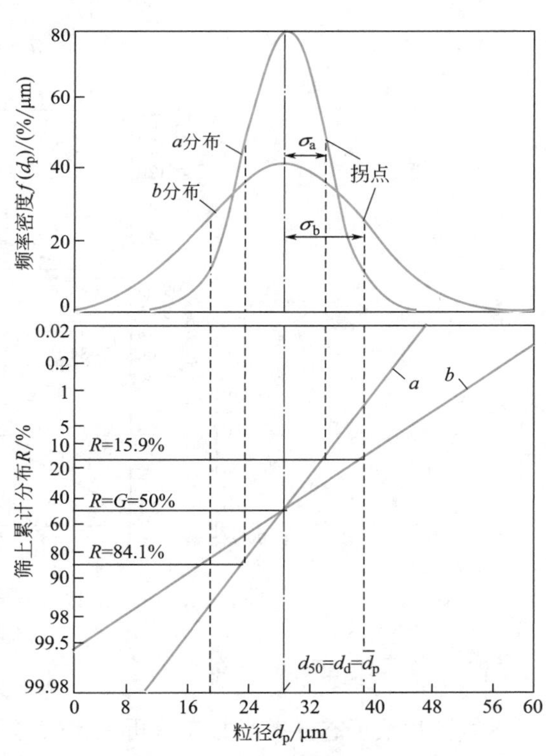

图 4-3　正态分布曲线及特征数的估计

如图 4-3 所示，正态分布的频度分布曲线是关于均值对称的钟形曲线，累积频率分布在正态概率坐标纸上为一条直线。由该直线可以求取正态分布的特征数 $\bar{d}_p$ 和 σ。在相应于累积分布为 50% 的粒径（中位径 d_{50}）即为算术平均径，也就是 $\bar{d}_p d_{50}$。而标准偏差 σ 等于累积频率 $R=84.1\%$ 的粒径 $d_{84.1}$ 和中位径 d_{50} 之差，或中位径 d_{50} 和累积频率 $R=15.9\%$ 的粒径 $d_{15.9}$ 之差，即：

$$\sigma=d_{50}-d_{84.1}=d_{15.9}-d_{50}=\frac{1}{2}(d_{15.9}-d_{84.1}) \tag{4-15}$$

（2）对数正态分布函数

在正态分布函数中用 $\lg d_p$ 代替 d_p，用 $\lg\bar{d}_g$ 代替 $\bar{d}_p$ 即

$$f(d_p)=\frac{100}{\sigma_g\sqrt{2\pi}}\exp\left[-\frac{1}{2}\left(\frac{\lg d_p-\lg\bar{d}_g}{\sigma_g}\right)^2\right] \tag{4-16}$$

$$\sigma_g^2=\frac{\sum(\lg d_p-\lg\bar{d}_g)^2}{N-1} \tag{4-17}$$

$$\bar{d}_g^n=d_1^{n_1}d_2^{n_2}\cdots d_n^{nn} \tag{4-18}$$

式中 $\bar{d}_g$——粒径的几何平均值；

σ_g——几何标准偏差。

将粒径分布绘于对数正态概率纸上也会得到一条直线。利用对数正态概率坐标纸，可以很方便地求得此种分布的特征数 $\bar{d}_g$ 和 σ_g（图 4-4）。$\bar{d}_g=d_{50}$，对于对数正态分布的几何标准偏差则有

$$\sigma_g=\left(\frac{d_{15.9}}{d_{84.1}}\right)^{1/2} \tag{4-19}$$

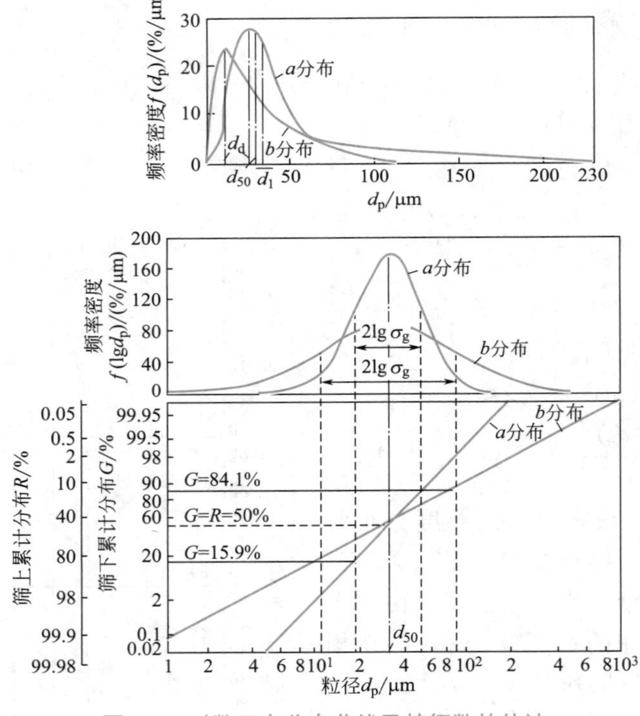

图 4-4 对数正态分布曲线及特征数的估计

（3）罗辛－拉姆勒分布函数

尽管对数正态分布函数在解析上比较方便，但是破碎、研磨、筛分过程中产生的细颗粒以及分布很广的各种颗粒污染物，常有不相吻合的情况。这时可以采用适应范围更广的罗辛－拉姆勒（R-R）分布函数来表示，简称 R-R 分布函数。R-R 分布函数的一种形式为

$$R(d_p)=100\exp(-\beta d_p^n) \tag{4-20}$$

或
$$R(d_p)=100\times 10^{-\beta' d_p^n} \tag{4-21}$$

式中　d_p——颗粒污染物粒径；

β，β'——分布系数，并有 $\beta=\ln 10\times\beta'=2.303\beta'$；

n——粒径的分布指数。

对式（4-20）两端取两次对数可得

$$\lg\left(\lg\frac{100}{R}\right)=\lg\beta'+n\lg d_p \tag{4-22}$$

若以 $\lg d_p$ 为横坐标，以 $\lg\left(\lg\frac{100}{R}\right)$ 为纵坐标作线图，则可得到一条直线。直线的斜率为指数 n，对纵坐标的截距为 $d_p=1\mu m$ 时的 $\lg\beta'$ 值，即

$$\beta'=\lg\left[\frac{100}{R_{(d_p=1)}}\right] \tag{4-23}$$

若将中位径 d_{50} 代入式（4-20）可求得

$$\beta=\frac{\ln 2}{d_{50}^n}=\frac{0.693}{d_{50}^n} \tag{4-24}$$

再将上式代入式（4-20）中，则得到一个常用的 R-R 分布函数表达式

$$R(d_p)=100\exp\left[-0.693\left(\frac{d_p}{d_{50}}\right)^n\right] \tag{4-25}$$

德国国家标准采用 *RRS* 分布函数，其表达式为

$$R(d_p)=100\exp\left[-\left(\frac{d_p}{d'_p}\right)^n\right] \tag{4-26}$$

式中，d'_p 称为粒径特性数，为筛上累积分布 R=36.8% 时的粒径。分布指数 n 与前面各式一样，是表示粒子分布范围的特征数，n 值越大，粒径分布范围越窄。粒径特性数 d'_p 与中位径的关系，由式（4-24）和式（4-25）等可得

$$d_{50}=d'_p(0.693)^{1/n} \tag{4-27}$$

在 R-R 坐标纸或 *RRS* 坐标纸上标绘的粒径累积分布曲线皆为直线，并能方便地求出特征数 n、β'、d_{50} 或 d'_p。

对于一种颗粒污染物的粒径分布究竟适合上述哪一种，可以用一种简单有效的方法判断，就是将累积分布定值（R 或 G）同时标在按上述三种分布函数绘制的线图上，即标在正态概率纸、对数正态概率纸和 R-R 坐标纸上。实验值得到的点能形成哪一种直线，此分布就服从哪一种公式。

4.2　颗粒污染物的物理性质

4.2.1　颗粒污染物的密度

单位体积中颗粒污染物的质量称为颗粒污染物的密度 ρ_p，其单位是 kg/m^3 或 g/cm^3。

由于颗粒污染物的产生情况不同、实验条件不同，获得的密度值也不同。一般将颗粒污

染物的密度分为真密度和堆积密度等不同的概念。

（1）真密度

由于颗粒污染物颗粒表面不平，其内部有空隙，所以颗粒污染物表面及其内部吸附着一定的空气。颗粒污染物的真密度是设法将吸附在颗粒污染物表面及其内部的空气排除后测得的颗粒污染物自身的密度，用 ρ_p 表示。

（2）堆积密度

固体研磨而形成的颗粒污染物，在表面未氧化前，其真密度与母料密度相同。呈堆积状态存在的颗粒污染物（即粉体），除了每个颗粒污染物吸附有一定空气外，颗粒污染物之间的空隙中也含有空气。将包括粉体粒子间气体空间在内的颗粒污染物密度称为堆积密度。可见，对同一种颗粒污染物来说，其堆积密度值一般要小于真密度值。如煤粉燃烧产生的飞灰粒子，含有熔凝的空气球（煤胞），真堆积密度为1.07g/cm^3，真密度为2.2g/cm^3。

若将颗粒污染物之间的空隙体积与包含空隙的颗粒污染物总体之比称为空隙率，用 ε 表示，则颗粒污染物的真密度 ρ_p 与堆积密度 ρ_b 之间存在如下关系

$$\rho_b=(1-\varepsilon)\rho_p \tag{4-28}$$

对于一定种类的颗粒污染物来说，ρ_p 是定值，而 ρ_b 随空隙率 ε 而变化。ε 值与颗粒污染物种类、粒径及充填方式等因素有关。颗粒污染物愈细，吸附的空气愈多，ε 值愈大；充填过程加压或进行震动，ε 值减小。

颗粒污染物的真密度应用于研究颗粒污染物在空气中的运动，而堆积密度则可用于存仓或灰斗容积的计算等。

4.2.2 颗粒污染物的比表面积

单位体积的颗粒污染物具有的总表面积 S_p 称为颗粒污染物的**比表面积**（cm^2/cm^3）。对于平均粒径为 d_p、空隙率为 ε 的表面光滑球形颗粒，其比表面积定义为

$$S_p=\frac{\pi d_p^2(1-\varepsilon)}{\frac{\pi d_p^3}{6}}=6\times\frac{(1-\varepsilon)}{d_p} \tag{4-29}$$

对于非球形颗粒组成的颗粒污染物，其比表面积定义为

$$S_m=6\times\frac{(1-\varepsilon)}{\psi_m d_p} \tag{4-30}$$

式中，ψ_m 为颗粒群的形状系数，即 $\psi_m=\frac{S_p}{S_m}$。细砂平均 ψ_m=0.75，细煤粉 ψ_m=0.73，烟灰 ψ_m=0.55，纤维尘 ψ_m=0.30。

比表面积常用来表示颗粒污染物的总体的细度，是研究通过颗粒污染物层的流体阻力以及研究化学反应、传质、传热等现象的参数之一。

4.2.3　颗粒污染物的含水量及其润湿性

（1）颗粒污染物的含水量

颗粒污染物中所含水分一般可分为三类：a. 自由水，附着在表面或包含在凹面及细孔中的水分；b. 结合水，紧密结合在颗粒内部，用一般干燥方法不易全部去除的水分；c. 化学结合水，是颗粒的组成部分，如结晶水。

通过干燥过程可以除去自由水分和一部分结合水分，其余部分作为平衡水分残留，其量随干燥条件而变化。

在工程中一般以颗粒污染物中所含水量 W_w（g）对颗粒污染物总质量（g）之比称为含水率 W（%），即

$$W=\frac{W_w}{W_w+W_d}\times 100\% \tag{4-31}$$

式中　W_d——干颗粒污染物的质量，g。

工业测定的水分，是指总水分与平衡水分之差，测定水分的方法要根据颗粒污染物的种类和测定的目的来选择。最基本的方法是将一定量（约 100g）的尘样放在 105℃的烘箱中干燥后，再进行称量。测定水分的方法还有蒸储法、化学反应法、电测法等。

（2）颗粒污染物的润湿性

颗粒污染物能否与液体相互附着或附着难易的性质称为颗粒污染物的润湿性。当颗粒污染物与液滴接触时，如果接触面扩大而相互附着，就是能润湿；若接触面趋于缩小而不能附着，则是不能润湿。依其被润湿的难易程度，可分为亲水颗粒污染物和疏水颗粒污染物。对于 5μm 以下特别是 1μm 以下的颗粒污染物，即使是亲水的，也很难被水润湿，这是由于细粉的比表面积大，对气体的吸附作用强，表面易形成一层气膜，因此只有在颗粒污染物与水滴之间具有较高的相对运动时，才会被润湿。同时颗粒污染物的润湿性还随压力增加而增加；随温度上升而下降；随液体表面张力减小而增加。各种湿式洗涤器，主要靠颗粒污染物与水的润湿作用来分离颗粒污染物。

值得注意的是，像水泥颗粒污染物、熟石灰及白云石砂等虽是亲水性颗粒污染物，但它们吸水之后即形成不再溶于水的硬垢，一般称颗粒污染物的这种性质为水硬性。水硬性结垢会造成管道及设备堵塞，所以对此类颗粒污染物一般不宜采用湿式洗涤器分离。

4.2.4　颗粒污染物的荷电性及导电性

（1）颗粒污染物的荷电性

颗粒污染物在其产生过程中，由于相互碰撞、摩擦、放射线照射、电晕放电及接触带电体等原因，总会带有一定的电荷。颗粒污染物荷电以后，将改变其物理性质，如凝聚性、附着性等。同时，对人体的危害也有所增加。颗粒污染物的荷电量随着温度的提高、表面积增大及含水量减少而增大。

（2）颗粒污染物的导电性

颗粒污染物导电性的表示方法和金属导线一样，用电阻率来表示，单位为欧姆 · 厘米

（Ω · cm）。但是颗粒污染物的导电不仅包括颗粒污染物本体的容积导电，而且还包括颗粒表面因吸附水分等形成的化学膜的表面导电。特别对于电阻率高的颗粒污染物，在低温条件下（< 100℃），主要是靠表面导电，在高温（> 200℃）条件下，容积导电占主导地位。因此，颗粒污染物的电阻率与测定时的条件有关。如温度、湿度以及颗粒污染物的松散度和粗细等。总之，颗粒污染物的电阻率仅是一种可以相互比较的颗粒污染物电阻，称为表现电阻，简称比电阻。

4.2.5 颗粒污染物的黏附性

颗粒污染物的黏附性是指颗粒污染物之间凝聚的可能性或颗粒污染物对器壁黏附堆积的可能性。颗粒污染物由于颗粒凝聚变大，有利于提高除尘器的捕集效率，而从另一方面来说，颗粒污染物对器壁的黏附会造成装置和管道的堵塞或引起故障。

一般认为，黏附现象与作用在颗粒之间的附着力以及与固体壁面之间的作用力有关。实践证明，颗粒细、含水率高及荷电量大的颗粒污染物易于黏附在器壁上，此外，还与颗粒污染物的气流运动状况及壁面粗糙情况有关。所以在除尘系统或气流输送系统中，要根据经验选择适当的气流速度，并尽量把器壁面加工光滑，以减少颗粒污染物的黏附。

4.2.6 颗粒污染物的安息角

颗粒污染物的安息角是指颗粒污染物通过小孔连续地下落到水平板上时，堆积成的锥体母线与水平面的夹角（也叫静止角或堆积角）。安息角是粉状物料所具有的动力特性之一。它与颗粒污染物的种类、粒径、形状和含水量等因素有关。多数颗粒污染物的安息角的平均值为 35° ～ 36°，对于同一种颗粒污染物，粒径愈小，安息角愈大，表面愈光滑和愈接近球形的粒子，安息角愈小。含水率愈大，安息角愈大。安息角是设计除尘设备及管道的主要依据（参见图 4-5）。

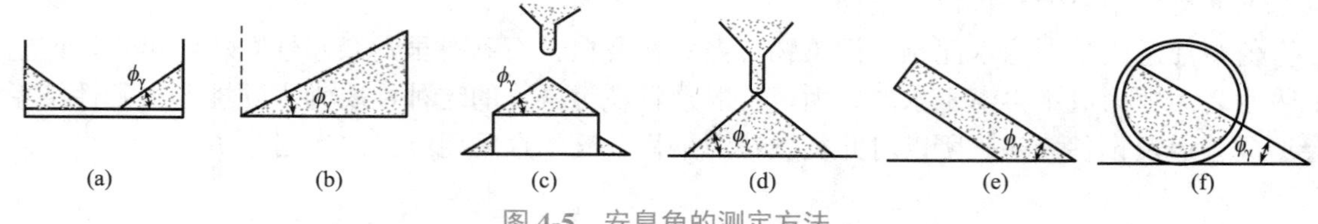

图 4-5 安息角的测定方法

（a），（b）排出法；（c），（d）注入法；（e），（f）倾斜法

4.2.7 颗粒污染物的爆炸性

有些颗粒污染物（如镁粉、碳化钙颗粒污染物）与水接触后会引起自然爆炸，称这种颗粒污染物为具有爆炸危险性颗粒污染物。对于这种颗粒污染物不能采用湿式除尘方法。另外有些颗粒污染物（如硫矿粉、煤尘等）在空气中达到一定浓度时，在外界的高温、摩擦、震动、碰撞以及放电火花等作用下会引起爆炸，这些颗粒污染物亦称为具有爆炸危险性颗粒污染物。有些颗粒污染物互相接触或混合后引起爆炸，如溴与磷、锌粉与镁粉接触混合便能发生爆炸。

这里所说的爆炸是指可燃物的剧烈氧化作用，并在瞬间产生大量的热量和燃烧产物，在空间内造成很高的温度和压力，故称为化学爆炸。可燃物除了指可燃颗粒污染物外，还包括可燃气体和蒸汽。引起爆炸必须具备两个条件：一是由可燃物与空气或氧构成的可燃混合物具有一定的浓度；二是存在能量足够的火源。可燃混合物中可燃物的浓度只有在一定的范围内才能引起爆炸。能够引起爆炸的最高浓度叫爆炸上限，最低浓度叫爆炸下限。在可燃物浓度低于爆炸下限或高于爆炸上限时，均无爆炸危险。颗粒污染物的爆炸上限，由于浓度值过大（如糖粉的爆炸上限浓度为13.5kg/m^3），在多数场合下都达不到，故无实际意义。颗粒污染物发火所需要的最低温度称为发火点，它们都与火源的强度、颗粒污染物的种类、粒径、湿度、通风情况、氧气浓度等因素有关。一般是颗粒污染物愈细，发火点愈低。颗粒污染物的爆炸下限愈小，发火点愈低，爆炸的危险性愈大。

4.3　颗粒污染物的动力特性

4.3.1　颗粒污染物的重力沉降

假设直径为 d_p 的球形颗粒，在静止的流体中自由降落。其所受的作用力有三个，即重力 F_1，流体对颗粒的浮力 F_2，流体的阻力 F_3，其合力为 $F_{合}=F_1-F_2-F_3$，而

$$F_1-F_2=\frac{\pi}{6}d_p^3(\rho_p-\rho)g \tag{4-32}$$

式中　ρ_p——流体的密度，kg/m^3。

颗粒所受阻力可表示为：

$$F_3=C_D A_p\frac{\rho v^2}{2} \tag{4-33}$$

式中　C_D——流体的阻力系数；

A_p——颗粒在其流动方向上的投影面积，m^2，对于球形颗粒，$A_p=\frac{1}{4}\pi d_p^2$；

v——颗粒对流体的相对速度，m/s。

颗粒在合力 $F_{合}$的作用下，从静止开始做加速下降运动，随着 v 的不断增加，F_3 增大，F_3 增大到使合力 $F_{合}=0$ 时，颗粒污染物开始做匀速下降运动。此时颗粒污染物的降落速度达到了最大的恒定值 v_s，称为颗粒污染物的终末沉降速度，简称沉降速度。由式（4-32）和式（4-33）可得：

$$v_s=\sqrt{\frac{4d_p g}{3C_D}\times\frac{\rho_p-\rho}{\rho}} \tag{4-34}$$

上式中所含阻力系数 C_D，在实际中难以应用，需要求出 C_D 的计算式。

颗粒污染物在流体中下降时所受阻力有两类，一种是流体作用于颗粒污染物上的动压引起的阻力，另一种是摩擦引起的阻力，而这两种阻力的大小决定于流体绕过颗粒污染物时的流动状况。也就是说决定此时流体是层流还是紊流。层流时颗粒污染物主要是克服摩擦阻力。紊流时，颗粒污染物主要是克服动压阻力，即动力阻力。

由实验可知颗粒在流体中运动阻力系数 C_D 是雷诺数 Re 的函数，可近似地表示为：

$$C_D=\frac{K}{Re^{\varepsilon}} \tag{4-35}$$

式中，系数 K 及指数 ε 值取决于相应的 Re 值，即颗粒污染物周围的流动状态。而

$$Re=\frac{v_s d_p \rho}{\mu} \tag{4-36}$$

式中　μ——流体的黏度，Pa · s。

当 $Re<1$ 时流动处于层流区。$K=24$，$\varepsilon=1$，则 C_D 与 Re 呈简单的直线关系。

$$C_D=\frac{24}{Re} \tag{4-37}$$

当 Re 为 1 ～ 500 时，流动处于介流区，$K=10$，$\varepsilon=1/2$ 则有

$$C_D=\frac{10}{Re^{1/2}} \tag{4-38}$$

当 Re 为 500 ～ 2×10^5 时，流动处于紊流区，$K=0.44$，$\varepsilon=0$，则有：

$$C_D=0.44 \tag{4-39}$$

将以上三式代入式（4-33）中，可分别求出对应不同的雷诺数 Re 范围内的流体阻力 F_3，再分别代入式（4-34）求出不同 v_s。

当 $Re<1$ 时，适用于斯托克斯阻力定律范围。

$$F_3=3\pi\mu d_p v_s \tag{4-40}$$

则

$$v_s=\frac{d_p^2(\rho_p-\rho)g}{18\mu} \tag{4-41}$$

当 Re 为 1 ～ 500 时，适用奥伦（Allen）阻力定律范围。

$$F_3=\frac{5\pi}{4}\sqrt{\mu\rho d_p^3 v_s^3} \tag{4-42}$$

则

$$v_s=\left[\frac{4}{255}\times\frac{(\rho_p-\rho)^2 g^2}{\mu\rho}\right]^{1/3} d_p \tag{4-43}$$

当 Re 为 500 ～ 2×10^5 时适用于牛顿定律范围。

$$F_3=0.055\pi d^2\rho v_s^2 \tag{4-44}$$

则

$$v_s=\sqrt{3g\frac{\rho_p-\rho}{\rho}d_p} \tag{4-45}$$

当颗粒尺寸小到与气体分子平均自由程大小差不多时，颗粒开始脱离与气体分子接触，颗粒运动发生所谓“滑动”。这时，相对颗粒来说，气体不再具有连续流体介质的特性，流体阻力将减小。为了对这种滑动条件进行修正，可以将坎宁汉（Cunningham）修正系数 C 引入斯托克斯定律，则流体阻力 F_D（N）计算公式为：

$$F_D=\frac{3\pi d_p u}{C} \tag{4-46}$$

坎宁汉系数的值取决于克努森（Knudsen）数 $Kn=2\lambda/d_p$，可用戴维斯（Davis）建议的公式计算：

$$C=1+Kn\left[1.257+0.400\exp\left(-\frac{1.10}{Kn}\right)\right] \tag{4-47}$$

气体分子平均自由程 λ（m）可按下式计算：

$$\lambda=\frac{\mu}{0.499\rho\bar{v}} \tag{4-48}$$

其中 $\bar{v}$（m/s）是气体分子的算术平均速度：

$$\bar{v}=\sqrt{\frac{8RT}{\pi M}} \tag{4-49}$$

式中 R——通用气体常数，R=8.314J·mol^{-1}·K^{-1}；

T——气体温度，K；

M——气体的摩尔质量，kg/mol。

坎宁汉系数 C 与气体的温度、压力和颗粒大小有关，温度越高、压力越低、粒径越小，C 值越大。作为粗略估计，在 293K 和 101325Pa 下，$C=1+0.165/d_p$，其中 d_p 单位为 μm。

4.3.2 颗粒污染物的离心分离

离心分离是利用颗粒在旋转气流中运动而与气体分离的方法，是旋风除尘器的主要原理，此外，离心力也是惯性碰撞和拦截作用的主要除尘机制之一。

随着气流一起旋转的球形颗粒，所受离心力（N）可用牛顿定律确定：

$$F_C=\frac{\pi}{6}\times d_p^3\times\rho_p\times\frac{u_t^2}{R} \tag{4-50}$$

式中 R——旋转气流流线的半径，m；

u_t——R处气流的切向速度，m/s。

在离心力作用下，颗粒将产生离心的径向运动（垂直于切向）。若颗粒运动处于斯托克斯区，则颗粒所受向心的流体阻力可用式（4-40）确定。当离心力和阻力达到平衡时，颗粒便达到了一个离心沉降的末端速度（m/s）：

$$u_C=\frac{d_p^2\rho_p}{18\mu}\times\frac{u_t^2}{R}=\tau a_C \tag{4-51}$$

式中 $a_C=u_t^2/R$——离心加速度。

若颗粒运动处于滑动区，还应乘以坎宁汉修正系数 C。

4.3.3 颗粒污染物的静电分离

在强电场中，如在电除尘器中，若忽略重力和惯性力等的作用，荷电颗粒所受作用力主要是静电力（即库仑力）和气流阻力。静电力 F_E 为：

$$F_E=qE \tag{4-52}$$

式中 q——颗粒的荷电量，C；

E——颗粒所处位置的电场强度，V/m。

对于斯托克斯区域的颗粒，颗粒所受气流阻力按式（4-40）确定，当静电力和阻力达到平衡时，颗粒便达到一个静电沉降的末端速度，习惯上称为颗粒的驱进速度，并用 ω（m/s）表示：

$$\omega=\frac{qE}{3\pi\mu d_p} \tag{4-53}$$

同样，对于滑动区的颗粒，还应乘以系数 C。

4.3.4 颗粒污染物的惯性分离

通常认为，气流中的颗粒随着气流一起运动，很少或不产生滑动。但是，若有一静止的或缓慢运动的障碍物（如液滴或纤维等）处于气流中时，则成为一个靶子，使气体产生绕流，某些颗粒沉降到上面。颗粒能否沉降到靶上，取决于颗粒的质量及相对于靶的运动速度和位置。图 4-6 中所示的小颗粒 1，随着气流一起绕过靶；距停滞流线较远的大颗粒 2，也能避开靶；距停滞流线较近的大颗粒 3，因其惯性较大而脱离流线，保持自身原来运动方向而与靶碰撞，继而被捕集。通常将这种捕尘机制称为惯性碰撞。颗粒 4 和 5 刚好避开与靶碰撞，但其表面与靶表面接触时被靶拦截住，并保持附着。

由于惯性碰撞和拦截皆是唯一靠靶来捕集尘粒的重要除尘机制，所以有必要作为单独问题进行讨论。

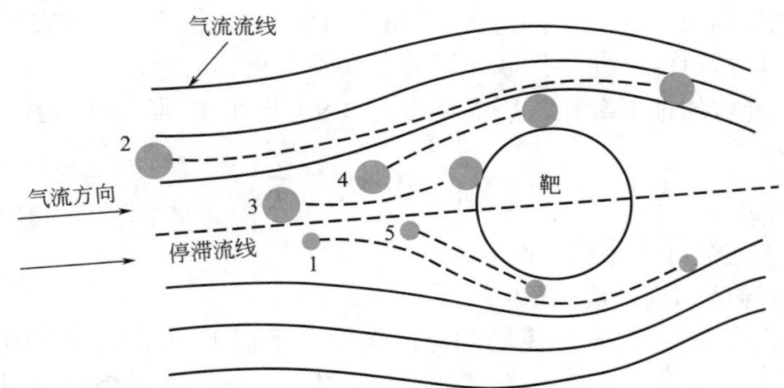

图 4-6　运动气流中接近靶时颗粒运动的几种可能情况

4.3.4.1 惯性碰撞

在惯性捕集过程中，如果以某一初速度 u_0 运动的颗粒，除了受气流阻力作用外，不再受其他外力的作用，则属于非稳态的减速运动。

惯性碰撞的捕集效率主要取决于三个因素：

① 气流速度在捕集体（即靶）周围的分布　它随气体相对捕集体流动的雷诺数 Re_D 而变化。Re_D 定义式为：

$$Re_D=\frac{u_0\rho D_c}{\mu} \tag{4-54}$$

式中　u_0——未被扰动的上游气流相对捕集体的流速，m/s；

D_c——捕集体的定性尺寸，m。

在高 Re_D 下（势流），除了邻近捕集体表面附近外，气流流型与理想气体一致；当 Re_D 较低时，气流受黏性力支配，即为黏性流。

② 颗粒运动轨迹　它取决于颗粒的质量、气流阻力、捕集体的尺寸和形状，以及气流速度等。描述颗粒运动特征的参数，可以采用无因次的惯性碰撞参数 S_t，也称斯托克斯准数，定义为颗粒的停止距离 x_s 与捕集体直径 D_c 之比。对于球形的斯托克斯颗粒：

$$S_t=\frac{x_s C}{D_c}=\frac{u_0\tau C}{D_c}=\frac{d_p^2\rho_p u_0 C}{18\mu D_c} \tag{4-55}$$

图 4-7 给出了不同形状的捕集体在不同 Re_D 下的惯性碰撞分级效率 η_u 与$\sqrt{S_t}$的关系。

③ 颗物对捕集体的附着 通常假定为 100%。

4.3.4.2 拦截

颗粒在捕集体上的直接拦截，一般刚好发生在颗粒距离捕集体表面 $d_p/2$ 内，所以用无因次特性参数——直接拦截比 R 来表示拦截效率：

$$R=\frac{d_p}{D_c} \tag{4-56}$$

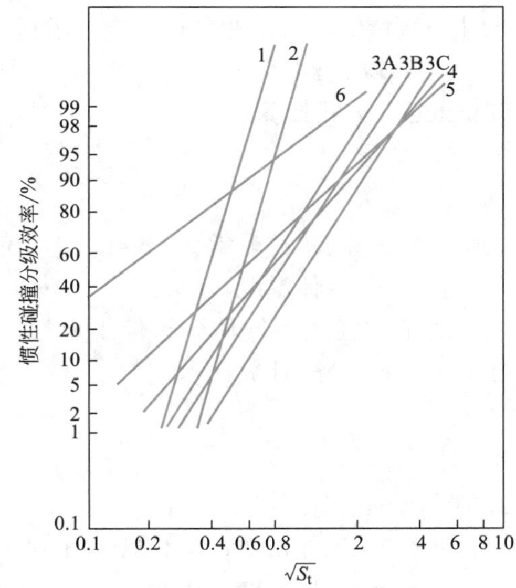

图 4-7 惯性碰撞分级效率与$\sqrt{S_t}$的关系

1—向圆板喷射；2—向矩形板喷射；3—圆柱体；4—球体；5—半矩形体；6—聚焦；A—Re_D=150；B—Re_D=10；C—Re_D=0.2

对于惯性大沿直线运动的颗粒，即 $S_t\to\infty$ 时，除了在直径为 D_c 的流管内的颗粒都能与捕集体碰撞外，与捕集体表面的距离为 $d_p/2$ 的颗粒也会与捕集体表面接触。因此靠拦截引起的捕集效率的增量 η_{DI} 是：对于圆柱形捕集体 $\eta_{DI}=R$；对于球形捕集体 $\eta_{DI}=2R+R^2\approx 2R$。

对于惯性小沿流线运动的颗粒，即 $S_t\to 0$ 时，拦截效率分别为：

对于绕过圆柱体的势流：

$$\eta_{DI}=1+R-\frac{1}{1+R}\approx 2R \quad (R<0.1) \tag{4-57}$$

对于绕过球体的势流：

$$\eta_{DI}=(1+R)^2-\frac{1}{1+R}\approx 3R \quad (R<0.1) \tag{4-58}$$

对于绕过圆柱体的黏性流：

$$\eta_{DI}=\frac{1}{2.002-\ln Re_D}\left[(1+R)\ln(1+R)-\frac{R(2+R)}{2(1+R)}\right]\approx\frac{R^2}{2.002-\ln Re_D} \quad (R<0.07,\ Re_D<0.5) \tag{4-59}$$

对于绕过球体的黏性流：

$$\eta_{DI}=(1+R)^2-\frac{3(1+R)}{2}+\frac{1}{2(1+R)}\approx\frac{3R^2}{2} \quad (R<0.1) \tag{4-60}$$

4.3.5 颗粒的扩散沉降

（1）扩散系数和均方根位移

捕集很小的颗粒往往要比按惯性碰撞机制估计的更有效。这是由于布朗扩散作用的结果。由于小颗粒受到气体分子的无规则的撞击，使它们像气体分子一样做无规则运动，便会发生颗粒从浓度较高的区域向浓度较低的区域扩散。颗粒的扩散过程类似于气体分子的扩散过程，并可用形式相同的微分方程式来描述：

$$\frac{\partial n}{\partial t}=D\left(\frac{\partial^2 n}{\partial x^2}+\frac{\partial^2 n}{\partial y^2}+\frac{\partial^2 n}{\partial z^2}\right) \tag{4-61}$$

式中 n——颗粒的个数（或质量）浓度，个 /m^3（或 g/m^3）；

t——时间，s；

D——颗粒的扩散系数，m^2/s。

颗粒的扩散系数 D 决定于气体的种类和温度以及颗粒的粒径，其数值比气体扩散系数小几个数量级，可由两种理论方法求得。

对于粒径约等于或大于气体分子平均自由程（$Kn \leqslant 0.5$）的颗粒，可用爱因斯坦（Einstein）公式计算：

$$D=\frac{CkT}{3\pi\mu d_{\mathrm{p}}} \tag{4-62}$$

式中 k——玻尔兹曼常数，k=1.38×10^{-23}J/K；

T——气体温度，K。

对子粒径大于气体分子但小于气体分子平均自由程（$Kn > 0.5$）的颗粒，可由朗缪尔（Langmuir）公式计算：

$$D=\frac{4kT}{3\pi\mu d_{\mathrm{p}}^2 p}\sqrt{\frac{8RT}{\pi M}} \tag{4-63}$$

式中 p——气体的压力，Pa；

R——气体常数，R=8.314J/(mol·K)；

M——气体的摩尔质量，kg/mol。

表 4-3 给出了颗粒在 293K 和 101325Pa 干空气中的扩散系数的计算值。式（4-62）中的坎宁汉系数 C 是按式（4-47）计算的。

表 4-3 颗粒的扩散系数（293K，101325Pa）

粒径 d_{p}/μm	Kn	扩散系数 D/（m^2/s）	
		爱因斯坦公式	朗缪尔公式
10	0.0131	2.41×10^{-12}	—
1	0.131	2.76×10^{-11}	—
0.1	1.31	6.78×10^{-10}	7.84×10^{-10}
0.01	13.1	5.25×10^{-8}	7.84×10^{-8}
0.001	131	—	7.84×10^{-6}

根据爱因斯坦研究的结果，由于布朗扩散颗粒在时间 t 秒钟内沿 x 轴的均方根位移为：

$$\bar{x}=\sqrt{2Dt}\ \text{（m）} \tag{4-64}$$

表 4-4 给出了单位密度的球形颗粒在 1s 内由于布朗扩散的平均位移 x_{BM} 和由于重力作用的沉降距离 x_{G}。

表 4-4 在标准状态下布朗扩散的平均位移与重力沉降距离的比较

粒径 d_p/μm	x_{BM}/m	x_G/m	x_{BM}/x_G
0.00037①	6×10^{-3}	2.4×10^{-9}	2.5×10^{-3}
0.01	2.6×10^{-4}	6.6×10^{-8}	3900
0.1	3.0×10^{-5}	8.6×10^{-7}	35
1.0	5.9×10^{-6}	3.5×10^{-5}	0.17
10	1.7×10^{-6}	3.0×10^{-3}	5.7×10^{-4}

①一个“空气分子”的直径。

由表 4-4 可见，随着粒径的减小，在相同时间内布朗扩散的平均位移比重力沉降距离大得多。

（2）扩散沉降效率

扩散沉降效率取决于捕集体的质量传递佩克莱（Peclet）数 Pe 和雷诺数 Re_D。佩克莱数 Pe 定义为：

$$Pe=\frac{u_0D_e}{D} \tag{4-65}$$

式中，D_e 是特征长度。

佩克莱数 Pe 是由惯性力产生的颗粒的迁移量与布朗扩散产生的颗粒的迁移量之比，是捕集过程中扩散沉降重要性的量度。Pe 值越大，扩散沉降越不重要。

对于黏性流，朗缪尔提出的计算颗粒在孤立的单个圆柱形捕集体上的扩散沉降效率为

$$\eta_{BD}=\frac{1.71Pe^{-2/3}}{(2-\ln Re_D)^{1/3}} \tag{4-66}$$

纳坦森（Natanson）和弗里德兰德（Friedlander）等也分别导出了类似的方程。

势流、速度场与 Re_D 无关，在高 Re_D 下纳坦森等提出了如下方程：

$$\eta_{BD}=\frac{3.19}{Pe^{1/2}} \tag{4-67}$$

从这些方程可以看出，除非是 Pe 非常小，否则颗粒的扩散沉降效率将是非常低的。此外，从理论上讲，$\eta_{BD}>1$ 是可能的，因为布朗扩散可能导致来自 D_e 距离之外的颗粒与捕集体碰撞。

对于孤立的单个球形捕集体，约翰斯坦（Johnstone）和罗伯特（Roberts）建议用下式计算扩散沉降效率：

$$\eta_{BD}=\frac{8}{Pe}+2.23Re_D^{1/8}Pe^{5/8} \tag{4-68}$$

【例 4-1】

试比较靠惯性碰撞、直接拦截和布朗扩散捕集粒径为 0.001 ~ 20μm 的单位密度球形颗粒的相对重要性。捕集体为直径 100μm 的纤维，在 293K 和 101325Pa 下的气流速度为 0.1m/s。

解：在给定条件下

$$Re_D=\frac{100\times10^{-6}\times1.205\times0.1}{1.81\times10^{-5}}=0.66$$

所以必须采用黏性流条件下的颗粒沉降效率公式，计算结果列入下表中，其中惯性碰撞效率 η_H 是由图 4-7 估算的，拦截效率 η_{DI} 用方程式（4-59）、扩散沉降效率 η_{BD} 用方程式（4-66）计算的。

d_p/μm	S_t	η_H/%	R	η_{DI}/%	Pe	η_{BD}/%
0.001	—	—	—	—	1.28	108
0.01	—	—	—	—	1.90×10^2	3.86
0.2	—	—	—	—	4.52×10^4	0.10
1	3.45×10^{-3}	0	0.01	0.004	3.62×10^5	0.025
10	0.308	3	0.1	0.5	—	—
20	1.23	37	0.2	1.5	—	—

由上例可见，对于大颗粒的捕集，布朗扩散的作用很小，主要靠惯性碰撞作用；反之，对于很小的颗粒，惯性碰撞的作用微乎其微，主要是靠扩散沉降。在惯性碰撞和扩散沉降均无效的粒径范围内（本例中约为 0.2 ～ 1μm）捕集效率最低。

类似的分析也可以得到捕集效率最低的气流速度范围。

4.4 颗粒污染物检测方法

4.4.1 粒径分布测定

测定方法分为 4 类：显微镜法、筛分法、细孔通过法、沉降法、气体沉降法。

（1）显微镜法

常用放大率 450 ～ 600 倍的显微镜，对颗粒污染物逐个测量，从而取得定向径、定向面积等分径。在测量时要求整个视野范围内的颗粒污染物数不超过 50 ～ 70 个。每次最少测量 200 个以上。为了减轻测量劳动、提高准确率，近年来有人在显微镜外部加一个电视摄像机，进行扫描测定。

（2）筛分法

筛分法是一个常用的方法。它是取 100g 尘样为标准，通过一套筛子进行筛分，按不同孔组上残留率进行计算，找出占总质量的百分数。我国采用泰勒标准筛，最小孔径 40μm（360 目）。筛分法可用手工和振筛机筛分，要求任一种筛分都要达到每分钟通过每只筛子的尘量不超过 0.05g 或筛上尘量的 0.1%。

（3）细孔通过法

库尔特（Coulter）计数器是细孔通过法中的一种，它是使颗粒污染物在电解介质中通过孔口，由于电阻的变化而引起的电压波动，其波动值与颗粒污染物的体积成正比。此法测得的是颗粒的球等直径，测定的范围为0.6～500μm，此种方法需要的试样少（2mg），分析快，只需几十秒钟。

（4）沉降法

沉降法是根据不同大小颗粒在液体介质中的沉降速度各不相同这一原理而得出的。它是气体除尘实验研究中应用最广泛的方法。

颗粒污染物在液体（或气体）介质中作等速自然沉降时所达到的最大速度可用斯托克斯公式表示，即

$$v_s=\frac{d_p^2(\rho_p-\rho)g}{18\mu} \tag{4-69}$$

式中　v_s——颗粒污染物的沉降速度，m/s；

d_p——颗粒污染物的直径，m；

ρ_p——颗粒污染物的真密度，kg/cm^3；

μ——液体的黏度，Pa・s；

ρ——液体的密度，kg/cm^3。

由于直接测得各种颗粒污染物的沉降速度比较困难，因此用颗粒污染物的沉降高度（m）和沉降时间（s）代换沉降速度，则式（4-69）可改写为

$$d_p=\sqrt{\frac{18\mu H}{(\rho_p-\rho)gt}}\qquad 或\ t=\frac{18\mu H}{(\rho_p-\rho)gd_p^2} \tag{4-70}$$

因此，当液体介质温度一定（即μ、ρ一定），则给定沉降高度H之后，便可从式（4-70）计算出沉降时间为t_1、$t_2 \cdots t_n$时的颗粒污染物直径d_1、$d_2 \cdots d_n$或进行相反计算。这种颗粒污染物的粒径与沉降时间对应关系，为用沉降法测定颗粒污染物粒径分布提供了理论依据。下面介绍颗粒污染物在液体中的沉降情况。

图4-8表示不同粒径的颗粒污染物在液体中的沉降情况。状态甲，t=0表示开始沉降前各种颗粒污染物均匀分散在介质中。经t_1时间后，直径等于和大于d_1的颗粒污染物全部降至虚线以下（如状态乙），也就是说虚线以上的悬浮液中所含颗粒污染物径皆小于d_1。同理，经t_2时间后粒径＞d_2的颗粒污染物全部降至虚线之下（如状态丙）。经t_3时间后粒径＞d_3的颗粒污染物全部降至虚线之下（如状态丁）……当设法测出经t_1、$t_2 \cdots t_n$时间后在虚线以

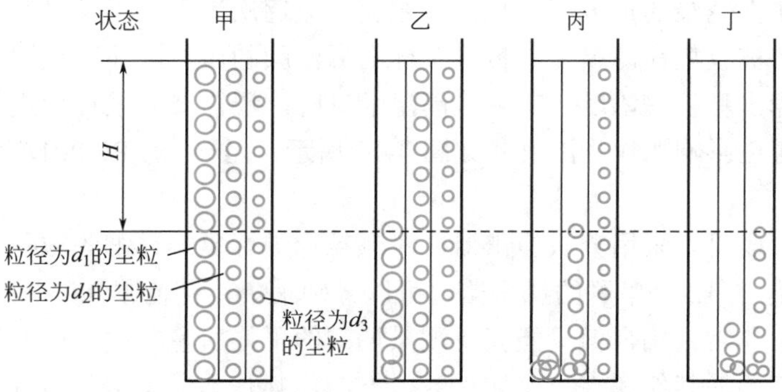

图4-8　不同粒径的颗粒污染物在液体中的沉降情况

上（或以下）悬浮液中粒径小于（或大于）d_1、$d_2 \cdots d_n$ 的颗粒污染物的质量 m_1、$m_2 \cdots m_n$，则可以计算出各种粒径颗粒污染物的筛下（或筛上）累计分布。

$$G_i=\frac{m_i}{m_0}\times 100\% \quad (i=1,2,\cdots,n) \tag{4-71}$$

也可计算出某一粒径范围内颗粒污染物的频数分布

$$g_i=\frac{m_i-m_{i+1}}{m_0}\times 100\% \quad (i=1,2,\cdots,n) \tag{4-72}$$

式中，m_0 为原始悬浮液中（t=0 时）所含颗粒污染物质量。

具体测定仪器和方法有以下四种：移液管法、比重计法、沉降天平法和毛细管法等。

（5）气体沉降法

气体沉降法是使颗粒污染物在气体介质中进行沉降的测定方法，又分重力沉降法、离心力沉降法和惯性力沉降法。目前常用的是离心力沉降式的巴柯分级粒度测定仪。

4.4.2 颗粒浓度测定

气体中的颗粒污染物浓度测量可以分为静止气体中的测量与流动气体中的测量。静止空气中的测量，一般采用真空泵或者风扇吸收气体，气体通过测量区域而获得颗粒物的浓度。

对于流动气体中的颗粒浓度测量，首先要考虑气体的流动影响，需要采用等速采样，如图 4-9 所示，采样口需要与气流方向正交，且采样头中的采样气流速度等于被采气流速度，因此采样流量需要根据采气流速度与采样管直径确定。

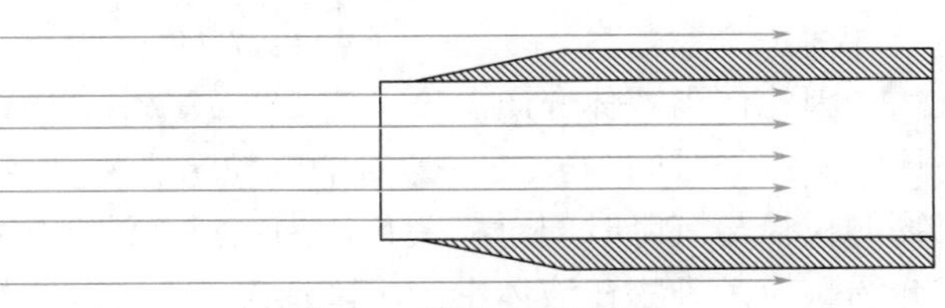

图 4-9 等速采样原理

对于颗粒浓度的测量，有直接测量与间接测量两种办法。直接测量方法主要是重量法，对于固定源排放的颗粒污染物检测，国内外已经形成了一系列标准规范，包括 ISO 13271—2012、ISO 23210—2009、美国 EPA 201A、日本 JISK 0302 等，国内的包括 GB/T 16157—1996、HJ 656—2013、GB/T 39193—2020 等。重量法的基本原理是采用等速采样探头，伸入到被测流体中，在真空泵的抽吸下，颗粒物跟随气流逐次进入分离器以及滤膜，大颗粒被分离器拦截，小颗粒被收集在滤膜上，称量采样前后滤膜的质量，即可获得颗粒物的质量，根据采样流量即可算出颗粒物浓度。在测量高温烟气时，还需要对采样枪进行加热，确保烟气中的水不凝结，避免影响颗粒物浓度。如图 4-10 所示，是一个 EPA 201A 标准规定的采样系统示意图。

除了滤膜外，还可以采用分级撞击器，对颗粒物进行更加详细的粒径分析，典型的仪器如图 4-11 所示，包括 12 个串联的撞击器，可以分别采集粒径范围 0.03 ～ 10 μm 的颗粒。

直接测量方法非常精确，但只能获得测量期间的平均质量浓度，而间接测量方法测量可能与颗粒物质量有关的其他属性，比如光散射方法，其基本原理是利用颗粒物对光的散射作用，当一束光通过含有颗粒物的气流时，由于颗粒对光的散射，会导致到达光束对面的光强

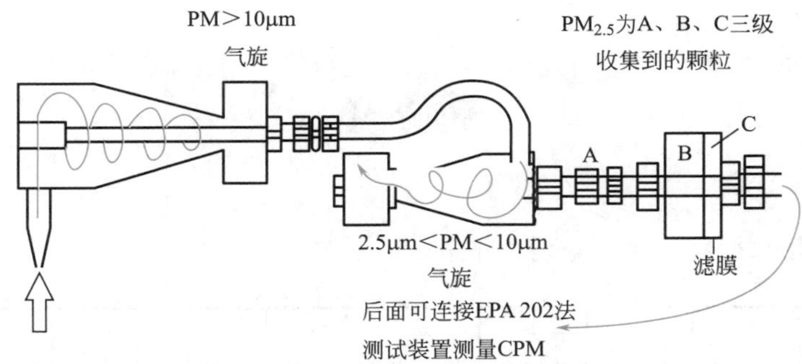

图 4-10　EPA 201A 标准规定的采样系统示意图

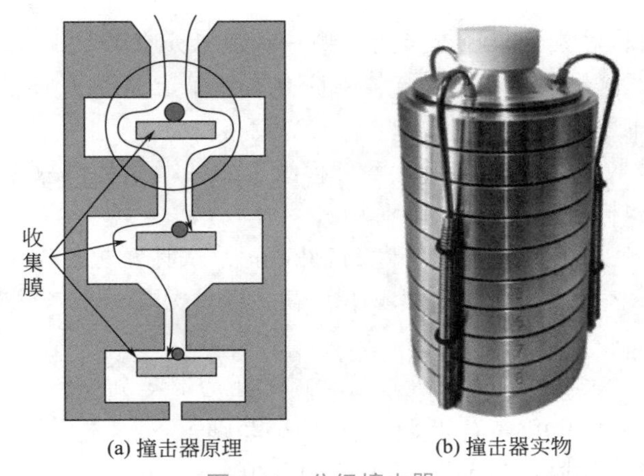

(a) 撞击器原理　　(b) 撞击器实物

图 4-11　分级撞击器

的减少，而减少的量与颗粒物浓度正相关，测量光强的变化，可以获得颗粒物浓度。图 4-12 是一种广泛使用的颗粒物粒径与浓度测量设备的核心原理示意图，基于此原理发展的颗粒测量设备几乎能够实时获得颗粒粒径和浓度。除了光学原理，还有颗粒电迁移率测量法、亚微米颗粒的凝结核计数法等。

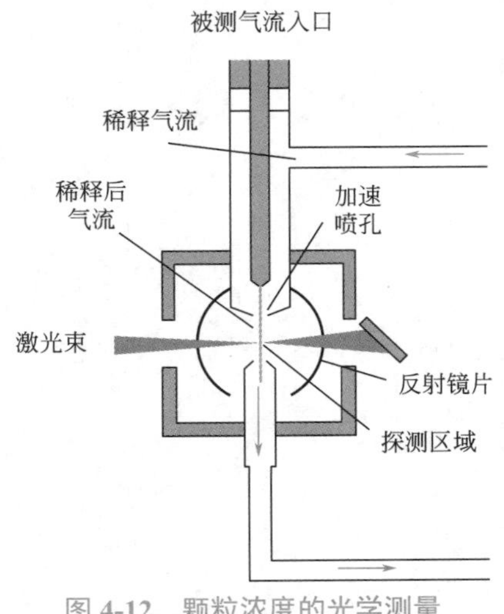

图 4-12　颗粒浓度的光学测量

4.1　已知某种颗粒污染物的粒径分别如下表所示：

粒径间隔 /μm	0～5	＞5～10	＞10～15	＞15～20	＞20～25	＞25～30	＞30～35	＞35～40	＞40～45	＞45～50	＞50
质量 Δm/g	2.5	5.0	11	22	36	46	46	36	32	11	7.5

（1）判断该种颗粒污染物粒径分布属于哪一种形态分布。

（2）计算出颗粒污染物的频数分布、频度分布、筛上累积分布、筛下累积分布，并给出颗粒污染物分布图。

（3）将计算出的累积分布值绘在概率坐标纸上，并确定该种颗粒污染物粒径分布的特征数（平均粒径和标准差）。

4.2　某含尘气体中颗粒污染物的真密度为1124kg/m^3，试计算粒径为100μm、50μm、20μm、1μm颗粒在空气中的沉降速度各为多少？假定颗粒为球形，气体温度为273K，压力为1.0×10^5Pa。

4.3　试确定一个球形颗粒在静止干空气中运动时的阻力。已知：

（1）d_p=100μm，u=1.0m/s，T=293K，p=101325Pa；

（2）d_p=1μm，u=0.1m/s，T=373 K，p =101325Pa。

4.4　已知石灰石颗粒的密度为2.67g/m^3，试计算粒径为1μm和400μm的球形颗粒在293K空气中的重力沉降速度。

第 5 章　除尘装置

5.1　除尘器的性能

5.1.1　除尘器性能的表示方法

表示除尘器性能的主要指标有除尘器的处理气体量、除尘效率和压力损失。此外，还包括设备的金属或其他材料耗量、占地面积、设备费和运行费、设备的可靠性和耐用年限，以及操作和维护管理的难易等。从大气环境质量控制角度来看，在这些性能中最为重要的应是除尘系统排出口所含颗粒污染物浓度或排放量。

除尘器处理气体量是代表其处理能力大小的指标。一般用体积流量 Q（m^3/s 或 m^3/h）表示，且为给定量。除尘器的压力损失是代表装置消耗能量大小的技术经济指标，通风机所耗功率与除尘器的压力损失成正比。除尘器的除尘效率是代表其捕集颗粒污染物效果的重要技术指标。选用除尘器时，要根据技术和经济指标，取效率恰当的除尘器。

5.1.2　除尘器的除尘效率

（1）总除尘效率 η

若通过除尘器的气体流量为 Q（m^3/s）、颗粒污染物流量为 S（g/s）、含尘浓度为 C（g/m^3），相应于除尘器进口、出口和进入灰斗的量用角标 i、o 和 c 表示，则对颗粒污染物流量情况为：

$$S_i=S_c+S_o \tag{5-1}$$

除尘效率计算式中的有关符号如图 5-1 所示。

除尘器的总除尘效率系指同一时间内除尘器捕集的颗粒污染物量与进入的颗粒污染物量之百分比，可表示为

$$\eta=\frac{S_c}{S_i}\times 100\%=(1-\frac{S_o}{S_i})\times 100\% \tag{5-2}$$

因为 $S=CQ$

则

$$\eta=(1-\frac{C_oQ_o}{C_iQ_i})\times 100\% \tag{5-3}$$

由于气体流量（或体积）与气体状态有关，所以应换算为标准状态（273K，101.325kPa）

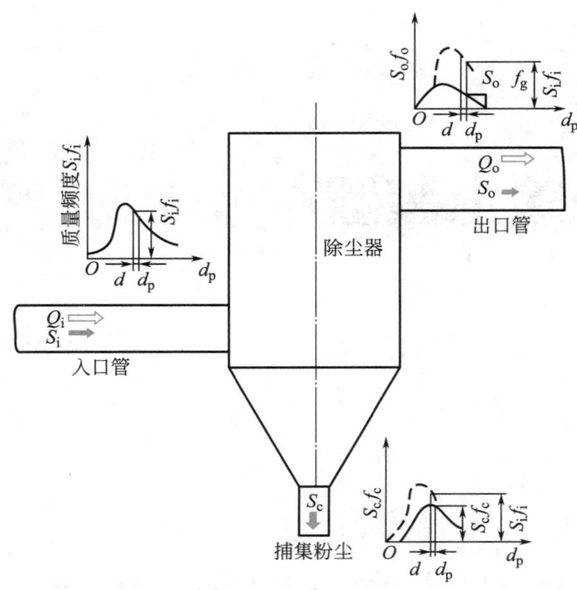

图 5-1 除尘效率计算式中的有关符号

表示气体流量（或体积），并在相应的符号和单位上加角标“N”，则式（5-3）变为：

$$\eta=\left(1-\frac{C_o Q_{oN}}{C_i Q_{iN}}\right)\times 100\% \tag{5-4}$$

若除尘器本体不漏气，既 $Q_{iN}=Q_{oN}$，则上式简化为

$$\eta=\left(1-\frac{C_{oN}}{C_{iN}}\right)\times 100\% \tag{5-5}$$

当除尘器漏气量大于入口量的 20% 时，应按式（5-4）计算。

（2）通过率 P

过滤式除尘器，如袋式过滤器和空气过滤器等，除尘效率可达 99% 以上，表示成 99.9% 或 99.99%，显然不方便，也不明显，因此有时采用通过率 P（%）的表示方法。它指的是从除尘器出口逸散的颗粒污染物量与进口颗粒污染物量之百分比，即

$$P=\frac{S_o}{S_i}\times 100\%=100\%-\eta \tag{5-6}$$

例如，除尘器的 η=99% 时，P=1.0%；另一除尘器的 η=99.9%，P=0.1%。则前台除尘器的通过率为后台的 10 倍。

（3）排出口浓度及排放量

由式（5-4）得排出口含尘浓度 C_{oN}（g/m^3 标准状态）为

$$C_{oN}=C_{iN}\times\frac{Q_{iN}}{Q_{oN}}\times(1-\eta) \tag{5-7}$$

无漏气时 $Q_{iN}=Q_{oN}$，则式（5-7）可简化为：

$$C_{oN}=C_{iN}(1-\eta) \tag{5-8}$$

因此，除尘器出口的颗粒污染物排放量 S_o（g/s）为：

$$S_o=C_{oN}Q_{oN} \tag{5-9}$$

（4）串联运行时的总除尘效率

在实际除尘系统中，常常把两个或多个（多种）形式的除尘器串联起来使用。如当气体含尘浓度较高，若用一个除尘器净化时，排出口浓度可能达不到排放要求，或者即使能达到排放要求，因颗粒污染物负荷过大，会引起装置性能不稳定或堵塞。这时应该考虑采用两级或多级除尘器串联使用。

设第一级除尘器效率为 η_1、第二级的除尘效率为 η_2，则两级除尘器的总除尘效率为：

$$\eta=\eta_1+\eta_2(1-\eta_1)=1-(1-\eta_1)(1-\eta_2) \tag{5-10}$$

同理，n 级除尘器串联后的总除尘效率为

$$\eta=1-(1-\eta_1)(1-\eta_2)\cdots(1-\eta_n) \tag{5-11}$$

（5）分级除尘效率及其与粒径分布和总除尘效率的关系

① 分级除尘效率（η_d） 上述除尘器效率是指在一定条件下的除尘器对一定特性颗粒污染物的总除尘效率。但是，由于同一装置在同一运行条件下，对粒径分布不同的颗粒污染物的捕集效率不同。所以，为表示除尘效率与颗粒污染物粒径分布的关系，一般采用分级除尘效率的表示方法。分级除尘效率（简称分级效率）是指除尘器对某一粒径 d_p 或粒径范围 d_p 至 $d_p+\Delta d_p$ 内颗粒污染物的除尘效率，并以 η_d 表示，则

$$\eta_d=\frac{\Delta S_c}{\Delta S_i}\times 100\% \tag{5-12}$$

式中 ΔS_i——除尘器进口粒径为 d_p（或 d_p 至 $d_p+\Delta d_p$ 范围）的颗粒污染物流量，g/s；

ΔS_c——除尘器捕集的粒径为 d_p（或 d_p 至 $d_p+\Delta d_p$ 范围）的颗粒污染物流量，g/s。

设除尘器入口的颗粒污染物量 S_i（g/s），粒径频度分布 f_i，捕集颗粒污染物量 S_c（g/s），频度分布 f_c，由式（5-12）可得

$$\eta_d=\frac{\Delta S_c}{\Delta S_i}=\frac{S_c f_c}{S_i f_i} \tag{5-13}$$

式中 f_i——除尘器进口颗粒污染物的频度分布；

f_c——除尘器捕集颗粒污染物的粒径频度分布。

因为总除尘效率 $\eta=\frac{S_c}{S_i}$，则分级效率可表示成

$$\eta_d=\eta\frac{f_c}{f_i} \tag{5-14}$$

因此，捕集颗粒污染物的频度分布

$$f_c=f_i\frac{\eta_d}{\eta} \tag{5-15}$$

分级效率还可以根据除尘器出口逸散颗粒污染物的频度分布 f_o 和入口的 f_i 计算。对于粒径 d_p 至 $d_p+\Delta d_p$ 范围的粒子群有：

$$S_o f_o=(S_i-S_c)f_o=S_i f_i-S_c f_c \tag{5-16}$$

等式两边同除以 S_i 后有

$$\left(1-\frac{S_c}{S_i}\right)f_o=f_i-\frac{S_c}{S_i}f_c \tag{5-17}$$

因为 $\frac{S_c}{S_i}=\eta$

则
$$(1-\eta)f_o=f_i-\eta f_c \tag{5-18}$$

再由式（5-4）代入上式，则得

$$\eta_d=1-(1-\eta)\frac{f_o}{f_i} \tag{5-19}$$

同样，η_d 还可以由 f_c 和 f_o 计算得到：

$$\eta_d=\frac{\eta}{\eta+(1-\eta)\dfrac{f_o}{f_c}} \tag{5-20}$$

这样，在测出了除尘器的总除尘效率 η，分析出除尘器入口、出口和捕集的颗粒污染物频率分布 f_i、f_o 和 f_c 中任意两项，即可按上列公式计算出分级效率。

分级效率与除尘器的种类、气流状况及颗粒污染物的密度和粒径有关。对于旋风除尘器和湿式洗涤器的分级效率 η_d 与粒径 d_p 的关系。一般以指数函数形式表示：

$$\eta_d=1-e^{-ad_p^m} \tag{5-21}$$

式中右端第二项表示逸散颗粒污染物的比例。系数 a 与指数 m 均由实验确定。a 值愈大，颗粒污染物逸散量愈小，表示装置的分级效率愈高。m 值的范围，对旋风除尘器来说约为 0.65 ～ 2.30，对湿式洗涤器来说约为 1.5 ～ 4。m 值愈大，说明粒径 d_p 对 η_d 的影响愈大。

② 总除尘效率与粒径分布和分级效率的关系　如图 5-2，除尘器入口颗粒污染物流量 S_i（g/s），捕集颗粒污染物量为 S_c（g/s），粒径为 d_p 的捕集颗粒污染物的频度分布为 f_c（%/μm）。则除尘器总捕集颗粒污染物量为 $\int_0^\infty S_c f_c \mathrm{d}d_p$，由式（5-2）总捕集效率 $\eta=\dfrac{S_c}{S_i}$ 及式（5-15）的 $f_c=f_i\dfrac{\eta_d}{\eta}$ 得：

$$\eta=\frac{\int_0^\infty S_c f_c \mathrm{d}d_p}{S_i}=\int_0^\infty f_i\eta_d \mathrm{d}d_p \tag{5-22}$$

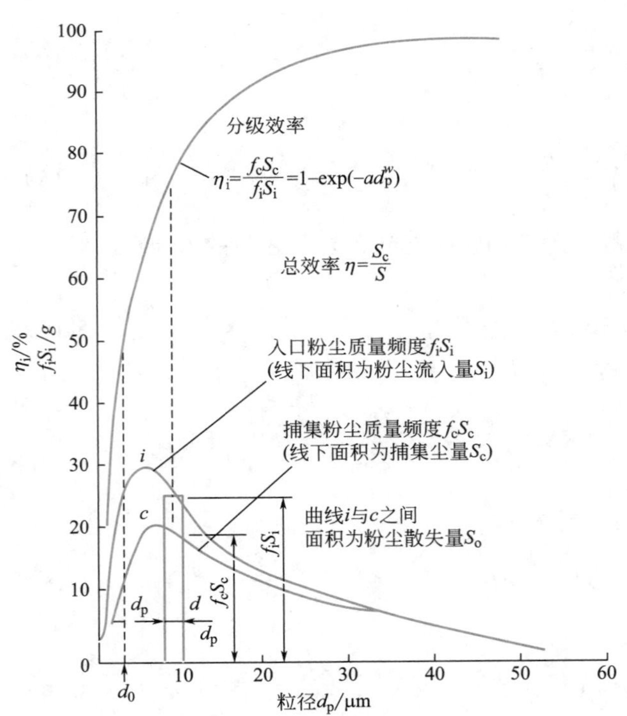

图 5-2　粒径分布总除尘效率的关系式的推导说明

由此，当给出某除尘器的分级效率 η_d 和要净化的颗粒污染物的频度分布 f_i 时，便可按上式计算出能达到的总除尘效率 η。这是设计新除尘器时常用的计算方法。实际上，若给出粒径范围 Δd_p 内的粒径频率分布 g 时，有

$$f_i=g_i/\Delta d_p \tag{5-23}$$

将式（5-22）积分式改成求和的形式则得：

$$\eta=\sum_{d_{min}}^{d_{max}} g_i\eta_d \tag{5-24}$$

表 5-1 给出了根据粒径分布和分级效率计算总除尘效率的例子。

表 5-1　由粒径分布和分级效率计算总除尘效率的实例

颗粒污染物粒径范围 d_p/μm		0～5.8	＞5.8～8.2	＞8.2～11.7	＞11.7～16.7	＞16.7～22.6	＞22.6～33	＞33～47	＞47
入口颗粒污染物频率分布 g_i/%		31	4	7	8	13	19	10	8
分级效率 η_d/%		61	85	93	96	98	99	100	100
总效率 η/%	$g_i\eta_d$	18.9	3.4	6.5	7.7	12.7	18.8	10	8
	$\eta=\sum g_i\eta_d$	86.0							

5.2　除尘器的分类

从含尘气流中将颗粒污染物分离出来并加以捕集的装置称为除尘装置或除尘器。除尘器是除尘系统中的主要组成部分，其性能如何对全系统的运行效果有很大影响。

按照除尘器分离捕集颗粒污染物的主要机理，可将其分为如下四类。

（1）机械式除尘器

它是利用质量力（重力、惯性力和离心力等）的作用使颗粒污染物与气流分离沉降的装置。它包括重力沉降室、惯性除尘器和旋风除尘器等。

（2）湿式除尘器

亦称湿式洗涤器，它是利用液滴或液膜洗涤含尘气流，使颗粒污染物与气流分离沉降的装置。湿式洗涤器既可用于气体除尘，亦可用于气体吸收。

（3）过滤式除尘器

它是使含尘气流通过织物或多孔的填料层进行过滤分离的装置。它包括袋式除尘器、颗粒层除尘器等。

（4）电除尘器

它是利用高压放电电场使尘粒荷电，在库仑力作用下使颗粒污染物与气流分离的装置。

以上是按除尘器的主要除尘机理所做的分类。但在实际应用的一些除尘器中，常常是一种除尘器同时利用了几种除尘机理。此外，还常常按除尘过程中是否用液体而把除尘器分为干式除尘器和湿式除尘器两大类，根据除尘器效率的高低又分为低效、中效和高效除尘器。电除尘器、袋式除尘器和高能文丘里湿式除尘器，是目前国内外应用较广的三种高效除尘器；重力沉降室和惯性除尘器皆属于低效除尘器。一般只作为多级除尘系统的初级除尘；旋风除尘器和其他湿式除尘器一般属于中效除尘器。

上述各种常用的除尘器，对净化粒径小于 3μm（特别是 0.1 ～ 1μm）的微粒的去除效率较差，而这部分微粒对人体的潜在危害较大。因此，近年来各国十分重视研究新的微粒控制装置。这些新的装置，除了利用质量力、静电力、过滤洗涤等除尘机理外，还利用了泳力（热泳、扩散泳、光泳）、磁力、声凝聚、冷凝、蒸发、凝聚等机理，或者同一装置中同时利用几种机理。

5.3 机械式除尘

5.3.1 重力沉降室工作原理及捕集效率

重力沉降室是通过重力作用使尘粒从气流中分离的。如图 5-3 所示，含尘气流进入重力沉降室后，由于突然扩大了过流面积，流速便迅速下降，此时气流处于层流状态，其中较大的尘粒在自身重力作用下缓慢向灰斗沉降。

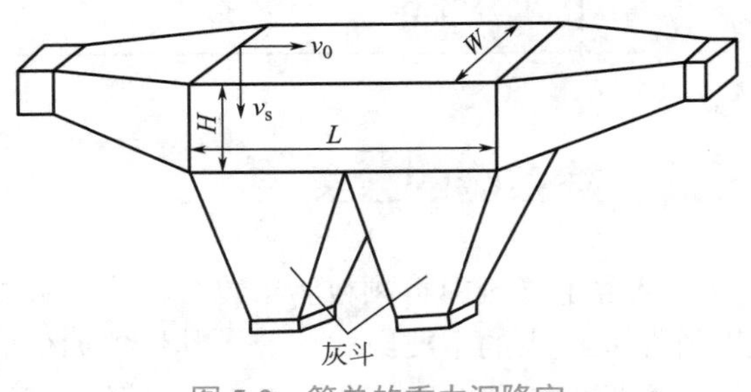

图 5-3 简单的重力沉降室

在沉降室内，尘粒一方面以沉降速度 v_s 下降，另一方面随着气流以气流在沉降室内的流速继续向前运动，如果气流平均流速为 u（m/s），则气流通过沉降室的时间为 $t=L/u$（s）。要使沉降速度为 v_s 的尘粒在重力沉降室内全部沉降下来，必须使气流通过沉降室的时间大于或等于尘粒从顶部沉降到底部灰斗所需的时间 $t'=\dfrac{H}{v_s}$，即

$$\frac{L}{u} \geqslant \frac{H}{v_s} \tag{5-25}$$

式中 L——沉降室长度，m；

u——沉降室内气流流动速度，m/s；

H——沉降室高度，m；

v_s——尘粒的沉降速度，m/s。

室内气流速度 u 应尽可能的小，一般取值范围是 0.2 ～ 2m/s。这样当沉降高度 H 确定之后，由式（5-25）可求出沉降室的最小长度 L；反之，若 L 已定，可求出最大高度，沉降室宽度 W 取决于处理气体流量 Q（m^3/s）。

$$Q=WHu=WHL/t \leqslant WHLv_s/H=WLv_s \tag{5-26}$$

所以

$$H/v_s \leqslant L/u=WHL/Q \tag{5-27}$$

式（5-26）说明，沉降室的处理气体量 Q，在理论上仅与沉降室的水平面积（WL）及尘粒的沉降速度 a 有关。在 H、L 确定之后，便可由 Q 确定出宽度 W。

5.3.2 惯性除尘器

惯性除尘器是使含尘气流冲击在挡板上，气流方向发生急剧转变，借助尘粒本身的惯性力作用使其与气流分离的装置。

惯性除尘器的工作原理如图 5-4 所示。当含尘气流冲击到挡板 B_1 上时，惯性力大的粗粒（d_1）首先被分离下来，而被气流带走的尘粒（如 d_2，且 $d_2 < d_1$）由于挡板 B_2 使气流方

向改变，借助离心力的作用又被分离下来。假设该点气流的旋转半径为 R_2，切线速度为 u_0，这时尘粒 d_2 的分离速度与 $d_2^3u_0^2/R_2$ 成正比，可见，这类除尘器不仅依靠惯性力分离粉尘，还利用了离心力和重力的作用。

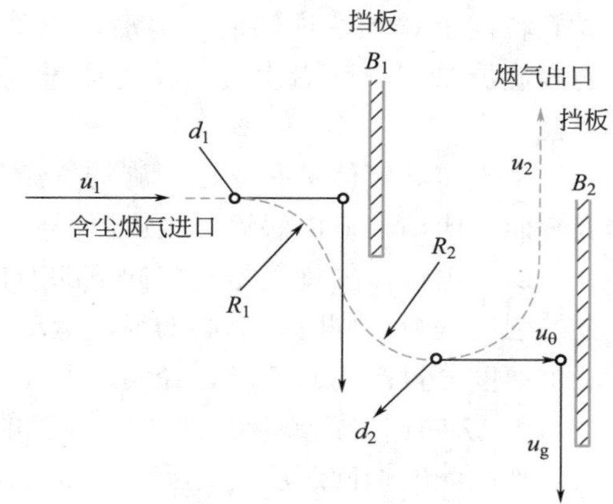

图 5-4 惯性除尘器的工作原理

惯性除尘器的结构形式各种各样，可分为碰撞式、回转式两类。图 5-5 表示出四种形式。其中图 5-5(a) 为单级碰撞式，图 5-5(b) 为多级碰撞式，当含尘气流撞击到挡板上后，尘粒丧失了惯性力，而靠重力沿挡板落下。图 5-5（c）、(d) 都是因气流发生回转，粉尘靠惯性力冲入下部灰斗中。图 5-5（c）为回转式，图 5-5（d）为百叶窗式，一般惯性除尘器，气速愈高，气流方向转变角愈大，转变次数愈多，净化率愈高，压力损失也愈大。惯性除尘器用于净化密度和粒径较大的金属或矿物粉尘，具有较高的除尘效率。对于黏结性和纤维性粉尘，易堵塞，不宜采用。多用于多级除尘的第一级，捕集 10 ～ 20μm 上的粗尘粒。其压力损失一般为 100 ～ 1000Pa。

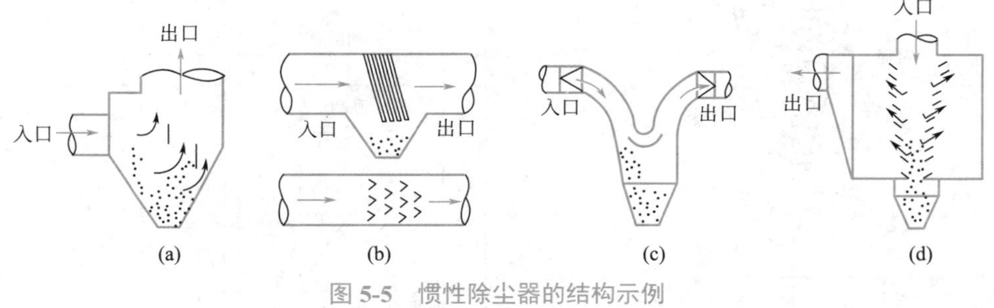

图 5-5 惯性除尘器的结构示例

5.3.3 旋风除尘器

旋风除尘器是利用旋转气流的离心力使尘粒从气流中分离，它通常用于分离粒径大于 10μm 的尘粒。普通的旋风除尘器的除尘效率很少大于 90%，因此也常和其他除尘器配合使用。

5.3.3.1 工作原理

（1）旋风除尘器内气流与尘粒的运动

如图 5-6 所示，普通旋风除尘器由进气管、筒体、锥体和排出管组成。含尘气流从切线进口进入除尘器后，沿外壁由上向下作旋转运动，这股向下旋转的气流称为外旋流。外旋流到达锥体底部之后，转而向上旋转，最后经排出管排向体外。这股向上旋转的气流称为内旋流。向下的外旋流和向上的内旋流的旋转方向是相同的。气流做旋转运动时尘粒在离心力的推动下移向外壁，达到外壁的尘粒在气流和重力的共同作用下，沿壁面落入灰斗。

气流从除尘器顶部向下高速旋转时，顶部压力下降。一部分气流会带着细小的尘粒沿外壁旋转向上。到达顶部后，再沿排出管外壁旋转向下，最后到达排出管下端附近，被上升的内旋流带走。随着上旋流将有微量细尘粒被带走。这是设计旋风除尘器结构时应注意的问题。

由于实际气体具有黏性，旋转气流与尘粒之间存在着摩擦损失，所以外旋流不是纯自由涡旋而是所谓准自由涡流。内旋流类同于刚体的转动，称为强制涡旋。

简单地说，外旋流是旋转向下的准自由涡流，同时有向心的径向运动；内旋流是旋转向上的强制涡流，同时有离心的径向运动。为研究方便，通常把内、外旋流的全速度分解成为三个速度分量：切向速度、径向速度和轴向速度。

① 切向速度　旋风除尘器内气流的切向速度和压力分布如图 5-7 所示。从图中可以看出，外旋流的切向速度 v_c 达到最大值，可以近似地认为：内、外旋流交界面的半径 r 为 $0.5d \sim 0.6d$，d 为排出管直径。内旋流的切向速度是随 r 的减小而减小的。

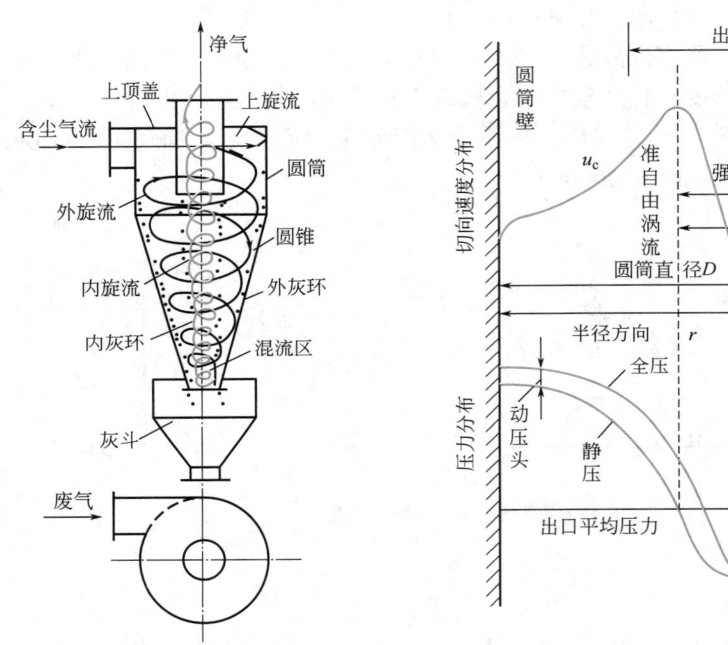

图 5-6　普通旋风除尘器的结构及内部气流图

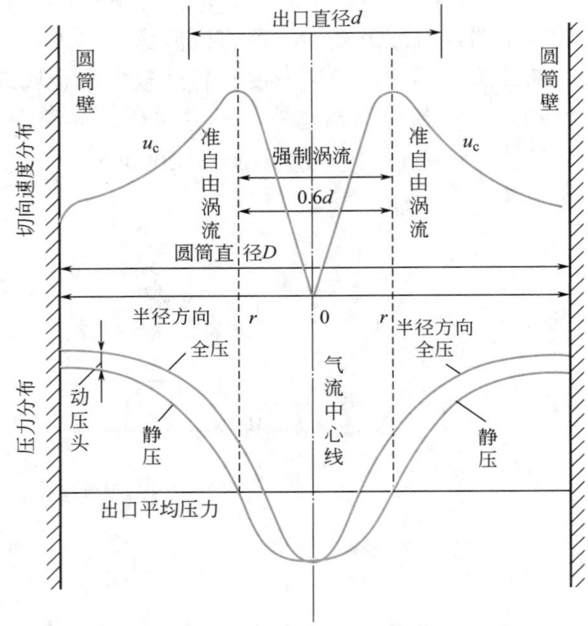

图 5-7　旋风除尘器内气流的切向速度和压力分布

旋风除尘器内某一断面上的切向速度分布规律可用下式表示：

外旋流：
$$v_c r^n = \text{常数} \tag{5-28}$$

内旋流：
$$v_c r^{-1} = \omega \tag{5-29}$$

式中　r——距轴心距离；

v_c——切向速度；

n——常数，$n=+1 \sim -1$ 通过试验确定：

$n=1$ 时为自由涡；

$n=0.5 \sim 0.9$ 时为外旋流中的实际流动状态；

$n=0$ 时，v_c= 常数，即处于内外旋流交界面上，u_c 到达最大值；

$n=-1$ 时为内旋流的强制涡流；

ω——旋转角速度。

② 径向速度 假设内、外旋流的交界面是一个圆柱面，外旋流气流均匀地经过该圆柱面进入内旋流，那就可以近似地认为，气流通过这个圆柱面时的平均速度就是外旋流气流的平均径向速度 v_r（m/s）

$$v_r=Q/F=Q/(2\pi r_0 H') \tag{5-30}$$

式中 Q——旋风除尘器的处理气量，m^3/s；

F——交界圆柱面的表面积，m^2；

r_0——交界圆柱面的半径，m；

H'——出口管底至锥体底部的高度，即交界圆柱面的高度，m。

③ 轴向速度 外旋流外侧的轴向速度向下，内旋流的轴向速度向上，因而在内、外旋流之间必然存在一个轴向速度为零的交界面。在内旋流中，随着气流的逐渐上升，轴向速度不断增大，在排出管底部到达最大值。

（2）压力分布

从图 5-7 可以看出，全压和静压沿径向变化较大，由外壁向轴心逐渐降低轴心部分静压为负值，并且一直延伸至灰斗。气流压力沿径向的这种变化，不是因摩擦而是因离心力引起的。

5.3.3.2 压力损失

旋风除尘器的压力损失，一般认为与气体进口速度的平方成正比，即

$$\Delta p=\zeta\times\frac{\rho v_i^2}{2} \tag{5-31}$$

式中 Δp——压力损失，Pa；

v_i——进口气流平均速度，m/s；

ζ——旋风除尘器阻力系数，无量纲。

在缺乏实验数据时用下式估算 ζ。

$$\zeta=\frac{KA\sqrt{D}}{d^2\sqrt{L+H}} \tag{5-32}$$

式中 K——常数，取 20 ～ 40；

A——除尘器进口截面积，m^2；

D——外筒体直径，m；

d——排出管直径，m；

L——外圆筒部分长度，m；

H——锥体长度，m。

另外，当气体温度、湿度和压力变化较大时，将引起气体密度发生较大变化，此时必须对旋风除尘器的压力损失按下式予以修正。

$$\Delta p=\Delta p_N\frac{\rho}{\rho_N} \tag{5-33}$$

或

$$\Delta p=\Delta p_N\frac{T_N p}{T p_N} \tag{5-34}$$

式中 ρ，p，T——气体密度、压力和热力学温度，脚码“N”表示标准状况，无角标的量表示实际状况。

5.3.3.3 除尘效率

（1）旋风除尘器的临界粒径（分割粒径）

计算旋风除尘器效率的方法多是以分割粒径即临界粒径这一概念为基础的。临界粒径是指分级效率为50%时的粒径。

在旋风除尘器内，尘粒在径向上受到力 p，p 为尘粒惯性离心力 f_c 和向心运动的气流对尘粒的阻力 f_d 之合力，即 $p=f_c+f_d$，若设尘粒为球形颗粒，其粒径为 d_p，密度为 ρ_p，则有

$$f_c=\frac{\pi d_p^3}{6}\rho_p\frac{v_c^2}{r} \tag{5-35}$$

式中 d_p——球形颗粒粒径，m；

ρ_p——颗粒的密度，kg/m³；

r——颗粒旋转半径，m。

当 $Re<1$ 时，

$$f_d=3\pi\mu d_p v_r \tag{5-36}$$

惯性离心力的方向是向外的，气流的径向运动是向心的，两者方向相反，因此：

$$p=\frac{\pi}{6}d_p^3\rho_p v_e^2/r-3\pi\mu d_p v_r \tag{5-37}$$

在内外旋流的交界上，外旋流的切向速度最大。作用在尘粒上的惯性离心力也最大。在交界面上，如果 $f_c>f_d$，尘粒在惯性离心力的推动下移向外壁；如果 $f_c<f_d$，尘粒在向心气流推动下进入内旋流，最后由排出管排出；若 $f_c=f_d$，则作用在尘粒上的外力之和等于零，根据理论分析，尘粒应在交界面上不停地旋转。实际上由于各种随机因素的影响，可以认为处在这种状态的尘粒有50%可进入内旋流，另外50%可能移向外壁，它的分级除尘效率为50%。此时的粒径即为除尘器的分割粒径，或者称作临界粒径，用 d_{cp}（m）来表示，d_{cp} 愈小，说明除尘器效率愈高。

当交界面上 $f_c=f_d$ 时，由式（5-37）得

$$d_{cp}=\left(\frac{18\mu v_r r_0}{\rho_p v_e^2}\right)^{1/2}=\left(\frac{18\mu Q r_0}{\rho_p v_c^2 2\pi r_0 H'}\right)^{1/2}=\left(\frac{9\mu Q}{\pi\rho_p v_c^2 H'}\right)^{1/2} \tag{5-38}$$

式中 v_c——交界面上气流的切向速度，m/s。

由式（5-38）可以看出 d_{cp} 是随 v_c 和 ρ_p 的增加而变小，随 v_r 和 r_0 的减小而减小。其中主要作用是切向速度 v_c，进口速度愈大，则切向速度也愈大。

（2）影响除尘效率的因素

影响旋风除尘器除尘效率的主要因素有以下几个。

① 入口流速 v_i 的影响　由式（5-38）可看出。旋风除尘器的临界粒径 d_{cp} 是随 v_c 的增加而减小。d_{cp} 愈小，除尘效率愈高。但是 v_c 也不能过大，否则旋风除尘器内的气流运动过强，会把有些已分离的尘粒重新扬起带走，除尘效率反而下降。同时由式（5-31）可知，压力损

失 Δp 是与进口速度平方成正比的。v_c 过大，旋风除尘器的阻力会急剧上升。进口气速一般控制在 12 ～ 25m/s 之间为宜。

② 旋风除尘器尺寸的影响　由式（5-35）不难看出，在同样的切线速度下，筒体直径 D（颗粒最大旋转半径的 2 倍）愈小，尘粒受到的惯性离心力愈大，除尘效率愈高，但若筒体直径 D 过小，以致筒体直径与排出管直径相近时，尘粒容易逃逸，使效率下降。

经研究证明：内、外旋流交界面的直径 d_0 近似于排出管直径 d 的 0.6 倍。内旋流的范围随排出管直径 d 的减小而减小。减小内旋流有利于提高除尘效率，但 d 不能过小，否则阻力太大，一般取筒体直径与排出管直径之比为 1.5 ～ 2.0。

从直观上看，增加旋风除尘器的筒体高度和锥体高度，似乎增加了气流在除尘器内的旋转圈数，有利于尘粒的分离。实际上由于外涡流有向心的径向运动，当外旋流由上而下旋转时，气流会不断流入内旋流，同时筒体与锥体的总高度过大，还会使阻力增加。实践证明，筒体与锥体的总高度一般以不大于 5 倍筒体直径为宜。在锥体部分断面缩小，尘粒到达外壁的距离也逐渐减小，气流切向速度不断增大，这对尘粒的分离都是有利的；相对来说筒体长度对分离的影响不如锥体部分。

③ 除尘器下部的严密性　由图 5-6 可以看出，由外壁向中心，静压是逐渐下降的。即使是旋风除尘器在正压下运行，锥体底部也会处于负压状态。如果除尘器下部不严密，就必定会渗入外部空气，把正在落入灰斗的粉尘重新带起，除尘器效率将显著下降。因此在不漏气的情况下进行正常排灰是旋风除尘器运行中必须重视的问题。收尘量不大的除尘器可在下部设固定灰斗、定时排除。当收尘量较大，要求连续排灰时，可设双翻板式和回转式锁气器，如图 5-8 所示。

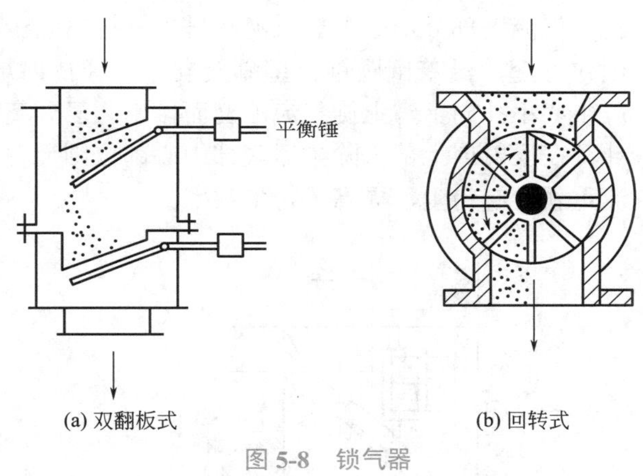

图 5-8　锁气器

翻板式锁气器是利用翻板上的平衡锤和积灰质量的平衡发生变化时，进行自动卸灰的。它设有两块翻板，轮流启闭，可以避免漏风。回转式锁气器采用外来动力使刮板缓慢旋转。它适用于排灰量较大的除尘器。回转式锁气器能否保持严密，关键在于刮板和外壳之间紧密贴合的程度。

此外，入口含尘浓度、气体与粉尘性质也有影响，入口含尘浓度增高时，多数情况下除尘效率有所提高，粉尘密度和粒径增大，效率明显提高，而气体温度和黏度增大，效率下降。

5.3.3.4　结构形式

目前，生产中使用的旋风除尘器类型很多，有 100 多种。常见的有 CLT、CLT/A、CLP/A、CLP/B、CLK、CZT、扩散型等多种形式。其代号是：C 或 X—除尘器；L—离心式；T—筒式；P—旁路式；K—扩散式，A、B 等是产品代号。

① CLT 型　它是普通的旋风除尘器，其结构如图 5-6 所示。这种除尘器制造方便，阻力小，但分离效率低。对于 10μm 左右的尘粒分离效率一般低于 60% ～ 70%。以前有过广泛的应用，但目前已逐渐被其他高效旋风除尘器代替。

② CLT/A 型　它是 CLT 型的改进型，又名 XLT/A 型旋风除尘器，结构特点是具有螺旋下倾顶盖的直接式进口，螺旋下倾角为 15°，筒体和锥体均较长。制作螺旋下倾口角，不但可以减少入口的阻力损失，而且有助于消除上旋流的带灰问题。其入口速度选用 12 ～ 18m/s，阻力系数 ζ 为 5.5 ～ 6.5，适用于干的非纤维粉尘和烟尘等的净化，除尘效率在 80% ～ 90%。

③ CLP 型　其结构简单、性能好、造价低，对 5μm 以上的尘粒有较高的分离效率。其结构如图 5-9。特征是带有半螺旋或整螺旋线型的旁路分离室，使在顶盖形成的粉尘从旁路分离室引至锥体部分，以除掉这部分较细的尘粒，因而提高了分离效率。同时由旁路引出部分气流，使除尘器内下旋流的径向速度和切向速度稍有降低，从而降低了阻力。

④ 扩散式旋风除尘器　扩散式旋风除尘器又称 XLK 型或 CLK 型旋风除尘器。其主要构造特点是在器体下部安装有倒圆锥和圆锥形反射屏，如图 5-10 所示。在一般旋风除尘器中，有一部分气流与尘粒一起进集尘斗，当气流自下而上流向排出管时，产生内旋流。由于内旋流的吸引作用力，已经分离的尘粒被上旋气流重新卷起，并随出口气流带走。而在扩散式分离器内，含尘气流沿切线方向进入圆筒体后，由上而下地旋转到达反射屏。此时，已净化的气流大部分形成上旋气流从排出管排出。少部分气流则与因离心力作用已被分离出来的尘粒一起，沿着倒圆锥体壁螺旋向下，经反射屏周边的器壁的环隙间进入灰斗，再由反射屏中心小孔向上与上旋气流汇合而排出。已分离的粉尘，沿着反射屏的周边从环隙间落入灰斗。在反射屏上部，除尘器底部中心部位则无粉尘聚积。由于反射屏的作用，防止了返回气流重新卷起粉尘，提高了粉尘效率。

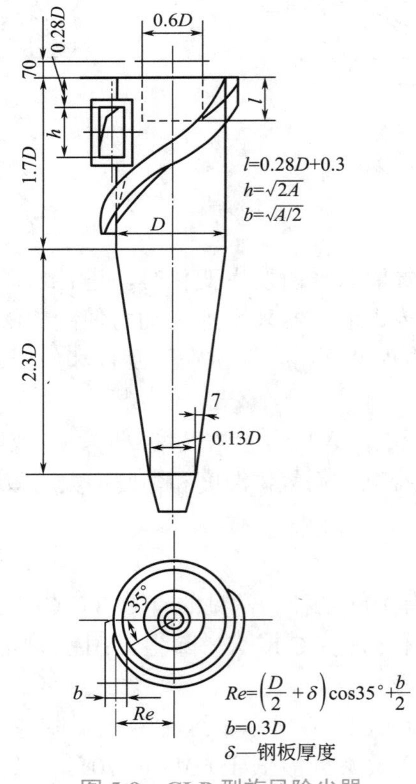

图 5-9　CLP 型旋风除尘器

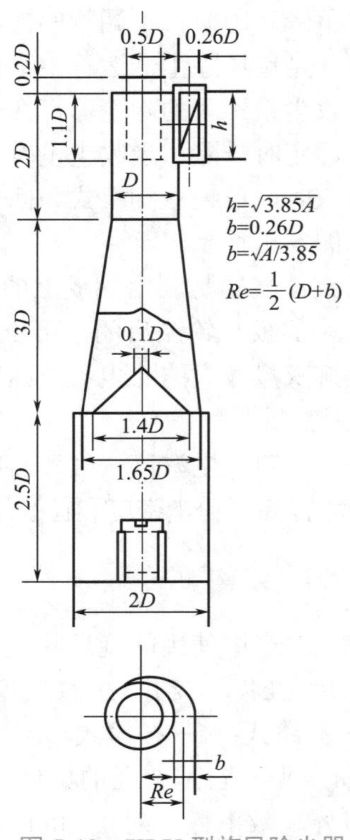

图 5-10　XLK 型旋风除尘器

⑤ 组合式多管旋风除尘器　为了提高除尘效率或增加处理气体量，常常将多个旋风除尘器串联或并联起来使用。串联使用可以提高净化效率，并联使用可增大气体处理量。

a．串联式旋风除尘器组合。为了净化大小不同的特别是细粉量多的含尘气体，一般多是将除尘效率不同的旋风除尘器串联起来。图 5-11 是同直径不同锥体长度的三级串联式旋风除尘器组。这种方式布置紧凑，阻力损失小。第一级锥体较短，可去除粗颗粒粉尘，第二、三级锥体逐次加长，净化较细的粉尘。

串联式旋风除尘器的处理气体量决定于第一级除尘器的处理量；总压力损失等于各除尘器及连接件的压力损失之和，再乘以 1.1 ～ 1.2 的系数。

b．并联式旋风除尘器组合。并联式旋风除尘器组合增加了处理气体量，在处理气体量相同的情况下，以小直径的旋风除尘器代替大直径的旋风除尘器，可以提高净化效率。为了便于组合且均匀分配气量，通常采用同直径的旋风除尘器并联。

并联式旋风除尘器组合的形式有：四管错列并联旋风除尘器组、立式多管除尘器、直流卧式多管除尘器。与一般旋风除尘器相比，多管除尘器具有效率高、处理量大及金属耗量大等特点，不如一般旋风除尘器制造简单，运行可靠，所以仅在要除尘效率高和处理气体量大时才选用。我国定型生产的有 CLG 型多管除尘器，其筒体直径为 150mm 和 250mm 两种，并有 9、12 和 16 等 16 种规格。

图 5-12 为 12筒并联式旋风除尘器组，特点是布置紧凑，风量分配均匀，实际应用效果好。并联除尘器的压损为单体压损的 1.1 倍，气体量为各单元气体量之和。

近年来，在小型电厂锅炉（35t/h 以下）烟气除尘中，有使用陶瓷多管除尘器的，省钢材、耐磨和防腐性能好。

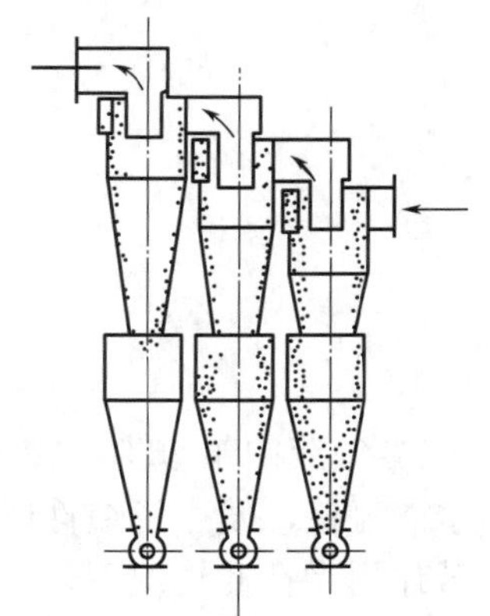

图 5-11　三级串联式旋风除尘器组

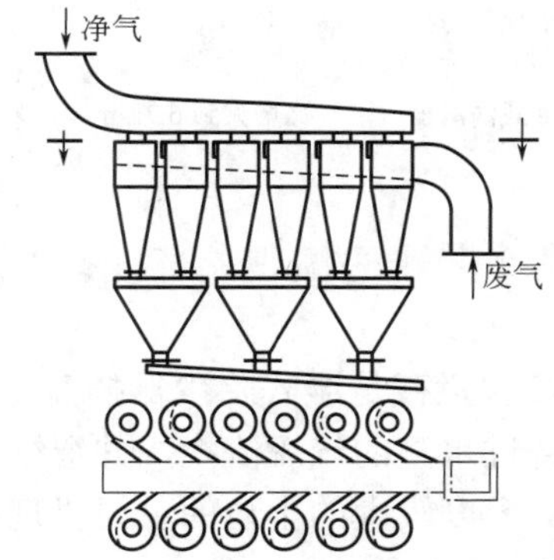

图 5-12　12 筒并联式旋风除尘器组

5.4　湿式除尘

5.4.1　湿式除尘器的分类

湿式除尘器是使废气与液体（一般为水）密切接触，将污染物从废气中分离出来的装置，又称湿式气体洗涤器。湿式气体洗涤器既能净化废气中的固体颗粒污染物，也能脱除气态污染物（气体吸收），同时还能起到气体的降温作用。湿式除尘器还具有结构简单、造价低和净化效率高等优点，适用于净化非纤维性和不与水发生化学作用的各种粉尘，尤其适宜净化高温、易燃和易爆气体。其缺点是管道设备必须防腐、污水和污泥要进行处理、能使烟气抬升高度减小以及冬季烟囱会产生冷凝水等。

采用湿式除尘器可以有效地除去粒度在 0.1 ～ 20μm 的液滴或固体颗粒，其压力损失为 250 ～ 1500Pa（低能耗）和 2500 ～ 9000Pa（高能耗）。

根据净化机理，可将湿式除尘器分为七类：a. 重力喷雾洗涤器；b. 旋风式洗涤器；c. 自激喷雾洗涤器；d. 泡沫板式洗涤器；e. 填料床洗涤器；f. 文丘里洗涤器；g. 机械诱导喷雾洗涤器。

以上七类洗涤器的结构形式、性能及操作范围列入表 5-2 中。本章将主要讨论 a、b、f 三种。

表 5-2　湿式气体洗涤器的形式、性能和操作范围

洗涤器	对 5μm 尘粒的近似分级效率 /%	压力损失 /Pa	液气比 /（L/m³）
重力喷雾洗涤器	80①	125 ～ 500	0.67 ～ 268
离心或旋风式洗涤器	87	250 ～ 4000	0.27 ～ 2.0
自激喷雾洗涤器	93	500 ～ 4000	0.067 ～ 0.134
泡沫板式洗涤器	97	250 ～ 2000②	0.4 ～ 0.67
填料床洗涤器	99	50 ～ 250	1.07 ～ 2.67
文丘里洗涤器	＞ 99	1250 ～ 9000③	0.27 ～ 1.34④
机械诱导喷雾洗涤器	＞ 99	400 ～ 1000	0.53 ～ 0.67

① 和文献中供出的近似数值差别大。
② 文丘里孔板使压力损失提高很多。
③ 压力损失为 17.5kPa 的已采用。
④ 文丘里喷射式洗涤器，液气比增大到 6.7L/m³。

5.4.2　湿式除尘器的原理

惯性碰撞和拦截是湿式除尘器捕获尘粒的主要机理。当气流中某一尘粒接近小水滴时，因惯性脱离绕过水滴的气流流线，并继续向前运动而与水滴碰撞，发生了惯性碰撞的捕集作用，这是捕集密度较大的尘粒的主要机理。另一个是拦截作用，在此情况下，尘粒随着绕过水滴的流线运用，当流线距液滴表面的距离小于尘粒半径时，便发生拦截作用（图 5-13）。

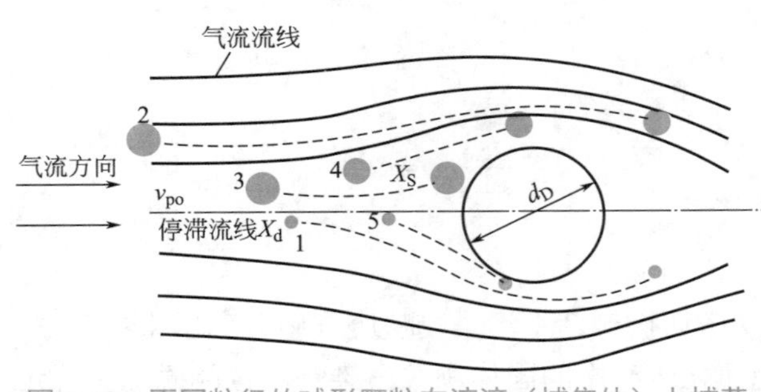

图 5-13　不同粒径的球形颗粒在液滴（捕集体）上捕获示意图

含尘气体在运动过程中如果同液滴相遇，在液滴前 X_d 处气流改变方向，绕过液滴流动，而惯性大的尘粒要继续保持其原有的直线运动，这时尘粒运动主要受两个力支配，即它本身的惯力以及周围空气对它的阻力，而在阻力的作用下，尘粒最终将停止运动。

尘粒从脱离流线到惯性运动结束，总共移动的直线距离为 X_S，X_S 通常称为停止距离。假如停止距离 X_S 大于 X_d，尘粒和液滴就发生碰撞。将停止距离 X_S 和液滴直径 d_D 的比值称为碰撞数 N_I，则

$$N_I=\frac{X_S}{d_D} \tag{5-39}$$

尘粒和液滴的碰撞效率，也就是尘粒从气流中被捕集的效率 η 和碰撞数 N_I 有关。

假定尘粒运动符合于斯托克斯定律，可以推导求出 X_S 的表达式。根据尘粒上力的平衡，即尘粒本身的惯性力 F_I 和周围空气对其阻力 F_d 平衡时，则有

$$F_I+F_d=0 \tag{5-40}$$

或

$$m_p\times\frac{dv_p}{dt}+3\pi\mu d_p v_p=0 \tag{5-41}$$

式中　v_p——尘粒相对于液滴的速度，m/s。

为了简化计算，阻力项中 v_p 可用尘粒在整个运动中的平均速度 v_{pm} 代替；另外假定尘粒为具有密度 ρ_p 的球体，则其质量 $m_p=\frac{6}{\pi}d_p^3\rho_p$，式（5-41）可写为

$$-dv_p=\frac{18v_{pm}\mu dt}{d_p^2\rho_p} \tag{5-42}$$

将等式两边积分，则

$$\int_{v_{po}}^{0}-dv_p=\int_0^t\frac{18v_{pm}\mu}{d_p^2\rho_p}dt \tag{5-43}$$

式中　μ——气体的黏度系数，Pa·s。

v_{po} 为尘粒脱离气体流线时的相对速度，一般认为与气速相同，也就是气液相对速度。积分后有

$$v_{po}=\frac{18v_{pm}\mu t}{d_p^2\rho_p}\quad 或\ t=\frac{v_{po}d_p^2\rho_p}{18\mu v_{pm}} \tag{5-44}$$

在 t 时间段内，尘粒移动的距离为

$$X_S=v_{pm}t=v_{pm}\frac{v_{po}d_p^2\rho_p}{18\mu v_{pm}}=\frac{v_{po}d_p^2\rho_p}{18\mu} \tag{5-45}$$

在多数情况下，v_{po} 也可以表示为气流相对于液滴的速度。

将式（5-39）代入式（5-45）后有

$$N_I=\frac{X_S}{d_D}=\frac{v_{po}d_p^2\rho_p}{18\mu d_D} \tag{5-46}$$

此处应当注意的是，有些研究者把碰撞数定义为停止距离 X_S 和除尘器半径之比。碰撞数为无量纲量，计算时要注意各变量的单位。

尘粒的粒度 d_p 和密度 ρ_p 确定之后，碰撞数与相对速度 v_{po} 成正比，与液滴的直径成反比。由式（5-46）可以看出，工艺条件确定之后，要想提高 N_I 数，则必须提高气液的相对速度 v_{po}，并减小液滴直径。目前工程上常用的湿式除尘器，大多数都是围绕这两个因素发展起来的。

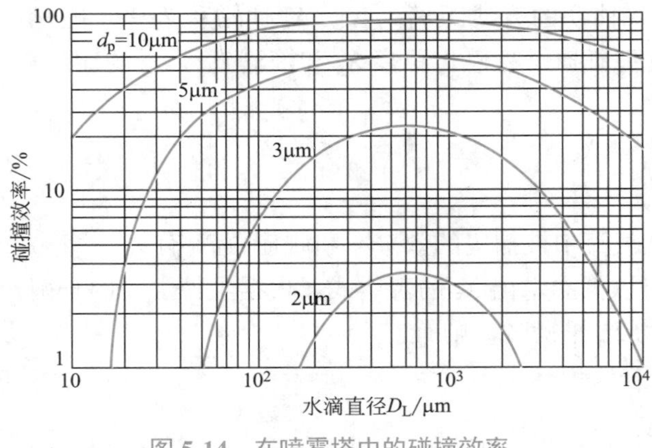

图 5-14　在喷雾塔中的碰撞效率

从另一方面来说，液滴的直径也不是愈小愈好。直径过小的液滴容易随气流一起运动，减小了气液的相对运动速度。因此对于给定尘粒的除尘效率有一个最佳液滴直径。斯台尔曼德（Statrmand）对尘粒和水滴尺寸对喷雾塔除尘效率的影响进行了研究，其结果如图 5-14 所示。图中表明：对于各种尘粒尺寸的最高除尘效率大部分处于水滴直径在 500 ～ 1000μm 的范围之间，而产生水滴直径刚好在 1mm 以下的粗喷嘴能满足这一要求。

5.4.3　重力喷雾洗涤器

重力喷雾洗涤器又称喷雾塔或洗涤塔，是湿式洗涤器中最简单的一种。在塔内，含尘气体通过喷淋液体所形成液滴空间时，由于尘粒和液滴之间的碰撞、拦截和凝聚等作用，使较大较重的尘粒靠重力作用沉降下来，与洗涤液一起从塔底排走。通常在塔的顶部安装除沫器，既可以除去那些十分小的清水滴，又可以除去很小的污水滴，否则它们会被气流夹带出去。

按尘粒和水滴流动方式可分为逆流式、并流式和横流式。图 5-15 为逆流式喷雾塔。

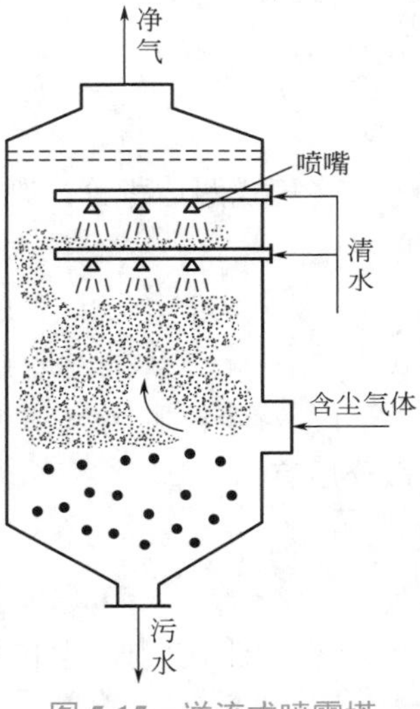

通过喷雾室洗涤器的水流速度应与气流速度一并考虑。水速与气速之比大致为 0.015 ～ 0.075。气体入口速度范围一般为 0.6 ～ 1.2m/s。耗水量为 0.4 ～ 1.35L/m^3。一般工艺中液体循环使用，但因为有蒸发，故应不断地给予补充。在工厂内应设置沉淀池，循环液体沉淀后复用。

净气
喷嘴
清水
含尘气体
污水

图 5-15　逆流式喷雾塔

喷雾塔的压力损失较小，一般在 250Pa 以下。对于 10μm 尘粒的捕集效率低。因而多用于净化大于 50μm 的尘粒。捕集粉尘的最佳液滴直径约为 800μm，为了防止喷嘴堵塞或腐蚀，应采用喷口较大的喷嘴，喷水压力为 1.5×10^6 ～ 8×10^6Pa。

喷雾塔的特点是结构简单、阻力小、操作方便、稳定，但其设备庞大、除尘效率低，耗液量及占地面积都比较大。

5.4.4　旋风式洗涤器

旋风式洗涤器与干式旋风除尘器相比，由于附加了水滴的捕集作用，除尘效率明显提高。在旋风式洗涤器中，由于带水现象比较少，则可以采用比喷雾塔中更细的喷雾。气体的螺旋运动所产生的离心力，把水滴甩向外壁，形成壁流而流到底部出口，因而水滴的有效寿命较短，为增强捕集效果，采用较高的入口气流速度，一般为 15 ～ 45m/s，并从逆向或横向对螺旋气流喷雾，使气液间相对速度增大，提高惯性碰撞效率，喷雾细，靠拦截的捕集概率增大。水滴愈细，它在气流中保持自身速度和有效捕集能力的时间愈短。从理论上已估算出最佳水滴直径为100μm左右，如图5-16，实际采用水滴直径为100～200μm。

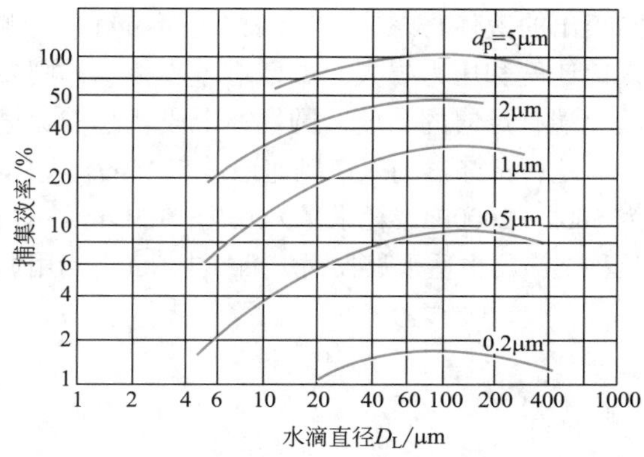

图5-16 离心力为重力的100倍时单个水滴的碰撞效率

旋风洗涤器适于净化大于5μm的粉尘。在净化亚微米范围的粉尘时，常将其串联在文丘里洗涤器之后，作为凝聚水滴的脱水器。旋风除尘器也用于吸收某些气态污染物。

旋风除尘器的除尘效率一般可以达90%以上，压损为0.25～1kPa特别适用于气量大和含尘浓度高的烟气除尘。

（1）环形喷液旋风洗涤器

在干式旋风分离器内部以环形方式安装一排喷嘴，就构成一种最简单的旋风式洗涤器。喷雾发生在外旋流处的尘粒上，载有尘粒的液滴在离心力的作用下被甩向旋风洗涤器的内壁上，然后沿内壁而落入器底。在气体出口处要安装除雾器。

（2）旋风水膜除尘器

它的构造是在筒体的上部设置切向喷嘴，如图5-17，水雾喷向器壁，使内壁形成一层很薄的不断向下流的水膜，含尘气体由筒体下部切向导入旋转上升，靠离心力作用甩向器壁的粉尘被水膜所黏附，沿器壁流向下端排走，净化后的气体由顶部排除。因此净化效率随气体入口速度增加和筒体直径减少而提高，但入口速度过高，压力损失会大大增加，有可能破坏水膜层，从而降低除尘效率。因此入口速度一般控制在15～22m/s。筒体高度对净化效率影响也比较大，对于小于2μm的细粉尘影响更为显著。因此筒体高度应大于筒径的5倍。

旋风水膜除尘器不但净化效率比干式旋风除尘器高得多，而且对器壁磨损也较轻，效率一般在90%以上，有的可达95%，气流压力损失为500～750Pa。

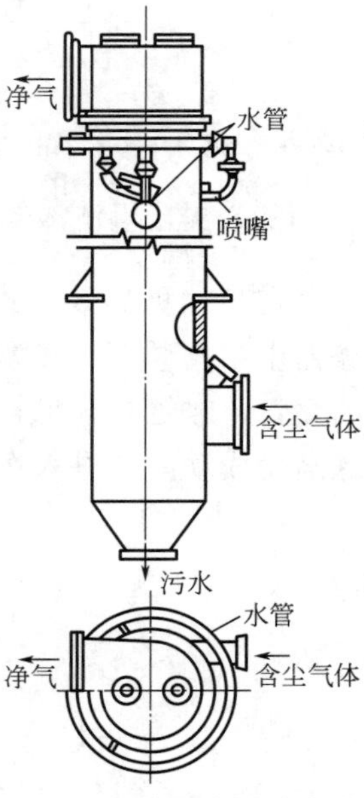

图5-17 旋风水膜除尘器

（3）旋筒式水膜除尘器

旋筒式水膜除尘器又称卧式旋风水膜除尘器，其构造如图5-18所示，含尘气体由切线式入口导入，沿螺旋形通道作旋转运动，在离心力的作用下粉尘被甩向筒外。当气流以高速冲击到水箱内的水面上时，一方面尘粒因惯性作用落于水中；另一方面气流冲击水面激起的水滴与尘粒碰撞，也将尘粒捕获。其效率一般为90%以上，最高可达98%。

（4）中心喷雾式旋风洗涤器

如图5-19，含尘气体由圆柱体的下部切向引入，液体通过轴向安装的多头喷嘴喷入，径向喷出的液体与螺旋形气流相遇而黏附粉尘颗粒，加以去除。入口处的导流板可以调节气流入口速度和压力损失。如需进一步控制，则要靠调节中心喷雾管入口处的水压。如果在喷雾段上端有足够的高度，圆柱体上段就起着除沫的作用。

这种洗涤器的入口风速通常在15m/s以上，洗涤器断面风速一般为1.2～24m/s，压力损失为500～2000Pa，耗水量为0.4～1.3L/m^3，对于各种大于5μm的粉尘净化率可达95%～98%。这种洗涤器也适于吸收锅炉烟气中SO_2，当用弱碱溶液洗涤液时，吸收率在94%以上。

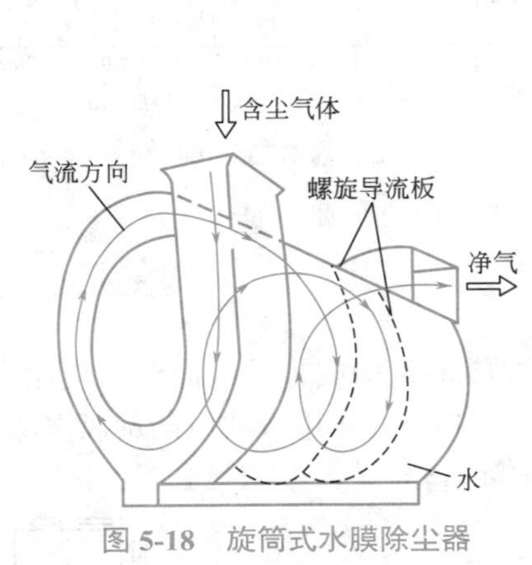

图5-18　旋筒式水膜除尘器

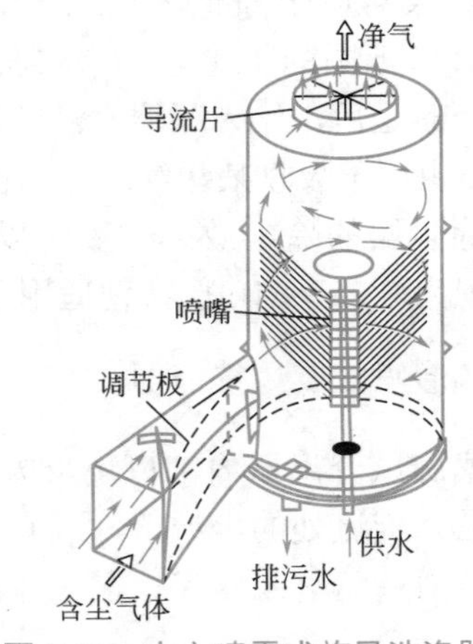

图5-19　中心喷雾式旋风洗涤器

5.4.5　文丘里洗涤器

（1）文丘里洗涤器的构造

它是一种高效湿式洗涤器，常用在高温烟气降温和除尘上。如图5-20所示，文丘里洗涤器由引水装置（喷雾器）、文氏管（文丘里管）本体及脱水器三部分组成。文氏管本体由渐缩管、喉管和渐扩管组成。含尘气流由风管进入渐缩管之后，流速逐渐增大，气流的压力逐渐变成动能；进入喉管时，流速达到最大值，静压下降到最低值；以后在渐扩管中则进行着相反的过程，流速减小，压力回升。除尘过程如下：水通过喉管周边均匀分布的若干小孔进入，然后被高速的含尘气流撞击成雾状液滴，气体中尘粒与液滴凝聚成较大颗粒，并随气流进入旋风分离器中与气体分离，因此文丘里洗涤器必须和旋风分离器联合使用。概括起来说，文丘里洗涤器的除尘过程，可分为雾化、凝聚和分离除尘（脱水或除雾）三个阶段，前两个阶段在文丘里管内进行，后一个阶段在除雾器内进行。

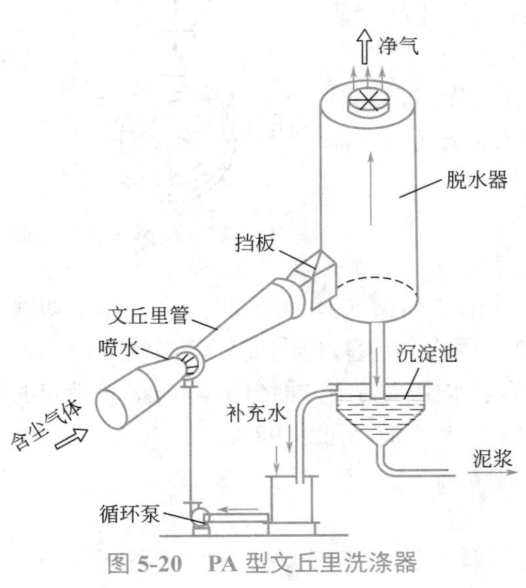

图5-20　PA型文丘里洗涤器

由式（5-46）可以看出，要提高尘粒与水滴的碰撞效率，喉部的气体速度必须较大，在工程上一般保证此处气速v_r为50～80m/s，而水的喷射速度控制在6m/s，这是由于水的喷射速度过低时，会被分散成细滴而被气流带走，反之液滴喷射速度过高，则气液的相对速度较低，水则不可能很好地分散成小液滴，可能散落在收缩管壁上，从气流中白白分离出来，这样都将会降低除尘效率。除尘效率还与水、气比有关，一般为 0.5 ～ 1L/m^3。

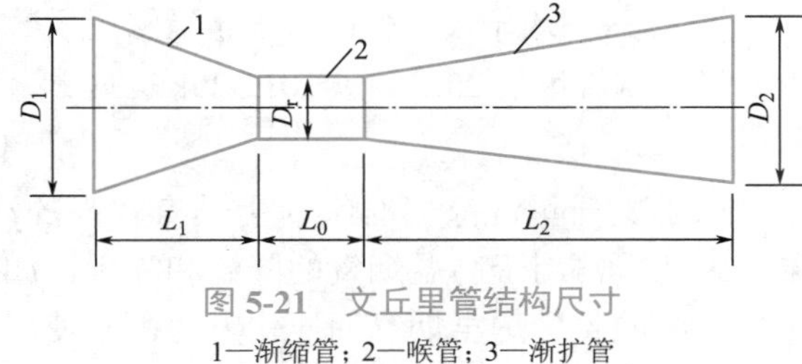

图 5-21　文丘里管结构尺寸

1—渐缩管；2—喉管；3—渐扩管

文丘里管结构尺寸如图 5-21 所示。文丘里管的进口直径 D_1 由与之相联的管道直径来确定，管道中气体流速大约为 16 ～ 22m/s。文丘里管的出口直径按 v_2 为 18 ～ 22m/s 来确定。而喉管直径 D_r（mm）按喉管的气速 v_r 来确定。这样文丘里管的进口、出口和喉口处的管径可按下式计算。

$$D=18.8\sqrt{\frac{Q}{v}} \tag{5-47}$$

式中　Q——气体通过计算管段的实际流量，m^3/h；

v——气体通过计算挂断的流速，m/s。

渐缩管的中心角 α_1 一般取 23° ～ 25°，渐扩管的中心角 α_2 取 6° ～ 7°，当选定两个角之后，便可计算出收缩管长 L_1 和扩散管长 L_2，即

$$L_1=\frac{D_1-D_r}{2}\cot\frac{\alpha_1}{2} \tag{5-48}$$

$$L_2=\frac{D_2-D_r}{2}\cot\frac{\alpha_2}{2} \tag{5-49}$$

喉管长度 L_r 对文丘里管的凝聚效率和阻力皆有影响。实验证明，L_r/D$_r$ 为 0.8 ～ 1.5 左右为宜，通常取 L_r 为 200 ～ 500mm。

（2）文丘里管的压力损失

为了计算文丘里洗涤器的压力损失，有些学者提出了一个模式，该模式认为气流的全部能量损失仅用在喉部将液滴加速到气流速度，当然模式是近似的，由此而导出的压力损失表达式为

$$\Delta p=1.03\times10^{-6}v_r^2L \tag{5-50}$$

式中　Δp——文丘里洗涤器的气体压力损失，cmH_2O（1cmH_2O=98Pa）；

v_r——喉部气体速度，cm/s；

L——液气体积比，L/m^3。

关于文丘里洗涤器穿透率可按下式来计算，即：

$$p=\exp\left(-6.1\times10^{-9}\rho_L\rho_P K_C d_p^2 f^2\Delta p/\mu_g^2\right) \tag{5-51}$$

式中　Δp——压力损失，cmH_2O（1cmH_2O=98Pa）；

μ_g——气体黏度，10^{-1}Pa · s；

ρ_L——液体密度，g/cm^3；

ρ_p——尘粒密度，g/cm^3；

d_p——尘粒直径，μm；

f——实验系数，一般取 0.1 ～ 0.4；

K_C——坎宁汉（Ctnninghun）修正系数。

当空气温度 t=20℃，p=101.325kPa 时：

$$K_C=1+0.172/d_p \tag{5-52}$$

由于文丘里洗涤器对细粉尘具有较高的净化效率，且对高温气体的降温也有很好的效果。因此，常用于高温烟气的降温和除尘，如对炼铁高炉、炼钢电炉烟气以及有色冶炼和化工生产中的各种炉窑烟气的净化方面都常使用。文丘里洗涤器具有体积小、构造简单、除尘效率高等优点，其最大缺点是压力损失大。

5.5 过滤式除尘

过滤式除尘器是使含尘气流通过滤材或滤层将粉尘分离和捕集的装置。就过滤材料而言，可分为以织物为滤材的表面过滤器和以填料层（玻璃纤维、硅砂、煤粒等）作滤材的内部过滤器。本章将主要介绍以织物为滤材的袋式除尘器，也简要介绍用硅砂等为填料的颗粒层除尘器。

5.5.1 袋式除尘器

（1）除尘原理

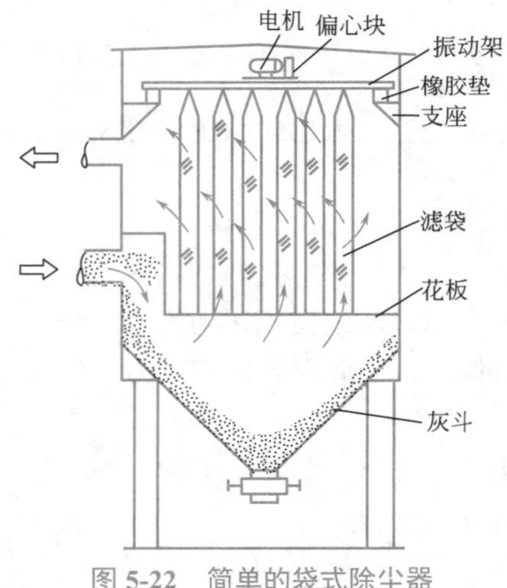

图 5-22　简单的袋式除尘器

袋式除尘器是将棉、毛或人造纤维等材料加工成织物作为滤料，制成滤袋，对含尘气体进行过滤。当含尘气体穿过滤料孔隙时粉尘被阻留下来，清洁气流穿过滤袋之后排出。沉积在滤袋上的粉尘通过机械振动，从滤料表面脱下来，降至灰斗中。简单的袋式除尘器如图 5-22 所示。

滤材本身的网孔较大，一般为 20 ～ 50μm，即使是表面起绒的滤料，网孔也在 5 ～ 10μm 左右。因此，新用滤袋的除尘效率是不高的，当滤袋使用一段时间后，陆续产生筛滤、惯性碰撞、拦截、扩散、静电和重力沉降等 6 种除尘机理（见图 5-23），在以后的除尘过程中，初层便成了滤袋的主要过滤层，而滤布只不过起着支撑骨架的作用。粉尘初层形成之后，使滤布成为对粗、细粉尘皆有效的过滤材料，过滤效率剧增。对于 1μm 以上的尘粒，主要靠惯性碰撞，对于 1μm 以下的尘粒，主要靠扩散，总的过滤效率可达 99% 以上。因此，研究在不同条件下各种机制对除尘效率的影响，有助于控制影响袋式除尘器的工作条件，改善袋式除尘器的工作性能。袋式除尘器捕集粉尘的机理见图 5-24。

① 筛滤作用　当粉尘粒径大于滤料中纤维间的孔隙或沉积在滤料上的尘粒间孔隙时，粉尘即被阻留下来。对于新的织物滤料，由于纤维间的孔隙远大于粉尘粒径，所以筛滤作用很小。但当滤料表面沉积大量粉尘形成粉尘初层后，筛滤作用显著增大。

② 惯性碰撞作用　当含尘气流接近滤料纤维时，气流将绕过纤维，而大于 1μm 的尘粒由于惯性作用，脱离气流流线前进，撞击到纤维上而被捕集（见图 5-24），所有处于粉尘轨

迹临界线内的大尘粒均可到达纤维表面而被捕获。这种惯性碰撞的作用随着粉尘粒径和流速的增大而增强。

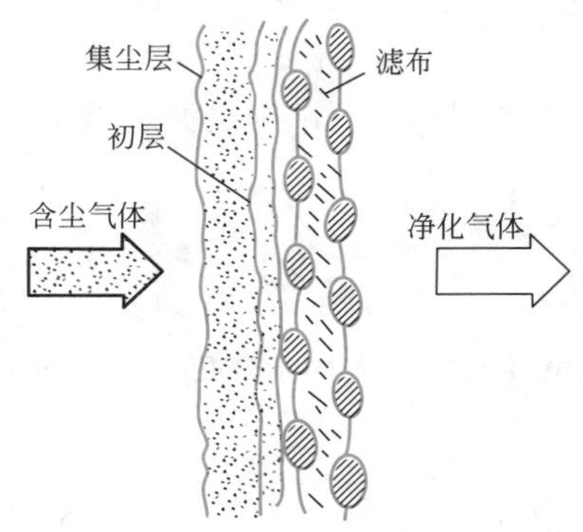

图 5-23 滤袋捕集粉尘的过程

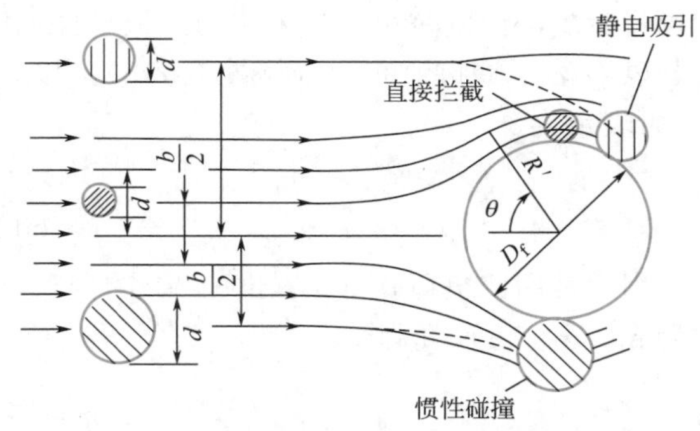

图 5-24 袋式除尘器捕集粉尘的机理

③ 拦截作用 当含尘气流接近滤料纤维时，较细尘粒随气流一起绕流，若尘粒半径大于尘粒中心到纤维边缘的距离时，尘粒即因与纤维接触而被拦截。

④ 扩散作用 小于 1μm 的尘粒，特别是小于 0.2μm 的亚微米粒子，在气体分子的撞击下脱离流线，像气体分子一样做布朗运动，如果在运动中和纤维接触，即可从气流中分离出来。这种作用称为扩散作用，它随流速的降低、纤维和粉尘直径的减小而增强。

⑤ 静电作用 一般粉尘和滤料都可能带有电荷，当两者所带电荷相反时，粉尘易被吸附在滤料上，有利于提高除尘效率，但粉尘却难以清除下来。反之，若两者带有同性电荷，粉尘将受到排斥，导致除尘效率降低，但清灰却比较容易。一般当粉尘粒径小于 1μm 且气流速度很低时，静电效应才能显示出来。如果有外加电场，则可强化静电效应，从而提高除尘效率。

⑥ 重力沉降作用 当缓慢运动的含尘气流进入除尘器后，粒径和密度大的尘粒，可能因重力作用自然沉降下来。

上述捕集机理，通常不是同时有效，而是只有一种或两三种联合起作用。图 5-25 是过滤效率与颗粒直径的代表性关系曲线，颗粒粒径在 0.05 ～ 0.5μm 范围的过滤效率是最低的。

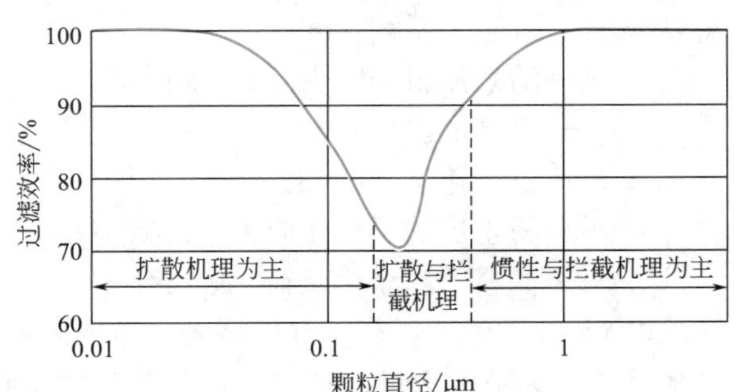

图 5-25 过滤效率与颗粒直径的代表性关系

根据粉尘性质、袋式除尘器结构特性及运行条件等实际情况的不同，各种作用的重要性也不相同。随着粉尘在滤袋上的积聚，除尘器效率和阻力（即压力损失）都相应增加。当滤袋两侧的压力差很大时，会导致把已附在滤料层上的细尘粒积压过去，使除尘效率明显下降，同时除尘器阻力过大会使除尘器系统的风量显著下降，以致影响生产系统的排风。因此，除尘器阻力达到一定数值后，要及时进行清灰，而清灰时又不能破坏粉尘初层，以免降低除尘效率。

（2）过滤速度

过滤速度对袋式除尘效率也有较大影响。过滤速度（比负荷）v_F 是指气体通过滤料层的平均速度，单位为 cm/s 或 m/min。它代表了袋式除尘器处理气体的能力，是一个重要技术经济指标。过滤速度的选择因气体性质和所要求的除尘效率不同而异，一般选用范围为 0.2 ～ 6m/min。从经济上考虑，选用速度高，则相应的滤布需要面积小，除尘器体积及占地面积也将减少，但同时也将带来压力损失和耗电量加大的缺点。

若以 Q 表示通过滤布的气体量（m^3/h），以 A 表示滤布的面积（m^2），则过滤速度 v_F（m/min）可表示为

$$v_F=\frac{Q}{60A} \tag{5-53}$$

工程上常用比负荷 q_F［$m^3/(m^2 \cdot h)$］的概念，它是指 1m² 滤布，每小时所滤过的气体量，单位为 $m^3/(m^2 \cdot h)$，因此

$$q_F=\frac{Q}{A} \tag{5-54}$$

则

$$q_F=60v_F \tag{5-55}$$

实践表明：过滤细粉尘时 v_F 取小值（约 0.6 ～ 1.0m/min）；过滤粗粉尘 v_F 应取为 2m/min 左右。

（3）压力损失

袋式除尘器的压力损失是重要技术经济指标之一，它一方面决定装置的能量消耗，同时也决定装置的除尘效率和清灰的间隔时间。

袋式除尘器的压力损失 Δp 是由清洁滤料的压力损失 Δp_0 和过滤层的压力损失 Δp_d 两者组成的。由于过滤速度 v_F 很小，流动处于层流状态，所以压力损失可以表示为：

$$\Delta p=\Delta p_0+\Delta p_d=\xi\mu v_F=(\xi_0+\alpha m)\mu v_F \tag{5-56}$$

式中 ξ——总阻力系数，m^{-1}；

ξ_0——清洁滤料的阻力系数，m^{-1}；

μ——气体的黏性系数，Pa · s；

v_F——过滤速度，m/s；

α——粉尘层的平均比阻力，m/kg；

m——滤料上的粉尘负荷，kg/m^2。

式（5-56）说明：**袋式除尘器的压力损失与过滤速度和气体黏性系数成正比，而与气体密度无关**。这是由于过滤速度小，使气体的动压小到可以忽略的程度，这是其他各类除尘器所不具备的特征。实际上滤布本身的压损很小，可略而不计，其阻力系数 ξ_0 的数量级为 10^7 ～ $10^8 m^{-1}$，如玻璃丝布为 $1.5\times10^7 m^{-1}$，涤纶为 $7.2\times10^7 m^{-1}$。被捕集堆积的粉尘层的压力损失则受滤布特性的影响，粉尘层比阻力 α 约为 10^{10} ～ 10^{11}m/kg，粉尘负荷 m 为 0.1 ～ 0.3kg/m²。α 与 m 和滤布的特性关系如图 5-26 所示。由图可见，比阻力 α 随粉尘负荷 m 和滤料特性不同而变化。

假设除尘器进口含尘浓度为 C_i（kg/m^3），出口处粉尘浓度忽略不计，过滤时间为 t（s），则滤布上积存的粉尘负荷为

$$m=C_i v_F t \tag{5-57}$$

将此式代入式（5-56）后，t 秒后粉尘层的压力损失为

$$\Delta p_d=\alpha\mu v_F^2 C_i t \tag{5-58}$$

一般袋式除尘器的压力损失多控制在 800 ～ 1500Pa 的范围之内，当除尘器的阻力达到预定值时，就要加以清灰。入口浓度 C_i 大时，清灰周期短，即时间间隔短，由于清灰次数多，滤料寿命短。袋式除尘器的压力损失和气体流量随时间的变化情况如图 5-27 所示。从图中可以看出滤袋清灰之后，并不能恢复到初始阻力值［图 5-27（b）1 处］，而只能恢复到图 5-27（b）2 处。其差值称为粉尘层的残留阻力，也就是应保护的粉尘初层的阻力。一般情况下残留阻力约为 700 ～ 1000Pa。

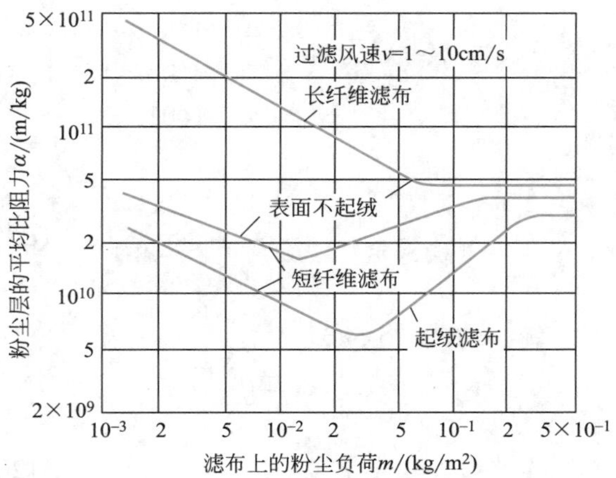

图 5-26 滤布上粉尘层平均比阻力的变化

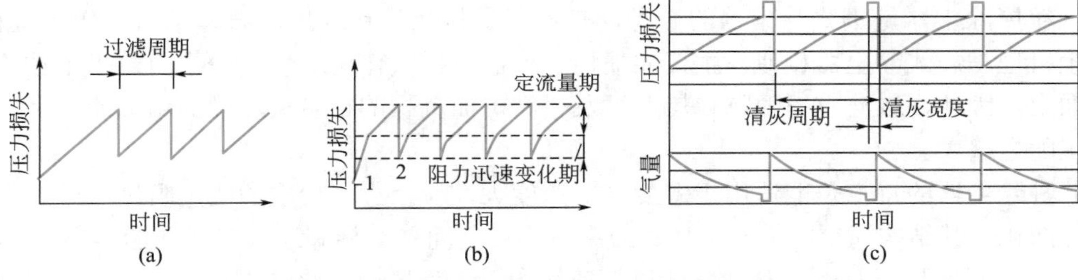

图 5-27 袋式除尘器压力损失与气体流量随时间的变化关系

【例 5-1】

以袋式过滤器处理常温常压的含尘气体，过渡速度 v_F=1m/min，滤布阻力系数 $\xi_0=2\times10^7\text{m}^{-1}$，除尘层比阻力 $\alpha=5\times10^{10}$m/kg，堆积粉尘负荷 $m=0.1\text{kg/m}^2$，试求压力损失［$\mu=1.8\times10^{-5}$kg/（m·s）］。

解：由式（5-56）有

$$\begin{aligned}\Delta p&=\Delta p_0+\Delta p_d=(\xi_0+\alpha m)\mu v_F\\&=(2\times10^7+5\times10^{10}\times0.1)\times1.8\times10^{-5}\times1\div60\\&=1506\ (\text{Pa})\end{aligned}$$

【例 5-2】

用脉冲喷吹袋式除尘器净化常温气体，采用 $\xi_0=4.8\times10^7\text{m}^{-1}$ 的涤纶绒布，过滤风速 v_F=3.0m/min，试估算除尘器压力损失。

解：取 $m=0.1\text{kg/m}^2$，$\alpha=1.5\times10^{10}$m/kg，常温下 $\mu=1.81\times10^{-5}$kg/(m·s)，则：

$$\Delta p=(\xi_0+\alpha m)\mu v_F$$
$$=(4.8\times10^7+1.5\times10^{10}\times0.1)\times1.81\times10^{-5}\times3.0\div60$$
$$=1401\ (Pa)$$

【例 5–3】

在上例给定条件下，若 C_i=7.5g/m^3，$\Delta p_d \leqslant$ 1200Pa，求所需清灰的最大周期 T_{max}。

解：由式（5-58）

$$T_{max}=\frac{\Delta p_d}{\alpha\mu v_F^2 C_i}$$
$$=\frac{1200}{1.5\times10^{10}\times1.81\times10^{-5}\times(3.0/60)^2\times7.5/1000}=235.7(s)=3.9(min)$$

5.5.2　颗粒层除尘器

颗粒层除尘器是干式除尘器的一种，是利用颗粒状物料（如硅石、砾石）作为填料层。其除尘机理与袋式除尘器相似，主要靠惯性、拦截及扩散作用等，使粉尘附着于干颗粒层滤料表面上。因此，过滤效率随颗粒层厚度及在其上面沉积的粉尘层厚度的增加而提高，压力损失也随之增大。

此种除尘器的特点是能适用于温度高、浓度大、粒径小、粉尘的比电阻过低或过高的含尘气体净化。其结构简单、维修方便、效率较高。其简单结构和运行方式如图 5-28 所示。图 5-28（a）为正常运行状态，含尘气体以低速切向引入旋风筒，此时粗粒料被分离下来。然后经中心管 4 进入过滤室，由上而下地通过滤层，使细粉尘被阻留在硅石颗粒表面或颗粒层空隙中。气体通过净气室和打开的切换阀 8 从净气口 9 排出。过滤层厚度一般为 100 ～ 200mm，滤料常用表面粗糙的硅石（颗粒为 1.5 ～ 5mm），它的耐磨性和耐腐蚀性都很强。

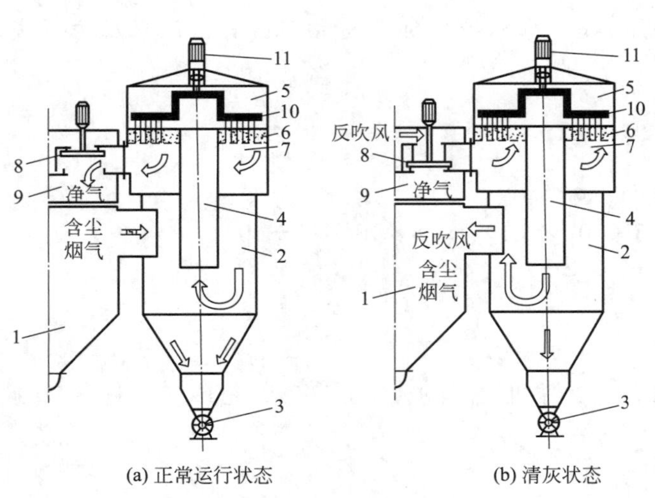

图 5-28　单层耙式颗粒层除尘器

1—含尘气体总管；2—旋风筒；3—排风阀；4—中心管；5—过滤室；6—颗粒层；7—净气室；8—切换阀；9—净气口；10—梳耙；11—电机

图 5-28（b）为清灰状态，这时关闭切换阀 8，使单筒和净气口 9 断，反吹空气按相反方向进入颗粒层，使颗粒层处于流态化状态。与此同时，梳耙 10 旋转搅动颗粒层，这样便将沉积粉尘吹走，同时颗粒层又被梳平。被反吹风带走的粉尘又通过中心管进入旋风筒，由于气流速度突然降低和急转弯，使其中所含大部分粉尘沉降下来。含有少量粉尘的反吹空气由入口管排出，同含尘气体总管汇合在一起，进入其他单筒内净化。

这种过滤器的比负荷一般为 2000 ～ 3000m^3/(m^2·h)，含尘浓度高时采用 1500m^3/(m^2·h)，进口含

尘浓度最高可允许到 $20g/m^3$，一般在 $5g/m^3$ 以下，除尘效率约为 90%，设备的压力损失约为 1000 ～ 2000Pa。承受温度一般在 350℃，短时可耐 450℃，反吹空气量约为处理气体量的 3% ～ 8%。

5.5.3　新型过滤技术

一般的过滤材料还是存在阻力高和难以用于高温的缺点，因此新型的过滤技术仍然在不断发展。

在纤维滤料过滤方面，发展中的滤料有梯度滤料、过滤吸附复合滤料等，梯度滤料采用纤维细度逐层加大的梯度层次结构（图 5-29），表层纤维层负责过滤，所用纤维最细，基本纤维层次的后部纤维层最粗，超细表面纤维层的引入使滤料的过滤效率提高，尤其是对微细颗粒。

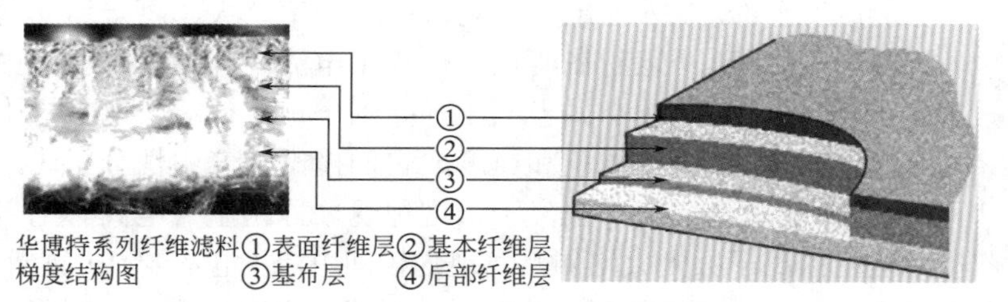

图 5-29

图 5-29　梯度滤料结构

在高温过滤方面，应用中的滤料材料包括：

a. 气体温度 300℃以内：聚苯硫醚（PPS）纤维、聚四氟乙烯（PTFE）纤维、聚酰亚胺（PI）纤维、间位芳纶（PMIA）纤维、芳砜纶和预氧化纤维、玻璃纤维等；

b. 气体温度 300℃以上：玄武岩纤维滤料、金属多孔材料、陶瓷多孔材料以及金属间化合物多孔材料等。图 5-30 是一种金属间化合物多孔过滤膜，膜厚度薄、阻力低、气体通过快。

图 5-30　金属间化合物多孔过滤膜

5.6　静电除尘

静电除尘是利用高压电场产生的静电力，使粉尘从气体中分离，得到净化的方法。与其他除尘方法相比，其根本区别在于实现粉尘与气流分离的力直接作用于粉尘上，这种力是由电场中粉尘荷电引起的库仑力。因此，在实现粉尘与气流分离的过程中，电除尘器可分离的粒度范围为 0.05 ～ 200μm，除尘效率为 80% ～ 99%，处理气体的量愈大，经济效果愈明显。

5.6.1 电除尘工作原理

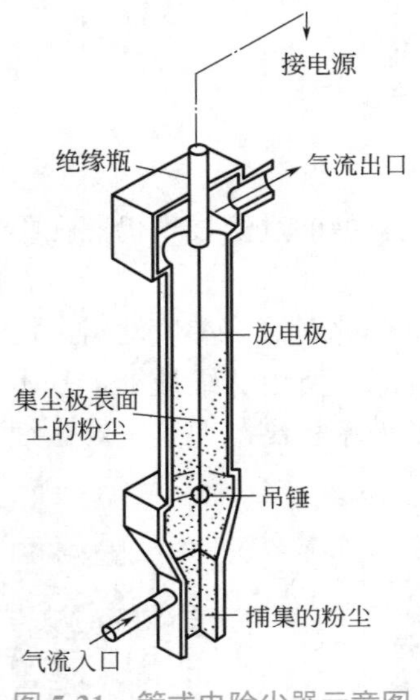

图 5-31 管式电除尘器示意图

电除尘过程首先需要发生大量的供粒子荷电的气体离子。现今的所有工业电除尘器中，都是采用电晕放电的方法实现的。

图 5-31 为一管式电除尘器的示意图，接地的金属圆管叫集尘电极，与高压直流电源相接的细金属线叫放电电极（又称电晕电极）。放电电极置于圆管的中心，靠下端的吊锤拉紧，含尘气体从除尘器下部的进气管进入，净化后的清洁气体从上部排气管排出。放电电极为负极，集尘电极接地为正极。

由于辐射、摩擦等原因，空气中含有少量的自由离子，单靠这些自由离子是不可能使含尘空气中的尘粒充分荷电的。电除尘器内设置了高压电场，在电场作用下空气中的自由离子将向两极移动，外加电压愈高，电场强度愈大，离子运动速度愈快，由于离子运动在两极间形成了电流。开始时，空气中自由离子少，电流较小。当电压升高到一定数值后，电晕极附近离子获得了较高的能量和速度，它们撞击空气中性分子时，中性分子会电离成正、负离子，这种现象称为空气电离。空气电离后，由于连锁反应，在极间运动的离子数大大增加，表现为极间电流（电晕电流）急剧增大。当电晕极周围的空气全部电离后，形成了电晕区，此时在电晕极周围可以看见一圈蓝色的光环，这个光环称为电晕放电。如图 5-32 所示。

在离电晕极较远的地方，电场强度小，离子的运动速度也较小，那里的空气还没有被电离。如果进一步提高电压，空气电离的范围逐渐扩大，最后导致极间空气全部电离，这种现象为电场击穿，发生火花放电，电路短路，电除尘器停止工作。电除尘器的电晕电流与电压的关系如图 5-33 所示。

为了保证电除尘器的正常运行，电晕的范围一般应局限于电晕区。电晕区以外的空间称为电晕外区。电晕区内的空气电离之后，正离子很快向负极（电晕极）移动，只有负离子才会进入电晕外区，向阳极移动。含尘空气通过电除尘器时，由于电晕区的范围很小，只有少量的尘粒在电晕区通过，获得正电荷，沉积在电晕极上。大多数尘粒在电晕外区通过，获得负电荷，最后沉积在阳极板上。此过程如图 5-32 所示，因此，阳极板称为集尘极。

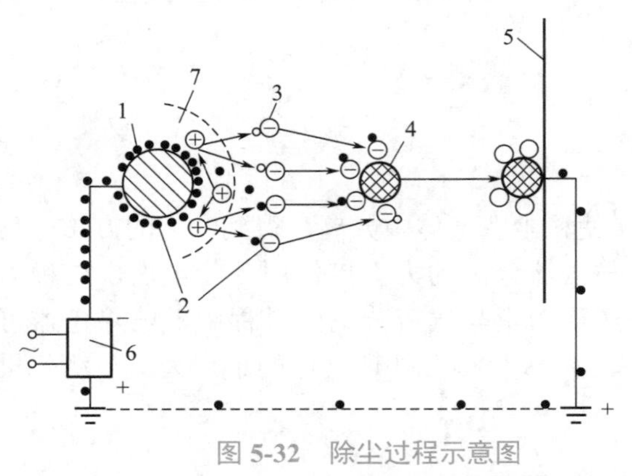

图 5-32 除尘过程示意图

1—电晕极；2—电子；3—离子；4—粒子；5—集尘极；6—供电装置；7—电晕区

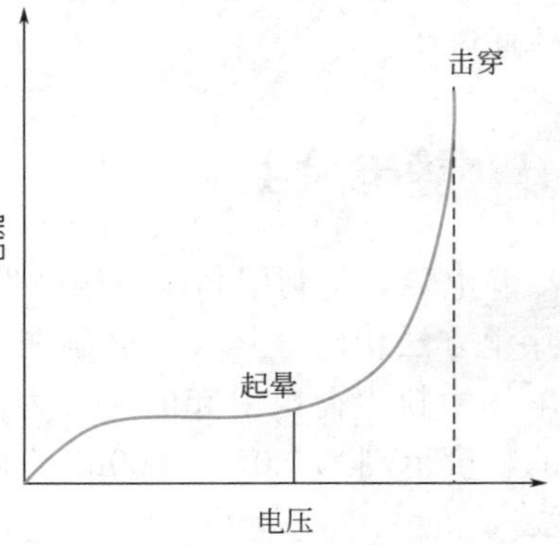

击穿
电流
起晕
电压

图 5-33 电除尘器的电晕电流与电压的变化曲线

电除尘器的除尘过程分为四步，如图 5-32 所示。

① 气体电离　在放电电极与集尘电极之间加上直流的高电压，在电晕极附近形成强电场，并发生电晕放电，电晕区内空气电离，产生大量的负离子和正离子。

② 粉尘荷电　在放电电极附近的电晕区内，正离子立即被电晕极表面吸引而失去电荷；自由电子和负离子则因受电场力的驱使和扩散作用，向集尘电极移动，于是在两极之间的绝大部分空间内部都存在着自由电子和负离子，含尘气流通过这部分空间时，粉尘与自由电子、负离子碰撞而结合在一起，实现了粉尘荷电。

③ 粉尘沉积　在电场库仑力的作用下，荷电粉尘被驱往集尘电极，经过一定时间后，到达集尘电极表面，放出所带电荷而沉积在表面上，逐渐形成一层粉尘薄层。

④ 清灰　当集尘电极表面上粉尘集到一定厚度时，要用机械振打等方法将沉积的粉尘清除，隔一定的时间也需要进行清灰。

为了保证电除尘器在高效率下运行，必须使上述四个过程进行才十分有效。

5.6.2　电除尘器的分类

根据电除尘器的结构特点，有以下几种分类。

① 按集尘极的形式　可分为管式和板式电除尘器。管式电除尘器的集尘极一般为多根并列的金属圆管（或呈六角形），适用于气体量较小的情况。板式电除尘器采用各种断面形状的平行钢板做集尘极，极板间均布电晕线（图 5-34）。

② 按气流流动方向　可分为立式和卧式电除尘器。管式电除尘器都是立式的，板式电除尘器也有采用立式的，在工业废气除尘中，卧式的板式电除尘器应用最广。

③ 按粒子荷电段和分离段的空间布置不同　可分为单区式和双区式电除尘器。静电除尘的四个过程都在同一空间区域完成的叫作单区式电除尘器。而荷电和除尘分设在两个空间区域的称为双区式电除尘器，如图 5-35 所示。目前应用最广的是单区式电除尘器，双区静电除尘器一般用于工业车间内空气净化。

④ 按沉降粒子的清除方式不同　可分为干式和湿式电除尘器。湿式电除尘器是用喷雾或溢流水等方式使集尘极表面形成一层水膜，将沉集到极板上的尘粒冲走。用湿式清灰，可避免二次飞扬，但存在腐蚀及污水和污泥的处理问题。一般只是在气体含尘浓度较低，要求除尘效率较高时才采用。干式清灰，便于处置和利用可以回收的干粉尘。但振打清灰时存在二次扬尘等问题。

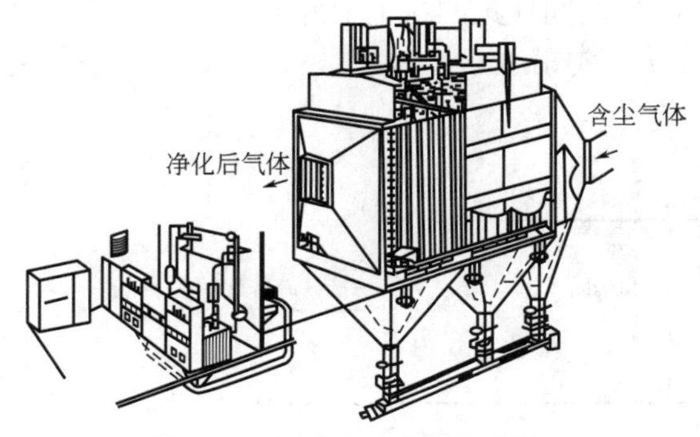

图 5-34　板式电除尘器示意图

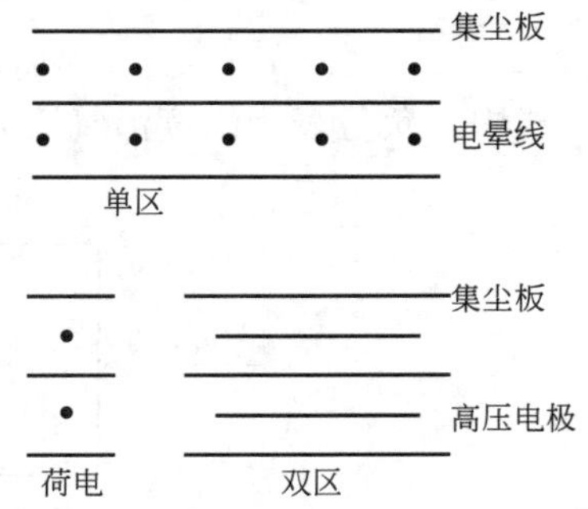

图 5-35　单区和双区式电除尘器示意图

5.6.3 电除尘器中粉尘的捕集

（1）粒子的驱进速度

带电尘粒在电场中受到的静电力 F(N) 为

$$F=qE \tag{5-59}$$

式中 q——粉尘的荷电量，C；

E——电场强度，V/m。

尘粒在电场内做横向运动时，要受到空气的阻力，空气阻力 F_d（N）为

$$F_d=3\pi\mu d_p\omega \tag{5-60}$$

式中 ω——尘粒的驱进速度。

当静电力等于空气阻力时，尘粒在横向做等速运动，这时的尘粒运动速度称为驱进速度。驱进速度是荷电粉尘颗粒向集尘极迁移的终末沉降速度，所以

$$\omega=\frac{qE}{3\pi\mu d_p} \tag{5-61}$$

由上式可以看出，尘粒的驱进速度与尘粒的荷电量、电场强度、气体的黏性及粒径有关。其方向与电场方向一致，即垂直于集尘电极的表面。

按式（5-61）计算的驱进速度，只是尘粒的平均驱进速度的近似值，因为电场中各点的电场强度不同，且粉尘的荷电量计算值也是近似的。

（2）捕集效率

电除尘器对粉尘的捕集效率与粉尘的性质、电场强度、气流速度、气体性质及除尘器结构等因素有关。严格地从理论上推导捕集效率方程式是困难的。

德意希（Deutsch）于 1922 年在推导捕集效率方程式的过程中，做一系列的基本假定，其中主要有：a. 电除尘器中的气流处于紊流状态，通过除尘器任一横断面的粉尘浓度均匀分布；b. 进入除尘器的粉尘立刻达到了饱和荷电；c. 忽略气流和电场分布的不均匀及二次扬尘等的影响。在以上假定的基础上，可进行如下的推导。

如图 5-36 所示，设除尘器内气体的流向为 x，气体和粉尘的流速皆为 v（m/s），气体的流量为 Q（m^3/s），气体的含尘浓度为 c（g/m^3），流动方向上每单位长度的集尘极板面积为 a（m^2/m），总集尘极面积为 A（m^2），电场长度为 L（m），流动方向上的横断面积为 F（m^2），粉尘的驱进速度为 ω（m/s），则在 dt 时间内于 dx 空间捕集的粉尘量为

$$dm=a\,dx\,\omega c\,dt=-F\,dx\,dc \tag{5-62}$$

式中，负号表示浓度沿气流方向递减。

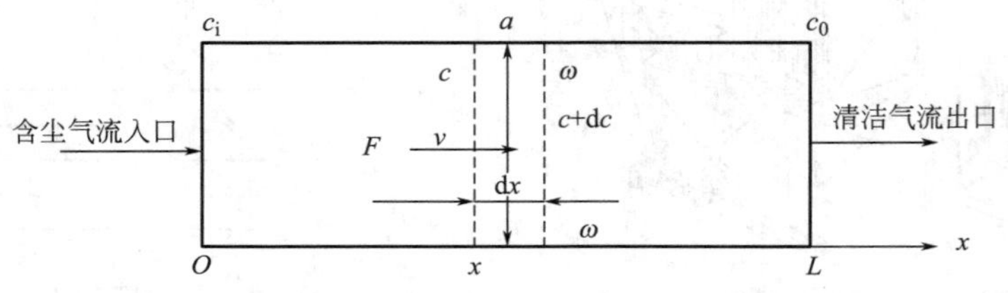

图 5-36　捕集效率方程式推导示意图

由于 $v\mathrm{d}t=\mathrm{d}x$，代入上式整理后得

$$\frac{a\omega}{Fv}\mathrm{d}x=\frac{-\mathrm{d}c}{c} \tag{5-63}$$

将其由除尘器入口（含尘浓度为 c_i）到出口（含尘浓度为 c_0），进行积分，并考虑到：$Fv=Q$；$aL=A$，则有

$$\frac{a\omega}{Fv}\int_0^L \mathrm{d}x=-\int_{c_i}^{c_0}\frac{\mathrm{d}c}{c} \tag{5-64}$$

$$\frac{A}{Q}\omega=-\ln\frac{c_0}{c_i}，即：\mathrm{e}^{-\frac{A}{Q}\omega}=\frac{c_0}{c_i} \tag{5-65}$$

于是结合式（5-5）得到理论捕集效率为

$$\eta=1-\frac{c_0}{c_i}=1-\exp\left(-\frac{A}{Q}\omega\right) \tag{5-66}$$

这就是德意希方程式。

对于线板式电除尘器，当电场长度为 L，电晕线与集尘极板的距离为 s，气流速度为 v 时，则理论捕集效率方程式可化为

$$\eta=1-\frac{c_0}{c_i}=1-\exp\left(-\frac{L}{sv}\omega\right) \tag{5-67}$$

对于半径为 b 的圆管式电除尘器，则有

$$\eta=1-\exp\left(-\frac{2L}{bv}\omega\right) \tag{5-68}$$

德意希方程式能够概括地描述捕集效率与集尘极表面积、气体流量和粉尘驱进速度之间的关系，显示了提高电除尘器捕集效率的途径，因而被广泛应用在电除尘的性能分析和设计中。

但是，德意希方程毕竟是根据一些假设的理想条件推导而来的，与实际工艺生产条件有所不同，使得用公式计算的捕集效率要比实际值高得多。为此，实际应用中往往是根据在一定除尘器结构形式和运行条件下测得的捕集效率值，代入德意希方程式中反算出相应的驱进速度值，称之为有效驱进速度 ω_p。据估算，理论计算的驱进速度值，比实测后又算所得的有效驱进速度大 2 ～ 10 倍。这样便可用此有效驱进速度来描述除尘的性能，并作为类似的电除尘器设计中确定尺寸的基础。通常将按有效驱进速度表达的捕集效率方程式称为安德逊 - 德意希方程式，其表达式为

$$\eta=1-\exp\left(-\frac{A}{Q}\omega_p\right) \tag{5-69}$$

在工业用电除尘器中，有效驱进速度大致在 0.02 ～ 0.2m/s 范围内，表 5-3 列出了几种不同粉尘的有效驱进速度值。

表 5-3　有效驱进速度值　　单位：m/s

名称	平均值	范围	名称	平均值	范围
锅炉飞灰	0.13		吹氧平炉	0.08 ～ 0.095	
纸浆及造纸	0.075	0.04 ～ 0.20	铁矿烧结	0.135 ～ 12	

续表

名称	平均值	范围	名称	平均值	范围
硫酸	0.070	0.065 ～ 0.10	氧化锌、氧化铅	0.04	
水泥（湿法）	0.110	0.06 ～ 0.085	氧化铝熟料	0.13	
熔炼炉	0.020	0.09 ～ 0.12	氧化铝	0.064	
平炉	0.050		石膏	0.195	
冲天炉	0.030		石灰石		0.03 ～ 0.055
高炉	0.11	0.06 ～ 0.14	焦油		0.08 ～ 0.23
氧气转炉		0.08 ～ 0.10			

由于驱进速度值随粉尘粒径不同而异，使得捕集效率也随之变化。所以在电除尘器之前设置机械除尘器时，电除尘器的除尘效率和有效驱进速度都有所降低，同时由于电除尘器捕集的粉尘较细，还会使电极清灰困难，故通常不在电除尘前设置机械除尘装置。

【例 5-4】

在气体压力为 101.325kPa，温度为 20℃条件下运行的管式电除尘器，圆筒形集尘极直径 D=0.3m，管长 L=2.0m，气体流量 Q=0.075m^3/s，若集尘极附近的平均场强 E_p=100kV/m，粒径为 1.0μm 的粉尘其荷电量 q=0.3×10^{-15}。试计算该粉尘的驱进速度和捕集效率。

解：（1）计算尘粒的驱进速度。在给定情况下空气的黏性系数 μ=1.82×10^{-5}，坎宁汉修正系数 K_c=1.168，则按式（5-61）有

$$\omega=\frac{qE_pK_c}{3\pi\mu d_p}=\frac{0.3\times10^{-15}\times10^5\times1.168}{3\pi\times1.82\times10^{-5}\times10^{-6}}=0.204\ (\text{m/s})$$

（2）按照德意希方程式（5-69）计算除尘效率

集尘极表面积 $A=\pi DL=\pi\times0.3\times2=1.88$（m^2），则除尘效率：

$$\eta=1-\frac{c_0}{c_i}=1-\exp\left(-\frac{A}{Q}\omega\right)=1-\exp\left(-\frac{1.88}{0.075}\times0.204\right)$$
$$=1-\exp(-5.13)=1-0.006=0.994=99.4\%$$

（3）粉尘的比电阻

粉尘的比电阻是评定粉尘导电性能的一个指标。如前所述粉尘的比电阻是面积为 1cm^2，厚度为 1cm 粉尘层的电阻（Ω · cm）。其值可以通过实测按下式计算：

$$R_b=\frac{V}{I}\times\frac{F}{\delta} \tag{5-70}$$

式中 V——通过粉尘的电压降，V；

I——通过粉尘层的电流，A；

F——粉尘式样的横断面积，cm^2；

δ——粉尘层的厚度，cm。

尘粒到达集尘极表面后，依靠静电力和黏性附着在集尘极上，形成一定厚度的粉尘层。

若粉尘的比电阻小，说明粉尘的导电性能好。实践表明：比电阻 $K_b < 10^4\Omega \cdot cm$ 的粉尘到达集尘极之后，会立即放出电荷，失去极板对其产生的吸引力，因此容易产生粉尘的二次飞扬。

而粉尘的比电阻 R_b 为 $10^4 \sim 2\times10^{10}\Omega \cdot cm$，是正常的工作范围。粉尘到达集尘极之后，会以适当的速度放出电荷。这种粉尘比电阻范围，是电除尘器运行最理想的区域，捕集效率较高。

比电阻 $R_b > 2\times10^{10}\Omega \cdot cm$ 的粉尘到达集尘极之后，会迟迟不放出电荷，在极表面形成一个带负电的粉尘层。由于同性相斥，使随后到来的粉尘驱进速度不断下降，甚至由于比电阻过大，会产生反电晕现象。这是由于集尘极上的粉尘层出现裂缝时，因粉尘层本身的电阻比较大，电力线会向裂缝集中，使裂缝内的电场强度增高，裂缝内的空气产生电离。同样在空气电离之后，负离子要向阳极板移动，正离子要向负极（电晕极）移动，由于这个电晕的离子运动方向与原来的恰好相反，故称为反电晕。反电晕产生的正离子与极间原有的负离子接触，发生电性中和，而中性离子不再向集尘极移动，因此这时电除尘器的除尘效果会大大降低。

当捕集粉尘的比电阻较高时，为了提高捕集效率，可以考虑采取以下两种方法：a. 设计或采用比正常情况下更大的除尘器，以适应较低的沉降率或用强振打以及改变电除尘器结构；b. 对烟气进行调节，降低其比电阻。

烟气的温度和湿度（含湿量）是影响粉尘比电阻的两个重要因素。图 5-37 描绘了在不同温度和含湿量情况下，水泥粉尘和锅炉飞灰的比电阻变化曲线。从图中可以看出，温度较低时，粉尘的比电阻是随温度的升高而增加的。当比电阻增大到某一最大值后，又随温度的增加而下降。这是由于在低温范围内，粉尘的导电主要是沿尘粒表面所吸附的水分和化学膜进行的，称为表面比电阻，此时电子沿尘粒表面的吸附层（如水蒸气或其他吸附层）传递，温度低，尘粒表面吸附的水蒸气多，故表面导电性能好，比电阻低。随着温度的升高，尘粒表面吸附的水蒸气受热蒸发，比电阻逐渐增加，这是由于导电发生主要是通过粉尘本体内部的电子或离子进行的，称之为容积比电阻。

从图 5-37 中还可以看出，在低温范围内粉尘的比电阻是随烟气含湿量的增加而下降的；当温度较高时（例如 300℃以上），烟气的含湿量对比电阻的影响已基本消失。

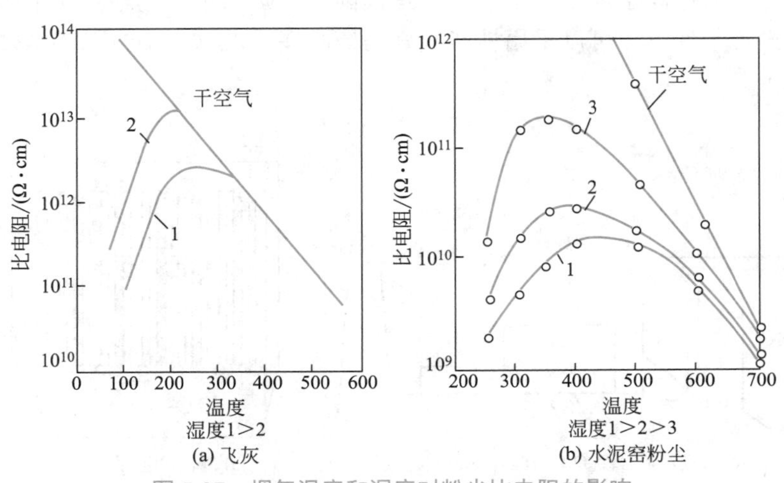

图 5-37　烟气温度和湿度对粉尘比电阻的影响

调节比电阻的另一种方法是通过添加化学调节剂来增大粉尘的表面导电性。常用的添加剂有三氧化硫、氨（NH_3）及水雾等。在冶炼炉、水泥窑及城市垃圾焚烧烟气的除尘中，常用喷雾的方法，以在降温的同时实现增湿。在锅炉烟灰除尘器中，则主要用添加 SO_3 和 NH_3 的方法。例如在锅炉烟气中加入烟气量十万分之一的 SO_3，飞灰的比电阻可由 $6\times10^{10}\Omega\cdot cm$ 降至 $3\times10^{9}\Omega\cdot cm$。

5.7 其他除尘器

5.7.1 电袋除尘器

静电除尘器对于亚微米颗粒的效率不高，但优点是阻力较低，而布袋除尘器除尘效率很高，但存在较大的过滤阻力，因此把静电与布袋过滤结合起来是一种较好的选择，这就是电袋除尘器，从静电除尘器逃逸的粉尘都是荷电粉尘，有助于提升过滤效率。静电除尘与布袋除尘的结合主要有两种形式，如图 5-38 所示。

第一种基本思路是在原有静电除尘器的后面加一个脉冲布袋除尘器。静电除尘器后烟气中颗粒浓度已大幅降低，另外，发明者认为荷电的颗粒在一定的条件下能形成过滤阻力较低的颗粒层，表面清灰容易，脉冲清灰时间增加，能耗降低。由此，过滤速度可以提高到传统速度的 4 ～ 8 倍，并可以压缩滤袋的间距，这与再加一级电场或改建新的布袋除尘系统相比，不管空间还是投资方面都将大幅度减小。而颗粒带电又增强了粉尘层和纤维层对细颗粒的作用。

第二种基本思路是把静电除尘和布袋除尘集于一个腔内，把滤袋置于静电极板和极线之间，实现了真正的混合。在参数设计上，静电除尘的设计效率降到 90% 左右或者更低，而滤袋的过滤速度提高到普通设计速度的 3 倍左右。这种系统除了具有第一种的优点外，其体积更小，甚至能减少到单个静电除尘器的 2/3，减少了空间的占用；极板和滤袋材料的使用成倍减少，也降低了投资。另外，二者在一个室中充分混合，静电清灰产生的二次扬尘可被滤袋所捕集，而滤袋脉冲清灰的扬尘又会进入电场区，这些扬尘由于在滤袋表面进行了凝并，颗粒粒径增大，所以进入电场区以后很容易被电场捕集，这样克服了二者扬尘和清灰带来的效率降低，大大提高了除尘效率，特别是提高了 $PM_{2.5}$ 的脱除效率；由于滤袋面积的减少，在同样的投资条件下，可以采用性能较好的覆膜滤料，这样会进一步增加对 $PM_{2.5}$ 的脱除效率。

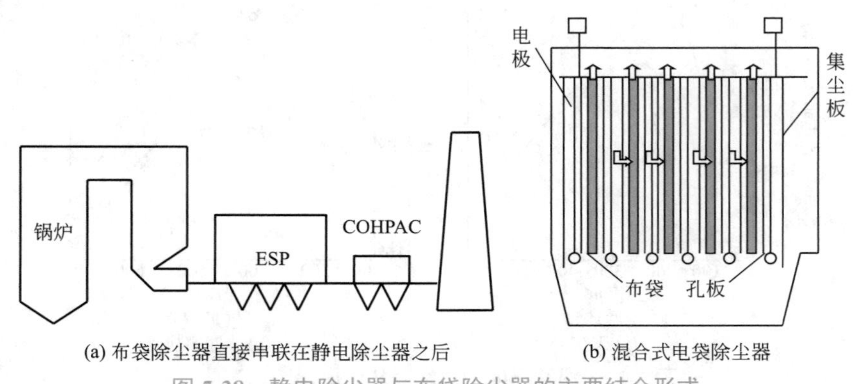

(a) 布袋除尘器直接串联在静电除尘器之后　　(b) 混合式电袋除尘器

图 5-38　静电除尘器与布袋除尘器的主要结合形式

目前在国内电力行业广泛应用的主要还是第一种形式，图 5-39 是一种工业电袋除尘器的结构示意图，由于布袋除尘器的采用，前一级静电除尘器的电场数目大大减少，而静电除尘器可以脱除很大一部分粉尘，能够降低布袋除尘器的粉尘负荷，延长布袋除尘器的清灰时间。

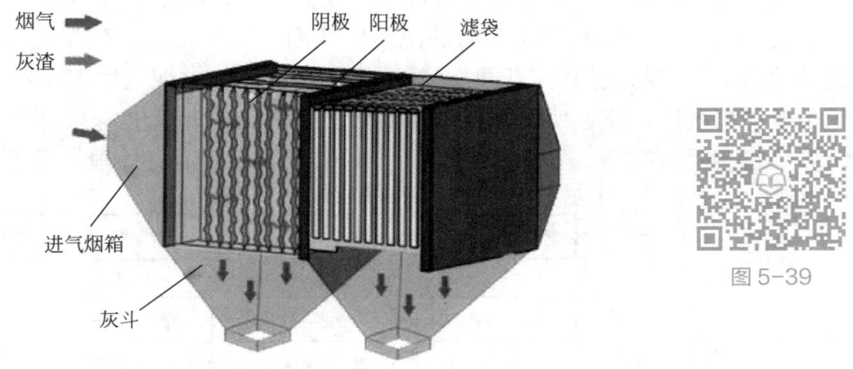

图 5-39 工业电袋除尘器结构示意

5.7.2 湿式电除尘器

常规静电除尘器一般采用振打收尘极板的方式，定期清理极板上收集的粉尘，但存在反电源、二次扬尘等问题，且无法处理水分含量高的气体，而湿式静电除尘器利用喷淋装置周期性冲洗，在收尘基板上形成水膜，冲洗掉收尘极板上收集的粉尘。湿式电除尘器也可分为水平和垂直两种，横流式多为板状结构（图 5-40），气流方向为水平方向，结构类似于干电除尘器；垂直流式多为管状结构（图 5-41），气流方向为垂直方向。

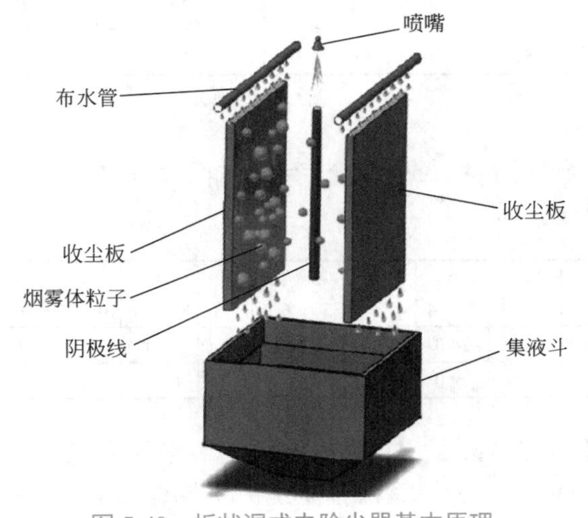

图 5-40 板状湿式电除尘器基本原理

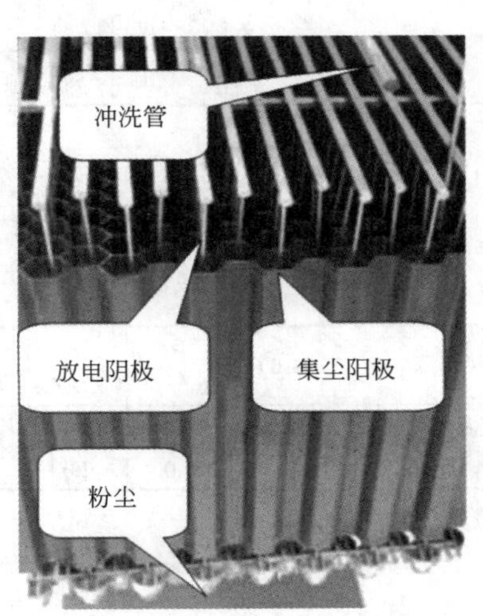

图 5-41 管状湿式电除尘器基本原理

5.8 颗粒污染物超低排放技术

以火电厂为例，我国火电厂烟气治理技术逐步形成了以选择性催化还原脱硝 + 除尘器 +

石灰石 / 石膏湿法烟气脱硫为主的技术路线，随着排放标准日趋严格，已有的污染物控制系统已经无法满足最新的排放标准，为此超低排放技术得到了发展。主要的技术路线包括低低温电除尘 + 高效脱硫除尘、超净电袋除尘器、脱硫塔 + 湿式除尘器和脱硫塔增强除尘技术等。

低低温电除尘是在电除尘前增设热回收器，降低除尘器入口温度，利用了烟气体积流量随温度降低而变小和粉尘比电阻随温度降低而下降的特性。随温度降低，粉尘比电阻减少，此时的粉尘更容易被捕集；同时，随着烟气温度降低，烟气体积流量下降，在电除尘通流面积不变的情况下，流速明显降低，从而增加了烟气在电除尘内部的停留时间，所以，除尘系统效率将会明显提高。如图 5-42 所示，是低低温高效烟气处理技术工艺流程。

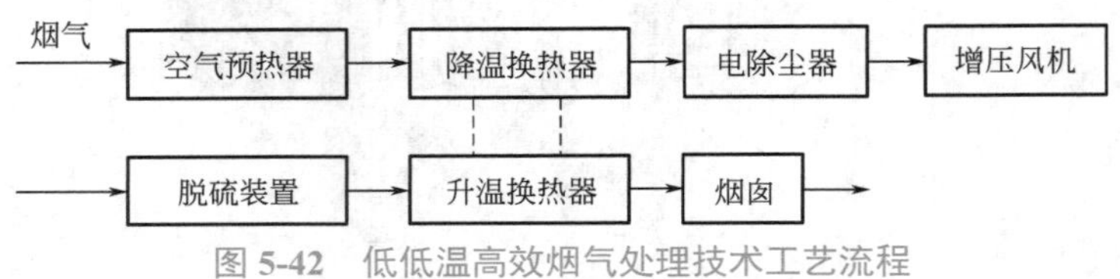

图 5-42　低低温高效烟气处理技术工艺流程

习题

5.1　对某工厂运行中的除尘器进行测定，测得除尘器进口和出口气流中颗粒污染物的浓度分别是 3200mg/m^3 和 480mg/m^3，进、出口颗粒污染物的粒径分布如下表所示：

颗粒污染物粒径 / μm		0～5	＞5～10	＞10～20	＞20～40	＞40
质量频数 g/%	进口	20	10	15	20	38
	出口	78	14	7.4	0.6	0

计算该除尘器的分级除尘效率及总除尘效率。

5.2　某燃煤电厂电除尘器进口和出口的烟颗粒污染物径分布测定结果如下，若电除尘器的总除尘效率为 98%，试确定分级效率曲线。

粒径间隔 /μm		≤ 0.6	＞0.6～0.7	＞0.7～0.8	＞0.8～1	＞1～2	＞2～3	＞3～4	＞4～5	＞5～6	＞6～8	＞8～10	＞10～20	＞20～30
质量频率 /%	进口 g_i	2.0	0.4	0.4	0.7	3.5	6.0	24.0	13.0	2.0	2.0	3.0	11.0	8.0
	出口 g_o	7.0	1.0	2.0	3.0	14.0	16.0	29.0	6.0	2.0	2.0	2.5	8.5	7.0

5.3　有一两级除尘系统，已知系统的流量为 2.22m^3/s，工艺设备产生的颗粒污染物量为 22.2g/s，各级除尘效率分别为 80% 和 95%，试计算该除尘系统的总除尘效率、颗粒污染物的排放浓度和排放量。

5.4　某工厂的旋风除尘器现场测试结果如下：除尘器进口的气体流量（标准状态）为 10000m^3/h，含尘浓度为 4.2g/m^3，出口气体流量为 12000m^3/h，含尘浓度为 340mg/m^3，试计算该除尘器的处理气体流量、漏风率和除尘效率（分别按考虑漏风与不考虑漏风两种情况计算）。

5.5　某锅炉烟气排放量为 Q=3000m^3/h，烟气温度 t=150℃，烟尘的真密度 ρ_p=2150kg/m^3。
（1）要求设计一个能全部去除 d_p=25μm 以上的烟尘的重力沉降室，其他参数如下：①t=150℃时，μ=2.4×10^{-5}Pa·s；②重力沉降室内流体速度 v=0.28m/s；③沉降室高度 H=1.5m；④气体密度忽略不计。
（2）如果烟气粉尘试样测定结果如下，计算出所设计的重力沉降室的总除尘效率。粉尘试样总颗粒数为 3210 个。

粒径范围 d_p/μm	6～10	10～14	14～20	20～30	30～40	40～50	50～60	60～70	70～80
粒径组距 Δd_p/μm	4	4	6	10	10	10	10	10	10
平均粒径 $\bar{d}_p$/μm	8	12	17	25	35	45	55	65	75
粒子个数 n_i/个	9	74	270	480	645	667	600	345	120

注：上限包含本值。

5.6　某链条炉排锅炉烟气量为 3.5m^3/s，黏度 2.5×10^{-5}Pa·s，烟尘密度为 2400kg/m^3，空气密度为 0.74kg/m^3，若用一台长为 7m，宽为 2.5m 的重力沉降室来净化该烟气，若气流在沉降室流速为 0.3m/s。
（1）请计算出沉降室的分级效率；
（2）若能 100% 去掉平均粒径大于 65μm 的颗粒请设计一个新的沉降室。

粒径组距/μm	0～10	10～20	20～30	30～40	40～50	50～60	60～70	70～80	80～90	90～100
平均粒径/μm	5	15	25	35	45	55	65	75	85	95

注：上限包含本值。

5.7　某工厂拟选用一台 CLP/B 型旋风除尘器净化该厂含尘气体，气体温度为 20℃，黏度为 1.81Pa·s，若含尘气体流量为 3600m^3/h，允许压损为 900Pa，若粉尘的密度为 1150kg/m^3，试计算这台除尘器的主要尺寸。

5.8　按题 5.3 条件设计的 CLP/B 除尘器，若处理气体量增大到 4500m^3/h，此时压力损失将为多少？

5.9　根据惯性碰撞捕集粉尘原理，分析文丘里除尘器捕集效率高的原因。

5.10　用文丘里洗涤器净化含尘烟气，若喉管截面面积为 6.2×10^{-4}m^2，喉管气速为 80m/s，液气比为 1.21L/m^3，气体黏度为 1.845×10^{-5}Pa·s，烟尘密度为 1800kg/m^3，若平均粒径为 1.2μm，f=0.22，计算文丘里洗涤器的压力损失和通过率。

5.11　某锅炉排烟量为 250000m^3/h，压力为 1×10^{5}Pa，温度为 510K，若用文丘里洗涤器来净化该烟气，要求达到处理要求时压降为 150cmH$_2$O，试计算文丘里洗涤器的尺寸（文丘里管与旋风除尘器尺寸）。

5.12　用文丘里洗涤器净化含尘气体，气流进入文丘里管的速度为 20m/s，通过喉部的速度为 100m/s，喉管长为 500mm，文丘里管扩散管的中心角为 10°，气体流量为 18000m^3/h，喷液量为 5.4m^3/h，粉尘颗粒的平均直径为 2.0μm，其密度为 1540kg/m^3 时，实验系数 f 取 0.22，若捕集效率为 99.6%，试计算文丘里洗涤器的压损，并绘出文丘里管的设计简图（设气体通过文丘里管时为不可压缩流动）。

5.13　一台表面积为 1000m^2 的袋式除尘器，滤料为涤纶布，其阻力系数 ξ_0=7.2×10^{-7}m^{-1}，

用该除尘器净化含尘气体，气体流量 Q=10m^3/s，粉尘浓度 C_i=0.001kg/m^3，粉尘层比阻力 α=5×10^{10}m/kg，气体黏性系数 μ=2.01×10^{-5}Pa·s，如果允许的压力损失 Δp 为 1100Pa，请计算该袋式除尘器的清灰周期是多长。

5.14 某工厂拟用袋式除尘器净化含尘气流，若气量为 6.0m^3/s，用长为 5m、直径为 200mm 的滤袋，分两室，每室 3 排，每排 12 只滤袋，试计算该除尘器的过滤速度和过滤负荷。

5.15 某工厂用涤纶绒布做滤袋的逆气流清灰袋式除尘器处理含尘气体，若含尘气体流量标准状态为 12000m^3/h，粉尘浓度为 5.6g/m^3，烟气性质近似空气，温度为 393K，试确定：①过滤速度；②过滤负荷；③除尘器压损；④滤袋面积；⑤滤袋尺寸及只数 0；⑥清灰制度（袋式除尘器压力损失不超过 1200Pa）。

5.16 某石墨厂拟用袋式除尘器处理含尘气体，气体流量为 5000m^3/h，根据车间条件，滤袋直径为 120mm，滤袋长度为 2500mm，分别按逆气流反吹清灰袋式除尘器和脉冲喷吹袋式除尘器计算所需要的滤袋数量。

5.17 用电除尘器处理含石膏粉尘尾气，含尘气流量为 150000m^3/h，含尘浓度为 67.2g/m^3，要求净化后气体含尘浓度为 200mg/m^3，试计算电除尘器集尘极面积。

5.18 若用板式电除尘器处理含尘气体，集尘极板的间距为 300mm，若处理气体量为 6000m^3/h 时的除尘效率为 95.4%，入口含尘浓度为 9.0g/m^3，试计算：①出口含尘气体浓度；②有效驱进速度；③处理的气体量增加到 8600m^3/h 时的除尘效率。

5.19 一锅炉安装两台电除尘器，每台处理量为 150000m^3/h，集尘极面积为 1300m^2，除尘效率为 98%。①试计算有效驱进速度；②若关闭一台，只用一台处理全部烟气，该除尘器的除尘效率为多少？

5.20 用一管式电除尘器处理含尘烟气，气体流量为 300m^3/h，若管式集尘极的直径为 300mm，烟尘颗粒的有效驱进速度为 12.8cm/s，若保证除尘效率达到 98.6%，那么集尘极管的长度为多少？

5.21 某冶炼厂电炉排气量为 10000m^3/h，该厂拟用电除尘器回收尾气中的氧化锌粉尘，试设计一台电除尘器，使其捕集粉尘的效率为 92%，氧化锌粉尘的有效驱进速度 ω_p=4.0m/s。

第 6 章 气态污染物控制技术基础

6.1 吸收法净化气态污染物

6.1.1 吸收的基本原理

吸收过程的实质是物质由气相转入液相的传质过程。可溶组分在气液两相中的浓度距离操作条件下的平衡愈远，则传质的推动力愈大，传质速率也愈快，因此按气液两相的平衡关系和传质速率来分析吸收过程，掌握吸收操作的规律。

（1）气液平衡——亨利定律

对于非理想溶液，当总压不高（譬如不超过 5×10^5Pa）时，在恒定的温度下，稀溶液上方溶质的平衡压力与它在溶液中的摩尔分数成正比，这就是有名的亨利定律，其表达式为

$$p_e=Hx \tag{6-1}$$

式中 p_e——溶质气体的平衡分压，kPa；

H——亨利系数，单位与 p_e 取法相同；

x——溶质在溶液中的摩尔分数。

亨利系数 H 是平衡曲线上直线部分的斜率，因此易溶解气体的 H 较小，而难溶解气体的 H 值较大。

当溶液的组成改用单位体积溶液中含溶质的物质的量 C 表示时，亨利定律可以写成：

$$C=hp_e \tag{6-2}$$

式中，h 为溶解度系数，也称亨利系数，其单位是 kmol/(kN · m)。h 可视为吸收气体组分的分压为 101.325kPa 时的溶液浓度，易溶气体的 h 值大，难溶气体的 h 值较小。

如果溶液的组成用摩尔分数 x 表示，平衡气相中气体溶质的分压也换成摩尔分数 y_e 来表示，则亨利定律又可写成：

$$y_e=mx \tag{6-3}$$

式中，m 为相平衡常数，是一个无量纲的量，从式（6-3）不难看出，m 值愈大，溶解度愈小。

$$y_e=\frac{p_A}{p} \tag{6-4}$$

式中 p_A——溶质气体分压，kPa；

p——混合气体总压，kPa。

在工业吸收问题的计算中，因气体和液体的量都随吸收过程的进行而不断改变，因此也常用摩尔分子比来表示气相和液相组成。X表示纯溶剂中含有溶质的摩尔分数（%），Y表示不溶气体（惰性气体）中含有溶质气体的摩尔分数（%）。由上述定义可知

$$X=\frac{x}{1-x}=\frac{\text{液相中溶质的物质的量}}{\text{液相中溶剂的物质的量}} \qquad x=\frac{X}{1+X} \tag{6-5}$$

$$Y=\frac{y_e}{1-y_e}=\frac{\text{气相中溶质的物质的量}}{\text{气相中惰性组分的物质的量}} \qquad y_e=\frac{Y}{1+Y} \tag{6-6}$$

将式（6-5）和式（6-6）分别代入式（6-3）中得到

$$\frac{Y}{1+Y}=m\times\frac{X}{1+X}$$

则

$$Y=\frac{mX}{1+(1-m)X} \tag{6-7}$$

当用清水或极低浓度的溶液为吸收剂时，由于X值极小，其值趋近于零，则上式分母趋近于1，于是

$$Y=mX \tag{6-8}$$

式（6-3）和式（6-8）均为相平衡方程式，只是液相浓度和气相压力表示的方法不同而已。

亨利定律是吸收工艺操作的理论基础之一，它说明了根据溶质、溶剂的性质，在一定温度和压力下，溶质在两相平衡中的关系。从上述平衡方程式分析，两者为直线关系，且此直线通过原点，其斜率值为m。

（2）吸收过程机理——双膜理论

用吸收法处理含有污染物的废气，是使污染物从气体主流中传递到液体主流中，是气、液两相之间的物质传递，即所谓对流传质。对流传质是一个复杂的物理现象，许多研究者都试图分析影响这一过程的主要因素，忽略一些次要因素，提出一个简化的物理模型，然后进行适当的数学描述，得出传质理论。关于气液两相的物质传递理论，随着工业的进步和发展，目前已有许多学说，诸如“双膜理论”（又称“潜留膜理论”）、“溶质渗透理论”和“表面更新理论”等，但在解释吸收过程机理时，目前仍以双膜理论为基础，其应用也最为广泛。

双膜理论假定以下条件。

① 在气液两相接触面（界面）附近，分别存在着不发生对流作用的气膜和液膜，被吸收组分必须以分子扩散方式连续通过此两薄膜，因此传质速率主要决定于分子扩散。假定两膜均呈滞流状态，即使气、液两相主体都呈湍流时，仍可认为界面上此两层薄膜是滞流态。

② 潜流膜的厚度随各相主体的流速和湍流状态而变，流速愈大，膜厚度愈薄。但一般认为膜的厚度极小，在膜中和相界面上无溶质的积累，故吸收过程可以看作是固定膜的稳定扩散。

③ 在界面上气、液两相呈平衡态，即液相的界面浓度是和在界面处的气相组成呈平衡的饱和浓度，亦可理解为在相界面上无扩散阻力。

④ 在两相主体中吸收质的浓度均匀不变，仅在薄膜中发生浓度变化，两相薄膜中的浓度差就等于膜外的气液两相的平均浓度差。

根据以上假定，可以认为混合气体中某可溶组分由气相溶入液相的过程首先是靠分子扩散穿过气膜到达界面，由于在此之前界面上气、液两相随时都处于平衡状态，当气体组分穿过气膜到达界面之后，界面上气相分子增加，破坏了平衡状态，于是使一部分分子转入液相，以达到新的平衡，液相分子再靠扩散，由界面到达液层。如此连续进行，直到气液两相完全平衡后，传质停止，此时再继续传质的条件是气相分压增加，或液相中该组分的浓度降低。

通过上述分析可以看出传质的推动力来自可溶组分的分压差和在溶液中该组分的浓度差，而传质阻力主要来自气膜和液膜（见图 6-1），该组分在气相主体中的分压为 y，而在界面上的分压为 y_i，则传质在气相中的推动力为 $y-y_i$；在界面上与 y_i 相平衡的液相浓度为 x_i，而液相主体浓度为 x，则传质在液相中的推动力为 x_i-x。只要 $y > y_i$、$x_i > x$，则传质就不停地按图中矢向所指方向进行。传质过程的阻力来自双膜，膜愈厚，阻力愈大，这与气液相的流速有直接关系。

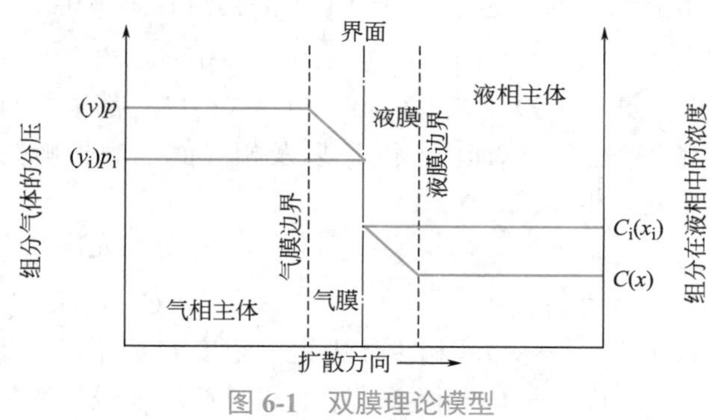

图 6-1　双膜理论模型

（3）吸收速率方程

亨利定律只能指出传质方向和限度，并没有解决传质随时间的变化规律，即没有解决速率问题，下面加以讨论。

① 在气膜中的扩散速率

$$N_A=\frac{Dp_{总}}{RTZ_G p_{Bm}}(p-p_i)=k_G(p-p_i) \tag{6-9}$$

② 在液膜中的扩散速率

$$N_A=\frac{D_L}{Z_L}(C_i-C)=k_L(C_i-C) \tag{6-10}$$

此时：

$$k_G=\frac{Dp}{RTZ_G p_{Bm}} \tag{6-11}$$

$$k_L=\frac{D_L}{Z_L} \tag{6-12}$$

式中　N_A——单位面积上的吸收（扩散）速率，kmol/（m^2·s）；

$p_{总}$——混合气体总压，kPa；

p，p_i——气相主体及界面上的组分压力，kPa；

C，C_i——液相主体及界面上的组分浓度，kmol/m^3；

D，D_L——组分在气相和液相中的扩散系数，m^2/s；

Z_G，Z_L——气膜和液膜的厚度，m；

k_G，k_L——气膜和液膜的传质分系数，kmol/（m^2·s·kPa）及 m/s；

p_{Bm}——惰性气体在气膜中的平均分压，kPa；

R——通用气体常数，8.314kJ/（kmol · K）；

T——热力学温度，K。

与气相扩散系数 D 不同，液相扩散系数 D_L 随溶质 A 的浓度不同而变化，D_L 值对于吸收塔的计算是一个重要的参数。一些典型的二元混合物的液相分子扩散系数可在文献上查出。

③ 总传质系数　因为曾经假定气液两相在接触面上处于平衡，即在实际界面上无扩散阻力，因此对于溶质从气相传入液相的稳定传质来说，所有从气相主体中扩散到界面上的溶质显然以同样速率从界面上扩散到液相主体中去。即

$$N_A=k_G(p-p_i)=k_L(C_i-C) \tag{6-13}$$

式（6-9）、式（6-10）和式（6-13）都很少有实用价值，这是因为要根据这些公式来计算 N_A 就必须知道 k_G 和 k_L 以及相界面上的平衡关系。但如果吸收气体服从亨利定律，则在平衡时根据式（6-2）有

$$C_i=hp_i$$

且可得到　$C=hp_e$ 及 $C_e=hp$

式中　p_e——与液相主体中组分浓度 C 成平衡的组分分压；

C_e——与气相主体中的组分分压 p 成平衡的溶液浓度；

h——溶解度系数。

将以上三式代入式（6-13）中消去 p_i 和 C_i 有：

$$N_A=\frac{p-p_e}{\dfrac{1}{k_G}+\dfrac{1}{k_L h}}=K_G(p-p_e) \tag{6-14}$$

式中　k_G——以分相气压差表示的气相传质总系数，kmol/（m^2 · s · kPa）。

其倒数

$$\frac{1}{K_G}=\frac{1}{k_G}+\frac{1}{k_L h} \tag{6-15}$$

式（6-14）右边的分子（$p-p_e$）代表吸收的推动力，分母的两项之和 $\frac{1}{K_G}$ 表示吸收总阻力，其中 $\frac{1}{k_G}$ 是气膜阻力，$\frac{1}{k_L h}$ 是液膜阻力。

同理可以导出：

$$N_A=\frac{C_e-C}{\dfrac{h}{k_G}+\dfrac{1}{k_L}}=K_L(C_e-C) \tag{6-16}$$

式中　K_L——以液相浓度差表示的液相总传质系数，m/s。

则

$$\frac{1}{K_L}=\frac{h}{k_G}+\frac{1}{k_L} \tag{6-17}$$

两个总传质系数的关系为：　$K_G=hK_L$ 或 $\frac{K_G}{K_L}=h$

根据上述关系，可将稳定传质方程式写成：

$$N_A=K_G(p-p_e)=K_L(C_e-C) \tag{6-18}$$

以上式（6-14）和式（6-16）就是吸收速率方程式。当然以传质通量 G（即在 t 时间内

组分通过 F 界面的量）来表示传质方程式时，则

$$G=K_G Ft(p-p_e)=K_L Ft(C_e-C) \tag{6-19}$$

由上式可以分析有利于传质过程进行的因素有：

a．K 值愈大愈好。温度低，K 值大；流速大、膜薄，K 值大。

b．传质界面愈大愈好。对等量吸收液来讲，喷淋的液滴越细，其总传质面积越大，接触的也较好。

c．接触时间 t 愈长愈好。t 值主要取决于塔的尺寸和气流速度。

d．推动力愈大愈好。混合气体中可吸收组分的分压大，而吸收液中组分的浓度低，推动力就愈大。

为便于传质过程的计算，在很多情况下，气液两相的组成都用摩尔分数表示［见式（6-3）]，现以 x 表示液相中溶质的摩尔分数，y 表示气相中溶质的摩尔分数，这样把传质方程式改写成：

气相：
$$N_A=k_y(y-y_i) \tag{6-20}$$

液相：
$$N_A=k_x(x_i-x) \tag{6-21}$$

式中　k_y——以气相传质推动力为准的气膜传质分系数，kmol/（m^2·h）；

k_x——以液相传质推动力为准的液膜传质分系数，kmol/（m^2·h）。

以 y 为纵坐标，x 为横坐标作图 6-2，平衡曲线 $\overline{QRSE}$，在特定压力和温度下液相和气相平衡的各点都在此曲线上，此曲线上方一点 P 代表设备中某个位置上未达平衡的气、液浓度 y 和 x，而在平衡曲线上的一点 R，其气、液界面上的组成为 y_i 和 x_i，即相当于界面上的平衡，现令与液相组成 x 相平衡的气相组成为 y_e，其值可以根据 x 在平衡线上的值定出，也就是 Q 点所显示的纵坐标值。同理 S 点的横坐标值就是与气相组成相平衡的液相组成 x_e。因为压力与温度一定时，平衡曲线的位置是唯一的。因此 y_e 完全可以反映 x 的大小，它们的单位又相同，二者可以直接相比较，于是 $y-y_e$ 代表了两相传质的总推动力，同理 x_e-x 也同样代表了两相传质的总推动力。这样，传质速率方程可以写成：

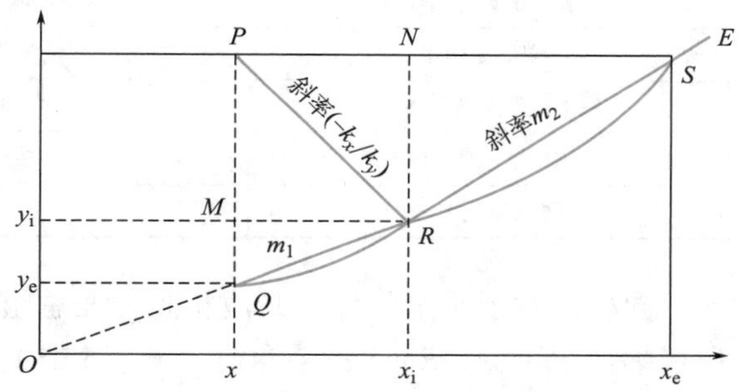

图 6-2　总推动力和各相推动力的关系

$$N_A=K_y(y-y_e) \tag{6-22}$$

$$N_A=K_x(x_e-x) \tag{6-23}$$

式中　K_y——以总推动力 $y-y_e$ 为准的总传质系数，kmol/（m^2·h）；

K_x——以总推动力 x_e-x 为准的总传质系数，kmol/（m^2·h）。

总传质系数与两相传质系数之间的关系可以根据图 6-2 所示的关系得出。

$$\frac{1}{K_y}=\frac{1}{k_y}+\frac{m_1}{k_x} \tag{6-24}$$

$$\frac{1}{K_x}=\frac{1}{m_2k_y}+\frac{1}{k_x} \tag{6-25}$$

可以看出传质系数的倒数代表了传质阻力，式中的 m_1 和 m_2 可以理解为使 K_x 和 K_y 的单位取得一致而加入的换算因数。

式（6-24）、式（6-25）分别与式（6-15）及式（6-17）的含义一致，只是气液两相组成所用的单位不同，以及将溶解度系数 h 代以相平衡常数 m 而已。把式（6-20）与式（6-22）合并可得

$$\frac{1/K_y}{1/k_y}=\frac{k_y}{K_y}=\frac{y-y_e}{y-y_i}=\frac{\overline{PQ}}{\overline{PM}}$$

上式说明，总阻力与气相阻力之比等于总推动力与气相推动力之比。若气相阻力在总阻力中所占比例较大，则 M 点便很靠近 Q 点，此时图 6-2 中的 R 点也沿平衡线向下移动，在极端情况下，$K_y=k_y$，M、Q、R 三点重合，式（6-24）中的 m_1 就成为通过 Q 点的切线斜率，此种情况说明溶质气体在溶剂中的溶解度极大，也就是说这是对易溶气体（m_1 极小）的吸收，气相阻力占主导地位，其特点是只要气相分压增加少许，则液相中相应的平衡浓度就会有很大增加，因此是气膜控制。像用水易收氨气、氯化氢及 SO_2 等，都属于此种类型，如表 6-1 所示。

表 6-1　控制因素举例

气膜控制	液膜控制	双膜控制
水吸收氨（NH_3）	水或弱碱吸收 CO_2	水吸收 SO_2
水吸收 HCl	水吸收 Cl_2	水吸收丙酮
碱液或氨水吸收 SO_2	水吸收 O_2	浓硫酸吸收 NO_2
浓硫酸吸收 SO_2	水吸收 H_2	
弱碱吸收 H_2S		

同样，对于难溶气体，其液相阻力在总阻力中占的比例很大，N 点很靠近 S 点，$K_x=k_x$，在极端情况下 N、R、S 三点重合，式（6-25）中的 m_2 值很大，说明当气相中的溶质分压即便有了较大的变化，液相的浓度变化也是很小的，此种情况称为液膜控制。像用水吸收氯气、氧气等属于此种类型。对于介于易溶和难溶之间的情况，则气膜与液膜双方的阻力都不容忽略。

当吸收体系为气膜控制时，若要提高吸收总传质系数 K_G（或 K_y），应从加大气相湍动程度入手；当吸收为液膜控制时，若要提高吸收总系数 K_L（或 K_x），应从增大液相湍动程度着手。

6.1.2　物理吸收

吸收装置的计算主要在于决定其操作容量，即计算所需要的相际接触面积，进而决定塔的尺寸。计算所需要的基本方程式有质量传递式、物料衡算以及相平衡方程式。

6.1.2.1　物料衡算

在一般吸收操作中，应用逆流原理可以提高溶剂的使用效率，获得最大的分离效果，因此所需的接触面积也最小。另外，在吸收操作中，由于在气、液两相间有物质传递，通过全

塔的气液流量都在随时变化。液体因不断吸收可溶组分，其流量不断增大；与此相反，气体流量也不断减少。气液流量作为变量，以它们为基准进行工艺计算是不方便的。然而纯吸收剂和惰性气体这两种载体的流量是不变的，所以在吸收计算中，通常是采用载体流量作为运算的基准，这时气、液浓度就以摩尔比来表示。

吸收塔进行的逆流操作见图 6-3，对全塔进行物料衡算有

$$G(Y_1-Y_2)=L(X_1-X_2) \tag{6-26}$$

式中　G——单位时间通过吸收塔任一截面单位面积的惰性气体的量，kmol/(m² · h)；

L——单位时间通过吸收塔任一截面单位面积纯吸收剂的量，kmol/(m² · h)；

Y，Y_1，Y_2——分别为在塔的任意截面、塔底和塔顶的气相组成，kmol 吸收质 /kmol 惰性气体；

X，X_1，X_2——分别为在塔的任意截面、塔底和塔顶的液相组成，kmol 吸收质 /kmol 吸收剂。

若就任意截面与塔底之间进行物料衡算有

$$G(Y_1-Y)=L(X_1-X) \tag{6-27}$$

或

$$Y=\frac{L}{G}X+(Y_1-\frac{L}{G}X_1) \tag{6-28}$$

在 Y-X 图上，式（6-26）的图线为一条直线（如图 6-3 中的操作线），直线斜率为 L/G，截距为（$Y_1-\frac{L}{G}X_1$），直线的两端分别反映了塔底（Y_1，X_1）和塔顶（Y_2，X_2）的气液两相组成。此直线上任一点的 Y、X 都对应着吸收塔中某一截面处的气、液相的组成，式（6-28）称为吸收操作线方程式，斜率 L/G 称为液气比，其物理含义是处理单位惰性气体所消耗的纯吸收剂的量。

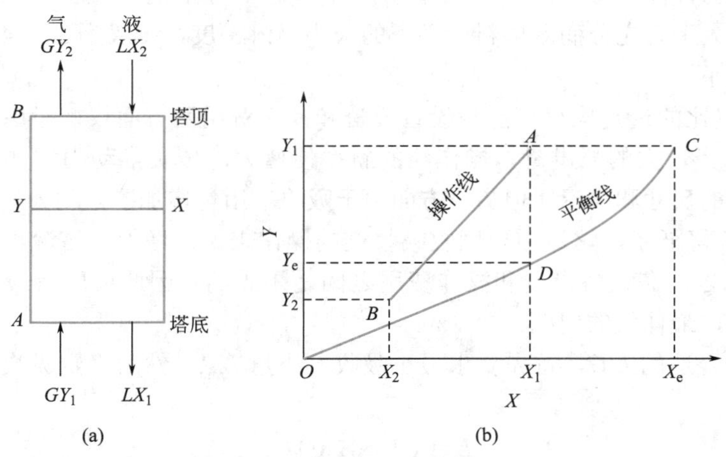

图 6-3　吸收塔的逆流操作

操作线方程式的作用是说明塔内气液浓度变化情况，更重要的是通过气液情况与平衡关系的对比，确定吸收推动力，进行吸收速率计算，并可确定吸收剂的最小用量，计算出吸收剂的操作用量。

6.1.2.2　最佳液气比的确定

对于一定的液气体系，当温度、压力一定时，平衡关系全部确定，也就是说平衡线在

Y-X 图上的位置是确定的［如图 6-3（b）中的 OC 曲线］，而操作线的位置则是由操作条件来决定的。在设计计算之前，气相进塔浓度 Y_1 是已知的，气相出塔浓度 Y_2 是防止大气污染的标准所要求的，作为已知，液相进塔浓度 X_2 以及惰性气体流量 G，都是工艺生产所提出的基本设计参数，也属已知条件，因此只有吸收剂喷淋量 L 及液相出塔浓度 X_1 是待计算的。根据物料衡算，L 与 X_1 之中只有一个是独立的未知量，通常在计算中先确定 L 值，则 X 值便随之而定。对于已知气体流量 G，要确定吸收剂流量，就先要确定操作线斜率 L/G，即液气比。

液气比的确定，须满足下列三个原则。

a．操作液气比必须大于最小液气比，参见图 6-3。由于 Y_2、X_2 已知，则操作线下端点的位置便已确定。当 G 值已知时，随着 L 值的减少，操作线的斜率（L/G）便减小，而且此时操作线愈靠近平衡线。当 L 值小到使操作线与平衡线初次相交或相切时，如图 6-3 中的 $\overline{BC}$ 线，吸收推动力降至为零，表示取得的吸收效果要用无限多的相接触面积或无限长的塔高，这是一种达不到的极限情况，这时的 L 值便是吸收剂流量的最小值（L_{min}），在此条件下的液气比（L/G）$_{min}$ 称为最小液气比。毫无疑问，要实现净化工艺的要求，实际吸收剂的用量 $L > L_{min}$ 或者（L/G）>（L/G）$_{min}$。具体的做法是：根据 Y_1 从平衡线上读出 X_e 后，即可利用下式算出最小液气比即

$$(L/G)_{min}=\frac{Y_1-Y_2}{X_e-X_2} \tag{6-29}$$

或者

$$L_{min}=\frac{Y_1-Y_2}{X_e-X_2}\times G \tag{6-30}$$

b．就填料塔而言，操作液体的喷淋密度［即每平方米的塔截面上每小时的喷淋量，$m^3/(m^2 \cdot h)$］应大于为充分润湿填料所必需的最小喷淋密度，一般为 3 ～ 4$m^3/(m^2 \cdot h)$，此时设备的阻力较小。

c．操作液气比的选定应尽可能从设备投资和操作费用两方面权衡考虑，以达到最经济的要求。例如选择较大的喷淋量，操作线的斜率便增大，传质推动力增加，有利于吸收操作，可减少设备的尺寸和投资，但另一方面由于吸收剂用量增加了，动力消耗增加，而且出塔溶液的浓度 X_1 降低了，这对需要回收吸收剂的操作来说，增加了溶液再生的困难，增加了操作费用。总之，在设备投资和操作费用之间是矛盾的。因此要取得最好的综合经济效果，便存在着 L/G 最佳值的问题。

要选用一个合适的 L/G，首先要求最小吸收剂用量 L_{min}，然后确定吸收剂操作用量。根据实际经验，取

$$L=(1.1 \sim 2.0)L_{min} \tag{6-31}$$

通过上述分析，可以利用操作线图，结合考虑洗涤液用量，来确定吸收液最终浓度和吸收器尺寸等参数，从而能选择最佳操作条件。

6.1.2.3　填料塔的设计计算

（1）塔径和阻力计算

① 填料吸收塔塔径 D_T 可按下列公式计算。

$$Q_v=\frac{\pi}{4}D_T^2 v$$

所以
$$D_T=\sqrt{\frac{4Q_v}{\pi v}}$$

式中 Q_v——气体的处理量，m^3/h；

D_T——塔径，m；

v——计算选定的空塔流速，m/h。

② 压强降的计算。

a．计算出纵坐标$\frac{v_f^2\varphi\Phi}{g}\left(\frac{\rho_G}{\rho_L}\right)\mu_e^{0.2}$的值；

b．由上述纵坐标值及横坐标值$\frac{L'}{G'}\left(\frac{\rho_G}{\rho_L}\right)^{1/2}$对应在图 6-4 中找出对应的压强降 Δp 值（用内插法）即得。

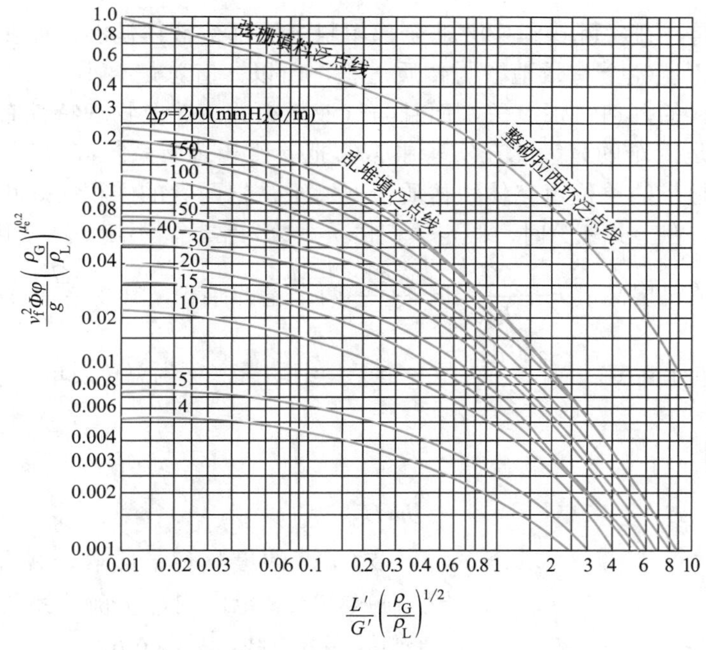

图 6-4 填料塔液泛速度通用关联图（$1mmH_2O=9.8Pa$）

（2）填料层高度的计算

对于低浓度的气体混合物和低浓度的液体而言，例如用吸收法净化污染气体，由于组分在气相和液相中的浓度都比较低，则其气相中的分压 p 可假定与摩尔分子比 y 成正比；其在液相中的浓度 C 亦可假定与 x 成正比，即 $Y=y=\frac{p}{P}$，$X=x$。在此情况下，可以认为塔内的气体流率为常数（即混合气体的流量与惰性气体的流量是相等的）。这样就使填料层高度的计算大为简化。

填料塔是逆流连续式的吸收设备，气、液两相的流率与浓度都沿填料层高度连续变化，

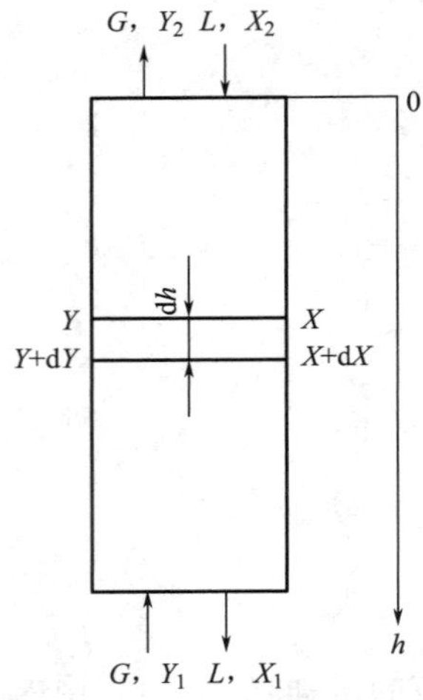

图 6-5 填料塔内浓度变化

因此可以从填料层的一个微分段来分析。

如图 6-5，从上而下计算。当填料高度变化 dh 时，气体的浓度由 $Y \rightarrow Y+\mathrm{d}Y$，同时液体浓度由 $X \rightarrow X+\mathrm{d}X$，设塔的内截面为 S，如前所述，低浓度气体的吸收，可假定通过塔的任何截面的气体量 GS 不变，故在此微分段内，单位时间从气相传入液相的溶质的量为 $GS\mathrm{d}Y$，或为 $LS\mathrm{d}X$。假设单位体积填料层所提供的有效气液接触面积为 a，则微分段内总的有效接触面积为 $aS\mathrm{d}h$。

当传质速率为 N_A 时，则单位时间从气相传入液相的溶质量为 $N_A Sa\mathrm{d}h$，而 $N_A=K_Y(Y-Y_e)$［由式（6-22）］，则

$$GS\mathrm{d}Y=N_A Sa\mathrm{d}h=K_Y(Y-Y_e)Sa\mathrm{d}h \tag{6-32}$$

式中，G 为常数。假设 K_Y 和 a 亦为常数，则分别列出变数后，再从塔顶到塔底积分，可得填料层高的计算式如下：

$$h=\int_0^h \mathrm{d}h=\frac{G}{K_Y a}\int_{Y_2}^{Y_1}\frac{\mathrm{d}Y}{Y-Y_e}$$

值得注意的是，在实际操作中并非全部填料表面都被液体润湿，而在已润湿表面上有液体停滞时，也不能完全有效地参与传质过程，所以 a 值总是要小于干填料面积，而且 a 的大小不仅与塔料的几何特性有关，而且与气液两相的流速及物理特性有关，因此在实验中直接测出 a 值是困难的。为此在实验中常常把 a 值和传质系数 K_Y 结合成一个系数加以测定，反映出的是塔的单位填充体积传质情况，于是把两者的乘积 $K_Y a$ 称为体积传质系数［kmol/（$\mathrm{m^3 \cdot h}$）］，在上式积分时，假定体积传质系数为常数，不随塔高变化。

上式表明：填料层高度 h 是 $\frac{G}{K_Y a}$ 和 $\int_{Y_2}^{Y_1}\frac{\mathrm{d}Y}{Y-Y_e}$ 两个量的乘积，其中 $\frac{G}{K_Y a}$ 的单位与高度相同，称为气相总传质单元高度，而 $\int_{Y_2}^{Y_1}\frac{\mathrm{d}Y}{Y-Y_e}$ 是一个无量纲的量，称为总传质单元数。令 $\frac{G}{K_Y a}=H_{OG}$；$\int_{Y_2}^{Y_1}\frac{\mathrm{d}Y}{Y-Y_e}=N_{OG}$，则

$$h=H_{OG}N_{OG} \tag{6-33}$$

对于低浓度气体的吸收，操作先接近于直线，若在操作浓度范围内，平衡关系符合亨利定律，则平衡线亦为直线，见图 6-6。

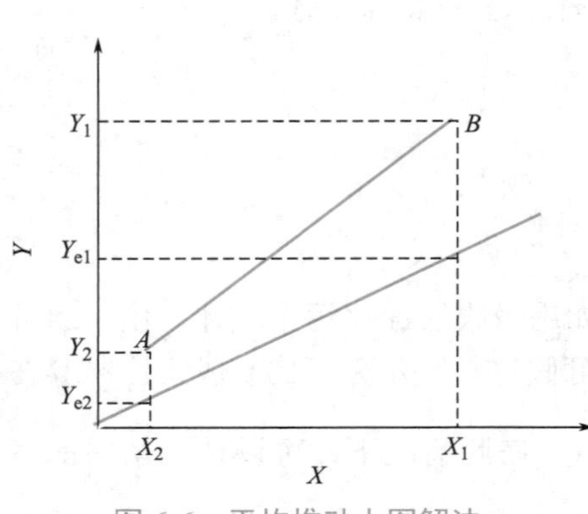

图 6-6 平均推动力图解法

设在操作线上任一点与平衡线的差值为 ΔY，则在 B 点（浓端）$\Delta Y_1=Y_1-Y_{e1}$，在 A 点（稀端），$\Delta Y_2=Y_2-Y_{e2}$，因 ΔY 与 Y 为直线关系，因此

$$\frac{\mathrm{d}(\Delta Y)}{\mathrm{d}Y}=\frac{\Delta Y_1-\Delta Y_2}{Y_1-Y_2} \tag{6-34}$$

则总传质单元数

$$N_{OG}=\int_{Y_2}^{Y_1}\frac{\mathrm{d}Y}{Y-Y_e}=\int_{Y_2}^{Y_1}\frac{\mathrm{d}Y}{\Delta Y}=\int_{Y_2}^{Y_1}\frac{\mathrm{d}Y}{\Delta Y}\times\frac{\mathrm{d}(\Delta Y)}{\mathrm{d}Y}$$

将式（6-34）代入后有

$$N_{OG}=\frac{Y_1-Y_2}{\Delta Y_1-\Delta Y_2}\int_{Y_2}^{Y_1}\frac{d(\Delta Y)}{dY}=\frac{Y_1-Y_2}{\Delta Y_1-\Delta Y_2}\ln\frac{\Delta Y_1}{\Delta Y_2}=\frac{Y_1-Y_2}{\dfrac{\Delta Y_1-\Delta Y_2}{\ln\dfrac{\Delta Y_1}{\Delta Y_2}}}=\frac{Y_1-Y_2}{(\Delta Y)_{lm}} \tag{6-35}$$

其中

$$(\Delta Y)_{lm}=\frac{\Delta Y_1-\Delta Y_2}{\ln\dfrac{\Delta Y_1}{\Delta Y_2}} \tag{6-36}$$

将积分结果代入式（6-33）有

$$h=\frac{G(Y_1-Y_2)}{K_Xa(Y-Y_e)_{lm}} \tag{6-37}$$

同理，以液相浓度表示的公式可写成

$$h=\frac{L(X_1-X_2)}{K_Xa(X_e-X)_{lm}} \tag{6-38}$$

式中

$$(X_e-X)_{lm}=(\Delta X)_{lm}=\frac{\Delta X_1-\Delta X_2}{\ln\dfrac{\Delta X_1}{\Delta X_2}} \tag{6-39}$$

以上两式表明：填料层高度是以单位塔面积为准的吸收速度与体积传质系数和平均推动力乘积的比值，而全塔的平均推动力等于浓端（塔底）与稀端（塔顶）的推动力的对数平均值。

【例 6-1】

空气和氨的混合物在直径为 0.8m 的填料塔中，用水吸收其中所含氨的 99.5%，每小时所送入的混合气体量为 1400kg，混合气体的总压力为 101.3Pa，其中氨的分压为 1.333Pa，所用的气液比为最小值的 1.4 倍，操作温度（20℃）下的平衡关系为 $Y_e=0.75X$，总体积收系数 $K_xa=0.088\text{kmol/(m}^3\cdot\text{s)}$，求每小时的溶剂水用量与所需的填料层高度。

解：（1）求溶剂用量

由于混合气体中氨的含量很少，因此混合气体的分子量可近似地取为空气分子量，即为 29kg/kmol，故

气体流率 $$\frac{Q}{M}=\frac{1400}{29}=48.3\ (\text{kmol/h})$$

塔的截面积为

$$F=\frac{\pi}{4}D_T^2=\frac{\pi}{4}\times0.8^2=0.5\ (\text{m}^2)$$

通过塔截面的气体流量为

$$G=\frac{48.3}{F}=\frac{48.3}{0.50\times3600}=0.027\ [\text{kmol/(m}^2\cdot\text{s)}]$$

塔底的气相组成为

$$Y_1=y_1=\frac{p}{P}=\frac{1.333}{101.3}=0.0132$$

吸收速率为

$$N_A=G_{y1}\times 99.5\%=0.027\times 0.0132\times 0.995=3.55\times 10^{-4}\ [\text{kmol}/(\text{m}^2\cdot\text{s})]$$

塔顶的气相组成为

$$Y_2=y_2=\frac{y_1\times(1-0.995)}{(1-0.0132)+0.0132\times(1-0.995)}=6.7\times 10^{-5}$$

由于气液两相浓度都较低，平衡关系符合亨利定律（因为 $x_1=y_1/m$），因此，

$$\left(\frac{L}{G}\right)_{\min}=\frac{y_1-y_2}{y_1/m-x_2}=\frac{0.0132-6.7\times 10^{-5}}{0.0132\div 0.75-0}=0.746$$

于是

$$\frac{L}{G}=1.4\times\left(\frac{L}{G}\right)_{\min}=1.4\times 0.746=1.045$$

则

$$L=1.045\times G=1.045\times 0.027=0.0282\ [\text{kmol}/(\text{m}^2\cdot\text{s})]$$

溶剂用量 =1.045×48.3=50.5（kmol/h）

（2）求填料层高度

$$(x_1-x_2)L=(y_1-y_2)G$$

$$x_1=\frac{(y_1-y_2)G}{L}+x_2=\frac{1}{1.045}\times(0.0132-6.7\times 10^{-5})+0=0.0126$$

$$y_{e1}=mx_1=0.75\times 0.0126=0.0095$$

$$y_{e2}=0\ （因为\ x_2=0）$$

$$\Delta y_1=y_1-y_{e1}=0.0132-0.0095=0.0037$$

$$\Delta y_2=y_2-y_{e2}=6.7\times 10^{-5}-0=6.7\times 10^{-5}$$

所以

$$(\Delta y)_{\text{lm}}=\frac{\Delta y_1-\Delta y_2}{\ln\frac{\Delta y_1}{\Delta y_2}}=\frac{0.0037-0.000067}{\ln\frac{0.0037}{0.000067}}=0.00091$$

所以

$$h=\frac{G(y_1-y_2)}{K_Y a(\Delta y)_{\text{lm}}}=\frac{0.027\times(0.0132-0.000067)}{0.088\times 0.00091}=4.43\ (\text{m})$$

6.1.3 化学吸收

伴有化学反应的吸收称为化学吸收。工业吸收操作中多数是化学吸收，在空气污染控制中化学吸收的应用尤其普遍。例如用碱液吸收 CO_2、SO_2、H_2S 或用各种酸的溶液吸收 NH_3 等。

在物理吸收过程中，根据双膜理论，吸收速率决定于吸收质在气膜与液膜中的扩散速

率，而吸收极限取决于吸收条件下的气液平衡关系。但在化学吸收过程中吸收速率除与扩散速率有关外，还与化学反应的速率有关，而吸收极限则同时取决于气、液相的平衡关系和液相中的化学反应平衡。

目前对于伴有化学反应的吸收理论及化学吸收设备的设计计算问题的研究工作还远不能适应工作之需要。设计参数常常要通过小型到中型试验来取得，而初步了解有关化学吸收的现有理论，对于选择吸收设备及强化操作等都是必要的。

（1）传质控制时的浓度分布和传质速度

研究化学吸收中，发现如用 NaOH、Na_2CO_3 等强碱液吸收 SO_2 和 HF 等酸性气体，或者用 H_2SO_4 吸收 NHs 等碱性气体时，反应极快且是不可逆的，在此情况下传质阻力远远大于化学反应的阻力，此过程为传质控制。

设极快不可逆反应 $A+bB \longrightarrow rR$。式中 A 为气相中被吸收的组分，B 为液相中与 A 发生反应的组分，R 为反应产物，而 b 和 r 为相应的计量系数。此类吸收可分为下列三种情况，如图 6-7 所示。

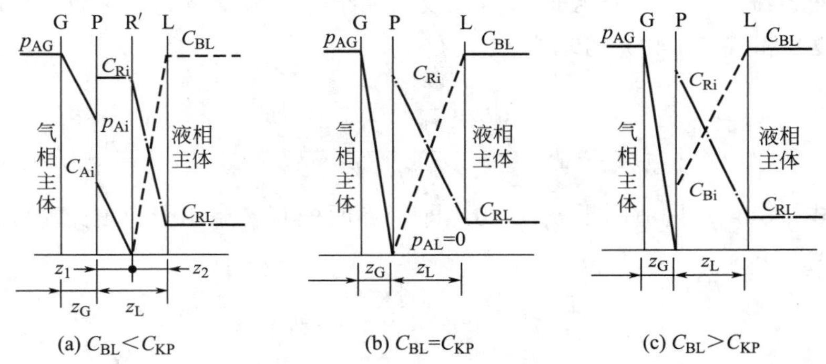

图 6-7　进行极快不可逆反应时液相的浓度分布

A—溶质组分；B—吸收剂活性组分；R—反应产物

G—气相主体与气膜界面；P—气液相界面；L—液相主体与液膜的界面；R′—反应面

① 从扩散开始直到稳定。扩散至相界面处组分 B 的量低于与从气相主体扩散至相界面处的组分 A 相反应所需要的量，则在界面上不会存在组分 B，而组分 A 的量却是过剩的，它必然通过界面向液膜内扩散，以便与继续扩散过来的 B 反应，这就形成反应带向后移动，当移动至某一位置达到 $N_B=bN_A$（即此处 A、B 两组分均无剩余）时，反应带不再移动，达到稳定，此处的 C_A 和 C_B 均为零，见图 6-7（a）。此时反应带 RR 处于液膜之中，离界面 PP 为 z_1，离液膜界面 LL 为 z_2。由于反应为极快反应，过程为传质控制，所以传质速度也就是反应速率，它等于组分 A 通过气膜的扩散速度，又等于通过液膜中厚度为 z_1 部分的扩散速度。若在反应表面 ds 上，组分 A 的摩尔流量变化为 dN_A，则有

$$N_A=-\frac{dN_A}{ds}=k_{AG}(p_{AG}-p_{Ai})=\frac{D_{AL}}{z_1}(C_{Ai}-0) \tag{6-40}$$

同理组分 B 通过液膜中厚度为 z_2 部分的扩散速度为

$$N_B=\frac{D_{BL}}{z_2}(C_{BL}-0) \tag{6-41}$$

式中，C_{Ai} 和 C_{BL} 分别为组分 A 在相界面处的浓度（kmol/m^3）和组分 B 在液相主体中的浓度（kmol/m^3），其余符号意义同前。当过程达到稳定状态后 $N_B=bN_A$，而 $z_L=z_1+z_2=D_{AL}/k_{AL}$ 为组分 A 在液相的传质系数。由式（6-40）和式（6-41）分别解出 z_1 和 z_2，并将 N_B 代换成 N_A 的函数，整理后得到

$$N_A=k_{AL}C_{Ai}+\frac{1}{b}\times\frac{D_{BL}}{D_{AL}}k_{AL}C_{BL} \tag{6-42}$$

设相界面气液成平衡，即 $C_{Ai}=H'_A\,p_{Ai}$，由式（6-40）解出 p_{Ai} 代入亨利定律式，再将求得的 C_{Ai} 值代入式（6-42），化简后得

$$N_A=\frac{p_{AG}+\dfrac{1}{H'_A b}\times\dfrac{D_{BL}}{D_{AL}}C_{BL}}{\dfrac{1}{k_{AG}}+\dfrac{1}{H'_A\,k_{AL}}}=K_G\left(p_{AG}+\frac{1}{H'_A b}\times\frac{D_{BL}}{D_{AL}}C_{BL}\right) \tag{6-43}$$

此公式即为反应带处于液膜内时的传质速度方程。式中右边分子为吸收推动力，分母为总传质系数 K_G 的倒数，即传质过程的阻力，其情况与物理吸收相似。分析一下公式可知，对于一定的气液系统，气相组分 A 的分压以及液相组分的浓度越高，传质速度越快。

由式（6-42）和式（6-40）可求得 p_{Ai}

$$p_{Ai}=\frac{k_{AG}\,p_{AG}-\dfrac{1}{b}\times\dfrac{D_{BL}}{D_{AL}}k_{AL}C_{BL}}{H'_A\,k_{AL}+k_{AG}} \tag{6-44}$$

应当指出式（6-40）只适用于 $p_{Ai}>0$，即相界面处有多余组分 A 的情况，当 $p_{Ai}=0$，此时存在

$$C_{BL}<\frac{bk_{AG}}{k_{AL}}\times\frac{D_{AL}}{D_{BL}}p_{AG}=C_{KP} \tag{6-45}$$

此为式（6-43）的必要条件，称 C_{KP} 为组分 B 的临界浓度，若组分 B 超过此浓度，则反应带向左移动至相界面，情况变化，式（6-43）则不适用了。

若忽略气相阻力，取 $k_{AG}=\infty$，$p_{AG}=p_{Ai}$，则式（6-43）可简化为

$$\begin{aligned}N_A&=H'_A\,k_{AL}\left(p_{AG}+\frac{1}{b}\times\frac{D_{BL}}{D_{AL}}\times\frac{C_{BL}}{H'_A}\right)\\&=k_{AL}C_{Ai}\left(1+\frac{1}{b}\times\frac{D_{BL}}{D_{AL}}\times\frac{C_{BL}}{C_{AL}}\right)=\beta k_{AL}C_{Ai}\end{aligned} \tag{6-46}$$

式中
$$\beta=\left(1+\frac{D_{BL}C_{BL}}{bD_AC_{AiL}}\right)=\frac{化学吸收速率}{物理吸收速率}$$

式（6-46）说明与物理吸收时的最大速度 $N_A=k_{AL}C_{Ai}$ 相比，伴有极快反应的吸收速率较之大了 β 倍，因此称 β 为极快反应的“增大因子”，$\beta\gg1$。

② 若传质过程从开始直到稳定时，在单位时间内和单位反应表面上，如果从液相主体中扩散到相界面组分 B 的量恰好等于气相主体中扩散来的组分 A 相反应所需要的量，此种情况反应带就固定在相界面 P 上，见图 6-7（b）。由于在相界面处 A 和 B 的量正好满足化学计算关系，即 $N_A:N_B=1:b$，因此相界面上 $C_{Ai}=C_{Bi}=0$，则 $p_{Ai}=0$；此时 $C_{BL}=C_{KP}$。由式（6-44）和式（6-45）可知：此时的条件是 $C_{BL}=C_{KP}$，即 C_{BL} 等于组分 B 的临界浓度。B 组分浓度

C_{Bi}=0，说明组分 A 在液膜中的阻力消失，过程转为气膜控制。其宏观反应速率方程由式（6-40）得到

$$N_A=k_{AG}p_{AG} \tag{6-47}$$

即当液相组分 B 的浓度达临界值 C_{KP} 时，宏观上吸收速度与液相中组分 B 的浓度无关，只取决于气相中组分 A 的分压 p_{AG}。

③ 若扩散到相界面处组分 B 的量远远超过与从气体扩散组分 A 相反应所需要的量，即界面处 B 是过剩的，此时反应带仍与相界面重合，但是 C_{Ai}=0，而 $C_{Bi}>0$，见图 6-7（c），因此 p_{Ai}=0，此时 $C_{BL}>C_{KP}$。由式（6-43）可知，此种情况下 $p_{Ai}<0$。但实际上 p_{Ai} 显然不可能为负值，其最小值为零，出现负值只是意味着相界面有过剩的 B 组分而已。对于此种情况式（6-47）仍然是适用的。

通过以上三种情况的分析可以认为：对于快速不可逆反应，其过程为传质控制，化学反应的阻力可以忽略不计，因而与反应动力学方程式的形式无关；对于 $C_{BL}<C_{KP}$ 的情况，过程由气膜和液膜双方决定，按式（6-43）计算；对于 $C_{BL}\geqslant C_{KP}$ 这两种情况，过程只受气膜传质控制，其处理方法与纯物理吸收一样，即按式（6-47）计算。

（2）动力学控制时易收传质的分析

① 液相中伴有极慢化学反应的情况 当吸收质 A 穿过气液界面被吸收剂吸收时，吸收质 A 和吸收剂中的组分 B 之间的化学反应极慢，在液膜中作用掉的吸收质的数量极少，大部分反应是吸收质 A 扩散通过液膜到达液相主体之后进行的。而在液相主体中，由于发生化学反应，吸收质 A 的浓度 C_A 很低，因此吸收速率可近似地表示为

$$N_A=k_L'C_{Ai} \tag{6-48}$$

式中 k_L'——液相化学吸收分系数；

C_{Ai}——吸收质 A 在界面上的浓度。

由于化学反应进行缓慢，可以认为吸收系数 k_L'不因化学反应的存在而显著变化（增加），此类吸收过程仍可按物理吸收过程进行计算，不过液相中吸收质的浓度由于参加化学反应生成新的物质而减至很小，使吸收推动力较物理吸收大。

② 液相中伴有中速化学反应的情况

当吸收过程中化学反应以中速进行时，反应不是在一条狭窄的反应带中进行，而是在吸收质 A 通过液膜的整个过程中完成的（见图 6-8）。这种情况下的化学吸收速率，既取决于吸收质 A 和反应组分 B 的扩散速率，又取决于两者的化学反应速率，而且通常化学反应速率的影响更大一些。这种过程吸收速率的计算是比较复杂的，虽然已有一些文献对此进行了分析和推导，但由于局限性大，不能解决实际问题，目前还只能依赖于实测数据。

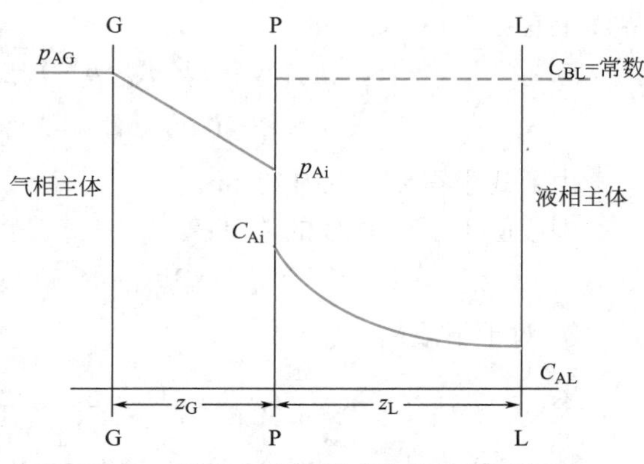

图 6-8 伴有中速化学反应的吸收示意图

【例 6–2】

某含氨的混合气体流量 Q 为 60kmol/h，其中氨的分压为 0.06atm（绝对），要求出口处分压降至 0.01atm，用硫酸含量为 0.6atm/m^3 的吸收剂进行吸收净化，要求出口硫酸浓度为 0.45kmol/m^3，假设 k_{AG}=0.37kmol/(m^2·h·atm)，工作总压力为 1atm（绝对），逆流吸收处理，试计算回收氨的吸收塔。[设 k_{AL}=0.004m^2/h，溶解度系数 h=75kmol/(m^2·atm)，1 atm=101.325kPa]。

解：此吸收过程系伴有极快不可逆反应的吸收净化，其反应式为

$$2NH_3+H_2SO_4 \longrightarrow (NH_4)_2SO_4$$

由反应式可知，反应计算系数 a=2；b=1，$\dfrac{b}{a}$=0.5，根据式（6-45）有（假定 $D_{AL}=D_{BL}$）

$$C_{KP}=\frac{b}{a}\times\frac{k_{AG}D_{AL}}{k_{AL}D_{BL}}\times p_{AG}=0.5\times\frac{0.37}{0.004}\times1\times p_{AG}=46.3p_{AG}$$

则吸收塔气体入口（下部）的反应组分

$$C_{BL下}=46.3\times p_{AG入}=46.3\times0.06=2.78\ (\text{kmol/m}^3)$$

此值大于吸收剂出口含硫酸浓度（0.45kmol/m^3）。

在吸收塔气体出口（上部）处：

$C_{BL}^{上}=46.3\times p_{AG出}=46.3\times0.01=0.463$（kmol/m^3），此值小于吸收剂入口含硫酸的浓度（0.6kmol/m^3）。

为了计算方便，可将吸收塔分为上下两段进行。在下段中吸收剂的浓度低于 C'_{BL}，而在上段中又高于 C_{BL}。根据物料衡算，氨的吸收量为

$$W_1=Q(p_{AG入}-p_{AG出})=60\times(0.06-0.01)=3\ (\text{kmol/h})$$

吸收剂用量：

$$W_2=W_1\times\frac{b}{a}\times\frac{1}{C_{B入}-C_{B出}}=3\times0.5\times\frac{1}{0.6-0.45}=10.0\ (\text{m}^3/\text{h})$$

两段界面位置可近似地由下段的物料衡算求出。设段界面上氨的分压为 p'_{AG}，则在两段界面上有：

$$Q(p_{AG}-p'_{AG})=2W_2(C_{KP}-C_{B出})$$

$$60\times(0.06-p'_{AG})=2\times10.0\times(46.3p'_{AG}-0.45)$$

由上式求得 p'_{AG}=0.0128atm。

则段面上反应物 B 的浓度：

$$C'_{BL}=46.3p'_{AG}=46.3\times0.0128=0.59\ (\text{kmol/m}^3)$$

① 对于下段：

令 $$r=\frac{a}{bh}\times\frac{D_{BL}}{D_{AL}}=\frac{2}{h}\times1=\frac{2}{75}=0.0267$$

由式（6-42）后一项可求出吸收塔下部推动力

$$p'_{AG}+rC_{BL}=0.06+0.0267\times0.45=0.0720\ (\text{atm})$$

下段的上部推动力

$$p'_{AG}+rC'_{BL}=0.0128+0.0267\times0.59=0.0286(atm)$$

推动力的平均值为：$\dfrac{0.072+0.0286}{2}=0.0503$（atm），而吸收总系数：

$$K_G=\frac{1}{\dfrac{1}{k_G}+\dfrac{1}{hk_L}}=\frac{1}{\dfrac{1}{0.37}+\dfrac{1}{75\times0.004}}=\frac{1}{2.702+3.333}=0.166[kmol/(m^2\cdot h\cdot atm)]$$

则传质速率

$$N_{A下}=K_G(P_{AG}+rC'_{BL})=0.166\times0.0503=0.0084[kmol/(m^2\cdot h\cdot atm)]$$

② 对于上段，其下部推动力为p'_{AG}=0.0128atm，其上部推动力为$p_{AG出}$=0.01atm，其平均推动力为0.0114atm，按式（6-47）

$$N_{A下}=k_G p_{AG}=0.37\times0.0114=0.00422[kmol/(m^2\cdot h\cdot atm)]$$

求被吸收氨气的量：

下段　　Q（0.06−0.0128）=60×0.0472=2.832（kmol/h）

上段　　Q（0.0128−0.01）=60×0.0028=0.168（kmol/h）

上段＋下段　2.832+0.168=3（kmol/h）

（与W_1相符），因此所需要的相际自由接触面积为：

下段　$$F_1=\frac{2.832}{N_{A下}}=\frac{2.832}{0.0084}=337(m^2)$$

上段　$$F_2=\frac{0.168}{N_{A上}}=\frac{0.168}{0.00422}=40(m^2)$$

全塔相际自由接触面积为：

$$F=F_1+F_2=337+40=377(m^2)$$

以下计算选择填料、计算塔高和阻力，其方法前面已举例，此处略。

6.1.4 吸收设备

液体吸收过程是在塔器内进行的。为了强化吸收过程，降低设备的投资和运行费用，要求吸收设备应满足以下基本要求。

a．气液之间应有较大的接触面积和一定的接触时间；
b．气液之间扰动强烈、吸收阻力低、吸收效率高；
c．气流通过时的压力损失小，操作稳定；
d．结构简单，制作维修方便，造价低廉；
e．应具有相应的抗腐蚀和防堵塞能力。

常用的吸收装置有填料塔、湍流塔、筛板塔、喷洒塔和文丘里吸收器等。下面着重介绍填料塔、湍流塔和筛板塔。

（1）填料塔

填料塔的形式很多，有立式、卧式、并流、逆流、单层、多层等。其简单构造如图6-9所示。主要包括塔体、塔填料和塔内件三大部分。

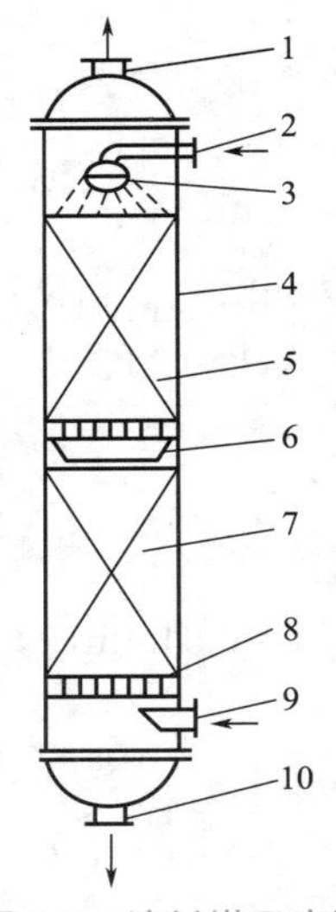

图 6-9　填料塔示意图

1—气体出口；2—液体入口；3—液体分布装置；4—塔壳；5，7—填料；6—液体再分布器；8—支承板；9—气体入口；10—液体出口

在支承板上放置填料，这样便增大了气液接触面积，气相自塔底进入，由塔顶排出，液相反向流动，即为逆流操作。逆流操作，平均推动力大，吸收剂利用率高，分离程度高，完成一定分离任务所需传质面积小，工业上经常采用。

填料的种类很多。工业填料塔所用的填料，可分为实体填料和网体填料两大类。实体填料有拉西环、鲍尔环、鞍形、波纹等。塔填料的选择是填料塔设计重要的环节之一。一般要求塔填料具有较大的通量，较低的压降，较高的传质效率和强度，同时操作弹性大，性能稳定，能满足物系的腐蚀性、污堵性、热敏性等特殊要求，便于塔的拆装、检修，并且价格要低廉。为此填料应具有较大的比表面积，较高的空隙率，结构要敞开，死角空隙小，液体的再分布性能好，填料的类型、尺寸、材质要选择适当。有关填料的结构和特性数据，可在有关设计资料中查出。

在逆流操作系统中，用泵将吸收塔排出的一部分液体经冷却后与补充的新鲜吸收剂一同送回塔内，即为部分再循环操作，主要用于：当吸收剂用量较小，为提高塔的液体喷淋密度以充分润湿填料时；为控制塔内温升，需取出一部分热量时。

吸收部分再循环操作较逆流操作的平均吸收推动力要低，需设循环用泵，消耗额外的动力。若吸收过程中处理的液量很大，如果用通常的流程，则液体在塔内的喷淋密度过大，操作气速势必很小（否则易引起塔的液泛），塔的生产能力很低。实际生产中可采用气相作串联而液相作并联的混合流程。

若吸收过程中处理的液量不大而气相流量很大时，可用液相作串联而气相作并联的混合流程。

若设计的填料层高度过大，或由于所处理物料等原因需经常清理填料，为便于维修，可把填料层分装在几个串联的塔内，每个吸收塔通过的吸收剂和气体量都相同，即为多塔串联系统；此种系统因塔内需留较大空间，输液、喷淋、支承板等辅助装置增加，使设备投资加大。其示意流程如图 6-10。总之，在实际应用中应根据生产任务、工艺特点，结合各种流程的优缺点选择适宜的流程布置。

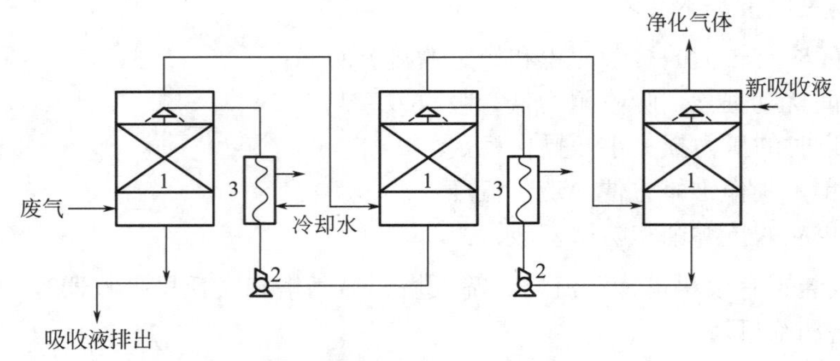

图 6-10　串联逆流吸收流程

1—吸收塔；2—泵；3—冷却器

为了避免操作时出现干填料状况，一般要求液体喷淋密度在 $10m^3/(h \cdot m^2)$ 以上，并力求喷淋均匀。为了克服吸收液大量沿塔壁流失（即所谓“塔壁效应”），要求塔径与填料尺寸

比值不小于10倍，要求单层的填料层高度在3～5m之下，否则要分层或分塔安装。

填料塔的空塔气速一般为0.3～1.5m/s，压降通常为15～16mmH_2O/m（lmmH_2O=9.8Pa，下同）填料。液、气比为0.5～20kg/kg（溶解度很小的气体除外）。

填料塔的优点是结构简单，气液接触效果好，压降较小；缺点是有悬浮颗粒时，填料容易堵塞、清理工作量大、填料损失大。

（2）湍流塔

近年来，为了强化传质和传热过程，已将流化床技术应用于填料塔中，发展为湍流塔。其特点是加大气速使塔内的填料处于运动状态，塔内设有开孔率较大的筛板，筛板上放置一定数量的轻质小球，气流通过筛板时，小球随之湍动旋转，相互碰撞，吸收剂自上而下喷淋润湿小球表面，进行吸收，由于气、液、固三相接触，小球表面的液膜不断更新，增大了吸收推动力，提高了吸收效率。

球料一般用聚乙烯或聚丙烯制作，具有较好的耐磨、耐温、耐腐性能。

湍球塔的空塔气速一般为2～6m/s，保证小球湍动。小球之间不断碰撞摩擦，表面经常自动清刷，不会造成堵塞，通常每段塔的阻力约为40～120mmH_2O。

湍流塔的特点是风速高，处理能力大，体积小，吸收效率高；缺点是由于小球的湍动，在每一段内有一定程度的返混，所以只适用于传质单元数（段数）不多的过程。例如不可逆化学吸收和温差较恒定的降温过程。另外塑料小球不能承受高温、寿命短，需经常更换。

（3）筛板塔

筛板塔广泛用于气体吸收、除尘、降温、干燥等操作。塔内装有若干层塔板，液体靠重力自塔顶流向塔底，并在塔板上保持住一定的液层，气体以鼓泡或喷射形式穿过板上液层，在塔板上气液相互接触进行传质、传热。在气体净化中筛板塔应用较多。

筛板塔内设有多层筛板，气体亦从下而上经筛孔进入筛板上的液层，通过气体的鼓泡进行吸收，因此也常称为“鼓泡塔”。为了使筛板上液层厚度保持均匀，提高吸收效率，筛板上设有溢流堰，以保持筛板上液层厚度，一般为30mm。

操作中必须保持适当的气液比例，才能正常稳定，气量过大，则气流穿过筛孔后猛烈将液体推开，以连续相迅速通过塔板液层，形成气体短路，并发生严重的雾沫夹带现象，压降增大；气量过小或液流量过大，会引起液体从筛孔泄漏，吸收效率降低。

筛孔孔径一般为3～8mm，对于含悬浮物的液体，可采用13～25mm。筛孔按正三角形排列；孔心距为孔径的2.5～4倍。开孔率为5%～15%，空塔气速为10～25m/s，过孔气速约为4.5～12.8 m/s。液体流量按空塔塔截面计算约为1.5～3.8$m^3/(h \cdot m^2)$，每层塔板的压降约为80～200mmH_2O。

6.2 吸附法净化气态污染物

6.2.1 吸附原理

（1）吸附平衡

就固相吸附剂对气相组分吸附而言，如果吸附过程是可逆的，当混合气体与吸附剂充分接触后，一方面吸附质被吸附剂吸附，另一方面又有一部分已被吸附的吸附质，由于热运动的结果，能够脱离吸附剂的表面，又回到混合气体中去。前者称为吸附过程，后者称为解吸过程。在一定温度下，当吸附速度和解吸速度相等时，即单位时间内吸附的数量等于解吸的数量时，则吸附质在吸附剂表面的浓度以及其气相中的浓度（或压力）不再改变，达到了所谓“吸附平衡”，此时吸附质在气相中的浓度（或压力）叫平衡浓度（或平衡压力）。

当吸附达到平衡时，被吸附组分在固相中的浓度及其与吸附剂相接触的气相中的浓度之间具有一定的函数关系，即

$$X=f(Y)$$

式中　X——被吸附组分在固相中的浓度，即单位质量的吸附剂所吸附的组分量，kg/kg 吸附剂；

Y——平衡时被吸附组分在气相中的浓度，kg/kg 惰性组分。

把在一定温度下，达到吸附平衡时，吸附量（X）随平衡浓度（或压力）而变化的曲线称为吸附等温线，而把描述吸附等温线的方程式称为吸附等温式。

（2）吸附等温线

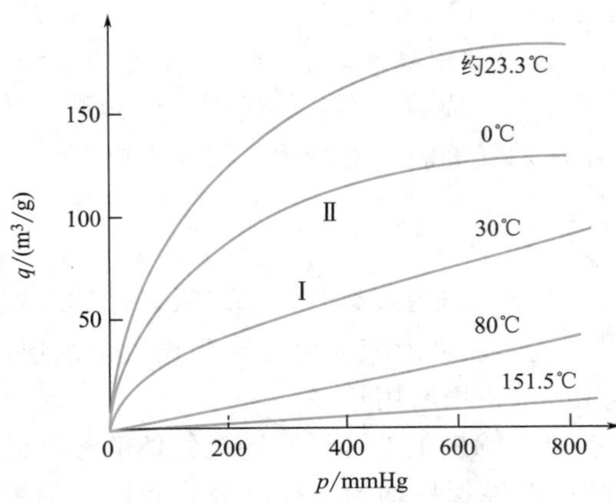

图 6-11　NH_3 在活性炭上的吸附等温线
（1mmHg=133.322Pa）

一定量的吸附剂所吸附气体的多少，要看此气体的种类和吸附作用进行的条件而定，实验证明：最主要的条件是该气体的压强及温度，当其他条件相同时，气体的压强对吸附的影响可由图 6-11 表示，图中的各类曲线称为吸附等温线。这是在不同温度下活性炭吸附氨的情况。升高气体的压力可以增加吸附量。但是在吸附等温线的不同部分，压力的影响也是不同的。一般来说，在低压部分，压力的影响非常显著，此时气体被吸附的量与压力成正比（线Ⅰ）；当气体压力继续升高时，被吸附气体的量虽然在增加，但增加的程度已经逐渐变小了（线Ⅱ）。最后，压力再继续提高，吸附量基本上不再变化，相当于吸附饱和。

为了说明吸附的性质和过程，许多学者在大量实验的基础上，提出了各种吸附理论，但一般都只能解释一种或几种吸附现象。现仅对几个公认成熟或应用比较广泛的理论及相应图形和数学表达式加以介绍。

① 弗罗因德利希（Freundlich）公式

$$q=\frac{x}{m}=ap^{1/n} \tag{6-49}$$

式中　q——单位吸附剂在吸附平衡时的饱和吸附量，ms/kg 或 kg/kg；

x——被吸附组分的量，m^3 或 kg；

m——吸附剂的量，kg；

p——被吸附组分的浓度或分压；

a，n——经验常数；对于一定的吸附物质，仅与平衡时的分压和温度有关，其值需由实验确定，而 $n \geqslant 1$。

此式并不能表示出上面所说的吸附等温线在低压部分和在高压部分时的特点，但是在广泛的中压部分，此式却很符合实验数据。

在实际应用时通常取它的对数形式，即

$$\lg q=\lg \frac{x}{m}=\lg a+\frac{1}{n}\lg p \tag{6-50}$$

将此式在直角坐标系中作图，得一条直线。直线的斜率是$\frac{1}{n}$，截距为 $\lg a$。

弗罗因德利希等温式常常用于低浓度气体的吸附，例如用活性炭脱除低浓度的醋酸燃气时常用此方程。另外，也常用于未知组成物质的吸附，如有机物或矿物油的脱色。此时，可通过实验确定常数 a 与 n 值。CO 在活性炭上的吸附也能较好地符合弗罗因德利希等温式。但在压力很低或较高时，就会产生较大的偏差。此外常数 a 和 n 的意义没有得到解释。

② 朗缪尔吸附理论　在理论推导之前假设：

a．固体表面的吸附能力只能进行单分子层吸附，即当吸附质碰到固体空余表面便被吸附，此时该处的不饱和力场得到饱和，以后其他吸附质分子再次碰到已被吸附的分子，就做完全弹性碰撞而离去，被吸附的分子之间互不影响。

b．固体表面各处的不饱和力相等，表面均匀，即各处的吸附热相等。

根据上面两条假设，可以做如下推导。令 θ 代表任一瞬间已吸附的固体表面积与固体总面积之比，或代表已被吸附分子数和固体表面全部吸附时的分子总数的比值，即

$$\theta=\frac{\text{已覆盖的面积}}{\text{固体总面积}}=\frac{q}{q_{max}} \tag{6-51}$$

式中　q——已被吸附的量，m^3/kg；

q_{max}——饱和吸附量，m^3/kg。

则（$1-\theta$）为剩余吸附面积占总面积的分数，可以看作是吸附过程的推动力。

于是

$$\text{吸附速度}=k_2p(1-\theta) \tag{6-52}$$

$$\text{解吸速度}=k_1\theta \tag{6-53}$$

式中，k_1 和 k_2 分别表示在一定温度下解吸速度常数和吸附速度常数。

当吸附达到平衡时，吸附速度和解吸速度相等。

即

$$k_1\theta=k_2p(1-\theta)$$

因此

$$\theta=\frac{k_2p}{k_1+k_2p} \tag{6-54}$$

此式即为朗缪尔吸附等温式。为了分析和使用方便起见，令$\frac{k_2}{k_1}=k$（吸附系数），代入式（6-51），将上式变换之后有

$$q=\theta q_{max}=q_{max}\frac{kp}{1+kp} \tag{6-55}$$

当压力 p 很小时，$kp \ll 1$，则 $q=q_{max}kp$；

当压力 p 很大时，$kp \gg 1$，则 $q=q_{max}p^0$。

即此时吸附量与气体压力无关，吸附达到饱和。

当压力为中等时，$q=q_{max}p^{1/n}$，此与弗罗因德利希吸附式相同。

有时将朗缪尔公式改写成倒数形式，即

$$\frac{1}{q}=\frac{1}{q_{\max}}+\frac{1}{q_{\max}k}\times\frac{1}{p} \tag{6-56}$$

此式又为一直线方程式，截距为$\frac{1}{q_{\max}}$，斜率为$\frac{1}{q_{\max}k}$。

到目前为止，气体在固体上的吸附，已经观察到的有5种类型的吸附等温线如图6-12所示。

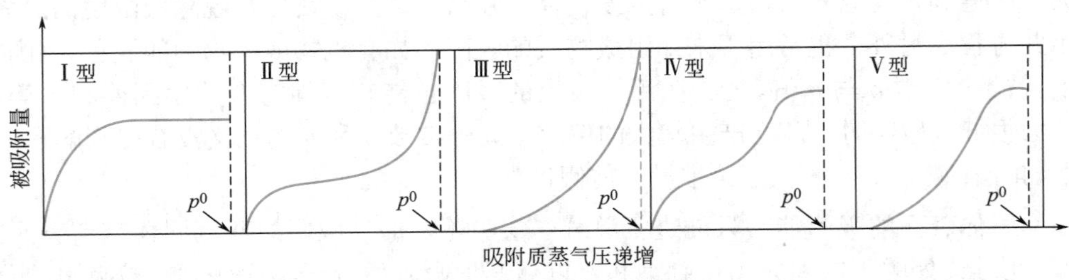

图6-12 吸附等温线类型

朗缪尔公式所代表的是单分子层化学吸附，与第一种类型曲线相吻合，而物理吸附则有可能出现上述5种类型之一。

③ B.E.T（Brunauer–Emmett–Teller）多分子层吸附理论　B.E.T理论是在朗缪尔理论的基础上加以发展的。它除了接受朗缪尔理论的几条假设，即吸附与脱附在吸附剂表面达到动态平衡，固体表面是均匀的，被吸附分子不受其他分子影响等以外，还认为在吸附剂表面吸附了一层分子后，由于范德华力的作用还可以吸附多层分子。当然，第一层的吸附与以后各层的吸附有本质的不同。前者是气体分子与固体表面直接发生联系，而第二层以后各层则是相同分子之间的相互作用；第一层的吸附热也与以后各层不尽相同，而第二层以后各层的吸附热都相同，接近于气体的凝聚热。在吸附过程中，不等上一层饱和就可以进行下一层吸附，各吸附层之间存在着动态平衡。

当吸附达平衡后，气体的吸附量V等于各层吸附量的总和。可以证明，在等温时有如下关系。

$$\frac{p}{V(p^0-p)}=\frac{1}{V_mC}+\frac{C-1}{V_mC}\times\frac{p}{p^0} \tag{6-57}$$

式中　V——在压力为p，温度为T的条件下吸附的气体体积（换算为标准状态下）；

p^0——温度为T时，吸附质的饱和蒸气压；

V_m——假定表面填满一层分子时所吸附的气体体积（需换算为标准状态下）；

C——给定温度下的常数。

式（6-57）也是一个点斜式直线方程。

推导B.E.T方程时，也做了一系列的假定，因此和其他吸附等温式一样，在使用上也有一定的局限性。例如推导此方程式时，曾假设所有的毛细管直径的尺寸都是一样的，有了这样的假定B.E.T学说就不能很好地适用于活性炭的吸附，因为活性炭的孔隙大小非常不均匀，但确能很吻合地适用于硅胶吸附剂的吸附。

值得注意的是：若以$\frac{p}{V(p^0-p)}$对$\frac{p}{p^0}$作直角坐标图，在$\frac{p}{p^0}$=0.05～0.35的范围内，可得一

条直线，由直线的斜率$\frac{C-1}{V_m C}$和截距$\frac{1}{V_m C}$可计算出 C 和 V_m。而从 V、T、p，可计算出一个单分子层的分子数目，以单个分子截面积乘这个数，即得到固体表面的吸附面积。这是测定固体吸附表面的有效方法，也常用此法来测定催化剂的吸附面积。

还应该指出的是，吸附等温线的形状与吸附剂及吸附质的性质有关，即使同一化学组分的吸附剂，由于制造方法或条件不同，造成吸附剂的性能有所不同，因此吸附平衡数据亦不完全相同，必须针对每个具体情况进行测定。

6.2.2　吸附剂

广义而言，所有固体表面对流体都有吸附作用，但在实际上合乎工业需要的吸附剂，则必须是具有巨大的内表面积的多孔性物质，其外表面积只占总表面积的极小部分。像活性炭、硅胶、分子筛等都是多孔的，具有极大的表面积，都是比较理想的吸附剂。

工业吸附剂要求对不同的气体分子应具有强的选择性吸附。例如：木炭吸附 SO_2 和 NH_3 的能力要比吸附空气强。当气体混合物与木炭接触时，被吸附的只是 SO_2 和 NH_3。

一般地说，吸附剂对于各种吸附组分的吸附能力随吸附组分沸点的升高而加大，即在与吸附剂相接触的气体混合物中，首先是高沸点的组分被吸附，而且一般被吸附组分的沸点与不被吸附组分的沸点相差很大，因而惰性组分的存在，基本上不会影响吸附操作的进行。例如用木炭从苯蒸气分压为 p 的空气混合物中吸附苯时，与吸附具有相同压力的纯苯蒸气时并无两样。

工业用的吸附剂种类很多，包括各种活性土、活性炭、活性氧化铝、硅胶、分子筛等，它们大多具备上述两方面的性质，因而常用于气体净化和回收。

几种常用吸附剂的性能如下：

（1）活性炭

活性炭是由各种含碳物质，例如骨头、煤、椰壳、木材、渣油、石油焦甚至其他工业废物等炭化后，再用蒸汽或药品进行活化处理而得。活化过程是将孔隙及表面上的炭化产物赶走，扩大原有的孔隙并形成新的空隙，获得“活性”。活性炭的质量取决于原料性质和活化条件。

活性炭是常用的吸附剂，具有性能稳定、抗腐蚀等优点。由于它的疏水性，它常常被用来吸附回收空气中的有机溶剂、恶臭物质等。吸附法脱除尾气中 NO_x、SO_2，在废水净化中也常用到活性炭。活性炭的缺点是它的可燃性，因此，使用温度一般不能超过 200℃，个别情况下，有惰性气流掩护时，操作温度可达 500℃。

活性炭按其形状可分为粉末状活性炭和颗粒状活性炭。按原料不同，又可分为果实壳（椰子壳、核桃壳等）系、木材系、泥炭褐煤系、烟煤系和石油系等。孔径分布一般为：碳分子筛在 10×10^{-10}m 以下，活性焦炭在 20×10^{-14}m 以下，活性炭在 50×10^{-10}m 以下。碳分子筛是新近发展的一种孔径均一的分子筛型新品种，具有良好的选择吸附能力。

（2）硅胶

硅胶是粒状无晶形氧化硅，可由硫酸、盐酸或酸性盐溶液与硅酸钠溶液作用而制得，用水洗涤后，在 115 ～ 130℃下干燥脱水至含湿量为 5% ～ 7% 时制成硅胶。

亲水性是硅胶的特性，它从气体中吸附的水分可达硅胶自身质量的 50%，而难于吸附非极性物质。因此，常用它处理含湿量高的气体。

硅胶吸附水分后，吸附其他有害气体或蒸汽的能力就大为下降。因此，在某些场合，硅胶的亲水性妨碍了它的应用。例如，被吸附上的有机蒸汽又会被空气中的水分所置换，因而用硅胶来脱除尾气中的 NO_x 时，需先将尾气中的水分除掉。否则，被水饱和的硅胶无催化性能。

（3）分子筛

分子筛是一种人工合成沸石，为微孔型、具有立方晶体的硅酸盐。通式为：

$$Me_{x/n}(Al_2O_3)_x(SiO_2)_y \cdot mH_2O$$

式中　x/n——价数为 n 的金属阳离子 Me（Na^+、K^+、Ca^{2+} 等）的数目；

　　m——结晶水的分子数。

分子筛内具有孔径均一的微孔，因而具有筛分性能。由于孔径大小不同，以及 SiO_2 与 Al_2O_3 分子比不同，分子筛可分为若干不同品种的规格。

20 世纪 70 年代末，国外出现了一类新型的分子筛——硅沸石（silicalite）。它是一种憎水、亲有机物的全硅分子筛。目前正被广泛研究应用，在处理硫氧化物废气和稀的有机废液方面将会大有用处。

6.2.3　吸附反应动力学

吸附剂对吸附质的吸附效果，除了用吸附（容）量表示之外，还必须以吸附速率来衡量。所谓吸附速率是指单位质量的吸附剂（或单位体积的吸附层）在单位时间内所吸附的物质质量。吸附速率决定了需净化的混合气体和吸附剂的接触时间，吸附速率快，所需的接触时间就短，需要的吸附设备的容积就小。

吸附速率的变化范围很大，可以从百分之几秒到几十小时，吸附速率决定于吸附剂对吸附质的吸附过程。气体吸附过程是由以下几个步骤完成的。

① 气膜扩散　吸附物通过表面气膜到达吸附剂外表面，因为是在吸附剂外表面处进行，又称外扩散。

② 微孔扩散　吸附物在吸附剂微孔中扩散，直至扩散到微孔深处的吸附剂表面，又称内扩散。

③ 在吸附剂表面上吸附　到达微孔表面的分子被吸附到吸附剂上，并逐渐达到吸附与脱附的动态平衡。如系化学吸附时，则会形成表面化合物。

在整个吸附过程中，如果其中一个步骤较其他步骤慢得多，则整个过程就取决于这一步骤即控制步骤。物理吸附本身的速率是极快的，因而吸附速率将由扩散速率决定，在吸附系统中，提供足够的湍流运动，使吸附质和吸附剂能充分接触，促进气流扩散可增大传质速率，可得到较好的吸附效果。

对于化学吸附，其速度控制步骤可以是表面反应动力学控制，也可以是外扩散控制或内扩散控制。一般来说，外扩散控制的情况较少。

由很多实验证明，吸附剂内部的扩散阻力很小，一般可以忽略不计，因而吸附速率可用下式表示。

$$\frac{dx}{dt}=K_V(y-y_e) \tag{6-58}$$

式中 x——被吸附剂所吸附的组分量，kg/m^3；

t——吸附时间，s；

y——被吸附组分在气体混合物中的浓度，kg/m^3；

y_e——与单位体积吸附剂所吸附的组分量成平衡时，组分在气体混合物中的浓度，kg/m^3；

K_V——体积传质系数，$\dfrac{kg}{m^3s\times\dfrac{kg}{m^3}}$或$\dfrac{1}{s}$。

对于一般粒度的活性炭吸附有机蒸汽的过程，总传质系数 K_V 之值可由下式计算。

$$K_V=1.6\frac{D\omega^{0.54}}{v^{0.54}d^{1.46}} \tag{6-59}$$

式中 D——扩散系数，m^2/s；

ω——气体混合物流速，m/s；

v——运动黏度，m^2/s；

d——吸附剂颗粒的直径，m。

上式是根据在雷诺数 $Re<40$ 下，用活性炭吸附乙醚蒸气的实验数据归纳整理的经验式。

因为吸附机理涉及多个步骤，机理复杂，传质系数之值目前从理论上推导还有一定困难，故常用经验公式计算。

一般的吸附过程，在开始时往往极快，以后变慢，在工业上所需的吸附速率数据，往往无法获得，而由公式计算来的数据往往又与实际情况相差较大，因此吸附器设计中多凭经验或进行模拟试验来取得数据。

6.2.4 固定床吸附设备的计算

工业上的吸附过程，按操作的连续与否可分为间歇吸附过程和连续吸附过程；按吸附剂的移动方式和操作方式可分为固定床吸附、移动床吸附（超吸附）、流化床吸附和多床串联（包括模拟移动床）吸附等；按吸附床再生的办法又可分为升温解吸循环再生（变温吸附）、减压循环再生（变压吸附）、溶剂置换再生等。下面着重介绍工业上用得最多的固定床吸附器。

一个固定床吸附系统，一般需采用两台以上的吸附器交换进行吸附和再生的操作。其操作方法是间歇的，其操作过程是不稳定的，床层中各处的浓度分布随时间变化，因此在进行固定床吸附过程的计算之前，需要了解吸附过程中床层浓度和流出气体浓度在整个操作过程中的变化。

（1）吸附负荷曲线和透过曲线

① 吸附剂的活性　吸附剂的活性是以被吸附物质的质量对吸附剂的质量或体积分数表示。它是吸附剂吸附能力的标志。吸附的活性分为静活性和动活性。

静活性是指在一定温度下，与气相中被吸附物质的初始浓度平衡时的最大吸附量。即在该条件下，吸附达到饱和时的吸附量。

动活性是考虑到气体通过吸附层时，随着床层吸附剂的逐渐接近饱和，被吸附物质最终不能全部被吸附，当流出吸附层的气体中刚刚出现被吸附物质时即认为此吸附剂层已失效。

此时计算出的单位吸附剂所吸附的物质的量称为吸附剂的动活性。

② **吸附负荷曲线** 在流动状态下，气相中的吸附质沿床层不同高度的浓度变化曲线，或在一定温度下吸附剂中所吸附的吸附质沿床层不同高度的浓度变化曲线称为吸附负荷曲线。

由图 6-13，分析一下床层内吸附质浓度在整个操作过程的变化。

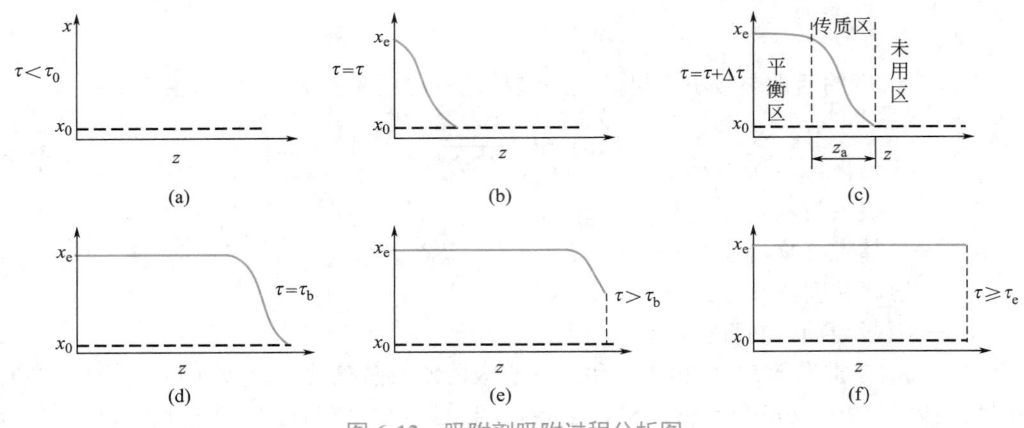

图 6-13 吸附剂吸附过程分析图

吸附剂是高度活化的，即原始床层中吸附质浓度 x_0 是最低的，如图 6-13（a），开始吸附时间以 τ_0 表示，进入吸附器的气体以质量流速 G［以惰性气体计，kg/(m^2·h)］均匀地进入吸附剂床层，气体中的吸附质不断为吸附剂所吸附，流动是在稳定状态下进行的。经过一定时间 τ 后，从床层中均匀取出样品分析，可得到图 6-13（b）所示的吸附负荷曲线，再继续经过 $\Delta\tau$ 时间后，床层中出现如图 6-13（c）所示的情况，在床层的进气端吸附质负荷为 x_e，相当于进气中吸附质浓度的平衡负荷。吸附负荷为 x_e 的部分床层，其吸附能力为零，即吸附已达饱和，称为“平衡区”或“饱和区”。靠出口一端，床层内吸附负荷仍为 x_0，与床层初始浓度一样，仍具备其全部的吸附能力，这一部分床层称为“未用区”。介于平衡区与未用区之间的那一部分床层其吸附负荷由饱和的 x_e 变化到起始的吸附质负荷 x_0，形成一个 S 形曲线。只是在这一段床层里进行着吸附过程，故 S 形波所占的这一部分床层又称为“传质区”或“吸附带”，而 S 形曲线称为“吸附波”或“传质波”，又称“传质前沿”。

当进气是以稳定态连续进入床层，则吸附波以等速向下移动，其曲线形状是基本不变的，如图 6-13（d）。当吸附波前沿刚刚到达吸附层下端口时就产生所谓的“穿透现象”或称“透过现象”，即吸附波再稍微向下移动一点就跑出床层以外了，如图 6-13（d）所示。这时在分析流出气体中，会发现有吸附质的漏出，称此点为“破点”（τ_b），到达破点所需的时间为“透过时间 τ_b”。当吸附流动继续进行，则逐渐使吸附波的顶端也到达床层的出口，这时所需的时间为“平衡时间 τ_e”［如图 6-13（f）］。此时床层中全部吸附剂达到吸附饱和，即达到全床的吸附平衡，吸附容量已全部用完，整个床层失去了吸附能力。

③ **透过曲线** 上述负荷曲线显示了床层中浓度的分布情况，有一定的直观性，但是从床层中各部分采样进行负荷分析是比较困难的。此外，在取样时也会破坏床层的稳定。因此

常在同样吸附情况下改用在一定时间间隔内，分析流出气体中吸附质的浓度变化。我们以流出气体中吸附质浓度 y 为纵坐标，以吸附时间 τ 为横坐标，则随吸附时间的推移可得到如图 6-14 的图形。

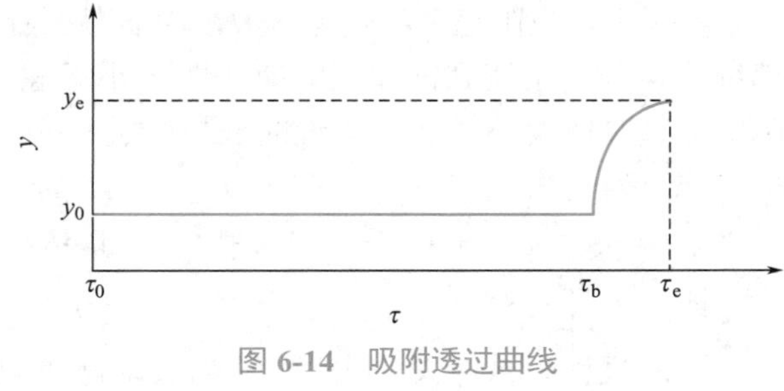

图 6-14 吸附透过曲线

开始时，流出气体中的吸附质浓度为 y_0，它是与吸附剂中 x_0 浓度相平衡的气相浓度。从 τ_0 到 τ_b（“破点”），流出气体中的浓度始终应为 y_0，再继续吸附时，吸附波前端已超出床层，流出气体中吸附质的浓度突然上升，直到 τ_e 时升到 y_e，在 y-τ 图上也形成一个 S 形曲线，这条曲线称为“透过曲线”。它与负荷曲线中的“吸附波”极相似，只是方向与之相反，形似镜面对称。

画出透过曲线易于测定和描绘，因此用它来反映床层内吸附负荷曲线并较确切地求出“破点”是可行的。如果透过曲线比较陡，说明吸附过程速度快，反之亦相反。如果透过曲线是一条竖直的直线，说明吸附过程速度是飞快的。

（2）固定床吸附器的计算

固定床吸附器的操作是非稳定的，其影响因素很多，通常对固定床吸附器进行设计计算时均采用简化的近似方法。常用的有希洛夫近似计算法。

假设吸附速率为无穷大，则进入吸附剂床层的吸附质立即被吸附，传质就不是在一个区而是在一个面上进行，传质前沿为一垂直于 z 轴的直线，传质区高度 z_0 为无穷小。又假设穿透点定的很低，且达到穿透时间时，吸附剂床层全部达到饱和，则其动活性 x_s 等于静活性 x_T，饱和度 β=1。

根据上述两个假设，则穿透时间内气流带入床层的吸附质的质量应等于该时间内床层所吸附的吸附质的质量，即物料衡算式应为：

$$G_s\tau'_B A y_e = z A \rho_b x_T \tag{6-60}$$

式中 G_s——载气通过床层的速率，kg/（m²·s）；

τ'_B——穿透时间，s；

A——吸附剂床层截面积，m²；

y_e——气流中吸附质初始浓度，kg /kg；

z——吸附剂床层沿气流方向长度，m；

ρ_b——吸附剂堆积密度，kg/m³；

x_T——与 y_e 达吸附平衡时吸附剂的平衡吸附量，即静活性，kg /kg。

对一定的吸附系统和操作条件，$x_T\rho_b/(G_s y_e)$ 为常数，并用 K 表示，则由式（6-60）得吸附床的穿透时间

$$\tau'_B = \frac{x_T\rho_b}{G_s y_e z} = Kz \tag{6-61}$$

上式表明，对一定的吸附系统和操作条件，吸附床的穿透时间与沿气流方向的长度（高度）成直线关系，每一床层长度（高度）对应于一个穿透时间。因而，只要测得 K 值，即可由床层高度计算出其穿透时间，或由需要的穿透时间计算出所需的床层高度。

实际上，吸附速率不是无穷大，因而存在着一个传质区而不是传质面。穿透时传质区中部分吸附剂尚未达到饱和，即动活性 x_s 小于静活性 x_T。也就是说，在实际吸附装置中，实际的穿透时间要小于上述假设的理想穿透时间，即 $\tau_B < Kz$，所以在实际设计中应将式（6-61）修正为

$$\tau_B=Kz-\tau_0 \tag{6-62}$$

或

$$\tau_B=K(z-z_0) \tag{6-62a}$$

上两式称为希洛夫公式。τ_0 称为吸附操作的时间损失，z_0 称为吸附床层的长度损失，τ_0 和 z_0 值均可由实验确定。

核算压降 Δp。若 Δp 值超过允许范围，可采取增大 A 或减小 z 的办法使 Δp 值降低。Δp 值可用下式估算：

$$\frac{\Delta p}{z}\times\frac{\varepsilon^3 d_p\rho_G}{(1-\varepsilon)G_s^2}=\frac{150(1-\varepsilon)}{Re_p}+1.75 \tag{6-63}$$

式中 Δp——气流通过床层的压降，Pa；

ε——床层空隙率；

d_p——吸附剂颗粒平均直径，m；

ρ_G——气体密度，kg/m^3；

Re_p——气体围绕吸附剂颗粒流动的雷诺数，$Re_p=d_pG_s/\mu_G$；

μ_G——气体黏度，Pa·s。

【例 6-3】

某厂产生含四氯化碳废气，气量 Q=1000m^3/h，浓度为 4 ~ 5g/m^3，一般均为白天操作，每天最多工作 8h。拟采用吸附法净化，并回收四氯化碳，试设计需用的立式固定床吸附器。

解：a．四氯化碳为有机溶剂，沸点为 76.8℃，微溶于水，可选用活性炭作吸附剂进行吸附，采用水蒸气置换脱附，脱附气冷凝后沉降分离回收四氯化碳。根据市场供应情况，选用粒状活性炭作吸附剂，其直径为 3mm，堆积密度为 300 ～ 600g/L，空隙率为 0.33 ～ 0.43。

b．选定在常温常压下进行吸附，维持进入吸附床的气体在 20℃以下，压力为 1 atm。根据经验选取空床流速为 20m/min。

c．将穿透炉浓度定为 50mg/m^3。

以含四氯化碳 5g/m^3 的气流在上述条件下进行动态吸附实验，测定不同床层高度下的穿透时间，得到以下实验数据：

床层高度 z/m	0.1	0.15	0.2	0.25	0.3	0.35
穿透时间 τ_B/min	109	231	310	462	550	651

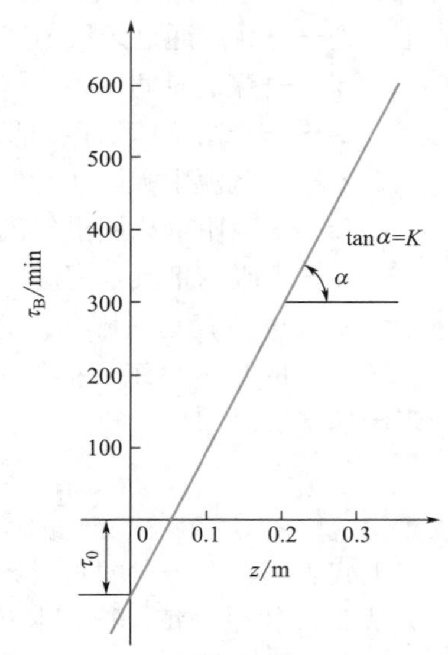

图 6-15 例题中所得到的希洛夫直线

d．以 z 为横坐标，τ_B 为纵坐标将实验数据标出，连接各点得一直线（图 6-15）。直线的斜率为 K，在纵轴上的截距为 τ_0。

由图 6-15 图解得到

$$K=\frac{650-200}{0.32-0.14}=2143\ (\text{min/m})$$

$$\tau_0=95\text{min}\ (\text{查图})$$

e．据该厂生产情况，考虑每周脱附一次，床层每周吸附 6 天，每天按 8h 计，累计吸附时间为 48h。由式（6-62）得到床层高度。

$$z=\frac{\tau_B+\tau_0}{K}=\frac{48\times60+95}{2143}=1.388\ (\text{m})$$

取 z=1.4m。

f．采用立式圆柱床进行吸附，其直径为

$$D=\sqrt{\frac{4Q}{\pi v}}=\sqrt{\frac{4\times1000}{\pi\times20\times60}}=1.03\ (\text{m})$$

取 D=1.0m。

g．所需吸附剂质量：

$$m=Az\rho_b=\frac{\pi}{4}\times1.0^2\times1.4\times\frac{300+600}{2}=494.8\ (\text{kg})$$

$$m_{max}=\frac{\pi}{4}\times1.0^2\times1.4\times600=659.7\ (\text{kg})$$

考虑到装塔损失，取损失率为 10%，则每次新装吸附剂时需准备活性炭 545 ～ 726kg。

h．按式（6-63）核算压降。已知 z=1.4m；空隙率 ε 取平均值，为 0.38；d_p=3mm=0.003m；查得 20℃、101.325kPa 下空气的密度为 1.2kg/m^3，则

$$G_s=\frac{1000}{3600}\times1.2\div\left(\frac{\pi}{4}\times1^2\right)=0.424\ [\text{kg/(m}^2\cdot\text{s)}]$$

查得 20℃时空气的黏度 $\mu_G=1.81\times10^{-5}$Pa · s，则

$$Re_p=\frac{d_pG_s}{\mu_G}=\frac{0.003\times0.424}{1.81\times10^{-5}}=70.3$$

由式（6-63）得

$$\Delta p=\left[\frac{150(1-\varepsilon)}{Re_p}+1.75\right]\times\frac{(1-\varepsilon)G_s^2}{\varepsilon^3d_p\rho_G}z$$

$$=\left[\frac{150\times(1-0.38)}{70.3}+1.75\right]\times\frac{(1-0.38)\times0.424^2}{0.38^3\times0.003\times1.2}\times1.4=2427\ (\text{Pa})$$

6.3 催化法净化气态污染物

6.3.1 催化原理

能够改变化学反应速率和方向而本身又不参与反应的物质叫催化剂，有催化剂参加的化学反应称为催化反应。

在进行催化反应的过程中，催化剂可以提高（正催化）或降低（负催化）反应的速率，或者使反应沿着特定的方向进行。

例如，在无催化剂的条件下物质 A 和物质 B 按如下方式进行化学反应。

$$A+B \longrightarrow AB$$

当加入催化剂 K 之后，反应过程发生了变化，即

$$A+K \longrightarrow AK \tag{6-64}$$

$$AK+B \longrightarrow AB+K \tag{6-65}$$

可以看出由于反应中加入催化剂，反应第一步生成了中间产物 AK，而中间产物 AK 是不稳定的，它产生之后又立即参加了第二阶段的反应，完成了全过程之后，K 并没有发生化学的或量的变化。

在某种情况下，反应所获得的加速作用是由于在反应过程中所生成的中间产物的催化作用，这种反应被称为自动催化反应。

人们通常把催化过程按催化剂与反应物、反应产物所处的状态分为多相催化和均相催化。在催化过程中包括均相催化反应和非均相催化反应，均相催化反应是指催化剂和反应物质都处于同一种物相中的催化过程，最常见的为液相催化反应体系；而在非均相催化反应中，催化剂和反应物质不处于同一物相中，多相催化最多见的体系是气固相催化体系。在气体催化转化净化过程中，在大多数情况下是应用正催化剂，而催化剂又多为固体物质，因此多属于非均相催化反应。

在非均相催化反应中，催化剂和反应物在相界面上的接触是头等重要的，这种接触是由反应物吸附在催化剂表面上完成的，其结果是增加了反应物的浓度。另外吸附发生在催化剂表面上的吸引能力特别高的局部地区，称此地区为“活性中心”。因此催化剂的活性与单位催化剂面积上活性中心的数目以及有效的总面积有关。从表面效应的观点出发，就不难理解许多吸附剂（如硅胶和活性炭）也都具有明显的催化活性。

非均相反应总是在固体催化剂表面上进行。催化剂通常是多孔、比表面积大的。非均相催化反应通过下列七个连续步骤完成。

a．反应物从流体主体向固体催化剂外表面扩散；
b．反应物从外表面向内表面扩散，到达可进行吸附 / 反应的活性中心；
c．反应物在催化剂上吸附；
d．吸附物在催化剂表面上进行反应；
e．产物从催化剂表面上脱附；
f．产物从催化剂内表面扩散到催化剂外表面；
g．产物从催化剂外表面向气流主体扩散。

在这七个步骤中，通常把反应物的吸附及其在表面上的反应和产物的脱附统称为表面催

化过程。而将反应物和产物在气流主体及孔内的扩散分别称为外扩散和内扩散过程，统称扩散过程。表面催化过程仅与反应物和生成物浓度、催化剂的本征活性及反应温度有关，又称为化学动力学过程，是化学过程。而扩散过程是物理过程。

在上述各步中，若存在最慢的一步，则称该步为控制步骤，其他各步认为进行得很快，均接近于平衡，整个反应的反应速率等于该步的反应速率。由于控制步骤是有条件的，改变反应条件，可改变控制步骤。低温下常受化学反应速率控制，高温下则受扩散控制。因此根据控制步骤的概念，可将反应分为处于化学动力学控制区和扩散控制区。后者又可分为外扩散控制区和内扩散控制区。

6.3.2　催化剂

催化剂可以是一种物质，或几种物质组成的体系，也可以是组成结构非常复杂的体系。催化剂存在的状态可以是气体、液体或固体，其中固体催化剂在工业和气体净化中应用得最广泛。固体催化剂的组成包括活性组分、助催化剂和载体。**活性组分**也称主剂，即主催化剂。它是催化剂起催化作用的主要组分。**助催化剂**简称助剂，也称促进剂。它是催化剂占量较少的物质，虽然它本身常无催化活性（即使有也很小），但加入后可大大提高主催化剂的活性、选择性和寿命。由于它自身常无活性，因此，助催化剂的加入量有一最佳值，过少则显示不出活性，过多则活性反而下降。**载体**是担载活性组分和助催化剂的组分。

绝大多数气体净化过程中所用的催化剂为金属盐类或金属，通常担载在具有巨大表面积的惰性载体上。当然有的催化剂也可不必依附于载体。典型的载体为氧化铝、铁矾土、石棉、陶土、活性炭和金属丝等。有时为了改善其强度，可预制成所需要的形状和微孔结构，还可加入成型剂和造孔物质。使用载体可以节约催化剂，并且能使其分散度或有效表面积增大，从而提高活性。

催化剂在使用过程中，由于各种因素，例如温度、压力、气氛等的影响，或多或少地都要发生某种物理或化学变化。例如催化剂的熔结、粉化和结晶构造上的变化等，因而也都会降低催化剂的使用期限。

寿命是指催化剂自投入运行至更换所经历的时间，其中也包括由于中毒、积炭等暂时失去活性，经再生处理后，重新投入运行的时间。虽然在理论上，催化剂只参与反应的中间过程，不进入产品中，也是不被消耗的，寿命应是无限的，但由于受到外界条件的影响，它的表面和体相结构都会缓慢地变化，有的甚至变化很快，因此而失去活性。一般来说，在产品成本中，催化剂的费用，并不占很大比重，但更换催化剂而失去的运行时间却不可忽视。

活性是指在给定的温度、压力和反应物流速（或空间速度）下反应物的转化率，或是催化剂对反应物的转化能力。催化剂的活性是衡量催化剂效能大小的标准，根据使用目的不同，催化活性的表示方法也不一样。活性的表示方法大致可分为两类，一类是工业上用来衡量催化剂生产能力大小的；另一类是实验室用来筛选催化活性物质或进行理论研究的。

工业催化剂的活性，通常是用单位体积（或重量）催化剂在一定条件下在单位时间内所得到的产品数量来表示。

$$A=\frac{W}{\tau W_{R}} \tag{6-66}$$

式中 A——催化剂的活性，kg/(h·g)；

W——产品质量，kg；

W_R——催化剂质量，g；

τ——反应时间，h。

上面所指的一定条件，是指在一定浓度、压力、温度和空速条件下进行反应。因此，很明显，此种表示催化剂活性的方法是有条件的、相对的和不严格的。

在实验室里，多用所谓催化剂的比活性$A_{比}$来作为寻找催化剂的活性组分及其化学配比的重要依据。定义式为

$$A_{比}=\frac{A}{S_{比}} \tag{6-67}$$

式中 $A_{比}$——催化剂的比活性，kg/(h·m^2)；

$S_{比}$——催化剂的比表面积，m^2/g；

A——总活性。

催化剂的活性取决于以下几个方面：主要组分的化学组成和结构；表面积；细孔的大小和数目；次要组分、杂质的分量和分布。

催化剂的制备包含以下几个步骤：基本原料的选择；杂质的去除；把提纯后的物质转变为所需要的化合物，使这些化合物成型为微粒、颗粒或薄膜，或把它们沉积在载体上；将成型后的小块或薄膜用气体或蒸汽在特定条件下处理（称之为活化）。

由催化剂生产厂提供的产品虽叫催化剂，实质上还只是一个坯料，不具有活性。在装入反应器后，还必须先进行活化。有的即使已由生产厂做了预活化处理，但为便于储存、运输、装卸等，对预活化的产品也需进行催化处理。在正式转入正常运行前，同样需要再活化。当然，其所需要的活化时间短得多。

催化剂有两种主要类型：①含有金属元素的催化剂（如铂、银、铝、铁、铜等）；②以化合物为主要活性组分的催化剂（如氧化物和硫化物）。

金属催化剂可以具有简单的形状（线形、箔片），也可以沉积在非多孔性和（或）高度多孔性的载体上，也可形成胶质的悬浮体。而绝大多数气体净化过程中所用的催化剂为金属或金属的盐类。

实验指出，催化剂表面仅在厚度为20～30nm处真正起作用。因此工业上常把催化剂负载于一些具有大面积的惰性物质表面，即载体上，这类物质在使用之前常要经过酸洗或碱洗、水洗及煅烧等处理，以除去杂质并使其在催化剂使用温度下能具有稳定的性质。载体的作用大体可归纳为以下四点。

a．节省催化剂。常用的催化剂比较昂贵，以载体为骨架，可大量节约贵重金属，从而降低金属催化剂的价格。

b．加大催化剂的分散度。即一定量的催化剂可获得较大的表面积，提高了催化剂的活性。

c．使催化剂在分解或还原过程中，没有明显的体积收缩。

d．增大了催化剂的机械强度，适于工业上固定床反应器的应用，并能防止高温下催化活性组元的熔结现象，以延长催化剂的寿命。

在催化剂制备过程中一般根据以下几条原则来选择催化剂的载体：

a．考虑载体组元可能具有催化活性；

b．考虑载体的多孔性和表面积的大小，一般来说催化剂载体表面积愈大，活性也愈好；

c．考虑载体的导热性能，一般来说，催化剂载体导热性能良好才能使反应器截面温度均匀，能维持良好的操作条件，而局部过热会导致反应产率大大下降，因此常用铝片作为载体；

d．考虑载体的机械强度，在固定床反应器中一定要保证在操作条件下催化剂不会因上层重力作用而粉碎，否则会大大增加气流阻力；而用于流动床的催化剂则一定要有高度的耐磨性能，否则会因磨损而被气流带出，引起巨大损耗和管道堵塞；

e．考虑载体在反应条件下的化学稳定性，在反应条件下，不允许载体产生变形、分解或与通过的原料（气体）发生化合等现象；

f．要根据具体反应条件选择催化剂载体颗粒大小。

催化剂的中毒现象是指由于微量外来物质的存在而使催化剂的活性和选择性大大降低。这些外来的微量物质称为催化剂毒物，它们常常来自原料或由生产过程中混入，或来自其他污染。

人们在研制催化剂时，总是希望它既具有足够的活性、选择性和热稳定性，同时又具有强的广泛的抗毒性能，但实际上制得的催化剂，对一些杂质仍很敏感。为了避免催化剂的中毒，在一个新型催化剂投入工业生产之前，给出的催化剂性能中，通常都要列出毒物名称及其在原料中的最高允许含量，要求严格地降低至百万分之几，甚至十亿分之几。

在工业生产中对偶然中毒的催化剂，通常可以用氢气、空气或水蒸气吹洗再生。

最后应指出，催化剂确能促进化学反应的速率，有的甚至可以使通常条件下实际上不能进行的反应加速到瞬时即可完成。例如，将纯净的氧和氢的混合体在 9℃时，生成 0.15% 的水要长达 1060 亿年，但当在这种混合气体中加入少量的催化剂——铂石棉，反应即以爆炸的速率进行，瞬时就能完成。虽然选择适当催化剂对特定的化学反应具有巨大的推动力，但催化剂既不能使那些在化学热力学上不可能发生的反应发生，也不可能改变原来反应所能达到的平衡，而只能改变化学反应达到平衡的速率，这就是说催化剂的存在毫不影响反应体系自由能（化学位）的改变，因而也不会影响化学平衡常数 K_p。

这个结论的重要性在于指出了不要为那些在热力学上不可能实现的反应去寻找高效催化剂而白白浪费人力、物力。

6.3.3　气固相催化反应动力学

气固相催化反应主要包括外扩散、内扩散和表面化学反应三个过程，气固相催化反应速率受这三个过程速率的影响。这几个过程中，速率最慢（即阻力最大）者，决定着整个过程的总反应速率，称这一步为控制步骤。

（1）表面化学反应速率方程

对于达到稳定时的气固催化连续系统，其反应速率通常以单位体积中某反应物流量的变化率来表示，即：

$$r_A = -\frac{dN_A}{dV} \tag{6-68}$$

式中　N_A——反应物 A 的瞬时流量，kmol/h。

由于反应在催化剂表面进行，式（6-68）中的反应体积改用催化剂的参数（体积、质量、表面积）来表示，因而得到三种反应速率表示式：

$$r_A=-\frac{dN_A}{dV_R} \tag{6-69}$$

$$r_A=-\frac{dN_A}{dm_R} \tag{6-70}$$

$$r_A=-\frac{dN_A}{dS_R} \tag{6-71}$$

式中 V_R——催化剂体积，m^3；

m_R——催化剂质量，kg；

S_R——催化剂表面积，m^2。

工程上，常以反应物的转化率 X 来表示反应速率。设气体中反应物 A 的初始流量为 N_{A0}，则转化率与反应物流量之间的关系为：

$$X=\frac{N_{A0}-N_A}{N_{A0}} \tag{6-72}$$

所以：

$$r_A=-\frac{dN_A}{dV_R} \tag{6-73}$$

将式（6-73）代入式（6-70）中，得到：

$$r_A=N_{A0}\frac{dx}{dV_R}=\frac{N_{A0}dx}{AdL}=\frac{N_{A0}dx}{q_v dt}=C_{A0}\frac{dx}{dt} \tag{6-74}$$

式中 N_{A0}——反应物初始流量，kmol/h；

x——转化率，%；

L——反应床长度，m；

A——反应床截面积，m^2；

q_v——反应气体流量，m^3/h；

t——反应气体与催化剂表面接触时间，h；

C_{A0}——反应物的初始浓度，$kmol/m^3$。

（2）化学反应动力学方程

在温度和压力一定时，表示反应速率与反应物浓度间函数关系的方程称为反应动力学方程或者反应速率方程。

对于 A ⟶ B 的几级不可逆反应，幂函数形式的动力学方程表示为：

$$r_A=kc_A^n \tag{6-75}$$

式中 k——n 级反应速率常数，是单位反应物浓度时的反应速率，$(m^3)^{n-1}/[(kmol)^{n-1}\cdot h]$；

n——反应级数；

c_A——反应物 A 的瞬时浓度，$kmol/m^3$。

对于可逆反应，其反应速率常用正、逆反应速率之差来表示 $r_A=r_{正}-r_{逆}$。以均相可逆反应 $aA+bB \longleftrightarrow lL+mM$ 为例，其动力学方程式可用幂函数形式的通式表示：

$$r_A=k_1c_A^{m_1}c_B^{m_2}c_L^{m_3}c_M^{m_4}-k_2c_A^{n_1}c_B^{n_2}c_L^{n_3}c_M^{n}\tag{6-76}$$

式中　m_1，m_2，m_3，m_4，n_1，n_2，n_3，n_4——各组分的反应级数；

k_1，k_2——以浓度表示的正、逆反应速率常数。

如果反应为基元反应，则幂指数与化学反应式中化学计量数相等，式（6-76）可简化为：

$$r_A=k_1c_A^a c_B^b-k_2c_L^l c_M^m\tag{6-77}$$

若反应为非基元反应，幂指数只能由实验测定。

上述均相反应动力学方程式的表示方法，同样适用于气固相催化反应，但还需考虑催化剂的影响，且幂指数只能由实验确定。

（3）内扩散过程对表面化学反应速率的影响

催化剂微孔内扩散过程对反应速率有很大影响，故催化剂内表面积虽然很大，但不能像外表面那样全部有效。于是采用催化剂有效系数 η（亦称内表面利用率），即在等温时，催化剂床层内的实际反应速率与按外表面的反应物浓度 C_A 和催化剂内表面积 S_i 计算得到的理论反应速率之比，对此进行定量说明。

$$\eta=\frac{\int_0^{S_i}k_s f(c_A)\,dS}{k_s f(c_{As})S_i}\tag{6-78}$$

式中　k_s——表面反应速率常数，单位视反应级数而定；

$f(c_{As})$——颗粒外表面反应物 A 浓度 c 的函数；

$f(c_A)$——颗粒内 A 实际浓度 c_A 的函数；

S_i——单位床层体积催化剂的内表面积，m^2/m^3。

若反应为一级反应，则上式中 $f(c_{As})=c_{As}-c_A^*$，故内扩散控制的速率方程为：

$$r_A=k_sS_i(c_{As}-c_A^*)\eta\tag{6-79}$$

η 值可通过实验测定，也可计算求得。实验测定法是首先测得颗粒的实际反应速率 r_p，然后将颗粒逐级压碎，使其内表面转变为外表面，在相同条件下分别测定反应速率，直至反应速率不再变，这时的速率即为消除了内扩散影响的反应速率 r_s，则 $\eta=r_p/r_s$。计算法是通过建立或求解催化剂颗粒内部的物料衡算式、反应动力学方程式和热量衡算式，得到颗粒内部为等温或非等温时的催化剂有效系数 η 计算公式。如等温时，催化一级不可逆反应的球形催化剂的 η 计算式为：

$$\eta=\frac{3}{\phi_s}\left[\frac{1}{\tan(n\phi_s)}-\frac{1}{\phi_s}\right]\tag{6-80}$$

$$\phi_s=R\sqrt{\frac{k_sc_{As}^{n-1}}{D_{eff}}}\tag{6-81}$$

式中　ϕ_s——球形催化剂的蒂勒模数；

R——催化剂的特性长度，即为球形颗粒半径；

D_{eff}——催化剂颗粒内有效扩散系数，m^2/h；

k_s——表面反应速率常数；

n——反应级数。

如把特性长度定义为催化剂颗粒的体积 V_P 和其外表面积 A_P 之比，则任意形状催化剂的蒂勒模数为：

$$\phi_P=\frac{V_p}{A_p}\sqrt{\frac{k_s c_{As}^{n-1}}{D_{eff}}} \tag{6-82}$$

对于球形催化剂 $V_p/A_p=R/3$，故 $\phi_P=1/3\phi_s$。不规则形状颗粒 $V_p/A_p=\varphi d_p/6$，式中，d_p 为非球形颗粒的当量直径，m；φ 为外表面的有效表面积系数，球形为 1，无定形为 0.91。

球形、片状和长圆柱体催化剂上进行一级不可逆反应时的 η 和 ϕ_s 的关系见表 6-2。

表 6-2　不同形状催化剂上进行一级不可逆反应时的 η 和 ϕ_s 关系

ϕ_s	球形 η	片状 η	长圆柱体 η
0.1	0.994	0.997	0.995
0.2	0.977	0.987	0.981
0.5	0.876	0.924	0.892
1	0.672	0.762	0.698
2	0.416	0.482	0.432
5	0.187	0.200	0.197
10	0.097	0.100	0.100

由表中数据可以看出，当 ϕ_s 值很小时，$\eta\approx 1$，这是因为 ϕ_s 值小时，表示催化剂颗粒很小，k_s/D_{eff} 比值很小，说明化学反应速率慢，内扩散速率快，此时内扩散对反应速率无影响，故 $\eta\approx 1$。反之，当 ϕ_s 值大时，表示催化剂颗粒大，k_s/D_{eff} 比值大，说明化学反应速率快，内扩散的影响不容忽视，此时 η 远小于 1，如 $\phi_s>3$，则 $\eta\approx 1/\phi_s$。

在催化剂颗粒内部等温的情况下，对于大多数气固催化反应，可用一个简单的标准来判断内扩散的影响，即当 $R\sqrt{\frac{k_s}{D_{eff}}}<1$ 时，内扩散的影响可以忽略不计。又由于 k_s 不易测得，此判断式又常以实测的反应速率表示，即当 $R^2\times\frac{r_p}{D_{eff}c_{As}}<1$ 时，内扩散影响可以忽略。

工业颗粒催化剂的 η 值一般为 0.2 ～ 0.8。

（4）外扩散控制的反应速率方程

对于一级不可逆反应有：

$$r_A=k_G S_e(c_{Ag}-c_{As})\varphi \tag{6-83}$$

式中　k_G——以浓度差为推动力的外扩散吸收系数，m/s；

S_e——单位体积催化床层中颗粒的外表面积，m^2/m。

（5）气固催化反应宏观动力学方程

当气固催化过程达到稳定时，单位时间内从气相主体扩散到催化剂外表面的反应物的量，等于催化剂颗粒内部的实际反应量，即外扩散速率等于表面实际反应速率，并与总速率相等。

所以：

$$r_A=k_GS_e(c_{Ag}-c_{As})\varphi=k_sS_i(c_{As}-c_A^*) \tag{6-84}$$

由式（6-84）可得：

$$r_A=\frac{c_{Ag}-c_A^*}{\dfrac{1}{k_GS_e\varphi}+\dfrac{1}{k_sS_i\eta}}=k_T(c_{Ag}-c_A^*) \tag{6-85}$$

式中　k_T——表观反应速率常数。

式（6-85）就是考虑了内、外扩散影响的单分子以及可逆气固催化反应的宏观动力学方程。分母中的第一项$\frac{1}{k_GS_e\varphi}$表示外扩散阻力，第二项$\frac{1}{k_sS_i\eta}$表示内扩散阻力与表面反应阻力之和，根据各项阻力的大小可以判断气固催化反应的控制步骤。

若$\frac{1}{k_GS_e\varphi}\gg\frac{1}{k_sS_i\eta}$，说明外扩散阻力很大，气固催化反应为外扩散控制，式（6-85）变为：

$$r_A=k_GS_e\varphi(c_{Ag}-c_A^*) \tag{6-86}$$

若$\frac{1}{k_GS_e\varphi}\ll\frac{1}{k_sS_i\eta}$且$\eta<1$，说明内、外扩散阻力很小，表面化学反应阻力很大，气固催化反应为化学动力学控制，式（6-86）变为：

$$r_A=k_sS_i\eta(c_{Ag}-c_A^*) \tag{6-87}$$

若$\frac{1}{k_GS_e\varphi}\ll\frac{1}{k_sS_i\eta}$且$\eta=1$，说明内、外扩散阻力很小，表面化学反应阻力很大，气固催化反应为化学动力学控制，式（6-86）变为：

$$r_A=k_sS_i(c_{Ag}-c_A^*) \tag{6-88}$$

若用k_T来表示式（6-86）中分母的倒数，则宏观动力学方程可表示为如下形式：

$$r_A=k_T(c_{Ag}-c_A^*) \tag{6-89}$$

6.3.4　气固相催化反应器

工业上常用的气固相催化反应器分固定床和流动床两大类。固定床反应器的优点是：a. 返混小，流体同催化剂可进行有效接触，当反应伴有串联副反应时可得到较高选择性；b. 催化剂机械损耗小；c. 结构简单。固定床反应器的缺点是：a. 传热差，反应放热量很大时，即使是列管式反应器也可能出现飞温（反应温度失去控制，急剧上升，超过允许范围）；b. 操作过程中催化剂不能更换，催化剂需要频繁再生的反应一般不宜使用，常代之以流化床反应器或移动床反应器，固定床催化反应器分为绝热式反应器和列管式反应器。

（1）绝热式反应器

绝热式反应器是不与外界进行热交换的反应器，可分为单段绝热式和多段绝热式。

单段绝热式反应器（图 6-16）为一高径比不大的圆筒体，内无换热构件，下部装有均匀堆置催化剂的栅板，预热到适当温度的反应气体从反应器上部通入，经气体预分布装置，均匀通过床层进行反应，反应后气体经下部引出。优点是结构简单，造价便宜，反应体积得到充分利用。缺点是只适用于反应热效应较小反应温度允许波动范围较宽的场合。

多段绝热式反应器（图 6-17）与单段绝热式反应器结构相似，只是增加了分段及段间反应物料的换热，能在一定程度上调节反应温度。根据换热要求可以在反应器外另设换热器，也可在反应器内各段之间设置换热构件。

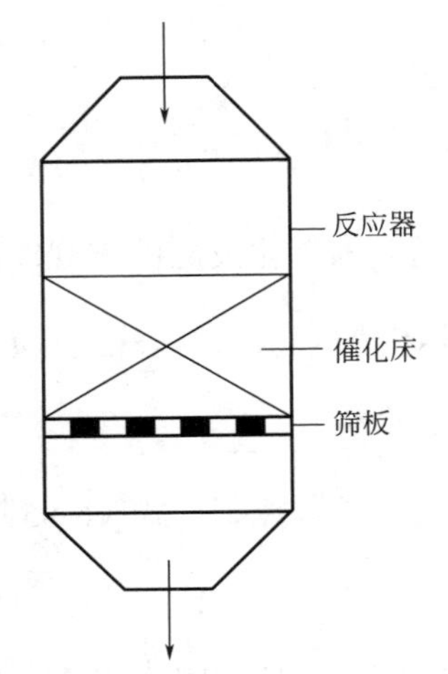

图 6-16　单段绝热式反应器结构示意图

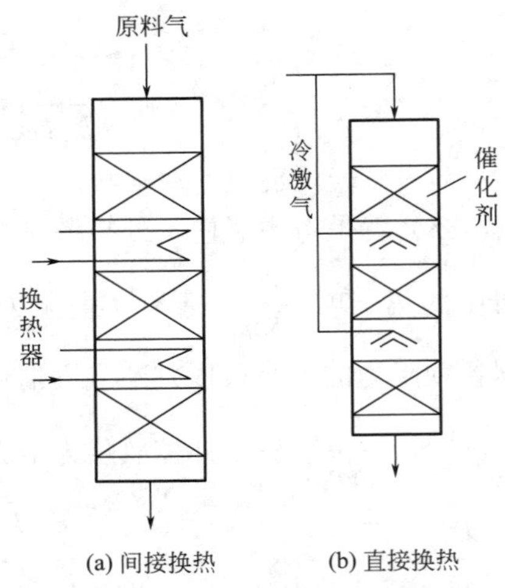

图 6-17　多段绝热式反应器结构示意图

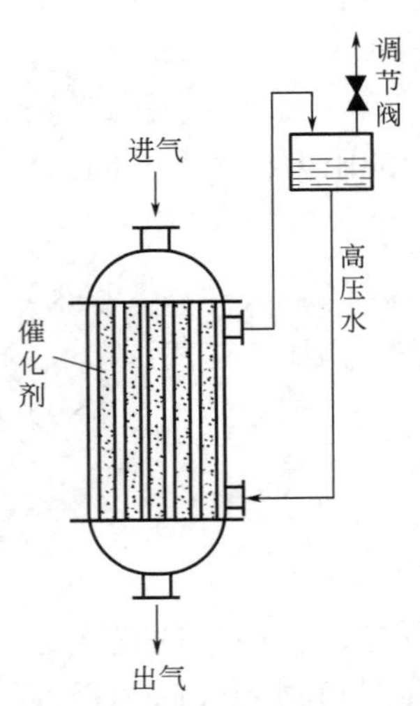

图 6-18　列管式反应器结构

（2）列管式反应器

列管式反应器结构如图 6-18 所示。它适用于温度分布要求很高或者反应热特别大的催化反应。列管式反应器通常在管内装催化剂，管外装载热体。根据反应温度、反应热效应、操作情况以及过程对温度波动的敏感性来选择载热体。管径 20 ～ 30mm 以上，最小不小于 15mm。催化剂的颗粒直径不得超过管内径的 1/8，一般为 2 ～ 6mm。

（3）气固催化反应器的选择

气固催化反应器选择的一般原则为: a. 根据反应热的大小、反应对温度的敏感程度、催化剂的活性温度范围，选择反应器的结构类型，把床温分布控制在一个合适的范围内; b. 反应器的气流压力损失要尽量小; c. 反应器应易于操作，安全可靠，并力求结构简单，造价低廉，运行与维护费用低。

反应器的作用主要是提供与维持发生化学反应所需要的条件，并保证反应进行到指定程度所需要的反应时间。因此，气固相催化反应器的设计即是在选择反应条件的基础上确定催化剂的合理装量，并为实现所选择的反应条件提供技术手段。

① 停留时间　反应物通过催化床的时间称为停留时间。显然，停留时间决定了物料在催化剂表面化学反应的转化率。而它自身又是由催化床的空间体积、物料的体积流量和流动方式所决定。因此，停留时间是反应器设计的一个非常重要的参数，它和反应速率共同决定了反应器的催化剂装量。

② 反应器的流动模型　在工业反应器分类中，气固相催化反应器的设计属于连续式，即连续进、出料的反应器。连续式反应器有两种理论流动模型，即活塞流反应器和理论混合

流反应器。在活塞流反应器内，物料以相同的流速沿流动方向流动，而且没有混合和扩散。它们就像活塞那样作整体运动，因而通过反应器的时间完全相同。而在理论混合流反应器中，物料在进入的瞬间即均匀地分散在整个反应空间，反应器出口的物料浓度与反应器内完全相同。

实际反应器内的物料流动模型总是介于上述两种理论流动模型之间。实际上，物料在反应器内流动截面上每一点的流动状态是各不相同的，各物料质点的停留时间因此也就不同。具有某一停留时间的物料在物料总量中占有一定的比例。对一种确定的流动状态，不同停留时间的物料在总量中所占的比例有一个相应的统计分布。显然，这种物料停留时间分布函数，和反应动力学方程一样，也是反应器理论设计计算的基础。

在连续流动状态下，不同停留时间的物料在各个流动截面上难免要发生混合，这种现象即称为返混。返混会使反应物浓度降低，反应产物浓度升高，从而降低过程的推动力，有损于转化率。通常设计上要增大催化剂的装量以补偿返混的消极影响。工程上对某些反应器常做近似处理，如把连续釜式反应器简化为理想混合反应器，而把径高比大的固定床简化为活塞流反应器。对薄层床以外的其他固定床，包括加装惰性填料层的薄层床，由于气流在催化剂的孔隙或颗粒间隙内流动，故常把它们简化为活塞流反应器。

固定床的停留时间可按下式来求：

$$t=\frac{\varepsilon V_R}{q_v} \tag{6-90}$$

式中　V_R——催化剂体积，m^3；

q_v——反应气体实际体积流量，m^3/h；

ε——催化床空隙率，%。

由于 q_v 通常是一个变量，式（6-90）的计算是不方便的。工程上常用空间速度求反应时间。

③ 空间速度　空间速度系指单位时间内通过单位体积催化床的反应物料体积，记为 W_{sp}。

$$W_{sp}=\frac{q_{v,N}}{V_R} \tag{6-91}$$

式中　$q_{v,N}$——标准状况下的反应气体体积流量，m^3/h。

有时也可用进口状态下反应气体体积流量来表示。显然，空间速度越大，停留时间越短。基于这种关系，把空间速度的倒数称为反应物与催化剂的接触时间，记为：

$$t'=\frac{1}{W_{sp}}=\frac{V_R}{q_{v,N}} \tag{6-92}$$

工程上常用接触时间来表征气体在催化剂中的停留时间。

6.4　新型方法净化气态污染物

6.4.1　低温冷凝

冷凝法也是一类应用较为广泛的污染气体治理方法，冷凝法的实质是利用污染气体在不同温度下具有不同饱和蒸气压的性质，采用降低温度、增加压力或两者组合的方法，使处于气态的高浓度的污染气体冷凝并与废气分离，进而被收集。

冷凝法的冷凝效率与废气中污染气体组分的浓度和性质及所选用的制冷剂密切相关。此法比较适合于高浓度有机废气的处理，一般废气中污染气体组分的浓度大于 1%；而当浓度较低时，往往需要采取进一步的冷却降温措施，这使得运行成本大大增加。同时，相对于沸点较低的废气，高沸点的组分的冷凝效果更好。冷凝法中采用的制冷剂主要是冷却水和液氮。由于水的来源广泛、安全性较高，且比热容较大，因此当废气中含有高沸点的组分时，冷却水即可达到较高的冷凝效果。当需要更低的冷凝温度时，则可选用具有更低温度的液氮作为制冷剂。

上述因素对污染气体的冷凝效率具有显著影响，同时，冷凝装置的结构及相关参数也对冷凝效率至关重要。总的来说，冷凝法工艺流程较为简单，能够有效回收污染气体，但也存在一些缺点，需要制冷设备、能耗较高；且往往经过一次冷凝，废气仍不能达到排放标准，需要进一步处理。在实际应用中，通常选择吸附等方法和冷凝技术相互结合，以取得更好的去除效果。

6.4.2 生物净化

生物法在废水处理领域的应用已有 100 多年的历史，而在废气处理领域应用的历史则相对较短。1957 年，R.D.Pomeroy 申请了首个利用土壤过滤装置处理 H_2S 的专利，并在美国加州污水厂建立起第一套土壤生物过滤装置，开创了生物净化废气的时代。进入 20 世纪 80 年代后，废气生物处理技术在欧洲有了较快的发展，其应用领域也由 H_2S 等恶臭废气扩展到 VOCs 和其他有毒污染物废气的处理，据估计，欧洲已有超过 7500 座废气生物净化装置。除欧美国家外，其他国家的研究者也对此技术开展了科学研究和工程应用。目前，废气生物净化技术已形成比较成熟的净化工艺和工程应用体系，并随着研究的不断深入与扩展，生物法技术体系也在不断地完善与发展。进入 21 世纪后，由于生物法技术本身具有经济优势和巨大应用潜力，其基础和应用研究仍然非常活跃。

与废水的生物处理不同，在废气的生物净化过程中，气态污染物首先从气相转移到液相或固相表面的液膜中，然后才能被液相或固相表面的微生物吸附并降解。Jennings 等在 20 世纪 70 年代初，在 Monod 方程的基础上提出了表征废气生物净化中单组分、非吸附性、可生化的气态有机物去除率的数学模型。随后，荷兰科学家 Ottengraf 等依据吸收操作的传统双膜理论，在 Jennings 的数学模型基础上进一步提出了目前世界上影响较大的生物膜理论。该理论认为，废气生物净化一般要经历以下几个步骤：

a．废气中的污染物首先同水接触并溶解于水中（即由气膜扩散进入液膜）；

b．溶解于液膜中的污染物在浓度差的推动下进一步扩散到生物膜，进而被其中的微生物捕获并吸收；

c．微生物将污染物转化为生物量、新陈代谢副产物及一些无害的物质（如 CO_2、H_2O、N_2、S 和 SO_4^{2-} 等）；

d．反应产物 CO_2、N_2 等从生物膜表面脱附并反扩散进入气相中，而其他物质（S 和 SO_4^{2-} 等）随营养液排出或保留在生物体内。

6.4.3 等离子体

等离子体技术应用于污染物净化成为等离子体技术应用研究的新方向。国内外科研工作者利用等离子体技术在有机废气、氮氧化物、硫氧化物、颗粒物、微生物污染和水中污染物的控制等方面开展了广泛研究。等离子体过程被认为是少数的可实现复合污染物同时控制的工艺之一。等离子体对气体污染物的适应性强，降解效果好，易于与其他工艺相结合。等离子体污染物净化技术过程的研究已取得丰富的结果，但仍存在不少研究空间与挑战。近年来，国内外针对等离子体降解污染气体的研究工作主要集中在进一步开发等离子体发生和处理工艺上，以提高能量效率及控制反应过程中二次污染物的产生为主要目的。

等离子体不同于物质的三态（固态、液态、气态），是物质存在的第四种形态，它是由带电的正粒子、负粒子（其中包括正离子、负离子、电子、自由基和各种活性物质等）组成的集合体，因其中正电荷和负电荷电量相等，故称为等离子体，它们在宏观上是呈电中性的电离态气体。和已有的三态相比，等离子体无论在组成上还是在性质上均有本质的差别，主要表现如下：a. 它是一种导电流体，而又能在与气体体积相比拟的宏观尺度内维持电中性；b. 气体分子间并不存在净电磁力，而电离气体中的带电粒子间存在库仑力，由此导致带电粒子群的种种集体运动；c. 作为一个带电粒子系统，其运动行为会受到磁场的影响和支配。因此，这种电离气体是有别于普通气体的一种新的物质聚集态。

按等离子体的热力学平衡状态的不同，等离子体可分为平衡态等离子体（equilibrium plasma）与非平衡态等离子体（non-equilibrium plasma）。所谓平衡态等离子体，即其电子温度 T_e 和离子温度 T_i 相等时，等离子体在宏观上处于热力学平衡状态，因体系温度可达到上万度，故又称为高温等离子体（thermal plasma）。所谓非平衡态等离子体，即当电子温度 T_e 远大于离子温度 T_i 时，其电子温度可达 104K 以上，而离子和中性粒子的温度只有 300 ～ 500K，因此，整个体系的表观温度还是很低，又称为低温等离子体。非平衡等离子体较平衡等离子体更易在常温常压下产生，因此在工业应用中有着广阔的前景。

6.1　某混合气体中含 2%（体积分数）CO_2，其余为空气，气体温度为 30℃，总压强为 506.6kPa，从手册中查得 30℃时 CO_2 在水中的亨利系数 H=1.88×10^5kPa，试求：溶解度系数 h，kmol/（m^3·kPa）。

6.2　在逆流操作的吸收塔中，于 101.3kPa、25℃下用清水吸收混合气体中的 H_2S，将其浓度由 2% 降至 0.1%（体积分数），该系统符合亨利定律，亨利系数 H=5.52×10^4kPa，若取吸收剂用量为理论最小用量的 1.2 倍，试计算操作液气比 L/G 及出口液相组成 x_1，又若压强改为 1013kPa，其他条件不变，此时 L/G 及 x_1 如何变化。

6.3　设一固定床活性炭吸附器的活性炭装填厚度为 0.6m，活性炭对苯吸附的平衡静活性值为 25%，其堆积密度为 425kg/m^3，并假定其“死层”厚度为 0.15m，气体通过吸附器床层的速度为 0.3m/s，废气含苯浓度为 2000mg/m^3，求该吸附器的活性炭床层对含苯废气的保护作用时间。

6.4　催化法用于气体污染物的治理过程与吸收法、吸附法相比有何优点？在操作机理方面有何不同？

6.5　什么是催化剂的活性、选择性和稳定性？催化剂的活性一般如何表示？

第7章 硫氧化物污染控制

7.1 硫循环及硫排放

图7-1显示了受人为活动影响的硫在自然环境中的循环。其中，由于火山爆发引起大量的硫排放以及由于植物生长吸收及植物腐烂释放的硫没有包括在内。

硫是地壳中第六大丰富的元素，其丰度约为260×10^{-6}（质量分数）。在地壳中硫主要以硫酸盐的形式存在，其中大部分是石膏（$CaSO_4\cdot2H_2O$）或硬石膏（$CaSO_4$）。石膏是一种化学惰性、无毒、微溶于水的矿物质，在全球范围内广泛存在。大气中以气态存在的含硫化合物主要包括硫化氢（H_2S）、二氧化硫（SO_2）和三氧化硫（SO_3），其中SO_2和SO_3通常称为硫氧化物，以SO_x表示。SO_x是全球硫循环中的重要化学物质，它在大气中反应生成硫酸雾和硫酸盐，是造成大气污染和酸化的主要污染物之一。

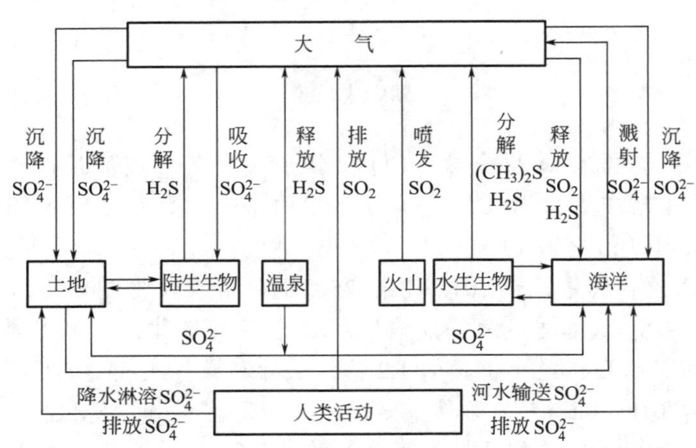

图7-1 硫的生物地球化学循环

SO_x的天然来源主要是火山爆发、天然原始微生物活动等。人为活动是造成SO_x大量排放的主要原因。所有有机燃料都含有一定量的硫。例如，木材的硫含量较低，约为0.1%或更低，大多数煤炭的硫含量在0.5%～3%，石油的硫含量在木材和煤炭之间。

硫在燃料中的化学形态因燃料而异。在天然气中，硫主要以H_2S的形式存在。在石油燃料以及油岩中，硫与碳氯化合物化学键合，以有机硫形式存在。在石油制品中，硫浓缩在高沸点组分中，因此原油可以提炼出低硫含量的汽油（含S 0.03%）和高硫含量的重油（含S 0.5%～1%）。煤中很大一部分硫分是以细的黄铁矿（FeS_2）晶体的形式存在的，也有一部分硫分是以有机硫形式存在。在燃料燃烧时，无论是有机硫还是无机硫，大部分都转化为 SO_2 还有少量 SO_3：

$$S+O_2 \longrightarrow SO_2 \tag{7-1}$$

如果 SO_2 排入大气，将最终沉降（干沉降和湿沉降），大部分落入海洋，随着长期的地质变化变成陆地物质的一部分，再经过漫长的地质变化，最终进入燃料和硫化物矿，并被人类采掘利用。本章将介绍控制 SO_2 排入大气的方法，其中一个重要方法是使用石灰石将 SO_2 捕集生成 $CaSO_4 \cdot 2H_2O$，并通过填埋处理使硫返回地壳，其总的化学反应可写为：

$$CaCO_3+SO_2+0.5O_2 \longrightarrow CaSO_4+CO_2 \tag{7-2}$$

SO_x 的另一个重要来源是含硫矿石的冶炼过程。例如，自然界中的铜矿石多以黄铜矿（$CuFeS_2$）形式存在，高温下用黄铜矿冶炼铜的反应为：

$$CuFeS_2+2.5O_2 \longrightarrow Cu+FeO+2SO_2 \tag{7-3}$$

在此过程中，矿石中的硫被转化成了 SO_2。

表 7-1 给出了中国 2010 年以来能源消费总量及构成。可见，中国的能源消费量很大，且能源结构以煤炭为主。到 2019 年中国煤炭消费总量已经占到了世界煤炭消费总量的约 52%。煤炭是一种低品位的化石能源，中国煤炭中含硫分较高，硫分含量变化范围较大，从 0.1% 到 5% 不等，目前全国商品煤的平均含硫量为 1% 左右。随着燃煤量的增加，燃煤排放的 SO_2 也不断增长，1997 年起中国 SO_2 排放量已超过欧洲国家和美国，居世界第一位。2011 年中国 SO_2 排放量达到峰值，高达 2217.9 万吨。其后，随着 SO_2 控制技术的发展，我国 SO_2 排放量有所降低，但排放总量仍然十分庞大。据国际能源机构预测，到 2030 年，中国一次能源供应结构中煤炭仍将占据主导地位。因此，削减和控制燃煤 SO_2 污染，是中国能源和环境保护部门面临的严峻挑战。

表 7-1　中国 2010 年以来能源消费总量、煤炭消费总量和世界煤炭消费总量及中国 SO_2 排放总量

年份	中国能源消费总量 / 亿吨	中国煤炭消费总量 / 亿吨	世界煤炭消费总量 / 亿吨	中国 SO_2 排放总量 / 万吨
2010	36.1	25.0	50.6	2185.2
2011	38.7	27.2	53.7	2217.9
2012	40.2	27.5	54.9	2117.6
2013	41.7	28.1	55.2	2043.9
2014	42.6	27.9	55.2	1974.4
2015	43.0	27.4	53.8	1859.1
2016	43.6	27.0	52.9	1102.9
2017	44.9	27.1	53.3	875.4
2018	46.4	27.4	53.9	—
2019	48.6	28.0	53.9	—

因此，控制 SO_2 排放的重点是控制与能源活动有关的排放。控制的方法有：采用低硫燃料和清洁能源替代、燃料脱硫、燃烧过程中脱硫和末端尾气脱硫。以下各节将就燃料的燃烧

前脱硫、燃烧过程中脱硫和末端尾气脱硫分别展开讨论。

7.2 硫氧化物检测方法

硫氧化物作为一种高危害的含硫污染气体，它的排放与检测引起了人们越来越多的关注，实现硫氧化物的高精度检测对环境保护和人体健康等诸多领域尤为重要。根据各检测方法的原理，可将其分为化学方法和光学方法两大类。其中，代表性的化学方法主要有电化学传感器（ES）、气相色谱法（GC）、质谱（MS）及其联用方法等；光学方法主要有非分散红外光谱（NDIR）技术、傅里叶变换红外吸收光谱（FTIR）技术以及差分吸收光谱（DOAS）技术等。目前，这些方法均被大量应用于各领域的 SO_2 检测中，为工业生产提供保障的同时，也为环境质量、人体健康保驾护航。

7.2.1 硫氧化物化学检测方法

（1）电化学传感器

电化学传感器（electrochemical sensor，ES）常被用于痕量气体测量，它依据可控电位电解法，通过测量待测气体在特定电位下发生电解所产生的电流的大小来实现气体浓度的测量。该方法可以快速获得待测硫氧化物的浓度信息，电化学传感器的检测过程可以描述为：当环境中存在待测气体时，气体会扩散到工作电极并在工作电极表面发生化学反应，化学反应过程中产生的电荷在外部电位的作用下形成电解电流，理论分析表明产生的电解电流的强度将与待测气体的浓度成正比关系，即通过检测电流的强度就可以反推出扩散到电极表面的气体的浓度信息。

（2）色谱分析

色谱分析（chromatographic analysis）是基于物质在固定相和流动相之间分配系数的差别来实现物质的分离与分析的方法。目前，按照流动相的分子所处的状态，最常用的色谱分析方法主要分为气相色谱和液相色谱两大类。色谱分析法作为一种现代化学测量方法，在近几十年得到了快速的发展，已被广泛应用于硫氧化物检测领域。气相色谱分析以气体作为流动相，液相色谱法以液体作为流动相，其中在硫氧化物检测领域气相色谱分析法应用较多。

（3）质谱分析及质谱联用技术

质谱（mass spectrometry，MS）分析技术通过利用高能的电子将待测气体分子电离，使待测分子带电，电离后的不同种类的气体分子的质荷比各不相同，而后将带电后的气体分子以一定的速度射入磁场和电场的叠加场中，利用电场和磁场对带电离子进行甄别，电离产生的质荷比不同的组分将在电场和磁场的共同作用下发生分离，产生不同气体组分的质谱图。对于特定的气体组分，其质谱图是唯一的，通过将测量得到的质谱图与标准质谱图进行对比，可以确定气体的成分，质谱图中每个谱峰的强度都与组分含量相关，通过分析谱峰的强度可以解析出混合气体中不同组分各自的浓度信息。

7.2.2 硫氧化物光学检测方法

（1）非分散红外光谱技术

非分散红外光谱（non-dispersive infrared spectroscopy，NDIR）技术是一种发展迅速、应用最为广泛的气体检测技术，基于该技术的环境监测分析仪占总数的70%以上。非分散红外光谱技术的原理为由红外光源发射的光在待测气体中传播后经过滤光片被探测器接收。该气体检测方法不采用光谱仪分光，而是检测气体的整体吸收光强，在探测器前装有针对待测气体的滤光片，将非吸收波段的光滤除，只保留气体吸收特征所处波段，多用于高浓度气体测量，对于痕量气体其测量精度有限。

（2）傅里叶变换红外吸收光谱技术

傅里叶变换红外吸收光谱（fourier transformation infrared absorption spectroscopy，FTIR）技术是一种传统的光学气体检测方法，由于几乎所有物质均具有红外吸收特征且特征丰富，利用该方法可以实现大多数气体的测量。该方法主要针对气体中红外和远红外的吸收特征，此时气体的吸收仍将满足朗伯-比尔（Lambert- Beer）定律，通过测量光强经由待测气体后产生的衰减，可以分析待测气体的浓度信息。

FTIR与普通光谱分析方法的不同在于后者通常采用光栅光谱仪作为分光仪器，而该方法采用的是傅里叶变换红外光谱仪来实现光谱的获得。该光谱仪的核心部件为迈克尔逊干涉仪，通过改变光谱仪内动镜的位置，可以得到一系列与动镜位置有关的干涉光的光强，该光强由光电探测器或光热探测器接收转换成电信号，通过将随位置变化的光强函数做傅里叶变换，可以获得探测光中不同波长处光强的分布。傅里叶变换红外吸收光谱技术不需要扫描即可直接获得很宽范围内的光谱信息，具有光谱重现性好、响应速度快、无需分光即可得到光谱信息的优势，但傅里叶变换红外光谱仪通常体积较大，且造价昂贵，很难应用于现场测量，目前仍多用于实验室分析。

（3）差分吸收光谱技术

差分吸收光谱（differential optical absorption spectroscopy，DOAS）技术是一种在气体吸收的基本原理Lambert-Beer定律的基础上演变而来的一种气体检测技术。差分吸收光谱技术的主要思想是：对于具有随波长剧烈变化的吸收特征的气体，可以将它的吸收特征看成是由两部分构成，分别为随着波长缓慢变化的部分和随着波长剧烈变化的部分。对于一种气体组分，它的快变吸收特征更具有物质特异性。

由于该方法以快变吸收特征的提取为基础，高分辨光谱的获得对基于差分吸收光谱技术的气体检测尤为重要。差分吸收光谱技术具有操作简便、成本低、气体选择性好、抗干扰能力强、响应速度快等优势，已被广泛认可为一种可靠的气体检测方法。该方法尤其适用于在一定波段内具有连续、剧烈变化吸收特征的气体的测量，常见于二氧化硫、氨气、臭氧以及氮氧化物的测量。

7.3 燃烧前燃料脱硫技术

7.3.1 煤的物理脱硫

工业上采用物理方法能脱除的主要是硫铁矿硫。煤中硫铁矿的嵌布形态直接影响脱硫方法的选择及脱硫效果。

（1）洗选脱硫

目前，我国采用较多的煤炭脱硫方法是物理洗选，几种洗选工艺所占比例依次为：跳汰59%、重介质23%、浮选14%、其他4%。

应用普通重力分选法分离密度差较大的块状物料是最经济有效的方法。黄铁矿的密度约为纯煤的3倍，因此，应用跳汰洗选和重介质分选法能有效地将块煤（粒度＞13mm）和末煤（粒度13～0.5mm）中结核状或团块状的黄铁矿分离出来。在我国华北地区，以硫铁矿为主的高硫煤层中（如开滦、邯郸、阳泉等地）通常可见到结核状或团块状的黄铁矿，其真密度在3.5g/m^3以上。这些黄铁矿结核或团块，在洗煤过程中几乎都沉积在跳汰机的床层底部。若将这些黄铁矿回收可获得含硫率35%左右的精矿，供生产硫酸用，也可作为炼制硫黄的原料。

随着原煤粒度减小，黄铁矿解离度增加，脱硫率增高。因此为了取得较高的脱硫率，原煤粒度应大致等于夹杂的黄铁矿平均粒度。摇床非常适用于粒度大于0.5mm的细粒煤。重力分选脱硫时，黄铁矿在原煤中嵌布粒度愈细，与有机质结合愈紧密，越难除去。煤的破碎粒度与摇床脱硫率的关系见表7-2。

表7-2　煤的破碎粒度与摇床脱硫率的关系

破碎粒度 /mm	13～0	6～0	3～0
摇床脱硫率 /%	44.07	63.37	79.40

跳汰和重介质分选适用于块煤和粗粒末煤，对小于0.5mm的细粒煤泥的分选效果很差，脱硫率很低。

（2）泡沫浮选脱硫

煤的泡沫浮选同样只能脱除煤中的部分无机硫，对有机硫无能为力。浮选是依据硫铁矿与煤的表面润湿性的差异，发生在气液固三相界面的分选过程。它们能否黏附到气泡上主要取决于水对它们表面的润湿性。润湿性强或弱的表面被称为亲水表面或疏水表面。这种亲水性或疏水性（亦称憎水性）决定于它们表面分子与水分子的相互作用——水化作用的强弱。亲水性矿物如煤中成灰物质表面与水分子作用力强，生成的水化膜较厚，不易随气泡上浮，而疏水性矿物如煤中的有机质分子与水分子的亲和力较弱，不能形成稳定的水化膜，因而容易随气泡上浮。利用矿物表面的润湿性和它的可浮性的关系，根据亲水性矿物难浮，疏水性矿物易浮的原理，设计泡沫浮选脱硫工艺。

（3）油团聚分选脱硫

油团聚法是采用不互溶的油，通过选择性润湿和团聚从悬浮液中分选固体颗粒。通常煤颗粒本身是疏水的，在高剪切力下不断搅拌的水煤浆中，添加非极性油使其润湿疏水性煤粒，覆盖油的煤粒很容易互相黏附并形成球团，而亲水性的矿物颗粒则不受影响仍悬浮在水中，最后可用物理方法将球团处于分散状态的亲水性颗粒分开。有效的油团聚过程，取决于固油、固水和油水界面的性质。球团与分散矿粒的分离可采用筛分法或水选法。

7.3.2　煤的化学脱硫

如前所述，物理脱硫法只对煤中的无机硫部分有效，而且无机硫的脱除率仅为50%。在我国高硫商品煤中有机硫所占比例甚大，约占全硫量的43.5%，有的地区甚至超过50%。随着采掘深度增加，这种状况将有增无减。因此，在注重脱除煤中无机硫的同时，还必须加强对有机硫脱除的关注。

化学脱硫法的特点是几乎可以脱除全部硫铁矿硫和25%～70%的有机硫，同时煤的结构和热值不会发生显著变化，煤的回收率在85%以上。所以化学脱硫法对于将有机硫含量高而黄铁矿呈大量细粒嵌布状态的煤加工成洁净燃料具有重要价值。

化学脱硫工艺很多，择其主要简介如下。

（1）热碱液浸出法

热碱液浸出法（battelle hydrothermal coal process，简称Battelle热碱液法，又称水热法）。这种方法是利用热碱溶液在高压下浸出煤中的黄铁矿硫分和有机硫化合物，总硫脱除率可达50%～84%。含NaOH 4%～10%和$Ca(OH)_2$约2%的混合水溶液是最好的化学脱硫浸出剂，它不仅可以转化无机硫和有机硫，还能使部分矿物质溶解。其操作条件：反应温度为225～273℃，压力为2.41～17.2MPa。整个流程包括煤准备、热液处理、固液分离、燃料干燥和浸出剂再生5部分。

热碱液浸出法可脱除有机硫24%～70%。同时还可去除有毒有害的金属和非金属如铍、砷、钡、铅、铝、硅、钙等。产品精煤的质量很高，是一种相当洁净的燃料，特别适用于锅炉燃煤和气化炉用煤，能降低大量投资和运行费用。

（2）硫酸铁溶液浸出法

硫酸铁溶液浸出法（Meyers）采用硫酸铁溶液（铁离子浓度为0.5mol/L）从粉煤中浸出黄铁矿硫。反应条件温度为90～130℃，压力为9.8～98kPa，浸出时间为4～6h。硫酸铁浸出剂在相同温度下用空气或氧气再生。总的化学反应是黄铁矿氧化生成单质硫和硫酸铁。

（3）液相氧化法

此法是煤在水溶液中利用氧气或空气在升温和加压条件下进行氧化脱硫，共有4种方法：LOL（ledgernont oxygen leaching）法、催化氧化法、PETC（pittsburgh energy technology center）法和Ames法。该过程的浸出条件是浸出剂为弱酸性溶液或氢氧化铵溶液，温度130℃，氧分压1～2MPa，反应时间1～2h。该过程可脱除黄铁矿硫90%以上。由于LOL法无单质硫产生，浸出剂不需要再生和反应时间短等，故比Meyers法经济。在用氢氧化铵溶液浸出时，该过程可以脱除黄铁矿硫80%～85%，还可去除30%～40%的有机硫，但煤和氨的损失多。

7.3.3 煤的生物脱硫

煤的生物脱硫法是在极其温和的条件下（常压，温度在100℃以下），利用生物氧化-还原降解反应，使煤中硫得以脱除的一种低能耗的脱硫方法。该方法不仅生产成本低，而且不会降低煤的热值。

生物脱硫与几种煤脱硫工艺的比较见表7-3。

表7-3 生物脱硫与几种煤脱硫工艺的比较

技术路线	脱硫率/%	每吨产品操作成本①/美元	投资费用②/（美元·kW^{-1}）
重力分选法	30～40	4～6	50
先进浮选法	53	25	101
油团聚	49	23	85
细煤重介质分离	59	21	98
化学熔融碱法（TRW）	80～90	30（54）	92
生物脱硫	50～70	15～50	

① 1988年美元价，括号内为1993年美元价。

② kW为当量千瓦。

由表7-3看出，若技术上可行，生物脱硫可能成为经济上更具竞争力的脱硫方法。最新研究表明，生物脱硫还能去除10%～50%的有机硫，这将使它成为一种很有发展前途的精煤制备技术。

生物脱除煤中有机硫和无机硫的方式完全不同。

用生物进行黄铁矿的脱硫，主要有两种形式：一是直接作用；二是间接作用，即用直接作用的生成物加速氧化还原反应的溶解过程。氧化亚铁硫杆菌能侵袭黄铁矿和白铁矿的表面，生成高价铁离子和硫酸根。这就是生物的直接作用。

在利用生物使黄铁矿发生溶解过程中，间接氧化作用极为重要。当［Fe^{3+}］/［Fe^{2+}］大于2时，该过程可自发进行。而且在氧化亚铁硫杆菌作用下，黄铁矿的溶解及反应速率可加快10倍。但只有当pH值小于4时，间接氧化作用才能发生，因为在较高pH值下，Fe^{3+}将以氢氧化铁沉淀存在。

由于煤中有机硫的原子含在有机质的多环结构中，与碳、氢、氧等元素牢固地结合在一起，因此，生物脱除有机硫的方法与脱除无机硫的不同，微生物的种类和脱硫的机理也不同。虽然微生物可以高效地脱除煤中的有机硫，但培养具有这种功能的微生物却很困难。

7.4 燃烧中脱硫技术

7.4.1 型煤固硫技术

型煤技术是把粉碎的煤与石灰石以及氢氧化钙等脱硫剂混合加工成成型的型煤作为燃料，在燃烧的同时自行脱硫，此法比燃烧散煤节约能源20%～30%，减少烟尘排放量40%～60%，还能提高锅炉出力10%～30%，加入适量固硫剂后，燃烧时烟尘和SO_2排放都比燃烧散煤时减少 40％～60%。在我国，民用型煤加工已有成熟技术，但工业发展比较缓慢，长远看来，工业型煤技术是实现工业炉窑高效、清洁燃烧的一个很有希望的方向，但是这一技术不能应用于悬浮锅炉（如电站煤粉炉）。

钙基固硫剂在型煤燃烧固硫中也有其局限性，型煤固硫试验表明，钙基固硫剂在 850℃左右固硫效果最好。在 850℃之前，以固硫合成反应为主，且固硫反应速率随温度升高而提高，约在 680℃之后才能跟上 SO_2 释放速率。利用添加剂经济有效地提高钙基固硫剂的低温反应活性，特别是提高抗高温分解能力，能在较大的程度上保留较低燃烧温度下的固硫效果，正是工业固硫型煤技术开发的难点和关键所在。

7.4.2　炉内喷钙固硫技术

采用的介质为钙基脱硫剂，这是一种较普遍采用的方法。一般是向炉内喷入钙基脱硫剂，以达到脱硫的目的，该方法最初由德国的 Wickert 开始研究，具有设备操作简单、占用空间小、投资少等优势，但它也存在一个缺陷，即脱硫效果较差，在工业可行的钙硫比下，通常钙的利用率不会超过 30%。其原因是在炉内燃烧工况下脱硫剂的活性很低。但由于目前一些国家，特别是发展中国家的有关环保法令只要求对燃煤排放的 SO_2 有中等程度的排出，这一方法能满足一般环保要求的特点，也越来越受到人们的关注。

炉内喷钙技术在 20 世纪 60 年代就已经问世，但是由于脱硫率不高，一直未能得到广泛应用。进入 80 年代以后，在炉内喷钙工艺基础上，进一步开发出了炉内喷钙尾部增湿脱硫工艺，如美国的 LIMB 工艺和芬兰 Tampella 公司的 LIFAC 工艺，这些技术现在都已得到了推广应用。然而上述两种工艺都已涉及了炉后的烟气脱硫。

7.4.3　流化床脱硫技术

7.4.3.1　流化床脱硫的化学过程

煤的流化床燃烧是继层燃燃烧和悬浮燃烧之后，发展起来的一种较新的燃烧方式。当气流速度达到使升力和煤粒的重力相当的临界速度时，煤粒将开始浮动流化。维持料层内煤粒间的气流实际速度大于临界值而小于输送速度，是建立流化状态的必要条件。流化床为固体燃料的燃烧创造了良好的条件。

在流化床锅炉中，固硫剂可与煤粒混合一起加入锅炉，也可单独加入锅炉。流化床燃烧方式为炉内脱硫提供了理想的环境，其原因是：床内流化使脱硫剂和 SO_2 能充分混合接触；燃烧温度适宜，不易使脱硫剂烧结而损失化学反应表面；脱硫剂在炉内的停留时间长，利用率高。

广泛采用的脱硫剂主要有石灰石（$CaCO_3$）和白云石（$CaCO_3 \cdot MgCO_3$），它们大量存在于自然界中，而且易于采掘。

当石灰石或白云石脱硫剂进入锅炉的灼热环境时，其有效成分 $CaCO_3$ 遇热发生煅烧分解，煅烧时 CO_2 的析出会产生并扩大石灰石中的孔隙（见图 7-2）从而形成多孔状、富孔隙的 CaO：

$$CaCO_3 \longrightarrow CaO+CO_2 \tag{7-4}$$

随后，CaO 通过以下方式与 SO_2 作用形成 $CaSO_4$，从而达到脱硫的目的：

$$CaO+SO_2+1/2O_2 \longrightarrow CaSO_4 \tag{7-5}$$

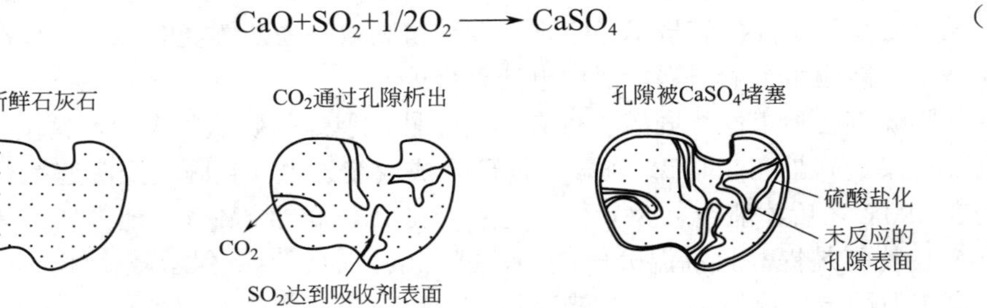

图 7-2　脱硫剂煅烧及硫酸盐化

但由煅烧分解生成的 CaO 不可能通过上述反应完全转化为 $CaSO_4$，因为硫酸盐化反应导致固相容积增加。1mol $CaCO_3$ 可生成 1mol $CaSO_4$，而在通常条件下，每 1mol $CaCO_3$ 所占体积为 36.9cm^3，每 1mol $CaSO_4$ 的体积为 52.2cm^3。于是，在脱硫剂与 SO_2 的反应过程中，脱硫剂的部分孔隙会由于产物增多而发生堵塞（图 7-2）。孔堵塞后，反应物必须以固态离子扩散的形式通过 $CaSO_4$ 产物层才能到达反应界面，而固态离子扩散的速率很慢，影响了硫酸盐化反应的速率。

7.4.3.2　流化床脱硫的主要影响因素

（1）钙硫比

Ca/S 比（脱硫剂所含钙与煤中硫之摩尔比）是表示脱硫剂用量的一个指标。从脱除 SO_2 的角度考虑，所有性能参数中，Ca/S 比的影响最大。在一定条件下，它是调节 SO_2 脱除效率的唯一因素。无论何种类型的流化床锅炉，Ca/S 比（R）对脱硫率（η）的影响皆可以用一个经验式近似表达：

$$\eta=1-\exp(-mR) \tag{7-6}$$

式中，m 为综合影响参数，它是床高流化速度（气体停留时间）、脱硫剂颗粒尺寸、脱硫剂种类、床温和运行压力等性能参数的函数。

不同类型的流化床锅炉有不同的 m 值。因此，在不同炉型和燃烧工况下，要达到相同的脱硫率，所需的 Ca/S 比是不同的。一般要达到 90% 的脱硫率，常压鼓泡流化床、常压循环流化床和增压流化床的 Ca/S 比分别为 3.0 ～ 3.5、1.8 ～ 2.5 和 1.5 ～ 2.0。图 7-3 为 110MW 常压循环流化床锅炉运行试验时测得的 Ca/S 比与脱硫率的关系。

（2）煅烧温度

图 7-4 为常压流化床燃烧时，煅烧温度对脱硫率影响的试验结果。图中有最佳的脱硫温度范围，约 800 ～ 850℃。出现这种现象的原因与脱硫剂的孔隙结构变化有关。温度较低时，脱硫剂煅烧产生的孔隙量少，孔径小，反应几乎全被限制在颗粒外表面。随着温度增加，煅烧反应速率增大，伴随着 CO_2 气体的大量释放，孔隙迅速扩展膨胀。相应地，与 SO_2 反应的脱硫剂表面也增大，从而有利于脱硫反应的进行。但是，当床温超过 $CaCO_3$ 煅烧的平衡温度约 50℃以上时，烧结作用变得越来越严重，其结果是使煅烧获得的大量孔隙消失，从而造成硫活性降低。

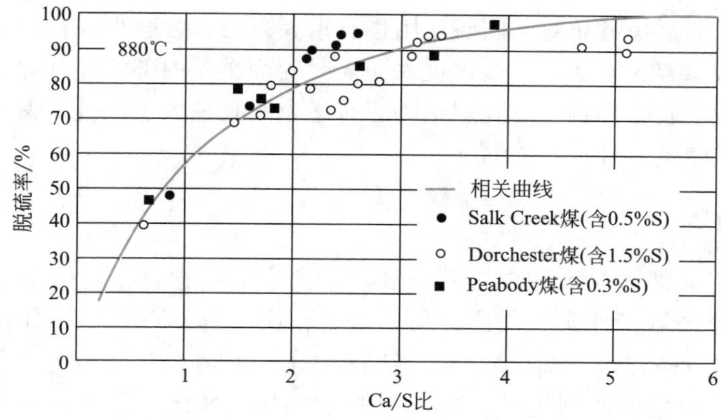

图 7-3　Ca/S 比与脱硫率的关系

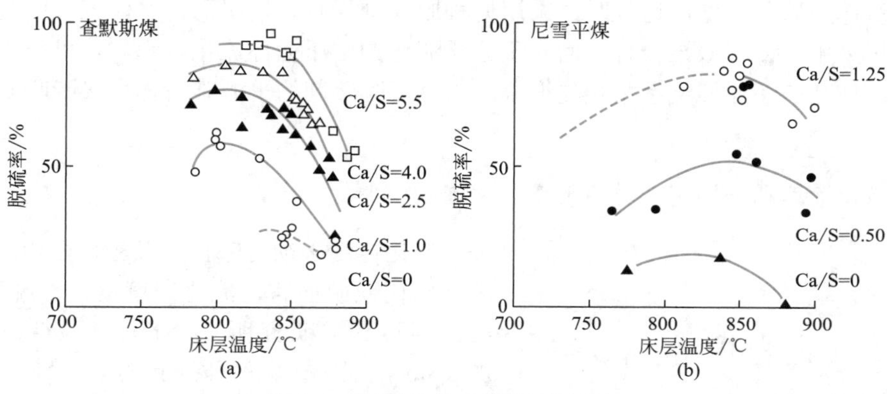

图 7-4　煅烧温度对脱硫率的影响

（3）脱硫剂的颗粒尺寸与孔隙结构

由于脱硫剂颗粒形状、孔径分布不一，又存在床内颗粒磨损、爆裂和扬析等影响，脱硫率与颗粒尺寸的关系十分复杂。图 7-5 为一组试验测试结果，由图可见，从较大粒径开始，随颗粒尺寸减小，脱硫率变化并不明显。当颗粒尺寸小于发生扬析的临界粒径时，脱硫剂发生扬析，此时颗粒停留时间减少，但由于小颗粒的比表面积较大，因而其脱硫率仍是增加的。综合脱硫和流化床的正常运行要求，脱硫剂颗粒尺寸并非越小越好。

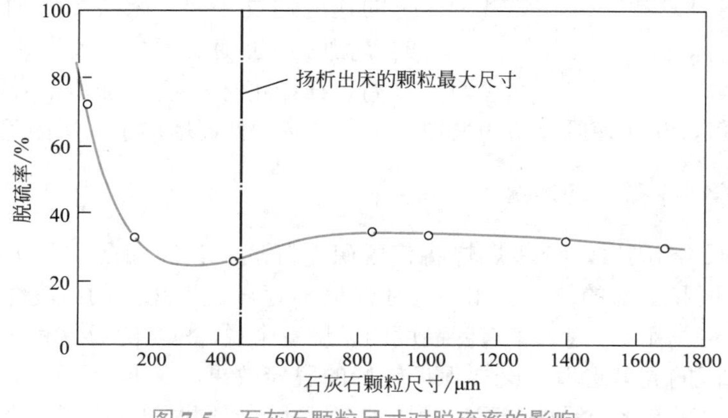

图 7-5　石灰石颗粒尺寸对脱硫率的影响

脱硫剂颗粒孔隙直径分布对其固硫作用也有重要影响。含有小孔径的颗粒有更高的比表面积，但其内孔入口容易堵塞。大孔可提供通向脱硫剂颗粒内部的便利通道，却又不能提供大的反应比表面积。脱硫剂颗粒的孔隙结构应有适当的孔径大小，既要保证有一定的孔隙容积，又要保证孔道随反应进行不易堵塞。

（4）脱硫剂种类

目前普遍采用天然石灰石和白云石作脱硫剂，它们的含钙量、煅烧分解温度、孔隙尺寸分布、爆裂和磨损等特性互不相同。与石灰石相比，白云石的孔径分布和低温煅烧性能好，即使在增压运行条件下，部分煅烧也能顺利进行。但运行压力低时，更易于爆裂成细粉末，在吸收更多的硫之前遭到扬析。同时，在相同的Ca/S比条件下，白云石的用量比石灰石将近大两倍，相应的脱硫剂处理量和废渣量也大得多。正因为如此，常压运行时，倾向于采用石灰石作脱硫剂；增压运行时，采用何种脱硫剂视具体情况而定。研究表明，增压鼓泡流化床锅炉采用白云石效果较好，而对于分段流化的增压循环流化床锅炉，可在炉膛下部加入石灰石，使其在还原性气氛中预先煅烧。当然，脱硫剂的来源难易也直接影响到脱硫剂的选择。

（5）流化速度和床层高度对脱硫率的影响

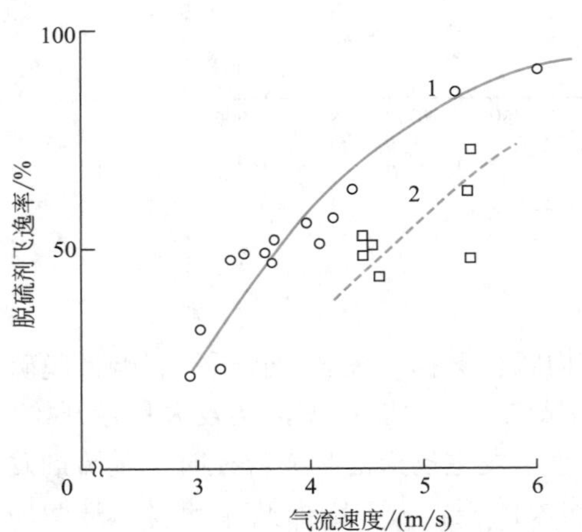

图 7-6 气流速度对脱硫剂飞逸率的影响

试验条件：床温 900℃；Ca/S=4；脱硫剂为石灰石
1—平均粒径 1.3mm（0.5 ～ 5.0mm）；2—平均粒径 1.8mm（1.0 ～ 5.0mm）

流化速度必须与床料的颗粒粒径相适应。对在流化床内脱硫而言，流化速度增大，脱硫率降低。美国阿贡国立研究所（ANL）试验得出，速度增加 0.3m/s，则脱硫率下降约 5‰。日本日立公司在（550×550）mm^2 试验炉上得出气流速度对脱硫剂飞逸率的影响，如图 7-6 所示，脱硫剂飞逸率随气流速度的增大而增加，因而造成脱硫率下降。流化速度影响脱硫率。降低流化速度可以增加脱硫剂的停留时间，有利于提高脱硫率。但是，对循环流化床锅炉来说，因物料多次循环，流化速度的影响不太重要，重要的是气固分离器捕集颗粒的能力。

床层高度影响的实质是停留时间。烟气以一定的速度通过床层，床层高度加大，则可供反应的停留时间也随之增大，脱硫率也提高。但床层太高，在鼓泡床中会增加泡的兼并，降低含硫烟气和脱硫剂的接触，从而使脱硫率的增加并不明显，并且还增加了床层的阻力和电耗。

（6）分级燃烧对脱硫率的影响

当 Ca/S 摩尔比相同时，分级燃烧将使脱硫率降低。其原因是：分级燃烧时循环流化床由下部的还原区和上部的氧化区组成，还原区的存在使氧化区的高度缩短，从而减小了 $CaSO_4$ 的生成程度。因此，对一个有限高度的燃烧室来说，SO_2 的吸收和 NO_x 排放量的减少对还原区和氧化区的高度选取，既要保证较好的脱硫效果，又要保证 NO_x 有较好的还原性能。对小容量的循环流化床锅炉，因为燃烧室高度矮，要同时满足脱硫、脱硝的要求是有实际困难的。对大容量的循环流化床锅炉，有可能使 SO_2 在氧化区内有足够的停留时间，改善脱硫效果，减少石灰石的消耗量，同时能使 NO_x 在还原区有一定的停留时间，使其浓度降到 215mg/m^3 以下的水平。

7.4.3.3　脱硫剂的再生

试验研究表明，在流化床燃烧脱硫过程中对石灰石中钙的利用率并不高，一般为 10%～40%。因此，如何再生利用脱硫剂也受到人们的关注。不同温度下，脱硫剂会发生不同的再生反应。

一级再生

在 1100℃以上时：

$$CaSO_4+CO \longrightarrow CaO+CO_2+SO_2 \tag{7-7}$$

$$CaSO_4+H_2 \longrightarrow CaO+H_2O+SO_2 \tag{7-8}$$

二级再生

在 873～930℃范围内时：

$$CaSO_4+4CO \longrightarrow CaS+4CO_2 \tag{7-9}$$

$$CaSO_4+4H_2 \longrightarrow CaS+4H_2O \tag{7-10}$$

在 540～700℃范围内时：

$$CaS+H_2O+CO_2 \longrightarrow CaCO_3+H_2S \tag{7-11}$$

一级再生法易于实现再生回收，因而目前正在开展多方面的研究。针对一级再生法的研究包括：提高再生塔出口处 SO_2 的浓度；在更高温度下进行再生以防止 CaS 的生成；防止灰分高温烧结。一旦生成 CaS，再生反应将迟钝缓慢，使脱硫剂丧失活性。

若脱硫剂再生时生成了 CaS，可根据以下反应使 CaS 发生分解反应：

$$CaS+2O_2 \longrightarrow CaSO_4 \tag{7-12}$$

$$CaS+3/2O_2 \longrightarrow CaO+SO_2 \tag{7-13}$$

因为 $CaSO_4$ 的分解反应是在还原性气氛中进行的，所以若考虑要消除 CaS 的影响，意味着在再生塔内需具备还原与氧化两种气氛。

7.5　烟气脱硫技术

7.5.1　烟气脱硫方法概述

煤炭和石油燃烧排放的烟气通常含有较低浓度的 SO_2。根据燃料硫含量的不同，燃烧设施直接排放的烟气中 SO_2 浓度范围大约为 10^{-4}～10^{-3} 数量级。例如，在 15% 过剩空气条件下，燃用含硫量为 1%～4% 的煤，烟气中 SO_2 仅占 0.11%～0.35%；燃用含硫量为 2%～5% 的燃料油，烟气中 SO_2 仅占 0.12%～0.31%。由于 SO_2 浓度低，烟气流量大，烟气脱硫通常是十分昂贵的。

烟气脱硫（FGD）方法可分为两类：抛弃法和再生法。抛弃法即在脱硫过程中将形成的固体产物废弃，这需要连续不断地加入新鲜的化学吸收剂。再生法，顾名思义，与 SO_2 反应后的吸收剂可连续地在一个闭环系统中再生，再生后的脱硫剂和由于损耗需补充的新鲜吸收剂再回到脱硫系统循环使用。抛弃法脱硫系统也常同时用于除尘，只要系统可有效地捕集飞灰并有足够的容量。再生法脱硫系统通常需要在脱硫前配有高效的除尘系统（如 ESP 等），因为飞灰的存在影响回收过程的操作，烟气脱硫也可按脱硫剂是否以溶液（浆液）状态进行脱硫而分为湿法或干法脱硫。湿法指利用碱性吸收液或含催化剂粒子的溶液，吸收烟气中的 SO_2。干法指利用固体吸附剂和催化剂在不降低烟气温度和不增加湿度的条件下，除去烟气中的 SO_2。喷雾干燥法工艺采用雾化的脱硫剂浆液进行脱硫，但在脱硫过程中雾滴被蒸发干燥，最后的脱硫产物也呈干态，因此常称为湿干法或半干法。

表 7-4 为目前正在发展和应用的主要烟气脱硫技术的简单介绍。表中将烟气脱硫工艺分为四类：湿法抛弃系统、湿法回收系统、干法 / 半干法抛弃系统、干法回收系统。因为 SO_2 为酸性气体，几乎所有洗涤过程都采用碱性物质的水溶液或浆液。在大部分抛弃工艺中，从烟气中除去的硫以钙盐形式被抛弃，因此碱性物质消耗量大。在回收工艺中，回收产物通常为单质硫、硫酸或液态 SO_2。

表 7-4　主要烟气脱硫方法介绍

系统	方法	脱硫剂活性组分	操作过程	主要产物
湿法抛弃系统	石灰石 / 石灰法	$CaCO_3/CaO$	$Ca(OH)_2$ 浆液	$CaSO_4$、$CaSO_3$
	双碱法	Na_2SO_3、$CaCO_3$ 或 NaOH、CaO	Na_2SO_3 溶液脱硫，由 $CaCO_3$ 或 CaO 再生	$CaSO_4$、$CaSO_3$
	加镁的石灰石 / 石灰法	$MgSO_4$ 或 MgO	$MgSO_3$ 溶液脱硫，由 $CaCO_3$ 或 CaO 再生	$CaSO_4$、$CaSO_3$
	碳酸钠法	Na_2CO_3	Na_2SO_3 溶液	Na_2SO_4
	海水法	海水	海水碱性物质	镁盐、钙盐
湿法回收系统	氧化镁法	MgO	$Mg(OH)_2$ 浆液	15% SO_2
	钠碱法	Na_2SO_3	Na_2SO_3 溶液	90% SO_2
	柠檬酸盐法	柠檬酸钠、H_2S	柠檬酸钠脱硫，H_2S 回收硫	硫黄
	氨法	$NH_3 \cdot H_2O$	氨水	硫酸
	碱式硫酸铝法	Al_2O_3	Al_2O_3 溶液	硫酸或液体 SO_2
干法 / 半干法抛弃系统	喷雾干燥	Na_2CO_3 或 $Ca(OH)_2$	Na_2CO_3 溶液或 $Ca(OH)_2$ 浆液	Na_2SO_3、Na_2SO_4 或 $CaSO_3$、$CaSO_4$
	炉后喷吸附剂增湿活化	CaO 或 $Ca(OH)_2$	石灰或熟石灰粉	$CaSO_3$、$CaSO_4$
	循环流化床法	CaO 或 $Ca(OH)_2$	石灰或熟石灰粉	$CaSO_3$、$CaSO_4$
干法回收系统	活性炭吸附法	活性炭、H_2S 或水	在 400K 吸附。吸附浓缩的 SO_2 与 H_2S 反应生成 S，或用水吸收生成硫酸	硫黄或硫酸

为遏制 SO_2 污染，《火电厂大气污染物排放标准》（GB 13223—2011）规定：自 2012 年 1 月 1 日起，现有燃煤锅炉二氧化硫排放限值为 200mg/m^3 或 400mg/m^3（广西壮族自治区、

重庆市、四川省和贵州省等地），自2014年7月1日起，新建燃煤锅炉二氧化硫排放限值为100mg/m^{3}或200mg/m^3（广西壮族自治区、重庆市、四川省和贵州省等地）；我国《煤电节能减排升级与改造行动计划（2014—2020年）》提出了更高要求，东部地区新建燃煤发电机组大气污染物排放浓度基本达到燃气轮机组排放限值（即在基准氧含量6%条件下，烟尘、二氧化硫、氮氧化物排放浓度分别不高于10mg/m^3、3mg/m^3、50mg/m^3），中部地区新建机组原则上接近或达到燃气轮机组排放限值，鼓励西部地区新建机组接近或达到燃气轮机组排放限值，以改善大气环境质量，促进社会经济可持续发展。

2001年以前，我国火电厂采取烟气脱硫措施的火电装机容量仅在5GW左右。而截至2017年末，全国发电装机容量1770GW，同比增加76%，其中煤电装机容量约980GW。全国已投运火电厂烟气脱硫机组容量约920GW，占全国火电机组容量的83.6%，占全国煤电机组容量的93.9%。如果考虑具有脱硫作用的循环流化床锅炉，全国脱硫机组占煤电机组比例接近100%。十八大以来，我国累计完成燃煤电厂超低排放改造700GW，占煤电机组总装机容量的71%，建成世界最大的煤炭清洁发电体系。

7.5.2 石灰石/石灰法湿法烟气脱硫技术

石灰石/石灰法湿法烟气脱硫是采用石灰石或者石灰浆液脱除烟气中SO_2的方法。该方法开发较早，工艺成熟，吸收剂廉价易得，因而应用广泛。

（1）化学反应原理

用石灰石或者石灰浆液吸收烟气中的SO_2，首先生成亚硫酸钙：

石灰石：

$$CaCO_3+SO_2+0.5H_2O \longrightarrow CaSO_3 \cdot 0.5H_2O+CO_2\uparrow \tag{7-14}$$

石灰：

$$CaO+SO_2+0.5H_2O \longrightarrow CaSO_3 \cdot 0.5H_2O \tag{7-15}$$

然后亚硫酸钙再被氧化为硫酸钙。

表7-5分别给出了石灰石和石灰法湿法烟气脱硫的反应机理。这两种机理说明了相应系统所必须经历的化学反应过程。气相中SO_2首先溶解于水，并在水中发生解离反应。

表7-5 石灰石和石灰法湿法烟气脱硫的反应机理

脱硫剂	石灰石	石灰
溶解反应	SO_2（气）$+H_2O \longrightarrow SO_2$（液）$+H_2O$ SO_2（液）$+H_2O \longrightarrow H_2SO_3$ $H_2SO_3 \longrightarrow H^++HSO_3^- \longrightarrow 2H^++SO_3^{2-}$	SO_2（气）$+H_2O \longrightarrow SO_2$（液）$+H_2O$ SO_2（液）$+H_2O \longrightarrow H_2SO_3$ $H_2SO_3 \longrightarrow H^++HSO_3^- \longrightarrow 2H^++SO_3^{2-}$
解离反应	$H^++CaCO_3 \longrightarrow Ca^{2+}+HCO_3^-$	$CaO+H_2O \longrightarrow Ca(OH)_2$ $Ca(OH)_2 \longrightarrow Ca^{2+}+2OH^-$
吸收反应	$Ca^{2+}+SO_3^{2-}+0.5H_2O \longrightarrow CaSO_3 \cdot 0.5H_2O$ $Ca^{2+}+HSO_3^-+2H_2O \longrightarrow CaSO_3 \cdot 2H_2O+H^+$	$Ca^{2+}+SO_3^{2-}+0.5H_2O \longrightarrow CaSO_3 \cdot 0.5H_2O$ $Ca^{2+}+HSO_3^-+2H_2O \longrightarrow CaSO_3 \cdot 2H_2O+H^+$

续表

脱硫剂	石灰石	石灰
中和反应	$H^++HCO_3^- \longrightarrow H_2CO_3$ $H_2CO_3 \longrightarrow CO_2+H_2O$	$H^++OH^- \longrightarrow H_2O$
总反应	$CaCO_3+SO_2+0.5H_2O \longrightarrow CaSO_3 \cdot 0.5H_2O+CO_2\uparrow$	$CaO+SO_2+0.5H_2O \longrightarrow CaSO_3 \cdot 0.5H_2O$

$$SO_2（气）+H_2O \longrightarrow SO_2（液）+H_2O \tag{7-16}$$

$$SO_2（液）+H_2O \longrightarrow H_2SO_3 \longrightarrow H^++HSO_3^- \longrightarrow 2H^++SO_3^{2-} \tag{7-17}$$

对于石灰系统，CaO 首先进行水合反应生成 $Ca(OH)_2$，然后生成的 $Ca(OH)_2$ 发生解离：

$$CaO+H_2O \longrightarrow Ca(OH)_2 \tag{7-18}$$

$$Ca(OH)_2 \longrightarrow Ca^{2+}+2OH^- \tag{7-19}$$

$Ca(OH)_2$ 解离出来的 OH^- 和 H_2SO_3 解离产生的 H^+，可使 SO_2 的溶解和 $Ca(OH)_2$ 的解离不断进行。由解离反应产生的 Ca^{2+} 与溶液中的 SO_3^{2-} 和 HSO_3^- 结合生成 $CaSO_3$：

$$Ca^{2+}+SO_3^{2-}+0.5H_2O \longrightarrow CaSO_3 \cdot 0.5H_2O \tag{7-20}$$

$$Ca^{2+}+HSO_3^-+2H_2O \longrightarrow CaSO_3 \cdot 2H_2O+H^+ \tag{7-21}$$

$$H^++OH^- \longrightarrow H_2O \tag{7-22}$$

一般在脱硫塔底部设浆液循环池，并通入空气将生成的亚硫酸钙氧化为硫酸钙：

$$2CaSO_3 \cdot 0.5H_2O+O_2+H_2O \longrightarrow 2CaSO_4 \cdot 2H_2O \tag{7-23}$$

对于石灰石系统，由于 $CaCO_3$ 溶解度很低，因而要使 $CaCO_3$ 解离出 Ca^{2+} 必须有 H^+ 存在，即：

$$H^++CaCO_3 \longrightarrow Ca^{2+}+HCO_3^- \tag{7-24}$$

$$H^++HCO_3^- \longrightarrow H_2CO_3 \tag{7-25}$$

$$H_2CO_3 \longrightarrow CO_2+H_2O \tag{7-26}$$

其中生成的 CO_2 被烟气带走，解离出的 Ca^{2+} 与溶液中的 SO_3^{2-} 和 HSO_3^- 发生类似石灰系统的反应，生成 $CaSO_3$。

石灰石系统中最关键的反应是 Ca^{2+} 的形成，因为 SO_2 正是通过 Ca^{2+} 与 HSO_3^- 反应而得以从溶液中除去的。这一关键步骤也突出了石灰石系统和石灰系统的一个极为重要的区别：石灰石系统中，Ca^{2+} 的产生与 H^+ 浓度和 $CaCO_3$ 的存在有关；而在石灰系统中，Ca^{2+} 的产生仅与氧化钙的存在有关。因此，为了保证液相有足够的 Ca^{2+} 浓度，石灰石系统在运行时，其 pH 较石灰系统的低，石灰石系统的最佳操作 pH 为 5.8 ～ 6.2，石灰系统约为 8。

（2）改进的石灰石 / 石灰湿法烟气脱硫

① 加入己二酸的石灰石湿法烟气脱硫　为了提高 SO_2 的去除率、改进石灰石法的可靠性和经济性，发展了加入己二酸的石灰石法。

己二酸是含有六个碳的二羧基有机酸［$HOOC(CH_2)_4COOH$］，在洗涤浆液中它能起缓冲 pH 的作用。理论上讲，强度介于碳酸与亚硫酸之间，并且其钙盐较易溶解。任何酸都可用作缓冲剂，选择己二酸的原因在于它来源丰富、价格低廉。

己二酸的缓冲作用抑制了气液界面上由于 SO_2 溶解而导致的 pH 降低，从而使液面处

SO_2的浓度提高，大大地加速了液相传质。液相中己二酸钙的存在增加了液相与SO_2反应的能力，因为SO_2的吸收不再取决于石灰石的溶解速率。另外己二酸钙的存在也能降低必需的Ca/S比。

己二酸缓冲反应的机理是简单的。在洗涤液贮罐，己二酸与石灰或石灰石反应，形成己二酸钙。在吸收器内，己二酸钙与已被吸收的SO_2（以H_2SO_3形式）反应生成$CaSO_3$，同时己二酸得以再生，并返回洗涤液贮罐，重新与石灰或石灰石反应。当循环液中己二酸钙的浓度为10 mmol/L时，SO_2吸收的总反应速率就不再由石灰石或亚硫酸钙的溶解速率控制。

对现已运行的石灰/石灰石流程，应用己二酸时，对流程不需要做任何修改。事实上，它可以在浆液循环回路的任何位置加入。己二酸加入量取决于影响其降解的操作条件，例如pH。通常己二酸消耗量小于5kg/t（石灰石），有时可降低至1kg/t（石灰石），对于500MW电站的烟气脱硫系统，每天仅消耗己二酸0.6～3.0t。己二酸的加入，大大提高了石灰石利用率。在相同的SO_2去除率下，无己二酸系统的石灰石利用率仅为54%～70%，加入己二酸后，利用率提高到80%以上，因而减少了固体废物量。

② 加入硫酸镁的石灰石湿法烟气脱硫　克服石灰石法结垢和SO_2去除率低的另一种方法是添加硫酸镁以改进溶液化学性质，使SO_2以可溶性盐的形式被吸收，而不是亚硫酸钙或硫酸钙。加入$MgSO_4$增加了吸收SO_2的容量，并且实际上消除了洗涤塔内的结垢，系统能量消耗甚至可以降低50%。其中主要化学反应如下。

首先，SO_2与水反应形成H_2SO_3：

$$SO_2+H_2O \longrightarrow H_2SO_3 \tag{7-27}$$

接着，$MgSO_4$溶解，亚硫酸与镁反应生成$MgSO_3$中性离子对（$MgSO_3^0$）：

$$MgSO_4 \longrightarrow Mg^{2+}+SO_4^{2-} \tag{7-28}$$

$$Mg^{2+}+SO_3^{2-} \longrightarrow MgSO_3^0 \tag{7-29}$$

$MgSO_3^0$中性离子对与H_2SO_3反应：

$$H_2SO_3+MgSO_3^0 \longrightarrow Mg^{2+}+2HSO_3^- \tag{7-30}$$

在碳酸钙存在的情况下，$MgSO_3^0$在贮槽内得以再生：

$$Mg^{2+}+2HSO_3^-+CaCO_3 \longrightarrow MgSO_3^0+Ca^{2+}+SO_3^{2-}+CO_2+H_2O \tag{7-31}$$

最后，发生沉降反应：

$$Ca^{2+}+SO_3^{2-}+2H_2O \longrightarrow CaSO_3 \cdot 2H_2O \tag{7-32}$$

浆液中部分亚硫酸盐氧化为硫酸盐，因此可以得到石膏（$CaSO_4 \cdot 2H_2O$）。如果$CaSO_4$是希望得到的副产品，完全氧化$CaSO_3$为$CaSO_4$是可能的。

加入硫酸镁的作用是使浆液中$MgSO_3$浓度足够高，一般采用0.3～1.0mol/L的$MgSO_4$溶液。为便于吸收液循环使用，在该脱硫装置之前，一般安装预除尘装置，除去烟气中96%以上的飞灰。

③ 双碱法烟气脱硫　双碱法也是为了克服石灰/石灰石法容易结垢的弱点和提高SO_2的去除率而发展起来的。即采用碱金属盐类（Na、K等）或碱类的水溶液吸收SO_2，然后用石灰或石灰石再生吸收SO_2后的吸收液，将SO_2以亚硫酸钙或硫酸钙形式沉淀析出，得到较高纯度的石膏，再生后溶液返回吸收系统循环使用。从设计上主要考虑固体容易沉淀和有利于钠回收。钠的补充量约为0.05mol/mol（SO_2），一般以Na_2CO_3形式加入。现在公认SO_2主要以Na_2SO_3吸收，吸收液中的其他碱也可能与烟气中SO_2反应，例如来自再生系统的OH^-：

$$2OH^- + SO_2 \longrightarrow SO_3^{2-} + H_2O \tag{7-33}$$

$$OH^- + SO_2 \longrightarrow HSO_3^- \tag{7-34}$$

以 Na_2CO_3 形式加入的钠盐，也能吸收 SO_2：

$$CO_3^{2-} + 2SO_2 + H_2O \longrightarrow 2HSO_3^- + CO_2\uparrow \tag{7-35}$$

$$HCO_3^- + SO_2 \longrightarrow HSO_3^- + CO_2\uparrow \tag{7-36}$$

再生反应取决于所用再生剂种类，当用熟化石灰再生时：

$$Ca(OH)_2 + 2HSO_3^- \longrightarrow SO_3^{2-} + CaSO_3 \cdot 2H_2O \tag{7-37}$$

$$Ca(OH)_2 + SO_3^{2-} + 2H_2O \longrightarrow 2OH^- + CaSO_3 \cdot 2H_2O \tag{7-38}$$

$$Ca(OH)_2 + SO_4^{2-} + 2H_2O \longrightarrow 2OH^- + CaSO_4 \cdot 2H_2O\downarrow \tag{7-39}$$

当用石灰石作为再生剂时：

$$CaCO_3 + 2HSO_3^- + H_2O \longrightarrow SO_3^{2-} + CaSO_3 \cdot 2H_2O + CO_2\uparrow \tag{7-40}$$

$$(x+y)CaCO_3 + xSO_4^{2-} + (x+y)HSO_3^- + 2H_2O \longrightarrow (x+y)HCO_3^- + xCaSO_4 \cdot yCaSO_3 \cdot 2H_2O\downarrow + xSO_3^{2-} \tag{7-41}$$

最后一步反应是根据已知的反应产物和 pH 推断写出的。

7.5.3 喷雾干燥法烟气脱硫技术

喷雾干燥法是 20 世纪 80 年代迅速发展起来的一种半干法脱硫工艺。喷雾干燥法是目前市场份额仅次于湿钙法的烟气脱硫技术，设备和操作简单，可使用碳钢作为结构材料，不存在微量金属元素污染的废水。目前，喷雾干燥法主要用于低硫煤烟气脱硫，用于高硫煤的系统只进行了示范研究，尚未工业化。

含 SO_2 烟气进入喷雾干燥塔后，立即与雾化的浆液混合，气相中 SO_2 迅速溶解于滴状液体中，并与吸收剂发生化学反应。SO_2 吸收的总反应为：

$$Ca(OH)_2 + SO_2 + H_2O \longrightarrow CaSO_3 \cdot 2H_2O \tag{7-42}$$

$$CaSO_3 \cdot 2H_2O + 0.5O_2 \longrightarrow CaSO_4 \cdot 2H_2O \tag{7-43}$$

详细的反应机理和数学模型已得到充分研究，下述几个步骤表明了大致的反应机理：

① 气相 SO_2 的溶解：

$$SO_2 + H_2O \longrightarrow H_2SO_3 \tag{7-44}$$

② 在碱性介质中的解离反应：

$$H_2SO_3 \longrightarrow H^+ + HSO_3^- \tag{7-45}$$

$$HSO_3^- \longrightarrow H^+ + SO_3^{2-} \tag{7-46}$$

$$SO_2 + H_2O + SO_3^{2-} \longrightarrow 2HSO_3^- \tag{7-47}$$

③ 石灰固体颗粒的溶解：

$$Ca(OH)_2 \longrightarrow Ca^{2+} + 2OH^- \tag{7-48}$$

④ 亚硫酸盐化及氧化反应：

$$Ca^{2+} + SO_3^{2-} + 0.5H_2O \longrightarrow CaSO_3 \cdot 0.5H_2O \tag{7-49}$$

$$CaSO_3 \cdot 0.5H_2O+0.5O_2+1.5H_2O \longrightarrow CaSO_4 \cdot 2H_2O \quad (7\text{-}50)$$

⑤ 酸碱中和反应：

$$HSO_3^-+OH^- \longrightarrow SO_3^{2-}+H_2O \quad (7\text{-}51)$$

$$SO_2+2OH^- \longrightarrow SO_3^{2-}+H_2O \quad (7\text{-}52)$$

以上反应使气相中 SO_2 不断溶解，从而达到脱硫目的，在此过程中碱性物质被不断消耗，需由固体吸收剂继续溶解补充。

在石灰喷雾干燥吸收中，烟气中 CO_2 被吸收，并与浆液反应生成碳酸钙，从而减少了钙离子的可用性：

$$CO_2+H_2O \longrightarrow H_2CO_3 \quad (7\text{-}53)$$

$$H_2CO_3 \longrightarrow H^++HCO_3^- \longrightarrow 2H^++CO_3^{2-} \quad (7\text{-}54)$$

$$Ca^{2+}+CO_3^{2-} \longrightarrow CaCO_3 \quad (7\text{-}55)$$

这个反应的重要性并未得到充分研究。试验研究表明，与 CO_2 反应损失的吸收剂有可能由固体循环得到回收。

7.5.4 氧化镁湿法烟气脱硫技术

氧化镁法具有脱硫率高（可达 90% 以上）、可回收硫、可避免产生固体废物等特点，在有镁矿资源的地区，是一种有竞争性的脱硫技术。氧化镁法可分为抛弃法、再生法和氧化回收法。我国在“十五”期间开展了氧化镁湿法烟气脱硫氧化回收工艺的研究。

（1）再生法

美国基础化学公司开发的氧化镁浆洗 - 再生法是氧化镁湿法烟气脱硫的代表工艺，其工艺流程见图 7-7。其基本原理是用 MgO 的浆液吸收 SO_2，生成含水亚硫酸镁和少量硫酸镁，然后送流化床加热，当温度在约为 1143K 时释放出 MgO 和高浓度 SO_2。再生的 MgO 可循环利用，SO_2 可回收制酸。整个过程可分为 SO_2 吸收、固体分离和干燥、$MgSO_3$ 再生三个主要工序。

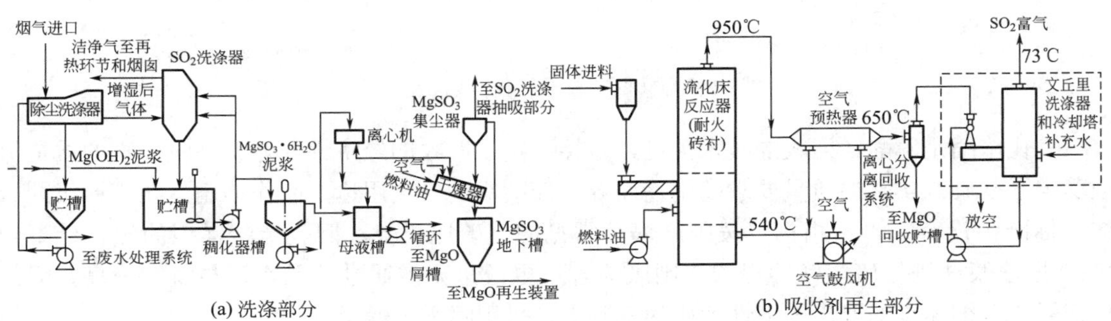

图 7-7 氧化镁湿法烟气脱硫工艺流程

（2）抛弃法

抛弃法亦称氢氧化镁法，其脱硫工艺与再生法相似，见图 7-8。不同的是在再生法中，为了降低脱硫产物的煅烧分解温度，要防止脱硫吸收液的氧化。而抛弃法则必须进行强制氧化以促使亚硫酸镁全部或大部分转变为硫酸镁。强制氧化能大大降低吸收浆液固体含量，利于防垢，同时降低脱硫液的化学需氧量（COD），达到外排要求。

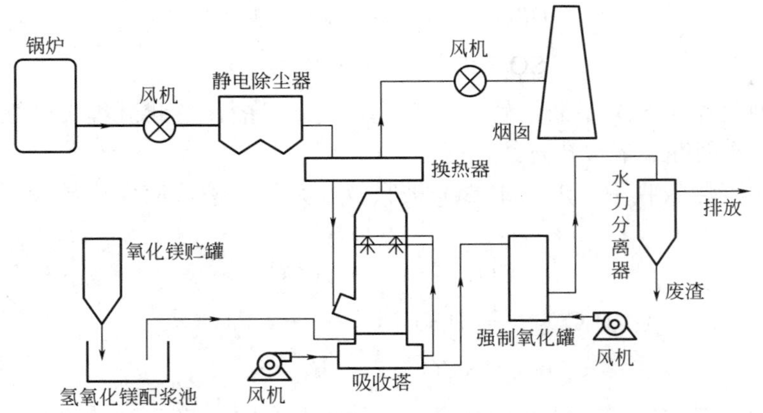

图 7-8　抛弃法氧化镁脱硫工艺流程

（3）氧化回收法

氧化回收法指将脱硫产物氧化成硫酸镁再予回收。其脱硫工艺流程与抛弃法类似，同样利用了亚硫酸镁易氧化和硫酸镁易溶解的特点，对脱硫液进行强制氧化并生成高浓度硫酸镁溶液。不同之处在于，回收法将强制氧化后的硫酸镁溶液进行过滤以除去不溶杂质，再浓缩后结晶生成 $MgSO_4 \cdot 7H_2O$。氧化回收法氧化镁脱硫工艺流程（图 7-9）主要由脱硫系统和硫酸镁回收系统两部分组成。

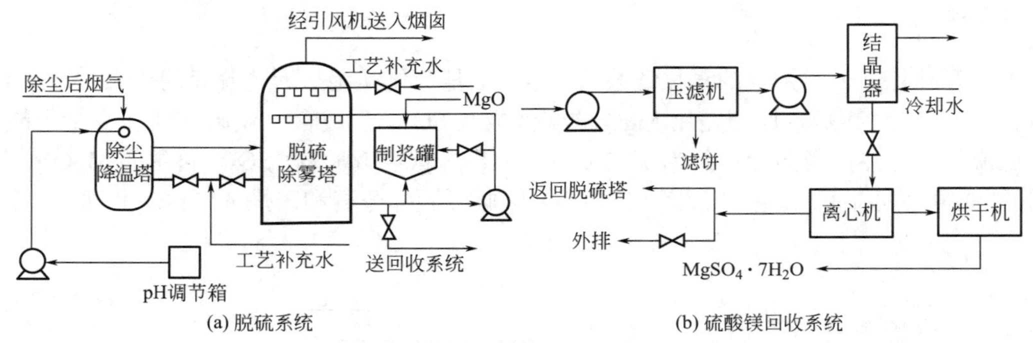

图 7-9　氧化回收法氧化镁脱硫工艺流程

氧化浓缩是硫酸镁回收的技术关键，直接决定了回收的经济性，亦为回收产物的质量保证奠定了基础。实际的质量要求随用途而异。硫酸镁的一大用途是制作镁肥，在肥料级的硫酸镁标准中没有氯含量指标。按国产煤种常见的氯硫比折算，回收硫酸镁中的氯含量不到1%。按浓浆法进行硫酸镁的提浓，则氯的含量更低，无需通过结晶实现与氯的分离。因而可在氧化浓缩和过滤取出不溶性杂质的基础上，采用喷雾干燥全部回收硫酸镁。

7.5.5　活性炭吸附脱硫技术

在用吸附法处理 SO_2 烟气时，使用最多的吸附剂是活性炭。此外，还有半焦、分子筛等。活性炭与SO_2之间的吸附，一般认为属于物理吸附。活性炭对SO_2的吸附能力除了与活性炭组成和表面特性有关外，还与吸附的各种条件有关，诸如温度、氧和水蒸气分压以及杂质的影响等。通常物理吸附过程的吸附量是有限的，但若气体中有氧和水蒸气存在，伴随物理吸附会发生一系列化学变化，尤其是当吸附表面存在某些活性催化中心，吸附能力大大提高。吸附SO_2时，由于活性炭表面覆盖了稀硫酸，阻碍其吸附能力，需用萃取、加热等手段赶走稀硫酸，才能恢复吸附活性。

按活性炭吸附的操作温度可分为3种方式：低温吸附（20～100℃），中温吸附（100～160℃），高温吸附（＞250℃）。同样，也可按不同的再生方式，分别加以命名，如萃取、热解等。不同温度下活性炭吸附法的比较见表7-6。

表7-6　不同温度下活性炭吸附法的比较

活性炭吸附温度	低温（20～100℃）	中温（100～160℃）	高温（＞250℃）
吸附方式	主要物理吸附	主要化学吸附	几乎全是化学吸附
效率影响因素	取决于活性表面，尤其是自由碳基（通常碳中含5%以下自由碳基）；H_2O、O_2能提高SO_2吸收率，二者共存时更显著		形成硫的表面络合物，能提高效率，能分解吸附物，不断产生新的作用场所
再生技术	水洗产生H_2SO_4，氨水洗产生$(NH_4)_2SO_4$	加热至250～350℃释出SO_2	高温，产生碳的氧化物、含硫化物及硫
优点	催化吸附剂的分解和损失很小	气体不需预处理	接近800℃，高效； 产品自发解吸气体，不需预处理
缺点	仅小部分表面起作用； 液相H_2SO_4浓度会阻碍扩散和溶解； 需气体预冷却	一部分表面起作用； 再生要损失碳，可能中毒、着火，解吸SO_2需再处理	产品处理较困难，再生时碳损耗，可能中毒，也可能着火

由于活性炭吸附法的吸附与再生，均可在普通温度条件下进行，简单而易于实现，因而吸附法受到重视。

吸附剂的选择是十分重要的。要求活性炭具有大的比表面积，足够的表面活性，一定的耐磨性和机械强度，而且价廉易得。活性炭本身具有表面催化性能，可以在碳的表面发生一系列化学反应，将SO_2转化成SO_3和硫酸。主要化学反应如下：

$$SO_2 \longrightarrow SO_2\text{（吸附态）} \tag{7-56}$$

$$O_2 \longrightarrow O_2\text{（吸附态）} \tag{7-57}$$

$$2SO_2\text{（吸附态）}+O_2\text{（吸附态）} \longrightarrow 2SO_3 \tag{7-58}$$

$$SO_3+H_2O \longrightarrow H_2SO_4 \tag{7-59}$$

各种吸附剂对SO_2的吸附容量有所不同。煤对SO_2的吸附容量为0.3%，活性炭吸附容量是12%～15%，硅胶为14%，分子筛的吸附容量最大，达29%。吸附容量可以根据微孔容积填充理论进行计算。

吸附法的后道工序是吸附剂的再生，再生工序之所以重要，一是获取解吸的产物，二是使吸附剂重复使用。通常采用的再生办法有加热再生和水洗再生两种。

7.5.6 其他脱硫技术

（1）炉内喷钙尾部增湿活化脱硫技术

炉内喷钙尾部增湿活化脱硫（LIFAC）技术属干法工艺，由芬兰 Tampella 公司和 IVO 公司联合开发，其原理是在炉内喷钙脱硫技术的基础上，在尾部烟道加装了增湿活化器。在活化器中，喷入的水雾与烟气中的未反应的氧化钙颗粒发生反应，生成活性更高的氢氧化钙，以完成对 SO_2 进一步吸收，总脱硫率可达 70% ～ 80%。目前，对该装置做了改进，采用活化器中吸收剂再循环技术，可使脱硫率接近 90%。LIFAC 技术的工艺流程如图 7-10 所示。

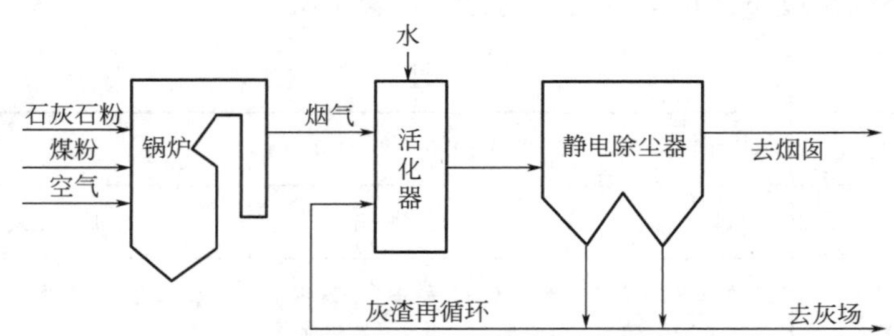

图 7-10 炉内喷钙尾部增湿活化脱硫工艺流程

LIFAC 技术使用石灰石粉末作脱硫剂，能生成多孔、比表面积大、反应活性高的 CaO 石灰石粉的喷入位置是温度在 950 ～ 1050℃的温度区。

在炉内 CaO 与 SO_2 的反应并不彻底，当 Ca ∶ S=2 ∶ 1 时，该处脱硫率只达到 30% 左右。为了达到较高的脱硫率，含 SO_2 的烟气携带着大量未反应的 CaO 进入尾部增湿活化反应器。在活化器中，高度雾化的水（雾滴约 50μm）被喷入烟气将其增湿，使得烟气中的 CaO 与水反应，生成反应活性更高的 $Ca(OH)_2$，再与烟气中的 SO_2 反应，总的脱硫率可达到 70% ～ 80%。

LIFAC 工艺适用于燃用中、低硫煤锅炉的烟气脱硫，与湿法烟气脱硫相比具有投资少占地面积小、运行费用低等特点，特别适用于旧锅炉改造。该法的主要缺点是脱硫率较低，钙硫比较高，吸收剂利用率偏低。

（2）电子束法烟气脱硫技术

电子束法（EBA）烟气脱硫技术最早由日本荏原制作所于 1971 年研究，到了 20 世纪 80 年代逐步工业化。1995 年开始，我国国家电力总公司与荏原制作所合作，在成都电厂建成一套完整的处理烟气量为 $30.0\times10^4m^3$（标准）/h 的电子束脱硫装置。该装置于 1997 年完成并进行试验。试验结果表明，脱硫率可达 86.8%，脱硝率达 17.6%。

电子束法脱硫技术是利用电子加速器产生的等离子体氧化烟气中的 SO_2 和 NO_2，同时与喷入的水和氨反应，生成硫酸铵和硝酸铵，同时达到脱硫、脱氮的目的。

如图 7-11 所示，锅炉烟气首先经过第一级除尘后进入冷却塔，被喷淋水降温后进入脱硫反应器。烟气中的 SO_2 和 NO_x，经过反应器之后经第二级除尘器收集下来，变成了可用的化肥——硫酸铵和硝酸铵。

电子束脱硫技术的优点是反应速率快，适应性强，在一个装置内可同时进行脱硫、脱氮，且产生的副产品可作为肥料使用，实现了废物资源化。该工艺缺点是控制系统复杂，能耗较高。

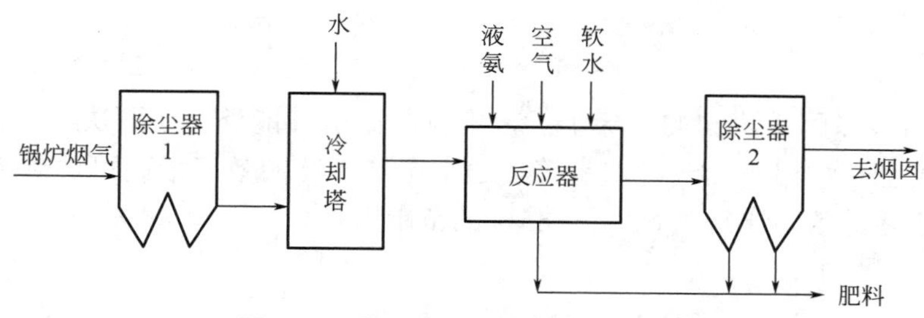

图 7-11　电子束法烟气脱硫工艺流程

（3）海水脱硫技术

海水的 pH 值一般在 8.2 ～ 8.3，利用海水固有的碱度吸收、中和烟气中的 SO_2，即是海水烟气脱硫技术。

图 7-12 所示的是挪威 ABB 公司的海水脱硫系统的工艺流程。该流程包括除尘器、气 - 气换热器、吸收塔、海水恢复系统。

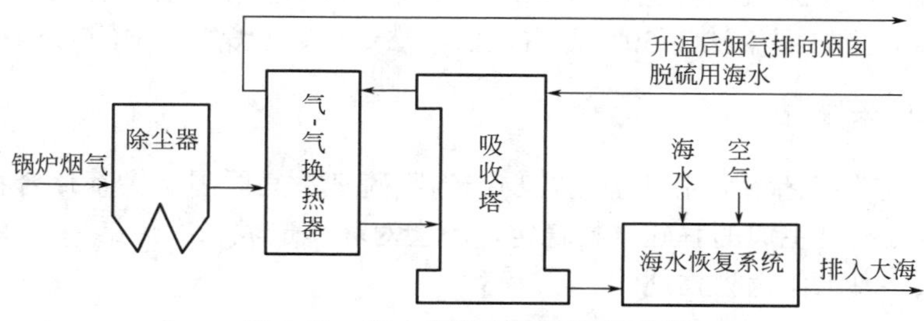

图 7-12　海水脱硫系统的工艺流程

如图 7-12 所示，锅炉烟气经过严格的除尘之后进入气气换热器进行降温，然后进入吸收塔。在吸收塔内，烟气与海水逆流（或顺流）接触，利用海水固有的碱度将烟气中的 SO_2 脱除。脱除了 SO_2 的低温烟气进入气 - 气换热器，在吸收了高温烟气的热量而升温后，由烟囱排出。

经过吸收塔脱硫使用后的海水 pH 值和溶解氧（DO）会降低，而温度和 COD 会有所升高，如果直接排入大海，将对海洋造成污染。为消除这些污染，流程中设置了一套海水恢复系统，其核心是一个大型曝气池。在这个大型曝气池中将经过脱硫后的海水（占 5%）与新鲜海水（占 95%）混合，然后向曝气池鼓入大量的空气，一方面消耗 COD，另一方面使海水中的 DO 得到恢复。经过海水恢复系统以后，海水的温度、pH 值、COD 和 DO 都恢复到正常水平，然后再排回大海。海水脱硫的主要产物是一些硫酸盐，由于海洋中大量存在这些物质，因此增加一些脱硫产物对海洋基本不会造成影响。

海水脱硫技术具有投资省、运行费用低等优点，但存在占地面积大、系统腐蚀严重等问题。

7.5.7　烟气脱硫技术的综合比较

烟气脱硫技术的综合比较涉及如下主要因素。

（1）脱硫率

脱硫率是由很多因素决定的，除了工艺本身的脱硫性能外，还取决于烟气的状况，如 SO_2 浓度、烟气量、烟温、烟气含水量等。通常湿法工艺的效率最高可达到95%以上，而干法和半干法工艺的效率通常在60%～85%的范围内。

（2）钙硫（Ca/S）比

湿法工艺的反应条件较为理想，因此实际操作中的Ca/S比接近1，一般为1.0～1.2。干法和半干法的脱硫反应为气固反应，反应速率较液相慢，通常为了达到要求的脱硫率，其Ca/S比要比湿法大得多，如半干法一般为1.5～1.6，干法一般为2.0～2.5。

（3）脱硫剂利用率

脱硫剂利用率指与 SO_2 反应消耗掉的脱硫剂与加入系统的脱硫剂总量之比。脱硫剂的利用率与Ca/S比有密切关系，达到一定脱硫率时所需要的Ca/S比越低，脱硫剂的利用率越高，所需脱硫剂量及所产生脱硫产物量也越少。在烟气脱硫工艺中，湿法的脱硫剂利用率最高，一般可达到90%以上，湿干法为50%左右，而干法最低，通常在30%以下。

（4）脱硫剂的来源

大部分烟气脱硫工艺都采用钙基化合物作为脱硫剂，其原因是钙基化合物（如石灰石）储量丰富，价格低廉且生成的脱硫产物稳定，不会对环境造成二次污染。有些工艺也采用钠基化合物、氨水、海水作为吸收剂。

（5）脱硫副产品的处理处置

脱硫副产品是硫或硫的化合物，如硫黄、硫酸、硫酸钙、亚硫酸钙、硫酸镁、硫酸钠等。石灰石/石灰法的脱硫副产品是石膏，干法和湿干法的脱硫副产品是 $CaSO_4$ 和 $CaSO_3$ 的混合脱硫灰渣。选用的脱硫工艺应尽可能考虑到脱硫副产品可综合利用。如果进行堆放或填埋，应保证脱硫副产品化学性质稳定，对环境不产生二次污染。

（6）对锅炉原有系统的影响

石灰石/石灰法或氨法等湿法脱硫工艺一般安装在电厂的除尘器后面，因此对锅炉燃烧和除尘系统基本没有影响。但是经过脱硫后烟气温度降低，一般在45℃左右，大都在露点以下，若不经过再加热而直接排入烟囱，则容易形成酸雾，严重腐蚀烟囱，也不利于烟气的扩散。

在喷钙干法脱硫系统中，石灰石喷入锅炉炉膛后，将增加灰量，并将改变灰成分，使锅炉的运行状况发生变化，影响锅炉受热面的结渣、积灰、腐蚀和磨损特性。

干法和半干法脱硫工艺通常安装在锅炉原有的除尘器之前。脱硫系统对除尘器的运行有较大影响。其原因为：a. 烟气的温度降低，含湿量增加；b. 除尘器入口烟尘浓度增加；c. 进入除尘器的颗粒成分、粒径分布和电阻率特性发生变化。据研究，其对电除尘器的除尘效率影响不大，但由于尘的浓度成倍增加排放浓度仍可能超标，因此，原有电除尘器的改造可能是必要的。

（7）对机组运行方式适应性的影响

由于电网运行的需要，电厂的机组有可能作为调峰机组，负荷变动较大。与调峰机组配套的脱硫装置必须能适应这种机组经常起停的特点。因此，脱硫装置的各种设备必须能耐受经常性的热冲击，有良好的负荷跟踪特性，且脱硫系统停运后维护工作量小。

（8）占地面积

烟气脱硫工艺占地面积的大小对现有电厂的改造十分重要，有时甚至限制了某些脱硫工艺的应用可能。在各种脱硫工艺中，回收法湿法工艺的占地面积最大，湿干法次之，干法工艺最小。以容量为300MW的电厂机组为例，石灰石 / 石灰法占地为3000 ～ 5000m^2，湿干法为2000 ～ 3500m^2，干法为1500 ～ 2000m^2，氨法为1000 ～ 1500m^2。

（9）工艺流程的复杂程度

工艺流程的复杂性，在很大程度上决定了系统投入运行后的操作难度、可靠性、可维护性以及维修费用。烟气脱硫系统是整个电厂的一个辅助系统，必须具有操作方便、可靠性高的特点。

典型的石灰石 / 石灰法脱硫工艺流程的机械设备总数约为150台（套），工艺流程最为复杂。喷雾干燥法的流程为中等复杂，工艺采用石灰进行消化，然后制成石灰浆液，而浆液的处理比较复杂。干法流程较简单，几乎没有液体罐槽，仅有少量的风机。

（10）动力消耗

动力消耗包括脱硫系统的电耗、水耗和蒸汽耗量。以300MW机组为例，配套各种烟气脱硫工艺的动力消耗见表7-7。

表7-7　烟气脱硫工艺的动力消耗

工艺	水耗 / (t/h)	蒸汽①/ (t/h)	电耗 / [(kW · h) /h]	占电厂用量 /%
石灰石 / 石灰法	45	2	5000	1.6
喷雾干燥法	40	—	3000②	1.0
炉内喷钙尾部增湿法	40	—	1500	0.5
循环流化床法	40	—	1200	0.4

① 蒸汽用于烟气 - 烟气再热器吹灰。

② 不包括新增加的静电除尘器电耗。

（11）工艺成熟程度

烟气脱硫工艺的成熟程度是技术选用的重要依据。只有成熟的、已商业化运行的系统才能保障运行的可靠性。

根据以上指标，对6种烟气脱硫技术的综合评价见表7-8。

表 7-8　烟气脱硫工艺的综合评价

项目	湿式石灰石 / 石灰法	简易石灰石 / 石灰法	喷雾干燥法	LIFAC 法	海水脱硫	电子束脱硫
适应煤种含硫 /%	＞ 1.5	＞ 1.5	1 ～ 2	＜ 2	＜ 2	＜ 5
脱硫率 /%	＞ 90	＞ 80	70 ～ 80	60 ～ 85	＞ 90	80
Ca/S	1.01 ～ 1.02	1.01 ～ 1.02	1.5 ～ 2.0	2.0 ～ 3.0	—	—
占电厂总投资比 /%	15 ～ 20	8 ～ 10	10 ～ 15	7 左右	7 ～ 8	
电耗占发电量比例 /%	1.5 ～ 2	1	1	＜ 0.5		
设备占地面积	大	较小	较大	小	大	较大
结垢、堵塞	有	有	有	有	无	无
灰渣状态	湿	湿	干	干	—	干
运行费用	高	较高	较高	较低	较低	较高（但副产物为氧肥）
烟气再热	需再热	需再热	不需再热	不需再热	需再热	不需再热
脱硫副产品	脱硫渣为 $CaSO_4$ 及少量烟尘，送灰场堆放或制成石膏板作建材	脱硫渣为 $CaSO_4$ 及少量烟尘，送灰场堆放或制成石膏板作建材	脱硫渣为 $CaSO_4$、$CaSO_3$、$Ca(OH)_2$ 和尘的混合物，送灰场堆放，目前尚不能利用	脱硫渣为 $CaSO_4$、$CaSO_3$、CaO 的混合物，送灰场堆放，目前尚不能利用	无	脱硫副产品为 $(NH_4)_2SO_4$ 和 NH_4NO_3，可直接用作化肥
推广应用前景	燃用高中硫煤锅炉，当地有石灰石	燃用高中硫煤锅炉，当地有石灰石	燃用中、低硫煤锅炉	燃用中、低硫煤锅炉	燃用中、低硫煤锅炉	燃用高、中、低硫煤锅炉
技术成熟程度	国内通过引进已商业化	国内已引进并进行中试	国内已引进	国内已进行工业示范	国内已进行工业示范	国内已引进
钙利用率 /%	＞ 90	＞ 90	40 ～ 50	35 ～ 40	—	—

7.5.8　烟气脱硫案例

重庆发电厂装机容量 500MW，其中 2×200MW 机组燃用松藻高硫煤（含硫 3.3%），是国电公司利用德国贷款进行烟气脱硫技术改造的三项工程之一，另两个是北京第一热电厂和杭州半山电厂。三项工程的脱硫工艺流程基本相同。重庆发电厂的脱硫工程由德国 BP 公司总承包，2 台机组共用一套石灰石法湿式脱硫装置。

（1）工艺流程

工艺流程如图 7-13 所示。

该装置主要包括石灰石破碎、筛分、制浆系统，洗涤吸收系统和石膏脱水系统。2000 年 7 月建成运行。

来自 21 号和 22 号锅炉的烟气分别经过电除尘器和挡板阀门汇合进入喷淋吸收塔。

烟气自下向上流动，被向下喷淋的石灰石浆液洗涤。喷淋层共有 4 层，分别对应 4 台循环泵。循环泵将吸收塔反应池底部的浆液打到喷淋层，喷嘴雾化，使气液充分接触并反应，吸收烟气中的SO_2、SO_3、HF和HCl。新鲜的石灰石浆液补充到2个上层喷淋层的循环泵出口。烟气中的SO_2与水和石灰石反应生成$CaSO_3$，除少量的$CaSO_3$被烟气中的氧自然氧化外，大部分在吸收塔反应池中被氧化风机鼓入的空气强制氧化生成石膏。

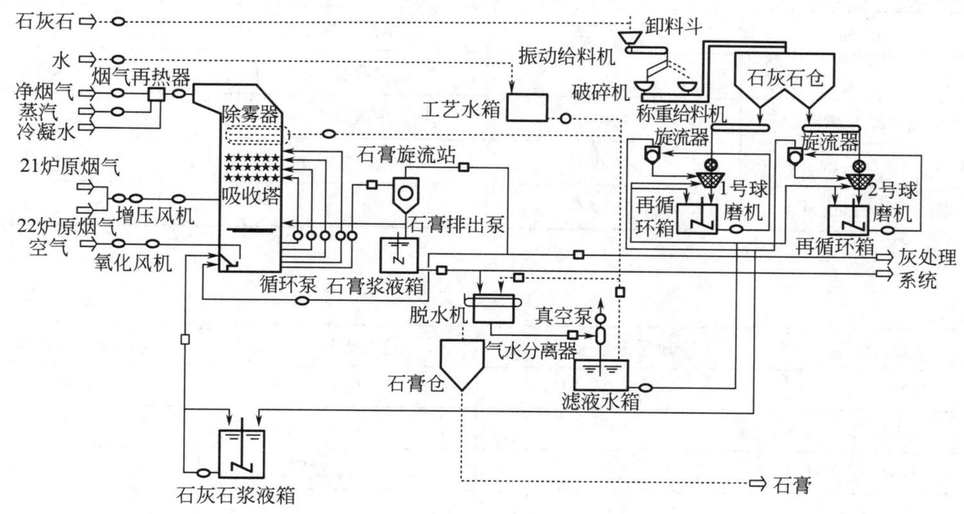

图7-13　重庆发电厂石灰石-石膏工艺流程

脱硫后的烟气经除雾器除去携带的雾沫后，进入再热器，被蒸汽加热至80℃以上，然后由烟囱排入大气。

脱硫装置的烟气进口与烟囱之间设有旁路烟道。正常运行时烟气通过脱硫装置后进入烟囱，事故情况或脱硫装置停机检修时，烟气由旁路烟道直接进入烟囱。

石灰石先通过孔径为200mm的筛子进入卸料斗，然后由振动给料机送入破碎机，破碎后的原料粒径不大于10mm，由螺旋输送机及斗式提升机将破碎后的石灰石送入原料仓。根据系统要求，可通过刮刀卸料机及称重皮带给料机将原料送入湿式球磨机，磨制的浆液通过2级旋流器分离后得到符合一定粒度和浓度要求的合格石灰石浆液，送入石灰石浆液箱。吸收塔浆池中产生的石膏由石膏排出泵送入石膏旋流器浓缩，其溢流液返回吸收塔，含固量为45%～60%的浓液被送入石膏浆液箱，并由石膏浆液泵送至脱水机。脱水后的产物为含水量小于10%的石膏，由石膏皮带输送机送入石膏仓。必要时，石膏浆液也可由石膏排出泵或石膏浆液泵排入灰处理系统。

系统还设有3个浆池，用来收储有关箱罐、管道的溢流和排放液。

脱硫装置用的水由电厂净水站经2台自动反冲洗过滤池进入工艺水箱，用工艺水泵送至各处作冲洗水和制浆系统用水等。

脱硫电气系统包括6kV和380V交流系统，UPS不停电电源、柴油发电机、220V和24V直流系统。

控制系统采用Siemens公司TELEPERM XP分散控制系统，由自动控制、操作监视和工程师站组成。

（2）设计参数

设计条件见表7-9，石灰石的成分见表7-10。FGD的主要设计保证指标见表7-11，主要设备的工艺设计参数见表 7-12。

表 7-9 原始设计条件

项目	设计参数	项目	设计参数
燃煤硫分 /%	2.2 ～ 3.9	水分体积分数 /%	9.09
烟气流量（湿）/（$\times10^4m^3/h$）	17.6	烟尘浓度 /（mg/m^3）	＜ 200
入口烟气温度 /℃	180	烟气中氯浓度 /（mg/m^3）	＜ 40
SO_2 浓度 /（mg/m^3）	7700	氟浓度 /（mg/m^3）	＜ 25
SO_2 最大浓度 /（mg/m^3）	9400		

表 7-10 石灰石的成分

成分	质量分数 /%	成分	质量分数 /%
$CaCO_3$	89.2	Fe_2O_3	0.4
$MgCO_3$	2.8	Al_2O_3	1.2
H_2O	2.0	其他惰性物	1.2
SiO_2	3.2		

表 7-11 FGD 的主要设计保证指标

指标	数值	指标	数值
脱硫率 /%	≥ 95	烟气流速 /（m/s）	3.3
出口烟气温度 /℃	≥ 80	烟气停留时间 /s	4.2
SO_2 浓度 /（mg/m^3）	＜ 400	石灰石耗量 /（t/h）	20.1
烟尘浓度 /（mg/m^3）	＜ 50	工艺水耗量 /（t/h）	159.4
氯浓度 /（mg/m^3）	＜ 10	蒸汽耗量 /（t/h）	32.5
氟浓度 /（mg/m^3）	＜ 5	电耗 /［（kW・h）/h］	6460
设计液气比	18.2	石膏水分 /%	＜ 10
钙硫比	1.02	脱硫装置使用寿命 /a	25

表 7-12 主要设备的工艺设计参数

项目	数值或类型	项目	数值或类型
吸收塔		压损 /Pa	1125
直径 /m	16	喷嘴材料	SiC
浆池深度 /m	15	喷嘴数量 / 个	4×124
总高度 /m	39.4	**增压风机**	
pH 值	5.7	形式	液压动叶可调轴流式
操作压力 /Pa	2000	流量 /（$\times10^4\ m^3/h$）	193.6
吸收介质密度 /（kg/m^3）	1150	压头 /Pa	2475
运行温度 /℃	60	**氧化风机**	

续表

项目	数值或类型	项目	数值或类型
流量 /（$\times10^4$ m^3/h）	1.53	形式	管式
压头 /kPa	70	传热面积 /m^2	2845
转速 /（r/min）	16161	传热量 /MW	23.2
石膏排出泵		压损 /Pa	258
流量 /（m^3/h）	367	**脱水机**	
扬程 /m	25.4	处理量 /（t/h）	36
转速 /（r/min）	985	脱水面积 /m^2	39
石膏旋流器		**破碎机**	
旋流子数目 / 个	14	出力 /（t/h）	75
溢流含固量 /%	3	转速 /（r/min）	1171
底流含固量 /%	60	**球磨机**	
旋流器直径 /mm	125	出力 /（t/h）	15.5
石膏浆液泵		产品粒径（90%）/mm	＜ 0.03
流量 /（m^3/h）	45	**石灰石浆液泵**	
扬程 /m	31.5	流量 /（m^3/h）	127
转速 /（r/min）	950 ～ 960	扬程 /m	25.5
吸收塔循环泵		**工艺水箱**	
流量 /（m^3/h）	4×9500	容积 /m^3	175
吸入侧压力 /kPa	177	**石灰石浆液箱**	
转速 /（r/min）	420	容积 /m^3	320
吸收塔除雾器		**石灰石仓**	
形式	2 级人字形波纹板	容积 /m^3	1400
材料	聚丙烯	**石膏仓**	
再热器		容积 /m^3	400

7.6　硫资源化回收利用技术

7.6.1　二氧化硫氧化回收制备硫酸

在冶炼厂、硫酸厂和造纸厂等工业排放尾气中，SO_2 的浓度通常在 2% ～ 40% 之间。而对于燃煤烟气等低浓度 SO_2 尾气，利用氧化镁法、钠碱法、氨法、活性炭吸附法等烟气脱硫技术进行脱硫时，在再生吸收剂的同时，均可以获得高浓度的 SO_2 气体。

对于高浓度的 SO_2 气体，进行回收处理是经济的。通常的方法是利用 SO_2 生产硫酸，其反应式为：

$$SO_2+2O_2+2H_2O \longrightarrow 2H_2SO_4 \tag{7-60}$$

SO_2 氧化为 SO_3 是个平衡反应，SO_2 不会完全转化。该反应是个放热反应，在低温时

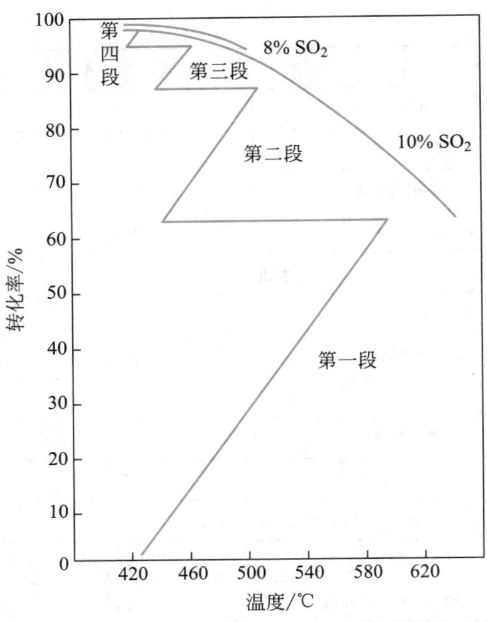

图 7-14 硫酸厂四层床 SO_2 催化转化器的温度 - 转化率关系

SO_2 的平衡转化率高，而在高温时其平衡转化率低。因此，为达到较高的转化率，通常在工业上采用 3 ～ 4 段催化剂床层，并采用段间冷却的方法提高 SO_2 的转化率。

多层催化反应的温度 - 转化率关系见图 7-14。经预热后温度为 420℃的尾气进入第一层催化剂床。随反应进行床层内的气体温度升高，气体在前三段离开每一床层进入下一段时，段间需要进行冷却。前三段的床层通常较薄，以控制较短的停留时间，保证反应偏离平衡线，以增加反应推动力。由图可见，平衡转化率随温度的增加显著降低，离开最后一段催化床层的气体温度约为 425℃，其转换率已接近在此温度下的平衡值。通过这种工艺，可保证大约 98% 的 SO_2 转化为硫酸。在简单的制酸工艺中（一级工艺），剩下 2% 的 SO_2 直接排空。

图 7-15 给出了单级吸收工艺和二级吸收工艺的流程图。由图可见，与一般的吸收相比，制酸工艺中的吸收塔并不需要吸收液的分离循环装置。这是由于 SO_2 溶于水后所制得的 H_2SO_4 溶液是一种可销售的产品，因此不必回收并循环利用吸收液。在 20℃时，SO_3 在水中的亨利系数大约为 10^{-20}Pa，因此吸收过程十分快捷高效，以至于在吸收过程中非常容易形成细的硫酸酸雾。在净化后气体排入大气前必须去除硫酸酸雾。

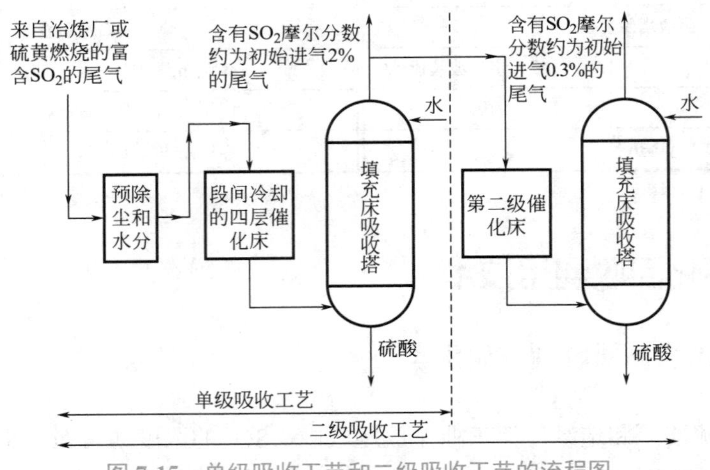

图 7-15 单级吸收工艺和二级吸收工艺的流程图

7.6.2 二氧化硫还原为单质硫

受生产、储存、运输等条件的限制，二氧化硫烟气制硫酸不适合地处偏远且当地没有市场的冶炼厂。由于硫黄相对于硫酸更易储存和运输，并具有一定的附加值，因此在一些特殊地区的工厂可考虑用高浓度二氧化硫烟气制硫黄。20 世纪 70 年代人们开始研究二氧化硫烟气制硫黄技术，并先后在日本、俄罗斯等国实现工业化生产。二氧化硫烟气制硫黄技术主要有直接还原法和间接还原法 2 种。

（1）直接还原法

直接还原法是基于碳、氢元素的强还原性，将 SO_2 直接还原为零价的单质硫，或者还原为 −2 价的硫化氢。利用克劳斯反应原理，H_2S 与 SO_2 按 2 ∶ 1 的摩尔比进行克劳斯反应（$2H_2S+SO_2 \longrightarrow 3S+2H_2O$），最终生成单质硫。

二氧化硫烟气直接还原法制硫黄常用的还原剂有 H_2、C、CH_4、CO 和 NH_3 以及煤气、生物质热解气等。根据还原剂的不同，直接还原法可分为 H_2 还原法、炭还原法、CH_4 还原法、CO 还原法、NH_3 以及煤气、生物质热解气还原法等工艺。

（2）间接还原法

① 硫化钙循环法　美国盐湖城犹他大学开发了一种独特的循环工艺。含二氧化硫的气体通入硫化钙的流化床或填充床中，与之反应生成硫酸钙，释放出硫蒸气，硫蒸气冷凝形成元素硫。硫酸钙用氢气或重整后的天然气还原成硫化钙，硫化钙再循环反应。该工艺可处理来自有色冶炼厂、燃煤发电厂和集中气化联合循环脱硫装置的高 SO_2 浓度气体。

② 硫化钠循环法　硫化钠循环法（又称硫化钠 - 元素硫法）烟气脱硫技术是中南大学冶金科学与工程学院承担的国家“九五”攻关项目。该方法是一种自氧化还原法，采用硫化钠溶液作为吸收液与二氧化硫反应生成元素硫，从而达到脱除二氧化硫回收硫黄的目的。其工艺原理为：在一定的温度和压力下使溶液中的二氧化硫与硫化钠反应，生成元素硫和硫酸钠；分离出元素硫后，用还原剂将硫酸钠还原成硫化钠返回系统循环使用。在最佳条件下，二氧化硫的吸收率可达 99.8%，吸收液自氧化还原的回收率可达 99% 以上，元素硫的品位可达 97.95%，硫化钠的再生率可达 99% 以上。

自氧化还原反应为：

$$8SO_2+4Na_2S \longrightarrow 8S+4Na_2SO_4 \tag{7-61}$$

以 CO 作还原剂再生还原反应：

$$Na_2SO_4+4CO \longrightarrow Na_2S+4CO_2 \tag{7-62}$$

习题

7.1　某新建电厂的设计用煤：硫含量为 3%，热值为 26535kJ/kg。为达到目前我国火电厂的排放标准，采用的 SO_2 排放控制措施至少要达到脱硫率为多少？

7.2　某 300MW 机组的燃煤化学组成（质量分数）: C 为 68.95%；H 为 2.25%；N 为 1.4%；S 为 1.5%；O 为 6.0%；Cl 为 0.1%；H_2O 为 7.8%；灰分为 12%。煤炭热值为 27000kJ/kg，在空气过剩 20% 的条件下燃烧（假设为完全燃烧），机组热效率为 35%。烟气先经布袋除尘器脱除 99% 的颗粒物，在除尘器出口温度为 530K；再进入换热器经 25℃清水冷凝后，温度降至 350K。最后进入烟气脱硫装置。计算进入脱硫系统的烟气流量和组成。

7.3 实验测得某110MW常压循环流化床锅炉的Ca/S比与脱硫率的关系为$\eta=1-\exp(-0.78R)$，计算该流化床锅炉达到75%和90%脱硫率分别需要的钙硫比。

7.4 某冶炼厂尾气采用二级催化转化制酸工艺回收SO_2。尾气中含SO_2为12%，O_2为13.4%、N_2为74.6%（体积分数）。如果第一级的SO_2回收率为98%，第二级的回收率为95%。计算：

（1）总的回收率为多少？

（2）如果第二级催化床操作温度为700K，催化转化反应的平衡常数$K=100$，反应平衡时SO_2的转化率为多少？

7.5 习题7.2中的烟气，用温度为300K的石灰石浆液脱硫。使用的石灰石纯度为95%，设计SO_2脱除率为93%，HCl脱除率100%，石灰石的实际用量较化学计量值过剩10%。假定脱除的SO_2中13%形成了$CaSO_4\cdot 2H_2O$，其余形成$CaSO_3\cdot 2H_2O$。除去的氯全部形成$CaCl_2\cdot 2H_2O$。脱硫污泥中固体含量为60%。计算：

（1）石灰石的消耗量。

（2）每天产生的脱硫污泥量。

（3）需要补充的水量。

第 8 章 氮氧化物污染控制

8.1 氮循环及氮排放

氮素存在于地球表层各系统，是一切生物的必需元素，影响人类生产、生活的各个方面和生态环境质量。氮在大气中主要以三重键结合的氮气（N_2）形式存在，约占大气总体积的 78% 和质量的 75%，不能被生物直接利用，即非活性氮。氮气通过自然过程和人为过程被转化为 NH_3 和 NO，成为活性氮才能在大气和地表之间循环。氮循环是指大气中的氮气经生物过程或非生物过程生成含氮化合物进入大气圈、水圈、土壤圈和生物圈等地球圈层，经过圈层内的复杂反应过程和圈层之间的交换过程，最终转化为 N_2 返回到大气的过程。氮循环由 5 个主要环节构成，如图 8-1 所示。

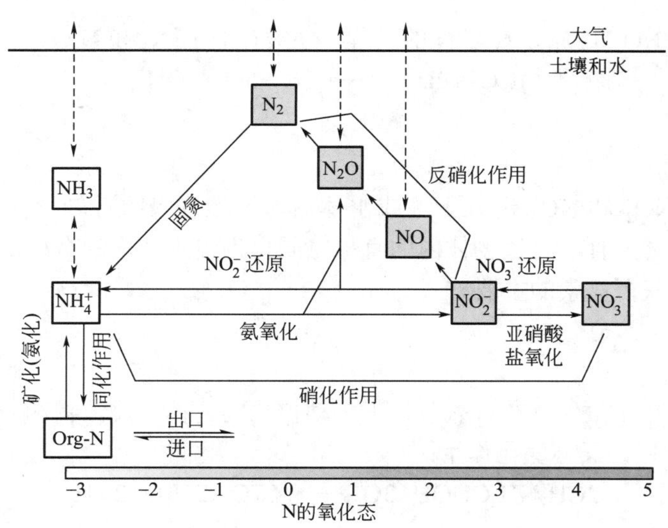

图 8-1 固氮、同化、硝化、分解、氨化和反硝化过程

（1）固氮作用

固氮作用是从大气中捕获分子 N_2，转化为氮化合物的过程，包括生物固氮、工业固氮、闪电固氮和燃烧过程固氮。生物固氮是一种微生物介导的过程，利用厌氧环境中的固氮酶将 N_2 还原为 NH_3，从而进入生态系统：

$$2N_2+6H_2O \longrightarrow 4NH_3+3O_2 \tag{8-1}$$

20 世纪初，哈勃 - 博施（Haber-Bosch）工业固氮工艺被发明并商业化开发。20 世纪后半叶，哈勃 - 博施工业固氮取代生物固氮，成为陆地系统活性氮产生的主要路径。它利用高温高压和金属催化剂产生 NH_3：

$$N_2+3H_2 \longrightarrow 2NH_3 \tag{8-2}$$

大气中的 N_2 还可以通过对流层中发生的天然过程——闪电作用进入生物圈。闪电的催化作用使 N_2 转化为 NO：

$$N_2+O_2 \xrightarrow{\text{闪电}} 2NO \tag{8-3}$$

NO 通过化学反应而氧化成 NO_2，NO_2 转化生成 NO_3^- 进入地表，最终被植物吸收而进入生物圈。此外，燃料燃烧过程中的高温高压为 N_2 转化为 NO 提供了能量：

$$N_2+O_2 \xrightarrow{\text{燃烧}} 2NO \tag{8-4}$$

总之，大气氮通过生物固氮和工业固氮将 N_2 转化为 NH_3，通过闪电固氮和燃烧过程产生 NO。

（2）硝化作用

硝化作用是 NH_3 或 NH_4^+ 被生物氧化成 NO_2^- 或 NO_3^- 的过程：

$$4NH_4^++6O_2 \longrightarrow 4NO_2^-+8H^++4H_2O \tag{8-5}$$

$$4NO_2^-+2O_2 \longrightarrow 4NO_3^- \tag{8-6}$$

（3）反硝化作用

反硝化作用是 NO_3^- 还原为气态 N 的过程，主要产物有 N_2 和 N_2O。

$$4NO_3^-+2H_2O \longrightarrow 2N_2+5O_2+4OH^- \tag{8-7}$$

（4）同化作用

NH_3、NH_4^+、NO_2^- 和 NO_3^- 进入土壤或水体后，被植物吸收并转化蛋白质等有机氮，动物直接或间接以植物为食，将植物体内的有机氮同化为自生体内的有机氮。这一过程被称为同化作用，是植物获得氮素的主要方式。

（5）分解作用

分解作用是指氨化微生物在有氧条件下将动植物的遗体、排泄物和残落物中的有机氮还原并释放 NH_3 的过程，又称氨化作用：

$$2CH_2NH_2COOH+3O_2 \longrightarrow 4CO_2+2H_2O+2NH_3 \tag{8-8}$$

在自然状态下，活性氮的主要来源是生物固氮，另加小部分闪电固氮。陆地生物固氮为 90 ～ 130Tg N/a。20 世纪以来，人为活动明显，全球氮循环途径主要是豆科植物种植、工业 NH_3 合成（哈勃 - 博施过程）和化石燃料燃烧。全球人口快速增长加之工业革命，推动化石燃料燃烧、化学肥料的生产及应用、畜牧业的快速发展，导致大量人为产生的活性氮排放到大气中，全球活性氮的循环见图 8-2。Galloway 等估计，1860 年人为原因产生的活性氮为 15Tg N/a，1995 年增加到 165Tg N/a，130 余年内增长了 11 倍，并且远超全球氮素临界负荷（100Tg N/a），预测 2050 年人为产生的活性氮达到 270Tg N/a，而且将继续增长。其中，全球 NO_x 排放量为 40Tg N/a，燃料燃烧是其最大的排放源，对总排放量的贡献为 58%。人类活动产生的活性氮经过一系列大气反应和大气环流，60% ～ 80% 的氮素又以沉降的形式返回到地表生态系统中，估计每年约 70Tg N 沉降到陆地生态系统，30Tg N 沉降到海洋生态系统。西欧、北美、亚洲（主要是中国和印度）已成为全球氮沉降三大热点地区。

人为活性氮排放改变氮循环带来的负面效应在今年变得愈发明显。过量的活性氮排放影响空气质量和人体健康，过量的氮沉降导致土壤酸化、水体富营养化、生物多样性减少。大气中含氮化合物快速增长并不断沉降到地表，成为继温室气体增加、全球变暖后的又一热点问题。因此，为减少活性氮排放的负面影响，控制活性氮排放至关重要。

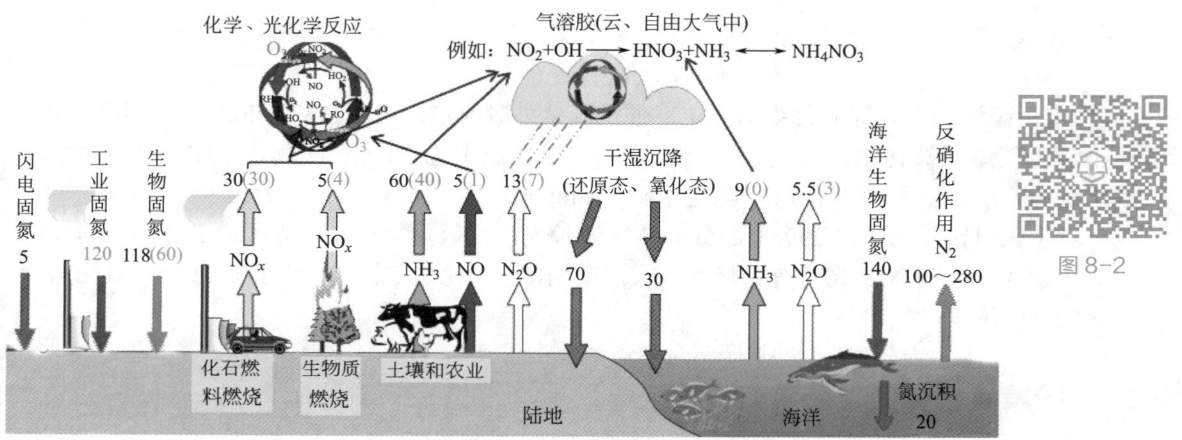

图 8-2 全球活性氮的循环

（说明主要来源、主要化学过程和产物以及通量黑色通量值为总通量，有色值为人为贡献量）（单位：Tg N/a）

图 8-2

8.2 氮氧化物检测方法

8.2.1 定电位电解法

《固定污染源废气 氮氧化物的测定 定电位电解法》（HJ 693—2014），适用于固定污染源废气中氮氧化物的测定。该方法检出限为一氧化氮 $3mg/m^3$（以 NO_2 计），二氧化氮 $3mg/m^3$（以 NO_2 计）；测定下限为一氧化氮 $12mg/m^3$（以 NO_2 计），二氧化氮 $12mg/m^3$（以 NO_2 计）。

抽取气体样品，送入定电位电解传感器，利用氮氧化物与传感器电解槽中的电解液发生电化学反应产生电解电流的大小定量氮氧化物的浓度。反应式如下：

$$NO+2H_2O \longrightarrow HNO_3+3H^++3e^- \tag{8-9}$$

$$NO_2+2H^++2e^- \longrightarrow NO+H_2O \tag{8-10}$$

或

$$NO_2+2e^- \longrightarrow NO+O^{2-} \tag{8-11}$$

与此同时产生极限扩散电流 i。在一定的工作条件下，电子转移数 Z、法拉第常数 F、气体扩散面积 S、扩散常数 D 和扩散层厚度 δ 均为常数，因此在一定范围内极限扩散电流的大小与 NO 或 NO_2 的浓度 ρ 成正比。

$$i=\frac{ZFSD}{\delta}\times\rho \tag{8-12}$$

8.2.2 非分散红外吸收法

《固定污染源废气　氮氧化物的测定　非分散红外吸收法》(HJ 692—2014)，适用于固定污染源废气中氮氧化物的测定。本方法一氧化氮（以 NO_2 计）的检出限为 3mg/m^3，测定下限为 12mg/m^3。

利用 NO 气体对红外光谱区，特别是 5.3μm 波长光的选择性吸收，由朗伯 - 比尔定律定量废气中 NO 和废气中的 NO_2 通过转换器还原为 NO 后的浓度。

8.2.3 便携式紫外吸收法

《固定污染源废气　氮氧化物的测定　便携式紫外吸收法》(HJ 1132—2020)，适用于固定污染源废气中氮氧化物的测定。一氧化氮的方法检出限为 1mg/m^3，测定下限为 4mg/m^3；二氧化氮的方法检出限为 2mg/m^3，测定下限为 8mg/m^3。

一氧化氮对紫外光区内 200 ～ 235nm 特征波长光，二氧化氮对紫外光区内 220 ～ 250nm 或 350 ～ 500nm 特征波长光具有选择性吸收，根据朗伯 - 比尔定律定量测定废气中一氧化氮和二氧化氮的浓度。

8.2.4 酸碱滴定法

《固定污染源排气　氮氧化物的测定　酸碱滴定法》(HJ 675—2013)，适用于火炸药工业硝烟尾气中一氧化氮、二氧化氮以及其他氮氧化物的测定。本标准的方法检出限为 50mg/m^3，测定范围为 200 ～ 2000mg/m^3。

以过氧化氢吸收液吸收火炸药工业硝烟尾气中一氧化氮和二氧化氮以及其他氮氧化物，氮氧化物被氧化后，生成硝酸。吸收液中的硝酸用氢氧化钠标准溶液滴定，根据其消耗体积计算氮氧化物浓度。

8.2.5 盐酸萘乙二胺分光光度法

《固定污染源排气中氮氧化物的测定　盐酸萘乙二胺分光光度法》(HJ/T 43—1999)，适用于固定污染源有组织排放的氮氧化物测定。当采样体积为 1L 时，本方法的定性检出浓度为 0.7mg/m^3，定量测定的浓度范围为 2.4 ～ 208mg/m^3。更高浓度的样品，可以用稀释的方法进行测定。在臭氧浓度大于氮氧化物浓度 5 倍，二氧化硫浓度大于氮氧化物浓度 100 倍的条件下，对氮氧化物测定有干扰。

氮氧化物（NO_x）包括一氧化氮（NO）及二氧化氮（NO_2）等。在采样时，气体中的一氧化氮等低价氧化物首先被三氧化铬氧化成二氧化氮，二氧化氮被吸收液吸收后，生成亚硝酸和硝酸，其中亚硝酸与对氨基苯磺酸起重氮化反应，再与盐酸萘乙二胺偶合，呈玫瑰红色，根据颜色深浅，用分光光度法测定。

8.3　固定源氮氧化物污染控制

8.3.1　固定源氮氧化物排放情况

目前，我国的能源仍然以煤、石油等化石燃料为主，工业化进程的加速导致化石燃料的燃烧逐年增加。据2020年国家统计局数据，全年能源消费总量达49.8亿吨标准煤，煤炭消费占我国一次性能源消费总量的56.8%，煤在燃烧过程中产生的NO_x占全国NO_x排放总量的67%，燃煤锅炉中NO_x的排放约占所有煤炭燃烧产生氮氧化物的70%。国家统计局公布的我国近十年来氮氧化物的排放量如图8-3所示。从图中可以看出，近年NO_x排放总量逐年降低的趋势表明NO_x的控制已初见成效，但同时也能够发现，2019年我国氮氧化物的排放量仍然高达1234万吨，燃煤锅炉大气污染治理成了大气污染防治的一个重要部分。

图8-3　2009～2019年我国氮氧化物（NO_x）排放量（单位：万吨）

NO_x作为城市大气主要污染物之一，其参与的化学反应直接或间接影响大气化学循环、颗粒物酸度及大气氧化能力。当NO_x排入大气后，大部分转化成NO_2。NO_2是一种棕红色、高活性的剧毒气体，一旦进入人体呼吸系统，它将会损害呼吸道并引起肺部和支气管疾病，从而导致慢性咽炎、支气管哮喘发病率增加。据报道，人只要在NO_2含量为100～150ppm（1ppm=1mg/L）的环境中停留0.5～1h，就会因肺气肿而死亡。NO_2遇水生成HNO_3、HNO_2，并随雨水到达地面，形成酸雨或者酸雾。在紫外线下，NO_2将与大气中碳氢化合物相互作用，产生光化学烟雾和臭氧，这是形成区域超微颗粒（$PM_{2.5}$）污染和灰霾的重要原因。NO_x还会与平流层臭氧通过反应式（8-13）和式（8-14）的循环效应而导致平流层臭氧枯竭，从而造成臭氧层空洞并间接造成温室效应。

$$O_3+NO \longrightarrow O_2+NO_2 \tag{8-13}$$

$$2NO_2+h\nu(\text{紫外线}) \longrightarrow 2NO+O_2 \tag{8-14}$$

NO_x的治理为国际环保领域的主要方向，我国“十三五”期间也特别提出要继续将氮氧化物排放总量下降列为约束性指标。“十二五”初期，国家出台了一系列环境保护总体规划措施。2011年9月颁布了《火电厂大气污染物排放标准》(GB 13223—2011)，要求从2012年1月1日开始，新建火电机组NO_x排放浓度不得超过100mg/m^3（基准氧浓度6%）。2015年12月，国家发改委、环保部及能源局联合提出，燃煤发电厂实施超低排放改造。所谓超低排放，是指燃煤发电机组大气污染物排放浓度在基本符合燃气机组排放限值要求的基础上，要求NO_x排放浓度不高于50mg/m^3（基准氧浓度6%）。“十二五”规划纲要提出NO_x排放总量减少8%的约束性目标，2015年全国氮氧化物排放量为1851万吨，比2010年下降18.0%，超额完成排放总量控制目标。根据《“十三五”节能减排综合工作方案》所定的目标，到2020年NO_x的排放总量要比2015年下降15%以上。2018年全国NO_x排放总量比2015年下降12.2%，其中2017～2018年下降幅度高达6.59%。

8.3.2 燃烧过程氮氧化物生成机理

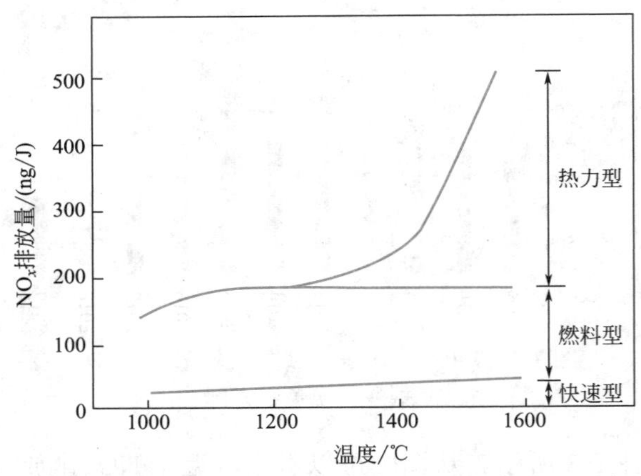

图 8-4　三种 NO_x 生成机理在煤燃烧过程中对 NO_x 生成总量的贡献

煤炭燃烧过程中所产生的 NO_x 量与煤炭燃烧方式、燃烧温度、过量空气系数 α 以及烟气在炉膛停留时间等因素密切相关。研究燃烧过程中 NO_x 的生成机理对有效抑制它的产生具有重要意义。燃烧过程中形成的 NO_x 分为三类：一是空气中氮在高温下氧化产生的 NO_x，称作热力型 NO_x（thermal NO_x）；二是由于燃料挥发物中碳、氮化合物高温分解生成的 CH 自由基和空气中氮气反应生成 HCN 和 N，再进一步与氧气作用以极快的速度生成的 NO_x，通常称为快速型 NO_x（prompt NO_x）；三是燃料中含氮化合物在燃烧中氧化生成的 NO_x，称为燃料型 NO_x（fuel NO_x）。图 8-4 给出了煤燃烧过程三种机理对 NO_x 排放的相对贡献。

三种类型 NO_x 的生成机理各不相同，但相互之间又有一定联系。燃料型 NO_x 在 600 ～ 800℃时产生，其生成量受温度影响不显著，占 NO_x 生成总量的 70% ～ 90%；热力型 NO_x 的产生与温度密切相关，当炉膛温度高于 1350℃时才开始形成，温度高于 1500℃时不可忽略，可占到 NO_x 生成总量的 20% 以上；而快速型 NO_x 生成量很少，所占比例仅为 5% 左右。

（1）热力型 NO_x

热力型 NO_x 在高温以及富氧条件下形成，产生 NO 和 NO_2 最重要的两个反应为：

$$N_2+O_2 \longrightarrow 2NO \tag{8-15}$$

$$NO+\frac{1}{2}O_2 \longrightarrow NO_2 \tag{8-16}$$

这两个反应均为可逆反应，反应温度和反应物化学组成会影响其平衡。空气中的 N_2 属于惰性气体，具有很强的稳定性，在正常的室温条件下不会有 NO_x 生成。当温度低于 1000K 时，产生 NO 的平衡常数非常小，此时生成 NO 的浓度较低；温度超过 1000K 时，平衡常数开始迅速增加；温度在 1500K 以上时，N_2 被氧化形成大量 NO_x。平衡条件下，NO 浓度随温度升高而迅速增加；氧气浓度的降低可以降低 NO 生成浓度；NO 平衡浓度与在热电厂实测值处于同一数量级（500×10^{-6} ～ 1000×10^{-6}）。

在实际燃烧过程中，反应式（8-15）和式（8-16）同时发生。对于 NO_2 的产生，反应式（8-16）的平衡常数随温度升高而降低，因此有利于低温下的 NO_2 形成。但随着温度升高，NO_2 分解为 NO，当温度超过 1000K 时，NO_2 生成量远低于 NO。在室温条件下，几乎不产生 NO 和 NO_2，并且 NO 全部转化为 NO_2；在 800K 左右，NO 和 NO_2 产生量仍然很少，但 NO 的产生量已经超过 NO_2；在常规的燃烧温度（> 1500K）下，会产生大量 NO，而 NO_2 的量依然很少。

如图 8-5 所示，高温和高氧浓度是产生热力型 NO_x 的必要条件。温度越高，NO_x 越易产生。当温度高于 2000℃时，NO 几乎可以在瞬间氧化而成；在 1600 ～ 2000℃的温度范围内，如果持续时间较长，也易产生 NO_x，若持续时间较短，则 NO_x 的生成量相对较少；当温度低于 1500℃时，热力型 NO_x 的生成显著减慢。随着氧浓度的增加，NO_x 生成量增大。当氧量供应适中时，燃烧温度较高，更易产生 NO_x；当空气供应不足时，氧量减少，此时燃烧不完全，燃烧温度降低，尽管使 NO_x 生成量减少，但会增多炭黑和 CO 等；当空气过剩时，虽然燃烧区中氧量与氮量会明显增加，但由于此时燃烧温度下降反而会导致 NO_x 生成减少，同时 NO_x 浓度也将被大量过量空气所稀释而降低。因此，减少热力型 NO_x 可采取以下措施：a. 减少最高燃烧温度范围；b. 降低峰值燃烧温度；c. 降低燃烧的过量空气系数和局部氧气浓度。

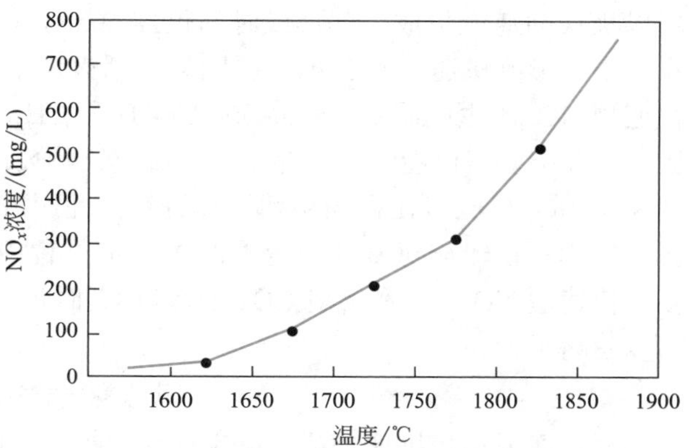

图 8-5　热力型 NO_x 的生成浓度与温度的关系

燃烧过程中生成 NO 的化学反应机理虽然相当复杂，一些细节仍存在争论，但对反应过程的理解自 20 世纪 60 年代中期以来已经取得显著进展。现在广泛采用的基本模式起源于泽利多维奇（Zeldovich）及其合作者的工作。根据他们的自由基链机理，在高温下形成的氧原子将会产生下述主要反应：

$$O+N_2 \longrightarrow NO+N \tag{8-17}$$

$$N+O_2 \longrightarrow NO+O \tag{8-18}$$

热力型 NO_x 生成过程中，虽然可以通过氧分子分解产生氧原子，但氮原子并不能由氮分子分解产生。氮原子主要由反应式（8-17）产生。与氮原子相比，O_2 分解会产生更多氧原子。O_2 分解的平衡常数很小，即使在火焰区温度下，氧原子浓度也非常低；N_2 分解的平衡常数更小，实际上可以忽略氮原子浓度。应用化学动力学基本理论，根据反应式（8-17）形成 NO 的净速率为：

$$\frac{d[NO]}{dt}=k_5[O][N_2]-k_{-5}[NO][N] \tag{8-19}$$

式中，k_5 和 k_{-5} 分别是反应式（8-17）的正、逆反应速率常数。综合考虑反应式（8-17）、式（8-18）联合，生成 NO 的总速率为：

$$\frac{d[NO]}{dt}=k_5[O][N_2]-k_{-5}[N][NO]+k_6[N][O_2]-k_{-6}[O][NO] \tag{8-20}$$

式中，k_6 和 k_{-6} 分别是反应式（8-18）的正、逆反应速率常数。

（2）快速型 NO_x

快速型 NO_x 是由费尼莫尔（Fenimore）在 1971 年通过实验发现的，即碳氢化燃料在富燃料燃烧时，会在反应区附近生成快速型 NO_x。其生成过程为燃料燃烧时产生的烃（CH、CH_2、CH_3）离子团撞击燃烧空气中的 N_2 生成 HCN 和 N［式（8-21）］，再进一步与氧气作用以极快的速度生成，其形成时间仅需 60ms，与炉膛压力的 0.5 次方成正比，与温度的关系很小。影响快速型 NO_x 的主要因素包括火焰早期混合区的氧气浓度、温度和燃料类型等。快速型 NO_x 的生成需要有较高浓度的 CH 和 CH_2。碳氢基成分具有较高活性，且易与氧气反应，因此碳氢基仅能较稳定存在于过量空气系数较低（氧气浓度较低）的富燃料燃烧火焰中；快速型 NO_x 反应多在火焰初始区域进行，此区域温度较低，因此加热速率对快速型 NO_x 的影响很大；由于碳氢基在快速型 NO_x 生成过程中具有重要影响，燃烧碳氢燃料时会生成较多的快速型 NO_x，而在燃烧 CO、H_2 等燃料时，碳氢基生成量非常小，快速型 NO_x 的生成量可以忽略不计。

$$CH+N_2 \rightleftharpoons HCN+N \tag{8-21}$$

根据费尼莫尔机理，总体反应过程如图 8-6 所示。目前，尚无任何简化的模型可以预测这种机理产生的 NO 量，但低温反应过程中产生的 NO 量明显高于根据泽利多维奇模型预测的结果。在燃煤锅炉中，快速型 NO_x 的生成量很小，通常在燃用不含氮的碳氢燃料时才会重点考虑。

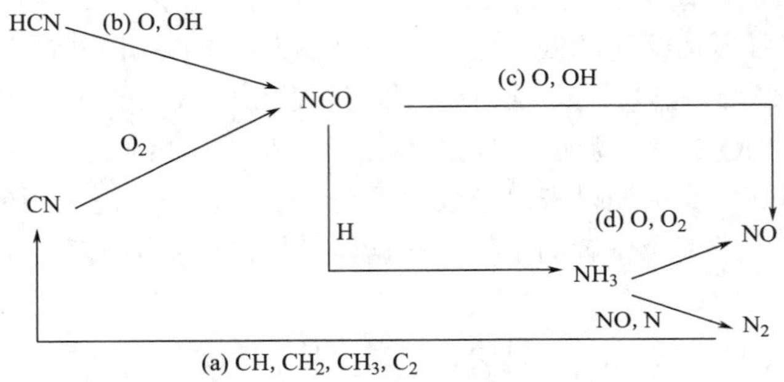

图 8-6　快速型 NO_x 生成机理图

（3）燃料型 NO_x

由燃料中的氮化合物氧化生成的 NO_x 称为燃料型 NO_x。燃料本身所含有的氮元素多以 C—N 键的形式存在于有机化合物，C—N 键的键能为［（25.3 ～ 63）×10^7J/mol］，比空气中 N_2 的 N ≡ N 键能（94.5×10^7J/mol）要小得多。因此，燃烧过程中有机化合物中的 C—N 键首先断裂，氮与各种碳氢化合物相结合，形成含氮的化合物。由于燃料中氮的热分解温度低于煤粉燃烧温度，在 600 ～ 800℃时就会生成燃料型，它在煤粉燃烧 NO_x 产物中占 60% ～ 80%。

煤、石油和天然气等常规燃料中大多都含有氮化物，其中煤含氮量约 4%，天然气的含量约 0.4% ～ 12.5%，石油的含氮量约 0.1% ～ 0.5%，汽油的含氮量约 0.2% ～ 0.6%。当燃用含氮燃料时，含氮化合物在进入燃烧区之前会在其他高温因素的影响下进行热分解。因此，在生成 NO 之前将会出现分子量较低的氮化物或一些自由基（NH_2、HCN、CN、NH_3 等），它们随挥发分一起从燃料中析出，被称为挥发分 N。挥发分 N 析出后残留在焦炭中的氮化合物，称为焦炭 N。火焰中燃料氮转化为NO的比例取决于火焰区内NO与 O_2 含量之比。一些试验结果表明，燃料中 20% ～ 80% 的氮转化为 NO_x，其中 NO 占 90% ～ 95%。

现在广泛接受的反应过程是：含氮燃料进入炉膛后，由于高温分解会释放出各种可能形式的自由基（N、NH 或 CN 等）。根据局部地区的氧浓度，这些自由基随即被氧化成 NO 或再结合成 N_2。一般来说，燃料中氮氧化物含量越高或炉膛中氧浓度越高，则形成的燃料型

NO_x 越多。燃料型 NO_x 即使在温度较低的情况下也能形成。

$$NH/NH_2+O_2 \longrightarrow NO+H_2O \tag{8-22}$$

$$O+NO \longrightarrow N+O_2 \tag{8-23}$$

$$NO+NO \longrightarrow N_2O+O \tag{8-24}$$

燃烧后，稀薄燃料混合气中 NO 浓度减少得十分缓慢，NO 生成量较高；而富燃料混合气中 NO 浓度减少得比较快，NO 生成量相对较低。燃料型 NO_x 的生成是一个低活化能步骤，NO 的生成量仅与温度略有关系。随着燃烧条件的改变，最初生成的 NO_x 有可能被破坏。实际上，燃料型 NO_x 的生成和破坏过程非常复杂，其反应途径有多种可能，目前发现至少已有 250 多种反应式。

综合考虑燃烧过程中三种 NO_x 的形成机理，图 8-7 给出了简化的总反应路径，显示了形成热力型 NO_x、快速型 NO_x 和燃料型 NO_x 的主要步骤。综上所述，影响燃料燃烧时 NO_x 生成的主要因素有以下几方面：

① 燃料中氮化合物的含量　氮化合物含量越高，产生的“燃料 NO_x”就越多。例如，气体燃料中氮化合物含量很少，因此燃烧过程中产生的 NO_x 几乎都是从空气中的氮转化而来；相反，固体燃料煤燃烧，特别是煤粉燃烧时，烟气中的绝大部分 NO_x（90%）是由燃料中的固有氮化物转化而来的；液体燃料介于上述两者之间。

② 燃烧区的温度（或火焰温度）和高温下的燃烧时间（或停留时间）　温度越高，产生 NO_x 越容易，特别是“热力型 NO_x”。

③ 燃烧区内氧的浓度　随着燃烧区氧浓度增加，无论是“热力型 NO_x”还是“燃料型 NO_x”，其生成量都增加。

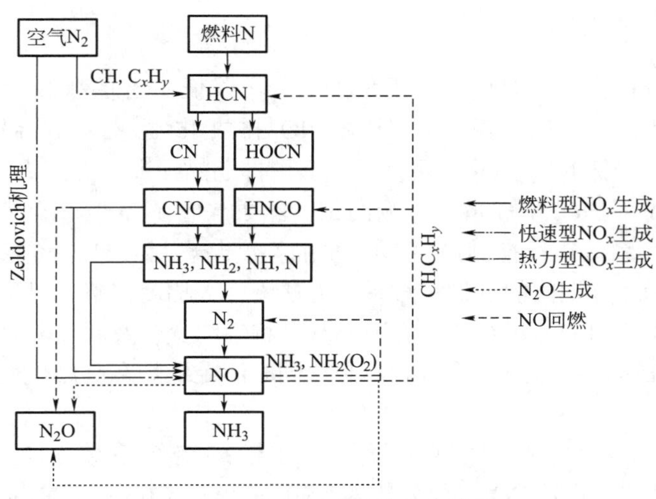

图 8-7　NO_x 形成的总反应路径

在上述因素中，燃烧区温度对 NO_x 生成有很大的影响。温度越高，产生的 NO_x 越多。此外，NO_x 的产生还与燃烧方式和燃烧装置的形式有极大关系。并非燃料中的氮全部转化成 NO_x，根据燃料和燃烧方式的不同而存在一个转化率，该转化率一般为 15% ～ 30%，因此，控制燃料 NO_x 的产生可采取以下措施：a. 减小过量空气系数；b. 控制空气与燃料的前期混合程度；c. 提高入炉的局部燃烧浓度；d. 利用中间生成物的反应降低 NO_x。

根据上述 NO_x 的形成特点，可把 NO_x 的控制措施分成燃烧前、燃烧中和燃烧后处理三类：a. 燃烧前脱氮主要将燃料转化为低氮燃料，该方法成本高，工程应用较少；b. 燃烧中脱氮主要指各种降低 NO_x 的燃烧技术，该方法费用较低，但脱硝率不高；c. 燃烧后脱氮主要指烟气脱硝技术，该方法脱除效率高，亦可与燃烧中脱氮组合使用。

因此，从工程应用的角度可将控制火电厂 NO_x 排放的措施分为两大类：一类是通过采用先进的低 NO_x 燃烧器来改进燃烧技术；另一类是尾部加装烟气脱硝装置。下面对燃煤电厂常用的几种脱硝技术做简单的介绍及评述。

8.3.3 低氮氧化物燃烧技术

由于低氮燃烧技术工艺相对来说非常成熟，投资和运行成本也相对较低，因此最早在大型火电站锅炉的 NO_x 排放控制中得到广泛的应用，但其 NO_x 减排效率较低，仅有 30% ～ 60%，在排放标准较为严格的地区，低氮燃烧技术往往与烟气后处理减排技术联用。国外低 NO_x 燃烧技术的发展已经历三代。第一代技术不对燃烧系统做大的改动；第二代技术以空气分级燃烧器为特征；第三代技术则是在炉膛内同时实施空气、燃料分级的三级燃烧方式（或燃烧器）。低 NO_x 燃烧技术措施一直是应用最广泛的措施，即便为满足排放标准的要求不得不使用尾气净化装置，仍须采用它，以达到节省净化费用的目的。

低氮氧化物燃烧技术是改进燃烧设备或控制燃烧条件，以降低燃烧尾气中 NO_x 浓度的各项技术。影响燃烧过程中 NO_x 生成的主要因素是燃烧温度、烟气在高温区的停留时间、烟气中各种组分的浓度以及混合程度。因此，改变空气与燃料比、燃烧空气的温度、燃烧区冷却的程度和燃烧器的形状设计都可以减少燃烧过程中氮氧化物的生成。

（1）低过量空气燃烧技术

NO_x 排放量随着炉内空气量的增加而增加，为了降低 NO_x 的排放量，锅炉应在炉内空气量较低的工况下运行，一般来说，可以降低 NO_x 排放 15% ～ 20%。锅炉采用低过量空气燃烧技术，不仅可以降低 NO_x 排放，还会减少锅炉排烟热损失，提高锅炉的热效率。图 8-8 为燃烧器出口氧含量对 NO_x 生成量的影响的试验结果。它不需要修改燃烧装置的结构，由图可知，低过量空气系数运行抑制产生 NO_x 量的幅度与燃料类型、燃烧方式以及排渣方式有关。电厂锅炉实际运行期间的过量空气系数无法进行大幅度调整。对于燃煤锅炉，降低过量空气系数会导致受热面的沾污结渣和腐蚀、气温特性的变化及因飞灰可燃物增加而导致经济性下降。因此，在确定过量空气系数时，必须同时满足锅炉和高燃烧效率，以及 NO 等有害物质最少的要求。

我国大多数燃用烟煤的电厂锅炉设计为在过剩空气系数 1.17 ～ 1.20（含氧量为 3.5% ～ 4.0%）下运行，此时 CO 体积分数为（30 ～ 40）$\times 10^{-6}$；若氧浓度降到 3.0% 以下，则 CO 的含量将急剧增加，这不仅导致化学不完全燃烧损失增加，还会导致炉内结渣和腐蚀。因此，以炉内氧浓度高于 3% 或 CO 体积分数为 2×10^{-4} 为依据来选择最小过剩空气系数。

（2）空气分级燃烧技术

传统的燃烧方式是将所有煤粉和空气通过燃烧器送入炉膛混合燃烧。此方式将煤粉和空气充分混合，燃烧强度大，温度高，但 NO_x 生成量也很高。而空气分级燃烧技术是通过控

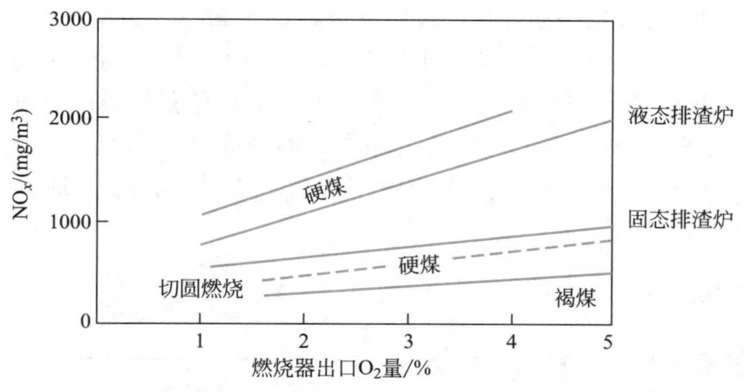

图 8-8　燃烧器出口氧含量对 NO_x 生成量的影响

制空气与煤粉的混合过程，并逐级将燃烧所需空气送入燃烧火焰中，从而在燃烧初期实现煤粉颗粒的低氧燃烧，并达到降低 NO_x 排放的目的。空气分级燃烧器与传统燃烧器的区别在于设置了一层或两层所谓的燃尽风（over fire air，OFA）喷口，部分助燃空气（5% ～ 30%）通过这些喷口进入炉膛。这种燃烧器在第一阶段将从燃烧所需的一次风量减少到总燃烧风量的 70% ～ 75%（相当于理论空气量的 80% 左右），使燃料先在缺氧富燃料的燃烧条件下燃烧。此时，由于主燃区处于过量空气系数较低的工况，因此燃烧区内的燃烧速度和温度水平降低，燃料中的挥发分氮分解生成大量的 HN、HCN、NH_3 及 NH_2 等，它们之间相互复合生成 N_2，或与已生成的 NO_x 发生还原反应，因而抑制了 NO_x 的产生；顶部引入的燃尽风用于确保燃料完全燃烧。空气分级燃烧布置示意图如图 8-9 所示，空气分级燃烧器需满足以下要求：

a．合理确定燃尽风喷口与最上层煤粉喷口之间的距离。距离越大，分级效果越好，NO 生成量大大减少，但飞灰等可燃物浓度会增加。炉膛结构和燃料种类决定了最佳距离的确定；

b．燃尽风量要适当。风量越大，分级效果越好，但过量的燃尽风会引起一次燃烧区因严重缺氧而出现结渣和高温腐蚀的现象。燃煤炉合理的燃尽风量约为 20%，而燃油和燃气炉的燃尽风量可能更高；

c．燃尽风要有足够高的流速，使其与烟气充分混合。

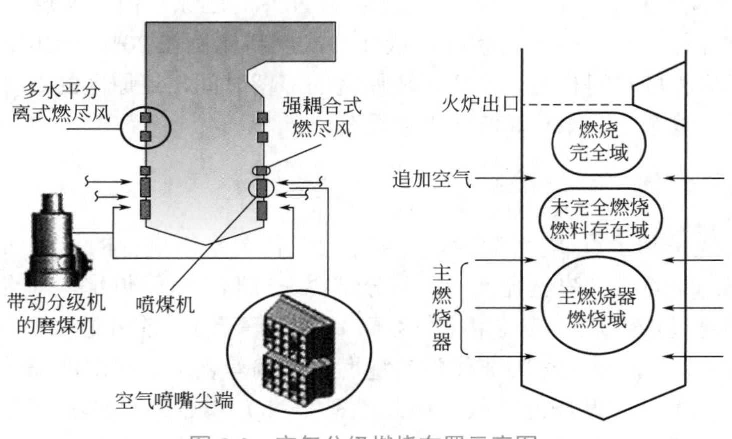

图 8-9　空气分级燃烧布置示意图

OFA 一般有三种布置形式：强耦合式燃尽风（CCOFA）、分离式燃尽风（SOFA）以及两者一起采用的形式。OFA 能减少 NO_x 排放 20% ～ 60%，其控制效果与燃煤性质、锅炉设计、燃烧器设计和初始 NO_x 浓度有关。一些新型的 OFA 方法能获得更好的去除效果。如增强燃尽风 BOFA（boosted over fire air）通过加装风扇提高燃料和空气的混合。旋转对冲燃尽风 ROFA（rotating opposed fire air）注入空气形成气流以改善燃烧，这种方法的 NO_x 去除率为 45% ～ 50%。

（3）燃料再燃烧技术

燃料再燃烧技术又称为燃料分级燃烧技术，首先由德国在 20 世纪 80 年代末提出，称为 IFNR（in-furnace NO_x reduction）技术，发展到今天已逐步实现了产业化。再燃烧技术降低 NO_x 的原理如图 8-10 所示，此技术的做法是首先将 80% ～ 85% 的燃料送入一级燃烧区，在过量空气系数 $\alpha > 1$ 的条件下，燃烧并生成 NO_x，送入一级燃烧区的燃料称为一次燃料；其余 15% ～ 20% 的燃料则在主燃烧器的上部被送入二级燃烧区，在过量空气系数 $\alpha < 1$ 的条件下形成强烈的还原性气氛，使得在一级燃烧区中已经产生的 NO_x 被 NH_3、HCN 和 CO 等还原基还原为氮分子。二级燃烧区又称再燃区，送入二级燃烧区的燃料又称为二次燃料或再燃燃料；在还原区的上方，送入少量空气使再燃燃料燃烧完全，该区域称为燃尽区，该部分二次风称为燃尽风。因此，在炉膛内形成三个区域，即一次区、还原区和燃尽区，通常被称为三级燃烧技术。

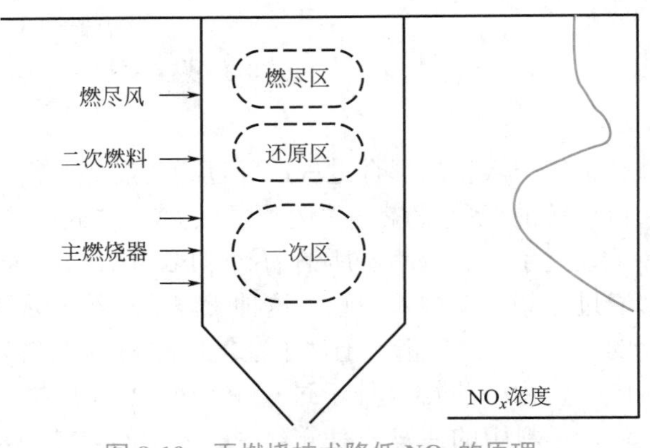

图 8-10　再燃烧技术降低 NO_x 的原理

由于二次燃料是从锅炉上部引入的，一般停留时间比较短，所以宜采用易燃燃料，此外还要求燃料含氮量低，以减少 NO_x 的生成。再燃燃烧器的性能取决于一次火焰的扩散度、二次火焰区的空气 / 燃料比例（二次燃料量）、燃烧产物在二次火焰区的停留时间、二次燃料的还原活性。一级燃烧区煤粉燃尽度越高越好，这样可使进入再燃区的残余氧量尽可能低，以抑制 NO_x 的产生；增加二次燃料量有利于 NO_x 的还原，但二次燃料过多会使一次火焰不能维持其主导作用并产生不稳状况，最佳二次燃料比例在 20% ～ 30% 之间；二次燃料的还原活性会影响燃尽时间和燃烧产物在还原区的停留时间，还原区的温度越高，停留时间越长，则还原反应越充分，NO_x 降低效果越显著。

（4）浓淡偏差燃烧技术

浓淡偏差燃烧是基于过剩空气系数对 NO_x 的变化关系而进行的。当部分燃料在空气不足的条件下燃烧，即燃料过浓燃烧；另一部分燃料在过剩空气下燃烧，即燃料过淡燃烧。无论是过浓燃烧还是过淡燃烧，其过量空气系数 α 都不等于 1。前者过量空气系数 $\alpha < 1$，后者过量空气系数 $\alpha > 1$，故又称为非化学当量燃烧或偏差燃烧。在浓淡偏差燃烧中，燃料过浓部分是由于氧气不足，燃烧温度低，因此燃料型 NO_x 和热力型 NO_x 都会减少；燃料过淡部分是由于空气量太大，燃烧温度低，因此热力型 NO_x 生成量减少。总体结果是，NO_x 生成量低于常规燃烧。

实现浓淡偏差燃烧技术有两种方法，一种是在总风量不变的条件下，调整上、下燃烧器喷口中的燃料与空气的比例；另一种是采用宽调节比燃烧器。当煤粉气流进入燃烧器前的管道转变处时，由于离心力的作用，煤粉被浓缩到弯头外侧，内侧为淡粉流，实现了浓淡偏差燃烧，可降低 NO_x 的产生。浓煤粉流由于热容小以及高温烟气回流，将先被点燃；然后对淡煤粉流进行辐射加热使其点燃，从而使着火更加稳定，减少可燃物损失。图 8-11 为浓度型燃烧器的 NO_x 生成特性曲线。这种燃烧器具有高效和低 NO_x 的综合性能。

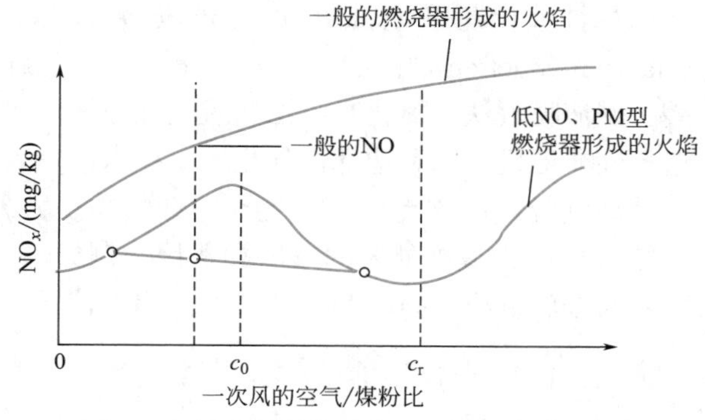

图 8-11 浓度型燃烧器的 NO_x 生成特性曲线

（5）烟气循环燃烧技术

烟气循环燃烧法通常的做法是在锅炉的空气预热器前抽取一部分低温烟气直接送入炉内，或与一次风或与二次风混合后送入炉内。这样不但可降低燃烧温度，而且也降低了氧气浓度，进而减少了 NO_x 的生成。再循环烟气量与不采用烟气再循环时的烟气量之比，称为烟气再循环率。在使用中，烟气循环率在 25% ～ 40% 的范围内最为适宜。对于不分级的燃烧器，在一次风中掺入烟气效果较好。但由于燃烧器附近的燃烧工况会有所变化，故要对燃烧过程进行调整。图 8-12 给出了这种方法的试验结果。

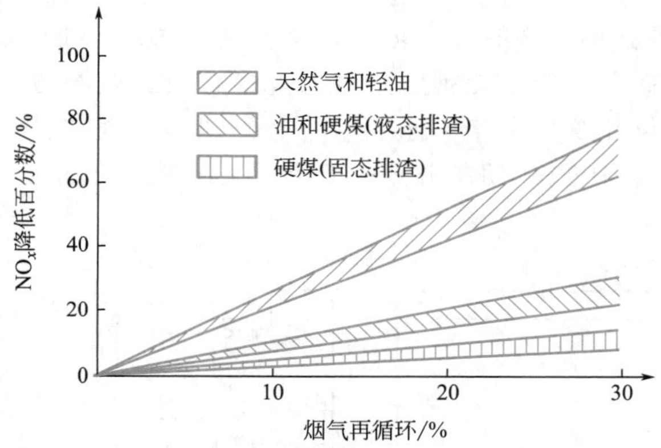

图 8-12 烟气循环燃烧法对降低 NO_x 的影响

烟气循环燃烧法主要减少热力型 NO_x 的生成量，对燃料型 NO_x 和快速型 NO_x 的减少作用甚微。对固态排渣锅炉而言，大约 80% 的 NO_x 是由燃料氮生成的，这种方法的作用就非常有限。因此，烟气再循环法特别适用于含氮量少的燃料。对于燃气锅炉，NO_x 可减少 20% ～ 70%；对于燃油和燃煤锅炉，效果会差些。

8.3.4 烟气脱硝技术

实践证明，通过改进燃烧技术来控制 NO_x 排放，其效果较好，但 NO_x 减少率不超过 75%（燃煤锅炉）或 50% 以上（燃油锅炉）。要进一步对冷却后的烟气进行处理，来降低 NO_x 排放，通常称为烟气脱硝。锅炉尾部烟气脱硝方法可分成干法和湿法两类。干法脱硝，即还原法，是将 NO 和 NO_2 用还原剂（NH_3、CH_4、CO、H_2 等自然界存在的气态物质）还原成 N_2；湿法脱硝，即氧化法，将 NO 氧化成 NO_2，进而 NO_2 溶于水而变成硝酸。干法包括选择性催化还原（selective catalytic reduction，SCR）、选择性非催化还原（selective non-catalytic reduction，SNCR）、分子筛/活性炭吸附法、等离子体法等；湿法包括分别采用水、酸、碱液吸收法，氧化吸收法和吸收还原法，等等。目前成熟应用的烟气脱硝技术主要包括选择性非催化还原和选择性催化还原技术，占火电机组脱硝应用的99%以上。

烟气脱硝的难点在于：处理的烟气体积太大、NO_x浓度相对较低、NO_x总量相对较大、必须考虑废物最终处置的难度和费用。例如，1000MW的电厂排出的烟气可达$3\times10^6m^3/h$，NO_x的排放量约4500kg/h，其浓度又相对较低为（200～1000）$\times10^{-6}mg/m^3$。

8.3.4.1　选择性非催化还原法脱硝

（1）SNCR系统的机理

如图8-13所示，一个典型的SNCR系统主要由还原反应剂的接收和储存系统、输送、稀释计量和喷射混合系统，还原反应剂、喷射器和与之相关的控制系统以及NO_x在线检测系统三部分组成。SNCR原理是指在无催化剂、温度为850～1100℃的范围内，将还原剂（常用的为氨水或尿素）用雾化喷枪雾化喷入炉膛或高温烟道，还原剂受热分解生成气态NH_3。由于在一定温度范围，有氧气的情况下，NH_3对NO_x的还原在所有其他的化学反应中占主导，表现出选择性，因此称之为选择性非催化还原。一般SNCR可获得30%～50%的脱硝率，还原剂还可添加一些增强剂与尿素一起使用，将氨作为还原剂的方法称为EXXON法，该法由美国EXXON研究和工程公司于1975年开发并获得专利。使用尿素与增强剂的方法，称为NO_xOUT法。该法由美国电力研究协会于1980年研制并获得专利，美国Fuel-Tech公司在此基础上做了工艺完善。

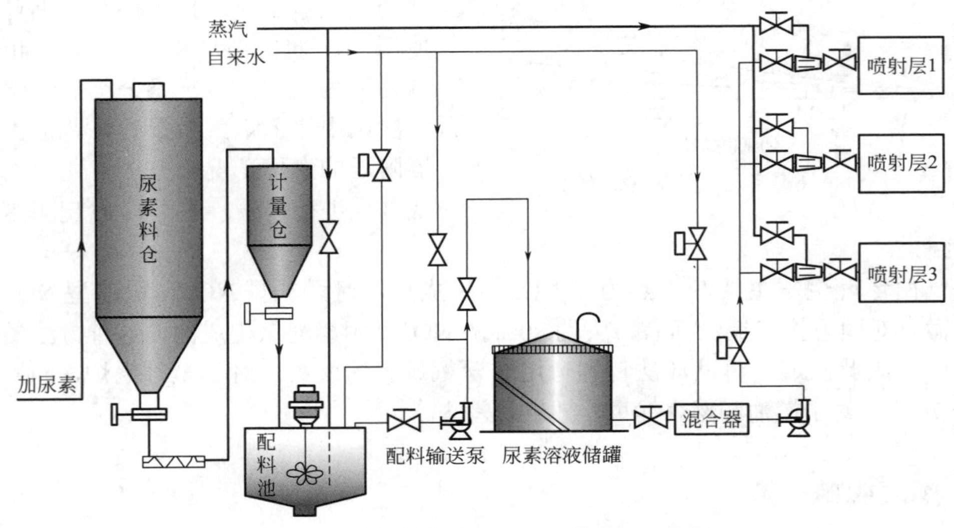

图8-13　选择性非催化还原工艺系统示意图

① 氨作还原剂　NH_3作还原剂时，对应的机理为Thermal DeNO_x机理，总反应方程式如下：

$$4NH_3+4NO+O_2 \longrightarrow 4N_2+6H_2O \tag{8-25}$$

$$4NH_3+2NO+2O_2 \longrightarrow 3N_2+6H_2O \tag{8-26}$$

$$8NH_3+6NO_2 \longrightarrow 7N_2+12H_2O \tag{8-27}$$

当烟气温度高于 SNCR 温度窗口上限时，NH_3 的氧化反应开始起主导作用，大量的 NH_3 被氧化为 NO：

$$4NH_3+5O_2 \longrightarrow 4NO+6H_2O \tag{8-28}$$

当烟气温度低于 850℃时，反应不完全，NO_x 还原率降低，氨的逃逸增加，造成二次污染。引起 SNCR 系统氨逃逸的原因有两种：一种是由于喷入点烟气温度低影响了氨与 NO_x 的反应；另一种可能是喷入的还原剂过量或还原剂混合不均匀。逃逸的 NH_3 不仅会使烟气中的飞灰更容易沉积在锅炉尾部的受热面上，而且会与烟气中的 SO_2/SO_3 以及硫酸盐发生反应生成硫酸铵盐，且主要都是重硫酸铵盐。铵盐会在锅炉尾部烟道下游固体部件表面上沉淀，例如沉淀在空气预热器扇面上，会造成严重的设备腐蚀，并因此带来昂贵的维护费用。选择性非催化还原反应示意图如图 8-14 所示。

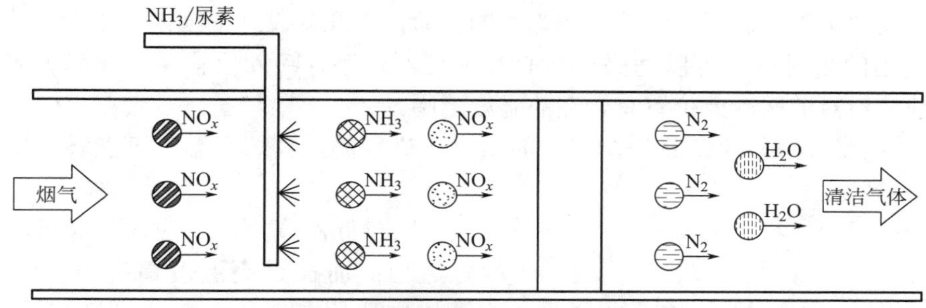

图 8-14　选择性非催化还原反应示意图

② 尿素作还原剂　由于氨在使用过程中管理不当会造成危险，所以为了增加系统的安全可靠性，SNCR 也采用尿素作为还原剂。基于尿素为还原剂的 SNCR 系统，加水配成 50% 的溶液，在炉膛的上部注入，达到与喷氨一样的效果。主要反应为：

$$CO(NH_2)_2+H_2O \longrightarrow 2NH_3+CO_2 \tag{8-29}$$

$$4NH_3+4NO+O_2 \longrightarrow 4N_2+6H_2O \tag{8-30}$$

$$8NH_3+6NO_2 \longrightarrow 7N_2+12H_2O \tag{8-31}$$

从尿素中挥发出来的 NH_3 会与 O_2 反应：

$$4NH_3+5O_2 \longrightarrow 4NO+6H_2O \tag{8-32}$$

$$4NH_3+3O_2 \longrightarrow 2N_2+6H_2O \tag{8-33}$$

总反应式可表达为：

$$CO(NH_2)_2+2NO+0.5O_2 \longrightarrow 2N_2+CO_2+2H_2O \tag{8-34}$$

上述方程式表明，1mol 的尿素可以还原 2mol 的 NO，但实际运行时尿素的注入量控制尿素中 N 与 NO 的摩尔比在 1.0 以上，多余的尿素假定降解为氮、氨和二氧化碳。有研究表明，用尿素作还原剂比用氨作还原剂产生更多的 N_2O（又称笑气，有毒气体）；如果运行控制不适当，用尿素作还原剂时可能造成较多的 CO 排放；另外，在锅炉过热器前大于 800℃的炉膛位置喷入低温尿素溶液时，会影响炽热煤炭继续燃烧，从而引发飞灰、残炭率提高的问题；采用尿素作为还原剂时，需要配备独立的尿素热解系统，增加初期建设成本和后期运行费用。但是根据实际运行经验，与使用氨作还原剂的 SNCR 脱硝工艺相比，尿素 SNCR 工艺也可以获得较佳的经济效益，主要有以下优点：a. 尿素本身为无毒无害的化学品；b. 系统小、投资低，且不存在带压和危险的存储、处理和安全设备；c. 动力消耗低；d. 使用液态还原剂，可以更有效地控制喷雾模式和化学试剂分布，并确保良好的混合，因此，较低的 NH_3 逃逸量使化学试剂得到较好的利用，并且尿素 SNCR 工艺已经在大型燃煤机组中成功应用。

（2）SNCR 系统的影响因素

SNCR 系统理论上会受到以下因素的影响：还原剂喷入点位置、反应温度、停留时间、氨氮摩尔比、还原剂与烟气的混合程度、烟道中的氧气含量、烟气中 NO 初始浓度及压力等。因此，SNCR 工艺对锅炉工艺条件具有很强的敏感性。这些因素对于 SNCR 系统在大规模应用中的 NO_x 还原效率至关重要。

① 还原剂喷入点位置　喷入点位置的选择取决于炉膛温度。

一般采用计算机模拟、流体力学和计算燃烧学来模拟锅炉中烟气的流场和温度分布。同时，对流场装置进行冷态与实物等比例缩小的试验，以此为设计依据来合理选择喷射点和喷射方式。适当的喷射位置可以确保较高的 NO_x 还原效率，喷入位置通常在锅炉的过热器和再燃烧器的辐射对流区，此位置有合适的温度范围。

② 反应温度　NO_x 的还原是在特定的温度下进行的，在这个温度下能够提供所需要的热量。

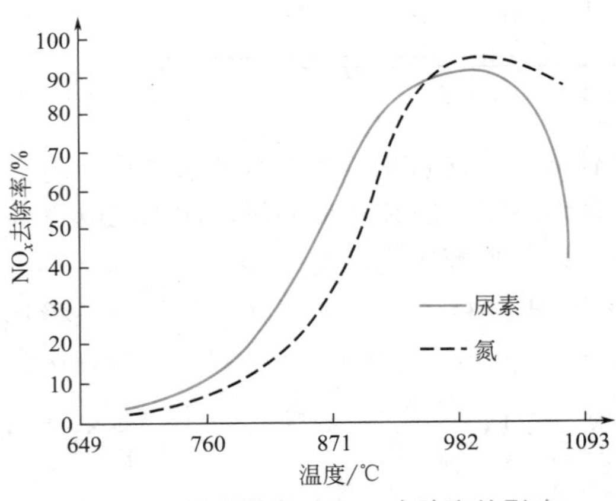

图 8-15　反应温度对 NO_x 去除率的影响

在较低温度下，反应速率缓慢，造成大量氨逸出；而在过高温度情况下，还原剂会被氧化生成附加的 NO_x。如图 8-15 所示，不同还原剂的温度窗口不同，氨喷入的理想温度是 870 ～ 1100℃，尿素为 900 ～ 1150℃。用氨作为还原剂时，添加氢气可缩小最佳反应温度范围。用尿素作还原剂时，应用添加剂也能有效地扩大反应温度范围。欧洲国家使用的典型还原剂为 NO_x OUTA、NO_x OUT34 和 NO_x OUT83。NO_x OUTA 是一种具有防腐、防垢添加剂的 45% 尿素溶液，其温度范围为 950 ～ 1050℃；NO_x OUT34 为多元醇混合剂，可在高温下分离出 OH 自由基，使尿素在 850℃下发生反应；NO_x OUT83 可在 700 ～ 850℃的低温范围内使用，在此温度窗口内可分离出活性 NH_3 以将 NO_x 还原成 N_2。炉内烟气温度与锅炉的设计和运行条件有关。这些参数的确定，通常是由满足锅炉蒸汽产生的要求来确定的，但对于 SNCR 系统来说，通常并不理想。不同锅炉之间炉膛上部对流区的烟气温度可相差 ±150℃。另外，锅炉负荷的波动也影响炉温，低负荷时炉温较低。为适应锅炉负荷的波动，必须在炉膛中几个不同高度处安装喷射器，以确保在适当温度下喷入反应剂。

③ 停留时间　还原剂必须和 NO_x 在合适的温度范围内有足够的停留时间，才能保证烟气中 NO_x 有较高的还原率。

停留时间是指还原剂在化学反应区域，即炉膛上部和对流区存在的总时间。当还原剂离开锅炉前，SNCR 系统必须完成所有以下过程：a. 喷入的尿素与烟气混合；b. 水的蒸发；

c. 尿素分解为 NH_3；d. NH_3 再分解成 NH_2 和自由基等；e. NO_x 的还原反应。

若反应窗口温度较低，为获得相同的 NO_x 去除率，就需要有较长的停留时间。增加停留时间有利于化学反应进行，从而提高反应效率。停留时间可在 0.001 ～ 10s 范围内波动，但实验研究表明，停留时间从 100ms 增加到 500ms，最大 NO_x 还原率从 70% 增加至 93% 左右。在实际情况中，为获得较好的 NO_x 去除率，最低的滞留时间要求为 0.5s。停留时间的大小取决于烟气路径的尺度和流速。图 8-16 显示了停留时间对 NO_x 还原率的影响。反应剂在反应温度窗口的停留时间与锅炉气体流动通道及其沿程烟气的体积流量有关，而为了避免管路的腐蚀，还原剂的最低流速也需要高于一定值。这些参数通常从锅炉运行，而不是从 SNCR 系统运行角度考虑进行优化设计，因此它们对于 SNCR 系统来说并不理想，这也是 SNCR 效率低的原因之一。

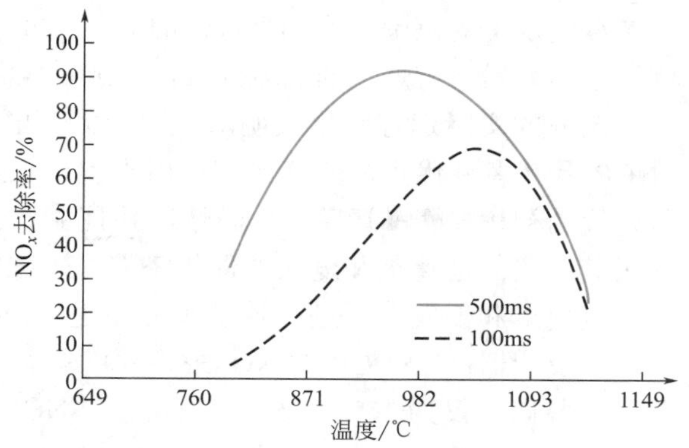

图 8-16 停留时间对 NO_x 还原率的影响

④ 氨氮摩尔比 为达到一定的 NO_x 去除率，还原剂的添加量通常由氨氮摩尔比决定。

氨氮摩尔比（normalized stoichiometric ratio，NSR）是指添加到反应体系中的还原剂 NH_3 的摩尔量与烟气中 NO_x 的初始摩尔量之间的比值。在理论化学反应计算中，NH_3 与 NO_x 反应的 NSR 值应为 1，但由于还原剂扩散率、分布均匀性、停留时间等因素影响，为实现较高的脱率，NSR 值必须大于 1。如图 8-17 所示，典型的 NSR 值通常为 0.5 ～ 3。已有的运行经验表明，NSR 值一般控制在 1.0 ～ 2.0 范围内，当 NSR 值超过 2.0 时，增加还原剂用量不会显著提高 NO_x 还原率。因此，确定合适的 NSR 值至关重要。NSR 值的影响因素包括：a. NO_x 的还原率；b. 处理前烟气中的 NO_x 浓度；c. NO_x 还原反应的温度和停留时间；d. 炉内还原剂与烟气的混合程度；e. 允许的氨逃逸量。

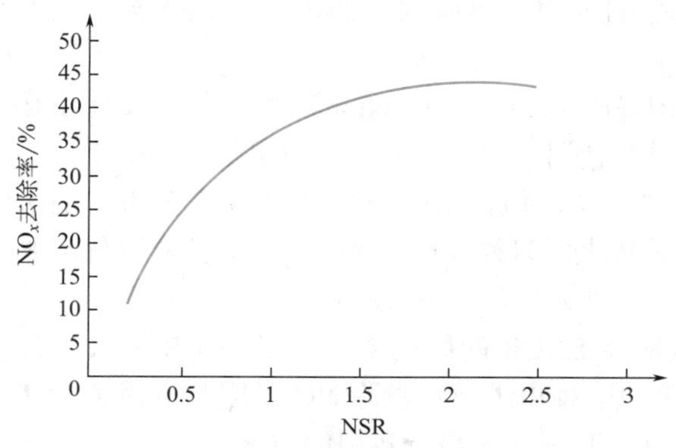

图 8-17 NO_x 还原率与 NSR 的关系曲线

⑤ 还原剂和烟气的混合程度 为了进行还原反应，必须将还原剂与烟气均匀混合。

两者的充分混合是确保充分反应的又一技术关键，也是在适当的 NH_3/NO_x 摩尔比下确保较高 NO_x 还原率的基本条件之一。混合程度取决于锅炉形状和空气流经锅炉的方式。还原剂被特殊设计的喷嘴雾化成小液滴进入喷射系统，喷嘴可以控制液滴的粒径和粒径分布以及喷射角度、速度和方向。大液滴具有很大的动量，能渗透到更远的烟气中。但是大液滴挥发时间长，需要增加停留时间。还原剂与烟气混合不充分会降低 NO_x 还原反应效果，可使用以下方法来改善混合效果：a. 增加喷入液滴的动量；b. 增加喷嘴的数量；c. 增多喷入区的数量；d. 改进雾化喷嘴的设计，以改善液滴的大小、分布、喷雾角度和方向。

工程应用中通常采用的措施是优化雾化器的喷嘴，以控制雾化液滴的粒径、喷射角度、穿透深度及覆盖范围。增加雾化器的数量，并设置可延伸到炉膛中的多喷嘴尿素喷射器。加强尿素喷射器下游烟气的湍流混合，增加反应温度范围内的氨氮摩尔比，并提高反应速率。

国外的实际运行结果表明，应用于大型电站锅炉的 SNCR 的 NO_x 还原率只有 40%，但 SNCR 具有多种优点，使其已广泛用于大型工业锅炉和热电厂，其主要特征为：a. SNCR 系统建设的初始投资和运营成本较低，并且由于非催化剂还原反应，不必担心压降，也无需引入极其昂贵的催化剂和庞大的催化塔；b. SNCR 系统的占用面积较小，因此特别是对于一些小型发电厂和旧发电厂进行转换非常方便；c. SNCR 的反应均在锅炉中进行，因此无需建造另一个反应器；d. SNCR 的 NO_x 去除效率受锅炉设计和锅炉负荷的影响，由于锅炉内部的工艺，其脱硝率仅为 30% ～ 50%。因此，SNCR 与其他 NO_x 去除技术结合，以达到令人满意的效率。

（3）SNCR 脱硝技术与其他技术的联合应用

① SNCR+OFA　此联合技术称为高能氮还原剂技术（high energy reagent technology，HERT），是将还原剂通过高能 OFA 携带进入炉膛，无需在炉膛上开孔喷氮还原剂，而且实现与烟气充分混合，可以达到 65% 的脱硝率。

② SNCR+ROFA　Rotamix 技术是利用旋转对冲燃尽风的强大动量，将还原剂与烟气充分混合发生反应。并且 OFA 喷入后产生的燃尽环境对提高还原剂和 NO 的反应率有一定的促进作用，组合脱硝率可达 65% ～ 90%。

③ 再燃技术 +SNCR　AR（advanced reburning）高级再燃技术是将再燃和 SNCR 的概念有机地结合起来，在再燃燃料下方区域、OFA 喷入处或下方喷入还原剂，可以达到 85% ～ 95% 的脱硝率。此技术可避免再燃引起的未燃尽碳损失、结渣、管壁损耗，以及 SNCR 引起的 CO、NH_3 逃逸等问题。

④ RRI 富燃还原剂喷射技术 +SNCR　RRI（rich reagent injection）技术在于 RRI 将还原剂喷入富燃区域（因此一般和分级燃烧技术结合使用）。喷入的温度（1316 ～ 1704℃）大大超过常规 SNCR 适宜的温度范围（926 ～ 1150℃），但由于缺乏氧气，并不会引起还原剂氧化成 NO 的情况。RRI 技术的还原剂消耗量较大，氨氮比一般为 2 ～ 4，其显著优点是 NH_3 和 N_2O 的排放量少。

⑤ SNCR+SCR 技术　氨逃逸率的要求限制了 SNCR 的脱硝率，但在 SNCR/SCR 系统中，SNCR 所产生的氨可以作为 SCR 的还原剂，由 SCR 进一步脱除 NO_x，同时可减少 SCR 的催化剂使用量，从而降低成本。因此，SNCR+SCR 是一种经济实用的技术。

8.3.4.2　选择性催化还原法脱硝

如图 8-18 所示，SCR 系统通常由氨存储系统、氨与空气混合系统、氨注入系统、催化剂反应器系统、节能器旁路、SCR 旁路以及检测和控制系统组成。SCR 是指在催化剂的作用下，在约 300 ～ 400℃的温度范围内，以氨或尿素作为还原剂注入催化剂反应器中，将 NO_x 还原成 N_2 和 H_2O 与烟气一起进入空气预热器。考虑到尿素热解系统增加额外设备和投资，氨水作为还原剂具有脱硝率高、反应选择性好、运行稳定等优势，在国内外得到了广泛的应用。SCR 技术原理（图 8-19）首先由 Engelhard 公司发现并于 1957 年申请专利，后来日本在该国环保政策的驱动下，于 20 世纪 70 年代后期成功地实现了商业化运用，至 80 年代中期欧洲也成功地实现了 SCR 的商业运行。工业实践表明，SCR 系统对 NO_x 的转化率为

70%～90%。

目前烟气脱硝工程中常用的SCR催化剂主要成分是V_2O_5-WO_3/TiO_2系列，SCR表面反应机理如图8-20所示，其反应过程可以描述为：NH_3吸附到催化剂表面、NO吸附到催化剂表面、NO上的氧原子与NH_3上的H原子反应、N原子和N原子形成H_2O分子、N_2分子脱去。催化剂大大降低了NO_x/NH_3反应的活化能，从而在较低的温度窗口下发生“选择性”还原反应，生成N_2和H_2O，其主要化学反应方程式如下：

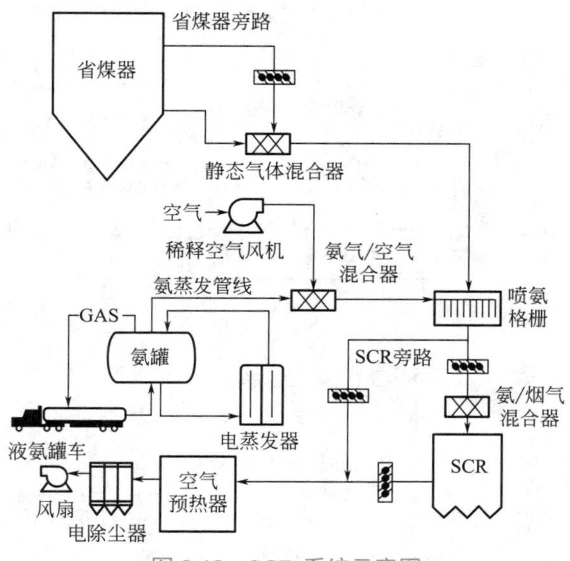

图8-18　SCR系统示意图

$$4NO+4NH_3+O_2 \longrightarrow 4N_2+6H_2O \tag{8-35}$$

$$6NO+4NH_3 \longrightarrow 5N_2+6H_2O \tag{8-36}$$

$$2NO_2+4NH_3+O_2 \longrightarrow 3N_2+6H_2O \tag{8-37}$$

$$6NO_2+8NH_3 \longrightarrow 7N_2+12H_2O \tag{8-38}$$

$$NO+NO_2+2NH_3 \longrightarrow 2N_2+3H_2O \tag{8-39}$$

在SCR反应过程中，由于SO_2的存在，除了生成N_2和H_2O，还会生成副产物N_2O、NO以及$(NH_4)_2SO_4$。当NH_3/NO_x摩尔比大于1时，非选择性反应发生，导致催化剂活性和选择性的下降，主要反应方程式如下：

$$2O_2+2NH_3 \longrightarrow N_2O+3H_2O \tag{8-40}$$

$$5O_2+4NH_3 \longrightarrow 4NO+6H_2O \tag{8-41}$$

$$2NH_3(g)+SO_3(g)+H_2O(g) \longrightarrow (NH_4)_2SO_4(s) \tag{8-42}$$

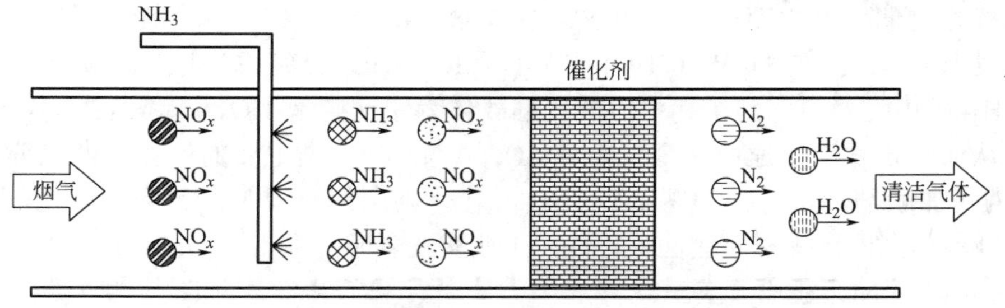

图8-19　选择性催化还原（SCR）技术原理

尽管烟气脱硝反应的外部表现是简单的等摩尔一阶反应，但其内部机理尚未在学术界形成统一的见解。自20世纪60年代以来，各种基于钒基和其他氧化物催化剂的SCR反应物质、中间产物及活性点位置假说不断涌现。然而遗憾的是，并非所有假设的反应机理都能通过光谱分析得到很好的实验验证。根据相关研究机构通过分子模拟等手段获得的微观机理，可以看出脱硝反应是表面反应，NH_3吸附在V_2O_5的Bronsted酸位并与NO反应。催化反应的速率外在取决于烟气与催化剂接触的表面积，内在取决于催化剂的微孔面积、大小分布及

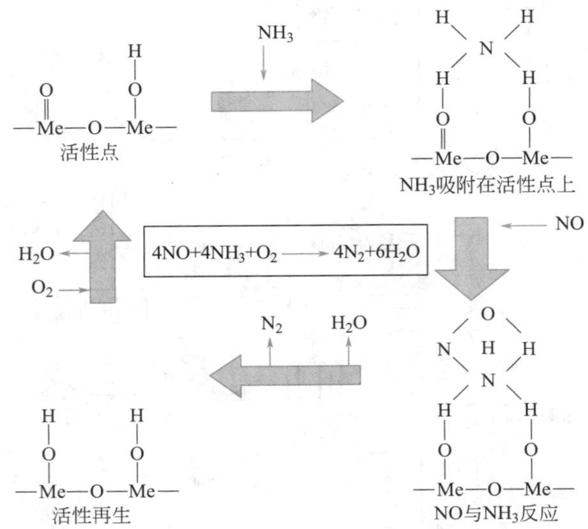

图 8-20 SCR 表面反应机理

因此引起的扩散、吸附速度的大小。

由于烟气中的 NO_x 主要是 NO，反应式（8-35）无疑是最主要的化学反应，所需的 NH_3/NO_x 比接近于化学计量关系。SCR 技术的效率在很大程度上取决于催化剂的反应活性，但反应温度、烟气在反应器内的停留时间、NH_3/NO_x 摩尔比、烟气流动类型等反应条件对其效率也会产生较大影响。

① 催化剂类型及发展 催化剂活性是催化剂加速 NO_x 还原反应速率的度量。

催化剂活性越高，反应速率越快，脱除 NO_x 效率越高。除了脱硝效率，SCR 反应还有选择性。通常在 SCR 反应中，催化剂会加速不期望的化合物 SO_3 和 N_2O 的形成。SO_3 是由 SO_2 氧化而成，SO_3 在烟气中与氨反应生成硫酸铵，硫酸铵沉积在催化剂表面或下游的空气预热器等设备上，会造成催化剂的钝化及设备的腐蚀。N_2O 既是臭氧消耗物，也是一种温室气体。在 SCR 系统运行过程中，由于催化剂的烧结、碱金属中毒、砷中毒、钙腐蚀及催化剂堵塞等一个或多个原因，催化剂的活性都会降低，被称为催化剂钝化。因此，优质的催化剂应当具备催化活性高、产物选择性好以及催化活性持久稳定等优点。自 20 世纪 70 年代以来国外已开发了四类商业化催化剂，即贵金属催化剂、金属氧化物催化剂、分子筛催化剂和活性炭催化剂。

贵金属催化剂出现于 20 世纪 70 年代，主要是 Pa、Pt、Pd、Rh、Ag 等贵金属，负载于 Al_2O_3 等载体之上，制成球状或蜂窝状。该类催化剂具有很强的 NO_x 还原能力，但同时也促进了 NH_3 的氧化。因此不久就被金属氧化物催化剂取代，目前主要用于天然气及低温的 SCR 催化方面。

金属氧化物催化剂主要是氧化钛基 V_2O_5-WO_3/TiO_2 或 V_2O_5-MoO_3/TiO_2 系列催化剂，其次是氧化铁基催化剂。V_2O_5-WO_3/TiO_2 或 V_2O_5-MoO_3/TiO_2 已经成为世界范围内商业应用最广泛的 NH_3-SCR 脱硝催化剂。其中，催化剂载体为锐钛矿型 TiO_2，因其表面不易发生 SO_2 的氧化，从而一定程度上避免了催化剂的 SO_2 中毒；V_2O_5 是主要的催化活性组分，WO_3 或 MoO_3 作为添加助剂，具有抑制钙钛矿型 TiO_2 转化为金红石型 TiO_2、降低催化剂比表面积减少的程度、提高催化剂表面酸性等特性。工业实践表明，商用 V_2O_5-WO_3/TiO_2 催化剂可实现 80% ～ 90% 的 NO_x 还原效率。

分子筛催化剂的孔结构、硅铝比、金属离子性质和交换率对其催化还原 NO_x 的活性有明显的影响。此外，在分子筛中引入稀土离子以及碱土金属离子可提高催化剂的活性和稳定性。沸石催化剂具有分子筛的作用，是一种陶瓷基催化剂，由带碱性离子的水和硅酸铝的一种多孔晶体物质制成丸状或蜂窝状，具有较好的热稳定性及高温活性。该类催化剂在德国有应用业绩。

活性炭催化剂由早期的 Uhde Bergbau-Forschung GmbH 公司开发。活性炭以其特殊的孔结构和大的比表面积成为一种优良的固体吸附剂，用于空气或工业废气的净化。在 NO_x 的治理中，活性炭不仅可做吸附剂，还可以做催化剂。在低温（90 ～ 200℃）和还原剂存在的条件下，可选择性地还原 NO_x，在 400℃以上将 NO_x 还原为 N_2，自身转化为 CO_2。但活性炭与氧接触时具有较高的可燃性，因此不适合广泛应用，世界范围仅在日本有商业案例。

按使用温度范围，催化剂可分成高温、中温和低温三类。高温催化剂工作温度高于 400℃，中温催化剂为 300 ～ 400℃，低温催化剂小于 300℃。低温催化剂主要是活性炭催化剂（100 ～ 150℃）和贵金属催化剂（180 ～ 290℃）；中温催化剂主要为金属氧化物催化剂，例如氧化钛基催化剂（300 ～ 400℃）。目前中温 SCR 催化剂的制备、成型技术更为成熟。

催化剂有许多种形式，主要可分为蜂窝式、板式和波纹式三种，其中以蜂窝式使用最广泛，板式次之，波纹式最少。蜂窝式催化剂具有模块化、比表面积大、全部由活性材料组成等特点，而板式催化剂不易积尘，对高粉尘环境适应性强，压降低，但比表面积小。波纹式催化剂的优点为比表面积较大、压降较低，但机械强度低，易变形，且不易加工。由于蜂窝式催化剂具有良好的耐久性和可靠性，是目前应用最多的催化剂形式。

② 反应温度　反应温度不仅决定反应物的反应速率，而且决定催化剂的反应活性。

通常，反应温度越高，反应速率越大，催化剂的反应活性也越高，因此单位反应所需的反应空间小，且反应器体积变小。低于指定温度范围时，反应动力降低。高于此温度范围，将产生 N_2O 等，且存在催化剂烧结、钝化等现象。在 SCR 系统中，最佳温度取决于过程中所使用的催化剂类型和烟气的组成成分。不同的催化剂由于其本身的物理化学性质差异而具有不同的活性温度窗口。一般而言，温度的升高有助于提升催化剂的反应活性，但当温度超过温度窗口上限时，活性反而会降低。当反应温度低于催化剂反应温度窗口下限时，NH_3 与烟气中的 SO_3 发生反应形成硫酸铵。

根据 SCR 过程的最佳温度范围，SCR 反应装置通常位于锅炉的省煤器与空气预热器之间，但根据需要也有其他两种位置，即如图 8-21 所示，SCR 脱硝系统的布置方式有以下三种：a. 高温高尘布置，反应器设置于锅炉省煤器和空气预热器之间的 SCR 系统（HD 系统）；b. 高温低尘布置，要求在省煤器后设置高温电除尘器，再在其与空气预热器之间布置的 SCR 系统（LD 系统）；c. 低温低尘布置，在 FGD 脱硫塔后方设置烟气再热器，烟气再热后进入 SCR 反应器（TE 系统）。

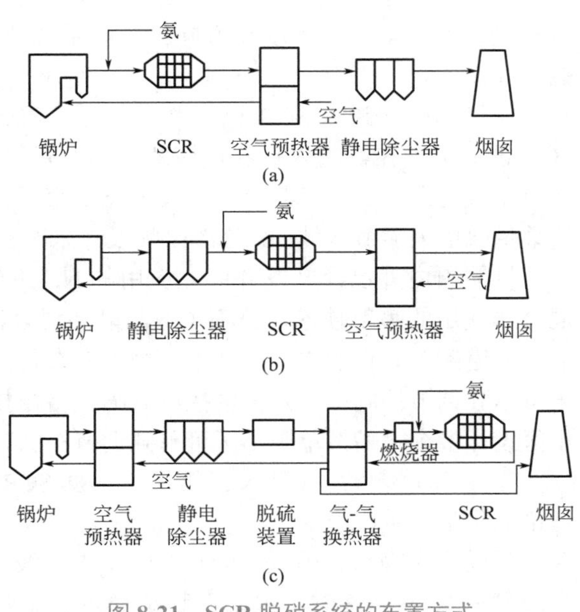

图 8-21　SCR 脱硝系统的布置方式
（a）HD 系统；（b）LD 系统；（c）TE 系统

一般高烟尘（high dust，HD）法的反应器位于省煤器和空气预热器之间，温度较高，不需要额外的预热装置，投资成本和运行费用最低。但由于催化剂长期处于粉尘浓度较高的烟气中，会引起催化剂的中毒、磨损和堵塞等问题。此外，过高的温度也会导致催化剂烧结，缩短催化剂的使用寿命。虽然高灰布置中催化剂中毒风险较大，但随着催化剂的进步，目前催化剂供应商通常都承诺 24000 个运行小时数，使用寿命可达三年以上。因此，目前燃煤电厂 SCR 多采用高灰布置。

低烟尘（low dust，LD）法的反应器一般位于高温静电除尘器之后，脱硫系统之前。该方法的优点是大大减少了烟气中的飞灰量，催化剂表面不易堵塞和磨损。缺点是这种布置要求除尘器耐高温，因此目前在中国还没有市场。

末端布置（tail end，TE）法的催化剂装置位于除尘器和烟气脱硫装置后，不存在飞灰对反应器的堵塞和腐蚀问题，也不存在催化剂的污染和中毒问题。该布置方式的主要问题是将反应器布置在湿式烟气脱硫装置后，该区间温度为 50 ～ 150℃，为使烟气在进入 SCR 反应器前达到所需要的反应温度，需要在烟道内增添燃油或燃烧天然气的燃烧器，或蒸汽加热的换热器以加热烟气，因此增加了能耗和运行费用。

对于一般燃油或燃煤锅炉，其 SCR 反应器多选择安装于锅炉省煤器与空气预热器之间。

③ 停留时间和空间速度 停留时间是反应物在反应器内与 NO_x 进行反应的时间。

一般情况下，停留时间越长，NO_x 去除率越高。温度也会影响所需要的停留时间，当温度接近还原反应的最佳温度时，所需停留时间将减少。停留时间通常表示为空间速度（space velocity）。空间速度是 SCR 的一个关键设计参数，是催化剂容积内烟气（标准温度和压力下的湿烟气）的停留时间尺度，即停留时间的倒数。它在某一定程度上决定了反应物是否完全反应，同时也决定着反应器催化剂骨架的冲刷和烟气的沿程阻力。

空间速度越大，烟气在催化剂体内停留时间越短，NH_3/NO_x 反应越不充分，NH_3 逃逸量越大。但若空间速度过低，对燃煤电厂的大量烟气而言，需要增加大量催化剂，成本过高。因此，通常根据 SCR 反应器的布置形式、脱硝效率、烟气温度、允许的氨逃逸量、压降以及粉尘浓度等因素来综合考虑空间速度。对于常规固态排渣煤粉锅炉的 SCR 反应器一般选用 2500 ～ 3500h^{-1} 的空间速度。

④ 混合程度 SCR 工程设计的关键是实现还原剂与 NO_x 的最佳湍流混合。因此，脱硝反应物必须尽量雾化与烟气混合，以确保与被脱除反应物充分接触。

混合是通过喷射系统通过向烟气中喷射加压的气态氨完成。喷射系统控制喷入反应物的喷入量、喷射角度、速度和方向。一般系统使用蒸汽或空气作为载气，以提高渗透烟气的能力。

烟气和氨在进入 SCR 反应器之前进行混合。若混合不充分，NO_x 还原效率将会降低。SCR 设计必须在氨喷入点和反应器入口有足够长的管道来实现混合。混合也可以通过以下几点来改善：a. 在反应器上游安装静态混合器；b. 提高给予喷射流体的能量；c. 提高喷射器的数量或增大喷射区域；d. 修改喷嘴设计来改善反应物的分配、喷射角和方向。

目前国内外已经开发并商业应用的 NH_3/NO_x 混合技术分为三个流派：一是涡流式静态混合器使用的喷射技术，喷嘴个数与静态混合器个数一致；二是线性控制式喷氨格栅技术，沿着烟道两个垂直的方向或其中一个方向布置若干根管子，每根管子开设多个喷嘴，单根管子可单独调节控制；三是分区控制式喷氨格栅技术，一般把烟道界面分为数十个小区，每个小区设计多个喷嘴，单个小区可单独调节控制。

⑤ 氨氮摩尔比 NSR 及氨逃逸 根据 SCR 反应化学方程式，对于涉及氨的还原反应，理论上化学当量比应为 1。

假设反应物和脱硝量之间存在 1 ∶ 1 的线性关系，该比例仅适用于脱硝率小于 85% 时。当脱硝率大于 85% 时，脱硝率趋于稳定，需要比理论值更多的氨量才能获得更多脱硝量。这归因于 NO_x 中以 NO_2 形式存在的部分以及反应速率的限制。典型的 SCR 系统采用 1mol

NO_x 和 1.05mol 氨的化学当量比。由于投资成本和运行费用取决于消耗的反应物的量，实际化学当量比是由 SCR 设计者决定的一个非常重要的设计参数。

在实际工程中，与大型火电机组相匹配的 SCR 反应器通常很大，其进口段的物理参数很难达到均匀，当要求脱硝效率较高时，氨逃逸的可能性大大增加。氨逃逸是指过量的反应物通过反应器排放到烟气中。烟气中的氨会引起一系列问题，包括对健康的影响、烟囱排烟的可见度、飞灰的出售问题以及硫酸铵的生成等。因此，工程公司在进行 SCR 设计时都会进行严格限制，一般要求氨逃逸量在 3×10^{-6} 以下。当 SCR 系统运行时，氨逃逸不会保持恒定，随着催化剂活性的降低，逃逸量就会增加。一个设计合理的 SCR 系统要求运行接近理论化学当量比，提供足够的催化剂量，以保持较低的氨逃逸水平，约为（2 ～ 3）$\times10^{-6}$。目前已有可靠的氨逃逸监测仪器，但是相当一部分还达不到商业应用水平。一种定量氨逃逸的可行方法是测定收集飞灰中的氨浓度。

8.3.5　烟气同时脱硫脱硝技术

近年来，SO_2 和 NO_x 的排放引起了国家的高度重视，十三届全国人大第二次会议的政府工作报告中明确提出：2019 年 SO_2 和 NO_x 的排放量要较 2018 年下降 3%。目前燃煤锅炉烟气脱硫与脱硝独立进行，虽然都能达到各自的设计效率，但存在流程复杂、投资费用高、占地面积大的缺点。近年来，污染物控制标准不断严格化，燃煤电厂投资压力大，用地及改造空间进展，因此同时脱硫脱硝技术正受到各国的日益重视。

同时脱硫脱硝是指在同一个系统内对 SO_2 和 NO_x 等多种污染物实现同时脱除，具有设备精简、占地面积小、基建投资少、运行管理方便等优点。该类技术主要分为氧化法同时脱硫脱硝技术、等离子体法同时脱硫脱硝技术以及吸附法同时脱硫脱硝技术等。

（1）臭氧氧化同时脱硫脱硝技术

臭氧由于具有极强的氧化能力、分解产物为氧气无二次污染、可通过放电大规模制备、生存周期足以完成氧化反应等优点，近年来亦被应用于空气污染物治理。通常，在流过空气预热器和除尘设备后，烟气温度降至 200℃，大部分低于 170℃。由于臭氧在较低温度下的高氧化性，因此低温条件对氧化反应有优势。同时，相对干净的烟道气可以释放应力以进行管道末端处理，例如灰尘阻塞、催化剂失活等。为了保证臭氧氧化的温度，通常设置热交换器以将烟气温度进一步降至 130℃以下，并在工厂内部进行热回收以供热。臭氧发生器产生臭氧，然后将臭氧与空气混合注入烟道中，以增强臭氧与烟气的混合程度。在烟道中，臭氧通过氧化将 NO 转化为 NO_2、NO_3 和 N_2O_5（图 8-22），通过与湿法烟气脱硫（WFGD）结合使用，可以同时去除 SO_2 和 NO_x。浙江大学王智化等对臭氧同时脱硫脱硝过程中 NO 的氧化机理进行了研究，构建出 O_3 与 NO_x 之间 65 步详细的化学反应机理，该机理比较复杂。在实际试验中，可根据低温条件下臭氧与 NO 的关键反应进行研究。

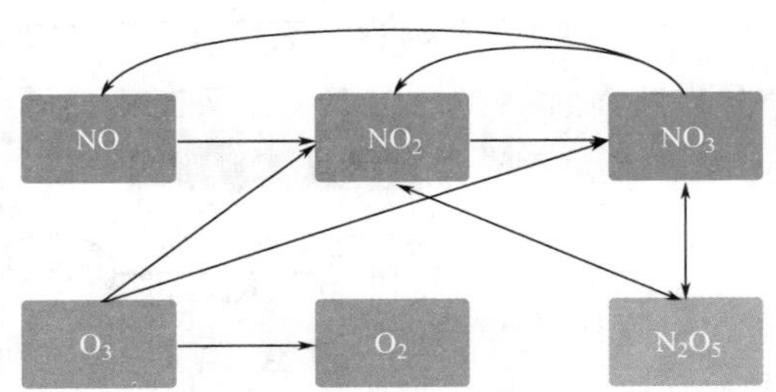

图 8-22　臭氧氧化 NO 的主要反应途径示意图

气相反应：

$$O_3+NO \longrightarrow NO_2+O_2 \tag{8-43}$$

$$O_3+NO_2 \longrightarrow NO_3+O_2 \tag{8-44}$$

$$NO_2+NO_3 \longrightarrow N_2O_5 \tag{8-45}$$

$$NO_3+NO_2 \longrightarrow O_2+NO+NO_2 \tag{8-46}$$

$$NO_3+NO \longrightarrow 2NO_2 \tag{8-47}$$

$$O_3 \longrightarrow O_2+O \tag{8-48}$$

$$O_3+SO_2 \longrightarrow SO_3+O_2 \tag{8-49}$$

液相反应：

$$2NO_2+SO_3^{2-}+H_2O \longrightarrow SO_4^{2-}+2H^++2NO_2^- \tag{8-50}$$

$$2NO_2+HSO_3^-+H_2O \longrightarrow SO_4^{2-}+3H^++2NO_2^- \tag{8-51}$$

臭氧氧化的 NO_x 控制包括两个步骤：NO 氧化和 NO_x（NO、NO_2、N_2O_5）吸收。N_2O_5 作为 HNO_3 的酸酐，在所有的氮氧化物中具有最高的溶解度，可以快速高效地被传统的脱硫浆液吸收。因此为了提高 NO_x 的脱除效率，过量的臭氧被喷入促使 N_2O_5 的生成。NO 向 NO_2 的氧化为初级氧化，NO_2 进一步氧化为 N_2O_5 称为深度氧化过程。因此，臭氧氧化协同脱硫脱硝技术有两种不同的技术路线，如图 8-23 所示。第一条路线称为初级氧化，即借助较少的臭氧投入将 NO 氧化为 NO_2，然后在脱硫浆液中增加添加剂提高 NO_2 吸收效率，吸收后产生的 NO_2^- 需要经过氧化转化为硝酸盐回收处理；第二条路线称为深度氧化，即喷入过量的臭氧将 NO 深度氧化为 N_2O_5，之后通过传统的脱硫浆液即可实现高效吸收，生成的亚硝酸盐、硝酸盐产物经提纯浓缩结晶后，可作为工业原料出售。

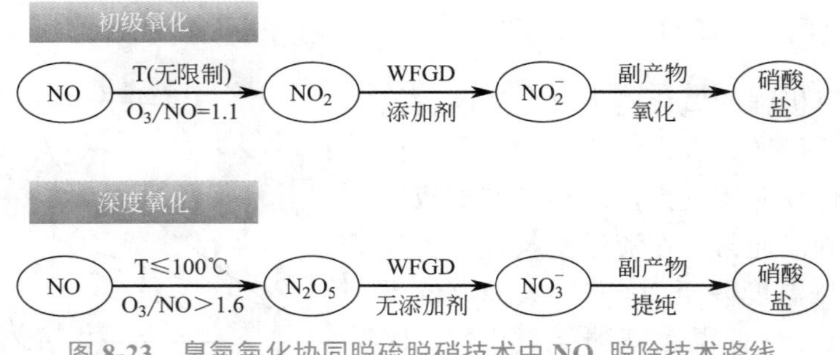

图 8-23　臭氧氧化协同脱硫脱硝技术中 NO_x 脱除技术路线

臭氧脱硝过程的影响因素包括 O_3 与 NO 的摩尔比、反应温度、停留时间、工艺参数优化和烟气中其他成分的影响等。

① 臭氧浓度　O_3/NO 摩尔比小于 1.0 时，NO 的主要氧化产物为 NO_2；当 O_3/NO 的摩尔比大于 1.0 时，NO_2 可以进一步氧化为 N_2O_5，即 NO 深层氧化。

从理论上讲，N_2O_5 形成的整体反应式为 $2NO+3O_3 = N_2O_5+3O_2$，这表明 O_3/NO 的化学计量比为 1.5。但是，从 NO 到 N_2O_5 的有效氧化至少需要 2.0 的 O_3/NO 摩尔比，这应归因于 N_2O_5 形成的反应动力学限制。

② 反应温度　较高的温度会对 N_2O_5 的形成产生负面影响。在固定的 O_3/NO 摩尔比下，随着温度的升高，N_2O_5 浓度降低，而 NO_2 浓度升高。当温度为 80℃时，可形成最低的 NO_2

浓度和最高的 N_2O_5 浓度。温度升高可以提高反应速率，但是 NO_3、O_3 和 N_2O_5 的分解也可以被加速并超过它们的形成，从而抑制了 N_2O_5 的形成。因此，当温度高于 100℃时，N_2O_5 浓度开始降低，并且无论添加多少 O_3，残留的 O_3 都趋于零，NO_2 最终成为高温下的主要产物。目前研究结果表明，N_2O_5 形成的最佳温度为 60 ～ 90℃。

③ 停留时间　N_2O_5 的形成要比 NO_2 的形成慢得多。生成 NO_2 的最佳停留时间为 1.25s，但是对于生成 N_2O_5 则应延长至 8s。在最佳温度下，NO 氧化成 NO_2 可以在 0.1s 内完成，而 N_2O_5 的形成需要 3 ～ 5s。为了加快 N_2O_5 的形成，可以通过提高温度来缩短停留时间。当温度为 60℃、停留时间为 5s 时 N_2O_5 的形成稳定。在温度为 80℃时，停留时间约 3s，而 N_2O_5 的饱和浓度下降。然而，当温度高于 90℃时，N_2O_5 的浓度随停留时间的延长而开始降低。敏感性分析表明，随着停留时间的增加，$NO_2+NO_3 \longrightarrow O_2+NO+NO_2$ 的负面影响不断增强。在高温区域，停留时间的增加不利于 N_2O_5 的生成。

湿法脱硫过程中通常使用石灰石浆液协同吸收 NO_x，但与 SO_2 的高吸收效率不同，NO_2 吸收效率通常低于预期吸收效率。为了提高 NO_2 的吸收效率，通过增加添加剂进行强化吸收，例如亚硫酸钠（Na_2SO_3）、硫化钠（Na_2S）、软锰矿、亚硫酸钙（$CaSO_3$）等。然而，添加剂的运行成本可能成为工业应用的一大障碍。因此，输入过量的臭氧将 NO_2 转化为 N_2O_5，N_2O_5 为硝酸的酸酐，可以容易地被脱硫浆料吸收。研究人员系统地研究了使用 Na_2CO_3 溶液吸收 N_2O_5 和 SO_2 的情况，最高的 NO_x 去除率也可达到 95%。因此，通过臭氧和 WFGD 将 NO 深度氧化成 N_2O_5 的组合是有效脱氮的有前途的技术。

臭氧同时脱硫脱硝的技术优势如下：a. 不需要对原有污染物治理装置进行大规模改造，仅需要占用气体管道非常有限的空间增加热交换器和低温氧化反应器。此特性提高了系统的安全性和灵活性。最重要的是，它可以与其他技术结合以实现更低的排放；b. 低温氧化条件不仅可以避免烟气再热消耗能源，而且可以实现热回收。此外，对于低温烟道气处理，可以有效地减轻灰尘阻塞、催化剂失活和烧结，适用于大多数烟气温度较低的工业锅炉和熔炉；c. 多污染物同时去除，可以在一个区域内集成不同的污染物去除装置，大大节省了空间，降低了工程投资和运行成本，简化了后期维护；d. 臭氧氧化无二次污染，最终副产物是氧气。它可以避免尿素、液氨等还原剂，不存在运输安全和储存风险，也不存在氨泄漏问题；e. 氧化吸收结合可以回收 N/S 资源，例如硫酸盐、硝酸盐。因此，可以通过有价值的产品利用来处理吸收浆料，这也可以实现部分投资回报；f. 通过调整臭氧注入量可以轻松实现近零排放。中国燃煤锅炉的最严格的 NO_x 排放标准是 $100mg/m^3$（基准氧浓度 6%），超低排放标准为 NO_x 排放低于 $50mg/m^3$（基准氧浓度 6%），为了应对环境压力，对于各种类型的烟道气处理，无论是作为补充还是单一布置，这种臭氧氧化技术都是不错的选择。

在工业中已经存在通过臭氧氧化和 WFGD 技术同时进行脱硫和脱硝的一些应用。例如，成熟的烟气处理（SNCR 和 SCR）由于其反应机理或特殊的温度窗口需求而不适用于生产炭黑的特殊方法。因此，臭氧氧化技术是在炭黑干燥窑炉的烟气污染控制过程中进行的，该工艺属于一条年产 100 万吨的炭黑生产线［烟气量为 $60000m^3/h$（标准状态下）］。结果显示，最大系统的脱硫效率和脱硝效率分别高达 98% 和 95%，SO_2 和 NO_x 浓度从 $1000mg/m^3$ 和 $900mg/m^3$ 降至 $20mg/m^3$ 和 $45mg/m^3$（均为标准状态下）。我们相信未来臭氧氧化的多污染控制技术将逐渐在工业中使用。

（2）液相氧化同时脱硫脱硝技术

如上所述，烟气中 NO_x 主要以溶解度很低的 NO 形式存在。区别于臭氧前置气相氧化实现低溶解 NO 向高溶解 NO_2/N_2O_5 转化，在原有脱硫浆液中添加氧化剂亦可实现液相氧化，进而实现脱硫塔内协同脱硫脱硝。目前研究的氧化剂包括 $NaClO_2$、NaClO、ClO_2、$KMnO_4$、H_2O_2、$Na_2S_2O_8$ 等。NO 与不同氧化剂的氧化反应如表 8-1 所示。在脱硫浆液中，NO 被各氧化剂直接氧化为 NO_2^- 和 NO_3^-，SO_2 则被吸收氧化为 SO_4^{2-}，达到脱硫脱硝的目的。

表 8-1 吸收溶液中 NO 与不同氧化剂的氧化反应

氧化剂	$NO \rightarrow NO_2$	$NO \rightarrow NO_3^-$
$NaClO_2$	$ClO_2^- + NO \longrightarrow ClO^- + NO_2$ $ClO_2^- + 2NO \longrightarrow Cl^- + 2NO_2$	$4NO + 3ClO_2^- + 4OH^- \longrightarrow 4NO_3^- + 3Cl^- + 2H_2O$
NaClO	$ClO^- + NO \longrightarrow Cl^- + NO_2$	
ClO_2	$ClO_2 + NO \longrightarrow ClO + NO_2$ $5NO + 2ClO_2 + H_2O \longrightarrow 5NO_2 + 2HCl$	$5NO + 3ClO_2 + 4H_2O \longrightarrow 5HNO_3 + 3HCl$
Cl_2	$NO + Cl_2 + H_2O \longrightarrow NO_2 + 2Cl^- + 2H^+$	$2NO + 2Cl_2 + 3H_2O \longrightarrow NO_3^- + NO_2^- + 4Cl^- + 6H^+$
$NaClO/NaClO_2$		$2NO + ClO_2^- + ClO^- + H_2O \longrightarrow 2NO_3^- + 2Cl^- + 2H^+$
$KMnO_4$		$NO + MnO_4^- \longrightarrow NO_3^- + MnO_2$ $2NO + MnO_2 \longrightarrow NO_2^- + Mn^{2+}$ $5NO + 3MnO_4^- + 4H^+ \longrightarrow 3Mn^{2+} + 5NO_3^- + 2H_2O$
$Na_2S_2O_8$		$S_2O_8^{2-} \longrightarrow 2SO_4^-$ $SO_4^- + NO + H_2O \longrightarrow 2H^+ + SO_4^{2-} + NO_2^-$ $2SO_4^- + NO_2^- + H_2O \longrightarrow 2H^+ + 2SO_4^{2-} + NO_3^-$
H_2O_2	$NO + H_2O_2 \longrightarrow NO_2 + H_2O$ $H_2O_2 + h\nu \longrightarrow 2 \cdot OH$ $NO + \cdot OH \longrightarrow NO_2 + \cdot H$	$2NO + 3H_2O_2 \longrightarrow 2H^+ + 2NO_3^- + 2H_2O$

液相氧化法具有许多优点，包括高脱硝率，简单的工艺改造以及无二次污染。然而，其以下不利问题仍然限制了其工业应用：a. 吸收后的废水处理存在难题，特别是 $KMnO_4$ 使吸收的溶液呈彩色；b. 大多数吸收剂很昂贵，例如 $NaClO_2$、NaClO、$KMnO_4$ 和 ClO_2，往往还需要其他强化措施；c. 光、电和等离子体增强的氧化将导致更多的运营成本；d. 这些强氧化剂对洗涤塔有腐蚀风险。

因此，该技术应在化学材料使用、辅助技术应用以及废水处理方面着重研究以降低运营成本。此外，应进行大规模实验以保证工业应用潜力。

（3）等离子体法同时脱硫脱硝技术

等离子体脱硝是 20 世纪 70 年代发展起来的烟气同时脱硫脱硝技术，主要是利用高能电子使 60 ～ 100℃下的烟气中的 N_2、O_2 和水蒸气等分子被激活电离裂解，产生大量离子、自由基和电子等活性粒子，从而将烟气中的 SO_2 和 NO_x 氧化，与喷入的氨发生反应生成硫酸铵和硝酸铵。根据高能电子的来源，等离子体技术分为电子束法和脉冲电晕等离子体法（PPCP）。

电子束法和脉冲电晕等离子体法两种技术在脱硫脱硝原理上相同，主要区别在于获得高能电子的方式不一样。电子束法产生的高能电子是通过电子束照射获得，而脉冲电晕等离子体法产生的高能电子则是通过脉冲放电产生。但两者的反应流程相同，首先烟气经过电除尘之后通入冷却塔，通过冷却塔降温后进入反应器，在反应器内，烟气中的 SO_2 和 NO_x 等污染物被反应所需的高能电子氧化，随后与供氨系统添加的氨反应生成铵盐，从而脱除烟气中的 SO_2 和 NO_x，再经过电除尘器后直接由烟囱排出，副产品经造粒处理后可作化肥销售。具体流程如图 8-24 所示。

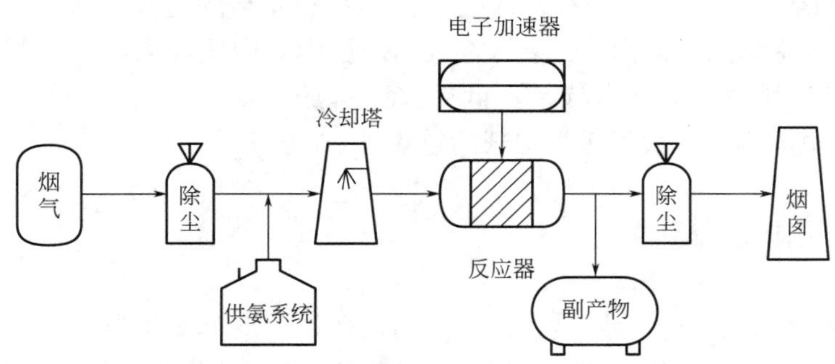

图 8-24　等离子体法同时脱硫脱硝技术流程

（4）吸附法同时脱硫脱硝技术

吸附法同时脱硫脱硝技术是一种工业分离技术，该法脱除原理就是采用吸附剂将烟气中的污染物 SO_2 和 NO_x 同时脱除，包括物理吸附和化学吸附。吸附法具有很好的研究和应用前景，目前碳基吸附技术和钙基吸附技术是吸附法同时脱硫脱硝中研究较多的两种方法。

① **碳基材料吸附技术**　碳基吸附材料因其丰富的表面基团、发达的孔隙结构、较大的比表面积将 SO_2 和 NO_x 同时脱除，在吸附过程中应用较多的吸附剂有：活性炭吸附剂、活性焦吸附剂、活性炭纤维以及改性后的碳基吸附材料。

采用活性炭对污染物脱除过程，需要经历物理和化学吸附两个阶段，烟气中的 SO_2 和 NO_x 首先被活性剂吸附于活性位，此时烟气中含有的 O_2 与 SO_2 和 NO_x 发生化学反应，SO_2 被氧化后与烟气中含有的 H_2O 反应生成 H_2SO_4，然后向反应中添加氨，NO_x 将被氧化还原为 N_2。活性碳纤维（ACF）在烟气处理中不仅可以作为吸收剂，还可以作为催化剂载体。常温常压下 ACF 脱除 SO_2 的原理是 ACF 将 SO_2 吸附在微孔表面，SO_2 与烟气中本来存在的水蒸气发生反应，生成硫酸。NO_x 的脱除原理是 ACF 先将其吸附氧化为 NO_2，使其与烟气中存在的水蒸气反应生成 HNO_3。

碳基吸附法同时脱硫脱硝吸附剂来源广泛且吸附能力强，发生吸附反应时反应温度低、无二次污染等。但该技术同样具有吸附剂再生费用大、活性炭等碳基吸附剂成本高、吸附剂再生困难等问题。目前处于初期发展阶段。

② **钙基材料吸附技术**　钙基材料吸附技术是 20 世纪 80 年代发展起来的。其原理是通过钙基吸收剂［CaO、$CaCO_3$、$Ca(OH)_2$］将烟气中的 SO_2、NO 转化生成 $CaSO_4$、$CaNO_3$ 等。

钙基吸附法同时脱硫脱硝技术具有吸附剂资源分布广泛、原料廉价易得、投资成本低、设备易于维护等优点。但如果进行大规模工业应用还需要解决吸收剂利用率低、脱硝率低、生成副产物难处理等问题。

8.4 移动源氮氧化物污染控制

随着我国机动车保有量的飞速上升，我国已连续多年成为世界第一机动车生产及销售大国。2015 年移动源 NO_x 的排放比例显示，移动污染源中排放 NO_x 浓度最高的为汽车，其次为工程机械车和农用机械车（柴油车），船舶则占比 10.57%。根据《2015 年中国机动车污染防治年报》，2014 年我国机动车保有量已达 2.46 亿辆，全年机动车排放污染物 4547.3 万吨，其中 NO_x 达 627.8 万吨，机动车排放的 NO_x 占排放总量的比例已达 30.2%。机动车中柴油车排放的 NO_x 占机动车 NO_x 排放总量的 70%。据挪威向国际海事组织提供的资料表明，2000 年船舶 NO_x 年排放达 602 万吨，占世界 NO_x 排放总量的 7%。因此，大力加强移动源的 NO_x 排放控制也成为我国大气污染治理的重点之一。

8.4.1 汽车尾气排放控制

在发达国家的城市中心，特别是在拥挤的街道两边，汽车交通是造成空气污染的最主要来源：大约 90% ～ 95% 的 CO、80% ～ 90% 的 NO_x 和 HC，以及大部分颗粒物来自汽车交通，已成为人类健康和城市环境的最大威胁。

（1）汽车尾气 NO_x 排放标准

经过西方发达国家数十年的发展，就汽车尾气排放控制而言，已经形成了以美国、日本和欧盟为主的三套排放法规及相关体系。我国于 1983 年发布了第一批关于机动车尾气污染控制的相关标准（国 I 标准）。经过多年发展，中国汽车技术研究中心于 2006 年获得了环境保护部的授权，对轻型汽车污染物排放进行了第五次初步调研。2008 年，北京市首次实施了《国家第四阶段机动车污染物排放标准》（国Ⅳ标准），同年我国确定了借鉴欧盟的欧Ⅴ或Ⅵ排放标准来制定国Ⅴ和国Ⅵ标准。北京市于 2012 年 12 月率先全面采用了国Ⅴ标准，其对机动车尾气污染控制力度基本上等同于欧Ⅴ标准。2016 年 1 月，环境保护部发布了《关于实施第五阶段机动车排放标准的公告》，该公告提出自 2016 年 4 月 1 日起，东部地区重点城市所有指定机动车必须符合国Ⅴ排放标准，该标准也将于 2018 年 1 月 1 日起在全国范围内全面实施。根据该标准要求，我国汽油车的 NO_x 排放限值从国Ⅳ标准的 0.08g/km 降低至国Ⅴ标准的 0.06g/km。

（2）汽车尾气排放 NO_x 的生成机理

与固定源氮氧化物生成机理相似，汽车发动机燃烧过程 NO_x 生成亦包括热力型 NO_x、快速型（瞬时型）NO_x 和燃料型 NO_x 三种，这里不再展开介绍。汽车发动机燃烧过程中主要生成 NO，另有少量的 NO_2，统称 NO_x。对一般汽油机，其过量空气系数 α 较小，一般 NO_2 与 NO_x 体积比为 1% ～ 10%；而对于柴油机而言，由于其过量空气系数 α 较汽油机大，一般 NO_2 与 NO_x 体积比为 5% ～ 15%。

（3）汽车尾气排放 NO_x 控制技术

不断提高汽油发动机的燃烧效率，减少污染物的排放，是发动机技术近 30 多年来持续进步的主要推动力。这些技术包括降低发动机燃烧室的面容比，改进点火系统（包括延迟点火提前角），提高燃烧过程的压缩比，采用多气阀气缸设计，改善燃料供给系统，采用汽油喷射技术，引入废气再循环等。发动机外控制技术是指利用发动机外置净化反应装置，在汽车尾气排出气缸而未进入大气之前，将CO、HC、NO_x和PM等转化为无毒的CO_2、H_2O和N_2等气体的过程。常见的排气后处理装置有空气喷射装置、热反应器、氧化型催化转化器、还原型催化转化器、三效催化转化器等。氧化型和还原型催化转化器分别用来净化排气中的HC、CO和NO_x，这些技术目前已经被三效催化净化技术所取代。

① 改进点火系统　当发动机在压缩冲程结束前点火时，可以获得最大的压缩比、最高的温度和压力。

当降低燃烧温度时，有利于降低NO_x的浓度，因此通常采用延迟点火的办法，点火时间甚至可以延迟到活塞达到上止点后。随着点火提前角延迟，上止点后燃烧的燃料量增加，最高燃烧温度下降。采用高能电子点火系统，将点火系初级电流从3～4A提高到5～7A，加强了火花强度并延长了火花持续时间，从而增强发动机的燃烧过程。目前采用无触点式晶体管点火系统使用信号发生装置代替传统的白金触点，既克服了触点装置的缺点，又便于通过电子方式调整点火提前角，常用的点火信号发生装置有电磁感应式、霍尔式和光电式三种。

② 闭环电子控制汽油喷射技术　汽油喷射技术是将汽油直接喷入进气管或喷入气缸的供油方式，缸内直喷压力较高，主要用于分层稀燃发动机。根据结构不同，缸外汽油喷射可以分为单点喷射和多点喷射两种形式。单点喷射系统是将燃油喷射到进气总管的节流口，而多点喷射系统则是将燃油喷入每个气缸进气门前的进气道或进气歧管内。两种系统的主要区别在于，前者是数缸合用同一只喷嘴，而后者是每缸使用单独的喷嘴供油。单点喷射系统成本低，但在冷机运转时，由于燃油在进气管壁沉积，各缸燃油分配不均而导致启动性能差。多点喷射则不存在此弊端，因而加速性能良好，动态反应灵敏，但成本相对较高，控制比较困难。

③ 废气再循环　废气再循环（exhaust gas recirculation，EGR）技术由于废气返流，减少了排气总量，稀释了进气，增加燃烧室内气体的热容量，降低了燃烧的最高温度和氧气的相对浓度，从而降低了NO_x的生成量。EGR是目前减少发动机NO_x排放的一种有效方法，其废气循环量一般在15%～20%以内。

④ 氧化、还原型催化转化器　氧化型催化转化器利用排气中残留的或二次空气供给的氧，使CO和HC完全氧化，其反应过程如下：

$$CO+1/2O_2 \longrightarrow CO_2 \tag{8-52}$$

$$C_xH_y+(x+y/4)O_2 \longrightarrow xCO_2+(y/2)H_2O \tag{8-53}$$

NO_x还原催化转化器利用排气中的CO、HC和H_2为还原剂来净化NO，可能的化学反应主要有七个：

$$NO+CO \longrightarrow CO_2+1/2N_2 \tag{8-54}$$

$$2NO+5CO+3H_2O \longrightarrow 2NH_3+5CO_2 \tag{8-55}$$

$$NO+H_2 \longrightarrow 1/2N_2+H_2O \tag{8-56}$$

$$2NO+5H_2 \longrightarrow 2NH_3+2H_2O \tag{8-57}$$

$$4NO+C_xH_y+(x+y/4-4)O_2 \longrightarrow N_2+(y/2-3)H_2O+CO+(x-1)CO_2+2NH_3 \tag{8-58}$$

$$2NO+CO \longrightarrow N_2O+CO_2 \tag{8-59}$$

$$2NO+H_2 \longrightarrow N_2O+H_2O \tag{8-60}$$

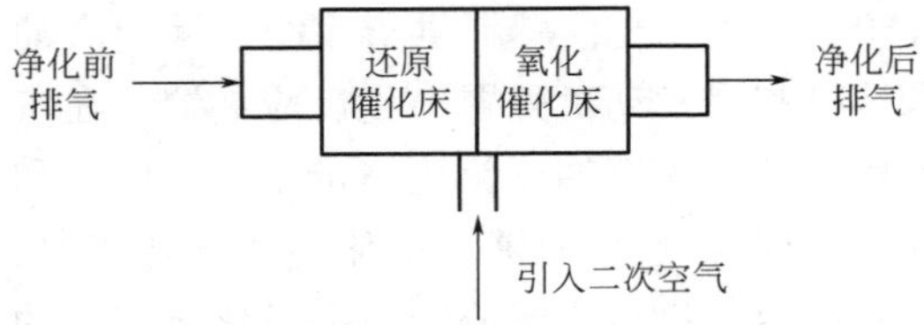

图 8-25 双床轴流式催化转化器

以上最后两个反应发生在 200℃以下，NO 还原反应一般在空燃比偏高的条件下进行，并且通常与氧化型催化转化器串接起来使用，如图 8-25 所示。

⑤ 三效催化转化器　三效催化技术（three-way catalytic technology）是目前汽油车应用最广泛的技术。三效催化转化器是在 NO_x 还原催化转化器的基础上发展起来的，通过尾气中还原性较强的 CO 和 HC 直接将 NO_x 还原脱除。三效催化剂一般由贵金属、助催化剂（CeO_2 等稀土氧化物）和载体 γ-Al_2O_3 组成。稀土氧化物本身在催化反应中没有活性，但它与过渡金属氧化物相结合能显著提高催化剂活性。例如，CeO_2 具有很好的贮氧能力，常常作为缓冲空燃比变化的助催化剂使用。典型的载体使用多孔蜂窝陶瓷载体，表面涂覆活性 Al_2O_3（增大比表面积），负载铂（Pt）、钯（Pd）、铑（Rh）等贵金属或其他催化剂。除陶瓷载体外，也有使用金属载体的。典型的整体多孔蜂窝状陶瓷载体，其蜂窝孔的内径约为 1mm，在蜂窝孔内有大约 20μm 厚的活性表层，孔之间的壁面为多孔陶瓷材料，厚度为 0.15 ～ 0.33mm，横截面上每平方厘米有 30 ～ 60 个通道。由于汽车排气温度变化范围大，运行路况复杂，因此，对催化剂载体的机械稳定性和热稳定性要求都很高。

8.4.2 柴油车尾气排放控制

根据 2016 年 1 月，环保部发布的《关于实施第五阶段机动车排放标准的公告》显示，我国柴油车的 NO_x 排放限值从国Ⅳ标准的 0.25g/km 降低至国Ⅴ标准的 0.18g/km。与汽油车相比，柴油发动机采用富氧高压缩比燃烧，具有油耗低、能效高、动力强、可靠性高、CO_2 排放量低等优点。柴油机是大量的空气进入气缸进行压缩升温，再向其中喷射少量挥发性极低的柴油，采用非均值燃烧，可燃混合气的形成时间短，而且可燃混合气形成与燃烧过程交错，导致燃油与空气不均匀混合，产生大量的 NO_x。目前，世界各国对柴油车的 NO_x 排放控制主要包括机内净化技术和机外后处理净化技术。

（1）机内净化技术

机内净化技术主要是改进发动机的燃烧方法，即利用所谓的稀薄燃烧方式来接近理想燃烧方式，使缸内燃烧优化达到降低 NO_x 排放的目的。常见的柴油机内净化技术主要包括废气再循环技术、增压中冷技术、新型燃烧技术、电控燃油喷射技术。

① 废气再循环技术　废气再循环 EGR 是将排气管中的一部分废气引入进气管，再进到气缸中，使其与燃烧气进行混合并吸收热量，以降低缸内燃烧温度、延长滞燃期、控制燃烧速率，减少高温富氧条件下 NO_x 的生成。

采用 EGR 是实现低温燃烧的关键技术，通常实现低温燃烧的 EGR 率都在 50% ～ 65%。图 8-26 所示为废气再循环法的示意图。

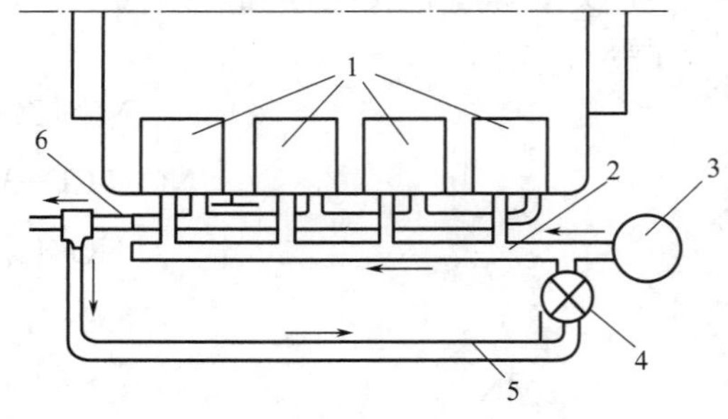

图 8-26 废气再循环法示意图

1—气缸；2—进气管；3—空气滤清器；4—EGR 阀；5—再循环管；6—排气管

废气再循环之所以能够使排气中的NO_x浓度下降，是因为：a. 燃烧过程中NO_x的生成反应速率与氧浓度的平方根成正比，柴油机排出的废气中，含氧量少，因此NO_x的生成反应速率降低，于是废气中的NO_x浓度也相应下降；b. 燃烧过程中NO_x的生成反应速率与燃烧绝对温度成指数关系，废气中含有较多的水蒸气和CO_2，高温下，水蒸气和CO_2的比热容比空气大得多，因此燃烧温度降低，导致废气中NO_x的浓度降低。

废气再循环技术的不足之处在于，会使发动机热负荷较高，排气温度增加，柴油机的动力性及经济性也有所下降。废气再循环量过大还会使燃烧速度变慢，稳定性变差。目前，EGR 主要应用在柴油轿车和一些轻型车上，重型柴油车较少采用。

② 增压中冷技术　增压中冷技术是提高柴油机功率、燃油经济性以及降低污染物排放量的最有效措施之一。

将压缩空气通过中冷器和增压气，以增加燃烧时的供气量，并降低压缩空气和燃烧气的温度，以减少热力型NO_x的生成。增压中冷技术最常见的是废气涡轮增压，即利用发动机排出的高温废气带动涡轮高速旋转，从而驱动压气机使气缸进气量提高。由于进气密度的大幅提高，柴油机功率可提高 30% ～ 100%，燃油经济性也明显改善。但柴油机采用进气涡轮增压后，由于进气温度较高，提高了最高燃烧温度，反而使NO_x的排放量增加。为此，可采用增压中冷技术使进气温度降低，防止NO_x排放性能的恶化。

③ 新型燃烧技术　通过流体力学及理论计算等方式对燃烧室的形状、尺寸进行优化，提高燃烧气的运行速度，达到“均质压燃，低温燃烧”的目的，从而达到减排NO_x的目的。

均质压燃（homogenous charge compression ignition，HCCI）、高预混燃烧和低温燃烧都需要通过燃烧系统改变空气和燃油混合或稀释过程实现。这些燃烧模式可以通过减小压缩比（14 ∶ 1，16 ∶ 1）或采用低 / 高 EGR 率增加着火滞燃期，从而增加空气和燃油混合的均匀程度。高 EGR 率能够明显降低燃烧室温度和氧含量，从而使得NO_x排放降低。

④ 电控燃油喷射技术　电控燃油喷射技术通过精准控制喷油量、喷油时间和喷油速率促使缸内油气的均匀分布，使缸内整体温度下降，从而减少NO_x的生成及排放。

调整喷油量、喷油压力、喷油提前角、喷油速率等喷射参数，可将燃烧放热率曲线分成多个阶段，以降低燃烧温度。从而改善柴油机的燃油经济性和排放性能，是柴油机排放控制的有效手段。

（2）机外后处理净化技术

机外后处理净化技术是指在发动机外添加后处理装置，以进一步降低NO_x排放。在汽油车上得到广泛应用的三效催化技术，其三效催化剂的工作最佳空燃比为 14.7，但柴油车在稀燃条件下工作，尾气中O_2含量较高（一般超过 10%），其正常空燃比在 25 ～ 32 左右，因此三效催化技术很难适用于柴油车尾气脱硝。目前针对柴油车的富氧后处理技术主要有稀混合气NO_x补集技术，等离子体辅助还原技术和选择性催化还原技术等。

① 稀混合气NO_x捕集技术（LNT）　LNT 技术是基于发动机运行中周期性的稀燃和富燃循环，该技术最初是针对稀燃汽油机所开发，后来逐步应用于柴油发动机的后处理。

当柴油机处于稀燃工况时，尾气处于富氧状态，在催化剂的作用下，尾气中的NO_x被氧化为NO_2。生成的NO_2与吸附剂（$BaCO_3$、K_2CO_3等）发生反应形成亚硝酸盐，再转化为硝酸盐，实现NO_x的临时储存。当发动机在富燃条件下运行时，尾气中的氧含量较低，而还原性气氛（CO、HC）浓度上升，此时硝酸盐会分解并脱附出NO_x。

② 等离子体辅助还原技术　等离子体辅助还原技术主要是利用等离子体对排气进行激发，产生大量处于激发态的分子或离子。

在催化剂的作用下，NO_x 被氧化成 NO_2，并与柴油机尾气中的碳烟颗粒物发生反应去除。目前，相应的技术还处在研究阶段，如何降低成本和能源消耗是该技术面临的主要问题之一。

③ 选择性催化还原技术　目前最具前景的柴油机尾气脱硝技术是 NH_3-SCR 技术。

与固定源 NO_x 控制技术中直接喷氨作为还原剂不同的是，由于毒性较高的液氨储存困难，因此柴油车中通常使用浓度为32.5%（质量分数）的尿素溶液（AdBlue）作为NH_3的来源，通过蒸发、热解、水解的步骤分解形成 NH_3。

8.4.3　船舶氮氧化物排放控制

海洋是生命的摇篮。自古以来，海洋为人类的发展提供着丰富的资源。它既是一个天然宝库，也是人类最经济的运输环境。海洋运输是世界各国人民经济、文化交流彼此联系的主要手段。海洋运输成本低，仅为铁路运输的 40% ～ 50%。由于海上航运有许多优点，海上运输船舶数量日益增加。近 30 年来，船舶越来越多地燃用劣质燃油，排放大量的 NO_x，造成的大气污染也日趋严重。

（1）船舶 NO_x 排放控制标准

国际海事组织（IMO）海上环境保护委员会（MEPC）自 1988 年以来一直致力于研讨预防和控制船舶造成的大气污染议题。2008 年 10 月 6 日至 10 日，MEPC 第 58 次会议在英国伦敦 IMO 总部召开，会议一致通过了 MARPOL 73/78 公约附则Ⅵ关于减少船舶排放废气的修正案，对船舶大气污染物的排放提出了进一步的要求，并根据船舶的建造年份制定了船用柴油机 NO_x 排放的三层控制标准。该修正案于 2010 年 7 月 1 日默认生效。

第一层标准要求 2000 年 1 月 1 日～ 2011 年 1 月 1 日建造的船舶上安装的柴油机的 NO_x 排放量在下列限值内：低速机（$n<130$r/min）为 17g/（kW · h）；中速机（n=130 ～ 2000r/min）为 $45\times n^{-0.2}$g/（kW · h）；高速机（$n>2000$r/min）为 9.84g/（kW · h）。

第二层标准要求 2011 年 1 月 1 日及以后建造的船舶上安装的柴油机的 NO_x 排放量在下列限值内：低速机（$n<130$r/min）为 14.4g/（kW · h）；中速机（n=130 ～ 2000r/min）为 $44\times n^{-0.2}$g/（kW · h）；高速机（$n>2000$r/min）为 7.7g/（kW · h）。

而第三层标准最为严格，当船舶航行于指定的排放控制区时，2016 年 1 月 1 日及以后建造的船舶上安装的柴油机的 NO_x 排放量必须在下列限值内（控制区外仍适用第二层标准）：低速机（$n<130$r/min）为 3.4g/（kW·h）；中速机（n=130 ～ 2000r/min）为 $9\times n^{-0.2}$g/（kW·h）；高速机（$n>2000$r/min）为 2g/（kW · h）。

上述 n 为发动机额定转速（r/min）。

在专业技术资料或规则中，NO_x 的排放限值有时采用不同的表示方法，mg/L 或 g/（kW·h）。若已知某型柴油机的排气流量，则可对这两种表示方法进行转换。例如：已知环境温度为25℃，相对湿度为 50%，NO_x 的分子量为 46g/mol，NO_x 的分子体积为 22.4L/mol，则柴油机的排气流量为 6.7m^3/（kW · h）。在 15% 氧气时，未加控制的 NO_x 排放浓度为 1200ppm（1.20L/m^3）。则有：1.20L/m^3×46g/mol×6.7m^3/（kW · h）×1/22.4L/mol=16.5g/（kW · h）。

（2）船舶 NO_x 排放控制技术

船舶中柴油机 NO_x 排放的控制措施可以粗分为预处理、机内控制和机外控制三类。预处理采用低氮燃油；机内控制是指在可燃混合气燃烧之前采取的降低污染物排放的措施，包括了湿法降低 NO_x 技术（燃油乳化、气缸直接喷水）、废气再循环技术（与上面提到的机动柴油车相同）、燃油 - 水分层喷射技术、优化柴油机结构参数和运行参数、添加燃油添加剂等；机外控制则是指在机内控制基础上，进一步降低排放量，以期满足附则Ⅵ的要求所采取的措施，包括了选择性催化还原（SCR）技术、选择性非催化还原技术（废气再燃烧除氮）。

① 燃油乳化　燃油乳化是指将燃油喷入气缸前，在燃油中混入一定量的水分，并在超声波和机械搅拌的作用下，将重质燃油乳化成为油包水的油滴。喷入气缸后，水蒸气的“微爆”作用使油滴破碎成更小的油滴，从而促进了混合气的形成和燃烧。在燃烧过程中，由于水的吸热作用，可以降低燃烧最高温度，水油混合喷入还可降低燃油密度，从而进一步降低燃烧最高温度，最终降低柴油机的 NO_x 排放量。燃油乳化技术的局限性在于，水和重油的乳化比较容易实现，但水和轻、重柴油的乳化就存在一定的困难。在实际应用中，乳化燃油的方式仅能减少约 20% ～ 30% 的 NO_x 排放量。

② 气缸直接喷水　鉴于燃油乳化技术的明显弊端，瓦锡兰公司开发并应用了气缸直接喷水（direct water injection，DWI）技术。

该技术基本原理是设计了一种水油同时喷射的复合型喷油器，该复合型喷油器有两个喷嘴，一个喷油，另一个喷水，实现水与燃烧混合气的充分混合，从而降低燃烧温度，可减少约 50% ～ 60% 的 NO_x 排放量。燃油喷射系统和常规机型的燃油喷射系统一样，喷水系统完全与喷油系统隔离，停止喷水时对机器的运转没有影响。但此方法会导致燃烧不完全、油机功率降低、燃油消耗率增加等问题。因此采用此种方法降低柴油机废气排放时，需要折中进气富氧和燃料加水的比例。

③ 燃油 - 水分层喷射　燃油 - 水分层喷射（stratified fuel-water injection，SFWI）系统是日本三菱重工为降低柴油机 NO_x 排放量而开发的新方法，该方法将替代之前用燃油掺水乳化来加水的技术。如图 8-27 所示，在喷油阶段，系统将水送到喷油器，使油和水分层喷入气缸，从而降低火焰温度。事实证明，对于低速柴油机而言，NO_x 排放量可降低 50%；高速柴油机可降低 70%。在 SFWI 系统中，给水量由一个控制器根据发动机的负载和所需的 NO_x 降低水平来控制。在船上使用时，造水机的容量要相对增大。例如，对大型集装箱船来说，NO_x 排放量降至 50% 时需要每天额外增加 90t 淡水，是其他船舶的 3 倍，大型油轮的 2.5 倍。三菱重工在日本运输省的一艘实习船上对 SFWI 系统进行了 2400h 的测试。结果表明，可以达到降低 70%NO_x 排放量的净化目标，连续运行可保持稳定的净化效果。

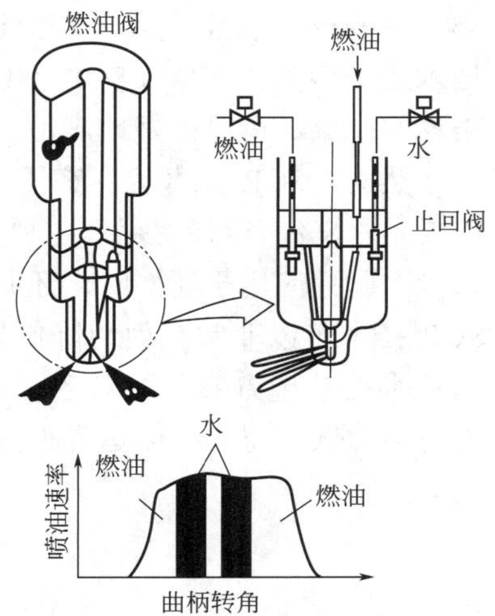

图 8-27　燃油 - 水分层喷射技术

④ 优化柴油机结构参数和运行参数　延迟喷油定时是降低燃烧过程中 NO_x 产生的一种简便有效的改进方法。

延迟喷油定时的作用主要是降低燃料燃烧时形成的温

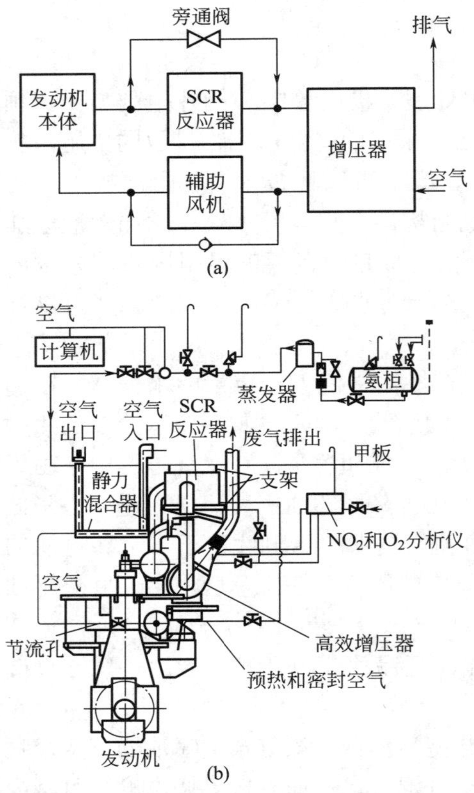

图 8-28 船用低速柴油机选择性催化还原系统布置示意图

度峰值，但会略微增加油耗率。对于经常在热带航区航行的船舶动力装置而言，由于冷却水温较高，使用该方法可以降低 10% ～ 15% 的 NO_x 排放量。

通过调整喷油规律，减少上止点前喷入气缸的燃油量，从而降低最高燃烧温度和压力，同时减少 NO_x 生成。此外，改善喷油器的结构，如减小喷油器压力室容积，改变喷油嘴喷孔数目、孔径和长度等，也是控制 NO_x 排放的有效措施之一。柴油车部分介绍的电控喷油技术也适用于船舶，能实现柴油机在不同负荷的情况下以优化的喷油提前角和喷油压力将燃油喷入气缸，在降低了燃油消耗率的基础上，同时降低了 NO_x 的排放量。

⑤ 选择性催化还原技术 图 8-28 为船用低速柴油机选择性催化还原系统的布置示意图。

SCR 的反应器为一个独立的装置，垂直于机旁，通过排气管和阀件与之连接。另一种可供选择的布置方式是水平设置 SCR 反应器，置于增压器之上，对机舱的布置更方便。

液氨、氨水、尿素都可用作还原剂。对于船用来说，需要安全且容易处理的还原剂，因此采用尿素最合适。NH_3 是可燃性气体，因而其输送管路采用双层管壁，并设有必要的透气装置。环形空间中置有 NH_3 泄漏监测器，喷入排气管中的含氨量由一台程序计算机控制，使氨的喷射量与发动机产生的 NO_x 成比例。如果仅仅按 NO_x 排出信号来控制氨喷射量，反应器调节 NH_3 剂量的响应太慢，会导致 NO_x 和氨出口浓度的波动太大。因此，NO_x 的产生量与发动机负载的关系作为主要依据控制氨的剂量，同时基于所测得的 NO_x 出口信号的偏差来进行调节。

SCR 技术的最大优点是在不影响柴油机的燃油消耗率的情况下，降低 NO_x 排放量 85% ～ 90%，甚至更多。若上述机内控制措施仍不能满足排放法规的要求，可以应用 SCR 技术进一步处理 NO_x。SCR 不仅可以有效降低了 NO_x 的排放量，还可以降低 CO、HC 等污染物的排放，可以很好地满足一些航区对 NO_x 排放控制的严格要求。

然而，SCR 技术也存在不少问题，其系统装置的体积与发动机相当，投资费用为船舶的 5% ～ 8%，运行费用（主要是还原剂消耗）也很高，负荷变化时难以适当地控制氨的喷入量。此外应用于船舶时，还有还原剂的装卸、贮存和安全问题需要考虑。尽管如此，因为 SCR 技术可以非常有效地降低船舶柴油机 NO_x 排放，所以还是作为降低 NO_x 排放的机外控制技术的首选方案。随着各国的重视，科学技术的不断发展，SCR 将会越来越小型化，成本也会降低，将会在航运界得到广泛应用。

习题

8.1　试从 NO_x 引发的大气环境问题，指出控制 NO_x 排放的重要性。

8.2　分析烟气温度是如何影响燃烧过程中 NO 和 NO_2 形成的。

8.3　为什么实际燃烧尾气中NO和NO_2的比例与根据化学平衡理论计算的结果有显著差异？

8.4　燃烧 NO_x 的生成过程是什么？分为几种类型？各自的影响因素是什么？

8.5　控制燃烧过程中氮氧化物生成的主要因素有哪些？相应的低氮燃烧技术都有哪些？

8.6　解释选择性催化还原脱硝中“选择性”的含义。烟气脱硝装置应该装设在除尘器之前还是之后？给出通常 SCR 的操作温度范围。试比较 SCR 和 SNCR 的特点。

8.7　实际工程应用中，试思考烟气脱硝技术应该如何选择？

8.8　臭氧氧化同时脱硫脱硝的技术原理和优势分别是什么？

8.9　固定源 NO_x 控制技术与移动源 NO_x 控制技术的异同。

第 9 章 挥发性有机物污染控制

9.1 挥发性有机物污染种类及危害

9.1.1 挥发性有机物污染的种类

挥发性有机污染物（VOCs）主要来源于化工和石油化工、制药、包装印刷、造纸、涂料装饰、交通运输、电镀和纺织等行业排放的废气，包括各种烃类、卤代烃类、醇类、酮类、醛类、醚类、酸类和胺类等。这些污染物的排放不仅造成了资源的极大浪费，而且严重地污染了环境。

VOCs 通常分为非甲烷碳氢化合物（NMHCs）、含氧有机化合物、卤代烃、含氮有机化合物、含硫有机化合物等几大类，参与大气环境中臭氧和二次气溶胶的形成，对区域性大气臭氧污染和 $PM_{2.5}$ 污染具有重要的影响。大多数 VOCs 具有令人不适的特殊气味，并具有毒性、刺激性、致畸性和致癌作用，特别是苯、甲苯及甲醛等对人体健康会造成很大的伤害。VOCs 还是导致城市灰霾和光化学烟雾的重要前体物，主要来源于煤化工、石油化工、燃料涂料制造、溶剂的制造与使用等生产过程。

TVOC 是在《室内空气质量标准》(GB/T 18883—2002）中提出的“总挥发性有机化合物”的简称。主要指 C6 到 C16 之间的挥发性有机化合物。

9.1.2 挥发性有机物污染的危害

居室内 VOCs 污染已引起各国重视。TVOC 对人体健康的影响主要是刺激眼睛和呼吸道，使皮肤过敏，使人产生头痛、咽痛与乏力，其中还包含了很多致癌物质。

在《民用建筑室内环境污染控制规范》(GB 50325—2020）中，室内空气中 TVOC 的含量已经成为评价居室室内空气质量是否合格的一项重要项目。在此标准中规定的 TVOC 含量为Ⅰ类民用建筑工程 $0.5mg/m^3$、Ⅱ类民用建筑工程 $0.6mg/m^3$。

表 9-1 中涵盖了一些常见的 VOCs 对人体健康的危害以及进入人体的方式。

表 9-1 常见的 VOCs 对人体健康的危害以及进入人体的方式

污染物	性质	进入人体的方式	对人体的危害和症状
苯	无色、挥发性、有芳香味液体	吸入蒸气	高浓度时可引起急性中毒。轻度中毒有头痛、头晕、全身无力、恶心、呕吐等症状；严重时昏迷以致失去知觉，停止呼吸；慢性中毒出现头痛、失眠、手指麻木，以及血液系统的病变
酚	白色、特臭固体	吸入蒸气、皮肤接触	有腐蚀性，皮肤接触可引起皮疹等；吸入后引起头晕、头痛、失眠、恶心、呕吐、食欲不振等症状，严重者可致肝肾损害
硝基苯	液体	吸入蒸气，皮肤接触	毒性较大，能影响神经系统，引起疲乏、头晕、呕吐、呼吸和体温变化，还能影响到血液、肝和脾；如大面积接触液体，可立即致死
三氯乙烯	无色液体	吸入蒸气	中毒症状为头痛、头晕、嗜睡、疲倦、胃周围神经炎；高浓度时引起急性中毒，导致恶心呕吐、心肌和肝损害
二硫化碳	无色、有恶臭液体	吸入蒸气	慢性中毒引起神经衰弱、末梢神经感觉障碍，对心血管系统也有一定影响，对皮肤、黏膜有明显的刺激作用；高浓度时引起急性中毒，导致头痛、头晕，重者出现昏迷、痉挛性震颤
丙酮	无色、有臭味液体	吸入蒸气	易与水、醇混溶，对皮肤、眼和上呼吸道有刺激，吸入后可引起头痛、头晕等神经衰弱症状
乙腈	无色液体	吸入蒸气	轻度中毒有恶心、呕吐、无力、胸闷、尿频、神态模糊等症状；严重中毒则胸痛、呕吐（带有大量血液）、痉挛、昏迷、呼吸不规律，以致死亡
四氯化碳	无色液体	吸入蒸气	可引起头晕、头痛、倦怠、嗜睡，严重时可引起恶心、呕吐、肚痛、腹泻，出现继发性肝肾损害

大多数 VOCs 有毒，部分 VOCs 有致癌性，如大气中的某些苯、多环芳烃、芳香胺、树脂化合物、醛和亚硝胺等有害物质对机体有致癌作用，或者产生真性瘤作用；某些芳香胺、醛、卤代烷烃及其衍生物、氯乙烯等有诱变作用。

部分 VOCs 也具有间接毒性，多数挥发性有机污染物易燃易爆、不安全；在阳光照射下，挥发性有机污染物与大气中的氮氧化合物、碳氢化合物和氧化剂发生光化学反应，生成光化学烟雾，危害人体健康和作物生长；光化学烟雾的主要成分是臭氧、过氧乙酰硝酸酯（PAN）、醛类及酮类等，它们刺激人们的眼睛和呼吸系统，危害身体健康和作物生长；肉烃类 VOCs，如氯氟碳化物（CFCs），可破坏臭氧层。如图 9-1 所示。

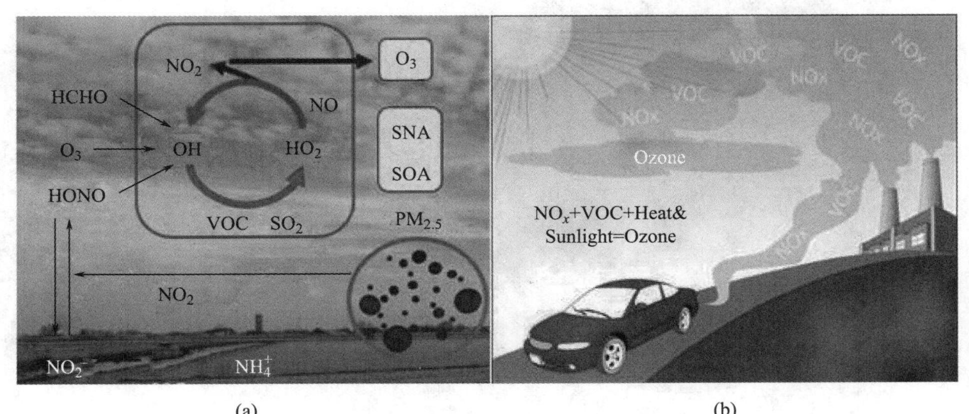

(a) (b)

图 9-1 VOCs 多重环境效应（a）及近地面臭氧生成机制（b）

9.2 挥发性有机物的污染现状

9.2.1 挥发性有机物的全球污染状况

挥发性有机物（VOCs）是形成细颗粒物（$PM_{2.5}$）、臭氧（O_3）等二次污染物的重要前体物，进而引发灰霾、光化学烟雾等大气环境问题。随着我国工业化和城市化的快速发展以及能源消费的持续增长，以 $PM_{2.5}$ 和 O_3 为特征的区域性复合型大气污染日益突出，区域内空气重污染现象大范围同时出现的频次日益增多，严重制约社会经济的可持续发展，威胁人民群众身体健康。为了从根本上解决 $PM_{2.5}$、O_3 等污染问题，切实改善大气环境质量，国家应积极推进其关键前体物 VOCs 的污染防治工作。但是，目前我国 VOCs 污染防治基础较为薄弱，存在排放基数不清、法规标准不健全、控制技术应用滞后和环境监管不到位等诸多问题。同时，由于 VOCs 排放来源复杂，排放形式多样，物质种类繁多，建立 VOCs 污染防治体系难度较大，因此，如何切合我国的实际全面开展 VOCs 污染防治，是一项刻不容缓、艰巨复杂的任务。

9.2.2 中国挥发性有机物（VOCs）的污染特点及分布

中国挥发性有机物的污染特点主要有以下几个方面：a. 工业城市大气中 VOCs 的浓度高于非工业城市；b. 综合型大城市大气中 VOCs 的浓度高于中小型城市和农村地区；c. 北方燃煤城市大气中 VOCs 的浓度高于南方城市。

从分布区域特点看，2015 年我国城市（群）VOCs 排放量可依据其在全国总量的占比，分为＞ 10%、5% ～ 10%、3% ～ 4%、1% ～ 2% 和＜ 1% 五个档位（图 9-2）。其中介于 3% ～ 4% 的城市数量最多，共 14 个；长三角地区 VOCs 排放量最大，占全国 VOCs 排放总量的 19%；介于 5% ～ 10% 之间的，从大到小依次为山东（9%）、京津冀地区（8%）、河南（7%）和珠三角地区（6%）；介于 3% ～ 4% 之间的，从大到小依次为四川、辽宁、湖

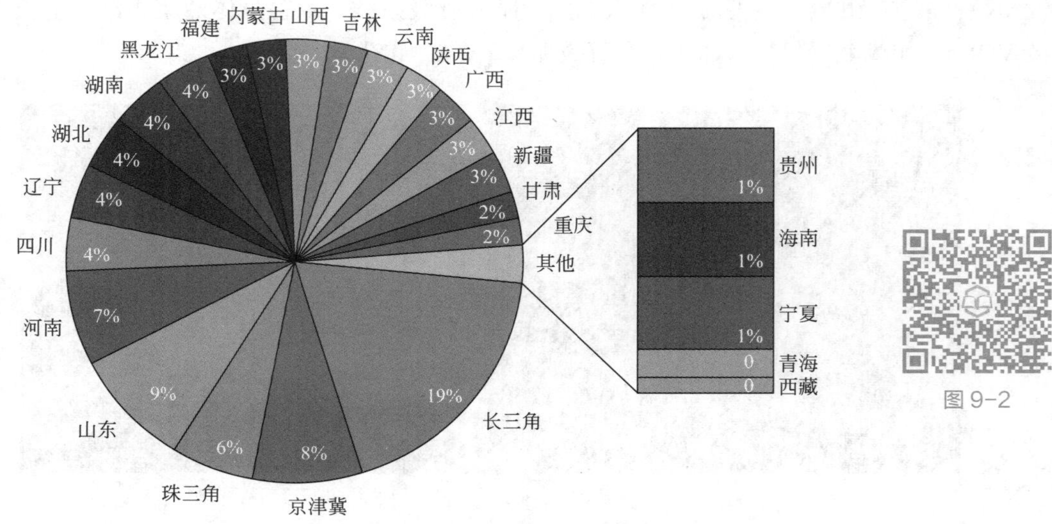

图 9-2 2015 年我国重点区域及不同省份 VOCs 排放量占比

北、湖南、黑龙江、福建、内蒙古、山西、吉林、云南、陕西、广西、江西和新疆；介于1%～2%的，从大到小的城市分别为甘肃、重庆、贵州、海南和宁夏；<1%的分别为青海和西藏。

从行业分布的特点看，我国VOCs排放来源非常复杂，工业门类齐全，产业规模庞大，且VOCs污染物种类繁多。根据《大气挥发性有机污染物源排放清单编制技术指南（试行）》（公告2014年第55号），排放源主要包括交通源、工业源、生活源和农业源四大类。其中交通源包括道路机动车、非道路移动源和油品储运销等；工业源包括化石燃料燃烧和工艺过程；生活源包括生活燃料燃烧、环境管理、居民生活消费、建筑装饰和餐饮油烟；农业源则包括生物质露天燃烧源、生物质燃料燃烧源和农药使用等。

基于上述技术指南和相关统计资料计算，2015年我国VOCs排放总量为2600万吨，其中工业源VOCs排放最多，占总量的55.50%，其次是交通源排放的VOCs，占总量的21.50%，生活源排放的VOCs量占总量的19.60%（图9-3）。按行业划分，工业源中排放较多的是化工、工业涂装、石化和印刷行业；交通源中，道路机动车油品储运销排放的VOCs较多；农业源中农药排放的VOCs最多；生活源中家居用品、餐饮油烟和化妆品排放的VOCs较多。

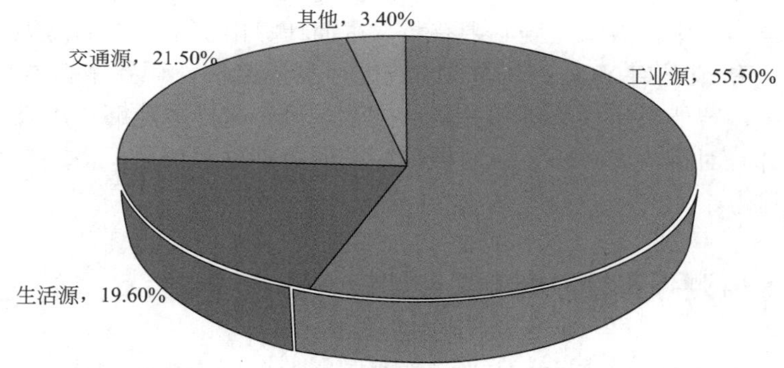

图9-3 2015年我国不同VOCs排放源构成

挥发性有机污染物（VOCs）是形成臭氧和$PM_{2.5}$细颗粒污染物的重要前体物，中国VOCs排放量仍呈增长趋势，近5年VOCs普查报告数据显示，中国VOCs绝对排放量超过了2000万吨/年。

目前VOCs污染问题是我国大气环境保护遇到的最大问题之一，国家“十三五”环境保护规划中提出，增加VOCs总量控制因子，对NO_x和VOCs进行协同减排，重点行业所有企业均需实施VOCs综合治理。工业源VOCs的排放是VOCs最大来源，它所涉及的行业众多，具有排放强度大、浓度高、污染物种类多、持续时间长等特点，对局部空气质量的影响显著。

2016～2021年大气污染治理行业深度分析及“十三五”发展规划指导报告分析，我国VOCs治理起步较晚，因此目前的VOCs治理成效并不明显。但随着政策不断落地，治理力度不断加强，未来对VOCs治理行业的需求必将越来越迫切。

9.3 挥发性有机物的污染监测

针对企业的工艺废气及无组织排放，VOCs在线监测是判断企业是否正常开启环保治理设施最直接有效的解决办法。但目前尚未出台国家标准，安装VOCs在线监测系统的方式存在一定的政策风险，可能会导致无效投资或重复投资。同时，VOCs在线监测系统在国内尚未形成规模建设，其系统建设费用还比较昂贵，会给企业和当地政府带来较大的经济压力。另一方面，VOCs在线监测仅得到最终的企业废气治理结果，而无法知晓是企业哪个环节存在问题，在工业企业较集中的区域，甚至无法知晓是哪家企业存在问题。基于以上分析，利用VOCs在线监测系统实现对大区域范围内的空气质量评估，以企业VOCs实时动态监管系统实现对特定企业的VOCs治理监管是较理想的选择。

通常在室外环境下，石油化工、交通运输以及燃料燃烧产生的物质是VOCs的主要来源，明确VOCs的基本概念之后，在工业园区也就能够比较明确找出污染物的来源，进而实行相关的措施来控制污染物，并实行清理。

一般在工业园区中，为了能够对污染物进行实时的系统监控，相关的工作技术人员首先会明确污染物的来源，以此为依据建立系统的网络化监控系统。在这个网络化监控系统中，最常采用的管理方法是单元网格管理方法，这种管理方法的好处就是能够将责任明确到个人，从而建立起一个“横向到边、纵向到底”的网络化监控系统。其次，在这个系统中，在掌握了污染的来源及气象对污染物排放的影响因素等方面的基础上，还要学会结合运用多种环保技术以及高斯算法模型，掌握各个厂区以及监测点的相关数据，这样就能够进一步对各个厂区以及监测点的污染排放量做到心中有数，进而计算出整个区域的污染排放情况。而要想对排放源进行解析或是对VOCs的排放区域进行整体监控，还要掌握气象条件以及物联网、地理信息系统、智能采集系统等相关高新技术，只有这样才能够对污染物的扩散趋势进行整体的推断，并且对排放源解析，从而根据相关的数据以及信息，借助高新技术，制订出最有效的节能减排方案。

9.3.1 VOCs的监测点布设原则和采样测试方法

为了能够设置有效的监测点位，也为了加强园区的自动监测站建设，需要综合考虑工业园区的发展水平、各个区域的有毒气体分布特征和天气状况等相关因素，对各个区域进行全面分析以及网络划分，从而寻找出最佳的监测点设置位置。这样不仅能够保证监测数据的准确性和有效性，而且能够明确不同区域和不同时间段的污染物扩散趋势，结合分布特征，制订出具体有效的解决措施。在进行布点方案的整体设计过程中，需要采用多种不同的方式各种布点进行较为均匀的设计。同时，还要对质量监控情况进行明确分析，这样能够让整体的布点设计更为科学合理。由于监测布点需要结合工业区的地形来确定，需要采用多种不同的方法对空气质量进行监测。在目前的多种布点方法中，均匀布点法在VOCs体系中的控制方面应用较为广泛。但是对于集中区域，需自动监控布点，此布点设计方案点面清晰度还有待提升，以期得到全面性改善。

VOCs控制和空气质量自动监测在工业区的运用十分重要，其能够让自动监测的效率得到全面性的提升。在进行监测的过程中，其首先需要采用多种不同的方式对其结构体系进行相应的优化。同时，还要对其设计方案进行相应的数据分析，并加强空气质量自动监测分布点的平行设计，最终达到较为理想的监测效果。

在监测点位布设完成后，就需要对目标气体进行采样和分析，其中采样是关键，要求采集的样品能够准确反映出测量地区的VOCs的浓度，同时要求在保存样品的过程中，污染物浓度不能存在较大变动，目前主流的采样方法是以下两种：

（1）吸附采样法

吸附采样法是利用多孔性固体吸附剂从气相混合物中选择性地对某些成分进行捕获，一般理想的吸附剂采样法对靶物质的吸附过程是可逆性的，运用这种方法通常考虑如下吸附剂选取原则：a. 目标样本的性质针对性，即对目标化合物的吸附力度尽可能强，对非目标化合物的吸附力尽可能弱；b. 确保选用吸附剂在工作过程中能够维持自身的物理和化学特性；c. 安全采样体积大；d. 易脱附性，即目标物质不会与吸附剂发生化学反应。在实际的采样工作中，能同时满足以上各项原则的吸附剂往往是非单一功能的混合吸附剂。

（2）容器捕集法

如果出现目标空气受污染程度较重，VOCs 浓度偏高的情况，可以在采集现场直接对目标空气进行少量采样用于测定。该方法可通过袋采样或罐采样两种方式实现直接采样，主要原理是通过压缩样本气体，提高空气密度，方便样本分析，这种方法在低碳氢化合物和卤代烃化合的检测中已广泛被运用。罐容器技术和袋容器技术在实际应用中各有优势，下面做简要介绍。

① 罐采样 罐容器采样技术主要采用经过打磨抛光和钝化的不锈钢罐，以 Summa 罐为代表，具有耐腐蚀性较高，方便对长远距离样品存储、运输，容器内部稳定性高等特点，能够对大多数 VOCs 样本长期保存，且不易与样本发生化学反应，适用于无人操作采样环境和集中分析采集样品需求。

采用罐容器采样对目标气态物质进行采集，再与气相色谱 - 质谱联用可准确地定性、定量分析样品中挥发性和半挥发性有机化合物成分，这与其他技术相比独具优势。但是罐容器采样技术前期建设成本较高，仪器保养和使用耗费也较大。因此，这种采样技术目前在西方国家比较流行，我国主要还是采用袋装采样技术。

② 袋采样 相对于罐采样，袋采样应用更为轻便、操作简单且成本费用较低。常见的采样袋为以聚酯、聚乙烯、聚四氟乙烯为材质的聚合物袋，但是受采样袋材料限制导致其本身就有可能产生 VOCs，为减少和避免采样袋内壁吸附 VOCs 的情况出现，目前仅能通过在袋内壁衬金属膜（银或铝）来缓解，即使如此，近年来各类采样袋在应用时也常出现因材质因素对 VOCs 的吸附发生样本成分损失问题。另外聚合物袋在使用后如果回收处理不当，也非常容易造成环境污染。

VOCs 的分析方法主要分为色谱法与光致电离检测器（PID）检测法两类。其中色谱法应用较为常见，以气相色谱法和气相色谱 - 质谱联用技术最具代表性。

气相色谱（GC）法的原理即利用物质的沸点、极性、溶解率等特性差异分离样本中的混合挥发性有机化合物，再通过气相色谱仪利用分离后的有机化合物反射出的不同信号将其转化成电信号输出。气相色谱法技术已经趋向于成熟而被广泛应用，其具备如下特点：a. 选择性强，某些同位素和沸点相近的物质都能够有效的分离；b. 灵敏度高，即使当检测样品气体用量只有 1mL 的情况下，可有效检测出的杂质仅占比千万分之一甚至十亿分之一；c. 测定效率高，耗时短，基本上在 2h 左右可完成对一般样品的分离和分析。但其缺点也比较明显，针对较单纯样品的样品定量测定，需要参照已知的标准样品来校准，在对比样品测定工作时比较依赖与质谱或光谱技术联用。

气相色谱 - 质谱联用（GC-MS）法在 VOCs 的测定应用领域相比于单一的气相色谱法具

有更高的灵敏度。质谱原理源自离子荷质比（电荷 / 质量）的差异性，通过电离出不同荷质比的正电荷离子分组样品，在电场加速作用下形成离子束，再利用电场与磁场干扰发出不同速度的色散，最后将其分别聚焦便能够得到相应的质谱图，结合上述气相色谱原理，两项技术在联用时将气相色谱技术分离出的样品用质谱手段为其进行定量和定性分析。因此气相色谱 - 质谱技术的联用不仅能更快速地完成对样品分离和鉴定，而且能够更有效地对大批量物质的整体动态分析。但从效益上来看，色谱 - 质谱联用比单一色谱法工作过程更加复杂，时间需求也更高，导致使用成本会上升。

便携式 VOCs 检测仪是一种光致电离检测器（PID）。它的工作原理首先用紫外光把吸收的 VOCs 气体电解成正负离子，检测器将电离气体所带的电荷转换成电流讯号，经放大后在液晶显示屏上就可显示出 VOCs 浓度。这种监测仪对许多有机物均可测定，如甲苯、甲酮、乙酮、三氯乙烯等。不过，对不同气体要用不同的系数加以修正，供应厂还提供了各种 VOCs 校正系数“菜单”，只要你输入欲测 VOCs 名称，显示屏上马上就会出现该气体的校正系数，使用非常方便。有了这种仪器，操作者和厂方就会准确无误地知道每个人接触 VOCs 的时间和每一个时间段的 VOCs 浓度，从而为保护工人健康、事故仲裁以及保护环境提供科学依据。

9.3.2 案例——辽宁省化工业园区 VOCs 监测工作

辽宁省以臭氧（O_3）和细颗粒物为代表的二次复合型大气污染问题非常突出，甚至成了该省的主要污染因子。通过充分利用 VOCs 在线监测系统，对化工业园区的 VOCs 排放总量进行控制，能改善辽宁省的大气环境质量。

（1）VOCs 在线监测系统的技术参数

① 样品采集　采样流量为：质子流量计控制（1 mL），采样流速为 22mL/min；

② 样品浓缩富集　富集管降温：电子芯片捕捉的最低温度为 −44℃，而脱附温度最高则是 450 ℃，脱附效率最高超过了 44 ℃ /s；

③ GC–FID 样品检测　选择毛细管柱，按照实际情况对载气进行调整。测量的范围是 1 ～ 100μg/L 之间，检出限＜ 0.5μg/L。柱箱温度在 45 ～ 210℃之间，载气压力的准确度为 0.001psi（1psi=6894.76Pa）。线性 R^2 大于 0.995，分析时间为 1h 左右。

（2）系统性能分析

① 检出限　通过检出限，能分析一种技术和方案的灵敏程度。如果方法检验的检出限被用在置信水平达到 95% 的情况下，那么样品测定值和零浓度样品之间的测定值会存在明显差异，测定次数超过 30 次。数据如表 9-2。

表 9-2　VOCs 在线监测系统检测各种物质的数据

检测因子	检测器	停留时间 /min	线性 R^2	精密度 /%	检出限 /（μg/L）
乙炔	FID-1	16.78	0.9978	0.85	0.128
乙烯	FID-1	11.29	0.9997	1.91	0.284
丙烯	FID-1	12.31	0.9981	0.83	0.322

续表

检测因子	检测器	停留时间 /min	线性 R^2	精密度 /%	检出限 / (μg/L)
丙烷	FID-1	12.92	0.9993	0.89	0.167
正丁烷	FID-2	20.01	0.9962	1.6	0.149
正戊烷	FID-2	28.25	0.9978	0.79	0.13
乙苯	FID-2	31.1	1.0001	1.9	0.489
甲苯	FID-2	25.3	0.9995	1.55	0.58
氯苯	FID-2	30.74	0.9965	2.42	0.33
三氯苯	FID-2	47.4	0.9942	2.2	0.337
丁烯	FID-1	27.2	0.9913	0.69	0.105

注：表中 FID-1 代表了检测低碳组分的设备，FID-2 代表了高碳组分的检测设备。

② 线性　在构建校准曲线时，需要采用 0、10μg/L、25μg/L、60μg/L 等不同的校核点。在校准曲线 R^2 的数据中，除了丁烯与三氯苯没有达到 0.995，其他的均达到了 0.995。

③ 精密度　在验证精密度的过程中，促使 10μg/L 标气浓度进样 10 次。其精密度在 0.6% ～ 2.6% 的范围内，如表 9-2 所示。

（3）系统稳定性

大孤山化工业园区在使用了 VOCs 在线监测系统对化工园区进行环境监测之后，运行的稳定性非常高。而且全程使用自动化控制、远程控制等手段，减少了对人力资源的使用，因为不需要人工对数据进行采集和处理，仅仅需要定期观看系统运行情况即可。

在使用了 VOCs 在线监测系统后，环境监测数据产生了一定的变化。图 9-4 显示大孤山化工业园区在 2017 年 12 月 6 日～ 17 日低碳物质的变化情况。而且从该图中可看出这个化工业园区的边界 VOCs 低碳组分变化性非常强，监测系统在高组分和低组分方面，都有着非常好的反馈。而在高碳组分方面，苯物质属于大孤山化工园区的重要污染物。通过 VOCs 在

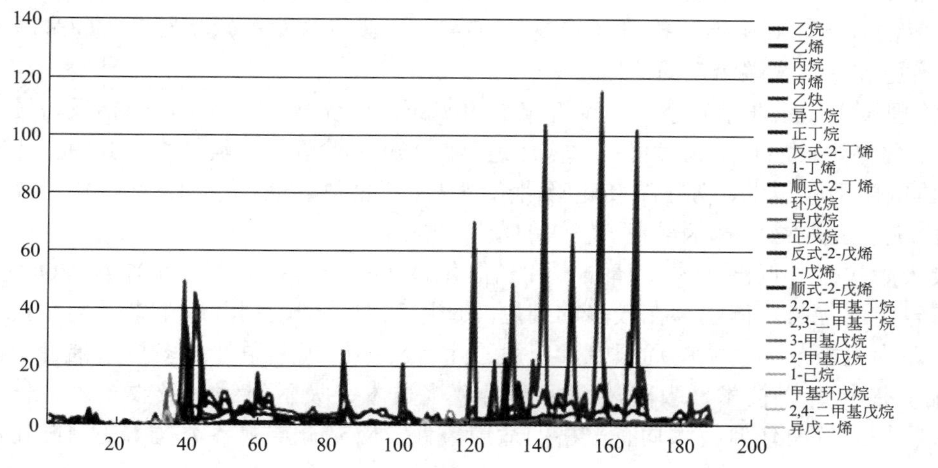

图 9-4

图 9-4　大孤山化工业园区在 2017 年 12 月 6 日～ 17 日低碳物质的变化情况

线监测系统针对苯的变化状况进行分析，发现苯物质的波动性很大，最高浓度超过32μg/L。而2018年2月14日～24日是苯排放最低的一个时期，平均排放量低于1μg/L。同时，甲苯和二甲苯在低于0.4μg/L的时候，也能展现出很强的波动性。所以可得出结论，VOCs在线监测系统所出具的检出限和真实样品的检出限是一致的。

（4）布点方案

根据大孤山化工业园区内的有毒、有害气体分布情况，环境敏感区划分，主导风向等因素，再结合该化工业园区监测站点的实际情况，针对大气突发环境事件扩散途径进行识别，促使该园区内的VOCs监测站得以建立。同时也要综合考虑大孤山化工园区位于金州新区的特点，以及四周人群和企业密集的实际情况。针对园区工业发展水平、污染程度等因素，对四周进行网格划分。在网格的交点处和重点位置建立VOCs在线监测的监测站房。借助分布式冗余节点计算方法，降低计算的难度，减少通信的成本。再对监测数据的准确性和有效性进行分析，绘制出大孤山化工业园区内不同时段的污染物扩散情况图，所有的监测点位都包括甲烷、烃、苯等不同指标的实时监测，制订出更加科学合理的环境治理对策。

VOCs在线监测在技术硬件方面将GR-Tracer浓缩仪当作样品浓缩进样的设备。因此检测因子检出限低于1μg/L，采用热电Tracel-300气相色谱仪和高碳色谱柱、低碳色谱柱，对多种高碳和低碳进行分离、VOCs在线监测系统在精密度、检出限、精确度等方面的指标能满足大孤山化工业园区的空气监测技术要求。设备运行的稳定性强，自动化程度也很高，其可为辽宁省区域环境污染整治提供一些有用的参考数据。

9.4 挥发性有机物污染的典型治理技术

VOCs的减排途径包括源头减排、过程减排和末端减排三个方面。

在源头替代方面，无溶剂、水性及低VOCs含量的原辅材料，如水性涂料、油墨、胶黏剂和低毒性清洗剂等的研发与使用是促进行业VOCs减排的热点技术，对VOCs减排潜力巨大，近年来得到了快速的发展和应用。

在过程减排方面，主要是加强过程管理，开发和提升清洁生产技术水平，减少和杜绝跑冒滴漏，强化废气的收集。其中泄漏检测与修复（LDAR）、废气收集是众多行业VOCs减排的重点，也是实施VOCs末端治理的前提。

VOCs末端治理技术体系非常复杂，经过近年来的实践，传统的治理技术，包括吸附技术、焚烧技术、催化燃烧技术和生物净化技术依然是目前VOCs治理的主流技术。其中，活性炭/活性炭纤维吸附回收技术、分子筛转轮吸附浓缩技术、蓄热燃烧技术和蓄热催化燃烧技术的应用最为广泛，生物净化技术得到了较快的发展和应用。

单一活性炭吸附技术、低温等离子体技术、光催化技术和光解技术等在低浓度VOCs及除臭领域具有一定的优势，但也存在较多的问题，适用范围受到限制，近年来受到政策面的影响也较大。为克服单一技术的局限性，一般采用针对不同工艺条件的多技术耦合工艺，如吸附浓缩+催化燃烧技术、吸附浓缩+高温焚烧技术、吸附浓缩+吸收技术、低温等离子体+吸收技术等。任何技术均有严格的适用条件，应充分重视各类技术的精细化应用。

9.4.1 吸附技术

物质内部的分子所受的力是对称的，故彼此处于平衡。但处于界面处的分子的力场是不饱和的，液体或固体物质的表面可以吸附这种处于界面的分子，这种由一种或几种物质在另一物质表面积蓄的过程和现象称为吸附。吸附的根本原因是因为物质内部的分子和周围分子之间有互相吸引的作用。

吸附法是目前使用最广泛的 VOCs 处理技术，隶属于干法工艺，当废气通过吸附床时，通过具有大比表面积的多孔结构吸附剂，VOCs 就被吸附在孔内，吸附饱和以后解吸再生，并将 VOCs 回收利用。VOCs 的脱除方法有多种，吸附法具有效率高、能耗低、操作简单、可回收等优点，因而成为脱除 VOCs 的有效技术。吸附法主要分三种，固定床吸附、流动床吸附和浓缩轮吸附，主要应用的理论是吸附等温式及相应曲线。

为了定量地表达固体催化剂（也是吸附剂）对气态反应物（吸附质）的吸附能力，需要研究吸附速率和吸附平衡及其影响因素。除吸附剂和吸附质的本性外，最重要的影响因素是温度和压力。达到平衡时的气体吸附量称为平衡吸附量，它是吸附物系（包括吸附剂和吸附质）的性质、温度和压力的函数。对于给定的物系，在温度恒定和达到平衡的条件下，吸附量与压力的关系称为吸附等温式或称吸附平衡式，绘制成的曲线称为吸附等温线，如图 9-5（a）所示。由图中可知，当在给定的温度 T_1 下，吸附量 V 开始随 p 变化；当达到吸附饱和时，$V=V_m$ 与 p 无关。此 V_m 值对应于单分子饱和吸附层的形成。吸附等温线的测定和吸附等温式的建立，以定量的形式提供了气体的吸附量和吸附强度，为多相催化反应动力学的表达式提供了基础，也为固体表面积的测定提供了有效的方法。吸附等温式有经验式和理论式两类。

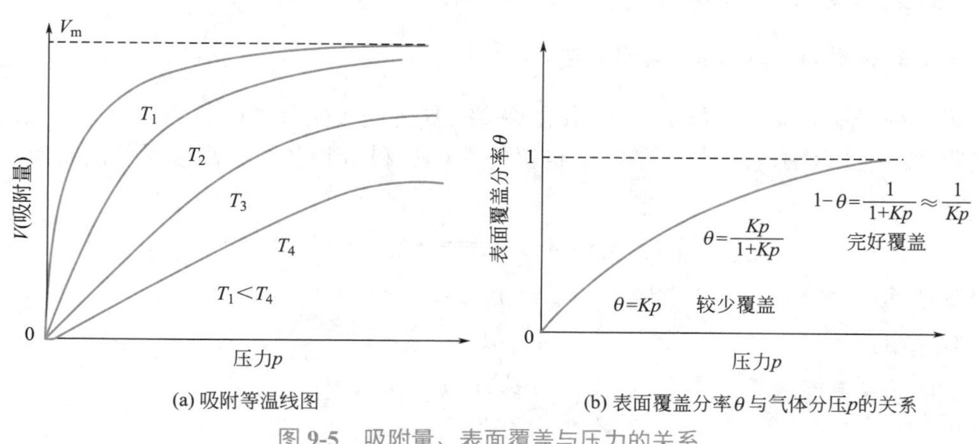

图 9-5 吸附量、表面覆盖与压力的关系

（1）简单的 Langmuir 吸附等温式

这是一种理想的化学吸附模型，在物理化学中已经讲过。由于它在吸附理论的发展和多相催化中起着重要的作用，类似于理想气体状态方程式对物态 p-V-T 方程的作用相似，故在此简要重述。

该模型认定：吸附剂表面是均匀的，吸附的分子之间无相作用，每个吸附分子占据一个吸附位，吸附是单分子层的。遵循 Langmuir 吸附等温式的吸附为理想吸附。该等温式可表

述为

$$\frac{\theta}{1-\theta}=Kp \tag{9-1}$$

即

$$\theta=\frac{Kp}{1+Kp} \tag{9-2}$$

式中 θ——吸附气体所占据的表面覆盖分率；

K——吸附平衡常数；

p——气体的分压。

当 p 很低时，式（9-2）中分母的 $1+Kp\approx 1$ 则

$$\theta=Kp \tag{9-3}$$

当 p 很高时，式（9-2）可改写成

$$1-\theta=\frac{1}{1+Kp}\approx\frac{1}{Kp} \tag{9-4}$$

式（9-2）～式（9-4）中表达的 θ 与 p 的关系，如图 9-5（b）所示。

根据表面覆盖分率 θ 的意义，可将其表示为 $\theta=V/V_m$，代入式（9-2）后重排，得

$$\frac{p}{V}=\frac{1}{V_mK}+\frac{p}{V_m} \tag{9-5}$$

这是 Langmuir 吸附等温式的另一种表达式。若以 p/V 对 p 作图得一直线，由直线的斜率可求出单分子层形成的饱和吸附量 V_m，由截距和 V_m 可求出平衡常数 K。某一吸附体系是否遵循 Langmuir 方程，可用相应的实验数据根据式（9-1）作图验证。

（2）解离吸附的 Langmuir 吸附等温式

吸附时分子在表面发生解离，如 H_2 在许多金属上的吸附都伴随解离。每个 H 原子占据一个吸附位；又如 CH_4 在金属上的吸附也解离成 CH_3 和 H 原子，解离吸附可以写为

$$A_2+\ -\overset{|}{S}-\overset{|}{S}-\ \rightleftharpoons\ -\overset{\overset{A}{|}}{S}-\overset{\overset{A}{|}}{S}-$$

吸附速率：　$v_{吸}=k_ap(1-\theta)^2$

脱附速率：　$v_{脱}=k_{-a}\theta^2$

达到吸附平衡时：　$v_{吸}=v_{脱}$，$k_{-a}\theta^2=k_ap(1-\theta)^2$

所以

$$\frac{\theta}{1-\theta}=\left(\frac{k_a}{k_{-a}}p\right)^{1/2}=\sqrt{Kp} \tag{9-6}$$

即

$$\theta=\frac{\sqrt{Kp}}{1+\sqrt{Kp}} \tag{9-7}$$

当压力较低时，$1+(Kp)^{1/2}\approx 1$，得

$$\theta=\sqrt{pK} \tag{9-8}$$

即解离吸附分子在表面上的顶盖分率与分压的平方根成正比。这一结论可用于判定所进行的吸附是否发生了解离吸附。

（3）非理想的吸附等温式

偏离 Langmuir 型的吸附谓之非理想吸附。偏离的原因可以是：a. 表面的非均匀性；b. 吸附分子之间有相互作用，一种物质分子吸附后使另一种分子的吸附与其邻近变得更容易或更困难；c. 发生多层吸附。基于这些原因，分别建立几种经验的吸附等温式，其中最有影响的是 Tёmкин 等温式和 Freundlich 等温式。

Tёmкин 等温式为

$$\theta = \frac{1}{f}\ln ap \tag{9-9}$$

式中，f 和 a 是两个经验常数，与温度和吸附物系的性质有关。

该式是在研究合成氨工艺中铁催化剂上的化学吸附而总结出的，此式在中等吸附程度下有效。研究表明，该物系的吸附热变化随覆盖程度的增加而线性下降。这就是说，表面上的各吸附位不是能量均匀的，且吸附的分子之间有相互作用，先吸附的分子发生在最活泼最易吸附的部位，后吸附的分子就不及前面的那样牢靠。例如氮在铁膜片上的吸附遵从 Tёmкин 等温式。

Freundlich 等温式为

$$\theta = kp^{\frac{1}{n}} \ (n > 1) \tag{9-10}$$

式中 k——经验常数，与温度、吸附剂种类和表面积有关；

n——经验常数，温度和吸附物系的函数。

此式假定吸附热的变化随覆盖程度的增加按对数关系下降。该等温式预示，不应存在饱和吸附量，因为压力增至一定程度后表面的吸附就会饱和。故吸附质蒸气压较高时此等温式不适用，其适用范围为 θ 在 0.2 ～ 0.8 之间。在指定范围内，H_2 在 W 粉上的化学吸附遵从此等温式。

应用经验等温式时要注意一点，在中等覆盖程度的情况下，往往是两种甚至多种等温式都符合实测结果。

（4）Brunauer-Emmett-Teller 吸附等温式（BET 公式）

物理吸附观测到的等温线可以有多种形式，基本上分为五种类型。自由表面上的物理吸附，可连续从不足单分子层区变为超过单分子层区。类型 I 的等温线在自由表面上是不会出现的，但它可以是一种多微孔（孔径小于或等于 2nm）固体的吸附特征，其孔径大小与吸附分子的大小是同一数量级，故所形成的吸附层数是受到严格限制的，类型 II 和 III 是大孔（孔径大于 50nm）固体的自由表面上多分子层物理吸附，BET 等温式属于类型 II。类型 IV 和 V 属于过渡性孔（孔径为 2 ～ 50nm）的固体中的吸附，包括发生在孔中的毛细管冷凝。

BET 等温式的建立是在 Langmuir 吸附理论基础上发展的，主要基于两点假定：物理吸附借助于分子间力，被吸附的分子与气相分子之间仍有此种力，故可发生多层吸附；但第一层吸附与以后多层吸附不同，后者与气体的凝聚相似，吸附达平衡时，每一吸附层上的蒸发速率必等于凝聚速率，故能对每层写出相应的吸附平衡式。经过一定程序的数学处理，可得到著名的BET等温式。

$$\frac{p}{V(p_0-p)}=\frac{1}{V_m c}+\frac{c-1}{V_m c}\times\frac{p}{p_0} \tag{9-11}$$

式中 V——吸附量；

p——吸附时的平衡压力；

p_0——吸附气体在给定温度下的饱和蒸气压；

V_m——表面形成单分子层所需的气体体积；

c——与吸附热有关的常数。

此等温式为固体吸附剂，催化剂的表面积测定提供了强有力的基础。

VOCs吸附技术的关键是吸附剂，理想的吸附剂通常应具备：大的比表面积、适宜的表面结构、容易再生、成本低廉等优点。

吸附剂一般可分为无机和有机两类，实际应用中无机吸附剂更为普遍。通常VOCs吸附剂主要包括以下几大类：活性炭、分子筛、黏土、金属有机骨架材料、有机吸附剂。

（1）活性炭

活性炭是应用广泛的一类吸附剂，它具有疏松多孔的性质，具有较高的比表面积和较大的孔容积，对VOCs的吸附能力较强，尤其对苯系物等大分子VOCs的脱除效果显著，但是对甲醛等小分子吸附性能较差。

活性炭的表面官能团结构对活性炭吸附性能有重要影响。常常通过调节活性炭表面含氮、含氧等官能团的种类及数量来调整活性炭的表面酸碱性及孔结构，从而改善其吸附VOCs的性能。

活性炭吸附是使用最广泛的工艺，已经广泛应用于苯系物、卤代烃的吸附处理，该方法适用于浓度较大的VOCs的吸附，浓度在300～5000mg/L时最佳。

（2）分子筛

分子筛是优良的VOCs吸附剂之一，有较大比表面积和微孔体积，对水等极性分子有强烈的吸附能力。

目前使用较多的吸附剂包括NaY、Hβ、ZSM-5、SBA-15和MCM-41等。总的来说，分子筛材料已被广泛用于对VOCs的吸附。

不同类型的分子筛对VOCs的吸附效果不同，这就要求对分子筛进行化学修饰和改性，提高对VOCs的去除效果。

（3）黏土

黏土因其比表面积较大、孔结构和成本低廉而得到广泛应用。海泡石、坡缕石等比表面积相对较大的黏土矿物可直接应用于气体吸附。

膨润土是一种以蒙脱石为主要成分的黏土矿物，具有较大的比表面积和阳离子交换容量。

表面活性改性后的有机膨润土吸附有机污染物的性能显著提高，经不同表面活性剂改性制备的有机膨润土对吸附质具有选择性。

（4）金属有机骨架材料

金属有机骨架材料（MOFs）是近十几年发展起来的一类新型材料。由于具有高比表面积及化学性质稳定等特点，在环境有害有机气体吸附方面的应用得到科研人员的广泛研究。

研究较多的 MOFs 吸附 VOCs 的材料包括 MOF-5、MIL-101 和 MOF-177 等。

（5）有机吸附剂

有机吸附剂主要是指高聚物吸附树脂。高聚物吸附树脂是指一类多孔性的、高度交联的，并以吸附为特点，对有机物具有浓缩、分离作用的高分子聚合物。

吸附树脂主要分为凝胶型和大孔型，目前使用广泛的是大孔型吸附树脂。

随着大孔离子交换树脂的出现，大孔吸附树脂得到了发展。在吸附性能上吸附树脂与活性炭很相似，大多可以定量吸附，重复使用。

而活性炭虽然吸附性能很好，可是再生往往很困难。目前已有的商品吸附树脂品牌有 200 多种，并且还在不断增加。

按照树脂的表面性质，吸附树脂一般分为非极性、中极性、极性和强极性四类。

吸附法也存在一些缺点，如操作不当易造成 VOCs 脱附，同时受吸附剂的吸附容量限制较大。运行费用较高，且产生二次污染。因此，吸附法主要用于吸附回收脂肪、芳香族碳氢化合物、常用醇类、部分酮类和脂类化合物等。

9.4.2　催化燃烧技术

催化燃烧的原理是借助催化剂使 VOCs 在较低的起燃温度下进行无焰燃烧，生成二氧化碳和水蒸气，用化学式表示如下：

$$C_mH_n+\left(m+\frac{n}{4}\right)O_2 \xrightarrow{\text{催化剂}} mCO_2+\frac{n}{2}H_2O+Q \tag{9-12}$$

催化燃烧放出大量热量。20 世纪初在吸附方法和液体氧化的基础上已经有研究者采用固体氧化剂氧化银、黄色氧化汞和氧化钴为催化剂将一氧化碳氧化为二氧化碳和水，主要应用于战争防护中。1920 年以霍加拉特的发明为里程碑，之后的几十年，氧化物作为燃烧催化剂被广泛地研究。为提高化石能源的能量利用率和解决燃烧造成的环境污染问题，20 世纪 70 年代，Prefferle 将催化氧化和气相自由基反应相结合，最早提出了催化稳定化燃烧，该方案一提出就受到了人们的广泛重视。从此催化燃烧广泛应用于消除有机污染物和轻烷烃燃烧获取能量的场合。

由于社会发展造成能源消耗急剧增加，能源成为社会发展制约因素，降低能耗是各行各业亟待完成的任务。对于环境净化的有机物燃烧，一般有机物含量很少，不能自热，所以低温催化剂的研制和应用可以极大降低能耗。催化燃烧法中加入催化剂，克服了外在条件的限制，使反应能够在较低温度下进行，有时候甚至不需要借助外界供热；无焰燃烧的同时氧化分解，释放出大量热能；处理效率高，不会产生二次污染。

催化燃烧过程中使用的催化剂可以分为贵金属催化剂（钯、铂、金、铱等）和非贵金属催化剂。非贵金属催化剂又包括单金属氧化物催化剂（锰、镍、铜等氧化物）和复合氧化物催化剂（铜锰、铜锌等氧化物）。贵金属催化剂具有活性高、不易中毒、反应温度低等优点，所以现在应用于环境净化的催化燃烧催化剂中，基于贵金属的催化剂占75%份额。但是贵金属催化剂成本较高、易挥发且储量有限。非贵金属催化剂虽然处理能力不如贵金属催化剂，但在一定条件下也能达到满意的处理效果，并且价格相对便宜。

常规的固定床催化反应器的催化床层是一定形状的催化剂颗粒堆积而成，这种床层具有随意性和不均匀分布的特征，导致了床层内部传质与传热的不均匀性、催化剂颗粒磨损、破坏过程性能，甚至出现过热点，最终降低了反应效率和催化剂的稳定性。而把催化剂设计和反应器设计相结合的结构化整体催化剂，兼具催化剂和反应器的特点与性能，克服了上述反应的缺点。

有机废气催化燃烧处理工艺流程根据废气预热方式及富集方式，催化燃烧工艺流程可分为3种。

（1）预热式

预热式是催化燃烧的最基本流程形式。有机废气温度在100℃以下，浓度也较低，热量不能自给，因此在进入反应器前需要在预热室加热升温。燃烧净化后，气体在热交换器内与未处理废气进行热交换，以回收部分热量。该工艺通常采用煤气或电加热升温至催化反应所需的起燃温度。

（2）自身热平衡式

当有机废气排出时温度高于起燃温度（在300℃左右）且有机物含量较高，热交换器回收部分净化气体所产生的热量，在正常操作下能够维持热平衡，无需补充热量，通常只需要在催化燃烧反应器中设置电加热器供起燃时使用。

（3）吸附－催化燃烧

当有机废气的流量大、浓度低和温度低，采用催化燃烧需耗大量燃料时，可先采用吸附手段将有机废气吸附于吸附剂上进行浓缩，然后通过热空气吹扫，使有机废气脱附成为高浓度有机废气（可浓缩10倍以上），再进行催化燃烧。此时，不需要补充热源，就可维持正常运行。

对于有机废气催化燃烧工艺的选择主要取决于：a.燃烧过程的放热量，即废气中可燃物的种类和浓度；b.起燃温度，即有机组分的性质及催化剂活性；c.热量、回收率等，当回收热量超过预热所需热量时，可实现自身热平衡运转，无需外界补充热源，这是较为经济的。

有机废气催化燃烧应用范围：催化燃烧法隶属于燃烧技术，其主要原理是在燃烧过程中，用催化剂降低活化能，同时让反应分子富集于催化剂表面，达到提高反应速率的效果。但是在燃烧过程中，如果操作不当会导致催化剂失活，对于多组分VOCs不适用。催化燃烧几乎可以处理所有的烃类有机废气及恶臭气体，因此催化燃烧法也是消除恶臭气体的手段之一。对于化工、涂料、绝缘材料等行业排放的低浓度、多成分又没有回收价值的废气，采用吸附浓缩－催化燃烧法的处理效果更好。

9.4.3　吸附浓缩－催化燃烧技术

针对现行各种方法在处理低浓度、大风量的 VOCs 污染物时存在的设备投资大、运行成本高、去除效率低等问题，国内企业研发了一种用于处理低 VOCs 浓度，大风量工业废气的高效率、安全的处理工艺。该方法采用吸附分离法对低浓度、大风量工业废气中的 VOCs 进行分离浓缩，对浓缩后的高浓度、小风量的污染空气采用燃烧法进行分解净化，通称吸附浓缩＋催化燃烧技术。

转轮吸附浓缩－催化燃烧工艺流程如图 9-6 所示，1 号风机带动含 VOCs 废气经过转轮 a 区域，a 区域为吸附区，根据不同的目标物可在转轮中填充不同的吸附材料。吸附了 VOCs 的 a 区域随转轮转动来到 b 区域进行脱附。流经传热 1 的高温气流将吸附于转轮上的 VOCs 脱附下来，并经过传热 2 达到起燃温度，随后进入催化燃烧室进行催化氧化反应。由于转轮脱附之后又要进行吸附，所以在脱附区域旁边设冷却区域 c，以空气进行冷却，冷却之后的温空气经传热 1 变成脱附用热空气。催化燃烧反应之后的热气流将部分热量传递给传热 2、传热 1 后排至空气。为了防止催化燃烧室温度过高，设置第三方冷却线路用于催化燃烧室的紧急降温。整个系统由 2 个监控系统组成，PC1 负责监控催化燃烧室、传热器的温度（其内部设电辅热装置以平衡温度波动），PC2 负责风机控制，根据实际情况调节进气流量。PC2 属于 PC1 的子级系统，当 PC1 监测到温度波动超过允许范围时立刻将信息传递给 PC2，PC2 将收到的信息转成指令传递给各风机。

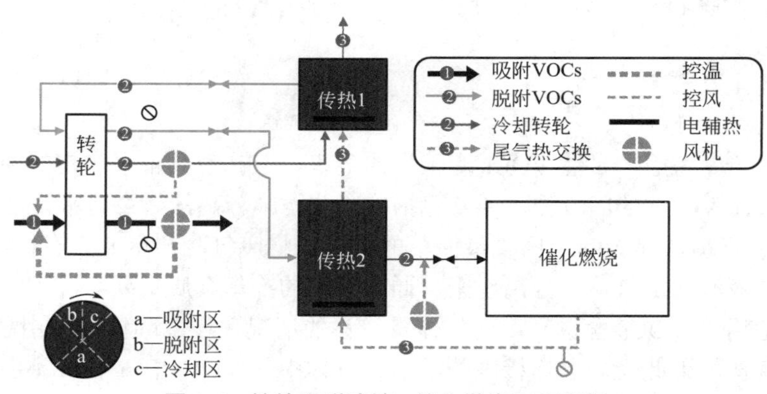

图 9-6　转轮吸附浓缩－催化燃烧工艺流程

9.4.4　蓄热燃烧技术

直接燃烧法主要采用燃气或燃油等辅助燃料燃烧，将混合气体加热，使有害物质在高温作用下分解为无害物质。蓄热燃烧技术（RTO）是将废气中的 VOCs 热力氧化裂解并放出热量后加热蓄热体，被加热后的蓄热体再加热待处理的低温废气，从而节省废气升温所需的燃料消耗。蓄热式氧化器是采用了在炉体内部安装蓄热陶瓷等填料的类似换热器作用的蓄热体，当废气经过蓄热体的时候，气体通过不断的冷热交换，相互交替经过填料的时候，热量在传递的过程中储存在填料中，从而达到了既能够净化有机废气，又能够节能的目的。

RTO 又分为普通 RTO、旋转 RTO 及 GRTO，GRTO 技术更先进、更安全。

蓄热燃烧技术是将高温空气喷射入炉膛，维持低氧状态，同时将燃料输送到气流中，产生燃烧。其中空气温度预热到 800 ～ 1000℃以上，燃烧区的空气含量大概在 2% ～ 21%，属于高温低氧燃烧技术。该技术最大的特点是节省燃料，由于燃烧时空气量较少，减少了 CO_2 和 NO_x 的排放，同时也降低了燃烧噪声。

9.4.5 生物净化技术

生物法净化 VOCs 废气是近年发展起来的空气污染治理技术，具有投资少、操作简单、应用范围广等优点，是最有望替代燃烧法和吸附净化法的新技术。该技术采用生物处理方法处理有机废气，利用微生物的生理过程把有机废气中的有害物质转化为简单的无机物。主要工艺包括生物洗涤法、生物过滤法和生物滴滤法等。生物法一般适用于低浓度有机污染物的去除，反应产物主要是 H_2O、CO_2 和生物质，基本不存在二次污染，但是其抵抗污染物浓度变化冲击的能力不足，因此不利于应用在产量不稳定且污染物种类复杂的行业。应用此技术净化 VOCs，成本低、处理效果好，适用于多组分 VOCs 处理，但占地面积大，启动时间长。图 9-7 为生物净化塔净化 VOCs 示意。

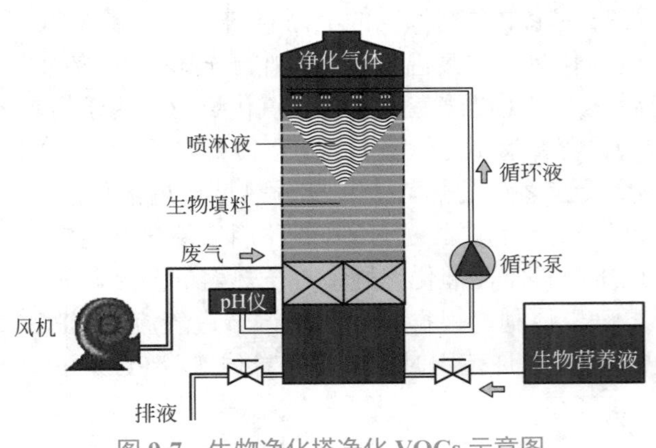

图 9-7 生物净化塔净化 VOCs 示意图

9.4.6 回收技术

从另外一个角度考虑，虽然 VOCs 有很大的危害，但其也具备了一定的经济价值，可以进行回收利用，而 VOCs 的回收技术通常包括冷凝法、膜分离法、变压吸附法。

① 冷凝法 冷凝法是 VOCs 回收最简单的方法，将废气冷却至低于有机物的露点温度，使有机物冷凝成液滴而从气体中分离出来。通常使用的冷却介质主要有冷水、冷冻盐水和液氨等。该技术适用于 VOCs 含量高，而气体量较小的情况，在实际情况中由于大部分 VOCs 是易燃、易爆气体，因此受到爆炸极限的限值，气体中的 VOCs 含量往往不会太高，所以要想达到较高的回收率，需采用很低温度的冷凝介质或采用高压措施，这些都势必会增加设备投资和提高处理成本，所以该技术常常作为一级处理技术和其他技术结合使用。

② 膜分离法 该技术是采用对有机物具有选择性渗透的高分子膜，在一定压力下使 VOCs 分子渗透而达到分离的目的。通俗点来讲就是当 VOCs 气体进入膜分离系统后，膜会选择性地让各种 VOCs 分子通过而被富集，而脱除了 VOC 的气体留在未渗透一侧，可以达标排放，在渗透一侧的 VOCs 气体由于被富集，含量较高，此时适用于冷凝回收系统来进行有机物分子的回收，此种分离方法可以分离 90% 的 VOCs，但该方法的设备投资成本较高。

③ 变压吸附法 变压吸附是一种新型的气体吸附分离技术，因为任何一种吸附过程对于同一种被吸附气体（吸附质）来说，在吸附平衡情况下，温度越低，压力越高，吸附量就越大。反之，温度越高，压力越低吸附量就越小。变压吸附就是通过改变压力来调控吸附过程的一种方法。即在温度不变的情况下，利用加压吸附和减压解吸组合成吸附操作的循环过程。吸附剂对吸附质的吸附量随着压力的升高而增加，并随着压力的降低而减小，同时在减

压过程中，放出被吸附的气体，使得吸附剂再生。

9.4.7 光催化降解技术

光催化降解技术是一种较为新颖的VOCs废气处理技术，该技术主要利用光和催化剂的联合作用来降解VOCs废气，在此项技术应用中，催化剂材料是关键性因素，随着在这方面研究的不断深入，纳米材料逐渐被应用到其中，成为未来极具发展潜力的催化剂材料。

光催化降解技术利用光照射到半导体催化剂表面，使半导体的电子从价带跃迁到空的导带，同时在价带的相应位置上留下带正电的空穴（h^+），空穴具有很强的氧化性，迁移到半导体表面，与VOCs发生作用，使其完全氧化成CO_2和H_2O，因为空穴氧化能力较强，所以适用范围比较广泛。但是，迄今为止，光催化降解技术一直受限于光生载流子的复合，以及可见光范围内响应窄等问题的限制。

9.4.8 等离子体技术

等离子体由电子、离子、自由基和中性粒子组成，是导电性流体，总体上保持电中性，目前应用最广泛的是电晕放电技术，在处理VOCs方面具有效率高、能量利用率高和费用低等优点。电晕放电的原理是在非均匀电场中，制造较高的电场，使气体产生电子雪崩，出现大量的自由电子，这些电子在超强的电场下加速运动并获得能量，具有的能量与C—H、C═C或C—C键的键能相同或相近时，就可以打破这些键，从而破坏有机物结构，同时电晕放电还可以产生O_3，能氧化有机物，所以严格来讲，电晕法处理VOCs是两种机理共同作用的结果，同时电晕放电过程中可能会产生一些有毒有害的副产物。

9.4.9 组合技术

由于VOCs废气成分多，性质复杂，在很多情况下单一技术难以达到治理要求，且不经济。采用组合工艺可以降低设备的运行费用，同时提升治理效率，因此，近年来在VOCs治理中基本都采用两种或两种以上的净化技术组合工艺。

① 等离子体－光催化技术　等离子体场产生高能量活性粒子，促进催化反应，减少能耗，光催化剂则进一步促进等离子体副产物发生反应，大大减少副产物。多项研究表明，光催化剂抑制了等离子体副产物的产生。

② 固定床吸附－催化燃烧法　此法适用于大风量、低浓度或浓度不稳定的废气治理，该技术已经在轻化工、制鞋、家电、印刷等行业以及造船和集装箱行业产生的VOCs废气治理应用中获得良好的效果。

9.5 典型行业VOCs处理技术

9.5.1 石化行业

石化行业涉及的化学物质种类繁多，可能产生约上百种VOCs。其主要的排放物有硫化物、苯系物、有机氯化物、氟利昂系列、有机酮、胺、醚和石油烃化物，因此致使石化行业VOCs排放具有排放浓度高、排放量大、处理难度大等特点。目前石油行业广泛采用催化燃烧法，原理见9.4.2节。

针对石油化工厂水处理设施的隔油、浮选设施逸散的VOCs气体，抚顺石化研究院开发了“脱硫及总烃浓度均化 - 催化燃烧”技术。工艺流程如图9-8所示。

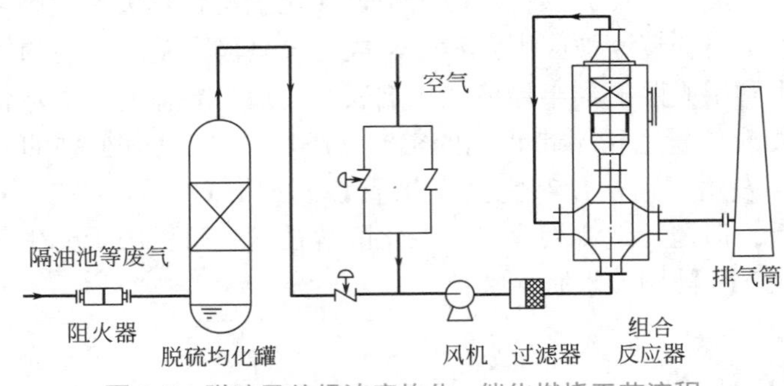

图9-8　脱硫及总烃浓度均化 - 催化燃烧工艺流程

来自隔油池、污油管的废气，依次通过阻火器、脱硫均化罐、风机和过滤器，进入组合反应器中进行催化燃烧，实现VOCs的治理，该工艺的核心是催化燃烧法，即废气中的有机物在适宜温度和催化燃烧催化剂的作用下，与O_2发生氧化反应，生成CO_2和H_2O。在脱硫均化罐中装有脱硫均化剂，该剂的目的主要是去除废气中的H_2S和有机硫，防止催化剂中毒。

9.5.2　家具制造与汽车制造表面涂装行业

家具中的VOCs主要来源于硬木夹板、黏合剂、甲醛泡沫绝缘材料、油漆、清漆、亮漆和封边剂，主要污染物是甲苯、二甲苯、甲醛、酚类、漆雾等，具有非稳态排放、风量大、浓度高的排放特点。其排放途径主要分为三类：一是调漆过程；二是喷涂干燥过程；三是清洗过程中的排放。

家具制造业现有的VOCs治理技术主要有水幕吸收、活性炭吸附、水幕吸收+等离子体/活性炭吸附等。水幕吸收对喷涂车间的漆雾有一定的去除效果，但是对有机废气的净化效果不佳，甚至还会产生二次水污染；活性炭吸附处理有机废气时活性炭需及时进行更换或再生，活性炭的质量和运行成本是限制该技术应用的主要问题；低温等离子技术是新型技术，目前只有少数小型企业有所应用，大型企业中应用较少。与此相对，涂料行业VOCs成分复杂，排放环节众多，而且影响因素较多。涂装处理主要包括清洗、涂刷和工具清洗。目前60%的涂装企业仍采用传统的刷涂工艺，极少采用无气喷枪。

目前涂装行业最常用的VOCs废气处理工艺是转轮浓缩+RTO和活性炭吸附+催化燃烧，具体工艺参数对比如表9-3所示。

表9-3　转轮浓缩+RTO和活性炭吸附+催化燃烧工艺比较

内容	转轮浓缩+RTO	活性炭吸附+催化燃烧
能耗	低	高
废气浓度	不限	不限

续表

内容	转轮浓缩 +RTO	活性炭吸附 + 催化燃烧
加热方法	RTO 或焚烧炉	电加热或燃烧换热
使用寿命	可达 10 年	1 年左右
处理效果	好	一般
适用风量 / （m^3/h）（标准状态下）	＞ 10000	0 ～ 5000
占地面积	小	大
投资	高	低

以天津市某开发区家具制造厂为例，该厂的产品特点为产品结构复杂，批量小，颜色多，涂料为手工喷涂，所选涂料为高固体分涂料。喷漆房的有载风速为 0.5 ～ 1.0m/s，全室风量在 250000m^3/h 左右，废气 VOCs 浓度约 85mg/m^3，属典型的低浓度大风量。

该厂治理工艺从源头上采用低 VOCs 含量的涂料，主要包括粉末涂料、UV 涂料、水性涂料；末端治理采用“分子筛沸石转轮吸附 +RTO 工艺”。这是因为该工厂涂装废气属于典型的低浓度、大风量，该浓度远没有达到能够燃烧的程度，因此考虑在进入 RTO 之前进入一级沸石转轮，脱附后的再生空气进入 RTO 燃烧室，冷却空气进入二级沸石转轮，再次吸附浓缩，脱附后的再生空气进入 RTO 燃烧室。采用这种方式通过两次吸附浓缩，再进行直接燃烧，以提高处理效率。

9.5.3 包装印刷行业

包装印刷行业的 VOCs 排放主要集中在印刷、烘干、复合和清洗等生产工艺过程中，主要来源于油墨、黏合剂、涂布液、润版液、洗车水和各类溶剂等含 VOCs 物料的自然挥发和烘干挥发，排放的污染物中主要包含有大量苯系物、醇类、脂类和酮类等，具有成分复杂、排放量较大、浓度适中、异味重、易燃易爆、废气未经净化排出后对周边环境污染较大等特点。此外，在塑料软包装的生产工艺过程中，印刷、烘干和复合工序也是 VOCs 排放的重要来源。

印刷行业 VOCs 浓度范围为 15.0 ～ 129.1mg/m^3，平均值为 45.8mg/m^3，VOCs 超标率为 4%。VOCs 清除率范围为 6.5% ～ 71.5%，平均值为 41.4%。

包装印刷行业现阶段主要采用的 VOCs 处理技术是吸附技术或吸附 + 催化燃烧技术。吸附回收的产物不能够对其进行提纯，所以这种治理方法存在局限性。基于此，绝大多数的包装印刷企业在处理实践中会采用催化燃烧技术来进行产物的处理。除此之外，还有低温等离子法、光催化氧化法等新兴技术。

9.5.4 合成材料行业

合成材料行业包括树脂合成业、橡胶合成业和纤维合成业等。合成材料产生的 VOCs 种类繁多，具体治理方法要参照制作工艺来确定，下面以合成橡胶为例。

橡胶企业在生产过程中，各工序产生的废气包括炼胶过程中产生的有机废气，纤维织物浸胶、烘干过程中的有机废气，压延过程中产生的有机废气，硫化过程中产生的有机废气，树脂、溶剂等在配料、存放时产生的有机废气。橡胶合成业生产工艺流程及废气排放如图9-9。各工序废气一般处理方法有：

① 炼胶废气（产生于塑炼、混炼工序） 优先采用袋除尘 + 介质过滤 + 吸附浓缩＋蓄热催化焚烧处理，在规模不大、不至于扰民的情况下也可采用低温等离子、光催化氧化、多级吸收和吸附处理。

② 硫化废气 可采用吸收法、吸附法、光催化氧化、生物法和催化燃烧法等适用技术。

③ 浸胶工序废气 浓度较高，优先采用活性炭或碳纤维吸附再生方式回收利用后，尾气采用焚烧法、低温等离子法或生物吸附法等工艺处理。

④ 脱硫废气 再生胶生产过程中，脱硫废气经收集后采用“过滤除尘 + 余热回收 + 吸收法去除硫化氢 + 燃烧法”组合处理工艺，在规模不大时，可采用生物法或吸收法等其他处理工艺。

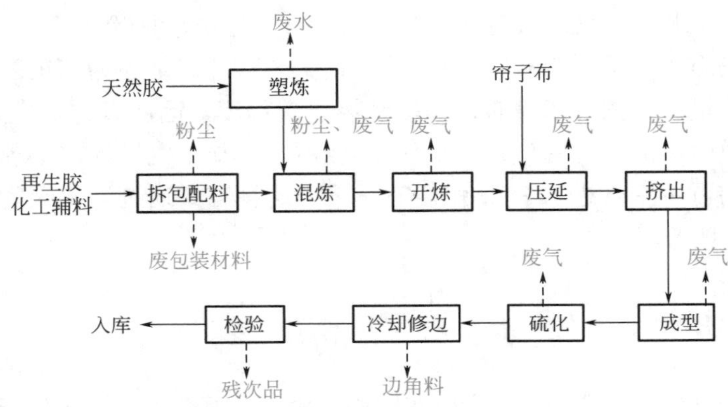

图 9-9　橡胶合成业生产工艺流程及废气排放

9.5.5　油品储运

油类物质在运输过程中会产生大量挥发性气体，是非点源污染，因此采用末端治理的方法往往不切合实际，所以一般采用源头治理，即加强运输过程中 VOCs 的管控措施，尽可能减少 VOCs 的排放。油品储运过程 VOCs 排放控制如图 9-10 所示。

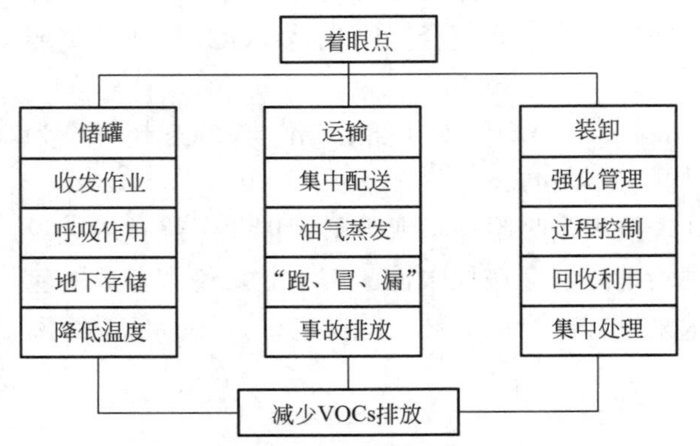

图 9-10　油品储运过程 VOCs 排放控制

石化行业储运领域 VOCs 治理主要针对码头、油库、油站的油气回收。储运领域 VOCs 治理采用较广泛的技术有膜分离、吸收法、吸附法、冷凝法，在油气回收领域的应用中膜技术具有较好的应用前景，一般采用膜分离技术和冷凝法联用的方式进行油气回收，目前国内在膜制造技术上与国外水平相比仍存在一定的差距，所以该技术在国内的推广应用受到一定的限制。

9.5.6　塑料制品行业

塑料制品行业指以合成树脂为主要原料，经注塑、挤出、吹塑、压延、层压等工艺加工成型的各种制品的生产，以及利用回收的废旧塑料加工再生产塑料制品的活动。在其生产加工制造过程中，会产生一定量的挥发性有机物 VOCs。塑料制品行业 VOCs 的排放环节主要包括原料准备、塑料的制造、塑料制品的制造过程。主要为苯系物、烯烃类、醛类、酯类等。

塑料制品生产需要加入稳定剂、抗氧剂和光稳定剂等，在塑料熔融拉丝时就会分解而产生大量有毒和有刺激性气味的有机废气。另外，有的厂家在处理旧筛网、分拣剩下的塑料垃圾等废物时，采用焚烧的处理方法，使大量有毒烟气蔓延。

该行业废气一般用集气罩集中收集处理，处理方法多用吸附 - 脱附法、冷凝回收技术和蓄热催化燃烧技术等。

9.5.7　化学原料药行业

随着医药行业的发展，随之而来的环境污染问题日益严重，其中高污染、高能耗的化学原料药企业排放的 VOCs 尤为突出。化学原料药 VOCs 排放主要发生在投料、反应、溶剂回收、过滤、离心、干燥和出料等操作单元。VOCs 的排放主要由生产过程中使用的有机溶剂挥发产生。

化学原料药 VOCs 处理技术主要分为：

① 冷凝回收法　改变温度到 VOCs 成分的露点以下，让有机废气冷凝为液态然后进行回收。该法主要适用于高浓度、组分单一且有回收价值的 VOCs，使用浓度≥ 5000mg/L。但即使有回收带来的收益，该工艺处理成本依旧很高；

② 吸收法　采用低挥发性或不挥发性的溶剂对 VOCs 气体进行吸收，主要适合高水溶性的 VOCs，同时该法也可以去除其他的气态污染物，投资成本低，但需要考虑的是后续的废水处理；

③ 吸附法　常用活性炭，包括纤维状活性炭、颗粒活性炭和蜂窝状活性炭；

④ 催化燃烧法　原理见 9.4.2 的内容。

9.5.8　胶黏剂生产行业

胶黏剂生产行业 VOCs 产生源头主要有：在配料时原材料的加料过程、混料过程、设备及零配件的清洗等。对于 VOCs 而言，由于其具有挥发性，凡是使用含有 VOCs 物质的储存、运送、混合、搅拌、清洗、分装、干燥及其他处理工序，均可能造成 VOCs 的排放。胶黏剂制造流程和污染物排放如图 9-11 所示。

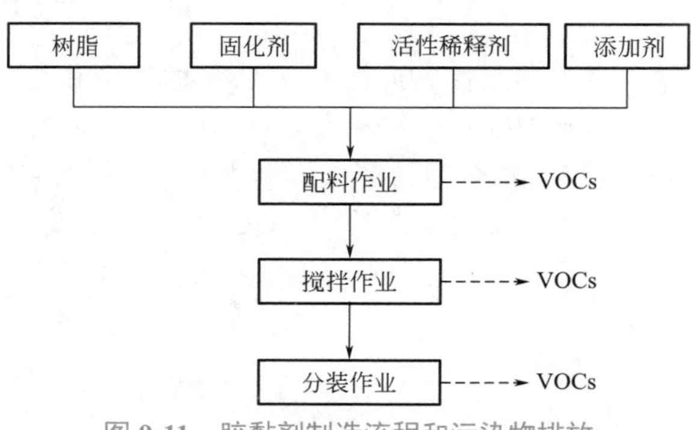

图 9-11　胶黏剂制造流程和污染物排放

我国是胶黏剂的生产和消费大国，胶黏剂生产过程中，有大量 VOCs 的产生，主要包括苯、甲苯、甲醛、甲醇、苯乙烯、三氯甲烷、四氯化碳和乙二胺等，其中不同品种胶黏剂排放的污染物种类差异很大，因此必须针对工艺类型采取相对应的治理措施，常用的处理技术为催化燃烧和吸附 - 蓄热燃烧法。

9.5.9 制鞋行业

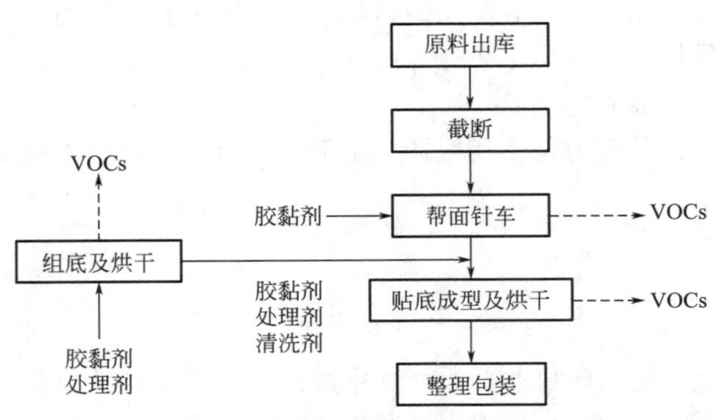

图 9-12 制鞋工艺流程及挥发性有机物产生环节

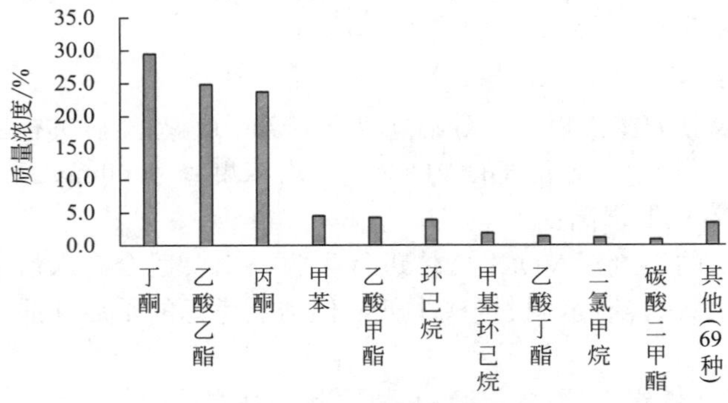

图 9-13 制鞋行业主要 VOCs 种类及质量浓度

制鞋行业的 VOCs 排放主要源自生产过程中胶黏剂等含有机溶剂的原辅材料，使用的生产环节主要有贴底成型、组底、帮面针车三个环节。制鞋行业 VOCs 产生的特点为：使用胶黏剂等挥发性有机物相关原辅材料工位多而分散，废气收集点位较多，每个工位使用的相关原辅材料量较小，废气收集风量较大。制鞋工艺流程及挥发性有机物产生环节如图 9-12 所示。

制鞋行业 VOCs 浓度范围为 8.1 ～ 85.6mg/m^3，平均值为 36.7mg/m^3，VOCs 超标率为 4%，VOCs 清除率范围为 12.6% ～ 72.5%，制鞋行业主要 VOCs 种类及质量浓度如图 9-13 所示。

制鞋行业一般采用源头治理与末端治理齐头并进的方法处置，所谓源头治理就是尽可能使用低含量 VOCs 的原料，末端治理多采用水洗 + 吸附法、吸附浓缩 + 催化燃烧法和吸附浓缩 + 蓄热燃烧法。

9.1 常见挥发性有机物（VOCs）的污染种类及对人类的主要危害有哪些?

9.2 简述 VOCs 的监测点布设原则、采样方法及测试方法。

9.3 VOCs 的典型治理技术有哪些？分别用在什么情况下?

9.4 简述胶黏剂生产行业 VOCs 排放特点及治理措施。

第 10 章 温室气体捕集技术

近年来，全球变暖、海平面升高等气候变化日益突出，其主要由二氧化碳、甲烷等温室气体排放所引起。而作为最主要的温室气体，二氧化碳的捕集、封存及再利用已成为减缓气候变化的一个重要手段。二氧化碳的工业排放源众多，包括发电厂、水泥厂、钢铁厂等，但以火力发电厂排放的二氧化碳体量最为庞大。目前，从火力发电厂中捕集二氧化碳主要有三种方法，包括燃烧前捕集（pre-combustion）、燃烧后捕集（post-combustion）和富氧燃烧（oxy-fuel combustion）。相比于燃烧前捕集和富氧燃烧，燃烧后捕集对现有的发电厂等排放源的改造程度最小，因此应用优势最为明显。众多燃烧后捕集技术中，吸收（absorption）和吸附（adsorption）是最为成熟的二氧化碳捕集技术。同时，一些相对较新的二氧化碳捕集新技术，例如膜（membrane）和低温（cryogenic）也取得了一定的研究进展。然而，这些技术仍存在一些技术瓶颈有待完善：a. 对于吸收过程而言，溶剂再生的能耗高（3 ～ 4MJ/kg，以 CO_2 计）、溶剂易降解以及管道和设备的腐蚀等问题限制了其大规模应用；b. 对于吸附而言，存在再生能耗高以及压降等问题；c. 对膜分离而言，膜材料成本偏高、压降增大需要克服；d. 对低温技术而言，低温和压缩条件需要大量能量，从而导致捕集成本的居高不下。考虑到上述问题，用于二氧化碳捕集的新材料（如吸收液、吸附剂、膜材料等）和新工艺（如耦合工艺）将成为未来的研究热点。另外，目前我国尚未部署系统性的 CO_2 排放监测设施，但随着碳排放达峰及碳中和气候行动目标的提出，监测及排放交易相关工作将会成为重中之重。

10.1 温室气体及碳循环

在 1998 年的京都议定书中，二氧化碳、甲烷、一氧化二氮、氢氟碳化合物（HFCs）、全氟碳化合物（PFCs）和六氟化硫（SF_6）被列为温室气体（GHGs）。二氧化碳作为最主要的温室气体，年排放量远高于其他气体。故此，在温室气体中，二氧化碳对全球变暖的影响最为重要。

在自然界中，动植物等生命体产生的二氧化碳可以通过岩石风化作用、植物光合作用或海洋浮游生物的光合作用等方式被地球吸收，即碳循环。在很长一段时间里，自然界的碳循环可以实现二氧化碳排放 - 吸收的动态平衡。然而，随着工业时代的到来，常规碳循环因化石能源的大规模开发与使用而失衡，二氧化碳排放的骤增使得这些自然的去除方式不再足以控制大气中的二氧化碳浓度，从而使全球气候变暖、海平面上升等气候问题变得日益突出。

10.2 二氧化碳的排放

根据国际能源署的报告（IEA，2016），全球近 1/3 的能源消耗和 36% 的二氧化碳排放量来自工业，如火力发电厂、石油化工、钢铁、水泥、造纸以及其他矿物和金属冶炼过程占其中的 2/3 以上。以中国为例，目前年二氧化碳排放量约为 100 亿吨，是世界上最大的二氧化碳排放国。而其能源结构中，化石能源的比重占 70% 以上。大量的煤炭等能源用于火力发电，是中国二氧化碳排放总量逐年上升的重要原因。故此，进行火力发电厂的二氧化碳减排将作为重点来介绍。

10.2.1 粉煤火力发电厂

粉煤（PC）火力发电厂流程图如图 10-1 所示。通过蒸汽驱动的涡轮发电机将煤炭燃烧的热能转化为电能。工艺流程包含了具有高压（HP）、中压（IP）和低压（LP）气缸的三级汽轮机。磨碎的黑煤与预热的空气一起燃烧，所产生的烟气加热锅炉内部水管中的给水，产生亚临界蒸汽。蒸汽离开锅炉进入第一个汽轮机，即 HP。一部分蒸汽从 HP 汽轮机的一个适当的部分流出，以便在进入锅炉前加热给水。这些蒸汽还部分用于运行给水泵汽轮机（BFPT）。汽轮机出口的蒸汽被送回锅炉预热，然后送到蒸汽循环中的下一个汽轮机中，即 IP。这种汽轮机也可能有一些管道为给水加热或为脱气器提供热量。从 IP 汽轮机流出的蒸汽被引入 LP 汽轮机。LP 汽轮机通常通过不同的管道对给水进行加热。汽轮机出口处的低压低温（LPLT）蒸汽经冷凝、加热、脱气、化学调节、加压并返回到锅炉中。

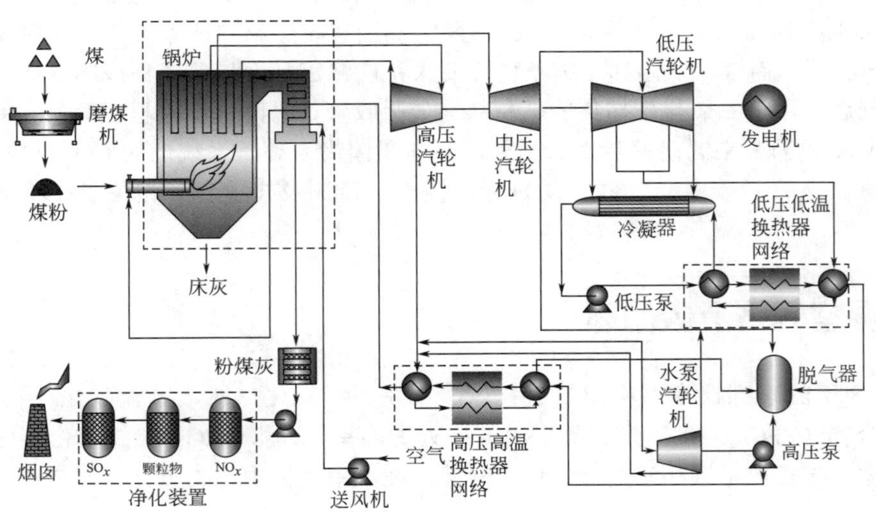

图 10-1 粉煤火力发电厂流程图

10.2.2 天然气联合循环电厂

与煤和石油相比，天然气具有相对较低的碳氢比含量，被视为相对清洁的化石能源。目前，中国也在大范围推广火力发电厂的“煤改气”过程，以缓解日益严重的大气污染问题。天然气联合循环（NGCC）具有投资成本低和运行效率高等优点，使其在未来发电构成中发挥重要的作用。

典型的NGCC电厂的总体流程图如图10-2。工厂的进气在一个单转子压缩机中被压缩到设计基础排放压力，之后直接传递到燃烧器组件。高温燃烧气体离开燃烧器，输送至机器汽轮机部分的入口，经汽轮机进入和膨胀，以产生驱动压缩机和发电机的动力。燃气轮机尾气的大量废弃显热可以通过余热锅炉（HRSG）进行有效回收。经余热回收的烟气通过电厂烟囱排放到大气中。

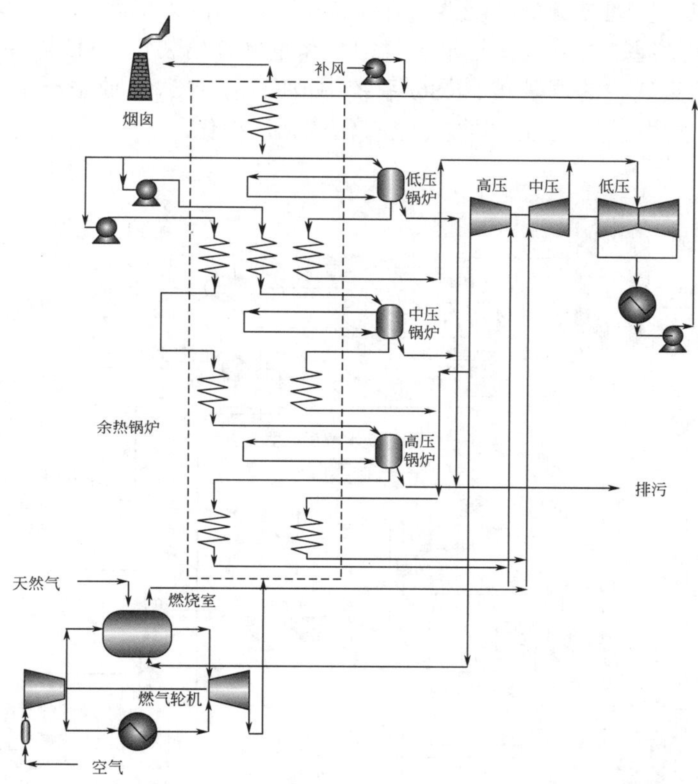

图10-2　典型的NGCC电厂的总体流程图

10.2.3　整体煤气化联合循环电厂

典型的整体煤气化联合循环（IGCC）电厂的总体流程图如图10-3，其中包括一个气化炉和一系列气体净化装置。这些净化装置包含陶瓷过滤器、文丘里洗涤器（VS）、羰基硫（COS）水解反应器、酸性水汽提塔（SWS）、*N*-甲基二乙醇胺（MDEA）吸收器和硫回收克劳斯设备。空气分离装置（ASU）用于生产高纯度［85%（质量分数）］的氧气。蒸汽、O_2和燃料原料进入气化炉，并转化为合成气，在进入净化装置前冷却。由于高压和高温条件，不燃成分（灰分）可以有效地去除，如气化炉中的炉渣。其余的粉尘颗粒通过陶瓷过滤器从合成气体中提取出来。通过在HRSG单元中产生蒸汽来回收热量。接下来，这些蒸汽在汽轮机中用于发电。在文丘里洗涤器中，合成气通过水洗的方式吸收去除酸性气体（主要是H_2S）和基本污染物（主要是NH_3）。被污染的水在酸性水汽提塔中被处理，并回收到文丘里洗涤器，这结束了一个水循环并降低了整个工厂的用水量。由于污染物的产生，酸性水汽提塔需要清洗。然后对清洗后的水进行处理与处置。合成气通过 COS 水解反应器进一步净化。这个装置将 COS 转化为 H_2S，之后在 MDEA 吸收器中被除去。由于在燃气轮机（GT）中燃烧前从合成气中去除了硫物质，所以控制了 SO_2 的排放。从酸性水汽提塔、羰基硫水解反应器和 *N*- 甲基二乙醇胺吸收器流出的受污染气流被送至克劳斯设备，在那里主要来自 H_2S 中的硫以液体形式回收。在 *N*- 甲基二乙醇胺吸收器后得到的清洁气体被送到燃气轮机中，在这里部分避免了氮氧化物（NO_x）的排放。燃烧器的几何结构经特别设计用于 NO_x 控制。此外，这些排放物也可以通过减少燃烧器 / 空气的关系，降低火焰温度和减少在最高温度的停留时间来控制，这是通过清洁气体与水蒸气饱和和空气分离装置 ASU 添加的氮气来实现的。经过燃气轮机后的废气中的热量在 HRSG 系统中被回收。CO_2 排放主要是在 GT 循环中产生的，而 CO 排放量则由于其在 GT 中被完全氧化达到最小化。

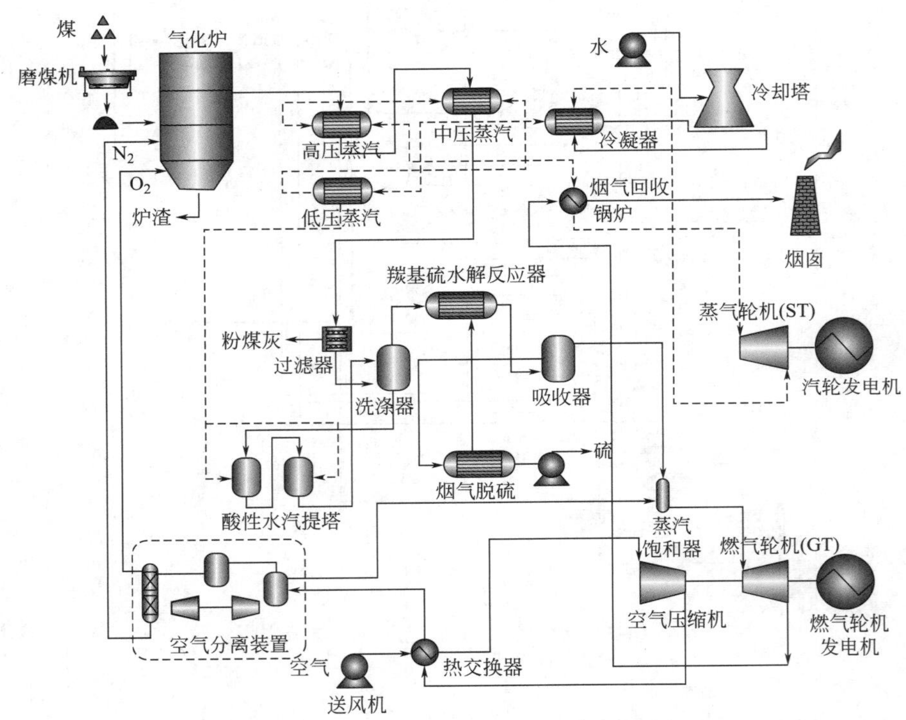

图 10-3　整体煤气化联合循环电厂的总体流程图

10.2.4　其他排放源

除发电厂外，工业生产过程（即钢铁业、水泥业、炼油厂和化工行业）占据了全球二氧化碳排放总量的近 30%。钢铁行业是最大的耗能制造业之一。2007 年，仅钢铁行业就排放了 2.3 亿吨二氧化碳，占直接工业二氧化碳排放总量的 30%，占全球二氧化碳总排放量的近 10%。水泥生产是第二大二氧化碳密集型工业，2007 年二氧化碳排放量为 2 亿吨。石油炼化厂的二氧化碳排放量接近 1 亿吨 / 年，约占全球总排放量的 4%。化学和石油化工在 2007 年排放了近 1.3 亿吨二氧化碳。

10.3 二氧化碳捕集技术

目前，主要有三种二氧化碳捕集方式可以缓解发电产生的二氧化碳排放，即燃烧后捕集、燃烧前捕集和富氧燃烧捕集，如图 10-4 所示。排放源中的 CO_2 浓度、气流的压力以及燃料类型（固体或气体）是选择捕集方式的重要依据。

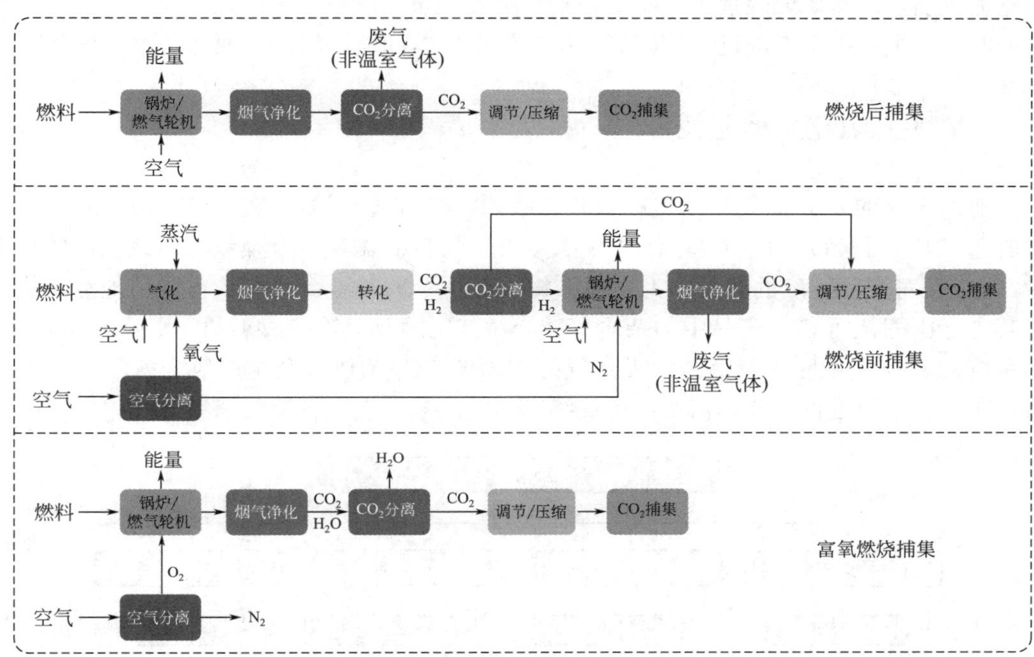

图 10-4 CO_2 捕集路线

10.3.1 常见的 CO_2 捕集方式

（1）燃烧后捕集

燃烧后 CO_2 捕集路线流程图如图 10-4 所示。在这一方法中，燃料在空气中燃烧，而作为常规燃烧过程，烟气中 CO_2 的浓度低（通常为 4% ～ 14%），压力小，且气量极大，因此，对设备要求较高。同时，因捕集过程对其他烟气成分（如烟尘、硫氧化物和氮氧化物）较为敏感，所以一般在 CO_2 捕集装置前，需要进行除尘、脱硫及脱硝等预处理操作。在三种 CO_2 捕集方式中，燃烧后捕集对现有的工业过程改造要求最低，可以直接安装在现有的发电站、钢铁厂的烟气处理单元。因此，其成本相对最低，易于被广泛采纳及应用。

（2）燃烧前捕集

与燃烧后捕集不同，在燃烧前捕集过程中，燃料在燃烧前首先与氧和水在高温高压条件下进行气化反应，在反应中，燃料中的碳转化为二氧化碳和一氧化碳，同时产生氢气（如图 10-4 所示）。而后，将合成气中的 CO_2 成分进行常规分离。这种捕集方法主要用于整体煤气化联合循环中煤的气化。燃烧前捕集技术的主要优点是 CO_2 浓度和分压均高于燃烧后捕集，因此可以降低能量损失并且提高捕集效率。然而，其缺点是前期对燃料的气化过程能耗较高，从而导致发电设施的总资金成本偏高。

（3）富氧燃烧捕集

图 10-4 介绍了详细的富氧燃烧捕集 CO_2 的过程。在这个过程中，燃料在纯氧中燃烧，导致 CO_2 浓度高（超过 80%），因此在这个过程中，烟气的主要成分为 CO_2 和水，而水分容易通过冷凝等手段分离。此外，由于燃烧在纯氧中进行，烟气的温度高且烟气经常被循环到燃烧室提供热量。富氧燃烧捕集的主要缺点是需要大量的氧气。因此，需要一个空气分离装置（ASU）来生产用于燃烧过程的纯氧，这在资金成本和能源消耗方面都是十分昂贵的。

10.3.2 常见二氧化碳捕集技术

目前，常见的 CO_2 捕集技术包括吸收、吸附、膜分离及深冷等，如图 10-5 所示。具体技术的选择取决于 CO_2 的排放特点（如温度、压力 CO_2、浓度以及痕量物质或杂质的种类及含量），以及对产品纯度的要求。为了便于将捕获的 CO_2 输送到封存或再利用地点，往往需要将其进行压缩，而 CO_2 产品中的杂质含量会对其压缩及运输造成不利的影响。此外，CO_2 捕集系统的其他常见应用包括去除天然气处理中的 CO_2 杂质以及生产氢、氨和其他工业化学品。在这些应用过程中，都需要考虑最终产品的质量而选取合适的捕集方法。

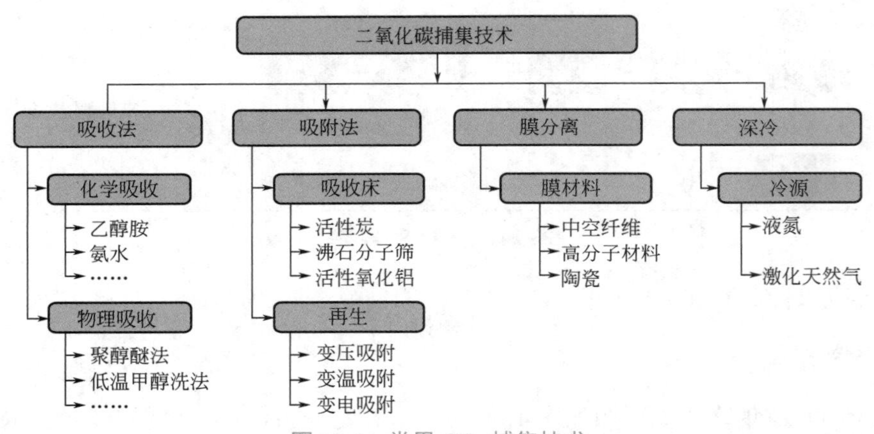

图 10-5　常用 CO_2 捕集技术

（1）化学吸收

化学吸收法主要利用碱性溶液（如乙醇胺、氨水等）与 CO_2 进行反应生成不稳定的盐类，然后通过蒸汽加热的方式，使盐类分解，从而得到高纯度的 CO_2。典型的 CO_2 化学吸收过程如图 10-6 所示。整个工艺主要由吸收（absorption）和解吸 / 再生（desorption/regeneration）两部分组成。烟气首先进入吸收塔，与逆流流过吸收塔的碱性溶液（简称贫液）接触。烟气中的 CO_2 与溶剂发生化学反应而形成不稳定的盐类，而净化后的气体（以 N_2 为主）通过吸收塔塔顶释放到大气中。富含 CO_2 的溶液（简称富液）经吸收塔底、换热器，最终泵入解吸塔。富溶剂溶液进入再生器的顶部，在那里流入溶液再沸器，产生的汽提蒸汽逆流流过容器。蒸汽和溶剂蒸汽将再生器塔向上移动，当 CO_2 被释放且溶剂溶液被加热时冷凝。未冷凝的蒸汽和二氧化碳会离开再生器的顶部，然后进入回流冷凝器。冷凝物通过系统再循环，而二氧化碳被除去以进一步处理。由于烟气中常含有硫氧化物、氮氧化物等污染物，而这些污染物会导致 CO_2 吸收塔及解吸塔的腐蚀，以及与吸收液反应生成稳定的盐类等，因此需

要在 CO_2 吸收装置前，进行脱硫、脱硝的前处理。

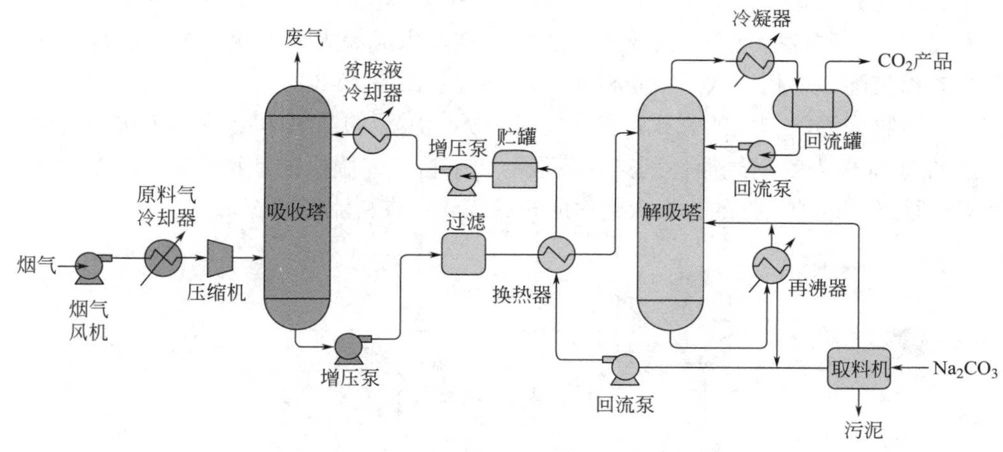

图 10-6 典型的 CO_2 化学吸收过程

（2）吸附

吸收法捕集 CO_2 技术是利用吸附材料（如活性炭、沸石分子筛、活性氧化铝等）的多孔性质，在一定条件下对 CO_2 进行选择性吸附，然后通过变化温度、压力等方式，将吸附的 CO_2 脱附出来，从而得到高纯度 CO_2 产品。吸附材料的吸附能力一般与其表面积有关，表面积越大，气体处理能力越强。图 10-7 显示了通过吸附法对燃煤烟气进行 CO_2 捕集的典型工艺。如果需要的话，系统会在烟气流入某一吸附塔通过吸附进行 CO_2 捕集前经过一个预处理阶段。每一个吸附室都有固体吸附剂。整个流程有三个吸附室。因此，在系统运行的任一时刻，一个吸附室在接收用于吸附的进料，第二个吸附室解吸所捕集的组分，第三个吸附室处于待机状态用以接收进料。因此，系统便可以连续运行。

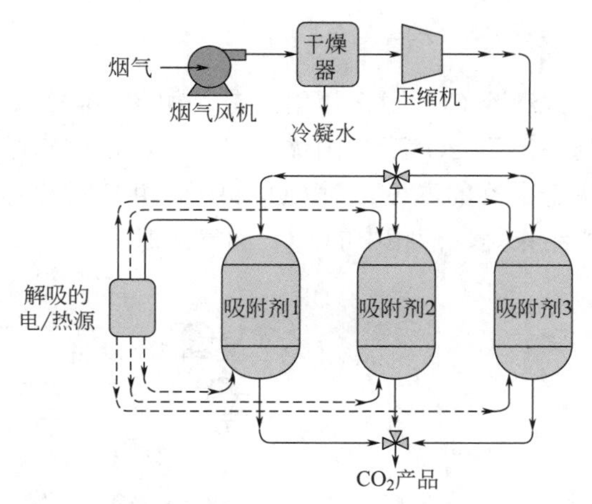

图 10-7 吸附法对燃煤烟气进气 CO_2 捕集的典型工艺

（3）膜分离

膜分离 CO_2 捕集技术是利用膜材料对不同气体的选择透过性，将 CO_2 从烟气中分离出来。按照材料和工艺的不同，CO_2 分离膜主要包含无机膜、聚合体膜、混合基质膜等。聚合体膜又分为玻璃质膜和橡胶质膜。因为玻璃质膜具有更好的气体选择性和力学性能，在当前的工业上所采用的聚合体膜几乎都是玻璃质膜。聚合体膜容易装配，单位体积具有较大的过滤面积，能极大地减少过滤设备的体积，从而降低投资成本。但聚合体膜也存在一定的弊端，即不能在高温（大于 150℃）和腐蚀环境中工作，从而制约了其在烟气 CO_2 捕集过程中的应用。无机膜可分为多孔膜和致密膜。多孔膜通常是利用一些多孔金属物作为支撑，将膜材料覆盖其上。

氧化铝、碳、玻璃、碳化硅、沸石和氧化锆都是常用的多孔膜材料。致密膜是由钯、钯合金或氧化锆形成的金属薄层，其过滤机理可用溶解-扩散模型进行描述。相比于聚合体膜，无机膜具有耐高温、耐腐蚀等优点，适合在电力、钢铁、水泥等大型工业 CO_2 排放源中使用。但其也存在难以装配、体积较大、投资成本高等弊端。在图 10-8 所示的工艺设计中分别研究了使用部分渗透物作为吹扫气的方式，其中将来自第一膜级的 70% 渗透物作为进料送至第二膜级，剩余的 30% 作为吹扫气循环到第一膜级，而来自第二膜级的渗透物的 5% 作为吹扫气再循环至第二膜级。这种吹扫的分布大约对应相应膜级中进料流速的 5%。

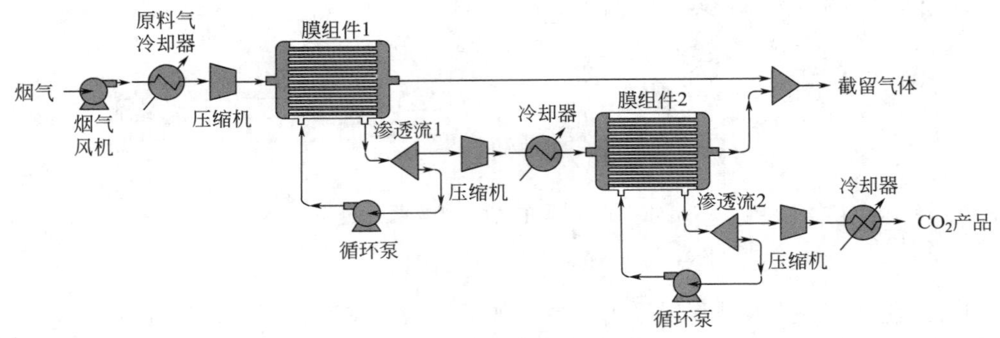

图 10-8　膜分离 CO_2 回收工艺

（4）深冷

深冷 CO_2 固化捕集工艺（如图 10-9）干燥并冷却现有系统中的烟气，适度压缩，冷却到略高于 CO_2 形成固体的温度，将烟气膨胀来进一步使其冷却，沉淀出的固体 CO_2 的量取决于最终的温度，对 CO_2 加压，并通过冷却进入的气体来再加热 CO_2 和剩余烟道气。最终的结果是，液相中的 CO_2 和气态氮流。

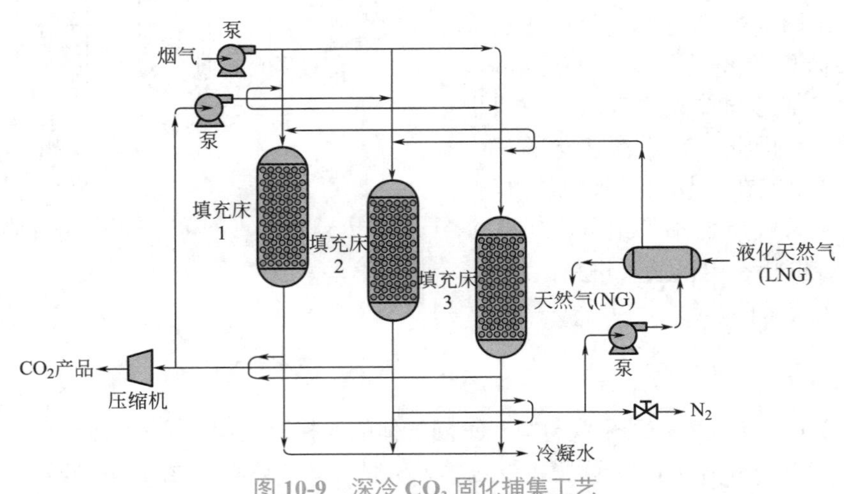

图 10-9　深冷 CO_2 固化捕集工艺

另外，还有其他捕集技术，如化学链燃烧和水合法。

（1）化学链燃烧

由 Richter 和 Knoche 在 1983 年提出的化学链燃烧（CLC），是将燃烧分为中间氧化还原

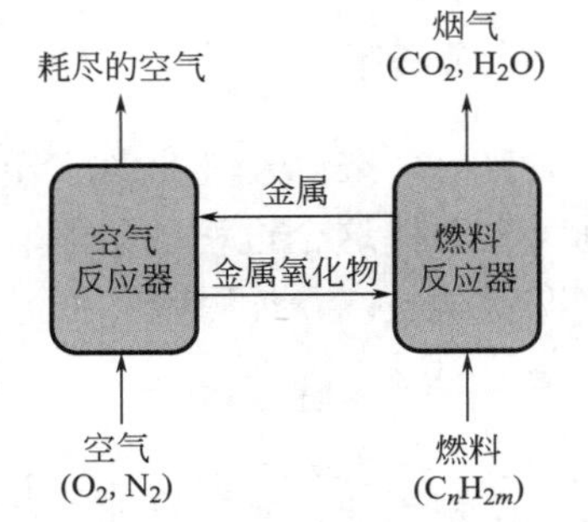

图 10-10 化学链燃烧 CO_2 捕集原理

反应，分别由在分离的部分之间循环的固体氧载体进行。合适的氧载体是金属氧化物的小颗粒，如 Fe_2O_3、NiO、CuO 或 Mn_2O_3。化学链燃烧 CO_2 捕集原理如图 10-10 所示。CLC 有两个反应器，分别用于空气和燃料。氧载体在反应器之间循环。在空气反应器中，载体被氧化。在燃料反应器中，金属氧化物被燃料还原，燃料被氧化为 CO_2 和 H_2O。CLC 的主要优势可以概括为：a. 空气反应器排出的废气主要是 N_2，因此是无害的；b. 燃料反应器排出的废气由 CO_2 和 H_2O 组成。因此，CO_2 可以通过冷凝器分离，避免了常规吸收过程中的能量损失，降低了投资成本。

（2）水合法

水合法是相对较新的一种 CO_2 捕集方法，既可以用于燃烧后 CO_2 捕集，也可以在燃烧前工艺中应用。与其他气体水合物类似，CO_2 水合物可以在高压、低温的条件下形成。其形成过程是，水分子在氢键的作用下形成固定结构的主体晶格，而气体分子作为客体分子被包裹在这些晶格中而稳定存在。能够形成气体水合物的气体分子量都相对较小，比如 CO_2、N_2、H_2S、H_2 以及小分子的烷烃。不同分子量的气体分子在不同的条件下会形成不同结构的水合物，分别为 I 型、II 型和 H 型。水合法分离气体的基本原理是根据气体在水合物相和气相中的组分浓度的差异而进行气体分离。例如，在同一温度条件下，相对于 H_2 和 N_2，CO_2 形成水合物的相对分压要低很多，因此 CO_2 相对于 H_2 或 N_2 更容易进入水合物相形成气体水合物，从而达到燃烧前捕集或燃烧后捕集的目的。

水合法分离 CO_2 的关键在于 3 个方面，其一是水合物能在瞬间快速生成，其二是储气量大，其三是水合物能在更低的压力和更温和的温度条件下生成。为了达成这 3 个方面，研究者们在水合物分离 CO_2 的工艺中选取了不同种类的添加剂或促进剂来提高水合物形成速度，降低水合物形成相平衡压力，提高分离效率。四氢呋喃（THF）、十二烷基磺酸钠（SDS）、四丁基溴化铵（TBAB）、四丁基氟化铵（TBAF）、环戊烷（CP）、丙烷（C_3H_8）、十二烷基 - 三甲基氯化铵（DTAC）、离子溶液（ionic solution）等，是目前利用水合法分离 CO_2 使用最广泛的添加剂或促进剂；并且在 Sloan 的纯水体系的相平衡数据的基础上，相应地在不同添加剂或促进剂溶液中（CO_2/N_2 以及 CO_2/H_2）形成水合物的相平衡条件也是水合法的关键。

10.3.3 各种技术的局限性

（1）吸收

毫无疑问，基于化学溶液（如氨水溶液和乙醇胺）的燃烧后 CO_2 捕集被认为是最成熟的气体分离技术。然而，仍有一些局限性（如溶剂降解、腐蚀、溶剂再生效率）有待解决。Rao 和 Rubin 在 2002 年的研究表明，溶剂降解占 CO_2 捕集总成本的 10% 左右。降解主要有两种：a. 热降解，它发生在高温和高 CO_2 分压的条件下；b. 氧化降解，主要是由于烟气中存在着大量的 O_2。同时，一些杂质气体（如 SO_x 和 NO_x）也可能导致溶剂降解。此外，挥发性成分可以排放到大气中，对环境不利。

（2）吸附

目前，来自气流的大部分二氧化碳吸附技术都被认为是干法。此外，还有一些其他的限制，也会使这个过程的效果较差，例如：a. 可用吸附剂对二氧化碳选择性差且吸附容量低；b. 与其他技术，如吸收和低温相比，去除效率较低；c. 吸附剂的再生和再利用。

（3）膜分离

作为一种有前景的替代方法，基于膜的技术已经成为一种具有竞争性的二氧化碳捕集方法。但值得注意的是，在长期运行中很难维持膜的性能。大多数膜在实际工业条件下都没有恢复性，而且很快就会失效，这是它们在工业实践中潜在应用的最大挑战之一。此外，当进料流中的 CO_2 浓度被稀释（低于 20%）时，需要多个阶段和 / 或其中一个流的再循环。对于当前大多数的膜工艺，不考虑氧化组分（如 SO_x、NO_x 和 H_2S）的影响。因此，对这一影响的调查是十分必要的。

（4）深冷

由于预计的冷却成本过高，低温 CO_2 捕集技术并没有得到广泛的研究。在烟气和热交换器中的制冷剂之间进行直接热交换的主要缺点是，在进口流中不能容纳 H_2O，以防止在操作过程中被冰堵塞。此外，固体 CO_2 在热交换表面上的积累导致传热速率降低，从而降低了工艺效率。而且，剧烈的温度变化也会对换热器造成较大的机械冲击。

（5）化学链燃烧

目前，大多数 CLC 工艺只是在实验室进行了测试，迄今为止还没有完成大规模的示范。同时，现有的工艺中还存在着一些值得注意的问题（如氧载体的稳定性不够和氧化还原动力学缓慢）。此外，燃料的脱硫也是避免载体硫化现象所必需的。

（6）水合

要实现水合法分离 CO_2 的工业应用，体现水合物分离技术的价值所在，需要克服的难点包括：首先，水合物必须在瞬间大量生成，以满足工业化连续生产的需要；其次，水合物的储气量和分离效率必须够高以实现高效率、大容量地分离 CO_2；最后，水合法分离 CO_2 的工艺是否经济实用需要进一步的验证。因此，降低水合物形成条件、提高水合物生成速度和分离效率的促进剂的选择以及水合物分离工艺成为研究的重点。

（7）工程应用及示范

燃煤电厂的 CO_2 排放是我国碳排放的主体，故首先在电厂进行 CO_2 捕集的工程应用及示范是实现碳减排的首要任务。2008 年 7 月，华能集团在北京高碑店热电厂建成了我国第一座燃煤电厂燃烧后碳捕集示范工程，CO_2 的年捕集能力达到 3000t。该示范工程的具体工艺为，将部分脱硫处理的烟气引入 MEA 化学吸收塔进行吸收 / 解吸处理，从而实现 CO_2 的分离。从解吸塔塔顶获得的 CO_2 产品经过进一步纯化处理，可以达到食品级（纯度高于 99.99%）要求而用于碳酸饮料等食品行业。整个工艺中的 MEA 吸收工艺及装置由华能集团西安热工研究院和澳大利亚联邦科学工业研究院合作开发。2009 年 12 月，华能集团利用同样的化学吸收技术，在上海石洞口第二发电厂的两台超临界锅炉上安装了一套更大的CO_2捕集示范装置。该装置的CO_2年捕获量达到了10万吨，而捕获的CO_2产品经深度处理后被售往周边的化工厂，用于化工品的生产。石洞口第二发电厂的CO_2捕集示范工程也成为迄今为止全世界规模最大的燃煤电厂燃烧后脱碳示范装置。2011年，华能集团旗下的绿色煤电公司在天津建成的我国第一座整体煤气化联合循环电站，进行了发电试运行。该电站的发电装机为250MW，并于2015年成功安装了燃烧前脱碳装置，实现了该电站的CO_2零排放。华能集团的以上示范工程确立了我国在CO_2捕集领域的技术领先地位，对我国大规模推广脱碳技术、积累工程经验、储备碳捕集领域优秀专业人才等方面都具有十分重要的意义。

除了华能集团，其他的国企及行业也在碳捕集领域获得了成功的案例。2010年1月，中国电力投资集团在重庆双槐电厂建成了一套脱碳量为1万吨的燃煤电厂燃烧后碳捕集示范装置。该示范工程由中国电力投资集团下属的远达环保工程有限公司和重庆大学合作建成。同时，2011年，中石化集团胜利油田在其附属电厂安装了燃烧后烟气碳捕集示范装置，CO_2的年捕集能力达到3万吨。值得注意的是，通过该示范工程捕集的CO_2被用于油田的强化采油（enhanced oil recovery，EOR）过程，显著提高了原油的采收率。

10.4　二氧化碳封存

目前，CO_2排放总量巨大，如何处置捕集到的CO_2也极为关键。故此，CO_2封存作为捕集的后续处理手段被各国科学家提出（如图10-11）。经过多年的研究，CO_2封存技术已经发展出多种类型，包括生态封存、地质封存、海洋封存、矿物封存等。现就前三类做简单介绍。

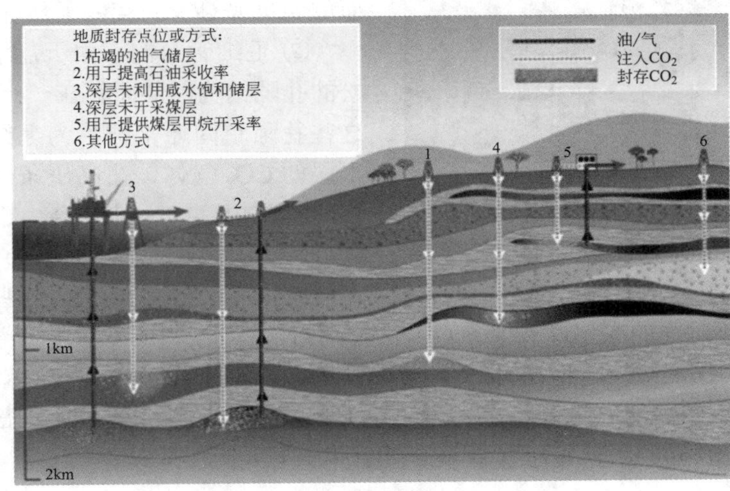

图10-11　CO_2封存原理及路线

10.4.1　生态封存

生态封存是指利用自然环境中的植物、微生物等通过光合作用或化能作用来吸收和固定大气中游离的CO_2，并在一定条件下实现向有机碳的转化，从而达到封存CO_2的目的。利用自然界的光合作用来吸收并储存CO_2，是控制CO_2排放的最直接且对环境副作用最小的手段。自然界中的森林、植被、土地微生物、草原、农作物、湿地以及藻类等每年可以吸收5.5亿～7.3亿吨CO_2。大规模植树造林，增加绿化面积，是理想的碳封存方法。其优势明显，如成本低、无能耗，而且可以生产可再生能源及附加值产品，同时无额外的CO_2排放，实现碳资源的循环利用，达到CO_2减排的目的。

10.4.2 地质封存

CO_2地质封存是指将从燃煤电厂等工业源捕集的CO_2通过管道等技术注入地下具有封存条件的岩层结构中，利用其封闭作用将CO_2长期与大气相隔离的过程。CO_2地质封存的概念是基于地下存在大量封存有流体的地质结构（储层）这一自然现象而提出的。研究人员推测，既然这些地质结构能在漫长的地质周期中封存大量的流体，那么也应该可以用来封存CO_2。不过，CO_2的地质封存过程需要通过一系列复杂的地质物理/化学机制实现。在各种适用于CO_2封存的岩层结构（油田、天然气田、盐水层及不可开采的煤层等）中，盐水层是最典型的一种（如图10-12）。一般而言，CO_2在盐水层中的长期封存可以通过几个阶段实现，包括构造封闭、毛细管封闭、溶解及矿化。

图10-12　适宜CO_2封存的岩石结构——盐水层

① 构造封闭　CO_2被注入储层后，由于密度小于储层内流体，会呈现出上浮趋势。为了保证良好的封存效果，在储层的上方必须拥有一个良好的“密封层”，以防止CO_2外溢。密封层一般由致密的岩石构成。相比于盐水层的疏松孔隙结构，其渗透率极低，从而成为实现CO_2封存的天然屏障。

② 毛细管封闭　由于盐水层一般具有疏松的孔隙结构，从而存在一定量的孔隙空间，这些孔隙空间通常被称为毛细管。被注入盐水层的CO_2气体，在高压条件下，进入毛细管的空隙内，且大部分会由于无法突破通道外部流体的压力而被长期封在空隙里。

③ 溶解　在注入CO_2前，储层中通常会充满或充有一定量的流体，这些流体可以是盐水或油气等。随着时间的变化，一部分CO_2会逐渐溶解在盐水中。CO_2一旦被溶解，其就不再处于自由态，也不再受到浮力的作用。溶解了CO_2的饱和盐水的密度明显增大，并在重力作用下缓慢下沉到储层的下部，而未溶解CO_2的盐水则上浮到储层的上部以溶解更多的CO_2。最终，经过长期的溶解过程（通常是几百年甚至是上千年），会有相当比例的CO_2被溶解在盐水中。

④ 矿化　CO_2溶解在储层中后，一部分CO_2会与水发生化学反应生产碳酸，随后在水中电离出H^+、CO_3^{2-}和HCO_3^-等离子，使得盐水具有一定的酸性。而储层中的多孔岩石结构一般多为砂岩、石灰岩、白云石等，其主要成分为Ca、Mg、Al等的碳酸盐和硅酸盐。因此，CO_2溶解形成的碳酸能够与这些岩石结构发生缓慢的中和反应，最终生成碳酸氢盐和硅酸盐。由于碳酸氢盐和硅酸盐的溶解度很小，大部分会附着在储层原来的多孔岩石结构表面，成为岩石结构的一部分。但是，矿化过程的化学反应速率极慢，往往需要上千年的时间

才能最终完成。

10.4.3　海洋封存

CO_2 的海洋封存主要包含两种类型：一种是将 CO_2 置于一定深度的海水层或者海底，通过海水将 CO_2 与大气隔离；一种是将 CO_2 封存在海底地下的地质结构中（这种封存方式的原理与地质封存类似）。深海中 CO_2 的浓度小于 0.1kg/m^3，远未达到溶解度 40kg/m^3 的饱和值。所以，海洋是巨大的 CO_2 吸收库，可容纳 40000 亿吨 CO_2。在 500m 以下的深海，在 10℃和 5MPa 下，CO_2 呈液态；在 3000m 深海，CO_2 密度比水大而沉入海底。因此，在海洋封存 CO_2 可以考虑液态和固态两种形式。液态 CO_2 比固态 CO_2 更容易挥发、溶解，液态封存技术的关键是如何减少 CO_2 溶解而造成的海洋生态环境的变化。固态封存的技术关键在于 CO_2 水合物的快速生成和充分生长以及如何输送至合适的海底位置。但无论是哪种状态，都存在 CO_2 挥发和溶解的问题，都会不可避免地形成碳酸，对海洋生态环境造成一定的影响。因此，利用海洋封存 CO_2 时，需要充分考虑对海洋环境及生物多样性的保护。

10.5　二氧化碳再利用技术

由于地质结构的限制，全球可进行 CO_2 封存的空间极为有限，其 CO_2 排放总量巨大，故此开发适宜的 CO_2 再利用技术，将其转化为有价值的化学品或燃料已成为缓解碳排放压力的重要途径。

10.5.1　CO_2 的物理利用

CO_2 的物理利用是指利用其物理特性，在啤酒、碳酸饮料等行业的应用；作为惰性气体用于气体保护焊；作为汽车空调制冷剂、空气保鲜剂；作为干冰及研磨清洗；作为灭火器、喷枪等的压力剂；作为固化硬化剂、固体 CO_2 的冷量用于食品果蔬的冷藏、贮运；用于果蔬的自然降氧、气调保鲜剂及超临界 CO_2 萃取等行业中。

10.5.2　CO_2 的化学利用

CO_2 的化学利用主要是利用 CO_2 分子的化学特性，通过化学、光学、电学、生物学等转化途径，生产含碳化学品，主要表现在无机和有机精细化学品、高分子材料等的研究应用上。但需要注意的是，由于 CO_2 是碳元素的最高氧化态，分子结构十分稳定，其标准吉布斯自由能很低。因此，要使其分子活化，需要消耗大量的能量。

（1）CO_2 生产化肥

尿素的化学名称是碳酰胺，其分子式为 $CO(NH_2)_2$。尿素的含氮量为 46.65%，是含氮量最高的固体氮肥。尿素是世界上非常重要的氮肥品种，具有营养成分丰富、含量高、肥效快、对土壤和农作物适应性好、不破坏土壤、贮存方便等优点。除作肥料外，尿素还可以作为反刍动物的辅助饲料，动物胃内的微生物能够将尿素转变为蛋白质，从而使其肉、奶增产。生产尿素的主要原料为液氨和 CO_2 气体。在合成过程中，NH_3 和 CO_2 首先反应生成氨基甲酸铵（甲铵），而后氨基甲酸铵脱水生成尿素和水。一般来说，合成尿素用的液氨要求纯度必须高于 99.5%，油含量小于 0.001%（质量分数），水和惰性成分的含量小于 0.5%，并且不能含有催化剂、铁锈等固体杂质。而 CO_2 的纯度也要高于 98.5%，其中硫化物含量必须低于 15mg/m^3（标准状态下）。因此，为了提高尿素的合成效率，在 CO_2 捕集过程，需要对 CO_2 的纯度进行有效的控制。目前，常用的尿素生产工艺包括水溶液全循环法、CO_2 汽提法、NH_3 汽提法等。

除尿素外，碳酸氢铵（碳铵）也是一种非常重要的氮肥，其化学式为 NH_4HCO_3，含氮 17.7%。由于其容易分解为 NH_3、CO_2 和 H_2O 三种气体而消失，故又称气肥。碳铵作为氮肥的优点在于其分解产物对植物来说都是可以利用的养分，不含有害的中间产物或最终分解产物，长期施用不会影响土质。此外，碳铵的有效成分不易随雨水等下渗流失，流失量远小于其他类型的氮肥，且铵离子和形成的硝酸根离子进入地下水后，对水质的危害也较小。碳铵的生产原料是合成 NH_3、CO_2 和 H_2O。工业上生产碳铵的主要工艺是，首先使用 NH_3 与 H_2O 制成浓氨水，而后向浓氨水中连续通入 CO_2，浓氨水与 CO_2 发生化合反应，从而生成碳酸氢铵。

（2）CO_2 生产无机化工产品

以 CO_2 为原料，与金属或其氧化物反应，生产 $NaHCO_3$、$CaCO_3$、K_2CO_3、$BaCO_3$、$PbCO_3$、Li_2CO_3、$MgCO_3$ 等无机化学品，是其再利用的重要手段。例如，Na_2CO_3，又称纯碱，是一种常用的基本工业原料，其用途非常广泛，可用于生产玻璃、钠盐、金属碳酸盐、漂白剂、填料、洗涤剂、催化剂、染料、耐火材料、釉（陶瓷工业）、人造纤维、造纸、肥皂等多种重要的工业和民用产品。另外，纯碱还可以用于工业上的气体脱硫、工业水处理、金属去脂等。纯碱的生产方法主要有合成碱法（又称氨碱法或联碱法）和天然碱加工法。合成碱法的主要生产原料包括食盐、石灰石、NH_3 等。天然碱法则主要以天然生产的以 Na_2CO_3 为主要成分的矿石为原料。

（3）CO_2 生产精细化工产品

甲烷是重要的化工原料，也是常用的家庭和工业燃料。其主要来自天然气，但天然气资源极为有限，因此将 CO_2 转化为甲烷是个具有特殊意义的课题，产业界和学术界提出了很多关于 CO_2 转化合成甲烷的理念和技术。法国化学家 Paul Sabatier 提出的 CO_2 甲烷化技术和 Hashiotiom 等提出的全球 CO_2 循环策略，对 CO_2 再利用进程都有着极为深远的影响。全球 CO_2 循环策略：第一步，将水电解产生 H_2；第二步，H_2 和 CO_2 反应生产甲烷和少量其他碳氢化合物；第三步，生产的 CH_4 作为能源消耗又生产了 CO_2，如此循环往复。而该循环策略的核心是利用太阳能发电和 CO_2 催化加氢甲烷化的反应效率等问题。

同时，利用 CO_2 催化加氢合成甲醇也是 CO_2 再利用的重要途径。甲醇不仅是重要的化工原料，而且可以作为新型燃料在交通工具中使用，所以 CO_2 催化加氢合成甲醇近年来引起了广泛重视。不过由于 CO_2 的化学惰性及热力学上的不利因素，使得 CO_2 难以活化还原。传统的催化剂存在转化效率低、副产物多及甲醇选择性不高等缺陷。因此，开发新型的催化剂材料，提高催化反应的活性和选择性显得十分迫切。

此外，CO_2 也可以作为原料合成高级醇（如乙醇等）、甲酸及其衍生物、有机碳酸酯（如碳酸二甲酯等)、醋酸、水杨酸、对羟基苯甲酸，并可用于芳烃烷基化、合成聚脲、生产双氢胺、合成可降解塑料等。

10.5.3 CO_2 的生物利用

随着化石能源的日渐枯竭及其带来的环境污染问题，人类开始积极寻找替代能源（如生物质能源、核能、风能、潮汐能及地热能等）。生物质能作为一种重要的可再生能源，近年来引起了广泛关注。第一代生物燃料由甘蔗、玉米、木薯等粮食作物为原料，将其中的糖分经过发酵转化为乙醇。该技术已经较为成熟，且在美国、巴西等国家被大规模推广。然而，基于粮食作物生产的生物燃料需要以消耗大量粮食资源为前提，严重危害到了世界范围内的粮食安全及稳定供给问题。故此，第二代生物燃料的原料应运而生，即秸秆、柴草及废弃木材等固体废弃物。由于不会威胁粮食供给，且秸秆等生物质资源储量丰富，因此第二代生物燃料相比于第一代优势明显。不过，秸秆等生物质中所蕴含的大量纤维素很难被有效催化降解，所以第二代生物燃料的产率尚未完全实现工业化。

相比于第一代和第二代生物燃料，微藻作为第三代生物燃料近年来被大范围研究。目前，培育微藻对二氧化碳进行生物固定已经取得了突飞猛进的发展，这是由于微藻的高光合速率使其在对二氧化碳进行生物固定时比陆生植物具有更高效率。此外，利用微藻的捕集方法还具有以下优点：a. 是一种环境可持续的方法；b. 直接使用太阳能；c. 同时生产基于生物质的高附加值材料，如人类食品、动物饲料等，主要用于水产养殖、化妆品、医药、化肥、特殊应用的生物分子和生物燃料。简单的微藻固定 CO_2 生产生物能源机理如图 10-13 所示。

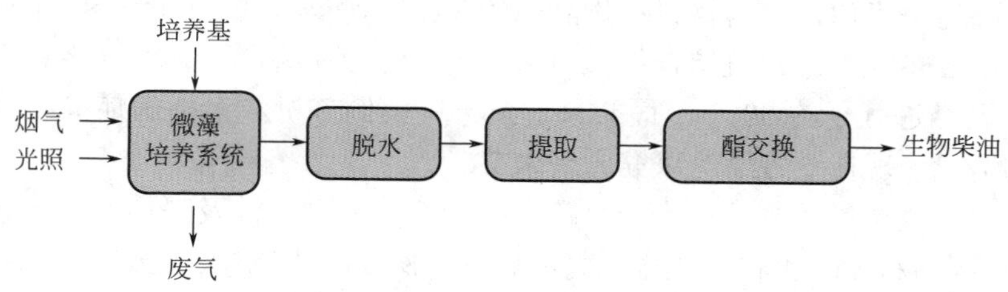

图 10-13 微藻固定 CO_2 生产生物能源机理

但是，目前对于微藻 CO_2 固定工艺，仍然缺乏较为系统和深入的了解，因此通常忽略了一些机理性问题（例如无机营养来源的需求量大以及培养、收获和干燥微藻生物质所需的大量能量、生物柴油的成本过高）。而这些局限很可能导致微藻生物柴油的生命周期中 CO_2 的净排放显著增加，从而促使能量平衡向不利一方倾斜。除此之外，CO_2 在水中的低溶解度是另一个需要进一步关注的问题。

10.1 简述常规燃烧后碳捕集技术及其特点。

10.2 CO_2 地质封存点的选择依据及潜在风险。

10.3 CO_2 转化技术及转化过程的核心影响因素。

第 11 章 室内空气污染控制

几个世纪以来，随着工业革命和城市的发展，室外空气污染对于人类健康的威胁已广为人知。早在 14 世纪，就颁布了有关烟尘排放的法律，但是，直到 20 世纪 60 年代，室内空气污染对于人类健康的影响才引起人们广泛关注。譬如，1965 年荷兰人 Biersteker 测量了室内 NO_2 浓度，发现以前仅在室外污染中被关注的这种化合物在室内的浓度也较高，这是气体燃烧设备进入室内产生的新问题。在有气体炉的家里，小孩的呼吸综合征发生率高于没有气体炉的家庭。此后，NO_2 对人体健康的影响研究逐渐推开。20 世纪 60 年代后期，Cameron 等研究了吸烟者的房间中人们的呼吸健康状况，类似的研究一直持续到 90 年代。到了 20 世纪 70 年代，室内甲醛被发现是导致哮喘的一个重要源头，由于美国东南部和加拿大很多家庭大量使用尿素甲醛泡沫塑料而使得室内大量甲醛释放，严重影响了人们健康，引发了甲醛对人体健康影响的研究。

与室内甲醛污染类似，室内材料和物品中的 VOCs 污染也在 20 世纪 80 年代以来逐渐被重视。人们对于 SBS（病态建筑综合征）、BRI（建筑相关疾病）、MCS（多种化学污染物过敏征）的研究已经进行了约 30 年，最初只涉及一些案例分析，包括病症描述以及一些可能相关的污染物情况，现在这方面的研究方兴未艾。

目前，室内空气质量控制已成为一个跨学科的研究方向，涉及暖通空调（建筑环境与能源应用工程）、环境科学和工程、化学、材料科学、医学、生物学、心理学等多个研究领域，很多研究要求不同学科的研究者协同攻关。我们相信，不远的将来，在此方向上，通过学科交叉，会形成一些新的学术生长点，并取得一些重要的研究成果。

本章着重介绍室内环境方面的有关知识，内容包括：室内空气污染物种类和来源；室内空气污染物检测和控制；室内空气污染评价及法规。

11.1 室内空气污染物种类

11.1.1 空气及空气媒污染物

室内的空气来自室外，室外空气中由于交通、土壤、植被、工业等产生的污染物随之进入室内。经过送风系统，室外空气被净化、加湿、加热和冷却；同时，空气也可能被上述空气处理系统污染。如果系统存在潮湿问题，这会导致细菌和霉菌的增殖，可能污染供给空气。一旦空气进入房间内，会进一步接受来自人、动物、家具、设备和建材的污染物。做饭、保洁、燃炉和吸烟也会污染室内空气。更严重的情况，污染物甚至会来自办公用具、清洁产品的使用以及微生物的滋生等。房间表面对污染物的吸收和释放，室内空气的化学反应过程，颗粒物的沉降与扬尘，使得室内环境变得更加复杂。

（1）气味

气味常见的来源是室内建材、人、清洁用品、空气清新剂、香水、剃须乳液、宠物和霉菌等。潮湿的建材闻起来很糟糕，这是由微生物的滋生造成的。

对气味和刺激性物质的敏感性因人而异。在大多数情况下，一种物质的气味在尚未产生刺激性感知之前就能被人们察觉到。人们习惯于体味，而不习惯建材和烟草的气味，后者往往包含刺激性物质。

有些人，比如哮喘患者，气味对他们的影响尤其严重，因为大部分有气味的物质也具有刺激性，这些刺激性物质早期在较高浓度的情况下激发了哮喘，从而会再次诱发哮喘患者的症状。

（2）气态污染物

① 二氧化氮和臭氧　许多无机化合物如二氧化氮（NO_2）和臭氧（O_3）刺激呼吸道，并且除此以外，可能是呼吸道超敏反应的促成因素（佐剂因素）。二氧化氮可引起呼吸道的刺痛、咳嗽等；臭氧对眼睛和呼吸道具有高度刺激性。

二氧化氮和臭氧会与室内空气中的挥发性有机化合物发生化学反应。室内二氧化氮的来源是燃气灶具或交通尾气的渗透；臭氧的来源是室外的空气、复印机的放电、激光打印机和离子发生器。

② 二氧化碳　原则上讲，最重要的二氧化碳来源就是人类。房间内二氧化碳的浓度较高（$> 0.1\% m^3/m^3$）时，说明通风已经不能够处理当时居住密度所带来的高 CO_2 浓度。

③ 有机气体和蒸气　室内空气中含有大量的挥发性气态有机化合物，基于沸点分类如表 11-1 所示。

表 11-1　室内挥发性气态有机化合物及其沸点分类

分类	中文名称	沸点温度 /℃
VVOC	高挥发性有机物	＜ 0 至 50 ～ 100
VOCs	挥发性有机物	50 ～ 100 至 240 ～ 260
SVOC	半挥发性有机物	240 ～ 260 至 380 ～ 400
POM	颗粒有机物	＞ 380

室内有机化合物的关注点主要集中在挥发性有机物和甲醛。单个 VOCs 或总 VOCs（TVOC）的含量在时间上和空间上变化很大，取决于室内的污染源。能否使用 TVOC 从健康的角度评估室内空气品质是个值得讨论的问题。我们认为无论是从浓度方面，还是从建筑装饰材料排放方面来考量，TVOC 都不应作为室内空气品质的评价指标。

非工业室内环境中可以检测出超过 900 种 VOCs。大量的化合物来源于我们自己和其他室内源头，如建材、清洁和卫生产品。很多室内活动，如做饭、保洁等也产生 VOCs。车库和某些日用化学产品（如溶剂、黏结剂、涂料、日用化工）的储物间都可能是室内挥发性有机化合物的其他来源。

低浓度有机气体和蒸气也可能会引起超敏反应和 SBS 等。这些有机化合物可与臭氧等物质反应，生成醛类或自由基。

④ 甲醛　甲醛是室内空气中的有味和刺激性物质，对眼睛的黏膜和上呼吸道有刺激效应。室内环境中存在大量的甲醛挥发源，如日用消毒剂、"无皱"纺织品、吸烟和某些类型的木地板等。

甲醛在非工业环境中目前测得的浓度通常低于标准阈值。但是，即使在低浓度水平，敏感的人仍然可以察觉其气味，感到眼睛不适。

（3）颗粒物

室内颗粒物有可能会与化学物质和过敏原产生耦合污染。烟草烟雾通常是室内空气载粒子的重要来源，会导致肺癌。室内灰尘会含有食物残渣、香烟烟雾、蔬菜物质、纺织品、塑料、花粉、霉菌孢子、病原体、烟尘颗粒、矿棉纤维、细菌和头发。许多有机粒子可以引起过敏反应，但是，除了上面提到的那些，我们对于室内空气中颗粒物与健康之间的关系还不了解。

（4）纤维

在20世纪70年代中期和80年代初的"石棉恐慌"后，处理建筑物的石棉材料最常用的措施是直接剥离，然而，因为石棉会产生大量粉尘，这种做法非常危险。现在处理石棉材料措施的原则是不触碰材料且防止纤维的逸出。如果需除去石棉，则必须遵守严格的规定。当提出建筑改建计划时，应查看是否存在石棉，会散发出石棉纤维的材料需替换或处理。在机械通风设备中，石棉材料被认为是健康的危险因素。

作为建筑物的保温材料，玻璃棉和岩棉已经取代石棉，但是会引起皮肤刺激和呼吸道刺激。有研究表明，矿物棉（玻璃棉和岩棉）的生产会略增加肺癌的患病危险，然而，当材料被安置于建筑物中后，就不会对居民构成任何风险。

经过阻燃处理的纤维素材料（纸和木纤维）可替代矿物棉保温材料，这种材料在安装时会产生粉尘，但不具有矿物纤维的致癌性。

（5）氡

氡是放射性元素镭衰变产生的一种惰性气体。随后，氡衰变成氡的子代（固体颗粒），其具有放射性。当含氡的空气被吸入，该衰变产物可以粘在呼吸道上，衰变时产生的辐射会损坏呼吸道和肺细胞。当室内空气中的氡含量超过400Bq/m^{3}时被视为对人体健康有害。氡与吸烟共同构成了极其高的健康风险。

土壤中的氡是建筑物中氡最常见的来源，可以使建筑物内的氡含量非常高。在与地面接触的房间中，氡的浓度比上层建筑物的浓度高。氡可以沿着供水和排污或分区供暖的水管传播，并且可以以这种方式进入建筑物。

含镭量最高的建筑材料是以明矾页岩为主的加气混凝土，被称为蓝色混凝土。蓝色混凝土在很多地方都有生产，随着地域的不同，原材料中的镭含量区别很大，因此蓝色混凝土所产生的氡取决于产地。如果建筑的换气次数很低，那么蓝色混凝土会产生相对高的室内氡含量，故禁止在房屋建造中使用。

水里的氡主要来源于钻井，当打开水龙头时，氡就会散发到室内，导致空气中氡含量升高。如果水的氡含量超过100Bq/L，是可以使用的，但会有潜在健康危害；而如果含量超过1000Bq/L，就不适合使用了。

（6）微生物

微生物（细菌）是单个或多节有机体，它们在土壤、水、空气以及动物和人身上、室内和室外环境都随处可见。它们大多数对人类无害；然而，少数种类由于会产生毒素，所以是致病的。微生物、建筑物和室内环境之间的相互作用很复杂，目前在这方面的研究较少。只要有足够的水分，微生物可以在所有的建材上生长。霉菌生长时产生子实体（分生孢子），形成孢子，孢子一直处于休眠状态，直到遇到一个有水分和营养成分的适宜地方。所有环境中的孢子浓度是随季节变化的，冬季低，夏末最高。室内孢子含量取决于通风状态和室内环境微生物源；室外孢子含量往往比室内更高。在室内，当孢子落到地板上时，就会与灰尘混合。它们没有特殊气味，吸入后通常在呼吸道被过滤掉。

微生物生长的主要条件是水、适宜的温度和光线。某些真菌和细菌会产生不愉快的、典型的“发霉”味道，这种气味会黏附于纺织品、衣物以及头发，随着时间的流逝，有机体枯竭，气味消失。

除了孢子，微生物也是许多其他污染物的源头，如微生物挥发性有机物、毒素、葡聚糖等。但尚未证实其中哪些物质以及在什么样的水平下会产生健康风险。

某些室内霉菌，如葡萄穗霉、黄曲霉、杂色曲霉和扩展青霉需要特别注意，这些霉菌会产生毒素，一旦检测到必须立即设法除去。

如果发现建筑中存在发霉的味道、霉菌和细菌的滋生，那么需要对建筑的潮湿问题、漏水和通风不足等问题进行调查，被微生物侵蚀的以及有发霉气味的材料必须除去并废弃。

（7）半挥发性有机物

邻苯二甲酸酯（phthalate），又名钛酸酯，是邻苯二甲酸酐醇解后所得的产物，属于半挥发性有机物（semivolatile organic compounds，SVOC），在常温下呈黏稠状，有特殊气味，不溶于水，易溶于甲醇、乙醇等有机溶剂，其饱和蒸气压较低（10^{-9} ～ 10Pa），沸点较高（240 ～ 400℃），因此较难挥发。

邻苯二甲酸酯主要作为增塑剂添加到高分子聚合物中，以增强材料的柔韧性和延展性。室内环境中邻苯二甲酸酯的来源主要是塑料制品，包括聚氯乙烯建材、装饰材料、食品包装、儿童玩具、自来水管道、电缆电线皮以及直接和人体皮肤接触的个人护理品。实验表明，邻苯二甲酸酯在空气中的释放量随着温度的升高而增加，因此，在较高温度的室内环境中，邻苯二甲酸酯的污染情况不容乐观。

由于其自身的物理化学特性，如分子量大、挥发性小、沸点高，只有分子量较小的邻苯二甲酸酯才可以通过挥发进入到空气中，其他分子量较大的邻苯二甲酸酯或自身凝聚成固相状态，或附着在颗粒物上。邻苯二甲酸酯主要通过呼吸道吸入、皮肤接触及食道摄入三种途径进入人体。进入人体后，邻苯二甲酸酯在体内发生代谢反应，进而对人体健康造成危害。

邻苯二甲酸酯是内分泌干扰物（endocrine disrupting chemical，EDC）的一种。美国环保局（EPA）将内分泌干扰物定义为，干扰人体内负责体内平衡、繁殖及发育过程的天然血液激素的合成、分泌、运输、结合、反应和代谢等，从而对生物或人体的生殖、神经和免疫系统等的功能产生影响的外源性化学物质。国内外大量流行病学和毒理学研究表明，邻苯二甲酸酯暴露可造成内分泌系统的干扰，从而产生多种健康危害，主要会造成生殖系统、呼吸系统、神经系统和代谢系统损害。

11.1.2 过敏原

过敏原几乎是完全天然存在的物质，主要来自动物和植物。最常见的室内过敏原来自螨虫、毛茸动物（猫、狗、啮齿类动物）和植物（主要是室外的花粉）。原则上讲，极少量过敏原就足以造成问题。

（1）螨虫过敏原

螨是蛛网膜动物，小于 0.3mm，主要以人体皮肤碎屑为食。尘螨广泛地存在于家庭环境中，其粪便和唾液中包含可以致敏的过敏原。

在生物性污染物中，尘螨被认为是最重要的污染物之一。自从 1964 年尘螨被证实是一种过敏原以后，各个国家陆续发现了尘螨与哮喘之间的联系，而且被认为是引起哮喘最主要的过敏原。现代家居环境密闭性大大加强，使得室内环境的换气次数降低，多余的水气不能被有效排出，有利于螨虫滋生；家庭环境的毛绒类物品增多，如毛绒地毯、毛绒玩具和毛绒床上用品等，这些物品给皮屑等物质的积累提供了良好的场所。这两种因素同时作用使得现在家庭环境中的尘螨浓度有了明显提高。

（2）毛茸动物过敏原

所有毛茸动物都会致敏，通过它们的皮毛、唾液和尿液传播致敏物质。动物过敏原大多附着于小颗粒，而且在空气中飘浮很长一段时间，衣服上很容易携带动物过敏原。因此，学校的动物过敏原含量有时与有宠物的家庭是同一水平，尤其是猫过敏原似乎“永远无处不在”。鱼类和爬行动物本身不散发出过敏原，但鱼食（如苍蝇的幼虫）和水族箱里的藻类能触发过敏症状。

11.2 室内空气污染来源

室内空气污染来源可用图 11-1 概述。

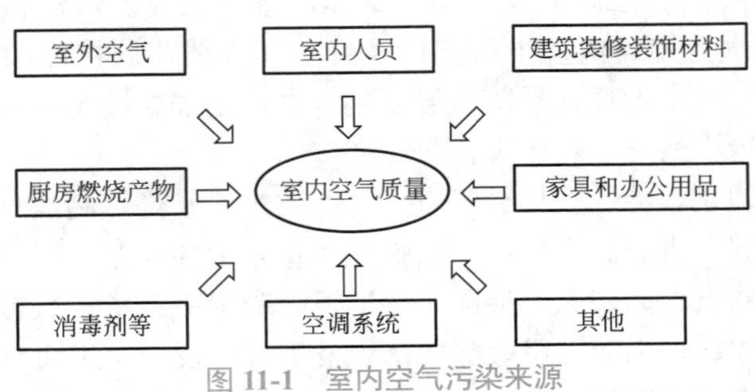

图 11-1 室内空气污染来源

下面分别对室内空气污染来源及其特点做简单介绍。

11.2.1 室外空气

室内空气污染和室外空气污染密切相关。近年来室内空气质量变差的部分原因就是室外大气污染日益严重，因此有必要了解室外空气污染。表 11-2 对室外大气污染物做了一个简要的总结。

表 11-2 和室内空气质量相关的室外污染物简介

污染源	污染物	对人体健康的主要危害
工业污染物	NO_x、SO_x、TSP（总悬浮颗粒物）和 HF	呼吸病、心肺病和氟骨病
交通污染物	CO、HC（碳氢化合物）	脑血管病
光化学反应	O_3	破坏深部呼吸道
植物	花粉、孢子和萜类化合物	哮喘、皮疹、皮炎和其他过敏反应
环境中微生物	细菌、真菌和病毒	各类皮肤病、传染病
灰尘	各种颗粒物及附着的病菌	呼吸道疾病及某些传染病

11.2.2 建筑装修装饰材料

我国经济建设的飞速发展提高了人们的生活质量，人们对居住环境的品质要求也随之增高，在追求品质时，居住环境的装潢与设计充分满足了人们的审美与生活品质要求。我国建筑行业的发展促进了建材、装修行业的发展。房产行业为了更好地销售其房产，丰富了营销手段，将房产进行精致的装潢之后再进行销售，节省了客户装修环节所用时间，为客户提供了便利，但同时部分房产企业盲目追求利润，在房屋装修时采用价格低廉的装修材料，使装修材料中的大量甲醛存留于室内，造成室内空气严重的化学污染，威胁到人们的身体健康及生命安全。此外，还有部分用户自己选择材料装修，在选择材料时往往将材料的美观作为选择的首要标准而忽略了装修材料的环保性能，因此在装修中由于使用了不够环保的材料导致室内空气被污染，影响到人们的健康。

常见的散发污染物的室内装饰和装修材料主要为：合成隔热板材、人造板材及人造板家具、吸声及隔声材料、胶黏剂、涂料壁纸和地毯等。

11.2.3 空调系统

合理的空调系统及其管理能够大大改善室内空气质量，反之，也可能产生和加重室内空气污染。空调系统可能对室内空气质量产生不良影响的部件主要为：

① 过滤器 过滤器存在堵塞、缺口、密闭性差和穿透率高等问题，都可能造成在滤材上积累大量菌尘微粒，在空调的暖湿气流作用下非常容易生长繁殖并随着气流带入室内造成污染。如果不恰当地选择过滤器面积和风速，不及时清洗或更换过滤器，则会造成污染源扩散，严重影响室内空气质量。

② 新风入口 新风入口选址靠近室外污染比较严重的地方，新风入口离排风口太近，发生排风被吸入的短路现象。

③ 混合间 新、回、排风三股气流交汇，如果该空间受到污染或者相关阀门气密性不好，压力分布不合理，将直接影响室内送风的空气质量。

④ 表冷器托盘　如果托水盘中的水不能及时排走，或排水盘不能及时清洗消毒，一些病菌就会在这阴暗潮湿并且有有机物养分的环境中滋生繁衍，进入室内，造成室内空气质量降低。

⑤ 送风机　风机叶片表面污染、风机皮带轮磨损脱落都会造成空气污染。

⑥ 加湿器　一些加湿器周围温度和湿度都很适合微生物的繁殖生长，微生物随送风进入室内，造成室内生物污染。

此外，还有风阀、盘管及风道系统等，因此空调系统的合理设计，妥善管理对于改善室内空气质量有着重要意义。

11.2.4 家具和办公用品

家具和办公用品也是室内污染的一个主要污染源。家具用有机漆和一些人工木料（如大芯板），常释放有机挥发气体，如甲醛、甲苯等，另外打印机、复印机散发的有害颗粒也会威胁人体健康，而且电脑使用过程中，也会散发多种有害气体，降低人的工作效率。

11.2.5 厨房燃烧产物

厨房烹饪使用煤、天然气、液化石油气和煤气等燃料，会产生大量含有 CO、CO_2、NO_2、SO_2 等气体及未完全氧化的烃类——羟酸、醇、苯并呋喃及丁二烯和颗粒物。另外，烹调本身也会产生大量的污染物。烹调油烟是食用油加热后产生的，通常炒菜温度在 250℃以上，油中的物质会发生氧化、水解、聚合和裂解等反应，随着沸腾的油挥发出来。这种油烟含有 200 余种成分，其中包括致癌物质，主要来源于油脂中不饱和脂肪酸的高温氧化与聚合反应。

11.2.6 室内人员

室内人员可能产生的污染除了吸烟以外，还有人体自身由于新陈代谢而产生的各种气味。吸烟烟尘成分复杂，包括上千种气态和气溶胶态化合物，其中有很多致癌、致畸、致突变的物质，比如尼古丁和甲醛等。新陈代谢的废弃物主要通过呼出气、大小便、皮肤代谢等带出体外。

其他室内污染的途径是指除了上述途径之外的一些途径，包括日用化学品污染、人为污染、饲养宠物带来的污染等，这里不再赘述。

11.3 室内空气污染物的检测方法

11.3.1 室内空气中苯的检验方法

（1）方法提要

① 相关标准和依据　本方法主要依据《居住区大气中苯、甲苯和二甲苯卫生检验标准方法　气相色谱法》（GB 11737—89）。

② 原理　空气中苯用活性炭管采集，然后用二硫化碳提取出来。用氢火焰离子化检验器的气相色谱仪分析，以保留时间定性，峰高定量。

③ 干扰和排除　空气中水蒸气或水雾量太大，以致在碳管中凝结时，将严重影响活性炭的穿透容量和采样效率。空气湿度在 90% 以下，活性炭管的采样效率符合要求。空气中其他污染物的干扰，由于采用了气相色谱分离技术，选择合适的色谱分离条件可以消除。

（2）适用范围

① 测定范围　采样量为 20L 时，用 1mL 二硫化碳提取，进样 1μL，测定范围为 0.05 ～ 10mg/m^3。

② 适用场所　本法适用于室内空气和居住区大气中苯浓度的测定。

11.3.2　室内空气中总挥发性有机物的检验方法（热解吸/毛细管气相色谱法）

（1）方法提要

① 相关标准和依据　ISO16017-1“Indoor. Ambient and workplace air-Sampling and analysis of volatile organic compounds by sorbent tube/thermal desorption/capillary gas chromatography—part 1：pumped sampling”。

② 原理　选择合适的吸附剂（Tenax GC 或 Tenax TA），用吸附管采集一定体积的空气样品，空气流中的挥发性有机化合物保留在吸附管中采样后，将吸附管加热，解吸挥发性有机化合物，待测样品随惰性载气进入毛细管气相色谱仪再保留时间定性，峰高或峰面积定量。

③ 干扰和排除　采样前处理和活化采样管和吸附剂，使干扰减到最小；选择合适的色谱柱和分析条件，本法能将多种挥发性有机物分离，使共存物干扰问题得以解决。

（2）适用范围

① 测定范围　本法适用于浓度范围为 0.5μg/m^3 ～ 100mg/m^3 之间的空气中 VOCs 的测定。

② 适用场所　本法适用于室内、环境和工作场所空气，也适用于评价小型或大型测试舱室内材料的释放。

11.3.3　室内空气中菌落总数检验方法

（1）适用范围

本方法适用于室内空气菌落总数测定。

（2）定义

撞击法（impacting method）是采用撞击式空气微生物采样器采样，通过抽气动力作用，使空气通过狭缝或小孔而产生高速气流，进而使悬浮在空气中的带菌粒子撞击到营养琼脂平板上，经 37℃、48h 培养后，计算出每立方米空气中所含的细菌菌落数的采样测定方法。

（3）仪器和设备

a. 高压蒸汽灭菌器；b. 干热灭菌器；c. 恒温培养箱；d. 冰箱；e. 平皿；f. 制备培养基用一般设备：量筒、锥形烧瓶、pH 计或精密 pH 试纸等；g. 撞击式空气微生物采样器。

采样器的基本要求：

a. 对空气中细菌捕获率达 95%；b. 操作简单，携带方便，性能稳定，便于消毒。

（4）营养琼脂培养基

① 成分　蛋白胨 20g；牛肉浸膏 3g；氯化钠 5g；琼脂 15 ～ 20g，蒸馏水 1000mL。

② 制法　将上述各成分混合，加热溶解，校正 pH 至 7.4，过滤分装，121℃，20min 高压灭菌。营养琼脂平板的制备参照采样器使用说明。

（5）操作步骤

a. 将采样器消毒，按仪器使用说明进行采样。一般情况下采样量为 30 ～ 150L，应根据所用仪器性能和室内空气微生物污染程度，酌情增加或减少空气采样量。

b. 样品采完后，将带菌营养琼脂平板置 36℃ ±1℃恒温箱中，培养 48h，计数菌落数，并根据采样器的流量和采样时间，换算成每立方米空气中的菌落数。以 CFU/m^3 报告结果。

11.4 室内空气污染物控制

为了有效控制室内污染，改善室内空气质量，需要对室内污染全过程有充分认识。

室内空气污染物由污染源散发，在空气中传递，当人体暴露于污染空气中时，污染就会对人体产生不良影响。室内空气污染控制可通过以下三种方式实现：a. 源头治理；b. 通新风稀释和合理组织气流；c. 空气净化。下面分别就这三个方面进行介绍。

11.4.1 污染物源头治理

从源头治理室内空气污染，是治理室内空气污染的根本之法。图 11-1 显示了室内空气污染的不同来源。污染源头治理有以下几种。

（1）消除室内污染源

最好最彻底的办法就是消除室内污染源，譬如，一些室内建筑装修材料含有大量的挥发性有机污染物，研发具有相同功能但不含有害挥发性有机污染物的材料可消除建筑装修材料引起的室内有机化学污染；又如，一些地毯吸收室内化学污染后会成为室内空气二次污染源，因此，不用这类地毯就可消除其导致的污染。

（2）减小室内污染源散发强度

当室内污染源难以根除时，应考虑减少其散发强度。譬如，通过标准和法规对室内建筑材料中有害物含量进行限制就是行之有效的办法。我国制定了《室内建筑装饰装修材料有害物质限量》标准，该国标限定了室内装饰装修材料中一些有害物质的含量和散发速率，对于建筑物在装饰装修方面材料使用做了一定的限定，同时也对装饰装修材料的选择有一定的指导意义。

（3）污染源附近局部排风

对一些室内污染源，可采用局部排风的方法。譬如，厨房烹饪污染可采用抽油烟机解决，厕所异味可通过排气扇解决。

11.4.2 通新风稀释和合理组织气流

通新风是改善室内空气质量的一种行之有效的方法，其本质是提供人所必需的氧气，并用室外污染物浓度低的空气来稀释室内污染物浓度高的空气。室内新风量的确定需从以下几方面考虑。

（1）以氧气为标准的必要换气量

必要新风量应能提供足够的氧气，满足室内人员的呼吸要求，以维持正常生理活动。

人体对氧气的需要量主要取决于能量代谢水平。人体处在极轻活动状态下所需氧气约为 $0.423m^3/(h·人)$。单纯呼吸氧气所需的新风量并不大，一般通风情况下均能满足此要求。

（2）以室内 CO_2 允许浓度为标准的必要换气量

人体在新陈代谢过程中排出大量 CO_2。CO_2 浓度与人体释放的污染物浓度有一定关系，故 CO_2 浓度常作为衡量指标来确定室内空气新风量。人体 CO_2 发生量与人体表面积和代谢情况有关。不同活动强度下人体 CO_2 的发生量和所需的新风量见表 11-3。

表 11-3 不同活动强度下人体 CO_2 的发生量和所需的新风量

活动强度	CO_2 发生量 /[m^3/(h·人)]	不同 CO_2 允许浓度		
		0.1%m^3/m^3	0.15%m^3/m^3	0.2%m^3/m^3
静坐	0.014	20.6	12	8.5
极轻	0.017	24.7	14.4	10.2
轻	0.023	32.9	19.2	13.5
中等	0.041	58.6	34.2	24.1
重	0.075	107	62.3	44.0

（3）以消除臭气为标准的必要换气量

人体会释放体臭。体臭释放和人所占有的空气体积、活动情况、年龄等因素有关。国外有关专家通过实验测试，在保持室内臭气指数为 2 的前提下得出的不同情况下所需的新风量，见表 11-4。稀释少年体臭的新风量，比成年人多 30% ～ 40%。

表 11-4　除臭所需新风量

设备		每人占有气体体积 / (m^3/ 人)	新风量 / [m^3/ (h · 人)]	
			成人	少年
无空调		2.8	42.5	49.2
		5.7	27.0	35.4
		8.5	20.4	28.8
		14.0	12.0	18.6
有空调	冬季	5.7	20.4	—
	夏季	5.7	< 6.8	—

（4）以满足室内空气质量国家标准的必要换气量

室内可能存在污染源，为使室内空气质量达到国家标准《室内空气质量标准》（GB/T 18883—2002），需通新风换气。换气次数需根据室内空气污染源的散发强度、室内空间大小和室外新风空气质量情况以及新风过滤能力等确定。

通风通常有自然通风和机械通风两种形式。机械通风又分全空间通风和局部空间通风（包括个体通风）两种形式。

11.4.3　空气净化

空气净化是指从空气中分离和去除一种或多种污染物，实现这种功能的设备称为空气净化器。使用空气净化器是改善室内空气质量和创造健康舒适的室内环境十分有效的方法。空气净化是室内空气污染源头控制和通风稀释不能解决问题时不可或缺的补充。此外，在冬季供暖、夏季使用空调期间，采用增加新风量来改善室内空气质量，需要将室外进来的空气加热或冷却至舒适温度而耗费大量能源，使用空气净化器改善室内空气质量，可减少新风量，降低采暖或空调能耗。

（1）不同空气净化原理和特点简介

目前空气净化的方法主要有：过滤器过滤、吸附净化法、纳米光催化降解 VOCs、臭氧净化法、紫外线辐照杀菌、等离子体净化和其他净化技术，下面就常见的几种予以介绍。

① 过滤器过滤　过滤器主要功能是处理空气中的颗粒污染。过滤器工作原理如下：

a. 扩散效果。悬浮在空气中的粒子互相随机碰撞，这种运动增加了颗粒和过滤器纤维的接触概率。在大气压下，小于 0.2μm 的粒子通常会很明显地偏离它们的流线，这使得扩散成了过滤机理中的重要方面。扩散通常对速度很敏感，低速能够使得粒子有充足的时间偏离流线，因此也使得颗粒更容易被捕获。

b. 中途拦截。即使有些大粒径粒子的扩散效应不明显，偏离流线的程度不多，它们也可能因为自己的大尺寸而与过滤器纤维碰上，通常这个过程和速度的关系不大，对于粒径大于 0.5μm 的粒子中途拦截比较有效。

c. 惯性碰撞。空气中比较重或者速度比较高的粒子通常有比较大的惯性，它们通常难于绕过过滤器纤维而和纤维直接接触，从而被捕获。这种作用通常对粒径大于 0.5μm 的粒子有效，而且这种作用取决于空气流速和纤维的尺寸。

d. 筛子效果。对于较大的颗粒，过滤器确有“筛子”的功能，显然，颗粒越大，这种过滤效果越强。

e. 静电捕获。在有些情况下，粒子或者过滤器纤维被有意带上电荷，这样静电力就可在捕获粒子中起重要作用。和扩散作用一样，低速有利于静电力捕获粒子。

由于扩散对于小粒子很有效，而中途拦截和惯性碰撞对于大于 0.5μm 的粒子非常有效，而这两种作用力对于粒径的要求刚好相反，因此对于粒径在 0.1μm 和 0.4μm 之间的粒子来说，过滤器的效率则主要取决于纤维的尺寸和空气速度，图 11-2 是过滤器的效率和粒径的关系曲线图。

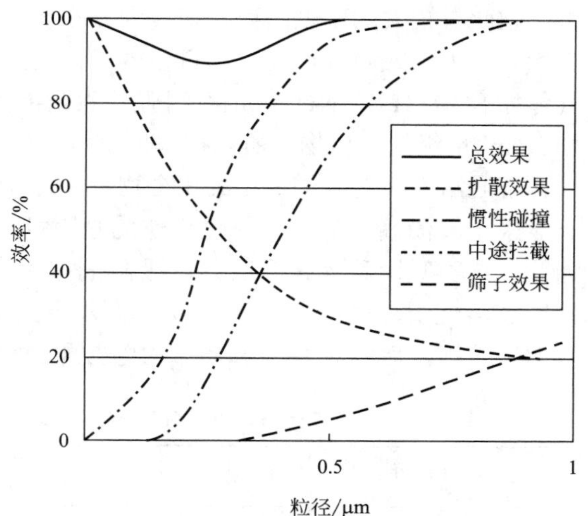

图 11-2 过滤器的效率和粒径的关系曲线图

② 吸附净化法 吸附对于室内 VOCs 和其他污染物是一种比较有效而又简单的消除技术。

目前比较常用的吸附剂主要是活性炭，其他的吸附剂还有人造沸石、分子筛等。吸附可以分为物理吸附和化学吸附两类，活性炭吸附属于物理吸附。物理吸附是由于吸附质和吸附剂之间的范德华力而使吸附质聚集到吸附剂表面的一种现象。物理吸附属于一种表面现象，可以是单层吸附，也可以是多层吸附，其主要特征为：a. 吸附质和吸附剂之间不发生化学反应；b. 对所吸附的气体选择性不强；c. 吸附过程快，参与吸附的各相之间瞬间达到平衡；d. 吸附过程为低放热反应过程，放热量比相应气体的液化潜热稍大；e. 吸附剂与吸附质间的吸附力不强，在条件改变时可脱附。

气体在每克固体表面的吸附量 g 依赖于气体的性质、固体表面的性质、吸附平衡的温度 T 以及吸附质平衡压力 p，可以表示如下：

$$g=f（T，p，吸附剂，吸附质） \tag{11-1}$$

固体材料吸附能力的大小和固体的比表面积（即 1g 固体的表面积）很有关系，比表面积越大，吸附能力越强，因为活性炭有着丰富的孔结构，因此其比表面积较大，吸附能力较强。

活性炭的制备比较容易，几乎能由所有的含碳物质如煤、木材、骨头、椰子壳、核桃壳和果核等制得，把这些物质在低于 600℃进行炭化，所得残炭再用水蒸气、热空气或者氯化锌等作为活化剂进行活化处理，即可制得活性炭，其中最好的原料是椰子壳，其次是核桃壳和水果核。

活性炭吸附主要用来处理的常见有机物包括苯、甲苯、二甲苯、乙醚、煤油、汽油、光气、苯乙烯、恶臭物质、甲醛、已烷、庚烷、甲基乙基酮、丙酮、四氯化碳、萘和乙酸乙酯等气体。

活性炭纤维是 20 世纪 60 年代随着碳纤维工业而发展起来的一种活性炭新品种，近年来由于其在空气净化方面的应用受到了人们的广泛关注。它和普通的碳纤维相比，比表面积大（是普通碳纤维的几十甚至几百倍），碳化温度低，表面存在着多种含氧官能团。

活性炭纤维在表面形态和结构上与粒状活性炭（GAC）有很大差别。粒状活性炭含有大孔、中孔和微孔，而活性炭纤维则主要含大量微孔，微孔的体积占了总孔体积的90%左右，因此有较大的比表面积，多数为800～1500m^2/g。与粒状活性炭相比，活性炭纤维吸附容量大，吸附或脱附速度快，再生容易，而且不易粉化，不会造成粉尘二次污染，对于无机气体如SO_2、H_2S、NO_x等也有很强的吸附能力，吸附完全，特别适用于吸附去除$10^{-6}g/m^3$、$10^{-9}g/m^3$量级的有机物，所以在室内空气净化方面有着广阔的应用前景。

普通活性炭对分子量小的化合物（如氨、硫化氢和甲醛）吸附效果较差，对这类化合物，一般采用浸渍高锰酸钾的氧化铝作为吸附剂，空气中的污染物在吸附剂表面发生化学反应，因此，这类吸附称为化学吸附，吸附剂称为化学吸附剂。表11-5给出了浸渍高锰酸钾的氧化铝和活性炭对一些空气污染物吸附效果的比较。可见，前者对NO、SO_2、甲醛和H_2S去除效果较好，后者对NO_2和甲苯去除效果较好。

表11-5　浸渍高锰酸钾的氧化铝和活性炭对一些空气污染物吸附效果的比较　　单位：%

空气污染物	NO_2	NO	SO_2	甲醛	H_2S	甲苯
浸渍高锰酸钾的氧化铝	1.56	2.85	8.07	4.12	11.1	1.27
活性炭	9.15	0.71	5.35	1.55	2.59	20.96

③ 紫外线辐照杀菌　紫外线辐照杀菌（ultraviolet germicidal irradiation，UVGI）是通过紫外线照射，破坏及改变微生物的DNA（脱氧核糖核酸）结构，使细菌当即死亡或不能繁殖后代，达到杀菌的目的。

紫外光谱分为UVA（315～400nm）、UVB（280～315nm）和UVC（100～280nm），波长短的UVC杀菌能力较强，因为它更易被生物体的DNA吸收，尤以253.7nm左右的紫外线杀菌效果最佳。紫外线杀菌属于纯物理方法，具有简单便捷、广谱高效、无二次污染、便于管理和实现自动化的优点，值得一提的是紫外灯杀菌需要一定的作用时间，一般细菌在受到紫外灯发出的辐射数分钟后才死亡。鉴于此，紫外线辐照杀菌对停留在表面上的微生物杀灭非常有效，对空气中的微生物则需要足够长的作用时间才能杀灭。医院中，紫外灯往往用于表面杀菌，而在有人员活动或停留的房间，紫外灯一般安置在房间上部，不直接照射到人。空气受人体或热源加热向上运动，或由外力推动，缓慢进入紫外辐照区，受辐照后的空气冷却后再下降到房间的人员活动区。在不断反复的过程中，细菌和病毒也会逐渐地被降低活性，直至灭杀。

④ 臭氧净化法　臭氧是已知的最强的氧化剂之一，其强氧化性、高效的消毒和催化作用使其在室内空气净化方面有着积极的贡献。臭氧主要应用在灭菌消毒，它可即刻氧化细胞壁，直至穿透细胞壁与其体内的不饱和键化合而杀死细菌，这种强的灭菌能力来源于其高的还原电位，表11-6列出了常见的灭菌消毒物质的还原电位，其中臭氧具有最高的还原电位。

表 11-6 常见的灭菌消毒物质的还原电位

名称	分子式	标准电极电位 /V	名称	分子式	标准电极电位 /V
臭氧	O_3	2.07	二氧化氯	ClO_2	1.50
双氧水	H_2O_2	1.78	氯气	Cl_2	1.36
高锰酸根离子	MnO_4^-	1.67			

臭氧在消毒灭菌的过程中还原成氧和水，在环境中没有残留物，同时它能够将有害的物质分解成无毒的副产物，有效地避免了二次污染，因此对于臭氧产品的开发，已使其在医院、公共场所和家庭灭菌等方面得到了广泛应用，取得很好的效益。

与一般的紫外线消毒相比，臭氧的灭菌能力要强得多，同时还能除臭，达到净化空气的目的。但由于臭氧的强氧化性，过高的臭氧浓度对人体的健康同样有着危害作用。当臭氧吸入人体内后，能够迅速地转化为活性很强的自由基——超氧基 O_2^-，使不饱和脂肪酸氧化，从而造成细胞损伤，可使得人的呼吸道上皮细胞质过氧化过程中花生四烯酸增多，进而引起上呼吸道的炎症病变。志愿者人体实验表明接触 176.4μg/m^3 臭氧 2h 后，肺活量、用力肺活量和第一秒用力肺活量显著下降；浓度达到 294μg/m^3，80% 以上的人感到眼和鼻黏膜刺激，100% 的人出现头疼和胸部不适，因此我国在《室内空气质量标准》中限定了臭氧浓度的上限（0.16mg/m^3），这是使用臭氧进行室内空气净化中应该注意的一个问题。

除了上述成熟的空气净化方法外，近年来发展起一些新的空气净化方法，有的已获应用，有的还有待研究提高，下面对其中一些空气净化新方法做简要介绍。

① 光催化净化原理和方法

a．反应机理。光催化反应的本质是在光电转换中进行氧化还原反应。根据半导体的电子结构，当半导体（光催化剂）吸收一个能量大于其带隙能（E_g）的光子时，电子（e^-）会从价带跃迁到导带上，而在价带上留下带正电的空穴（h^+）。价带空穴具有强氧化性，而导带电子具有强还原性，它们可以直接与反应物作用，还可以与吸附在光催化剂上的其他电子给体和受体反应。例如空穴可以使 H_2O 氧化，电子使空气中的 O_2 还原，生成 H_2O_2、· OH 基团和 HO_2 · 基团，这些基团的氧化能力都很强，能有效地将有机污染物氧化，最终将其分解为 CO_2、H_2O，达到消除 VOCs 的目的。

常见的光催化剂为 TiO_2，其光催化活性高，化学性质稳定、氧化还原性强、抗光阴极腐蚀性强、难溶、无毒且成本低，是研究应用中采用最广泛的单一化合物光催化剂。

TiO_2 晶型对催化活性的影响很大。其晶型有三种：板钛型（不稳定），锐钛型（表面对 O_2 吸附能力较强，具有较高活性），金红石型（表面电子 - 空穴复合速度快，几乎没有光催化活性）。以一定比例共存的锐钛型和金红石型混晶型 TiO_2 的催化活性最高。德国德古萨公司生产的 P25 型 TiO_2（平均粒径 30nm，比表面积 50m^2/g，30% 金红石相，70% 锐钛相）光催化活性高，其吸附能力比活性炭粉末强 2 倍（5.0vs.2.5μmol · m^{-2}），是研究中经常采用的一种光催化剂。

纳米 TiO_2 材料在紫外光照射下发生的化学反应主要为：

反应 1： $$\text{催化材料} + h\nu \longrightarrow e^- + h^+ \tag{11-2}$$

反应 2： $$h^+ + OH^- \longrightarrow \cdot OH \tag{11-3}$$

反应 3： $$e^- + O_2 \longrightarrow \cdot O_2^- \tag{11-4}$$

反应 4：$$\cdot O_2^- + H^+ \longrightarrow HO_2 \cdot \quad (11\text{-}5)$$

反应 5：$$2HO_2 \cdot \longrightarrow O_2 + H_2O_2 \quad (11\text{-}6)$$

反应 6：$$O_2 + H_2O_2 \longrightarrow 2HO_2 \cdot \quad (11\text{-}7)$$

对不同的污染物，具体反应过程不同。以甲醛为例，反应过程如下：

$$TiO_2 \xrightarrow{hv} e^- + h^+ \quad (11\text{-}8)$$

氧化：$$HCHO + H_2O + 2h^+ \longrightarrow HCOOH + 2H^+ \quad (11\text{-}9)$$

$$HCOOH + 2h^+ \longrightarrow CO_2 + 2H^+ \quad (11\text{-}10)$$

还原：$$O_2 + 4e^- + 4H^+ \longrightarrow 2H_2O \quad (11\text{-}11)$$

$$HCHO + O_2 \xrightarrow[TiO_2]{hv} CO_2 + H_2O \quad (11\text{-}12)$$

有些研究者对 TiO_2 进行掺杂改性，提高了其光催化降解 VOC_S 的效果。

b．光源。由于光催化发生的条件是：$hv \geqslant E_g$，式中，h 是普朗克常数，为 $6.626 \times 10^{-27} J \cdot s$；$v$ 是辐射光频率；E_g 是半导体材料价带和导带之间的能级差。可见，较高频率的辐射易产生光催化反应。对 TiO_2，E_g=3.2eV，因此，一般在紫外光照射下光催化反应才能进行。

光催化反应器中采用的光源多为中压或低压汞灯。如前所述，紫外光谱分为 UVA（315 ～ 400nm）、UVB（280 ～ 315nm）和 UVC（100 ～ 280nm）。杀菌紫外灯波长一般在 UVC 波段，特别在 254nm。在应用中采用所谓黑光灯（black light lamp）和黑光蓝灯（black light blue lamp）效果较好，其辐射波长在 UVA 波段。185nm 以下的辐射会产生臭氧，而上述两种灯的辐射在 240nm 以上，故不会产生臭氧。

如何有效地将 TiO_2 光催化降解有机污染物的反应扩展到可见光范围，是目前材料界的研究热点，但迄今可见光反应去除有机污染物效率还很低，与大规模实际应用还有较大距离。

目前，制约光催化获得大规模应用的瓶颈问题是：a. 会产生有害副产物；b. 性能会衰减较快——俗称材料“中毒”或老化；c. 光催化净化效率不高；d. 耗能较高。这些问题需要今后深入研究。

值得一提的是，目前市售的很多“光催化空气净化器”实际上只有吸附作用，不具有光催化功能。它们滥竽充数、鱼目混珠，欺骗消费者，也败坏了光催化的名声。

② 低温等离子体净化原理和方法　等离子体是物质存在的第四种状态，是由电子、离子、原子、分子和自由基等粒子组成的集合体，具有宏观尺度的电中性和高导电性。等离子体中的离子、电子和激发态原子都是极活泼的反应性物种，使通常条件下难以进行或速度很慢的反应变得十分快速。脉冲电晕等离子体法化学处理技术是 20 世纪 80 年代发展起来的一种空气污染控制新技术。利用高能电子（5 ～ 20eV）轰击反应器中的气体分子（NO_x、SO_x、O_2 和 H_2O 等）；经过激活、分解和电离等过程产生氧化能力很强的自由基（$\cdot OH$、$\cdot HO_2$）、原子氧（O）和臭氧（O_3）等，这些强氧化物质可迅速氧化掉 NO_x 和 SO_2，在 H_2O 分子作用下生成 HNO_3 和 H_2SO_4。

低温等离子体从宏观上看，是电荷呈中性的电离气体。对物质施加能量后，使其形态发生变化，从固体到液体再到气体；如再施加能量，最终能使气体的分子及其原子成为电离状态，这就是物质的第四态，即等离子状态。这种等离子体，即使气体压力很低，其电子温度仍很高，当其他粒子（如离子、中性粒子）的温度较低时，这种状态的等离子体就是低温等离子体。

通常采用电晕放电（corona discharge）或辉光放电产生低温等离子体。换言之，可以认为气体分子借助电能，使其处于电离或激发状态，以致化学反应性非常活泼。等离子体中含有电子、游离基、离子、紫外光和许多不同激活粒子，视不同气体介质而定。

脉冲电晕等离子体法净化有机物甲苯技术是一种物理与化学相结合的新方法，其基本原理是利用脉冲放电形成非平衡等离子体，产生大量高能活性粒子，其中电子与甲苯分子碰撞；当电子具有的动能高于苯环中C—C键结合能时，苯环被打开，进而被氧化成二氧化碳和水。由于污染气体大多处于常温常压状态，需在常温常压下获得非平衡等离子体，因而要求不均匀外电场只加速电子，不加速离子，以控制气体温度不使其成为热等离子体。采用脉冲前沿极短、宽度很窄的高压脉冲电晕放电，是常温常压下得到非平衡等离子体最简单和有效的方法。

除了主要的催化氧化作用外，低温等离子体还有两个作用值得关注。

第一个作用是预荷电集尘。产生的大量电子和正负离子与空气中的颗粒发生非弹性碰撞，附着在上面，形成荷电粒子，它们在外加电场作用下向集尘极迁移，沉积其上，对于悬浮在空气中直径小于100μm的总悬浮颗粒物（TSP）和直径小于10μm的可吸入颗粒物（PM_{10}）能产生一定的净化效果。

第二个作用是能产生大量的负离子，这些负离子释放到室内空气中，一方面能够调节空气粒子平衡，有利于人体健康；另一方面还能有效清除空气中的污染物，当高浓度的负离子同空气中的有毒物质和灰尘等颗粒物碰撞后使颗粒物带负电，这些带负电的颗粒物又会吸引周围带正电的颗粒物（包括空气中的细菌、病毒和孢子等），增大积聚，最后这些颗粒物大到一定程度就会沉降到地面，从而降低了被人体吸入体内的危险。

但等离子空气净化方法也会产生大量有害副产物，阻碍了其在室内空气净化方面的大规模应用。

上述去除室内污染的空气净化技术的特点和问题可参见表11-7。

表11-7 主要空气净化技术比较

技术	去除污染物	现有文献结论汇总	问题
过滤	颗粒物	对粒径范围为0.1～4μm的颗粒物具有显著的去除效果。 对于单独的过滤器而言，其并不能消除VOCs，除非额外复合活性炭之类的物质	可能会滋生微生物，带来二次污染
吸附	VOCs、甲醛、臭氧、NO_x、SO_x和H_2S等	吸附是对室内空气污染物有效的去除方式	大部分研究只停留在短期作用效果研究，缺乏长期的寿命测试与分析。与O_3反应可产生异味和超细颗粒等污染
紫外线杀菌	微生物	紫外线杀菌对细菌、病毒和霉菌都具有很好的杀灭或抑制作用，但去除效果强烈依赖于光强、作用时间等影响因素	可能产生O_3和NO_x
臭氧净化	臭气	臭氧可消除臭气，而且臭氧的存在会增强VOCs的催化氧化	臭氧易与室内其他气体发生氧化还原反应，产生有害物质，如超细颗粒等
催化净化	VOCs、NO_x、SO_x、H_2S等	大部分还限于实验室研究，其表面光催化氧化可降低绝大部分室内污染物（例如苯系物、甲醇、甲醛等）	光催化氧化VOCs会产生有害副产物，有甲醛、乙醛等，其部分副产物对人体有害
等离子体	VOCs和微生物等	等离子体技术可消除空气中的大部分VOCs和微生物污染，但同时会产生有害副产物（如O_3），因此等离子体空气净化如不对有害副产物做特别处理，并不适用于室内空气净化	可能产生O_3、NO_x和其他二次污染。此外，耗能高

（2）室内空气净化器性能及评价

空气净化器净化功能效果主要可用一次通过效率、洁净空气量等指标来评价。

① 一次通过效率　一次通过效率（single-pass efficiency）ε 的定义如下式所示：

$$\varepsilon=\frac{C_{in}-C_{out}}{C_{in}} \tag{11-13}$$

式中，C_{in} 表示空气净化器进风口平均浓度；C_{out} 表示出风口平均浓度。

② 洁净空气量　洁净空气量（clean air delivery rate，CADR）则是表示空气净化器所能提供不含某一特定污染物的空气量（m^3/h），它实际上是对污染物浓度的稀释效果。定义为净化器一次通过效率与过净化器的空气流量的乘积，如下式所示：

$$\text{CADR}=G\varepsilon \tag{11-14}$$

式中，G 表示空气净化器的风量，m^3/h。

③ 净化速率　另外也可用净化速率来表示净化器的性能。净化量表示产品单位时间净化某一特定污染物的数量（mg/h）。当空气净化器进口和出口浓度趋于稳定时，可用下式来表示净化速率：

$$\dot{m}=G(C_{in}-C_{out}) \tag{11-15}$$

由式（11-13），可得：

$$\dot{m}=G\varepsilon C_{in} \tag{11-16}$$

④ 有效度　总的来说，一次通过效率和洁净空气量体现了空气净化器的自身特点，但并不能仅仅以这两个参数来直接判断空气净化器的优劣。由于空气净化器是应用于实际室内环境中，因此必须结合实际环境来进行综合评价。Nazaroff 提出使用有效度（effectiveness）来评价空气净化器的实用性能。

假设在没使用空气净化器前，室内污染物浓度为 C_{ref}；而使用空气净化器后，室内污染物浓度降低为 C_{ctrl}。则可定义有效度 ε_{eff} 为：

$$\varepsilon_{eff}=\frac{C_{ref}-C_{ctrl}}{C_{ref}} \tag{11-17}$$

由上式可见，有效度的数值处于 0 和 1 之间，当有效度等于 1 时表示空气净化器把室内污染物浓度降低为 0，达到理想性能；当有效度等于 0 时表示空气净化器的加入对室内污染状况没有任何改善。

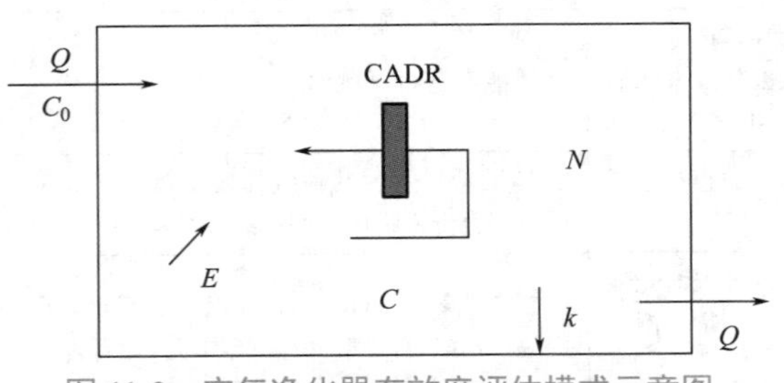

图 11-3　空气净化器有效度评估模式示意图

假如在一个体积为 V 的房间里放置一台洁净空气量为 CADR 的空气净化器，而室外的风量为 Q，室外污染物浓度为 C_0。室内污染物恒定的散发速率为 E，污染物自然衰减系数为 k，室内浓度为 C，如图 11-3 所示。则可得到房间内污染物浓度的质量守恒方程：

$$V\frac{dC}{d\tau}=Q(C_0-C)+E-(kV+\text{CADR})C \tag{11-18}$$

考虑稳态情况下，即 $\frac{dC}{d\tau}=0$。

当 CADR=0 时，

$$C_{ref}=\frac{C_0Q+E}{Q+kV} \tag{11-19}$$

当 CADR ≠ 0 时，

$$C_{ctrl}=\frac{C_0Q+E}{Q+kV+CADR} \tag{11-20}$$

根据有效度的定义，可得：

$$\varepsilon_{eff}=\frac{CADR}{CADR+Q+kV}=\frac{f}{f+1} \tag{11-21}$$

其中定义：

$$f=\frac{CADR}{Q+kV} \tag{11-22}$$

因此一次通过效率、洁净空气量等参数体现了空气净化器自身对化学污染物的性能。而有效度则更多体现了在实际应用中应该如何选用合适的空气净化器。

11.5　室内空气污染评价及法规

11.5.1　室内空气质量对人的影响

室内空气质量对人的影响主要有以下三方面：降低生活舒适度、危害人体健康和影响工作效率。

（1）降低生活舒适度

很多空气中的化学污染物质都具有一定的气味和刺激性。尽管可能其浓度还未达到导致人的机体组织产生病理危害的地步，但会导致室内人员感到嗅觉上的不适，并导致心理烦躁不安。

（2）危害人体健康

一些健康方面的专家现已达成共识，认为一些疾病和工业厂房内室内空气质量不好有很大关系。但是对于那些非工业厂房如办公室、娱乐场所和住宅内的综合征人们仍然认识不足。虽然一些国家针对工业污染制定了法律和法规（属于劳动保护范畴），但是对于住宅内的室内空气污染，只有很少国家制定了一些规范。这主要是由于调查室内综合征相当困难，而室内空气质量对人体的影响不像工业污染那么显著，因此对于室内空气质量给人的健康带来的影响，很难下结论。现在一般认为不良的室内空气质量可以引起病态建筑综合征（SBS）、建筑相关疾病（BRI）和多种化学污染物过敏征（MCS）。

（3）影响工作效率

室内空气质量的好坏与劳动效率的高低有着密切的联系。《美国医学杂志》1985 年调查报告估计，在美国，每年因呼吸道感染而就医的人数达到 7500 万人次，每年损失 1.5 亿个工作日，花费的医疗费用达 150 亿美元，而缺勤损失则高达 590 亿美元。同样，病态建筑综合征会妨碍人正常工作，造成工作日的损失，同时也会消耗大量医疗费用。1989 年美国环保局对新西兰的一项调查表明，每年由于室内空气质量不好造成的损失约占国民生产总值的 3%，1987 年 Woods 对美国 600 个白领工人进行了电话调查，结果有 20% 的工人抱怨自己的行动受到了室内空气质量的影响。而 1990 年对英国的 4373 名白领工人的调查表明，病态建筑综合征确实对他们的健康有负面影响，对数据进行分析后发现，病态建筑综合征使生产力降低了 4%。在 1997 年，Menzies 的一项实验研究发现，好的室内空气质量提高了大约 11% 的生产力。经估算，在 1996 年，美国因为病态建筑综合征引起的经济损失高达 76 亿美元。

因此，不良的室内空气质量会引起巨大损失，须引起足够重视。

11.5.2 室内空气质量的评价方法

在室内空气质量评价中，有两种方法：一种是客观评价，依据室内空气成分和浓度；另一种是主观评价，依据人的感觉，Fanger 教授提出了“感知空气质量（perceived air quality）”的概念：空气质量反映了人们的满意程度。如果人们对空气满意，就是高质量；反之，就是低质量。

应该说，两种方法各有优点，也各有局限。第一种方法是对气体成分和浓度通过仪器测定后，和相关标准比较，就可确定室内空气质量，便于掌握和理解，且重复性好。但一些情况下，有害气体种类很多，难以识别，而且一些有害成分浓度很低，仪器也很难精确测定，因此这类方法在有害气体成分复杂或浓度很低的情况下会遇到困难。而且，这种思路忽略了人是室内空气质量的评价主体以及人的感觉存在个体差异。第二种方法中，“感知空气质量”强调了人的感觉。但空气污染对人的危害与其气味和刺激性不完全相关并一一对应，而且空气质量问题涉及多组分，每种组分对人的影响不尽相同，这些组分并存时其危害按何规则进行叠加尚不清晰。譬如，对多种 VOCs 成分，一些研究者采用了 TVOC 的概念，但问题是，不同 VOCs 成分对人的影响会很不一样，因此同样 TVOC 浓度但成分不同的气体“感知空气质量”会不一样，危害也会不一样，甚至会出现 TVOC 浓度低的危害反而高的情况。如何确定空气成分与“感知空气质量”的关系，是值得深入研究的课题。此外，一些无色、无味的有毒有害气体，短时间人体难以感知到它的危害，又不能通过实验方法让人去感知它的长期危害。应该说，这两种方法不可互相取代，而应互相补充，否则对空气质量的评价就不全面。

（1）基于浓度测定的客观评价

室内空气质量的客观评价依赖于仪器测试。我国《室内空气质量标准》（GB/T 18883—2002）规定的 19 种应测参数为：可吸入颗粒物、甲醛、CO、CO_2、氮氧化物、苯并（*a*）芘、苯、氨、氡、TVOC、O_3、细菌总数、甲苯、二甲苯、温度、相对湿度、空气流速、噪声和新风量等 19 项指标，具体测定方法和原理请参考文献。要实时连续测定这些污染物的成分和浓度，可采用一些在线检测仪。感兴趣的读者可参考文献。

基于检测到的空气污染物的种类和浓度，与国标中规定的该种污染物浓度限值相比，可评价室内空气质量是否达到标准。

此外，目前一种比较常用的做法是采用下式评价室内空气质量：

$$R=\sum_{i=1}^{n}\frac{C_i}{C_{i,\text{限值}}} \tag{11-23}$$

式中，C 为某种污染物的物质的量浓度，单位为 mol/m³。R 值越大，室内空气质量越差。当该值小于 1 时，可认为室内空气质量是可以接受的。

（2）主观评价

室内空气质量好坏和人们主观感受联系密切，因此，可用人的主观感受来评价室内空气质量。

主观评价室内空气质量，即人们进入待测室内空气质量的空间中，对室内空气质量填写一张调查单，表示自己对空气质量的满意或者不满意程度，图 11-4 是一种被推荐使用的调查单形式。通常用对空气质量的不满意率的百分比来表示，记为 PD，其和投票得到的可接受度 ACC（在 -1 ～ 1 之间的一个值）之间存在以下关系：

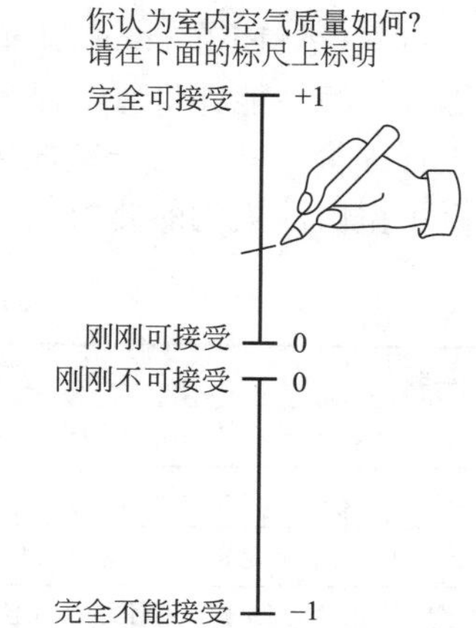

图 11-4　室内空气质量评价调查单

$$PD=\frac{\exp(-0.18-5.28ACC)}{1+\exp(-0.18-5.28ACC)}\times100\% \tag{11-24}$$

11.5.3　国外室内空气质量标准简介

室内空气质量问题已经引起一些国家、地区和组织的重视，已有多个国家和地区制定了相关的标准，世界卫生组织（World Health Organization，WHO）2010 年颁布了室内空气质量指南（WHO guideline for indoor air quality）。一般来说，标准中所定污染物限值的高低和该国家或地区的发达程度相关，发达程度越高、经济条件越好的国家和地区，标准中污染物浓度限值要求越严。考虑到我国仍是发展中国家，因此，在室内空气质量控制过程中，不应盲目照搬国外标准及其控制方法，而应根据我国国情，在充分学习和吸收国外经验的同时，制定适合我国国情的室内空气质量标准，采用和发展适宜的室内空气质量控制方法。

（1）国外室内空气质量标准简介

美国采暖、制冷空调工程师协会（American Society of Heating Refrigerating and Air-conditioning Engineers，ASHRAE）颁布的标准 ASHRAE 62—1989《满足可接受室内空气质量的通风》中，兼顾了室内空气质量的主观和客观评价，给出定义为：良好的室内空气质量应该是“空气中没有已知的污染物达到公认的权威机构所确定的有害物浓度指标，且处于这种空气中的绝大多数人（≥ 80%）对此没有表示不满意”。这一定义把对室内空气质量的客观评价和主观评价结合了起来，是人们认识上的一个飞跃。不久，该组织在修订版

ASHRAE 62—1989R 中，又提出了可接受的室内空气质量（acceptable indoor air quality）和可接受的感知室内空气质量（acceptable perceived indoor air quality）等概念。

LEED（leadership in energy and environmental design，能源与环境设计先锋）是一个评价绿色建筑的工具，由美国绿色建筑协会建立，并于 2003 年开始推行，在美国部分州和一些国家已被列为法定强制标准，LEED ™评估体系包含九大方面及多项指标，其中包含室内环境质量，涉及的控制指标参考了 ASHRAE 62，包括室内甲醛、PM_{10}、$PM_{2.5}$、TVOC、4- 苯基环乙烯（4-PCH）、一氧化碳（CO）、氡等浓度。

日本CASBEE（comprehensive assessment system for building environmental efficiency）建筑物综合环境性能评价方法以各种用途、规模的建筑物作为评价对象，从“环境效率”定义出发进行评价。其中对于室内环境也有温度、空调等要求，关于室内空气质量方面，CASBEE 体系中室内污染物的要求如表 11-8 所示。

表 11-8　CASBEE 体系中室内污染物的要求

等级	评分标准
等级 1	现有建筑中使用状况不明或室内甲醛浓度超过室内浓度指针值
等级 2	没有相应等级
等级 3	满足建筑标准法或根据计算测量室内甲醛浓度在 100μg/m^3 以下
等级 4	满足建筑标准法，并且几乎全部（地板、墙壁、天花板、顶棚面积合计的 70% 以上面积）采用建筑基本法限制对象以外的建筑材料或室内甲醛浓度在 75μg/m^3 以下
等级 5	满足标准法，并且几乎全部（地板、墙壁、天花板、顶棚面积合计的 90% 以上面积）采用建筑基本法限制对象以外的建筑材料，而且采用了除甲醛以外 VOCs 也释放量少的建材，或室内甲醛浓度在 50μg/m^3 以下

2008 年，欧盟通过了新的空气质量法令（2008/50/EC），开始严格监督执行空气质量标准，对超标行为进行严厉惩罚。同年 5 月，欧盟发布《关于欧洲空气质量及清洁空气法令（*The Ambient Air Quality and Cleaner Air for Europe*）》，规定了 $PM_{2.5}$ 的目标浓度限制、暴露浓度限制和消减目标值，并于 2010 年制定了 $PM_{2.5}$ 标准。该法令要求 2020 年欧盟成员国需在 2010 年的基础上平均降低 20% 的细颗粒物 $PM_{2.5}$ 含量，在 2015 年将城市地区可吸入颗粒物含量控制在年平均浓度 20μg/m^3 以下。

（2）国内室内空气质量标准简介

我国第一部《室内空气质量标准》，由国家质量监督检验检疫总局、国家环保总局和卫生部共同制定，于 2002 年 11 月 19 日正式发布，2003 年 3 月 1 日正式实施。而与此相关的最早有 1988 年的《公共场所室内卫生标准》，1996 年，此标准中的关于室内空气的部分规范被新的一套《公共场所室内卫生标准》所代替，该标准主要包括了旅店、文化娱乐场所和公共浴室等 12 个国标。

2002 年《室内建筑装饰装修材料有害物质限量》和《民用建筑工程室内污染环境控制规范》两部和室内空气质量相关的标准也开始实施。其中《室内建筑装饰装修材料有害物质限量》包括 10 个国标，分别对聚氯乙烯卷材地板，地毯、地毯衬垫及地毯胶黏剂，混凝土外加剂，建筑材料，人造板及其制品，壁纸，木家具，胶黏剂，内墙涂料，溶剂型木器涂料，十类室内装饰材料中的有害物质含量或者散发量进行了限制。这项法规便于从源头上控制污染物的散发，改善室内空气质量。《民用建筑工程室内污染环境控制规范》则规定民用建筑工程验收时室内环境污染物浓度必须满足表 11-9 的要求。

表 11-9　民用建筑工程室内环境污染物浓度限量

污染物	Ⅰ类民用建筑	Ⅱ类民用建筑
氡 /（Bq/m^3）	≤ 200	≤ 400
游离甲醛 /（mg/m^3）	≤ 0.08	≤ 0.12
苯 /（mg/m^3）	≤ 0.09	≤ 0.09
氨 /（mg/m^3）	≤ 0.2	≤ 0.5
TVOC/（mg/m^3）	≤ 0.5	≤ 0.6

注：1．Ⅰ类民用建筑包括住宅、医院、老年建筑、幼儿园和学校教室等；Ⅱ类民用建筑包括办公楼、商店、旅馆、文化娱乐场所、书店、图书馆、展览馆、体育馆、公共交通等候室、餐厅和理发店等。

2．污染物浓度限量除氡外均应以同步测量的室外空气相应值为基点。

《室内空气质量标准》中的控制项目包括室内空气中与人体健康相关的物理、化学、生物和放射性等污染物控制参数，具体有可吸入颗粒物、甲醛、CO、CO_2、氮氧化物、苯并[*a*]芘、苯、氨、氡、TVOC、O_3、细菌总数、甲苯、二甲苯、温度、相对湿度、空气流速、噪声和新风量等19项指标。简要列于表11-10中。需要指出的是，我国《室内空气质量标准》主要参照发达国家的标准，制定时尚未来得及对我国室内空气污染物成分、浓度水平和健康危害做很好的调研，近 10 多年来，我国开展了大量这方面的调研，为我国修订相关标准提供了一定的数据，《室内空气质量标准》的修订应该被关注。

表 11-10　《室内空气质量标准》中主要控制指标

参数	单位	标准值	备注
温度	℃	22 ～ 28	夏季空调
		16 ～ 24	冬季采暖
相对湿度	%	40 ～ 80	夏季空调
		30 ～ 60	冬季采暖
空气流速	m/s	0.3	夏季空调
		0.2	冬季采暖
新风量	m^3/（h · 人）	30	1h 均值
二氧化硫（SO_2）	mg/m^3	0.5	1h 均值
二氧化氮（NO_2）	mg/m^3	0.24	1h 均值
一氧化碳（CO）	mg/m^3	10	1h 均值
二氧化碳（CO_2）	%	0.10	1h 均值
氨（NH_3）	mg/m^3	0.20	1h 均值
臭氧（O_3）	mg/m^3	0.16	1h 均值
甲醛（HCHO）	mg/m^3	0.10	1h 均值
苯（C_6H_6）	mg/m^3	0.11	1h 均值
甲苯（C_7H_8）	mg/m^3	0.20	1h 均值
二甲苯（C_8H_{10}）	mg/m^3	0.20	1h 均值

续表

参数	单位	标准值	备注
苯并［*a*］芘（B［*a*］P）	mg/m^3	1.0	日均值
可吸入颗粒物（PM_{10}）	mg/m^3	0.15	日均值
总挥发性有机物（TVOC）	mg/m^3	0.60	8h 均值
细菌总数	CFU/m^3	2500	依据仪器定
氡（Rn）	Bq/m^3	400	年平均值（行动水平）

习题

11.1　谈谈你对 TVOC 的看法。

11.2　请说明提高室内空气品质的途径和方法。

11.3　请说明用纳米光催化处理室内有机挥发物的优点和缺点。

第 12 章 大气污染物协同控制

12.1 $PM_{2.5}$ 与 O_3 协同控制

$PM_{2.5}$ 与 O_3 的生成存在着复杂的联系，二者不仅具有共同的前体物，而且在大气中通过多种途径相互影响。随着大气污染格局发生的深刻变化，为持续改善我国环境空气质量，确保空气质量优良率，显著增强人民的蓝天幸福感，我国在“十四五”规划中明确提出强化多污染物协同控制和区域协同治理，加强细颗粒物和 O_3 协同控制，基本消除重污染天气，从大气污染防控战略的角度，高度重视 $PM_{2.5}$ 与 O_3 污染之间的协同控制机制与可行的技术措施。

在 $PM_{2.5}$ 与 O_3 协同控制方面，“十一五”末至“十二五”初，随着中国大气污染的区域性、复合型污染特征的逐渐显现，中国开始了从单一污染物防控向多污染物协同控制的转变，在国家层面上逐步确定了多污染物协同控制的大气污染防治策略。2010 年出台了《关于推进大气污染联防联控工作改善区域空气质量的指导意见》，规定了大气污染联防联控工作的重点区域、重点污染物、重点行业、重点企业和重点问题等，首次从国家层面上正式提出了开展 VOCs 防治工作，并将一些 VOCs 排放重点行业作为防控重点，开展多污染物协同控制。2016 年发布的《“十三五”生态环境保护规划》将优良天数比例列为约束性指标，提升了职能部门对 O_3 污染问题的关注，推动了 $PM_{2.5}$ 与 O_3 的协同控制。在 2020 年新华社受权发布的《中共中央关于制定国民经济和社会发展第十四个五年规划和二〇三五年远景目标的建议》中，中共中央再次强调了 O_3 与 $PM_{2.5}$ 协同治理的重要性，提出在增强全社会生态环保意识，深入打好污染防治攻坚战的前提下，强化多污染物协同控制和区域协同治理，加强细颗粒物和 O_3 协同控制，基本消除重污染天气。2020 中国生态环境产业高峰论坛上，中国工程院院士、清华大学生态文明研究中心主任贺克斌指出，“十四五”$PM_{2.5}$ 和 O_3 的协同治理是大气污染防治的重点目标之一，其关键就是 NO_x 和 VOCs 的协同减排，除了总量以外，另一个问题是比例，即使 NO_x 和 VOCs 都降得很低，但比例不合适，结果 O_3 仍然会上升。当前在这两种污染物当中，NO_x 降得相对多一点，VOCs 几乎没有降，因此 VOCs 将成为后续协同治理的主要矛盾和短板，急需当前环境设备和监测市场提供相关的技术。

12.1.1 $PM_{2.5}$ 和 O_3 协同控制的科学依据

$PM_{2.5}$ 是重要的大气污染物，其化学组成复杂，主要包括 SO_4^{2-}、NO^{3-}、NH_4^+、有机物等。按成因的不同，$PM_{2.5}$ 组分可分为一次组分与二次组分。一次组分是指天然源（如土壤尘、火山灰、海盐粒子等）与人为源（如燃煤、机动车、工业生产等）直接排放到大气中的颗粒物，如元素碳、矿物尘和重金属元素等；二次组分是指 SO_2、NO_x、NH_3 和 VOCs 等污染物在大气中经过复杂的化学反应而形成的颗粒物。通常认为，形成 $PM_{2.5}$ 二次无机组分的化学途径主要包括气相光化学氧化反应、颗粒物表面的非均相反应和颗粒物内部的液相氧化反应等。SO_2 和 NO_x 在大气中通过均相和非均相反应被氧化成 SO_4^{2-} 和 NO_3^-，气相路径为 SO_2 和 NO_x 在气相中氧化生成 H_2SO_4 和 HNO_3；液相路径为 SO_2 和 NO_x 被吸收进入液相后，在液相中被氧化成 SO_4^{2-} 和 NO_3^-；除此之外，SO_2 和 NO_x 还可以在气液界面发生多相气液反应转化成 SO_4^{2-} 和 NO_3^-。大气中 SO_2 气相氧化过程由·OH 的反应主导，液相氧化途径是溶解后的 SO_2 被 O_3、H_2O_2、O_2、·OH 及 NO_2 氧化，从而生成 SO_4^{2-}、NO_3^-，主要受 NO_x 的气相氧化驱动，NO_2 与·OH 发生均相反应是白天对流层中 NO_3^- 最主要的形成路径，N_2O_5 夜间发生的水解反应在 NO_3^- 的形成过程中也起到重要作用。NH_4^+ 主要来自大气中 NH_3 与酸性气体（H_2SO_4、HNO_3 等）的反应，通过气态 - 颗粒态的转化过程生成颗粒态的 NH_4^+，也可在中和 SO_4^{2-}、NO_3^- 的气溶胶成核过程中生成。

VOCs 主要通过大气光氧化过程、成核过程、凝结和气 / 粒分配过程及非均相反应等化学过程生成 SOA，气相氧化过程是大气中有机物挥发性演化初级过程，自由基通过摘取有机物中的氢原子或在碳碳双键间加成引起氧化反应。气态 VOCs 与大气中的·OH、NO_3·和 O_3 等大气氧化剂发生光氧化反应，生成挥发性和蒸气压不同的一次氧化产物，蒸气压较高的产物以气相形式进入大气环境，蒸气压较低的产物即半挥发性有机物（semi-volatile organic compounds，SVOCs）则是生成 SOA 的前体物。SVOCs 通过均相成核作用生成新粒子，然后通过凝结和气 / 粒分配等物理过程使得气溶胶质量增加，生成的 SOA 还可以通过颗粒相表面的非均相化学反应和内部的液相氧化反应等生成新的 SOA。同样，一次来源的 SVOCs 也可以通过成核作用、凝结过程和气 / 粒分配过程及颗粒相的化学反应生成 SOA。此外，有机物还可通过直接凝结在颗粒物上形成 SOA，也可通过物理或化学过程吸收或吸附在颗粒物的内部而形成 SOA。

O_3 是天然大气中重要的微量成分，对流层 O_3 主要来源于天然源和人为源排放 NO_x、CO 和 VOCs 的大气光化学反应过程和平流层的输入。O_3 是对流层重要的光化学氧化剂，对大气氧化性有重要影响，同时 O_3 是仅次于 CO_2 和 CH_4 的第三大温室气体，具有导致全球气候变暖的效应，并且会对人类健康和生态系统产生不利影响。研究表明，环境空气中 O_3 污染形成机理复杂，与其前体物 NO_x 和 VOCs 存在复杂的非线性关系，同时也受气象因素、排放源变化、区域传输、全球背景和全球气候变化等方面的影响。

近地层的 O_3 主要由 NO_x 和 VOCs 经过一系列光化学反应生成，形成受前体物排放、光化学转化及气象驱动的共同作用。城市或地区的 O_3 来源大致包括全球背景、区域输送和本地生成三个方面。NO_x 和 VOCs 是近地层 O_3 生成的两个主要前体物。其中，NO_x 主要源自工业、交通和电厂，而 VOCs 主要源自溶剂使用以及工业、交通、居民源和植被排放。短期 O_3 浓度日变化主要受气象因素的影响，长期 O_3 浓度的变化则受气候及排放的双重影响，具体机制较为复杂且存在争议。

由于 $PM_{2.5}$ 与 O_3 有共同的前体物（NO_x 与 VOCs）且均受气象因素的影响，并且 $PM_{2.5}$ 中二次组分的生成过程受大气氧化性的影响，因此 $PM_{2.5}$ 与 O_3 在大气转化过程中具有密切的关联性。$PM_{2.5}$ 中 SO_4^{2-}、NO_3^-、SOA 的生成过程主要受大气氧化过程的影响，白天与夜晚的主要氧化剂分别为·OH 和 NO_3·，而大气自由基主要来源于 O_3、HONO、H_2O_2、ROOH、

RCHO、OVOCs 等光解及 O_3 与 VOCs 的反应，自由基之间也可以相互转化；$PM_{2.5}$ 则可与来源复杂的大气微量气体（特别是 O_3 及其前体物）相互作用，干扰地球的辐射强度或为多相反应提供反应表面，从而影响 O_3 的生成。对流层中 SOA 与 O_3 生成机制示意图如图 12-1。

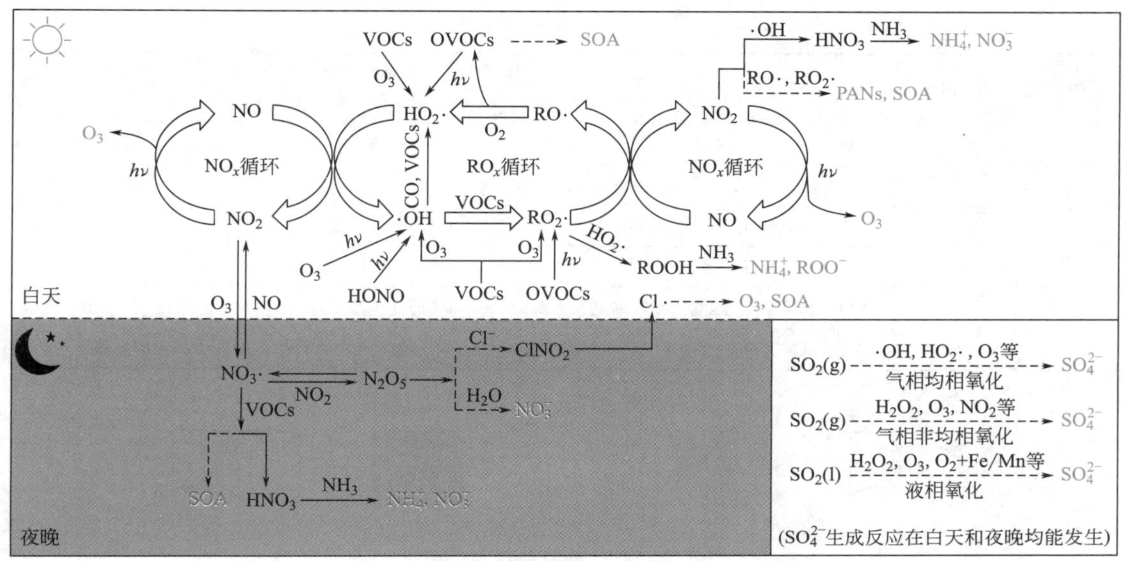

图 12-1　对流层中 SOA 与 O_3 生成机制示意图

hν 表示光照。虚线箭头表示复杂多步反应。有色文字表示生成的二次产物。g 表示气态，l 表示液态。

12.1.2　$PM_{2.5}$ 和 O_3 协同控制的措施评述

（1）标准与政策制定

中国政府历来高度重视大气污染防治工作，经过多年的努力，中国已经构建了较为系统科学的大气污染防治政策、措施和机制体系。“十二五”末，中国环境空气 $PM_{2.5}$ 污染形势严峻，国务院于 2013 年 9 月 10 日印发了《大气污染防治行动计划》，自 2013 年 9 月 10 日起实施，开启了中国大气颗粒物（PM_{10}、$PM_{2.5}$）污染防治的新篇章。至 2017 年，中国环境空气 $PM_{2.5}$ 污染形势得到了明显缓解，全国空气质量总体改善，京津冀、长三角、珠三角等重点区域改善明显，也有力推动了产业、能源和交通运输等重点领域结构优化，大气污染防治的新机制基本形成。为进一步显著降低 $PM_{2.5}$ 浓度，明显减少重污染天数，明显改善环境空气质量，明显增强人民的蓝天幸福感，2018 年 6 月 27 日，国务院部署实施《打赢蓝天保卫战三年行动计划》，要求经过 3 年努力，大幅减少主要大气污染物排放总量，协同减少温室气体排放。

（2）协同控制分区分类

根据 NO_x 和 VOCs 单位面积排放强度实际统计值与全国平均值的比值确定出哪些地区是本地人为源排放强度较大的区域，作为最核心的本地排放控制区，此分类能够确定是本地人为源排放为主还是非本地人为源排放为主，即 FNR（the formaldehyde nitrogen ratio，HCHO 与 NO_2 的比值）和排放强度指标指向类型一致的地区为人为源排放为主，可作为本地控制类别；两者如果指向不一致，属于联防联控类别。例如某市按照FNR属于VOCs主控区，但该区域的VOCs排放强度相对全国平均水平较小，该市在管控类型上应为联防联控类别。具体分类原则如表12-1所示。O_3污染管控分压方法如图12-2所示。

表12-1　前体物NO_x和VOCs分区管控原则

主要类别	FNR	细分类别	NO_x单位面积排放强度/(kg/km^2)	VOCs单位面积排放强度/(kg/km^2)
VOCs主控区	＜1	VOCs本地排放控制区（本地人为源）	—	高于全国均值
		VOCs联防联控区（非本地人为源）	—	低于全国均值
NO_x主控区	＞2	NO_x本地排放控制区（本地人为源）	高于全国均值	—
		NO_x联防联控区（非本地人为源）	低于全国均值	—
协同控制区	（1，2）	VOCs和NO_x本地双控区（本地人为源）	高于全国均值	高于全国均值
		VOCs和NO_x联防双控区（非本地人为源）	任一前体物排放强度低于其全国均值	

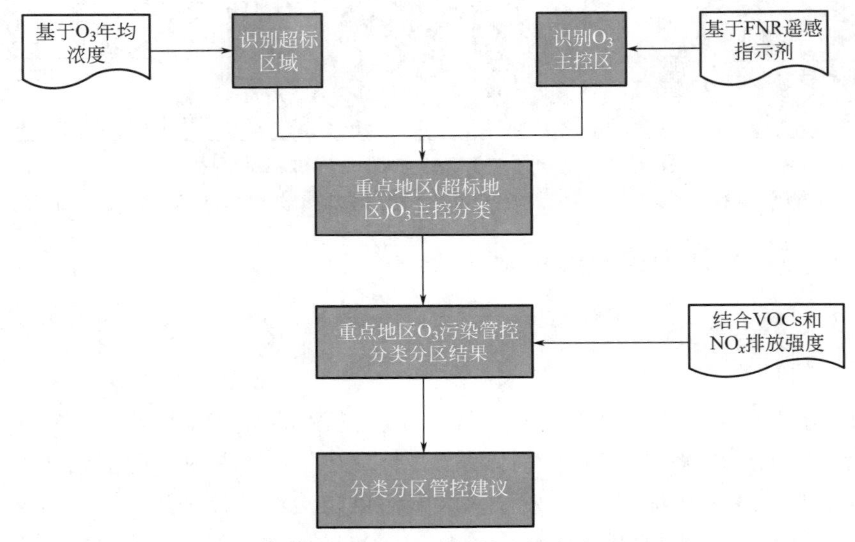

图12-2　O_3污染管控分区方法

在原有的4个$PM_{2.5}$重点区域基础上，即京津冀及周边地区、长三角地区、汾渭平原地区、苏皖鲁豫交界地区，考虑O_3浓度和前体物排放，可以发现在原有$PM_{2.5}$的重点区域，O_3浓度也呈现超标高值，且集中连片分布；此外，辽中南、陕晋冀蒙交界、珠三角、成渝地区，也存在O_3浓度高值区。叠加O_3控制区，形成新的$PM_{2.5}$和O_3协同管控区，需针对VOCs和NO_x等污染物，提出联防联控政策，严加管理。

① 京津冀及周边地区（2+26个城市）建议增加河北省秦皇岛市。区域整体以VOCs为主控目标污染物，其中环渤海地区和太行山东侧纵向城市群是本地排放控制区；

② 长三角原有41个城市，建议其中26个城市划为O_3重点控制区，主要分为两类：一类是上海及其附近的苏锡常城市群，以VOCs为主控目标污染物；另一类是安徽省和浙江省的城市群，以NO_x和VOCs双控为目标，其中以浙江省西北部内陆城市为本地排放控制区；

③ 苏皖鲁豫交界地区原有22个城市，其中20个城市O_3超标，建议划为O_3重点控制区。

该区域大部分地区属于 NO_x 和 VOCs 双控区，其中山东省是本地排放控制区；

④ 辽中南地区 7 个城市划为 O_3 重点控制区，双控区较多，应主要加强对 VOCs、NO_x 协同管控，其东部城市 NO_x 和 VOCs 单位面积排放强度较高，为本地排放控制区域；

⑤ 珠三角及周边地区的 6 个城市划为 O_3 重点控制区，其中阳江市为 NO_x 主控区，其余城市属于 NO_x 和 VOCs 双控区；

⑥ 成渝地区中 4 个城市划为 O_3 重点控制区，成都附近属于 NO_x 和 VOCs 双控区，而重庆附近属于 NO_x 主控区；

⑦ 汾渭平原 9 个城市和陕晋蒙冀交界 7 个城市虽然处于 O_3 浓度高值区，遥感监测的 FNR 显示汾渭平原属于双控区，陕晋蒙冀交界地区属于 NO_x 主控区，但是这两个地区目前 NO_x 和 VOCs 单位面积排放强度都低于全国平均水平，本地人为源的贡献可能不大，未来应重点防控 NO_x 和 VOCs 主要排放行业向这些地区及其周边转移。

（3）技术措施

① 源头减排　针对 VOCs 的减排措施：工业源方面，强化源头控制，大力推进低 VOCs 含量产品原料替代，严格监管石化、化工、工业涂装、包装印刷等 VOCs 排放的重点行业；移动源方面，要通过不断提升道路交通源和非道路移动源尾气排放标准和油品质量，来降低尾气和燃油蒸发 VOCs 排放；生活源方面，应提高有机溶剂产品 VOCs 含量限值标准，从源头控制 VOCs 排放。

针对 NO_x 的减排措施：固定源方面，强调治理工程中低氮燃烧及脱氮改造，加快工业企业脱硫脱硝改造进程；移动源方面加快实施机动车及船用高性价比清洁燃料的开发与普及。

② 过程控制　针对 VOCs 的减排措施：加强无组织排放控制，措施性要求与限值要求并重，采取机械通风手段，合理设计通风换气次数和风量，保证消防安全的前提下，降低通风能耗，有效收集废气，做到环境保护与消防安全双达标；针对过程控制应提出典型行业工艺对应的 VOCs 排放设计参数或计算公式，制定局部收集要求，以提高废气收集浓度，减少无组织逸散。

针对 NO_x 的减排措施：低过量空气燃烧技术、空气分级燃烧技术、燃料再燃烧技术和烟气循环燃烧等技术（参考本书第 8 章）。

③ 末端治理　$PM_{2.5}$ 和 O_3 协同控制的技术措施即针对其共同前体物 VOCs 和 NO_x 的技术措施。

除了针对两种前体物各自的技术措施（参考本书第 8 章、第 9 章）之外，还可以应用同时减排两种污染物的协同技术策略，一种策略是开发同时可以对 VOCs 氧化和 NO_x 的 SCR 还原的催化材料；另一种策略是采用高级氧化技术（如 O_3 氧化）协同氧化 VOCs 和 NO_x，然后再结合湿法脱硫技术实现脱硫脱硝一体化，吸收 NO_x 的氧化产物 NO_2，但是需要注意强酸废液的回收问题。

（4）监管措施

针对 VOCs 的减排措施，除去逐步提高和完善相关标准，还要加大执法力度，确保 VOCs 达标排放。全面推进汽油储运销油气回收治理工作，对已安装油气回收设施的企业全面加强运行监管，提高油气回收率。

针对 NO_x 的减排措施，工业源方面，针对火电超低排放企业，加强监管，确保监测数据真实有效；并建立相应环保管理措施，对违规行为责令整改后方可运行。针对非火电行业，加紧推进超低排放或特别限制排放，鼓励钢铁行业实行超低排放改造；对于水泥、平板玻璃、石化、焦化、有色金属等行业，鼓励地方建立新的大气污染物排放标准；所有涉及锅炉的企业，执行严格的锅炉大气污染物排放标准，限制 NO_x 排放。交通方面加快实施机动车排放标准的提标和车用燃料的控制。

针对 VOCs 和 NO_x 的协同减排措施，两种前体物的排放强度在此类区域都比较大，短期应制定合理的 NO_x 和 VOCs 的减排比例，应用管理和工程技术措施，在短期削峰和长期达标之间取得平衡，确保城市 O_3 污染控制能取得更好的效果；长期应强化结构调整，采取产业结构、能源结构、交通运输结构调整等综合性措施，实现 NO_x 和 VOCs 两种前体物都大幅度下降。

综上所述，建议通过政策扶持、技术革新和加强监管等多种手段协同控制 VOCs 和 NO_x 的排放，建议各重点区域根据自身的 O_3 浓度和其前体物排放特征，尽快制定 O_3 污染防治的大气污染控制政策，以工程技术为抓手、政策制度为依据，加快不同类型区域 O_3 管控细节措施方案的制订，把 O_3 的工作融入优良天数比率的保障上，实现 O_3 和 $PM_{2.5}$ 的双赢目标。

12.1.3 我国 $PM_{2.5}$ 和 O_3 协同控制现状

随着污染物排放标准的持续严格化，我国空气质量整体有所改善，$PM_{2.5}$ 浓度持续下降，但 $PM_{2.5}$ 浓度仍超标严重，其变化呈区域化特征；同时，O_3 污染未得到有效遏制，重点区域 O_3 污染加剧，超标城市持续增加，并且不同城市的 O_3 浓度年评价值上升幅度不同，O_3 污染也呈区域化特征。因此，$PM_{2.5}$ 与 O_3 污染已经成为制约城市空气质量改善的瓶颈，$PM_{2.5}$ 与 O_3 协同控制已成为改善我国城市空气质量的焦点和打赢蓝天保卫战的关键。

从 2018 年 338 个城市的主要污染物质量浓度和超标城市占比来看，$PM_{2.5}$、PM_{10}、SO_2、NO_2、CO 浓度及其超标天数占比均下降，而 O_3 是唯一不降反升的污染物。其中，SO_2 改善最为显著，相比于 2015 年，2018 年 SO_2 浓度年均值下降 44.0%，超标天数占比下降 85.7%；其次，分别为 CO 浓度［年评价值（日均值第 95 百分位数）下降 28.6%，超标天数占比下降 80.0%］、$PM_{2.5}$ 浓度（年均值下降 22.0%，超标天数占比下降 46.3%）、NO_2 浓度（年均值下降 3.3%，超标天数占比下降 25.0%）；SO_2 年均值和 CO 年评价值在达标的基础上进一步降低，而 NO_2 年均值降幅较小。需要注意的是，O_3 年评价值及其超标城市占比显著上升。虽然 2018 年 $PM_{2.5}$、PM_{10} 浓度年均值及其超标城市占比均持续下降，但仍普遍超标，超标天数占比分别为 9.4% 和 6.0%，超标城市占比分别达 56.2% 和 43.2%；$PM_{2.5}$ 年均值超标范围为 35 ～ 74μg/m^3，最高达到 GB 3095—2012 二级标准限值的 2.1 倍，是颗粒物污染防治中的关键。$PM_{2.5}$ 仍然是我国城市空气污染的“心肺之患”，但 O_3 年评价值整体上升及其超标城市占比显著上升的趋势也不容忽视。相比于 2015 年，2018 年 338 个城市的 6 项空气污染物中只有 O_3 呈上升趋势，超标范围为 161 ～ 217μg/m^3，其中绝大多数城市 O_3 污染程度处于轻度污染水平，超标城市数量由 54 个增至 117 个，O_3 年评价值超标城市占比升高了 18.6%，超标天数占比由 4.6% 增至 8.4%。综上，全国空气质量整体有所改善，但颗粒物质量浓度仍普遍超标；同时，O_3 污染未得到有效遏制，超标城市数量和超标天数持续增加。

在这种形势下，我国成立了中国环境科学学会臭氧污染控制专业委员会，开启了 $PM_{2.5}$ 与 O_3 污染协同控制的新征程，为推进我国大气 O_3 污染控制相关领域学术发展与科研管理提供了专业支持，也为突破我国 $PM_{2.5}$ 与 O_3 污染协同控制的难题提供了科技支撑；同时，各省级政府配合出台了相关政策以加强 $PM_{2.5}$ 与 O_3 的协同控制：北京市政府印发《北京市打赢蓝天保卫战三年行动计划》，并开展北京市 $PM_{2.5}$ 与 O_3 协同控制路径和减排策略研究。天津市、河北省、山西省、江苏省、山东省、广东省、陕西省等地区通过出台配套政策，明确协同控制颗粒物与 NO_x 的排放，并开展 VOCs 专项整治措施，在辖区内各城市或 O_3 污染严重的城市开展环境空气质量 VOCs 监测，进行 O_3 污染来源解析和控制路径的研究。其中，江苏省针对 $PM_{2.5}$ 与 O_3 协同控制的重大需求组织了科研团队进行科技攻关，广东省针对秋季 O_3 及冬春季 $PM_{2.5}$ 污染情况分别制定大气污染防治对策。

综上，我国政府正通过拨付大气污染防治专项资金、建立大气污染防治法规标准体系、强化区域联防联控机制、开展中央生态环保督察及强化监督帮扶工作、开展大气污染防治攻关科研项目等措施，逐步探索出一条符合我国国情的 $PM_{2.5}$ 与 O_3 污染协同控制道路。

$PM_{2.5}$ 和 O_3 之间存在复杂的耦合关系，使二者的协同控制具有复杂性与艰巨性。可以预见，未来我国 $PM_{2.5}$ 污染将持续改善，但是 O_3 污染在 VOCs 高位排放和 $PM_{2.5}$ 持续降低（辐射增强）的背景下，将成为未来一段时间我国重要的空气污染问题，$PM_{2.5}$ 与 O_3 二者的协同控制已经成为我国空气质量改善的焦点和打赢蓝天保卫战的关键，应该深入开展 $PM_{2.5}$ 与 O_3 之间的耦合机制和协同控制对策研究。

12.2 CO_2 和 $PM_{2.5}$ 协同控制

12.2.1 CO_2 和 $PM_{2.5}$ 协同控制的科学依据

大气污染物控制与温室气体减排有一定的协同性。二氧化碳和常规大气污染物排放，大多具有“同根同源”的属性——煤炭和石油消费不仅产生温室气体，其产生的污染物也是造成了 $PM_{2.5}$ 和雾霾天气的主要原因。治理温室气体和大气污染物，两者应该同举并重。

温室气体与常规大气污染物大多是由矿物燃料燃烧造成，主要来源于供暖、电力、工业、机动车移动源等排放，两者具有协同减排的可能性（图 12-3）。大气污染物主要包括细

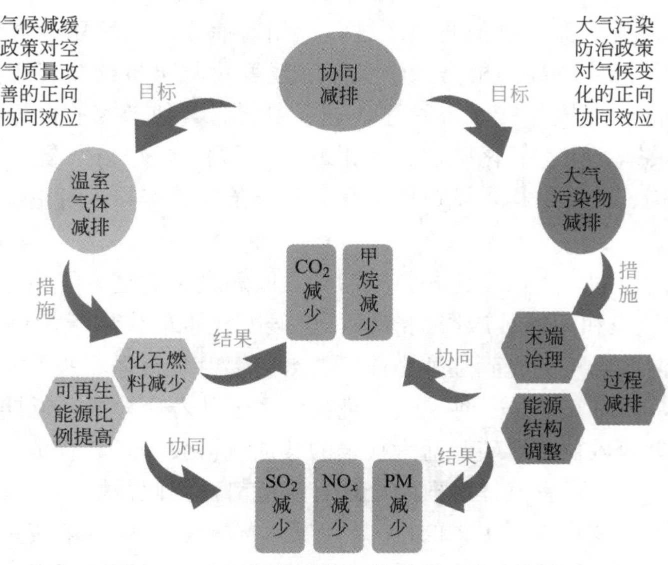

图 12-3 空气质量改善与气候应对互动关系

颗粒物（$PM_{2.5}$）、臭氧（O_3）、二氧化硫（SO_2）、氮氧化物（NO_x）等，温室气体包括二氧化碳（CO_2）和甲烷（CH_4）等非二氧化碳温室气体。事实上，煤炭等化石燃料在燃烧过程中既产生颗粒物、CO 和 SO_2 等空气污染物，也会产生 CO_2 等温室气体，大气污染物影响空气质量，温室气体影响气候。不仅是化石燃料燃烧，农业畜禽养殖和废弃物处理也同样如此，化学肥料的大量使用以及养殖业产生的排泄垃圾都会产生 CH_4、CO_2 和 N_2O 等温室气体及污染物。因此，利用温室气体与大气污染物排放的同根同源同步性（图 12-4），将二者协同控制，是应对大气污染防治和气候变化挑战的有效途径。

图 12-4　温室气体与大气污染物排放的同根同源同步性

在理解协同控制的“同”时，也要正确理解协同控制中的“异”。无论是空气污染物还是温室气体，其人为来源结构都存在一定差异。如 2018 年发布的北京大气细颗粒物源解析结果，移动源独大，占比达到 45%。根据中国温室气体清单（不包括土地利用、土地利用变化和林业，即 LULUCF），二氧化碳占温室气体排放总量的 84%，87% 二氧化碳来自能源活动，88% 的甲烷来自能源和农业活动，60% 的氧化亚氮来自农业活动，而氢氟碳化物、全氟化碳、六氟化硫几乎都来自工业生产过程。相对而言，二氧化硫等传统大气污染物与二氧化碳排放结构相似度较高。根据清华大学气候变化与可持续发展研究院、气候变化与清洁空气联盟发布的《环境与气候协同行动——中国与其他国家的良好实践》报告，中国 2005 ～ 2018 年每减排 1 吨二氧化碳，相当于减排二氧化硫 2.5kg、氮氧化物 2.4kg。当然，不同地区因产业结构、能源结构、城市化水平、气候条件等差异，时空上协同减排的效率是变化和不同的。

除了能源导致的协同，气候变化与空气污染之间还具有更复杂的相互作用。许多传统污染物能够通过直接效应和间接效应影响气候，气候变化也能作用于污染物转化的方向及速率。例如，黑炭气溶胶对可见光到红外光波段的太阳辐射具有强烈的吸收，升温效益与甲烷相当，仅次于 CO_2，同时它还是一种空气污染物。由于其寿命较短，近期的减排能快速降低辐射强迫同时产生健康效益。以硫酸盐为代表的其他气溶胶一般具有负的辐射强迫，能够产生制冷效应，抵消一部分温室气体导致的全球升温潜势，因此减排 SO_2 等污染物使得硫酸盐浓度下降可能会对气候变化造成更大的压力。但是，有研究表明气溶胶直接效应带来的空气污染健康损失大于气溶胶制冷效应下降导致的健康损失，从健康角度来看削减气溶胶浓度仍然可带来额外的健康效益。

12.2.2 CO_2 和 $PM_{2.5}$ 协同控制的措施评述

（1）CO_2 和 $PM_{2.5}$ 协同控制行业策略

我国以化石燃料为主的一次能源结构决定了 CO_2 和 $PM_{2.5}$ 排放具有高度同源性。大气污染物与碳排放的控制策略可分为末端控制和协同减排两大类。末端控制措施一般只对某一方面有益。协同减排则从控制化石燃料尤其是煤的使用量出发，通过降低能源强度、清洁能源替代等方式实现颗粒物和二氧化碳的减排。温室气体和空气污染物协同治理的影响是双向的，一方面，温室气体减缓政策可以产生空气污染物减排的协同效应，另一方面，减排空气污染物的政策也会产生减排温室气体的协同效应。从部门层面上来看，温室气体和空气污染协同治理的主要部门包括电力部门、工业部门、居民部门和交通部门。表 12-2 为不同部门大气污染物与二氧化碳协同的控制策略总结。

电力部门是对温室气体排放和局地空气污染贡献都较大的一个行业，化石能源的燃烧同时驱动了这两种环境问题的排放。在电力部门治理这两种环境排放行为的减排政策通常也是单独实施，例如，针对煤炭发电厂的碳捕集与封存（CCS）技术，它仅会减少 CO_2 的排放，却不能减少空气污染物的排放；而常规大气污染物（NO_x、SO_2、PM）通常采用末端治理技术进行治理，但此技术并不会减少温室气体的排放。电力部门协同治理的实现措施主要集中在发电效率的提升和发电结构的优化。发电效率的提升主要是通过淘汰小型低效的火电机组，新建大机组以持续降低发电煤耗；发电结构的优化主要通过提高可再生能源的发电比例，并降低煤炭发电的占比。发电产生的大气排放的影响取决于发电厂的空间分布和电力调度决策，对低碳电力空气质量影响的评估必须考虑到相关排放的空间异质性变化。低碳电力政策所产生健康效应的货币化价值可以抵消掉很大一部分气候政策的实施成本，有些能源政策的健康效益值甚至还会超过温室气体的减排成本。

工业部门包括化工、钢铁、水泥、铝、纸张的生产以及矿物开采等行业。目前工业部门的大气减排措施主要包括通过新工艺和技术提高能源效率、降低碳强度、减少产品需求、提高物料利用率和回收率等。全球很多大规模的工业生产都依赖于发展中国家的能源密集型产业，而发展中国家的污染减排技术相对落后，存在较大的改进空间。水泥行业也是颗粒物和二氧化碳排放的主要污染源，中国各省份水泥行业不同碳减排技术产生的空气质量协同效应具有很大差异性，在人口密度较高的地区和较为富裕的省份，大气污染和碳减排的协同效益较为显著。将空气质量协同效应考虑在内，会大大降低碳减排的社会成本，因此，区域协同效益的识别是优化二氧化碳减排政策设计的关键。

民用部门包括供暖、照明、烹饪、空调、制冷和其他电器的使用等。居民部门的大气排放主要来源于电力和能源的消耗，特别是发展中国家家庭使用的燃烧效率低下的传统固体燃料和生物质燃料等。一些减缓气候变化的措施，如改进炉灶，改用更清洁的燃料，改用更高效、更安全的照明技术等，不仅可以解决气候变化问题，而且可以缓解因室内空气污染造成的健康问题。通过燃料替代解决广大农村地区散煤使用是中国居民部门实现环境与气候协同治理的关键。虽然目前许多国家和地区正在实施一系列能源创新项目，但特别需要集中精力实现发展中国家家庭能源系统的改善，从而减缓发展中国家居民因室内空气污染而引起的健康损害。

交通部门是许多区域空气污染的主要来源之一，并且全球交通部门的二氧化碳排放量估计约 25%。交通部门也存在同时解决两类环境问题的措施，因此，很有必要加强对交通部门温室气体和大气污染物协同治理的认识。交通部门主要包括公路、铁路、水运和航空等交通方式，其协同减排温室气体和空气污染物的措施包括：能效的提升、交通出行模式的转变、建设紧凑的城市形态和完善的交通基础设施等。交通部门温室气体和大气污染物的协同治理特性不仅被全球层面的研究所证实，也被应用于国外主要城市层面的研究中。

表 12-2　不同部门大气污染物与二氧化碳协同的控制策略总结

部门	领域	具体政策	是否具有协同效益
电力	末端控制	电厂超低排放改造	仅空气质量效益
		CCS 技术	仅碳减排效益
	总量控制	电站除热电联产外，新建项目禁止配套建设自备燃煤，禁止审批新建燃煤发电项目	√
	提高能效	“上大压小”，淘汰落后产能减少输电损失	√
	能源结构调整	大力发展可再生电力资源	√
供热	末端控制	强化供热锅炉末端控制措施燃煤锅炉超低排放改造	仅空气质量效益
	提高能效	改造老旧集中供热管网，推进锅炉节能改造	√
	能源结构调整	供热锅炉煤改气推广热电联产、工业余热、可再生热源等供热技术	√
工业	末端控制	工业提标改造，对于重点行业推动实施超低排放改造挥发性有机物综合治理	仅空气质量效益
	错峰生产	重点排污单位在冬季调整生产经营活动，减少或者暂停排放大气污染物的生产、作业	仅空气质量效益
	提高能效	工业技术升级和清洁生产淘汰燃煤小锅炉，推进工业锅炉节能改造	√
	能源结构调整	淘汰燃煤小锅炉，燃煤锅炉清洁能源替代	√
	产业结构调整	对于水泥、钢铁等重点行业，压减过剩产能、淘汰落后产能，整治“散乱污”企业，发展低能耗、高附加值的高新技术，限制能源密集行业投资	√
民用	需求控制	提倡低碳生活方式	√
	提高能效	推广新型清洁高效燃煤炉具，分期分批更换传统炉灶，提升热效率，鼓励北方农村地区建设洁净煤配送中心，使用低灰、低硫的洁净煤和型煤，减少高挥发分的低变质烟煤使用，全面执行绿色建筑标准，实施住宅节能改造，提高房屋保温性能	√
	能源结构调整	生活和冬季取暖散煤清洁化替代，“煤改电”“煤改气”或改为集中供热	√
交通	需求控制	控制机动车保有量	√
	末端控制	加严机动车排放标准，淘汰老旧车辆	√
		油品升级	仅空气质量效益
	提高能效	提高燃油经济性	√
	能源结构调整	推广新能源和清洁能源车辆、作业机械和船舶	√
	运输结构调整	提倡公共交通出行，优化调整货物运输结构	√
土地利用	用地结构调整	扬尘综合治理，禁止秸秆焚烧，治理农业源氨排放	仅空气质量效益

（2）CO_2 和 $PM_{2.5}$ 协同减排的政策措施

关于协同效应（co-benefits）的定义源于 2001 年政府间气候变化专门委员会（IPCC）的第三次评估报告："协同效应是指由于各种原因而同时实施的政策所带来的效益，它包括了气候变化的减缓，并且承认很多温室气体减缓政策也有其他甚至同等重要的目标，如空气污染物的减少"。IPCC 第三次评估报告还将协同效应的概念和在 IPCC 第二次评估报告中出现的副效应（ancillary benefits）进行了区分。协同效应是指在政策设计中被明确提及的目标，而副效应是指随着主要政策附加出现的一些其他效应。

随后的 IPCC 第四次评估报告和 IPCC 第五次评估报告对温室气体和空气污染物的协同治理政策进行了更深入的探讨。IPCC 第四次报告进一步指出协同效应的概念通常也指"无后悔"政策，这是由于很多项目和行业的减排成本研究已经识别出了温室气体减排政策具有潜在的负成本，即实施这些政策所带来的协同效益会大于其实施成本，因而这些具有负成本的减排政策通常被称为"无后悔"政策。相关研究显示，温室气体减排政策所带来的空气污染减缓协同效应不仅可以改善人体健康状况，而且还会对农业生产和自然生态系统产生影响，这种近期可见的效益为"无后悔"温室气体减排政策的实施奠定了基础。IPCC 第五次评估报告将协同效应区分为了积极的协同效应和消极的协同效应（不利的副作用）。该报告探索了温室气体减排路径的技术、经济和制度需求以及相关的潜在积极协同效应或不利的副作用。2018 年发布的《IPCC 全球升温 1.5℃特别报告》则考虑不确定性因素的影响，并取决于当地具体的外部环境，将协同效应的概念进一步聚焦在积极影响上："协同效应是指实现某一目标的政策或措施对其他目标可能产生的积极影响，从而增加社会或环境的总效益"。

发达国家进行大气污染防治和温室气体减排的历程有两个明显特征。首先，治理周期长，产业结构和能源结构调整过程较为缓和。无论是提高大气污染物管控标准还是进行能源结构新旧转换，欧美企业都有较长的适应和升级周期。其次，不同时期内，政策重点主次特征明显。20 世纪发达国家在进行空气污染防治时，气候变化问题还没有引起广泛关注；21 世纪发达国家着力进行温室气体减排，但空气污染问题已经不再突出，因而，欧美等发达国家的协同效应研究大多集中在温室气体减排政策所产生的局地环境效益。不同于已经基本解决空气污染问题和实现能源、产业结构转型的发达国家，尚处于城镇化过程和经济结构转型的中国面临着外部催熟和内部夹生的尴尬矛盾。改革开放 40 年来，我国经济的高速发展导致了严重的空气污染问题和大量的温室气体排放。相比长期的温室气体减排目标，短期内在我国进行空气污染治理有更为严峻和紧迫的现实需求。因此，当下的协同控制应以空气污染治理为主要目标，并同时考察由其所产生的减排温室气体的协同效应。目前我国主要的协同治理措施可以概括为目标协同、路径协同和监管主体协同。

① 目标协同　从国际经验来看，从污染物单一治理到多种污染物综合治理是空气质量管理实践进程中的必经之路。中国同时采用命令控制型和经济激励型政策体现了大气污染物和温室气体协同治理措施的目标协同。中国采取的命令控制型政策在于不断完善大气污染物和碳强度的控制指标。中国从"十五"期间开始管控 SO_2 排放量，但计划期末的 SO_2 排放总量不减反增，这促使我国实施了更为严格的节能减排措施及环境约束指标；"十一五"规划中规定了 SO_2 总量与单位 GDP 能耗的降低比例，并首次把 SO_2 排放量纳入国家约束性总量控制目标；2009 年，在哥本哈根气候大会之前，中国政府承诺，到 2020 年我国单位 GDP 的 CO_2 排放比 2005 年下降 40% ～ 45%，所以"十二五"规划中新增了单位 GDP 的 CO_2 排放

降低比例和非化石能源占一次能源消费比例这两项指标，另外主要污染物的控制目标中还新增了对 NO_x 的总量控制，“十二五”规划直接体现了温室气体和大气污染物两方面的治理目标；“十三五”规划中将 O_3 和 $PM_{2.5}$ 的前体物 VOCs 纳入减排的预期性指标，此外，还新增了细颗粒物（$PM_{2.5}$）未达标地级及以上城市浓度下降（%）和地级及以上城市空气质量优良天数比率（%）这两个约束性指标，反映了我国环境治理从总量控制到环境质量改善的转变。总体而言，我国逐年完善的国家规划目标反映了政府加强大气污染物和温室气体协同治理的理念。中国还采取多样化的经济激励政策促进污染物治理和温室气体减排，如鼓励发展环保产业、推进排污权交易和排污收费、设立环境污染强制责任保险和深化碳市场建设等。2015年中国政府修订的《大气污染防治法》第二条已明确提出，要对传统污染物和温室气体实施协同控制，2016 年印发的《“十三五”控制温室气体排放工作方案的通知》和 2017 年发布的《工业企业污染治理设施污染物去除协同控制温室气体核算技术指南（试行）》也提出了相应要求。

② 路径协同　我国通过推进清洁生产、调整产业结构和优化能源结构，探索了大量可以实现大气污染物和温室气体协同治理的技术路径及政策措施。清洁生产的全过程控制强调源头和过程监管，识别和分析污染源的产排特征及影响因子。目前我国主要通过采用先进工艺和技术降低产品能耗、提高物料利用率和回收率等措施实现协同减排，如通过推广循环流化床燃煤发电、整体煤气化联合循环（IGCC）等高效燃煤发电技术提高能源加工转化效率；水泥行业采用新型干法减少单位水泥燃烧排放的 CO_2，利用工业废渣、低热值燃料及可燃废弃物替代熟料降低能耗；钢铁行业提高废钢使用率、增加电炉钢比例等。在调整产业结构方面，国家发展改革委于 2017 年和 2018 年先后印发《关于做好 2017 年钢铁煤炭行业化解过剩产能实现脱困发展工作的意见》《关于推进供给侧结构性改革防范化解煤电产能过剩风险的意见》《关于做好 2018 年重点领域化解过剩产能工作的通知》等文件，实现化解钢铁过剩产能超过 5500 万吨，化解煤炭过剩产能 2.5 亿吨。行业层面紧抓能源消耗大户，电力生产部门占据了约 50% 的煤炭消耗量。从“十一五”时期起，政府开始加强对电力部门能源节约和污染减排的综合管控，包括发展清洁能源、推广热电联产、鼓励加装能源节约装置等措施。

在优化能源结构方面，中国严格控制煤炭消费，连续发布《北方地区冬季清洁取暖规划（2017 ～ 2021 年）》《关于加快浅层地热能开发利用促进北方采暖地区燃煤减量替代的通知》等政策，推进煤改电、煤改气和燃煤锅炉节能环保改造等措施；政府还大力推进化石能源清洁化利用，建立完善优先发电制度，发布《加快推进天然气利用的意见》等指导文件；发展非化石能源也是优化能源结构的重要举措，《国家能源局关于可再生能源发展“十三五”规划实施的指导意见》要求推动可再生能源规模化发展，《关于试行可再生能源绿色电力证书核发及自愿认购交易制度的通知》探索用市场机制推动可再生能源的发展。

③ 监管主体协同　我国监管部门职责分散化、行政管理条块化的特征对协同控制政策的制定、实施和监管带来了不利影响。生态环境部的成立和“重点区域大气污染联防联控”的推行在一定程度上打破了这些局限，缓解了大气污染物和温室气体协同治理的制度障碍。机构改革之前，大气污染物控制与温室气体减排分别由不同部门负责，新的机构改革将应对气候变化和减排等职能与大气污染管理职能整合，将在污染物治理领域实现若干打通，2018年，原环境保护部改组为生态环境部，国家发展改革委应对气候变化司整体转隶到生态环境部，我国生态环境保护进入“统一负责”和“大生态监管”时期。气候变化应对和大气污染

防治部门的隶属统一将大幅提高行政效率，降低机构间的协调成本，并促进温室气体和大气污染物的协同治理，这为温室气体与大气污染物协同控制在管理和实施上提供了有力的支撑。

具体实施层面，推进重点区域大气污染的联防联控。例如，2015 年发布的《京津冀及周边地区大气污染联防联控 2015 年重点工作》将北京、天津以及河北省唐山、廊坊、保定、沧州一共 6 个城市划为京津冀大气污染防治核心区，开展清洁取暖、淘汰燃煤小锅炉、压减过剩产能、淘汰黄标车与老旧车等减排措施，密集发布的环保政策和雷厉风行的铁腕管制措施改善了中国区域空气质量，并有效抑制了温室气体的排放。另外在城市层面，低碳试点、新能源试点等项目也鼓励了自下而上的协同管理和创新。

（3）CO_2 和 $PM_{2.5}$ 协同减排存在的挑战

关于温室气体和大气污染物的协同控制已有大量研究和成果，涵盖了主要排放行业，为推动协同治理的政策实践和技术研发提出了具体的建议和方向，但技术和政策层面仍存在巨大挑战。

行业不同政策情景协同效应的量化估算较多，但是缺乏将协同效应整合进政策设计或优化改进的案例研究和实践指导。空气污染减少的协同效应仅作用于当地并且是短期的，而气候变化减缓的协同效应具有全球性且是长期的，对空气污染和气候变化问题的政策优先级差异可能会扭曲政策优化目标的设定并导致次优的控制策略被采用。温室气体和空气污染物协同治理措施在很多场合被忽略的原因主要包括：环境问题的空间和时间属性不同，气候变化的损失及其减排成本存在不确定性；科学和政治领域的制度障碍也阻碍了温室气体和空气污染的协同治理等。

在协同减排技术评估和方案研究中，对技术供给侧减排成本改进的研究比较充分，但对协同减排所带来的需求侧间接效益的研究相对薄弱。虽然综合考虑了协同控制策略的成本和收益，但是对于协同效益的评估大多是在国家和国际层面进行的，缺少对区域和城市层面的精准研究。由于空气污染物是局地环境问题，更精细的空间划分可以帮助地方制定更具操作性和成本有效性的协同控制政策。需要对空气污染和气候变化的健康影响进行统一框架下的量化和整合。空气污染是当今造成疾病和死亡重要的环境因素之一，由温室气体排放引起的气候变化也会对人体健康产生重要的影响。气候变化会增加极端天气事件发生的频率和严重性，如热浪、野火、风暴、洪水和干旱等都会增加疾病负担和过早死亡。气候变化对人类健康影响的量化研究逐渐增多，但在暴露水平、健康损害的货币化等方面仍缺乏必要的指南以确保不同案例研究结果之间的可比性。同时，将空气污染和气候变化的健康影响进行协同考虑也存在方法学上的一些障碍，例如时间尺度的一致性、代际公平的考量、生命统计价值的可比性等问题。

需要构建高精度的排放清单和模拟系统，在高精度的空间上识别温室气体和大气污染物的协同减排技术及协同治理策略。城市大气污染物排放清单基于点源信息建立，分辨率较高，但总体而言多集中在重点区域和重点行业层面。传统的碳排放清单建立多依托能源平衡表开展，除了少数大型城市外许多城市缺少能源平衡信息，因而城市碳排放往往只能通过社会经济参数从省级数据降尺度估算，引入了很大的不确定性。城市尺度温室气体和大气污染物排放清单在源分类、活动水平获取方法等方面不统一，两者缺乏可比性，尚难以支撑城市尺度协同减排分析研究。全国城市尺度协同减排路径的方法学和实证研究仍然很少。

12.2.3 我国 CO_2 和 $PM_{2.5}$ 协同控制现状

（1）国内外温室气体控制研究现状

IPCC 第五次报告指出，有证据显示 1750 年至今的总人为辐射强迫相比 2005 年报告中的数值提高了 43%，人类活动很可能是造成气候变暖的原因。为避免全球气候变化威胁到人类和生态系统的生存发展，2015 年召开的巴黎气候变化大会提出 21 世纪末之前要将把全球平均气温较工业化前水平升高控制在 2℃之内，并为把升温控制在 1.5℃内而努力。随着经济的快速发展，中国已经成为世界上最大的能源消耗国和碳排放国。作为负责任的大国，2015 年《巴黎协定》中我国“国家自主决定贡献”提出我国二氧化碳排放将于 2030 年左右达到峰值并争取尽早达峰、单位国内生产总值二氧化碳排放比 2005 年下降 60% ～ 65%。2013 ～ 2016 年，我国碳排放量平稳下降。

研究显示，2013 ～ 2016 年间，经济增长、人口增长和天然气使用比例的上升使我国碳排放增加 19.9%，而工业产业结构调整、煤炭在能源消费中占比的下降和能源强度的下降则分别使得我国碳排放下降了 10.0%、7.8% 和 5.1%。在经济增速换挡、资源环境约束趋紧的新常态下，我国能源结构调整进入了油气替代煤炭、非化石能源替代化石能源的更替期。2017 年我国煤炭占一次能源消费总量的比例下降到了 60.4%，而天然气和非化石能源的占比分别上升到了 7.3% 和 13.8%。空气质量政策在压减煤炭消费量方面起到了重要作用。《大气污染防治行动计划》首次明确提出要制定煤炭消费总量的中长期控制目标，并对京津冀鲁、长三角、珠三角三大重点防控区域提出了煤炭负增长的要求。据报告估算，煤炭总量控制措施涉及的九个省市在 2017 年能实现削减 4.26 亿吨燃煤并带来 6.05 亿吨 CO_2 减排效益。生态环境部发布的《中国空气质量改善报告（2013—2018 年）》中指出，2018 年中国单位 GDP 的 CO_2 排放较 2005 年降低 45.8%，提前达到并超过了 2020 年单位 GDP 的 CO_2 排放降低 40%～45% 的目标，为实现中国 2030 年左右碳排放达峰并争取尽早达峰奠定了坚实基础。

（2）两者协同研究现状

国际上认识污染物与温室气体的协同关系从 21 世纪初开始，在 2001 年的《联合国气候变化框架公约》《IPCC 第三次评估报告》中首次出现了“协同效应”一词。此后，研究人员在协同效应的机理、评估方法等方面开展了一些基础性研究，并以此为基础在行业、区域等层面开展了一些评估。这些工作为开展和实施协同控制政策提供了依据。20 世纪 90 年代已经有相关学者对温室气体和空气污染物的协同治理进行了初步研究，具体研究内容包括温室气体减排的成本和效益，指出了其间接效益包括空气污染物的减少及其产生的相关健康效应；探讨减排二氧化碳和二氧化硫的协同效应和相关政策冲突。

我国协同效应研究最早可追溯到 21 世纪初，以重点行业、典型城市、重大政策等为案例分别开展了分析研究。在重点行业层面，以电力、钢铁、水泥、交通、煤化工等行业为案例开展了大气污染物与温室气体排放协同控制政策与示范研究；在典型城市层面，如以攀枝花市和湘潭市“十一五”总量减排措施为对象进行评估，发现这些减排措施对降低温室气体排放有显著协同效应；在重大政策层面，对西气东输、煤炭总量控制、清洁供暖等政策开展了协同效应评估。

最近，生态环境部环境规划院气候变化与环境政策研究中心联合北京师范大学、清华大学、中国环境监测总站、广东省环境科学研究院等单位，利用中国碳情速报（China carbon watch，CCW）技术体系和中国高空间分辨率排放网格数据库（China high resolution emission database，CHRED），完成《中国城市二氧化碳和大气污染协同管理评估报告（2020）》，在地级城市层面开展二氧化碳和大气污染协同管理评估，有利于推动城市自下而上实施切实可行的协同措施。报告得到的主要结论包括以下两点：

① 污染排放方面　2015 年到 2019 年期间，约有 1/3 的城市实现了二氧化碳与主要大气污染物（二氧化硫、氮氧化物和颗粒物）的协同减排。但城市大气污染物的减排幅度及减排城市占比，明显高于二氧化碳的减排幅度及减排城市占比：大约 30%（102 个）的城市实现 CO_2 和 SO_2 的协同减排，28%（94 个）的城市实现 CO_2 和氮氧化物的协同减排，29%（100 个）的城市实现 CO_2 与颗粒物的协同减排；31%（104 个）的城市实现 CO_2 减排率与大气污染物当量（归一化大气污染物）减排率均为正值，即二者协同减排；河南、黑龙江、陕西等省有一半以上的城市实现 CO_2 与大气污染物当量的协同减排。

② 空气质量方面　2015 年到 2019 年期间，约 24% 的城市（80 个）同时实现 CO_2 减排和空气质量指数（AQI）降低（空气质量提升）；白山、盘锦、内江、七台河、石嘴山、商丘、海北、延安、平顶山、抚顺的二氧化碳减排和空气质量改善综合绩效排名前十；大约 30% 的城市（99 个）实现 CO_2 排放和 $PM_{2.5}$ 浓度的协同下降；11 个城市既有 CO_2 增排又有 $PM_{2.5}$ 浓度上升；但仅 6.57% 的城市（22 个）实现 CO_2 排放和 O_3 浓度的协同下降。

但是，与国际相比，我国在二氧化碳和大气污染协同控制方面还有一定差距：首先，方法学方面仍有待加强。我国的协同效用评估研究缺乏对行业整体的系统评估，相关方法学还不够完善，尤其在模型构建上同国外相比有较大差距，协同效应的经济效益和健康效益的货币化研究还不成熟，并没有形成系统性、完整性和科学性的指南来指导政策制定和实施。其次，协同控制政策很少有落地。目前的一些政策文件，只有原则性规定，没有具体可操作的措施，很难真正落地。最后，在国际上的影响力不够。尽管我国在协同控制方面已开展大量工作，但与日本等国家相比，我国在宣传力度、影响力等方面仍然比较弱，国际上对中国的了解还不够。

习题

12.1　简述 $PM_{2.5}$ 和 O_3 协同控制的科学依据。

12.2　请评述 CO_2 和 $PM_{2.5}$ 协同控制的主要措施。

第 13 章 净化系统中管道设计计算

在大气污染控制和净化工程中，由通风管道将各装置（如排气罩、热交换器、净化装置、风机等）连接在一起组成了一个系统。在这个系统中，管道的合理计算，风机的合理选择，是系统发挥最佳效能的关键。

13.1 流动气体能量方程

气体在管道中流动时，由于其流速远低于音速，同时气体的压力和温度变化又较小，所以可认为管道内气体的密度变化不大。故气体在管道中流动时的能量变化，可以用伯努利方程来表示。设气体管路如图 13-1 所示，对于 1-1 和 2-2 两个断面，伯努利方程的表达式为

$$z_1+\frac{p_1'}{\gamma}+\frac{v_1^2}{2g}=z_2+\frac{p_2'}{\gamma}+\frac{v_2^2}{2g}+h_w \tag{13-1}$$

式中 p_1'，p_2'——1-1 和 2-2 断面单位质量气体的绝对压强，Pa；

v_1，v_2——1-1 和 2-2 断面气体的平均流速，m/s；

z_1，z_2——1-1 和 2-2 断面相对于基准面的高度，m；

h_w——1-1 和 2-2 断面之间单位质量气体损失的机械能，m；

γ——气体的容重，N/m^3；

g——重力加速度，m/s^2。

在气体管路计算中，常将式（13-1）中的各项均表示为压强的形式，即：

$$p_1'+\gamma\frac{v_1^2}{2g}+\gamma(z_1-z_2)=p_2'+\gamma\frac{v_2^2}{2g}+\Delta p \tag{13-2}$$

式中 Δp——1-1 和 2-2 断面单位质量气体损失的压强，$\Delta p=\gamma h_w$，Pa。

如果用相对压强 p_1 和 p_2 来表示 1-1 和 2-2 断面处的压强值，则有

$$p_1'=p_2+p_a \tag{13-3}$$

$$p_2'=p_2+p_a-\gamma_a(z_2-z_1) \tag{13-4}$$

式中 p_a——1-1 断面处的大气压强，Pa；

γ_a——外界空气的容重，N/m^3。

将式（13-3）和式（13-4）代入式（13-2），整理后得

$$p_1+\gamma\frac{v_1^2}{2g}+(\gamma_a-\gamma)(z_1-z_2)=p_2+\gamma\frac{v_2^2}{2g}+\Delta p \tag{13-5}$$

如果计算断面的高程差（z_2-z_1）很小，或管道内外的气体容重差（$\gamma_a-\gamma$）可以忽略，则上式可简化为

$$p_1+\gamma\frac{v_1^2}{2g}=p_2+\gamma\frac{v_2^2}{2g}+\Delta p \tag{13-6}$$

在大气污染控制和净化工程中，习惯于将 p 称为静压，将 $\gamma v^2/(2g)$ 称为动压，而静压与动压之和 $p+\gamma v^2/(2g)$ 称为流动气体的全压。

工程中所说的全压和静压常以相对压力表示，当其大于大气压力时称为正压，小于大气压力时称为负压。

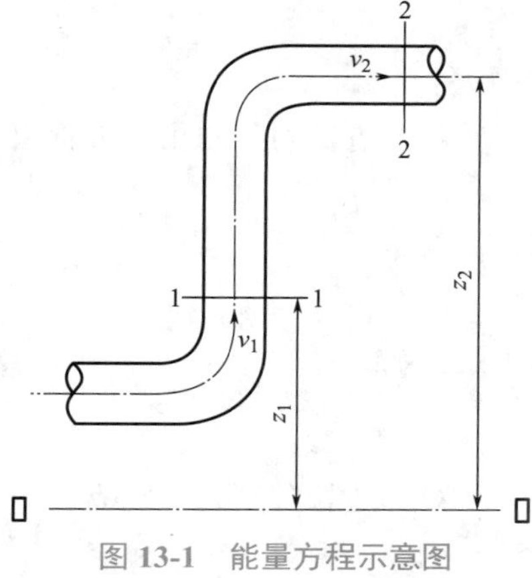

图 13-1 能量方程示意图

13.2 气体流动压力损失

管道内气体流动的压力损失分为两类：一类是气体在直管中流动时，因其具有黏滞性而产生摩擦阻力，为了克服这种阻力单位质量气体所消耗的机械能，称为沿程压力损失；另一类是气体的边界在管路系统的局部发生剧烈改变时，由于流速大小和方向的改变形成涡流而产生的压力损失，称为局部压力损失。

13.2.1 沿程压力损失

根据流体力学的原理，均匀流气体产生的沿程压力损失 Δp_1 可按下式计算。

$$\Delta p_1=l\times\frac{\lambda}{4R}\times\frac{\rho v^2}{2}=l\times R_L \tag{13-7}$$

$$R_L=\frac{\lambda}{4R}\times\frac{\rho v^2}{2} \tag{13-8}$$

式中 R_L——单位长度管道的沿程压力损失，简称比压损，Pa/m；

l——管道的长度，m；

λ——摩擦压损系数；

v——管道内气体的平均流速，m/s；

ρ——管道内气体的密度，kg/m³；

R——管道的水力半径，m。

水力半径是指流体流经管道的截面积 A 与管道湿周 χ 之比，即：

$$R=\frac{A}{\chi} \tag{13-9}$$

对于直径为 d 的圆形管道，其水力半径为

$$R=\frac{\frac{\pi d^2}{4}}{\pi d}=\frac{d}{4} \tag{13-10}$$

代入式（13-8）得

$$R_L = \frac{\lambda}{d} \times \frac{\rho v^2}{2} \tag{13-11}$$

对于边长为 a 的正方形管道，其水力半径为

$$R = \frac{a^2}{4a} = \frac{a}{4} \tag{13-12}$$

代入式（13-8）得

$$R_L = \frac{\lambda}{d} \times \frac{\rho v^2}{2} \tag{13-13}$$

对于边长分别为 a 和 b 的矩形管道，其水力半径为

$$R = \frac{ab}{2(a+b)} \tag{13-14}$$

代入式（13-8）得

$$R_L = \frac{\lambda}{\frac{2ab}{a+b}} \times \frac{\rho v^2}{2} \tag{13-15}$$

由式（13-8）可知，λ 值的确定是计算 R_L 值的关键。大量的实验和研究表明，λ 值与气体在管道中的流动状态及管道相对粗糙度有关。在大气污染控制和净化工程中，薄钢板风管的空气流动状态大多属于紊流光滑区到粗糙区之间的紊流过渡区。对于该区 λ 值的计算公式，目前常用的是克里布洛克（Colebrook）公式。

$$\frac{1}{\sqrt{\lambda}} = -2\lg\left(\frac{K}{3.7D} + \frac{2.51}{Re\sqrt{\lambda}}\right) \tag{13-16}$$

式中 K——管道内壁的绝对粗糙度，mm；

D——管道的直径，m；

Re——流动雷诺数。

对于层流：

$$\lambda = \frac{64}{Re} \tag{13-17}$$

对于紊流水力光滑区：

$$\lambda = \frac{0.3164}{Re^{0.25}} \tag{13-18}$$

对于紊流粗糙区：

$$\lambda = 0.11\left(\frac{K}{D}\right)^{0.25} \tag{13-19}$$

K 的具体数值见表 13-1。

表 13-1　各种材料风道的绝对粗糙度 K 值

风管材料	粗糙度 /mm	风管材料	粗糙度 /mm
薄钢板或镀锌薄钢板	0.05 ～ 0.18	胶合板	1.0
塑料板	0.01 ～ 0.05	混凝土	1.0 ～ 3.0
矿渣石膏板	1.0	砖砌体	3.0 ～ 6.0
矿渣混凝土板	1.5	木板	0.2 ～ 1.0

流体力学中讨论的管道，大多针对圆管而言，一些计算图表也都是按圆管编制的。因此，有必要将非圆风道折合成圆形风道进行计算。对于矩形管道，常采用流速当量直径计算法。首先是假设矩形管道和圆形管道的摩擦压损系数相等，同时矩形管道的风速与圆形管道的风速也相等。当圆形管道的比压损与矩形管道的比压损相等时，则该圆形管道的直径就称为此矩形管道的流速当量直径，以 d_v 表示。

由上述的定义，根据式（13-11）和式（13-15），可以得到边长分别为 a 和 b 的矩形管道的流速当量直径为：

$$d_v=\frac{2ab}{a+b} \tag{13-20}$$

由 d_v 和矩形管道内的实际流速，就可以通过计算或查圆形管道的比压损计算表，得到矩形管道的 R_L 值。

13.2.2　局部压力损失

局部压力损失发生在气体流经管道系统中的异型管件处，这种损失 Δp_w 一般用动压头的倍数表示，即

$$\Delta p_w=\xi\frac{\rho v^2}{2} \tag{13-21}$$

式中　ξ——局部压损系数；

　　v——异型管件处断面的平均流速，m/s。

各种管件的局部压损系数可以在有关的设计手册中查到。必要时可以通过实验确定，先测出管件前后的全压差，再除以相应的动压 $\rho v^2/2$，即可得 ξ 值。

13.2.3　空气流动总阻力

风道内空气流动的总阻力，等于沿程阻力和局部阻力的总和，即：

$$\Delta p=\sum(\Delta p_l+\Delta p_w) \tag{13-22}$$

13.2.4　流动气体的压力变化

气体在管道中流动时，由于流速的改变和压力的损失，使得气体在流动的过程中，不同

断面的压力发生变化。这种变化，可以用图直观表示。图 13-2 绘制了风机的吸入段和压出段气体压力的分布图，直线 0-0 为基准线，基准线上方表示正压，基准线下方表示负压。

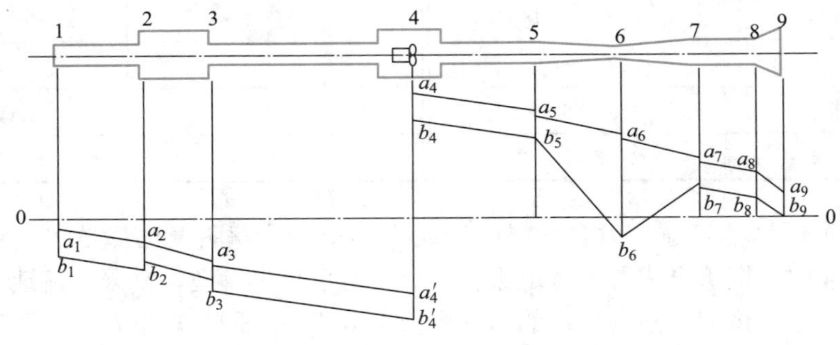

图 13-2　管道系统压力分布图

图中实线为 $a_1 \sim a_9$ 表示气体全压 $p+\gamma v^2/(2g)$，实线 $b_1 \sim b_9$ 表示静压 p，两线间的距离即为动压 $\gamma v^2/(2g)$。由图中可以得出以下几点结论：

a．管道系统的总压力损失等于各串联部分压力损失之和；

b．风机的全压等于管道系统的总压力损失（包括出口处的动压）；

c．风机吸入段的全压和静压均为负值。若吸入段管道发生损坏，会使管道外的气体渗入管道内；

d．风机压出段的全压和静压一般均为正值。若压出段管道发生损坏，会使管道内的气体逸出。图中断面 6 出现负压是一个特例，在工程中如果没有特殊需要，应尽量加以避免；

e．当管道的断面增大时，气体的流速会减小，这时气体的动压会转换为静压，反之亦然。

在管道系统的设计和运行时，可以通过管道内压力分布图，来分析设计是否合理以及运行中存在的问题，并据此提出改进的措施和方案。

13.3　局部排气罩的设计

排气罩是净化系统污染源的收集装置，它可将粉尘及气态污染源导入净化系统，同时防止其向生产车间及大气扩散，造成污染。

13.3.1　局部排气罩的基本形式

局部排气罩的基本形式分为：密闭罩、排气柜、外部排气罩、接受式排气罩和吹吸式排气罩等几种。

（1）密闭罩

密闭罩是将污染物发生源的局部或整体密闭起来，在罩内保持一定负压，可防止污染物的任意扩散。其特点是，与其他类型排气罩相比，所需排气量最小，控制效果最好，且不受室内气流干扰，所以设计中应优先选用。按密闭罩的结构特点，分为以下三种类型。

① 局部密闭罩 是一种将局部产尘地点密闭起来的密闭罩，特点是体积小，材料消耗少，工艺设备暴露在罩外，便于操作和检修。一般适用于产尘点固定、产尘气流速度较小且连续产尘的地点。图 13-3 为皮带运输机转运点处的局部密闭罩。

② 整体密闭罩 是一种将产尘设备或产尘点大部分或全部密闭起来，只将需要经常维护和观察的部分留在罩外的密闭罩。它的特点是容积大，密闭性好，一般适用于多点尘源、携气流速大或有振动的产尘装置上。图 13-4 为轮碾机的整体密闭罩。

③ 大容积密闭罩 是一种将产生污染的设备和所有发生源都密闭起来的密闭罩。它的特点是容积大，可以缓冲产尘气流，减少局部正压，设备检修可以在罩内进行。它适用于多点源、阵发性、气流速度大的设备和污染源。图 13-5 为振动筛的大容积密闭罩。

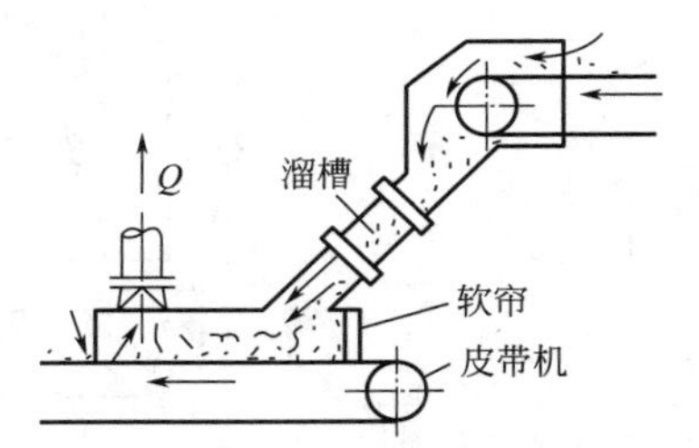

图 13-3 皮带运输机转运点处的局部密闭罩

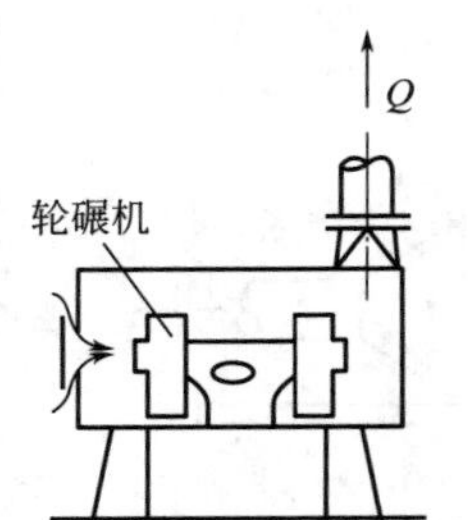

图 13-4 轮碾机的整体密闭罩

（2）排气柜

排气柜可使产生有害烟尘的操作在柜内进行。由于工艺操作的需要，开有较大的操作口，由于排气作用，在柜内形成一定的负压，操作口处具有一定的进气流速，可有效防止有害烟气的外逸。图 13-6 为排气柜气流示意图。

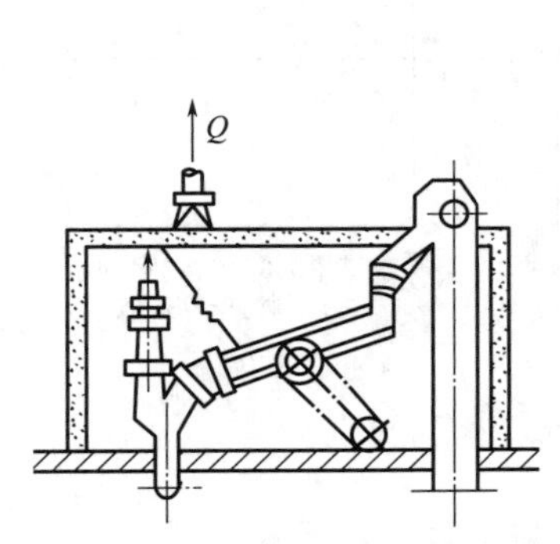

图 13-5 振动筛的大容积密闭罩

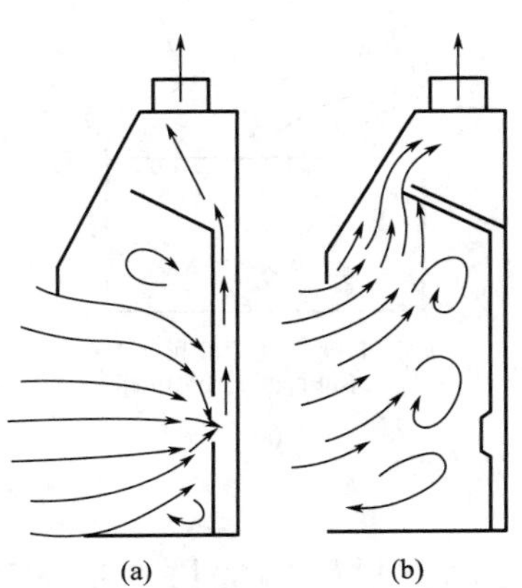

图 13-6 排气柜气流示意图

（3）外部排气罩

由于工艺条件的限制，无法对污染源进行密闭时，只能在污染源附近设置排气罩，依靠排气罩的吸入气流，将污染物收集。这类排气罩称为外部排气罩，它的特点是排气量大但易受室内横向气流干扰。常见的有顶吸罩、侧面吸罩、底吸罩和槽边吸气罩等，图 13-7 为外部排气罩工作示意图。

（4）接受式排气罩

接受式排气罩是接受由生产过程中产生或诱导出来的污染气流的一种排气罩。其作用原理和外部排气罩不同，罩口外的气流运动不是由罩子的抽吸作用造成的，而是由生产过程本身造成的。图 13-8 为接受式排气罩工作示意图。

(a) (b)

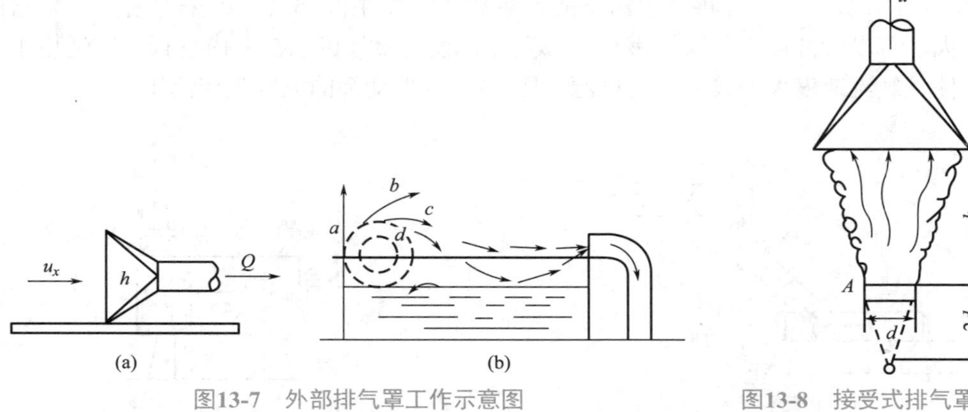

图13-7　外部排气罩工作示意图

图13-8　接受式排气罩工作示意图

（5）吹吸式排气罩

外部排气罩至污染源距离较大时，可以在外部排气罩的对面设置一吹气口，从而形成一层空气幕，阻止污染物的逸散，同时也诱导污染气流一起向排气罩流动。图 13-9 为吹吸式排气罩工作示意图。

无吹气，吸气量为0.133m³/s时，不能控制污染物扩散
(a)

无吹气，吸气量为0.415m³/s时，可控制污染物扩散
(b)

吹气量为0.026m³/s，吸可控制污染物扩散
(c)

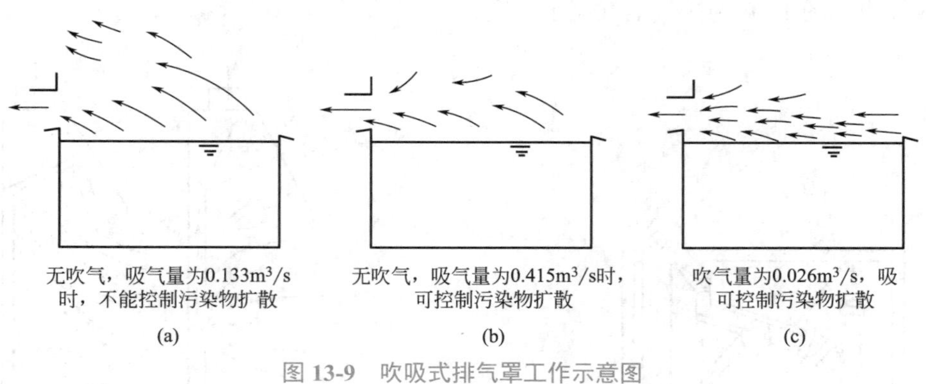

图 13-9　吹吸式排气罩工作示意图

13.3.2　局部排气罩的排气量和压力损失

局部排气罩的排气量和压力损失是排气罩设计与选择的两个重要参数，从排气罩中排出的气量，不但与罩子的结构、罩内气流情况有关，而且与工艺设备的种类、操作情况等因素有关。故排气量的理论计算较为困难，在实际工作中，多以经验数据决定或参考有关设计手册。

在设计中，有时排气量（m^3/s）也可以按连接排气罩的直管中的平均流速 v（m/s）和断面面积 A（m^2）来确定，即：

$$Q=Av \tag{13-23}$$

排气罩的压力损失 Δp_w（Pa）一般表示为局部压损系数 ξ 与直管中的动压 $\frac{\rho v^2}{2}$ 之乘积的形式，即：

$$\Delta p_w=\xi\frac{\rho v^2}{2} \tag{13-24}$$

13.3.3 局部排气罩的设计要点

局部排气罩的合理设计对系统的技术经济效果有很大影响。在设计局部排气罩时，应注意以下几点：

a．排气罩应尽可能将污染源包围起来，使污染的扩散限制在最小的范围内；
b．防止横向气流的干扰，减少排气量；
c．排气罩的吸气方向尽可能与污染气流的流动方向一致，充分利用污染气流的动能；
d．在保证控制污染的前提下，尽量减小排气罩的开口面积；
e．排气罩的吸气流不允许先经过人的呼吸区，再进入罩内；
f．排气罩的结构不应妨碍设备的操作和检修。

排气罩的设计方法一般是：首先确定排气罩的形式、结构尺寸和安装位置，然后再确定排气量，最后计算压力损失。所有这些可参考经验数据或有关的设计手册。

表 13-2 给出了吸捕速度的选择范围，表 13-3 给出了几种常见罩型的罩口形式及吸风量计算公式。

表 13-2 吸捕速度的选择范围

粉尘或污染物散发条件	举例	吸捕速度 /（m/s）
以绩效速度进入静止的空气中	一些槽子的液面蒸发，气体或烟气从敞开容器中外逸	0.25 ～ 0.5
低速进入较稳定的空气流中	低速运输转动如拣选皮带，间断的粉料装袋、装罐、喷气箱或电镀槽	0.5 ～ 1.0
以较高速度进入不稳定的空气流中	压砖机压砖，快速粉料自动装桶，粉料装车，翻砂脱模	1.0 ～ 2.5
以高速度发射到极不稳定的空气中	砂轮机，喷砂	2.5 ～ 10

表 13-3 常见罩型的罩口形式及吸风量计算公式

名称	罩口尺寸比 B/L	吸风量公式 /（m^3/s）	罩形示意图
无边条缝罩	＜ 0.2	$Q=3.7uLx$	B L x
有边条缝罩或台上条缝罩	＜ 0.2	$Q=2.8uLx$	B L x

续表

名称	罩口尺寸比 B/L	吸风量公式 / (m^3/s)	罩形示意图
平口罩或底吸罩	＞0.2 或圆口	$Q=u\ (10x^2+A)$	
右边平口罩、台上罩、落地罩或侧吸平口罩	＞0.2 或圆口	$Q=0.75u\ (10x^2+A)$	
箱式罩或台面底吸罩	按操作要求	$Q=uA=uLH$	
伞形吊罩	按操作要求	$Q=1.4uPH$ P——工作台周长，m	
台上有边条缝或槽边有边条缝罩	S 或 u=10m/s 确定	$Q=WLC$ C——风量系数 经常取 0.75 ～ 1.25m/s	

【例 13–1】

有一圆形外部侧吸罩，罩口直径 d=250mm，若在罩子中心线上距离为 0.2m 处造成 0.5m/s 的排气速度，计算该排气罩的排气量。

解：如采用无边平口圆形侧吸罩，由表 13-3 中的公式求出排气量。

$$Q=\left(10\times0.2^2+\frac{\pi}{4}\times0.25^2\right)\times0.5=0.225\ (m^3/s)$$

如采用有边平口圆形侧吸罩，则排气量

$$Q=0.75\times\left(10\times0.2^2+\frac{\pi}{4}\times0.25^2\right)\times0.5=0.169\ (m^3/s)$$

从上例中可以看出，罩子四周加边后，由于减少了无效气流，排气量可以节省 25%。因此在设计时，应优先选用有边的排气罩。

13.4 气体管道的设计计算

管道设计计算的目的有两个：一是确定管道的断面尺寸；二是计算管道系统的总压力损失，并根据系统的总风量选择适当的风机。

13.4.1 管道系统设计要点

（1）除尘系统的形式

除尘系统的形式可分为：就地式、分散式和集中式三种。

① 就地式除尘系统　是将除尘器直接安装在产尘设备上，就地收集和回收粉尘。此种形式布置紧凑，维护管理方便，但由于受生产工艺条件的限制应用面较窄。

② 分散式除尘系统　是将同一工艺流程中的一个或几个产尘点的抽风合并为一个系统。除尘器和通风机安装在产尘设备附近，此种形式管路短，布置简单，风量容易平衡，调节方便，但对粉尘的回收较麻烦。

③ 集中式除尘系统　是将多个产尘点的抽风全部集中为一个除尘系统，可以设置专门的除尘室。此种系统的特点是风量大，管道长而复杂，粉尘回收容易，但系统的压力损失不易平衡，容易堵塞，在运转中很难调节。

（2）除尘系统的管道布置

管道布置应服从系统总体布局，并兼顾其他管线，统一规划，力求简单、紧凑，减少占地和空间，节省投资，方便安装和检修。

① 系统划分。同时运行并产生同种粉尘的设备，可以采用同一个净化系统。在这种净化系统中，可以采用干管配管或环状配管方式。

若可能发生下列情况之一者，不可采用同一净化系统：a. 污染物混合后有可能引起燃烧或爆炸危险；b. 不同温度和湿度的气体，混合后可能在管道内结露；c. 因粉尘或气体性质不同，共用一个系统会影响回收或净化效率。

② 管道敷设。管道敷设应尽量明装。必须暗装时，应设置专门的管沟并对管道进行防腐处理。管道敷设应尽量集中成列、平行布置，尽量减少转弯，弯管的曲率半径应大于管径。管道与管道或管道与构筑物之间应留有足够距离，以满足施工、检修和管道形变的要求。水平敷设的管道应有一定的坡度，并保证足够的流速以防止积尘。对易产生积尘的管道，必须设置清灰孔。

③ 为减轻风机磨损，应尽量在净化装置后布置风机入口。

④ 除尘系统的排出口一般应高出屋脊 1.0 ~ 1.5m。

⑤ 管道支架管道和管件应放置在单独的支架或吊架上，保温管的支架上应设置管托，管道的焊缝不得位于支架处。

⑥ 管道连接管道的连接主要以焊接、法兰连接和螺纹连接为主。为检修方便，以焊接为主要连接方式的管道系统，应设置足够数量的法兰；以螺纹连接为主的管道系统，应设置足够数量的活接头。

分支管与水平管或倾斜主干管连接时，应从上部或侧面接入。

（3）管道材料

管道材料一般有砖、混凝土、石膏板、钢板、木制板或硬聚氯乙烯板等。钢板制作的管道具有坚固耐用、易于加工安装等优点；硬聚氯乙烯管道具有较强的耐腐蚀性能；木制板具有一定的保温和消声效果。

（4）管道断面形状

管道断面形状有圆形和矩形两种。在相同截面积时，圆形管道的压力损失较小，材料较省，但管件的加工较困难；矩形管道的有效通风面积较小，而且其四角的涡流是造成压力损失加大、噪声和管道振动的原因。

（5）管道的保温

为减少气体输送过程中的热量损耗，或防止烟气结露而影响系统的正常运行，需要对管道进行保温处理。常用的保温材料有石棉、蛭石板、玻璃棉、聚苯乙烯泡沫塑料和聚氨酯泡沫塑料等。

（6）管道的防爆

当管道输送含可燃气体或易燃易爆粉末时，必须考虑必要的防爆措施，必要时还应设置自动监测和报警系统。

13.4.2 管道系统计算方法

管道计算的具体步骤如下。

a．绘制管道系统平面及高程布置图，有必要时还需绘制管道系统轴测图。

b．选择最不利管路进行管段编号，确定长度及各管段的风量。

c．确定管道内气体的流速。合理地确定气体的流速是管道系统设计的关键，当气体流量一定时，若流速较大，则管道断面尺寸会相应减小，这样一次性投资虽然会减少，但系统的压力损失增加，噪声增大，动力消耗大，运转费用增加；反之，若流速减小，管道断面尺寸会相应加大，噪声和运转费用虽降低，但一次性投资增加。因此，要使管道系统的设计经济合理，必须适当选择气体的流速，使投资和运行费用的总和最小。管道内各种气体的流速范围可参考表 13-4。

d．根据各管段的风量和选择的流速确定各管段的断面尺寸。对于圆形管道可按下式计算管道内径（mm）。

表 13-4　管道内各种气体的流速范围

<table>
<tr><th colspan="2">流体种类</th><th>管道材料</th><th>流速 /（m/s）</th><th colspan="2">流体种类</th><th>管道材料</th><th>流速 /（m/s）</th></tr>
<tr><td rowspan="9">含尘气体</td><td>重矿物粉尘</td><td>钢板</td><td>14 ～ 16</td><td rowspan="4">锅炉烟气</td><td rowspan="2">自然通风</td><td>砖、混凝土</td><td>3 ～ 5</td></tr>
<tr><td>轻矿物粉尘</td><td>钢板</td><td>12 ～ 14</td><td>钢板</td><td>8 ～ 10</td></tr>
<tr><td>干型砂</td><td>钢板</td><td>11 ～ 13</td><td rowspan="2">机械通风</td><td>砖、混凝土</td><td>6 ～ 8</td></tr>
<tr><td>煤灰</td><td>钢板</td><td>10 ～ 12</td><td>钢板</td><td>10 ～ 15</td></tr>
<tr><td>棉絮</td><td>钢板</td><td>8 ～ 10</td><td rowspan="2">压缩空气</td><td>p_0=10 ～ 20atm</td><td>钢管</td><td>8 ～ 12</td></tr>
<tr><td>水泥粉尘</td><td>钢板</td><td>12 ～ 22</td><td>p_0=20 ～ 30atm</td><td>钢管</td><td>3 ～ 6</td></tr>
<tr><td>灰土粉尘</td><td>钢板</td><td>16 ～ 18</td><td rowspan="3">饱和蒸气</td><td>DN ＜ 100</td><td>钢管</td><td>15 ～ 30</td></tr>
<tr><td>干微尘</td><td>钢板</td><td>8 ～ 10</td><td>DN=100 ～ 200</td><td>钢管</td><td>25 ～ 35</td></tr>
<tr><td>染料粉尘</td><td>钢板</td><td>14 ～ 18</td><td>DN ＞ 200</td><td>钢管</td><td>30 ～ 40</td></tr>
</table>

注：1．垂直管道可取流速范围的下限，水平管道可取上限。

2．1atm=101325Pa。

$$D=18.8\sqrt{\frac{Q}{v}} \text{或} d=18.8\sqrt{\frac{W}{\rho v}} \tag{13-25}$$

式中 Q——体积流量，m^3/h；

W——质量流量，kg/h；

v——管道内气体的平均流速，m/s；

ρ——管道内气体的密度，kg/m^3。

e．管道断面尺寸确定后，按管道内实际流速计算最不利管路的压力损失。若气体中的含尘浓度大于 $30g/m^3$ 时，计算的压力损失应乘以修正系数 K_0。

$$K_0=\frac{1.2+C}{1.2} \tag{13-26}$$

式中 K_0——气体含尘浓度的修正系数；

C——气体含尘浓度，kg/m^3。

f. 对于并联管路，各分支管道的压力损失应尽量相等。若两分支管段的压力损失 $\frac{\Delta p_1-\Delta p_2}{\Delta p_1}>10\%$，应按下式调整管段直径，以满足压力平衡要求。

$$D_2=D_1\left(\frac{\Delta p_1}{\Delta p_2}\right)^{0.225} \tag{13-27}$$

式中 D_2——调整后管径，mm；

D_1——调整前管径，mm；

Δp_1——管径调整前压力损失，Pa；

Δp_2——压力平衡值，Pa。

g．根据总风量和总压力损失选择合适的风机。在选择风机时，其风量（m^3/h）应按下式计算。

$$Q_0=(1+K_1)Q \tag{13-28}$$

式中 Q——管道系统的总风量，m^3/h；

K_1——考虑系统漏风所附加的安全系数。一般管道取 0～0.1，除尘管道取 0.1～0.15。

风机的风压可按下式计算。

$$\Delta p_0=(1+K_2)\Delta p\frac{\rho_0}{\rho}=(1+K_2)\Delta p\frac{Tp_0}{T_0 p} \tag{13-29}$$

式中 Δp——管道系统的总压力损失，Pa；

K_2——考虑管道系统计算误差及系统漏风等因素所采用的安全系数；一般管道取 0～0.1，除尘管道取 0.1～0.15；

ρ_0，p_0，T_0——通风机性能表中给出的空气密度、压力、温度；

ρ，p，T——运行工况下进入风机时的空气密度、压力、温度。

h．所需电机功率可按下式计算。

$$N_e=K_3\frac{Q_0\Delta p_0}{3600\times1000\eta_1\eta_2\eta_3} \tag{13-30}$$

式中 K_3——电动机备用系数，其值可查有关的设计手册；

Q_0——通风机的风量，m^3/h；

Δp_0——通风机的风压，Pa；

η_1——通风机全压效率，其值可查风机样本；

η_2——机械转动效率，其值可查有关手册；

η_3——电动机效率，一般取 0.9。

计算出 Q_0 和 Δp_0 后，即可根据风机样本中的性能曲线选择所需风机的型号规格。

【例 13-2】

某冶金车间除尘管道系统如图 13-10 所示。系统内气体的平均温度为 20℃，气体含尘浓度为 10g/m³。除尘管道选用圆形截面并用钢板制成，粗糙度 K=0.15mm。除尘器阻力损失为 1470Pa。排气罩 1 和 8 的局部阻力损失系数分别为 ξ_1=0.12，ξ_8=0.19，排气罩排风量分别为 Q_1=4950m³/h，Q_2=3120m³/h，系统中空气的平均温度也为 20℃。确定系统的管道直径和阻力损失，并选择风机。

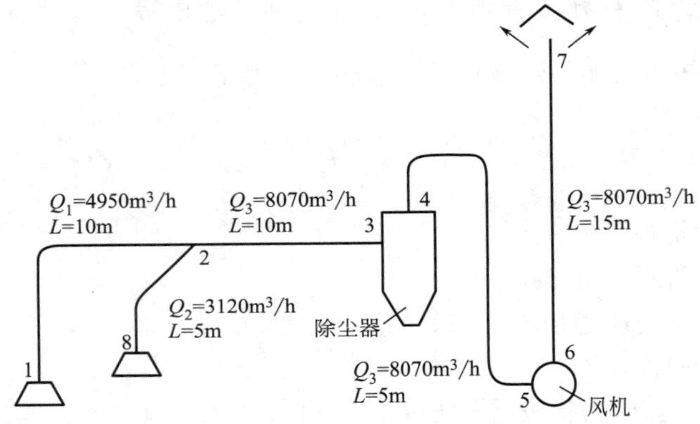

图 13-10 除尘管道系统布置图

解：（1）管道编号并注明各管段的长度和流量。

（2）选择计算路径，由排气罩 1 开始。

（3）计算管径和通风阻力。

冶金车间粉尘为重矿粉尘及灰土，按表 13-4 选取管内流速为 v=16m/s。

管段 1-2：

由 Q_1=4950m³/h，v=16m/s，根据式（13-25）算得：$D_{1\text{-}2}$=330.7mm；

取 $D_{1\text{-}2}$=350mm，管中实际流速 v_{1-2}=14.3m/s

由 K=0.15，$\lambda_{1\text{-}2}$=0.0161，算得

$$\Delta p_{l1\text{-}2}=L_{1-2}\times\frac{\lambda_{1-2}}{D_{1\text{-}2}}\times\frac{\rho v_{1\text{-}2}^2}{2}=10\times\frac{0.0161}{0.35}\times\frac{1.2\times14.3^2}{2}=56.4\ (\text{Pa})$$

管段 2-3：

由 $Q_3=Q_1+Q_2$=8070m³/h，v=16m/s，根据式（13-25）算得：$D_{2\text{-}3}$=422.2mm；取 $D_{2\text{-}3}$=400mm

管中实际流速 $v_{2\text{-}3}$=17.8m/s

由 K=0.15，$\lambda_{2\text{-}3}$=0.0156，算得

$$\Delta p_{l2\text{-}3}\times\frac{\lambda_{2-3}}{D_{2\text{-}3}}\times\frac{\rho v_{2\text{-}3}^2}{2}=10\times\frac{0.0156}{0.40}\times\frac{1.2\times17.8^2}{2}=74.1\ (\text{Pa})$$

管段 4–5：

由 $Q_{4\text{-}5}=Q_3$ 可得 $D_{4\text{-}5}$=400mm，管中实际流速 $v_{4\text{-}5}$=17.8m/s

由 K=0.15，$\lambda_{4\text{-}5}$=0.0156，算得

$$\Delta p_{l4\text{-}5}=L_{4\text{-}5}\times\frac{\lambda_{4\text{-}5}}{D_{4\text{-}5}}\times\frac{\rho v_{4\text{-}5}^2}{2}=5\times\frac{0.0156}{0.40}\times\frac{1.2\times17.8^2}{2}=37.1\ (\text{Pa})$$

管段 6–7：

由 $Q_{6\text{-}7}=Q_3$，可得 $D_{6\text{-}7}$=400mm，管中实际流速 $v_{6\text{-}7}$=17.8m/s

由 K=0.15，$\lambda_{6\text{-}7}$=0.0156，算得

$$\Delta p_{l6\text{-}7}=L_{6\text{-}7}\times\frac{\lambda_{6\text{-}7}}{D_{6\text{-}7}}\times\frac{\rho v_{6\text{-}7}^2}{2}=15\times\frac{0.0156}{0.40}\times\frac{1.2\times17.8^2}{2}=111.2\ (\text{Pa})$$

管段 8–2：

由 $Q_2=\frac{3120\text{m}^3}{h}$，$v$=16m/s，根据式（13-25）算得：$D_{8\text{-}2}$=262.5mm；取 $D_{8\text{-}2}$=250mm

管中实际流速 $v_{8\text{-}2}$=17.7m/s

由 K=0.15，$\lambda_{8\text{-}2}$=0.0174，算得

$$\Delta p_{l8\text{-}2}=L_{8\text{-}2}\times\frac{\lambda_{8\text{-}2}}{D_{8\text{-}2}}\times\frac{\rho v_{8\text{-}2}^2}{2}=5\times\frac{0.0174}{0.25}\times\frac{1.2\times17.7^2}{2}=65.4\ (\text{Pa})$$

（4）计算局部阻力损失。

管段 1–2：

集气罩 ξ_1=0.12，弯头 ξ_2=0.18，直流三通 ξ_3=0.59，则

$$\Delta p_{w1\text{-}2}=\sum\xi\times\frac{\rho v_{1\text{-}2}^2}{2}=(0.12+0.18+0.59)\times\frac{1.2\times14.3^2}{2}=109.2\ (\text{Pa})$$

管段 2–3：

除尘器阻力损失 1470Pa。

管段 4–5：

弯头 2 个（α=90°），$\xi_4=\xi_5$=0.18，则

$$\Delta p_{w4\text{-}5}=\sum\xi\times\frac{\rho v_{4\text{-}5}^2}{2}=2\times0.18\times\frac{1.2\times17.8^2}{2}=68.4\ (\text{Pa})$$

管段 6–7：

风帽选 h/D_0=0.5 查表得 ξ_6=1.30，则

$$\Delta p_{w6\text{-}7}=\xi_6\times\frac{\rho v_{6\text{-}7}^2}{2}=1.30\times\frac{1.2\times17.8^2}{2}=247.1\ (\text{Pa})$$

管段 8–2：

排气罩 ξ_7=0.19，弯头 ξ_8=0.18，直流三通 ξ_9=0.18，则

$$\Delta p_{w8\text{-}2}=\sum\xi\times\frac{\rho v_{8\text{-}2}^2}{2}=(0.19+0.18+0.18)\times\frac{1.2\times17.7^2}{2}=103.4\ (\text{Pa})$$

（5）并联管路阻力平衡。

$$\Delta p_{1\text{-}2}=\Delta p_{l1\text{-}2}+\Delta p_{w1\text{-}2}=56.4+109.2=165.6\ (\text{Pa})$$

$$\Delta p_{8\text{-}2}=\Delta p_{l8\text{-}2}+\Delta p_{w8\text{-}2}=65.4+103.4=168.8\ (\text{Pa})$$

$$\left|\frac{\Delta p_{1\text{-}2}-\Delta p_{8\text{-}2}}{\Delta p_{1\text{-}2}}\right|=\left|\frac{165.6-168.8}{165.6}\right|=2\%<10\%$$

节点压力平衡，管径选择合理。

（6）系统阻力损失。

$$\begin{aligned}\Delta p&=\Delta p_l+\Delta p_w\\&=56.4+71.4+37.1+111.2+109.2+1470+68.4+247.1\\&=2170.8\ (\text{Pa})\end{aligned}$$

将上述结果填入表 13-5 中。

表 13-5　管道计算表

管段编号	流量 Q/（m³/h）	管长 L/m	管径 D/mm	流速 v/（m/s）	λ	沿程阻力损失 Δp_l/Pa	局部阻力损失 Δp_w/Pa	管段阻力损失 Δp/Pa	总阻力损失 $\sum\Delta p$/Pa
1—2	4950	10	350	14.3	0.0161	56.4	109.2	165.6	165.6
2—3	8070	10	400	17.8	0.0156	71.4		71.4	237.0
4—5	8070	5	400	17.8	0.0156	37.1	68.4	105.5	342.5
6—7	8070	15	400	17.8	0.0156	111.2	1470 247.1	1470 358.3	1812.5 2710.8
8—2	3120	5	250	17.7	0.0174	65.4	103.4	168.8	

（7）选择风机和电动机。

通风机风量

$$Q_0=(1+K_1)\,Q=1.1\times8070=8877\,(\text{m}^3/\text{h})$$

通风机风压

$$\Delta p_0=(1+K_2)\,\Delta P=1.2\times2170.82=2605\,(\text{Pa})$$

按照通风机样本，选择的风机型号为 7-40-11N06C，当转速 n=200r/min，Q=10000m³/h，p=2694.45Pa。配套电机为 JQ72-4，N=20kW。

复核电动机功率为

$$\begin{aligned}N_e&=K_3\times\frac{Q_0\Delta p_0}{3600\times1000\eta_1\eta_2\eta_3}\\&=1.3\times\frac{8877\times2605}{3600\times1000\times0.5\times0.95\times0.9}\\&=19.5\ (\text{kW})\end{aligned}$$

配套电机满足要求。

13.5 高温烟气管道的设计计算

高温烟气主要是由各种工业窑炉排出的，它的特点是烟气温度高，粉尘含量较大。

13.5.1 高温烟气管道的布置

高温烟气管道的布置，除应考虑一般含尘管道布置的某些要求外，还应注意以下原则：

a．管道的布置应力求平直畅通、管道短、附件少且管道的气密性要好；

b．高温烟气的热量应尽量充分利用；

c．经余热利用后的烟气温度一般仍较高，这时还应对管道进行保温处理，使管壁的温度应高于管内气体露点温度 10 ～ 20℃，以防止管内壁的结露。在有人工作的地方保温层外表面温度不得大于 60℃，以避免烫伤；

d．高温烟气管道必须考虑热膨胀补偿问题；

e．水平烟道烟气流向应和水平烟道的坡度相反，接近烟囱的水平烟道的坡度一般不小于 3%；

f．管道尽量采用地上敷设，当必须采用地下敷设时，管道底部应高于地下水位，并应考虑清灰、防水和排水措施；

g．在可能出现凝结水的管段及湿式除尘器后的管段和风机下方，应安装排水装置；

h．管道系统中必须采取防爆措施。如设置重力防爆门或板式防爆门。

13.5.2 高温烟气管道的计算

高温管道一般采用串联系统，不设分支管路。

（1）烟气流速

工业锅炉高温烟气管道中的流速，可按表 13-6 选用。对于较长的水平管道，为避免烟道积灰，烟气流速不宜低于 7 ～ 8m/s；为防止烟道磨损，烟气流速也不宜大于 12 ～ 15m/s。

表 13-6 烟气管道流速 单位：m/s

管道材料	风道	烟道	
		自然通风	机械通风
砖或混凝土制管	4 ～ 8	3 ～ 5	6 ～ 8
金属管	10 ～ 15	8 ～ 10	10 ～ 15

（2）管道断面积

高温烟气管道断面积（m^2）可按下式计算。

$$A=\frac{Q}{3600v} \tag{13-31}$$

式中　Q——烟气流量，m^3/h；

v——烟气流速，m/s。

（3）压力损失

高温烟气管道的压力损失可按下式计算。

$$\Delta p=\Delta p_f+\Delta p_l+\Delta p_w+\Delta p_e-\Delta p_r \tag{13-32}$$

式中　Δp_f——炉膛或罩子的负压值，Pa；

Δp_l——管道的沿程阻力损失，Pa；

Δp_w——管道的局部阻力损失，Pa；

Δp_e——管道系统中各种设备（冷却设备、净化设备等）压力损失之和，Pa；

Δp_r——烟气的自生力，Pa。

① 工业锅炉炉膛负压值一般取 40 ～ 80Pa；各种排气罩的负压值按有关手册选取。

② 沿程阻力损失 Δp_l 可按式（13-7）计算。

摩擦压损系数 λ 可按下列规定选取。

砖砌、混凝土管道 λ=0.050

轻微氧化的金属管道 λ=0.045

金属管道 λ=0.025 ～ 0.030

烟气密度 ρ_s（kg/m^3）可按下式换算。

$$\rho_s=\frac{273}{273+t_s}\rho_{ns} \tag{13-33}$$

式中　ρ_{ns}——标准状态下的干烟气密度，m^3/h（对于锅炉烟气，ρ_{ns}=1.34kg/m^3）；

t_s——烟气的平均温度，℃。

③ 局部阻力损失 Δp_w 可按式（13-21）计算。

④ 垂直管道中高温烟气的自升力。在垂直管道中，高温烟气的密度小于外界空气的密度，在这种密度差的作用下，产生了烟气的自升力（Pa）。其值可按下式计算。

$$\Delta p_r=\pm H(\rho_0-\rho_s)\times 9.81 \tag{13-34}$$

式中　H——烟道初、终断面之间的垂直高度，m；

ρ_s——垂直烟道中烟气的平均密度，kg/m^3；

ρ_0——空气在一个标准大气压下，温度为 20℃时的密度为 1.2kg/m^3。

在式（13-34）中，“+”表示烟气向上流动；“－”表示烟气向下流动。

（4）引风机的选择

① 引风机的风量　引风机的风量 Q_0（m^3/h）可按下式计算：

$$Q_0=1.1Q \tag{13-35}$$

式中　Q——进入引风机的气流量，m^3/h；

1.1——气流量备用系数。

② 引风机的风压　引风机的风压（Pa）可按下式计算：

$$\Delta p_g=1.2\Delta p\frac{\rho_0}{\rho_s} \quad (13\text{-}36)$$

式中 Δp——烟道系统的压力损失，Pa；

ρ_0——引风机设计时的空气密度，kg/m^3；

ρ_s——烟气的平均密度，kg/m^3。

【例 13–3】

某窑炉烟气经过冷却设备后，烟气温度降为250℃，烟气流量为34000m^3/h，除尘器的压力损失为1470Pa，引风机进口烟气温度为210℃，烟道为钢板制作。管道系统布置如图13–11所示。不考虑粉尘浓度的影响，计算管道直径及管道系统的总压力损失。

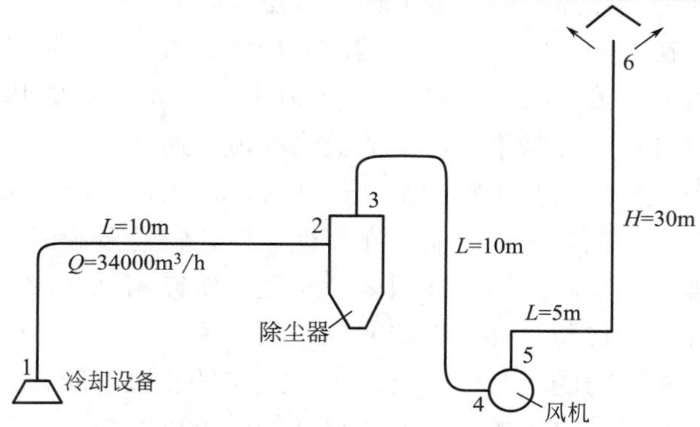

图 13-11 除尘管道系统布置图

解：（1）管道编号并注明各管段的长度和流量。

（2）按表 13-4 选取管内流速为 v=12m/s。

（3）计算管径。

按式（13-25）可得 $d=18.8\sqrt{\frac{Q}{v}}=18.8\times\sqrt{\frac{34000}{12}}=1000$（mm）

（4）计算压力损失。

取引风机进口温度作为计算温度，按式（13-33）则烟气密度为

$$\rho_s=\frac{273}{273+t_s}\times\rho_{ns}=\frac{273}{273+210}\times1.34=0.757\ (kg/m^3)$$

摩擦压损系数取 λ=0.045，局部压损系数可由工业锅炉房设计手册查得：

弯头 ξ_1=1.33，引风机进口 ξ_2=0.70，烟囱进口 ξ_3=1.40，则

管道压力损失总和

$$\begin{aligned}\Delta p&=\sum(\Delta p_1+\Delta p_w)\\&=\sum l\times\frac{\lambda}{d}\times\frac{\rho v^2}{2}+\sum\xi\times\frac{\rho v^2}{2}\\&=\left(55\times\frac{0.045}{1.0}+1.33\times2+0.70+1.40\right)\times\frac{0.757\times12^2}{2}\\&=394\ (Pa)\end{aligned}$$

（5）自生通风力。

烟囱的自生通风力可按式（13-34）计算。

$$\Delta p_r=H(\rho_0-\rho_s)\times 9.81=30\times(1.20-0.757)\times 9.81=130\,(\text{Pa})$$

（6）管道系统的总压力损失。

$$\Delta p=\sum(\Delta p_l+\Delta p_w)+\Delta p_e=394+1470-130=1734\,(\text{Pa})$$

13.6 管道的计算机设计

得益于计算机软硬件的发展，目前计算机设计已经成为科学研究、工程设计的重要办法。对于管道设计，计算机流体力学（computational fluid dynamics，CFD）已经成为广泛应用的方法，其是建立在经典流体力学与数值计算方法基础之上的一门独立学科，通过计算机数值计算和图像显示，在时间和空间上定量描述流场的数值解，从而达到对含有流体流动和热传导等相关物理现象研究的目的。CFD 可以看作是在流动基本方程（质量守恒方程、动量守恒方程和能量守恒方程）控制下对流动的数值模拟。通过这种数值模拟，可以得到极其复杂问题的流场内各个位置上的基本物理量（如速度、压力、温度和浓度等）的分布，以及这些物理量随时间的变化情况，确定旋涡分布特性、空化特性及脱流区等。数值计算的方法在很大程度上避免了理论和实验的困难和缺陷。与理论研究相比，计算可以更多地面向非线性、自变量多和复杂几何外形和边界条件的问题，由于采用离散的数值方法和计算模拟实验方法，可以不受数学解析能力的限制，具有更大的适应性和求解能力；与实验研究相比，数值模拟更加经济、迅速，具有更大的自由度和灵活性，可以突破实验上物质条件的限制，很容易模拟特殊尺寸、高温、有毒和易燃等真实条件和实验中只能接近而无法达到的理想条件，获得更多、更细致的结果。由于 CFD 方法可快速、准确、经济地模拟复杂流动和换热，使得 CFD 软件成为解决各种流体流动与传热问题的强有力工具。CFD 模拟在烟道管段均流设计上的应用就是这种优越性的一个很好的证明。

13.6.1 控制方程和离散方法

自然界中流体流动的过程遵循质量守恒、动量守恒和能量守恒等基本物理定律。CFD 的基本思想是利用数值方法，把原来在时间和空间上这些连续物理量遵循的控制微分方程离散成代数方程，然后通过求解这些方程来得到整个场的数值解。连续物理量遵循的控制微分方程可以用式（13-37）的微分通用方程形式表示。这些公式是计算流体力学的基础。

$$\frac{\partial}{\partial t}(\rho\phi)+\frac{\partial}{\partial x_i}(\rho u_i\phi)=\frac{\partial}{\partial x_i}\left(\Gamma_\phi\frac{\partial\phi}{\partial x_i}\right)+S_\phi \qquad (13\text{-}37)$$

式中 ρ——流体密度，kg/m^3；

u_i——流体在各方向上的速度分量，m/s；

ϕ——广义变量，可为速度、温度、浓度等；

Γ_ϕ——扩散系数；

S_ϕ——通式源项。

微分方程离散成代数方程的离散方法包括有限差分法、有限体积法、有限元法和有限分析法。目前应用最广泛的是有限容积法。有限体积法最显著的特点之一就是离散方程中具有明确的物理差值。因此在使用控制体积法建立离散方程时，很重要的一步是将控制体积界面上的物理量及其导数通过节点物理量插值求出，不同的插值方式对应于不同的离散结果，因此，插值方式常称为离散格式（discretization scheme）。常见的离散格式有中心差分格式、一阶迎风格式、混合格式、指数格式、乘方格式、二阶迎风格式和 Quick 格式等。前五种属于低阶离散格式，后两种属于高阶离散格式。截差低的格式计算效率高，但精度稍差，而截差高的则恰恰相反。各种不同的离散格式对于不同的问题有不同的适应性。

13.6.2　湍流模型

湍流流动是现实中常见的流动现象，也是工程问题中多数流体的流动状态。但湍流同时也是很复杂的一种现象，湍流的结构和发生机理还没有完全被人们了解。

模拟湍流的方法可以分为三种：a. 直接模拟法，即直接求解 N-S 方程组；b. 大涡模拟，这种方法模拟大尺度的涡而忽略小尺度的涡；c. Renoylds 时间平均法（RANS）。目前广泛采用时间平均法，其中 RANS 模型中的 K-Epsilon 模型在计算成本稳健和准确性之间提供了很好的平衡，是工业应用中使用最广泛的模型。RANS 模型除了上述方程外，需要附加湍流方程。

13.6.3　计算工具

用于计算流体力学的软件有很多，主要的商业软件包括 PHOENICS、CFX、STAR-CCM+ 和 FLUENT 等。这些商业软件有诸如功能全面、前后处理系统易用、稳定性高等特点。这些软件主要基于有限体积法，适用于不可压流、可压流、非牛顿流和热力学的计算，均具有易处理的强大网格体系，全面的物理模型，灵活的边界条件设置和稳健准确的数值算法，同时具有前处理器、求解器和后处理等一体化的集成环境。

除了商业软件外，目前还有开源免费的计算流体力学软件，应用最广泛的是 OpenFOAM 平台，此平台是一个完全由 C++ 编写的面向对象的 CFD 类库，采用有限体积方法，支持多面体网格，可以处理复杂的几何外形，其自带的 snappyHexMesh 可以快速高效的划分六面体 + 多面体网格，网格质量高，支持大型并行计算，平台已经实现了功能丰富多样的求解器，可以求解各种流体问题，其源代码完全公开，使用者可以根据源代码构建独特的求解器。

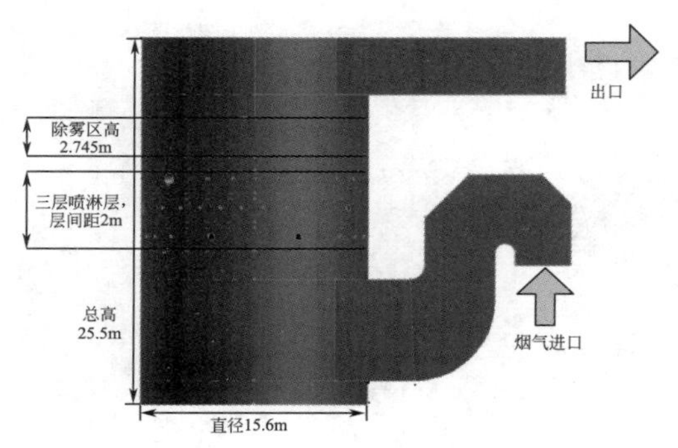

图 13-12　脱硫塔结构示意图

图 13-12 是一个脱硫塔，要求对入口烟道的形状进行优化设计，降低系统阻力，减少对脱硫浆液的冲击。图 13-13 是采用网格软件将脱硫塔计算区域划分为细小的网格。图 13-14 是中截面上的速度值分布，还可以获得压力分布，这些结果可以为脱硫塔烟道的改进提供直观的数据。

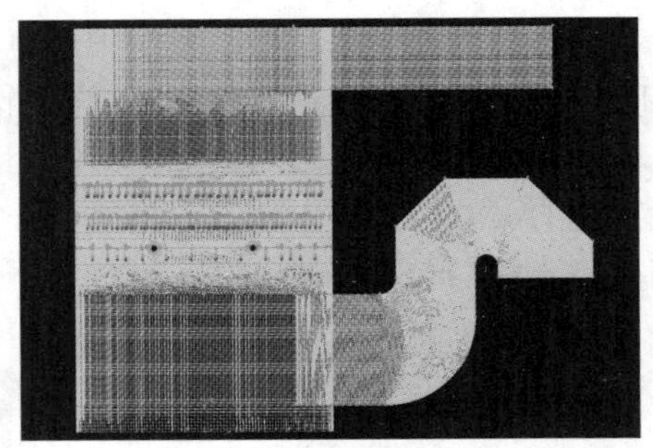

图 13-13　网格示意图

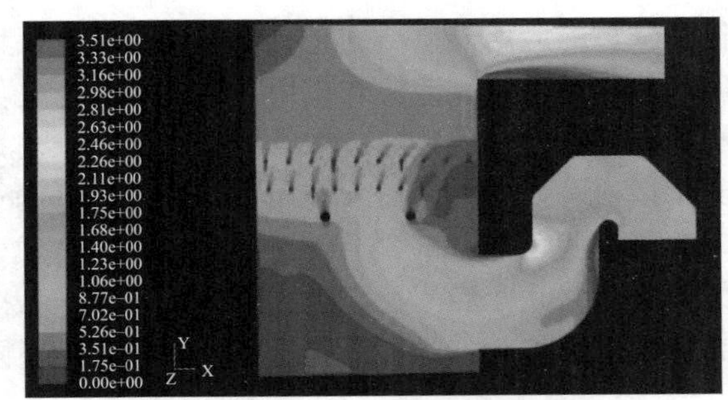

图 13-14　中截面上的速度值分布

习题

13.1　某台上侧吸条缝罩，罩口尺寸 $B\times L$=150mm×800mm，距罩口距离 x=350mm 处吸捕速度为 0.26m/s，试求该罩吸风量。

13.2　某外部吸气罩，罩口尺寸 $B\times L$=400mm×500mm，排风量为 0.86m^3/s。计算在下述条件下，在罩口中心线上距罩口 0.3m 处的吸入速度。

（1）四周无边吸气罩；

（2）四周有边吸气罩。

13.3　如图 13-10 所示除尘管道系统，若系统内空气平均温度 25℃，钢板管道的粗糙度 K=0.15mm，气体含尘浓度为 12g/m^3，选用旋风除尘器的阻力损失为 1680Pa，排气罩 1 和 8 的局部阻力系数分别为 0.18 和 0.11，排气罩的排风量分别为 Q_1=2950m^3/h 和 Q_2=5400m^3/h，进行该除尘系统的管道设计，并选择排风机。

第 14 章 大气环境系统分析模型与管理政策

日趋严重的大气污染问题已严重威胁着人类健康，阻碍了社会经济的可持续发展，同时也给我国的国际形象带来了巨大的影响，治理大气污染已成为当前我国的热点问题。而中国大气污染呈现多污染源多污染物叠加、城市与区域污染复合等显著特征，其治理难度远大于发达国家，是一项长期艰巨的任务。作为整体环境质量重要组成部分的大气质量，也越来越受到人们的重视。区域性大气污染是多种因素和多种污染源造成的，在解决区域性大气环境污染问题时，必须从当地大气污染的现状出发，根据环境质量总体目标，采取综合防治措施。

随着城市的发展，控制大气污染、保护大气环境已成为城市规划必须考虑的问题。大气污染控制系统分析，就是将大气污染控制问题看成是一个多变量、多目标及多层次的复杂系统，根据大气环境质量的变化规律、污染物对人体和生态的影响、环境容量、大气污染控制技术和费用效益分析，综合运用现代数学方法和计算机技术，对大气系统进行定量研究，找出最佳的综合治理方案，力求取得最大的环境效益、经济效益和社会效益。

14.1 大气环境系统分析

14.1.1 大气环境系统的构成

大气环境系统是由多个既相互区别又相互联系的大气污染及其控制过程，按照一定的方式所组成，并处于一定的外界环境约束中，为达到总体污染控制目标而存在的有机整体。

根据节省能源和减轻大气污染的原则，综合考虑环境效益、经济效益和能源利用效率，形成能源结构—经济活动—生活消费—大气环境系统。在这一系统的规划中，以能源为经济活动的支柱，在能源与大气污染的关系中，既要考虑能源利用的积极作用，又要使能源的利用与环境协调发展，寻求多种能源形式及利用的合理化。在规划过程中，以保护大气环境质量作为约束条件，寻求既能满足经济发展和居民生活对能源的需求，又能保证能源的消费对环境影响最小这样一个最佳目标。

大气环境系统的组成可以用图 14-1 表示。

从图中可以看出，人类活动所排放的污染物以“负效果”进入系统，引起大气状态的变化；将观测的气象参数代入系统的模型，预测未来的状态；再将这种预测结果与经济技术结合，来规定合乎环境标准的最优控制政策，以指导人类的活动。

① 污染源控制系统　污染源控制系统是整个大气环境质量控制系统的一个子系统。由

于城市大气污染源的种类多、分布不规则、高度差别大以及源强随时间变化，所以这种污染源控制系统的模拟与规划，应根据当地污染物排放总量控制的目标值，评价各种防治措施对减少大气污染的实际效果，预防防治方案实施后，大气状况能否满足环境质量标准，并且治理费用最小。

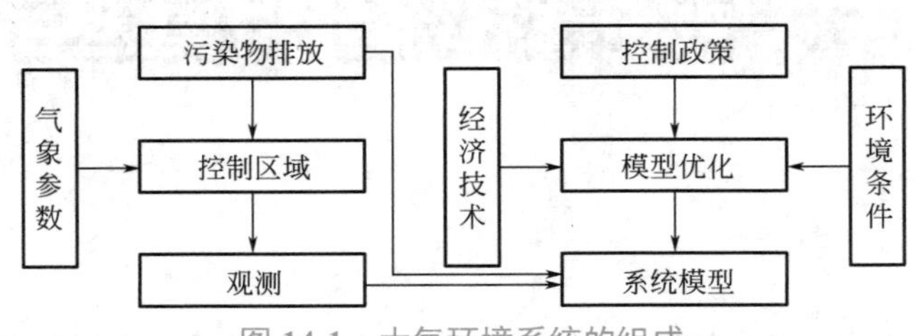

图 14-1　大气环境系统的组成

② 废气净化系统　废气净化系统是污染源控制系统的一个子系统。它的规划包括两个方面的任务：一是在一定源强下，从不同的净化方法中找出总费用最小的最优工艺流程；二是寻求该废气净化系统的最优设计，并确定净化系统中各单元操作设备的基本参数。

14.1.2　大气环境系统经济评价

大气环境系统经济评价，在很大程度上是一个环境经济的损益分析和优化问题。在投资与收益的相互比较中评价人类活动与大气环境质量之间的关系，即以最小的经济投入获得最大的环境效益。

大气环境经济评价，其基本出发点是基于大气环境在人类活动中具有的经济价值。例如：大气污染将引起人类呼吸道疾病发病率和死亡率的增加，因而对人的劳动生产率产生不利影响，这包括：医疗费用的增加、过早死亡或病休期间所造成的收入损失或预期收入的减少；而大气环境的改善，使劳动生产率增加的价值就可以代表治理大气污染的经济效益。

14.1.3　大气环境系统规划模型

大气污染控制规划的基本模型主要有以下几种。

① 总量消减模型　大气污染物排放总量控制是城市大气环境管理的有效手段。假设某一系统的某类污染物排放总量为 Q_0，为使大气环境质量达到大气环境规划所规定的目的，系统的污染物排放总量必须消减 Q。如何在不影响系统的生产能力的情况下，以最小的费用达到总量控制的目标，是总量消减模型要解决的问题。

② 综合控制模型　大气污染综合控制系统，是将城市大气环境视为一个系统。构成该系统的子系统有：大气环境过程系统、大气污染物排放系统、大气环境系统和以人为主体的城市生态系统。

大气环境过程决定了污染物在大气中输送和稀释扩散能力，从而对大气环境质量产生影响。以人为主体的城市生态系统，是大气环境保护的对象。因此，大气污染综合控制模型，是通过协调城市大气环境系统中各子系统的关系，寻求以最小的投资费用，利用大气污染综合治理技术对污染源进行控制，使大气环境质量满足以人为主体的城市生态系统的需要。常用的数学规划方法见表 14-1。

表 14-1　常用的数学规划方法

规划方法		模型的标准形式	说明
线性规划		$\mathrm{Min}z=Cx$ $\begin{cases}Ax=b\\x\geqslant 0\end{cases}$ 式中　z—目标函数； A—约束条件的系数矩阵； C—价值向量； x—决策向量变量； b—资源向量	线性规划的目标函数和约束都是线性的，决策变量 x 可以取大于零的任何数
整数规划	纯整数规划	$\mathrm{Min}z=Cx$ $\begin{cases}Ax=b\\x\geqslant 0\quad x\text{为整数}\end{cases}$ （所有参数定义同上）	线性规划的最优解可能是分数或小数，但对于某些具体问题，常要求其解必须是整数，这时可用纯整数规划
	混合整数规划	$\mathrm{Min}z=Cx$ $\begin{cases}Ax=b\\x\geqslant 0\quad x\text{为部分整数}\end{cases}$ （所有参数定义同上）	适用于要求决策变量的一部分为整数，一部分为分数的问题
	0-1 整数规划	$\mathrm{Min}z=Cx$ $\begin{cases}Ax=b\\x\text{为 0 或 1}\end{cases}$ （所有参数定义同上）	它是整数规划中的一种特殊形式，决策变量仅能取 0 或 1 两个值
	非线性规划	$\mathrm{Min}f(x)$ $\begin{cases}H_i(x)=0 & i=1,2,\cdots,m\\G_j(x)\geqslant 0 & j=1,2,\cdots,l\end{cases}$ $f(x)$—目标函数； $H_i(x)=0$ 和 $G_j(x)\geqslant 0$ 是约束条件	目标函数或约束条件中包含非线性函数方程

③ 宏观调控模型　为使大气环境保护与城市经济发展相协调，将大气污染的控制与城市产业结构、产品结构的调整相联系，在反映社会经济生产活动的投入产出模型中加入有关大气污染及其控制的内容，以预测和提出由于社会经济发展将带来的大气环境问题和控制对策。

14.2　大气环境质量的监测

（1）污染源的调查

大气质量常规、例行监测的主要目的是正确掌握大气环境质量的现状，并希望从长期积累的监测资料中，考察出大气质量的历史变化规律。在污染源的调查中一般选择总悬浮颗粒、飘尘、二氧化硫、氮氧化物、一氧化碳和光化学氧化剂为监测对象。

（2）建立气象观测网

由于大气环境污染物的时空变化受气象条件的影响很大，因此必须同步进行气象参数的观测。通常一个观测点的气象资料不能全面表明城市及附近区域气象参数的时空变化时，还需建立适当数量的气象观测点。

① 确定监测点位 大气污染物在空间上的分布是十分复杂的，要受气象条件、地形地物、人口密度和工业布局的影响。对于高架点源的监测，其监测范围的半径可定为用大气扩散模式估算的最大落地浓度距离的 1 ～ 2 倍。表 14-2 给出了几种常用布点类型及适用范围。

表 14-2 布点类型及适用范围

布点方法	布设要点	适用范围
扇形布点	以污染源为中心，沿烟羽走向呈 45° ～ 90° 扇形内布设	模式验证，测定扩散参数，在某风频率较高时的浓度分布
网络布点	在监测范围内分成若干等面积方形网格，在网格内布设监测点	多个分散污染源，所引起的大气污染
功能布点	将监测范围按工业区、生活区等分成若干功能区域，在各功能区内布设监测点	适用于某些特定区域污染影响
放射形布点	以污染源为中心画若干同心圆，再以圆心向各方位以 22.5° 画射线，射线与不同圆周的交点可选为监测点	适用于监测各风向方位的污染状况

② 确定监测周期 选择监测周期的目的是掌握环境质量在时间域上的变化规律，一般可根据系统分析的目的和要求的精度来确定。

14.3 大气环境质量模型

大气环境污染的形成过程，首先是由于污染源排放污染物质，这些物质进入大气环境后，在大气的动力和热力作用下向外扩散，当大气中的污染物积累到一定程度之后，就改变了大气的化学组成和物理性状，威胁人类生产、生活甚至健康。

常用的大气环境质量模型有许多类型，而且还在不断发展。根据城市大气污染的特点，常用的数学模型有：烟流模式、烟团模式、箱模式、高斯模式等。目前上述大气环境质量模拟的数学模型都得到了商业开发和应用，集成气象场模型形成了各种成熟的软件。

自 1970 年到现在，美国国家环保局及其他机构共同开发了三代空气质量模型：第一代是在 20 世纪 70 ～ 80 年代，分为箱式模型、高斯扩散模型 AERMOD（AMS/EPA regulatory model）等，拉格朗日轨迹模型 CALPUFF（California puff model）等；第二代是在 20 世纪 80 ～ 90 年代，主要包括 UAM（urban airshed model）、RADM（regional acid deposition model）、ADMS（atmospheric dispersion modelling system）在内的欧拉网格模型；第三代是在 20 世纪 90 年代以后出现的，统称为 Models-3（third-generation air quality modeling system），以 CMAQ（community multiscale air quality model）、CAMx（comprehensive air quality model with extensions）、WRF-CHEM、NAQPMS（嵌套网格空气质量预报模式系统）为代表的综合空气质量模型。以下将对上述应用比较广泛的模型的基本模块和实际应用案例进行简要介绍。

14.3.1 AERMOD 模型

20 世纪 90 年代中后期，美国气象学会联合美国环保局组建法规模型改善委员会（AMS/EPA regulatory model improvement committee，AERMIC）于 20 世纪 90 年代中后期开发了

AERMOD 大气质量模型，替代了之前的 ISC（industrial source complex）模型。AERMOD 是美国环保局推荐使用的空气质量模型。AERMOD 是一个稳态烟羽扩散模型，其系统包括 AERMET（气象数据预处理模块）、AERMAP（地形数据预处理模块）、AERMOD（扩散模块）三个模块，适用范围一般小于 50km。AERMOD 模型是《环境影响评价技术导则大气环境》(HJ/T 2.2—2008) 推荐模型。

AERMOD 模型具有以下特点：a. 按空气湍流结构和尺度的概念，湍流扩散由参数化方程给出，稳定度用连续参数表示；b. 中等浮力通量对流条件采用非正态的 PDF 模式；c. 考虑了对流条件下浮力烟羽和混合层顶的相互作用；d. 考虑了高度尺度对流场结构及湍动能的影响；e. AERMOD 模型系统可以处理：地面源和高架源、平坦和复杂地形和城市边界层；f. AERMOD 模型对输入的气象数据有较高的要求，导致许多研究人员获得较准确的气象数据的过程较为困难。

AERMOD 模型虽然以最新的大气边界层和大气扩散理论为基础，但是 AERMOD 扩散模型不适用于小风条件，此模型使用的前提是在地面与上部逆温层对污染物全反射、污染物质性质保守。AERMOD 模式的对流边界层的湍流结构和扩散相当成熟，且与观测事实吻合较好。但是即使条件稳定，大气边界也一直在变化，边界层的深度、湍流特征等都在变化。目前，AERMOD 还不能从理论和数学上精确地描述稳定边界层。AERMOD 空气质量模型仍在关注稳定边界层的缓慢变化如何在扩散模式中体现的问题。总之，AERMOD 并没考虑空气动力过程对空气污染的扰动、物理化学与传输分配作用。

14.3.2　CALPUFF 模型

CALPUFF 模型是由美国环保局推荐用于模拟大气污染物远距离传输。CALPUFF 是三维非稳态拉格朗日扩散模式系统，与 AERMOD 相比，它能更好地处理长距离污染物传输（50km 以上的距离范围）。CALPUFF 模型也是《环境影响评价技术导则　大气环境》(HJ/T 2.2—2008）推荐模型。CALPUFF 系统主要由诊断风场模型 CALMET、高斯烟团扩散模型 CALPUFF、后处理软件 CALPOST 等模块组成。CALPUFF 模型的优势和特点有：a. 能模拟从几十米到几百千米中等尺度范围；b. 能模拟一些非稳态情况（静小风、熏烟、环流、地形和海岸效应），也能评估二次污染颗粒浓度；c. 气象模型包括陆上和水上边界层模型，可利用小时 MM4 或 MM5 网格风场作为观测数据，或作为初始风场；d. 采用地形动力学、坡面流参数方法对初始风场分析，适合于粗糙、复杂地形条件下的模拟；e. 加入了处理针对面源（森林火灾）浮力抬升和扩散的功能模块。同时 CALPUFF 模型也具有一些局限性：CALPUFF 模型不能精确预测短期排放和短期产生的峰值浓度，如泄漏排放事故。CALPUFF 模式本身具有较强的复杂性，对计算数据要求较高，而一些气象数据很难获取。如 CALMET 需要的数据至少包括每日逐时地面气象数据和一日两次探空数据，而目前国内气象站一般只提供一日四次地面气象数据。当某些气象数据缺失时，CALMET 会通过插值等技术估算风场、温度场、湍流场等，降低了模型气象场的精确度，最终会降低模拟结果的精确度。

同样，CALPUFF 模型也有很多实际应用研究。目前主要有以下两类应用研究：

第一类研究是健康影响应用研究。例如，CALPUFF 模型被用于系统估算 2000 年和 2008 年北京市电厂对空气质量的影响，并计算其吸入分数（IF）以了解其对公众健康造成的风险。结果表明，2008年前采取的燃料替代、烟气脱硫、粉尘治理和烟气脱硝等控制措施极大地缓解了SO_2和PM_{10}污染，特别是缓解城市地区达到国家环境空气质量标准的压力。SO_2、氮氧化物和PM_{10}的平均浓度增量将分别降低94%、34%和86%。应用CALPUFF模型模拟中国29个特定发电厂污染物排放的浓度值，并估计每个站点的年平均摄入量。结果表明一次细颗粒的平均摄入分数最高，其次是SO_2，然后是SO_2的硫酸盐和氮氧化物的硝酸盐。国外学者应用CALPUFF模型来估计发电厂对环境浓度的增量贡献，量化排减量对健康的潜在益处。针对美国伊利诺伊州的九个发电厂，CALPUFF模型被用以评估中西部电网中一次和二次颗粒物的影响，然后应用浓度-反应函数计算过早死亡率。结果表明每年在该地区的人口中约有320人因来自发电厂的排放物而过早死亡。比较而言，我国学者应用CALPUFF模型计算中国发电厂排放的摄入分数（最终被人吸入或摄入的污染物的分数）以此来评估发电厂所造成的公共健康风险。初级细颗粒的吸入分数大致为10^{-5}，SO_2、硫酸盐和硝酸盐的摄入分数约为10^{-6}。通过CALPUFF模型适用性分析，背景臭氧浓度对硫酸盐和硝酸盐的摄入分数有中等影响，对二氧化硫有轻微影响。颗粒尺寸分布对一次颗粒的摄入分数有很大的影响，背景氨浓度是影响硝酸盐吸入分数的重要因素。排放速率对摄入分数的影响可以忽略不计。

第二类研究集中于定量预测和分析污染贡献来源。例如，针对珠江三角洲城市群效应显著、环境污染相互关联的特点，利用CALPUFF模型，以SO_2污染为例，通过对大量计算结果的分析，揭示了珠江三角洲城市之间污染物相互输送的特点和规律，分析了不同城市空气污染影响因素的差异，定量揭示出珠江三角洲城市间空气污染的相互影响和相互贡献。结果表明，珠江三角洲城市间污染相互作用显著，其中广州是最典型的与周边发生显著相互作用的城市之一。针对北京市石景山工业区PM_{10}污染，应用CALPUFF模型模拟2000年1月1日至2000年2月29日该区域PM_{10}扩散时空过程。首都钢铁有限公司贡献了北京市石景山工业区PM_{10}浓度的46%，对北京市东部或中心地区影响不大。学者还应用CALPUFF模型模拟了不同情境下京津冀地区火电企业排放SO_2、NO_x、一次PM_{10}以及二次生成硫酸盐、硝酸盐等污染情况。2011年京津冀地区火电行业排放污染物对京津冀西南部地区影响较大，各污染物年均最大浓度均出现在石家庄市；采取减排措施后，京津冀地区火电排放量SO_2、NO_x、烟粉尘总量与2011年火电排放现状相比，分别下降了33%、71%、68%；减排后火电行业对各城市SO_2、NO_x、一次PM_{10}以及二次生成硫酸盐、硝酸盐年均贡献浓度均大幅度减少，年均贡献最大值分别降低46.34%、78.43%、76.34%、39.49%和73.87%。国外学者应用CALPUFF模型预测伊兹密尔市（土耳其最大的省）工业和家用热源二氧化硫排放的扩散情况，并通过比较四个监测站SO_2浓度的预测和监测数据，评估了CALPUFF模型性能，结果显示：四个监测站的总体模型性能良好，准确率约为68%。主要原因是监测站周围主要建筑物和街道峡谷对SO_2扩散的影响以及气象数据的代表性和预处理的不确定性，这些因素导致CALPUFF模型低估了SO_2的浓度。

14.3.3 CAMQ模型

CAMQ和CAMX、NAQPMS均可模拟不同尺度范围、不同种类的污染物之间复杂的化学反应过程，它们都基于“一个大气”的设计理念，通过一次工作可以同时模拟各种大气环境问题。

CAMQ模型由美国环保局组织研制，于1998年6月发布，现更新到5.2版本。其主要由边界条件模块BCON（boundary conditions processor）、初始条件模块ICON（initial conditions processor）、光解速率模块JPROC（photolysis rate processor）、气象-化学预处理模块MCIP（meteorology-chemistry interface processor）和化学传输模块CCTM（chemical transport model）构成。CAMQ模型核心是CCTM模块。ICON模块可以提供污染物初始场，BCON模块可以提供污染物边界场，JPROC模块可以计算光化学分解率，MCIP可以为CCTM提供其所需的气象资料。为了应用CMAQ模型模拟各种区域的污染物浓度分布和传输过程，可以在CCTM模块中加入云过程模块、扩散与传输模块和气溶胶模块等。中尺度气象模型MM5（fifth-generation NCAR/Penn state mesoscale model）和WRF（weather research and forecasting model）可以提供CMAQ模型所需的气象场。SMOKE（sparse matrix operator kernel emissions）可以提供CMAQ模型所需的排放清单数据。MM5/SMOKE/CMAQ模型由三部分组成，分别为MM5、SMOKE和CMAQ。MM5是中尺度气象模式，可以为SMOKE和CMAQ模块提供气象背景场，MM5生成初级气象场，然后输入到气象化学界面处理程序模块处理成气象背景场。SMOKE是污染排放源处理程序，由美国北卡罗来纳大学开发，可以处理点源、面源、移动源等多种源，可以将排放源清单数据处理成CMAQ模型要求的数据格式。CMAQ是MM5/SMOKE/CMAQ模型的核心部分，是化学输送模式，可以处理多污染物、多尺度的污染情形，可以考虑多种大气污染物传输中发生的物理化学变化，因此，此模型可以较好地模拟大气污染物的传输、扩散过程。

CMAQ模型也存在一些局限性，如：a.模型设置的臭氧光解速率常数偏低，这会导致化学过程对臭氧生产的贡献偏低，会在一定程度上造成臭氧模拟浓度偏低；b.模拟结果偏低，由于污染源时空特征十分复杂，即模式采用的平均源排放清单难以精细、客观描述预报区域污染源强度不同尺度的时空变化，CMAQ模式分析结果表明该模式尚存在类似其他模式污染浓度预报量与实况相比明显偏低的“系统性”误差。

CMAQ模型的三种基本应用包括：a.评估模型的模拟性能，将实际观测值与模型的模拟值比较，可以得出模型的模拟效果如何的结论；b.模拟大气污染情况，可以模拟区域多种污染物的浓度，以此来评价或预测该区域的空气质量情况；c.模拟区域间大气污染传输情况，可以模拟区域间多种污染物的相互传输转化过程，得到区域间污染物传输矩阵，使管理者治理大气污染更有科学依据，同时也更加有效率。

例如，通过中尺度气象模式MM5和CMAQ模型模拟长三角地区O_3和PM_{10}污染物浓度空间分布及传输情况。结果显示，两种污染物的模拟值与监测值的相关系数分别为0.77和0.52，一致性指数分别为0.81和0.99。模型已具备再现和模拟长三角地区大气污染输送过程的能力且误差落在可接受的范围之内。国外学者在亚特兰大地区应用$PM_{2.5}$源解析模型（受体、扩散模型）模拟分析该地区的$PM_{2.5}$浓度和来源，并评估了多种源解析模型的特点及适用性。结果表明，在机动车源方面，不同方法解析结果较为一致，相关性较好；在生物质燃烧源方面，不同示踪物的选择对结果影响较大，而CMAQ主要受源清单不确定性影响；在燃煤源方面，气体参数的引入改进了受体模型的共线性问题，使得解析结果的不确定性减小；在道路尘源方面，CMAQ解析结果明显偏高；在二次无机来源方面，CMAQ对硝酸盐估算偏高，在二次有机来源方面，CMAQ的结果有待进一步完善。由于CMAQ模式较强的预报空气质量能力，学者在此基础上建立了CMAQ-MOS空气质量预报方法，它是由CMAQ-MOS动力-统计相结合的新技术，可以更好地预报大气污染物浓度变化。具体方法是用回归方法或 Kalman 滤波法建立模式产品和多类预报因子相结合的统计模型。研究结果表明 CMAQ-MOS 方案可显著降低由于污染源影响不确定性产生的模式系统性预报误差。中国科学家建立了北京市空气质量多模式集成预报系统（EMS-Beijing），主要侧重于不同空气质量模式的集成。此预报系统主要包括中国科学院大气物理所自主开发的 NAQPMS 模型，美国环保局的 CAMQ 模式及美国环境技术公司（ENVIRON）所研发的 CAMx 模式。EMS-Beijing 建立的意义在于通过对比各模型模拟结果和实际观测值，可得知各空气质量模式模拟效果如何，可以获知各模式模拟效果差异，从而获得最优模拟值，并且可以根据各模型的优缺点，取长补短，达到优化各模型的目的。此外，针对 CMAQ 模型模拟精度，有学者通过对比两种中尺度气象模型 MM5 和 WRF 模型，验证 CMAQ 模型所需的气象场数据的准确性。相比于 MM5 模型，WRF 模型模拟的各气象要素要更加准确，尤其在相对湿度和边界层高度两个方面。因此影响 CMAQ 模型预报准确性的关键气象要素是相对湿度和边界层高度参数，尤其是对 SO_2 和 NO_2 的预报。改进垂直输送和质量调整过程可以使 SO_2 模拟误差减小，这是由于边界层高度降低抑制了近地面边界层内的物质向自由大气扩散，近地层大气湍流运动减弱，垂直对流输送和平流质量调整作用减弱；改进化学反应过程可以使 NO_2 模拟误差减小，这是由于相对湿度和边界层高度降低，NO_x 气相化学反应作用减弱，NO_2 生成量明显减少。

14.3.4 CAMx 模型

CAMx 模型是由美国 ENVIRON 公司在 UAM-V 模式基础上开发的。基于 CAMx 的颗粒物来源追踪技术（PSAT）通过一次模拟，可以准确追踪每个环境受体污染物及其主要化学组分的空间来源及行业来源。

CAMx 模型除具有第三代空气质量模型的典型特征之外，最显著的特点包括：双向嵌套及弹性嵌套、网格烟羽（PiG）模块、臭氧源分配技术（OSAT）、颗粒物来源追踪技术（PSAT）、臭氧和其他物质源灵敏性的直接分裂算法（DDM）等。此模型也是目前应用最为广泛的大气质量模型。

目前研究者多应用 CAMx 模型进行大气污染的源解析工作。例如，应用 CAMx 模型的颗粒物源解析技术（PSAT）模拟创建了中国大陆 31 个省市、333 个城市的 $PM_{2.5}$ 源 - 受体传输矩阵，并且在多层面识别和量化 $PM_{2.5}$ 等大气污染物的区域行业贡献。PSAT 可以分解一次和二次污染物的来源，$PM_{2.5}$ 被颗粒物源解析技术分为 6 类，分别为硫酸盐（PSO_4）、硝酸盐（PNO_3）、铵盐（PNH_4）、颗粒态汞（PHg）、二次有机气溶胶（SOA）及一次颗粒物（$PPM_{2.5}$）。应用 PSAT 模拟每个受体点的 $PM_{2.5}$ 及 6 类主要化学组分的空间来源及行业来源。PSAT 核心功能是模拟污染源与环境受体之间的响应关系。为建立污染源与环境受体间的空间传输矩阵，必须对污染源进行分类，并选取受体点。但也要注意，PSAT 存在一些不确定性，使用时需要使用多种源解析技术验证。PSAT 的基本假设是所有排放源贡献之和为 100%，而 $PM_{2.5}$ 的来源和组成极其复杂，$PM_{2.5}$ 各种来源中前体物之间的相互作用很难分析清楚。WRF-CAMx 模型还被应用于评估区域大气环境容量。大气环境容量是指一个区域在某种环境目标约束下的大气污染物最大允许排放量。目标控制标准采用环境 $PM_{2.5}$ 年平均浓度标准（GB 3095—2012）。结果显示，全国污染物排放的环境容量从大到小分别是 SO_2、NO_x、一次 $PM_{2.5}$ 和 NH_3。2010 年全国 SO_2、NO_x、一次 $PM_{2.5}$ 和 NH_3 实际排放量均比环境容量高出52%及以上。严重污染的省市，如河南、河北、天津、安徽、山东和北京等，这四种空气污染物的排放均超过了其环境容量的100%。CAMx模型还被应用于人为碳氢化合物对北京市区和郊区O_3生成贡献率的研究。结果表明，移动烃源对O_3生成的贡献最大，其次为油品和有机溶剂烃源。O_3的平均浓度和最高浓度会随着城市和郊区的人为碳氢化合物排放的减少而减少。

此外，CAMx模型也常被用来揭示污染物传输规律。例如，应用CMAx模型模拟2013年1月灰霾时间段北京市$PM_{2.5}$的区域传输规律。结果表明，本地源排放平均贡献率为34%，是北京市$PM_{2.5}$的主要来源；河北平均贡献率为26%。污染情况严重时，北京市$PM_{2.5}$污染主要来源于城市间传输。其中，$PM_{2.5}$中的硝酸盐主要来自北京市周边地区的贡献，而硫酸盐和二次有机气溶胶呈现远距离传输的特性，铵盐和其他组分则主要来自北京市本地的贡献。应用CMAx模型模拟2014年京津冀城市群$PM_{2.5}$的浓度和传输规律。$PM_{2.5}$的浓度在秋冬季节较高，在春夏季节较低。在污染情况较为严重时，太行山前的华北平原区，特别是北京市、保定市、石家庄市$PM_{2.5}$日均浓度较高，平原区$PM_{2.5}$浓度要高于太行山、燕山等西部及北部山区。73%的京津冀城市群空间单元内$PM_{2.5}$平均浓度超过150μg/m^3，北京市$PM_{2.5}$区外贡献大于50%。京津冀城市群$PM_{2.5}$呈现由南向北传输的特征，城市间传输对于区域$PM_{2.5}$浓度有重大影响。应用WRF-CAMx模型模拟京津冀城市群及周边地区各省市之间$PM_{2.5}$与SIA传输矩阵。结果表明，两种污染物跨区域传输作用较为显著。京津冀城市群两种污染物受区外年均贡献均大于23.0%，受本地排放影响均大于36.0%。通过后向轨迹模型对北京市污染严重时段内污染物来源进行了空间分析。结果显示污染气团来向有明显差异，分别由西北方向长距离传输、南部短距离传输以及西南、东南方向局地气团输入。应用CAMx模型的颗粒物源示踪（PSAT）和过程分析（PA）技术模拟了北京市2013年和2014两次冬季典型重污染时段内$PM_{2.5}$的传输贡献。PA可以记录模型网格中单位时间步长内主要物理（传输、扩散、沉降、源排放）与化学（气相化学、液相化学、非均质化学）过程对该网格污染物浓度变化的贡献情况。PSAT是运用标记物种的方法来统计在模型网格中不同区域、不同排放行业对特定受体区域内污染物浓度的贡献。PA与PSAT的分析对象不同，前者主要考虑颗粒物浓度变化的来源情景，而后者主要考虑颗粒物浓度的区域来源贡献。结果显示，在空气污染变得严重时，$PM_{2.5}$外地贡献率升高，本地贡献率降低，其中外地二次$PM_{2.5}$贡献率升高大约20%。山东省、天津市、廊坊市等外地贡献率较大。过程分析结果显示，在污染严重的情况下，$PM_{2.5}$爆发性增长的贡献率中本地化学转化达到40%，其中特殊天气条件下$PM_{2.5}$出现峰值的主要原因是二次$PM_{2.5}$生成贡献的大幅增加。污染情况越严重，北京市受区域性污染的影响越大。

14.3.5 NAQPMS模型

NAQPMS模型是由中国科学院大气物理所自主研发的嵌套网格空气质量预报模式，目前主要应用于空气质量预报领域。NAQPMS模型在结合中国独特的地理、地形环境、气象条件、污染排放等特点的同时，充分借鉴吸收了众多先进的空气预报模型的优点。此系统在计算机技术上采用高性能并行集群的结构，使计算大容量高速、低成本且高效，给空气污染预报带来了较大的便利；还可以结合城市的实际监测资料优化模拟结果。该模型可以研究多尺度空气污染问题，包括区域尺度和城市尺度。NAQPMS模式成功实现了在线的、全耦合的包括多尺度、多过程的数值模拟。

NAQPMS 模型主要由基础数据子系统、中尺度天气预报系统、空气质量预报子系统和预报结果分析系统四个子系统组成。以下分别介绍四个子系统的功能。

① 基础数据子系统　此系统是整个 NAQPMS 模型的基础，它由下垫面资料（USGS）、污染源资料（WYGE）、气象资料（NCEP）和实时监测污染物的监测资料（JCGE）四个部分组成。USGS 模块为系统处理地形资料等，NCEP 为系统提供气象资料，JCGE 为系统提供验证所需的观测数据。

② 中尺度天气预报系统　MM5 为系统提供逐时的气象场。

③ 空气质量预报子系统（NAQPM）　NAQPM 为 NAQPMS 模型的核心，主要处理污染物之排放，平流输送，扩散，干、湿沉降和气相、液相及非均相反应等物理与化学过程。

④ 预报结果分析系统　此模块可以使用 GrADS、Vis5D 等图形处理软件以及 Dreamweaver、Javascript、HTML 等网页制作软件转化输出结果。

我国学者应用 NAQPMS 模型及污染来源追踪技术，模拟 2013 年 1 月京津冀城市群各城市间 $PM_{2.5}$ 浓度贡献。结果显示，NAQPMS 模型能够合理反映京津冀城市群不同城市 $PM_{2.5}$ 浓度的时空变化特征。在近地面，各城市 $PM_{2.5}$ 浓度主要受本地排放影响。对于 800m 高空层，各城市 $PM_{2.5}$ 浓度区外贡献最显著。京津冀城市群东南部地区污染最严重，$PM_{2.5}$ 浓度受山东省和河南省的影响较大。因此，京津冀城市群不仅区域内城市需要联防联控，更要考虑到山东省、河南省等周围省市的协同控制。应用 NAQPMS 模型及污染来源追踪技术，模拟 2013 年 1 月珠三角地区重污染情况下的 $PM_{2.5}$ 城市间传输过程。结果显示，广州市、佛山市首先形成污染气团，在弱偏北风的作用下南移，进而影响整个珠三角地区。在污染严重时段，广州市、佛山市的 $PM_{2.5}$ 本地贡献最为显著，均大于 58%；中山市、珠海市的 $PM_{2.5}$ 外地贡献最为显著，均大于 51%。

14.3.6　多种大气环境质量模型比较

目前一些学者对比研究了多种大气环境质量模型的模拟结果和模拟精度。

第一类是 AERMOD 模型和 CALPUFF 模型的比较研究。例如，通过对比 AERMOD 和 CALPUFF 两种模型对于济南市大气环境质量模拟精度，并对两种模型受地形、气象参数以及区域范围、模拟参数方案的影响进行比较，分析两种模型的适用性及各种因素对模型模拟精度的影响程度。结果表明，相比 AERMOD 模型模拟值，CALPUFF 模型模拟值与监测值更相近。AERMOD 模型主要受地面、气象条件的影响，而 CALPUFF 模型受到高空气象数据、地面气象数据和地形的影响较大。经过分析比较，相比 AERMOD 模型，CALPUFF 模型模拟值更贴近于当地的大气环境质量。总体来说 CALPUFF 模型的模拟效果要优于 AERMOD 模型。

第二类是 CMAQ 模型和 CAMx 模型的比较研究。例如，我国学者通过对比 CMAQ 模型和 CAMx 模型对于珠江三角洲 2004 年 10 月 O_3 浓度的模拟，研究两个模型模拟结果差异并分析各种大气物理、化学过程对 O_3 浓度变化的影响作用。结果显示，两种空气质量模型都能较好地模拟出该地区的 O_3 浓度，模拟结果与实际观测值的相关系数、标准化平均偏差、标准化平均误差都非常接近。CMAQ 的 O_3 模拟值总体上比 CAMx 低，这可能是由于细网格边界浓度等地方的差异。两个模式在很多方面采用的方案也存在一定的差异，如干沉降、化学反应参数、垂直输送等，这些都会导致模拟结果的差异。CAMx 模型需要提供更多干沉降的算法，CMAQ 模型模拟效果可能会随着改善光解速率等计算方法而改变。

14.4　我国大气环境治理的发展历程

自新中国成立以来，我国大气污染治理历经无数坎坷，从探索前行直至稳步发展，成绩斐然。特别是自 2013 年以后，伴随大气十条的颁布，大气污染治理进程加快。统计显示，2005 ～ 2012 年，全国燃煤机组脱硫比例由 14% 升至 92%；在发电量增长 90%、发电用煤量增长 80% 的情况下，SO_2 排放量降低了 40%。从“九五”规划首次实施污染物总量控制策略开始到“十四五”的 30 年间，空气污染的防治目标已从污染排放量总量控制发展到同时关注排放总量与空气质量，管理的模式也从属地管理开始向区域管理及联防联控过渡，而治理对象从工业企业的“达标排放”扩展到机动车、船舶、面源等污染，减排措施也从倚重末端减排向结构减排及能源清洁化发展。

14.4.1　大气环境管理的历史演变

（1）大气环境管理发展历程

中国大气污染预防工作主要开始于 20 世纪 70 年代，一级大气污染的预防历程大体可以分为 4 个阶段，即起步阶段（1972 ～ 1990 年）、发展阶段（1991 ～ 2000 年）、过渡阶段（2001 ～ 2010 年）与攻坚阶段（2011 年至今），各阶段的环境保护组织结构、目标、工作重点、法律法规、行动计划，排放与空气质量标准等均有明显变化（表 14-3）。

① 起步阶段（1972 ～ 1990 年）　1972 ～ 1990 年是国家大气污染预防的起步阶段，该阶段大气污染物体以烟尘和悬浮颗粒物为主，空气污染范围主要市区城市局地（如太原市煤烟型大气污染，兰州市光化学烟雾污染，天津市工业烟气污染），控制重点是工业点源，空气质量管理以属地管理为主，主要任务包括排放源监管、工业点源治理、消烟除尘等。

② 发展阶段（1991 ～ 2000 年）　1991 ～ 2000 年是发展中国家大气污染防治的发展阶段，这一阶段的主要干预对象为 SO_2 和悬浮颗粒物，空气污染的范围由城市局地污染向区域性污染发展，出现了大面积的酸雨污染，控制重点为燃煤锅炉与工业排放。这一时期，长江以南的广大地区降水酸度迅速升高，我国酸雨面积超过 $300\times10^4km^2$，继欧洲、北美之后形成世界第三大酸雨区。国务院高度重视酸雨污染问题，将酸雨和 SO_2 污染控制纳入修订的《大气污染防治法》，并同时制定了《征收工业燃煤二氧化硫排污费试点方案》和《酸雨控制区和二氧化硫污染控制区划分方案》，对 SO_2 实行排污收费和排放控制，对我国大气污染防治具有重要意义。

③ 过渡阶段（2001 ～ 2010 年）　2001 ～ 2010 年是我国家大气污染防治的转型阶段。举办 2008 年北京奥运会对环境空气质量提出更高的要求，奥运会期间的空气质量保障与污染物减排、控制取得了显著成就，对大气污染防治工作的深入推进具有特殊意义。该阶段的主要目标是转变为 SO_2、NO_x 和 PM_{10}，大气污染初步呈现出区域性、复合型特征，煤烟尘、酸雨、$PM_{2.5}$ 和光化学污染同时出现，京津冀、长三角、珠三角等重点地区的大气污染问题突出，控制重点为燃煤、工业源、扬尘、机动车排放尾气污染，开始实施总量控制和区域联防联动。

表 14-3　我国不同时期大气污染防治工作的特点

项目	起步阶段（1972 ~ 1990 年）	发展阶段（1991 ~ 2000 年）
大事记	1972 年我国组团参加联合国人类环境会议，1973 年第一次全国环境保护会议召开，筹建中国环境科学研究院	1992 年我国参加联合国环境与发展会议，1994 年发布《中国 21 世纪议程》
污染特征	逐渐出现局地大气污染	出现区域性大气污染，酸雨问题突出
环保机构	原国务院环境保护领导小组	原国家环境保护局
防治对象	烟尘、悬浮颗粒物	酸雨、SO_2、悬浮颗粒物
工作重点	排放源监管，工业点源治理，消除烟尘	燃煤锅炉与工业排放治理，重点城市和区域污染防治
法律法规与规划方案	《关于保护和改善环境的若干规定》	《中华人民共和国大气污染防治法实施细则》
	《宪法》（1978 年修订）	《中华人民共和国大气污染防治法》(1995年和2000年两次修订）
	《中华人民共和国环境保护法（试行）》	《酸雨控制区和二氧化硫污染控制区划分方案》
	《中华人民共和国大气污染防治法》	《征收工业燃煤二氧化硫排污费试点方案》
		《汽车排气污染监督管理办法》
		《机动车排放污染防治技术政策》
排放与空气质量标准	GBJ 4—1973《工业“三废”排放试行标准》	GB 13271—1991《锅炉大气污染物排放标准》
	GB 3095—1982《大气环境质量标准》	GB 3095—1996《环境空气质量标准》
		BG 13223—1996《火电厂大气污染物排放标准》

项目	过渡阶段（2001 ~ 2010 年）	攻坚阶段（2011 年至今）
大事记	我国举办 2008 年北京奥运会，为保障城市空气质量，试点实施大气污染的区域联防联控	2013 年我国东部遭遇连续的灰霾污染、$PM_{2.5}$“爆表”，出台《大气污染防治“行动计划”》，开展中央环保督察
污染特征	大气污染呈现区域性、复合型的新特征	区域性、复合型大气污染
环保机构	原国家环境保护总局、原环境保护部	原环境保护部、生态环境部
防治对象	SO_2、NO_x 和 PM_{10}	霾、$PM_{2.5}$、PM_{10}
工作重点	实行污染物总量控制，实施区域联防联控	多种污染源综合控制，多污染物协同控制，重污染预报预警
法律法规与规划方案	《两控区酸雨和二氧化硫污染防治“十五”计划》	《大气污染防治行动计划》
	《现有燃煤电厂二氧化硫治理“十一五”规划》	《中华人民共和国大气污染防治法》（2015 年和 2018 年两次修订）
	《二氧化硫总量分配指导意见》	《重点区域大气污染防治“十二五”规划》
	《关于推进大气污染联防联控工作改善区域空气质量的指导意见》	《“十二五”主要污染物总量减排目标责任书》
		《能源发展战略行动计划（2014—2020 年）》
		《“十三五”生态环境保护规划》
		《打赢蓝天保卫战三年行动计划》
排放与空气质量标准	GB 13171—2001《锅炉大气污染物排放标准》	GB 3095—2012《环境空气质量标准》
	GB 13223—2003《火电厂大气污染物排放标准》	

④ 攻坚阶段（2011 年至今） 2011 年至今是我国家大气污染发展的攻坚阶段。2013 年 1 月，我国东部出现跨区域大范围的连续多天灰霾天气，$PM_{2.5}$ 浓度一度“爆表”，更加复杂的二次污染物 $PM_{2.5}$ 和 O_3 被提上议程，我国大气污染防治工作开始了长期的攻坚战。该阶段我国大气防治的主要对象为灰霾、$PM_{2.5}$ 和 PM_{10}，VOCs 和臭氧逐渐受到关注，控制目标转变为关注排放总量与环境质量改善相协调，控制重点为多种污染源综合控制与多污染物协同减排，全面开展大气污染的联防联控。

（2）我国大气污染物排放量的历史演变

大气污染伴随着经济发展、城市化建设、人类活动规模的扩大而产生，当生产活动对环境的影响超出大气的自净能力时，就会形成大气污染。中国成立 70 年以来，我国经济总体上经历了改革开放前的曲折前进阶段和改革开放后的迅速发展阶段，国内生产总值经济年均增长速度高达 14.74%。五年计划（规划）的实施大幅推进了我国重工业的发展，我国钢铁产量连续 13 年位于世界第一。自 2000 年起，我国汽车拥有量迅速增长，2018 年我国汽车生产量高达 2781.90×10^4 辆，也常年名列世界前茅。然而，我国经济的高速发展带来了环境污染的巨大代价，以粗放型发展为主的经济模式造成资源投入高、能源消耗多、污染物排放量大，大气环境污染问题严重。尽管我国不断加大大气污染防治力度，空气污染在较短时间内有一定的改善，但总体而言，我国主要大气污染物（如 SO_2、NO_x、颗粒物）的排放量自中华人民共和国成立以来呈显著增加的趋势，到 2000 年以后才陆续开始下降（见图 14-2）。

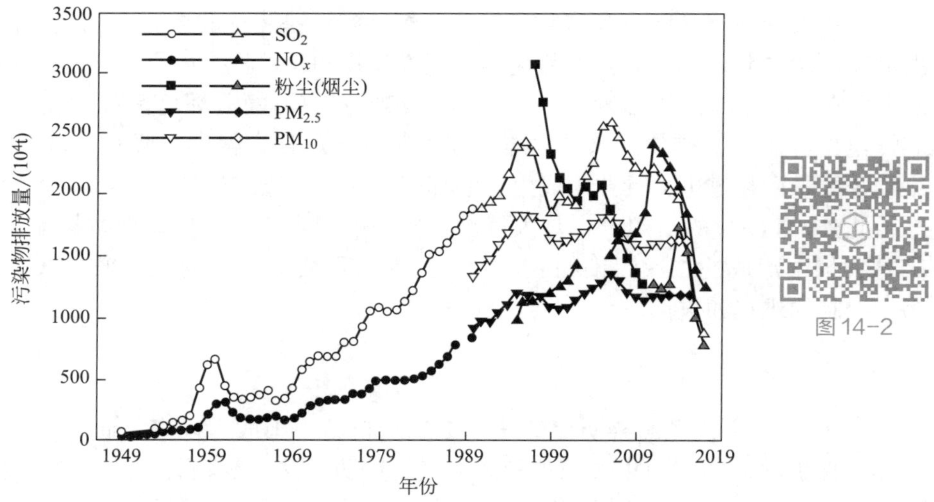

图14-2

图 14-2　1949 ～ 2019 年我国主要大气污染物排放量的变化趋势

自中华人民共和国成立至 1996 年，我国 SO_2 排放量总体呈上升趋势。1996 年我国进行工业结构调整，工业和居民煤炭消耗量下降，且煤炭含硫量降低，SO_2 排放量第一次出现比较明显的下降。2000 年以后，城市化进程加快、经济发展迅速，尤其是一大批燃煤电厂的投入使用，导致 SO_2 排放量再次升高。至 2006 年，我国 SO_2 排放量增至 2588.8×10^4t，较 2000 年增长了 29.8%。2006 年之后，我国逐步淘汰中小型发电机组并全面推行高效的烟气脱硫技术，SO_2 排放量开始下降。“十二五”期间，受益于严格的 SO_2 减排措施（特别是燃煤电厂的超低排放）与能源结构及能源消耗量的变化，SO_2 排放量持续下降。2017 年我国

SO_2 排放量降低至 875.4×10^4t，在 SO_2 减排方面取得了显著成效。

颗粒物排放量数据早期非常缺乏，直到 1990 年才有相对连续的统计或估算的数据。从 1990 年起，随着我国经济的快速发展与能源消费的不断增长，$PM_{2.5}$ 和 PM_{10} 的排放量迅速上升。1996 ～ 2000 年，我国能源消费和工业生产增速减缓且排放标准进一步提高，颗粒物排放量有所下降。根据中国多尺度排放清单（MEIC）的统计结果，我国 $PM_{2.5}$ 和 PM_{10} 排放量 2000 年之后再次上升，在 2006 年达峰值，分别为 1363×10^4t 和 1833×10^4t。“十一五”严格实施各项除尘、抑尘措施，$PM_{2.5}$ 及 PM_{10} 排放量再次下降。2011 年颗粒物排放量有所反弹，但总体平稳，2015 年与 2011 年基本持平。工业粉尘（烟尘）排放量的变化趋势与 SO_2 有相似之处，1997 年出现最高值，工业结构调整之后迅速下降，2005 年再次出现峰值，随后因全面实施高效除尘技术而再次迅速降低，2014 年短暂升高后继续快速降低，到 2017 年已经降至 796.26×10^4t，我国工业粉尘（烟尘）的减排对控制和降低 $PM_{2.5}$ 及 PM_{10} 的排出了重要贡献。综上，自 1997 年起，我国颗粒物的排放量呈下降态势或保持平稳，颗粒物控制取得一定成效，但由于大气颗粒物来源广、涉及面广，故仍然是大气污染控制的重点对象。

我国 NO_x 排放量的变化趋势虽然与 SO_2 类似，主要与能源消费变化有关，不过由于机动车保有量迅速增加，以及钢铁产业的发展，钢铁行业的脱硝在技术上比电力行业成本更高。1996 年之后 NO_x 的排放量仍逐年升高，直到“十二五”期间，我国推行了电力行业严格的脱硫脱硝措施及机动车尾气排放标不断提升，NO_x 开始呈现显著下降的态势，到 2017 年，NO_x 排放量已降至 1258.83×10^4t，但是钢铁行业的 NO_x 仍然居高不下，中国工程院院士、清华大学环境学院院长贺克斌表示，钢铁行业是目前我国主要的大气污染排放源之一。据测算，2017 年，钢铁行业二氧化硫、氮氧化物和颗粒物排放量分别为 106 万吨、172 万吨、281 万吨，占全国排放总量的 7%、10%、20% 左右。随着环境治理力度不断加强，特别是燃煤电厂实施超低排放以来，火电行业污染物排放量大幅度下降，2017 年钢铁行业主要污染物排放量已超过电力行业，成为工业部门最大的污染物排放来源。

此外，VOCs 的治理一直是大气污染控制的难点，其历史排放数据非常缺乏，但 VOCs 又是大气中形成的二次污染物 $PM_{2.5}$ 和 O_3 非常重要的前体物，未来 VOCs 的治理将是大气污染控制的难点和重点。

（3）我国大气污染防治经验

① 逐步完善大气污染防治的法律法规 自新中国成立以来，通过颁布《中华人民共和国环境保护法》与《中华人民共和国大气污染防治法》等相关法律法规约束环境污染行为，并赋予环保部门强制执法权，加大对生态环境污染犯罪的惩治力度。先后《中华人民共和国环境保护法》与《中华人民共和国大气污染防治法》，针对环境违法的处罚内容进行了系统更新，不仅增加了处罚方式，民事赔偿责任和刑事责任的划分也更加细致，处罚力度也大力加码。以《中华人民共和国大气污染防治法》为基础，我国确立了大气污染防治的基本原则，健全了地方政府对大气环境质量负责的监督考核机制，创建了“区域大气污染联合防治”的机制，完善了总量控制制度，改革了大气排污许可证制度，建立了机动车船污染防治的监管思路，提出了多种污染物协同新要求，加强了有毒有害物质排放控制，强化了大气污染事故和突发性事件的预防，加强了对违法行为的处罚力度，增加了企业的违法成本，并制定了应对气候变化的相关条款，为大气污染管理与防治提供更加详细健全的法律

规定。

② 不断创新大气环境管理机制　到目前的生态环境部不仅有专门针对大气污染防治的大气环境司，还加强了区域污染的防治，如京津冀及周边地区大气环境管理局，承担各项空气质量保障工作。并且，创新性地建立了适合我国大气环境问题的区域联防联控机制。1998年，为了解决 SO_2 污染和酸雨问题，国务院批准了关于“两控区”的划分方案，进行分区域管理。经过大气污染治理的实践和探索，国家进一步认识到以行政区划为界限、各地方单独治理的模式已经难以解决大气污染问题，只有在一定区域内开展联合治理才能有效改善空气质量。在总结国内实践经验和借鉴国外有效措施的基础上，我国开始构建联防联控制度。2010年，国务院办公厅转发的《关于推进大气污染联防联控工作改善区域空气质量的指导意见》，是该制度第一个国家层面的文件。2014年修订的《中华人民共和国环境保护法》明确规定要建立跨行政区域的联合防治协调机制，这是我国首次在法律层面对区域污染的联合治理做出规定，并且在修订《中华人民共和国大气污染防治法》时，大气污染联防联控的工作机制被以法律的形式确定下来，包括定期召开联席会议、划定重点防治区、制定区域防治行动计划、重要项目环评会商、信息共享、联合执法等。在大气联防联控制度的实施中，京津冀地区、长三角地区、珠三角地区作为跨区污染的典型地区，形成了各具特点的联防联控模式。

《大气污染防治行动计划》强化了中央政府空气质量目标管理，创新建立了中央和省级两级环保督察制度，中央政府检查省级政府，省级政府检查地市政府，通过自上而下的方式动员、调动各种资源，以上级权威强力推进环保监督管理工作，既要检查污染企业，更要检查地方政府，在短期内取得了明显效果。中央政府在逐级分解目标任务之后，通过强化督查的工作机制，建立了可量化的大气污染防治重点任务完成情况指标体系，通过分数权重的设置，突出了考核重点污染源的措施落实情况；量化问责机制将大气污染治理任务与市县政府责任捆绑在一起，问题数量与需要问责的领导层级挂钩，推动了地方政府切实履行大气污染防治责任。

③ 建立完善的大气环境标准体系　我国环境空气质量标准的形成、制定、实施及发展与大气污染状况的变化形势、控制目标和国情相适应，并且是与我国环境立法与环境事业同步发展的。从1982年发布第一个《大气环境质量标准》（GB 3095—1982）开始，经过30余年的发展和完善，我国已形成了“两级五类”环境保护标准体系，其中我国空气质量标准和相关法律法规发展历程如图14-3所示。

我国环境空气质量标准经过30多年的发展演变，由于经济的发展、污染状况的改变和监测技术的进步、公众环保意识的增强等因素，标准的污染物项目、标准形式、浓度阈值等随着国际标准的升级而不断更新，标准修订的依据和程序更加科学和完善。

大气污染物排放标准是根据环境质量标准、污染控制技术和经济条件，对排入环境有害物质和产生危害的各种因素所做的限制性规定，是对大气污染源进行控制的标准，它直接影响到我国大气环境质量目标的实现。科学合理的大气污染物排放标准体系，有助于全面系统地控制大气污染提高大气环境保护工作效力，改善整体大气环境质量。

1973年我国发布第一个环境标准《工业“三废”排放试行标准》（GBJ 4—1973），规定了废气中13类有害物质的排放标准；1996年发布的《大气污染物综合排放标准》（GB 16297—1996）为代表，形成了“以综合型排放标准为主体，行业型排放标准为补充，二者不交叉执行，行业型排放标准优先”的排放标准格局。以2000年的《中华人民共和国大气污染防治法》修订为契机，“超标违法”新制度被提出，这赋予了污染物排放标准极高的法律地位，成为判断“合法”与“非法”的界限。以《环境空气质量标准》（GB 3095—2012）发布为标志，我国环境管理开始由以控制环境污染为目标导向，向以改善环境质量为目标导向转变。按照《国家环境保护标准“十三五”发展规划》，到“十三五”末期，我国将在“十二五”47 项大气固定源标准的基础上制定和修订形成由约 70 项大气固定源标准构成的覆盖全面、重点突出的大气污染物排放标准体系。

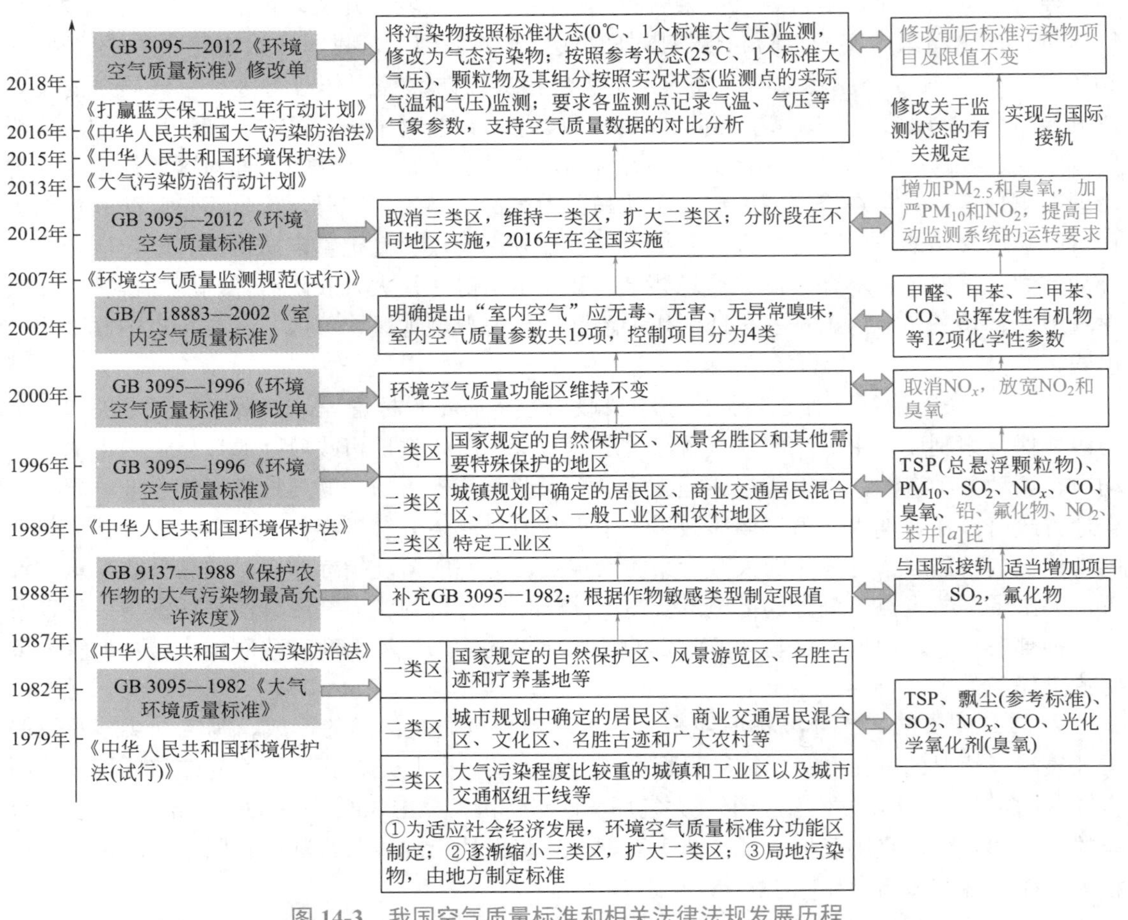

图 14-3　我国空气质量标准和相关法律法规发展历程

有色字为标准修订版中新增或更改的评价项目

目前，我国各项污染源排放标准不断健全，污染物排放指标增多、排放限值趋于严格，代表着我国经济水平和技术水平不断强化的结果。通加不断加严的排放标准，我国电厂的超低排放已经达到国际领先水平。以钢铁行业为例，《钢铁企业超低排放改造工作方案（征求意见稿）》明确了钢铁企业完成超低排放改造的时间表，到 2020 年 10 月底前，京津冀、长三角等重点区域基本完成改造。将烧结机头（球团焙烧）烟气颗粒物、二氧化硫、氮氧化物的排放限值由特别排放限值 $20mg/m^3$、$50mg/m^3$、$100mg/m^3$ 修改为 $10mg/m^3$、$35mg/m^3$、$50mg/m^3$。

④ 定期更新五年计划（规划）纲要中对大气污染物的减排要求　在我国五年计划（规划）纲要中，环境保护越来越受到重视。在每个五年计划（规划）中，均会有具体的大气污染物

减排目标。

1982年，环境保护作为一个独立篇章首次被纳入“六五”计划，这标志着我国的环境保护工作被提上了议事日程；“六五”以后，大气污染防治工作在环境保护中的地位越来越突出，“九五”计划中，制定了主要污染物排放总量控制计划；“十五”计划中进一步确定了6项主要污染物排放总量控制指标并将指标分级下达到了各省、自治区、直辖市及计划单列城市；“十一五”计划中，重点布局SO_2的减排，相继出台一系列措施，取得了良好的成效，2010～2015年，SO_2排放总量下降了11.03%；“十二五”SO_2继续减排8.00%；“十三五”将继续加大减排力度，预期减排15%。一系列的五年计划（规划）为我国大气污染防治工作提供了切实可行的发展目标。国务院在《“十三五”生态环境保护规划》中继续对京津冀、长三角和珠三角等重点地区提出煤炭消费减量目标，其中要求2015～2020年，京津冀及周边地区的北京市、天津市、河北省、山东省、河南省五省（直辖市）煤炭消费总量下降10%左右，长三角地区的上海市、江苏省、浙江省、安徽省三省一市的煤炭消费总量下降5%左右，珠三角地区煤炭消费总量下降10%左右。同时要求大幅削减SO_2、NO_x和颗粒物的排放量，全面启动VOCs污染防治，开展大气NH_3排放控制试点，实现全国地级及以上城市SO_2浓度全部达标，$PM_{2.5}$和PM_{10}浓度明显下降，NO_2浓度继续下降，臭氧浓度不再增加、力争改善；在重点地区、重点行业推进VOCs总量控制，全国排放总量下降10%以上。

⑤ 构建强有力的科技支撑体系 根据国情，我国在不同时期都会针对不同的空气污染物进行科技攻关，通过设立酸雨污染的研究专项，逐渐摸清了我国酸雨地域分布、变化趋势及成因并划定“两控区”，实施严格的SO_2控制措施，使我国酸雨污染得到有效遏制，到2015年，我国基本消灭了严重酸雨污染。近年来，颗粒物和臭氧污染逐渐突出，以科技部“大气污染成因与控制技术研究”为代表的各种项目为我国大气污染防治工作提供强有力的科技支撑；同时，为创新科研管理机制，加强大气重污染成因与治理攻关的组织实施，成立了国家大气污染防治攻关中心作为大气重污染成因与治理攻关的组织管理和实施机构，为我国大气重污染应对提供了重要科技支撑。

目前，在我国共布局了超过5000个环境空气质量监测站，堪称世界之最，监测预报预警、信息化能力与保障水平也都走到了世界前列。并且我国已经布局了颗粒物组分的监测，并正在布局光化学监测，为我国中长期精细化污染成因分析提供数据支撑。

我国成功运用新技术将企业的排污行为变得易于管理。重点污染源企业全部安装了在线监控系统，并与环保部门联网，实时向社会公开企业的排污信息，接受全社会的监督。遥测技术的应用能够发现隐蔽性强的偷排企业，完成常规人力无法完成的检查。相比过去单纯的人力监管，应用新技术服务于污染源监管，真正实现了事半功倍。

⑥ 采用经济手段约束大气污染物排放 税收政策作为国家宏观经济调控的重要手段，具有经济调节的职能，是大气污染防治的主要对策之一。我国主要是通过各项税收及罚款政策等措施约束污染物的排放。经过不断的发展，我国在大气污染防治方面的税收政策体系不断完善，我国2018年1月1日正式实施的《中华人民共和国环境保护税法》，标志着税收征管水平不断合理和科学，从源头出发，加强对污染源的控制，通过税收政策调整微观主体的行为，提高能源使用效率，减少污染物排放。同时不断加大大气污染防治税收的执法力度，使得有法可依、有法必依、执法必严、违法必究。同时为加强地方大气污染防治力度，中央财政设立大气污染防治专项资金用于支持地方开展大气污染防治工作；财政部、生态环境部

制定《大气污染防治资金管理办法》，以加强大气污染防治资金管理使用，提高财政资金使用效率。

从系统分析的角度来看，大气污染减排除工程减排之外，结构减排和管理减排也非常重要。三者都体现在国家针对大气污染控制的国家政策当中。下面以2013以来的《大气污染防治行动计划》（简称《大气十条》）和《打赢蓝天保卫战三年行动计划》为例介绍我国大气污染控制主要国家政策。

14.4.2 我国重要大气环境管理政策简介

（1）《大气污染防治行动计划》

近些年来，我国大气污染形势严峻，区域性大气环境问题日益突出，为加快解决我国严重的大气污染问题，切实改善空气质量，2013年9月10日，国务院颁布实施《大气污染防治行动计划》，提出10条35项重点任务措施。

《大气污染防治行动计划》按照政府调控与市场调节相结合、全面推进与重点突破相配合、区域协作与属地管理相协调、总量减排与质量改善相同步的总体要求，提出要加快形成政府统领、企业施治、市场驱动、公众参与的大气污染防治新机制，本着“谁污染、谁负责，多排放、多负担，节能减排得收益、获补偿”的原则，实施分区域、分阶段治理。

《大气污染防治行动计划》提出，经过5年努力，使全国空气质量总体改善，重污染天气较大幅度减少；京津冀、长三角、珠三角等区域空气质量明显好转。力争再用五年或更长时间，逐步消除重污染天气，全国空气质量明显改善。具体指标是：到2017年，全国地级及以上城市可吸入颗粒物浓度比2012年下降10%以上，优良天数逐年提高；京津冀、长三角、珠三角等区域细颗粒物浓度分别下降25%、20%、15%左右，其中北京市细颗粒物年均浓度控制在60μg/m^3左右。

为实现以上目标，《大气污染防治行动计划》确定了十条具体措施：

一是加大综合治理力度，减少多污染物排放。全面整治燃煤小锅炉，加快重点行业脱硫、脱硝、除尘改造工程建设。综合整治城市扬尘和餐饮油烟污染。加快淘汰黄标车和老旧车辆，大力发展公共交通，推广新能源汽车，加快提升燃油品质。

二是调整优化产业结构，推动经济转型升级。严控高耗能、高排放行业新增产能，加快淘汰落后产能，坚决停建产能严重过剩行业违规在建项目。

三是加快企业技术改造，提高科技创新能力。大力发展循环经济，培育壮大节能环保产业，促进重大环保技术装备、产品的创新开发与产业化应用。

四是加快调整能源结构，增加清洁能源供应。到2017年，煤炭占能源消费总量的比重降到65%以下。京津冀、长三角、珠三角等区域力争实现煤炭消费总量负增长。

五是严格投资项目节能环保准入，提高准入门槛，优化产业空间布局，严格限制在生态脆弱或环境敏感地区建设“两高”行业项目。

六是发挥市场机制作用，完善环境经济政策。中央财政设立专项资金，实施以奖代补政策。调整完善价格、税收等方面的政策，鼓励民间和社会资本进入大气污染防治领域。

七是健全法律法规体系，严格依法监督管理。国家定期公布重点城市空气质量排名，建立重污染企业环境信息强制公开制度。提高环境监管能力，加大环保执法力度。

八是建立区域协作机制，统筹区域环境治理。京津冀、长三角区域建立大气污染防治协作机制，国务院与各省级政府签订目标责任书，进行年度考核，严格责任追究。

九是建立监测预警应急体系，制定完善并及时启动应急预案，妥善应对重污染天气。

十是明确各方责任，动员全民参与，共同改善空气质量。

经过5年不懈努力，2018年6月1日，生态环境部通报《大气污染防治行动计划》实施情况终期考核结果，《大气污染防治行动计划》确定的35项重点工作任务，全部按期完成，具体完成情况为：2017年，全国地级及以上城市PM_{10}平均浓度比2013年下降22.7%；京津冀、长三角、珠三角等重点区域$PM_{2.5}$平均浓度分别比2013年下降39.6%、34.3%、27.7%，珠三角$PM_{2.5}$平均浓度连续三年达标；北京市$PM_{2.5}$年均浓度从2013年89.5μg/m^{3}降至58μg/m^3。

（2）《打赢蓝天保卫战三年行动计划》

通过《大气污染防治行动计划》的推进和落实，也积累了许多行之有效的好的经验和做法，探索出了一条适合我国国情的大气污染防治新路。

但我国大气环境形势依然严峻，大气污染物排放量仍居世界前列，全国338个地级及以上城市环境空气质量达标比例仅为29%，京津冀大气传输通道城市、汾渭平原等区域$PM_{2.5}$年均浓度超标一倍左右，长三角、成渝、东北等地区季节性大气污染问题依然突出。特别是秋冬季，北方地区重污染天气仍然频发，成为人民群众心肺之患。党的十九大提出将污染防治攻坚战作为决胜全面建成小康社会的三大攻坚战之一，要求坚持全民共治、源头防治，持续实施大气污染防治行动，打赢蓝天保卫战。为此，2019年6月13日国务院印发《打赢蓝天保卫战三年行动计划》。

《打赢蓝天保卫战三年行动计划》是在《大气污染防治行动计划》《“十三五”生态环境保护规划》《“十三五”节能减排综合工作方案》等文件基础上编制的，目标任务与相关专项规划和政策规定进行了充分衔接，保持了工作的连续性。

《打赢蓝天保卫战三年行动计划》总体思路是“四个四”，即突出四个重点、优化四大结构、强化四项支撑、实现四个明显。

在工作领域上，突出四个重点。以大气污染最为严重的京津冀及周边、长三角、汾渭平原等地区作为重点区域，其中，北京是重中之重；以人民群众最为关注、超标最为严重的$PM_{2.5}$作为重点指标；以重污染天气发生频率最高的秋冬季作为重点时段；以工业、散煤、柴油货车、扬尘等大气污染源治理作为重点领域。

在任务措施上，优化四大结构。大力调整优化产业结构、能源结构、运输结构和用地结构，有效应对重污染天气，在发展中保护、在保护中发展，加快形成节约资源和保护生态环境的空间格局、产业结构、生产方式、生活方式。

在制度保障上，强化四个支撑。强化区域联防联控、执法督察、科技创新、宣传引导，动员社会各方力量，群防群治，打赢蓝天保卫战。

在实施效果上，实现四个明显。进一步明显降低$PM_{2.5}$浓度，明显减少重污染天数，明显改善大气环境质量，明显增强人民的蓝天幸福感。

《打赢蓝天保卫战三年行动计划》总体目标是，经过3年努力，大幅减少主要大气污染物排放总量，协同减少温室气体排放，进一步明显降低$PM_{2.5}$浓度，明显减少重污染天数，明显改善环境空气质量，明显增强人民的蓝天幸福感。具体指标是：到2020年，二氧化硫、氮氧化物排放总量分别比2015年下降15%以上；$PM_{2.5}$未达标地级及以上城市浓度比2015年下降18%以上，地级及以上城市空气质量优良天数比率达到80%，重度及以上污染天数比率比2015年下降25%以上。提前完成“十三五”目标的省份，要保持和巩固改善成果；尚未完成的，要确保全面实现“十三五”约束性目标；北京市环境空气质量改善目标应在“十三五”目标基础上进一步提高。

2013～2019年，全国74个新标准第一阶段监测实施城市（即74城市）$PM_{2.5}$、PM_{10}、SO_2、CO和NO_2浓度分别下降43%、40%、73%、39%和12%，平均重污染天数由29天减至5天。京津冀及周边地区“2+26”城市$PM_{2.5}$、PM_{10}、SO_2、CO和NO_2浓度分别下降47%、38%、77%、49%和11%，平均重污染天数由75天减至20天。北京市改善幅度更明显，$PM_{2.5}$、PM_{10}、SO_2、CO、NO_2浓度在近6年中分别下降51%、35%、83%、55%和27%，重污染天数由53天减至4天。

2019～2020年秋冬季，蓝天保卫战交出了一份亮丽的成绩单。三大重点区域均大幅度超额完成空气质量改善目标，$PM_{2.5}$平均浓度同比下降14.9%，重污染天数同比下降39%。

实践证明，我国大气污染防治工作走出了“高质量、高效率”的中国道路，尤其是《大气污染防治行动计划》实施以来，一系列的治理工作取得了显著成效，2019年全国337地级及以上城市$PM_{2.5}$平均浓度为36μg/m^3，其中157个城市$PM_{2.5}$达到世卫组织过渡期第1阶段（年均35μg/m^3）的目标值。

同时我们应该看到，我国仍有180个城市$PM_{2.5}$年均浓度尚未达标，臭氧污染也日益凸显。为实现“美丽中国”目标，未来我们还会向世卫组织过渡期第2阶段目标值（年均25μg/m^3）继续努力，让蓝天白云常驻。

14.4.3 “十四五”我国大气环境治理展望

“十四五”作为我国迈进第二个百年目标后的首个五年，大气环境管理至少应当在三个方面扎实推进。第一是延续“十三五”的势头，推进空气质量继续改善。第二是结合新时代中国特色社会主义建设的特点，基本构建能够在较长时间有效推动大气环境管理持续深入的治理体系，全面加强政府、企业、社会的治理能力。第三是结合我国经济社会从快速发展向高质量发展转变的要求，建立相应的倒逼机制，推动产业、能源、交通运输和用地等结构进一步调整，同时实现空气质量改善和温室气体减排协同推进。

为实现2035年全国绝大多数城市$PM_{2.5}$年均浓度达标，全国地级及以上城市$PM_{2.5}$平均浓度下降到25μg/m^{3}左右的目标，应当在“十四五”期间延续“十三五”的管控特点，坚持“持续改善、分类指导、重点强化”的原则，综合不同城市目前的$PM_{2.5}$浓度水平、影响其$PM_{2.5}$污染程度的主要因素、城市自身所属的主体功能区和中长期发展定位等因素，分档设置“十四五”$PM_{2.5}$浓度下降目标，并结合我国大气污染防治重点区域的划分，对处于重点区域的城市适当提高降幅要求，推动空气质量更快改善。对于处于京津冀及周边地区、汾渭平原、苏皖鲁豫交界地区，以及$PM_{2.5}$浓度超标幅度较大的城市，可以考虑提出相对最高的$PM_{2.5}$浓度降幅要求；对于$PM_{2.5}$浓度已经低于40μg/m^3，接近达标的城市，明确提出“十四五”期间达标的要求；对于已经达标的城市，要求其浓度保持持续下降的趋势。鉴于随着$PM_{2.5}$浓度的降低，气象波动对浓度的相对影响更为显著，建议在“十四五”期间适时引入对$PM_{2.5}$浓度进行滑动平均的评价方法，建立城市$PM_{2.5}$浓度长期降低的预期。

在降低$PM_{2.5}$浓度的同时，遏制O_3浓度快速上升也是“十四五”空气质量改善的重要工作。近年来的研究一般把我国 O_3 浓度上升的原因归结于三类：一是未做到 VOCs 和 NO_x 协同减排，二是 $PM_{2.5}$ 浓度下降后使得大气环境更有利于 O_3 产生，三是极端气象条件出现更为频繁。因此在“十四五”期间，实现 O_3 浓度大幅下降的难度较大，但是可以通过在 O_3 超标地区开展精细化来源分析，解析其 O_3 浓度对 NO_x 和 VOCs 排放的敏感性，从而开展精准治污和科学治污，力争“十四五”期间 O_3 浓度上升速度大幅降低，甚至实现 O_3 浓度达峰。

“十四五”作为迈进第二个百年目标后的首个五年，相关的大气环境管理所瞄准的并不仅仅是五年，而是十五年乃至更长时间，从这个角度出发，大气环境管理也需要建立面向中长期，服务于空气质量长期持续稳定改善的管理体系，在目标、工程任务、管理手段等方面给全社会以更加长远的预期，为相关工作发挥长效措施创造条件。因此，将目前的城市空气质量达标管理和区域大气污染联防联控加以结合并进一步完善，同时引入更多的法律、经济手段，也将是“十四五”期间大气环境管理亟须实现的重要突破。

2013 年以来，通过实施《大气污染防治行动计划》《打赢蓝天保卫战三年行动计划》，我国产业、能源和交通运输结构调整工作稳步推进。2013 ～ 2019 年，第三产业比重由 46.1% 提升到 53.9%，煤炭消费占一次能源比重由 67% 下降至 58% 左右，铁路货物运输也在近两年来有明显提升。虽然如此，我国的结构调整仍然任重道远，重化工业在国民经济中所占比例仍然较高，粗钢、水泥产量分别占世界总产量的 50%、60% 左右；煤炭占一次能源消费的比重仍然是发达国家的数倍，带来的空气污染与温室气体排放问题突出；交通运输系统发展长期“重客轻货”，铁路占比不到 10%，高比例的公路货运量导致柴油货车排放的污染物居高不下。“十四五”乃至未来更长时间内，结构调整都是需要长期推动的工作。事实上，通过进一步推进结构调整，将有助于延伸我国产业链，促进我国的产业总体由附加值较低的前端向附加值更高的后端转移，助推新能源相关产业和高端制造业的发展，满足高质量发展的要求，同时将促进我国经济低碳转型，减少温室气体排放，推动气候变化应对工作。在结构调整方面的建议主要包括：

在产业结构调整方面，一是可以继续聚焦于加速化解和淘汰低效落后产能，通过产能置换等手段提高传统产业的整体水平；二是聚焦于大气污染防治重点区域，采取行政、经济等手段切实削减重化产业的产能和产量，优化全国的行业布局；三是加快传统行业绿色转型和升级改造，推进产业集群和工业园区整合提升，显著提高产业集约化、绿色化发展水平。

在能源结构调整方面，一是继续实施重点区域煤炭总量控制，将其作为能源革命和能源转型的重要战场，在推动煤炭消费量削减的同时，着力推进煤炭消费结构进一步优化，减少煤炭分散燃烧；二是提高清洁能源消费比重，力争“十四五”期间新增能源消费主要依靠非化石能源和天然气；三是有序开展重点地区和行业“碳达峰”行动，加强协同推进空气质量改善和温室气体控制的制度建设，有序开展重点地区和重点行业“碳达峰”行动，推进城市层面开展空气质量达标和碳达峰“双达”行动。

在交通运输结构调整方面，一是推进运输方式绿色转型，改变铁路建设“重客轻货”局面，推动重要物流通道干线铁路建设以及集疏港、大型企业和园区铁路专用线建设，实现运输“公转铁”；大力发展铁水联运和多式联运；加快车船和非道路移动机械结构升级。二是构建城市绿色出行体系，增加绿色出行服务设施供给，在大中城市全面推进“公交都市”和慢行系统建设，强化智能化手段在城市公交管理中的应用。三是鼓励大城市通过采用经济手段，如在提高停车费、征收拥堵费的同时补贴绿色交通，推动群众选择绿色出行方式。

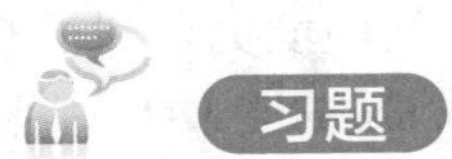

习题

14.1 阐述大气污染控制系统的构成和分析步骤。

14.2 举例说明几种主要大气质量模型的应用领域。

14.3 简述大气污染控制系统规划的基本模型组成。

14.4 从系统分析的角度试理解我国大气污染控制主要国家政策制定的依据。

第 15 章 碳达峰与碳中和

15.1 双碳目标的概念和意义

碳排放与经济发展密切相关，经济发展需要消耗能源。碳达峰是指二氧化碳的排放不再增长，达到峰值之后逐步降低，即碳排放进入平台期后，进入平稳下降阶段。碳中和是指企业、团体或个人测算在一定时间内，直接或间接产生的温室气体排放总量，通过植树造林、节能减排等形式，抵消自身产生的二氧化碳排放，实现二氧化碳的“零排放”。

碳达峰、碳中和一般被称为双碳目标，这个目标的提出，一方面是我国作为负责任大国履行国际责任、推动构建人类命运共同体的责任担当；另一方面也是我国实现可持续发展的内在要求，是加强生态文明建设、实现美丽中国目标的重要抓手。

（1）双碳目标是实现“两个一百年”奋斗目标的重要途径

中国共产党第十九次全国代表大会提出“两个一百年”奋斗目标，即到 2035 年基本实现社会主义现代化，到 21 世纪中叶把我国建成富强民主文明和谐美丽的社会主义现代化强国，并把 2020 年到 21 世纪中叶的现代化进程分为两个阶段。双碳目标之间密切联系，是一个目标的两个阶段。第一阶段，2030 年前碳排放达峰，与 2035 年中国现代化建设第一阶段目标相吻合，是中国 2035 年基本实现现代化的一个重要标志。第二阶段，2060 年前实现碳中和目标，与《巴黎协定》提出的全球平均温升控制在工业革命前的 2℃以内并努力控制在 1.5℃以内的目标相一致，与中国在 21 世纪中叶建成社会主义现代化强国的目标相契合，实现碳中和是建设现代化强国的一个重要内容。碳达峰是具体的近期目标，碳中和是中长期的愿景目标。

（2）双碳目标是生态文明建设的核心内容

我国正处于经济新常态发展阶段，适应新常态意味着生态文明理念将上升为统筹谋划解决环境与发展问题的重大理论，将更加注重发展的质量和效益。双碳目标是落实党中央、国务院关于保护优先的思想，寻求新的发展道路和增长点，统筹协调资源环境瓶颈制约的主要措施。一方面，实现双碳目标，其根本前提是生态文明建设。把双碳目标纳入生态文明建设整体布局，彰显了我国坚持绿色低碳发展的战略定力和积极应对气候变化、推动构建人类命运共同体的大国担当。从根本上改变高碳发展模式，从过于强调工业财富的高碳生产和消费，转变到物质财富适度和满足人的全面需求的低碳新供给。另一方面，实现双碳目标，是生态文明建设的重要抓手。作为全球最大的发展中国家和碳排放大国，从传统工业化模式向生态文明绿色发展模式转变，需要加强双碳目标的顶层设计和战略布局。一方面，立足国情，坚持供给侧结构性改革，通过减排降耗，倒逼传统产业转方式、调结构，实现新旧动能转换；另一方面，面向未来，以新发展理念为引领，建设绿色生态低碳的现代化产业体系。

15.2 双碳目标的发展历程

为应对全球气候变暖，实现能源利用的可持续发展，1997 年 12 月，《联合国气候变化框架公约》第三次缔约方大会上通过了具有法律约束力的《京都议定书》(*Kyoto Protocol*)，限制发达国家温室气体排放量，以此应对全球气候变化。该协议于 2005 年 2 月 16 日正式在全球范围内实行。

为应对气候问题，欧洲引入碳税政策。1990 年，芬兰成为世界上第一个征收碳税的国家，随后瑞典、挪威、丹麦等国纷纷效仿。碳税自实施以来为欧洲国家带来了良好的环境效应和经济效益，逐渐演变成为欧盟国家政府税收收入的重要来源之一。2005 年 1 月 1 日，欧洲正式成立碳排放交易体系，采取“总量 + 交易”的模式，前两个阶段（2005 ～ 2012 年）采取“祖父制”配额法，第三阶段（2012 ～ 2020 年）采取“基准制”配额法，使碳排放指标演变成为可流通的金融产品，在限制企业碳排放的同时还可促进国家间经济发展。

中国于 1998 年 5 月签署并于 2002 年 8 月正式加入该协议。针对全球气候变化问题，中国主动承担国际责任。自 2011 年发布《关于开展碳排放权交易试点工作的通知》（发改办气候［2011］2601 号）以来，国家高度重视碳排放交易市场，于 2017 年 12 月建立了全国统一的碳排放交易体系，以发电行业为突破口，预计纳入的碳排放总量将超过 30 亿吨，从而超越欧盟碳排放交易体系，成为全球的碳交易市场。截至 2020 年 10 月底，我国 8 个碳交易市场（深圳、上海、北京、广东、天津、湖北、重庆、福建）累计成交 4.34 亿吨，成交额 99.73 亿元，其中线上交易 1.77 亿吨，成交额 45.4 亿元。2015 年巴黎气候大会上，中国把生态文明建设作为“十三五”规划重要内容，并将于 2030 年前后使二氧化碳排放达到峰值并争取尽早实现，2030 年单位国内生产总值二氧化碳排放比 2005 年下降 60% ～ 65%。2020 年 9 月，中国在第七十五届联合国大会上提出：“中国将提高国家自主贡献力度，采取更加有力的政策和措施，二氧化碳排放力争于 2030 年前达到峰值，努力争取 2060 年前实现碳中和。”2021 年 3 月 5 日，2021 年国务院政府工作报告中指出，扎实做好碳达峰、碳中和各项工作，制定 2030 年前碳排放达峰行动方案，优化产业结构和能源结构。

15.3 双碳目标的科学内涵

碳达峰、碳中和是为应对气候变化所提出的行动目标。深入理解双碳目标，首先要从气候变化的科学基础出发，准确认识双碳目标的科学内涵。

二氧化碳的累积排放量是导致全球变暖的关键。由于二氧化碳在大气中的存在寿命最长可以达到 200 年，所以即使人类停止向大气中排放二氧化碳，但累积在大气中的二氧化碳还会造成全球气温的持续上升。因此，要限制气候变暖，必须大幅度持续减少二氧化碳等温室气体的排放。《巴黎协定》已就 21 世纪内控制全球气温升高不超过 2℃达成共识。如果将 1861 ～ 1880 年以来的人为二氧化碳累积排放控制在 1000 Gt C（3670 Gt CO_2）以内，人类有大于 66% 的可能性把 2100 年温升控制在 2℃（相对于 1861 ～ 1880 年）以内。IPCC 对实现 2℃或 1.5℃温升目标下的全球温室气体排放路径做出了综合评估。在很可能（90%）实现 2℃目标情景下的最优排放路径为：到 2030 年，全球温室气体排放控制在 2010 年水平的 60% ～ 100%（300 亿～ 500 亿吨二氧化碳价值当量）；到 2050 年，全球温室气体排放量在 2010 年基础上减少 40% ～ 70%；到 21 世纪末全球温室气体排放量要接近或者是低于零。这意味着实现温升控制在 2℃以内的目标将极大地压缩全球未来的碳排放空间，世界各国面临碳减排空间不足的调整。

2018 年，IPCC 发布的《全球 1.5℃增暖》报告指出要实现温升 1.5℃目标，需要在 2030 年全球温室气体排放量比 2010 年减少 40% ～ 60%，在 2050 年左右全球温室气体的排放量减少至近零。要实现这一目标，需要各种减排措施组合，包括降低能源和资源强度、脱碳率以及依靠二氧化碳移除等负排放技术等。

15.4 双碳目标的实现策略

实现碳减排需要了解以二氧化碳为主的温室气体主要来源于哪里，然后才可以确定如何制定策略。目前源于人类活动的温室气体排放量的占比，排第一位的是生产和制造，包括水泥、钢和塑料，这里不包含发电的部分，这是对全球挑战最大的一个领域；排第二位的是电力生产与储存，但是好在如果发电方式改变了，它会相应地影响到前面的生产和制造，所以电力领域的改变将是重中之重；排第三位的是交通运输，包括飞机、卡车、货船还有私家车；排第四位的就是人们的城市生活，包括取暖和制冷；最后还有种植和养殖，但是这部分既是源也是汇，常常与碳中和紧密联系。具体双碳目标涉及的主要领域如图 15-1 所示。

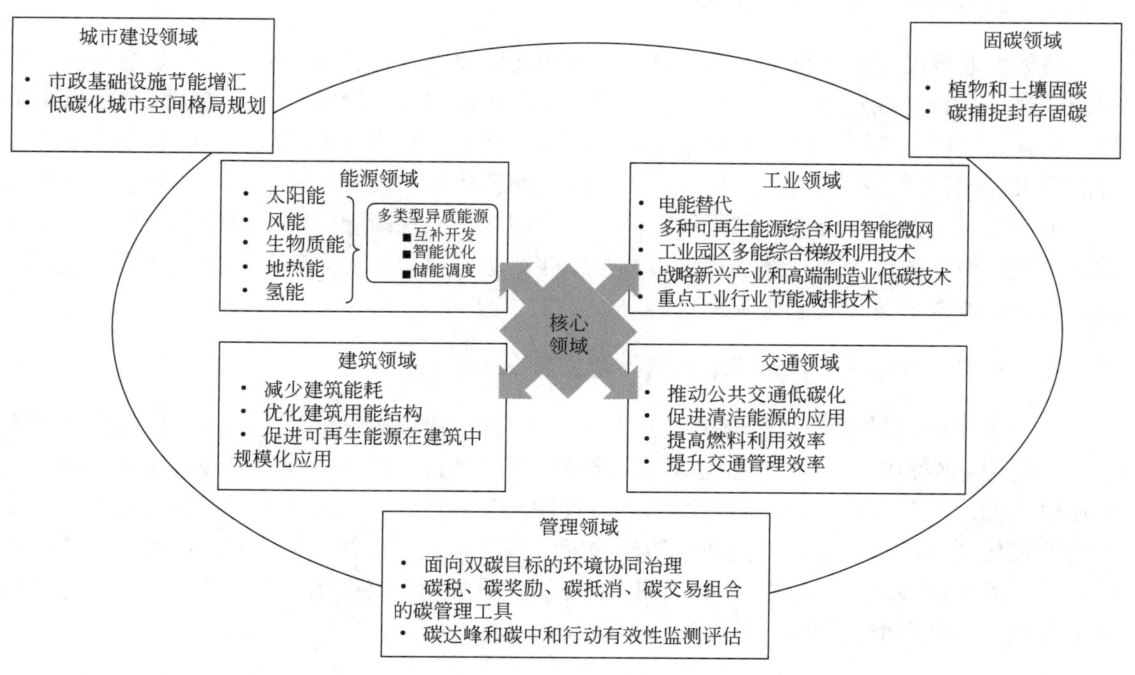

图 15-1 实现双碳目标的主要领域策略

下面以其中的一些核心重点领域为例详细说明。

15.4.1 能源领域

我国的火电占绝对主导地位。2019 年，我国发电量为 73253 亿千瓦时，其中火电占 68.87%、水电占 17.77%、核电占 4.76%、风电占 5.54%、太阳能占 3.06%。2020 年，国家能源局发布的最新数据，中国电源新增装机容量 19087 万千瓦，其中水电 1323 万千瓦、风电 7167 万千瓦、太阳能发电 4820 万千瓦，风电和太阳能占新增装机量 62.8%。我国主要着重利用水电、风电、太阳能等可再生能源。虽然火电比重近年来的确在持续下降，可再生能源装机量和发电量稳步上升，但我国以煤炭为主的能源结构长期不变，特别是考虑我国幅员辽阔，电能储能和电力系统灵活性较差及配网弱等技术难题，不可能快速跨越到以低碳电力为主，只能逐步增加可再生能源比例，改善能源结构，推动清洁生产。为我国实现二氧化碳排放力争在 2030 年前达峰，努力争取 2060 年实现碳中和的目标。我国主要低碳能源转型和新能源发展策略如下。

（1）因地制宜制定能源转型路线

我国碳达峰时间紧、任务重。尤其我国富煤、贫油，没有类似发达国家丰富的油气支持，很难像发达国家一样快速减少煤炭能源占比；并且已经实现达峰的主要发达国家已经经历完工业化发展阶段，进入“去工业化”阶段，我国处于工业化发展中后期，能源消费总量仍处于递增阶段，同时考虑我国所处国际形势严峻，“去工业化”很难实施，产业结构无法快速调整本质上也影响了能源结构的转型。我国的能源转型过程应该是加快指定可再生能源、核电发展战略，既要增强化石能源清洁生产低碳排放，同时也要研究碳捕捉及封存技术。

（2）循序渐进开展低碳能源转型

国际上通行用非水可再生能源（风力发电和光伏发电）占总发电量的比重来衡量能源转型的进展。从新能源发电占比来看，我国仍处于能源转型初级阶段，能源结构还处于煤炭阶段。低碳能源转型需要大量的资金做支持，能源价格上涨势必带来民众经济负担增大，并有可能带来煤炭行业失业率增加，且我国本质的能源替代问题没有解决，在电力系统中火电与其他电力系统在储能、灵活性方面依旧面对众多问题。在保障社会能源供给的前提下，能源改革应整体设计统筹管理，加以规划引导，循序渐进由煤炭结构向新能源结构转型过渡，避免造成煤炭能源浪费和其他能源短缺。

（3）打造“分布式开发、就地消纳”能源互补网络

优化电源投资结构，延缓弃风、弃光严重地区的新能源投资建设，推广分散式能源发电、智能配电网和储能技术，依托本地高能耗负荷消耗过剩电能避免新能源远距离输电。在能源供给侧，充分发挥各类异质能源的可替代性及互补性，实现多类型异质能源的互补开发和协调优化调度，形成稳定、高效、清洁的能源供应体系；在能源消费侧，因地制宜通过电能替代、冷热电多联供、智能微网、园区综合能源系统满足终端用户电、热、冷、气等多种用能需求，实现多能协同供应和能源综合梯级利用。

（4）统筹协调风电、氢能总体规划

针对世界风力资源占有率最高、海上风电项目新机装载量居全球第一、电源负荷分布不

均、风电大规模并网技术仍未完全攻克等特征和问题，我国未来风电发展应统筹协调，推动风电规模化发展，推进风电技术进步和产业升级，促进风电消纳、推动规划政策协同以及体制机制创新，为风电高质量发展创造良好条件；继续健全完善风电产业政策和相关标准规范，加强风电运行管理水平增加对风电场的宏观监控和有序调控；提高电网对风电的容纳能力，利用大数据和人工智能等技术对电网用户侧实行智能分配。针对我国氢能领域顶层设计尚不完善、研究较为分散等问题，需制定全国性的氢能发展规划，使氢能成为我国清洁高效能源生产和消费体系的重要构成部分；通过加强基于可再生能源的水电解技术的研究，实现氢储能的规模化应用，打造全方位的氢能产业生态圈，成为我国低碳能源转型的强力推手；在氢能应用上加以规范引导，供应体系上因地制宜的稳定拓展，突破氢能供应安全体系方面技术难题，政府持续投资扩大市场规模，便可构建清洁化、低碳化的氢能供应体系。

（5）规范安全开展核能的多元利用

我国是世界上少数拥有比较完整核工业体系的国家之一，我国拥有全球第三的核电装机量，在建机组装机容量持续保持全球第一，一直有序、积极的推进核电的应用。2019 年经历了 3 年多的“零核准”后，国家能源局批准多个核电项目有序开工。在考虑核能开发的安全性前提下，建议对核电的开发应采取慎重态度的基础上，加快探索核能的多元利用；借鉴英国、美国、加拿大等国推行小型模块化反应堆和先进反应堆为重点发展目标的经验，将我国核工业发展重心从传统核电站向全新设计的反应堆转移。

15.4.2 交通领域

我国国家层面尚未出台相应的“禁燃”计划。仅有海南省提出在 2025 年前后，适时启动燃油汽车进岛管控时间表，2030 年起全省全面禁止销售燃油汽车的政策，成为我国国内首个禁售燃油车的省市。但我国在新能源汽车方面发展势头强劲，国家相继发布《新能源汽车产业发展规划（2021—2035 年）》《节能与新能源汽车技术路线图 2.0》，提出深化供给侧结构性改革，坚持电动化、网联化、智能化发展方向，突破关键核心技术，优化产业发展环境，推动我国新能源汽车产业高质量可持续发展，加快建设汽车强国的战略。结合新能源汽车的各种税收优惠、购买补贴等利好消息，预计从 2020 年到 2030 年中国新能源汽车保有量将从当前 500 万辆增至 8000 万辆以上；按照 2030 年电动汽车渗透率 20% 测算，预计 2030 年二氧化碳减排量约为 4.86 亿吨。

在交通绿色发展方面，国务院新闻办于 2020 年 12 月发布了《中国交通的可持续发展》白皮书，提出要全面推进节能减排和低碳发展。铁路电气化比例、新能源公交车、新能源货车、天然气运营车辆、液化天然气（LNG）动力船舶、机场新能源车辆数量不断上涨。高速公路服务区（停车区）充电桩、港口岸电设施数量逐步提高。但对自行车道及步行车道相关规划较少提及。目前交通行业的双碳策略包括：

（1）出台交通行业碳减排行动计划

行动计划应明确交通行业减排比例及减排量，具体包括新能源汽车各项措施及预期的碳减排量；打造零排放公交、自行车道和步行车道以减少的汽车出行量和碳排放；明确具体的工程项目及资金落实情况，使计划切实可行。

（2）建立交通行业碳交易体系

目前我国碳交易市场还不完全成熟，市场缺乏详细的规章制度与法律监管。而国家逐渐取消新能源车采购补贴，给新能源车的推广带来新的挑战。建议建立包含碳税、碳奖励、碳抵消、碳交易为组合的碳交易体制机制，以新能源汽车为试点，利用新能源汽车大数据平台为基础，形成新能源汽车碳交易技术体系，然后推广到交通领域，促进低碳交通健康发展。

（3）大力研发清洁交通技术

从燃油车到电动车的大规模转移，不仅需要政策的支持，还有赖于电池技术的不断改进。围绕电动车电池的寿命及续航能力问题，研究开发高性能长寿命电池，进一步提升电动车的各项技术，让消费者放心。同时加快氢燃料电池的研发，推进氢燃料的商业化。加快可持续航空燃料的研发，突破航空航天的燃料问题等重大的技术障碍，实现交通行业的净零排放。

（4）打造零排放交通社区

以社区或乡镇为单位，规划建设合理的步行道和自行车道，所有交通系统采用清洁能源或可再生能源，打造零排放交通社区，并逐步推广到临近区域，进而实现大面积零排放交通或低碳交通。

15.4.3 建筑领域

当前，我国建筑行业运行能耗占中国能源消费总量的20%左右。从发达国家的经验看，随着经济社会的发展，我国建筑行业将逐渐超过工业、交通业成为用能的重点行业，占全社会终端能耗的比例为35%～40%。而从建筑全寿命周期角度看，加上建材制造、建筑建造，建筑行业全过程能耗占中国总能耗比例已达45%。另外，建筑产业对资源的消耗也非常显著，中国每年钢材的25%、水泥的70%、木材的40%、玻璃的70%和塑料制品的25%都用于建筑产业，因此发展绿色建筑对节能和减少环境污染意义重大。同时，我国发展绿色建筑将有效带动新型建材、新能源、节能服务等产业发展，有望撬动超过万亿市场规模。

党的十九届五中全会提出了中共中央关于制定国民经济和社会发展第“十四”个五年规划和2035年远景目标建议，在加快推动绿色低碳发展建议部分明确提出了发展绿色建筑，开展绿色生活创建活动。“十四五”规划中应明确建筑节能、绿色建筑发展的碳减排指标。建筑领域主要策略如下。

（1）加快制定建筑行业碳减排行动计划

目前，我国已经出台了《绿色建设创建行动方案》《绿色社区创建行动方案》《关于加快新型建筑工业化发展指导意见》《关于推动智能建造与建筑工业化协同发展的指导意见》等政策文件。但这些政策文件中仍未明确具体的碳减排指标。建议住建部联合相关部门抓紧出台绿色建筑碳减排行动方案或战略规划，明确碳减排措施手段，预期减排效果，相应的保障体系，并在法律层面给予支撑，保证行动方案或规划的实施效力。

（2）改进建筑行业能源供应体系

建议有关部门大力研究发展被动式节能建筑，因地制宜地开展被动式建筑建设；大力推动可再生能源，在考虑技术经济性的前提下，尽量选用清洁能源填补不足部分；加快推进既有建筑节能改造，并逐步用风能、氢能等清洁能源替代传统化石能源；在农村地区，推进清洁取暖，首选电力热泵替代传统煤球、木头、秸秆等化石或生物质燃料；电力系统逐步从煤电转为太阳能光伏、风电等清洁能源。

（3）完善建筑行业相关标准体系

近些年，住建部加快推进绿色建筑及建筑节能标准编制和修订，2019 年发布了新版《绿色建筑评价标准》，近两年陆续发布了北方地区居住建筑 75% 节能标准；其他相关建筑节能标准也正在修订当中，如建筑节能和可再生能源建筑应用两个技术规范。这些标准将为我国推进“十四五”更高水平绿色建筑、建筑节能和低碳发展打下良好发展基础。但部分标准均为国家推荐性标准，法律效力不足，难以实施。建议形成强制性标准与推荐性标准相配合的绿色建筑标准体系，鼓励制定地方标准，为绿色建筑的发展提供充分的制度保障。

习题

15.1　简述实现双碳目标的主要策略。

15.2　双碳目标的科学内涵是什么？

附录

附录1　空气的物理参数（压力为101.325kPa）

空气温度/℃	1m³干空气			饱和水蒸气压力/kPa	饱和时水蒸气的含量/g		
	质量/kg	自0℃换算成t℃时的体积值（$1+at$）/m³	自t℃换算成0℃时的体积值$\left(\frac{1}{1+at}\right)$/m³		在1m³湿空气中	在1kg湿空气中	在1kg干空气中
−20	1.396	0.927	1.079	0.1236	1.1	0.8	0.80
−19	1.390	0.930	1.075	0.1353	1.2	0.8	0.80
−18	1.385	0.934	1.071	0.1488	1.3	0.9	0.90
−17	1.379	0.938	1.066	0.1609	1.4	1.0	1.00
−16	1.374	0.941	1.062	0.1744	1.5	1.1	1.10
−15	1.368	0.945	1.058	0.1867	1.6	1.2	1.20
−14	1.363	0.949	1.054	0.2065	1.7	1.3	1.30
−13	1.358	0.952	1.050	0.2240	1.9	1.4	1.40
−12	1.353	0.956	1.046	0.2441	2.0	1.5	1.50
−11	1.348	0.959	1.042	0.2642	2.2	1.6	1.60
−10	1.342	0.963	1.038	0.2790	2.3	1.7	1.70
−9	1.337	0.967	1.031	0.3022	2.5	1.9	1.90
−8	1.332	0.971	1.030	0.3273	2.7	2.0	2.00
−7	1.327	0.974	1.026	0.3544	2.9	2.2	2.20
−6	1.322	0.978	1.023	0.3834	3.1	2.4	2.40
−5	1.317	0.982	1.019	0.4150	3.4	2.6	2.60
−4	1.312	0.985	1.015	0.4490	3.6	2.8	2.80
−3	1.308	0.989	1.011	0.4858	3.9	3.0	3.00
−2	1.303	0.993	1.007	0.5254	4.2	3.2	3.20
−1	1.298	0.996	1.004	0.5684	4.5	3.5	3.50
0	1.293	1.000	1.000	0.6133	4.9	3.8	3.80
1	1.288	1.001	0.996	0.6586	5.2	4.1	4.10
2	1.284	1.007	0.993	0.7069	5.6	4.3	4.30

续表

空气温度/℃	1m³ 干空气			饱和水蒸气压力/kPa	饱和时水蒸气的含量/g		
	质量/kg	自0℃换算成t℃时的体积值（1+at）/m³	自t℃换算成0℃时的体积值$\left(\frac{1}{1+at}\right)$/m³		在1m³湿空气中	在1kg湿空气中	在1kg干空气中
3	1.279	1.011	0.989	0.7582	6.0	4.7	4.70
4	1.275	1.015	0.986	0.8129	6.4	5.0	5.00
5	1.270	1.018	0.982	0.8711	6.8	5.4	5.40
6	2.265	1.022	0.979	0.9330	7.3	5.7	5.82
7	1.261	1.026	0.975	0.9989	7.7	6.1	6.17
8	1.256	1.029	0.972	1.0688	8.3	6.6	6.69
9	1.252	1.033	0.968	1.1431	8.8	7.0	7.12
10	1.248	1.037	0.965	1.2219	9.4	7.5	7.64
11	1.243	1.040	0.961	1.3015	9.9	8.0	8.07
12	1.239	1.044	0.958	1.3942	10.6	8.6	8.69
13	1.235	1.048	0.955	1.4882	11.3	9.2	9.30
14	1.230	1.051	0.951	1.5876	12.0	9.8	9.91
15	1.226	1.055	0.948	1.6931	12.8	10.5	10.62
16	1.222	1.059	0.945	1.8047	13.6	11.2	11.33
17	1.217	1.062	0.941	1.9227	14.4	11.9	12.10
18	1.213	1.066	0.938	2.0475	15.3	12.7	12.93
19	1.209	1.070	0.935	2.1817	16.2	13.5	13.75
20	1.205	1.073	0.932	2.3186	17.2	14.4	14.61
21	1.201	1.077	0.929	2.4658	18.2	15.3	15.60
22	1.197	1.081	0.925	2.6210	19.3	16.3	16.60
23	1.193	1.084	0.922	2.7849	20.4	17.3	17.68
24	1.189	1.088	0.919	2.9577	21.6	18.4	18.81
25	1.185	1.092	0.916	3.1398	22.9	19.5	19.95
26	1.181	1.095	0.913	3.3315	24.2	20.7	21.20
27	1.177	1.099	0.910	3.5337	25.6	22.0	22.55
28	1.173	1.103	0.907	3.7465	27.0	23.1	21.00
29	1.169	1.106	0.904	3.9706	28.5	24.8	25.47
30	1.165	1.110	0.901	4.2061	30.1	26.3	27.03
31	1.161	1.111	0.898	4.4538	31.8	27.8	28.65
32	1.157	1.117	0.895	4.7142	33.5	29.5	30.41
33	1.154	1.121	0.892	4.9878	35.4	31.2	32.29
34	1.150	1.125	0.889	5.2750	37.3	33.1	34.23
35	1.146	1.128	0.886	5.5765	39.3	35.0	36.37
36	1.142	1.132	0.884	5.8930	41.4	37.0	38.58

续表

空气温度/℃	1m³干空气			饱和水蒸气压力/kPa	饱和时水蒸气的含量/g		
	质量/kg	自0℃换算成t℃时的体积值(1+at)/m³	自t℃换算成0℃时的体积值$\left(\frac{1}{1+at}\right)$/m³		在1m³湿空气中	在1kg湿空气中	在1kg干空气中
37	1.139	1.136	0.881	6.2250	43.6	39.2	40.90
38	1.135	1.139	0.878	6.5731	45.9	41.1	43.35
39	1.132	1.113	0.875	6.9380	48.3	43.8	45.93
40	1.128	1.117	0.872	7.3203	50.8	46.3	48.64
41	1.124	1.150	0.869	7.7208	53.4	48.9	51.20
42	1.121	1.154	0.867	8.1401	56.1	51.6	54.25
43	1.117	1.158	0.864	8.5788	58.9	54.5	57.56
44	1.114	1.161	0.861	9.0380	61.9	57.5	61.04
45	1.110	1.165	0.858	9.5181	65.0	60.7	64.80
46	1.107	1.169	0.856	10.0203	68.2	64.0	68.61
47	1.103	1.172	0.853	10.5450	71.5	67.5	72.66
48	1.100	1.176	0.850	11.0931	75.0	71.1	76.90
49	1.096	1.180	0.848	11.6657	78.6	75.0	81.45
50	1.093	1.183	0.845	12.2634	82.3	79.0	86.11
51	1.090	1.187	0.843	12.8872	86.3	83.2	91.30
52	1.086	1.191	0.840	13.5369	90.4	87.7	96.62
53	1.083	1.194	0.837	14.2171	94.6	92.3	102.29
54	1.080	1.198	0.835	14.9249	99.1	97.2	108.22
55	1.076	1.202	0.832	15.6626	103.6	102.3	114.43
56	1.073	1.205	0.830	16.4313	108.4	107.3	121.06
57	1.070	1.209	0.827	17.2322	133.3	113.2	127.98
58	1.067	1.213	0.825	18.0660	118.5	119.1	135.13
59	1.063	1.216	0.822	18.9340	123.8	125.2	142.88
60	1.060	1.220	0.820	19.8374	129.3	131.7	152.45
65	1.044	1.238	0.808	24.9242	160.6	168.9	203.50
70	1.029	1.257	0.796	31.0768	196.6	216.1	275.00
75	1.014	1.275	0.784	38.4661	239.9	276.0	381.00
80	1.000	1.293	0.773	47.2823	290.7	352.8	544.00
85	0.986	1.312	0.763	57.7346	350.0	452.1	824.00
90	0.973	1.330	0.752	70.0472	418.8	582.5	1395.00
95	0.959	1.348	0.742	84.4862	498.3	757.6	3110.00
100	0.947	1.367	0.732	101.326	589.5	1000.0	∞

附录 2　水的物理参数

温度 /℃	压力 p /atm	密度 ρ /(kg/m³)	热焓 H /(kg/kg)	比热容 c_p /[kJ/(kg·℃)]	热导率 λ /[W/(m·℃)]	导温系数 α /[(10⁻⁴m/h)	黏滞系数 μ /(10⁻⁵Pa·s)	运动黏滞系数 ν /(10⁻⁶m²/s)
0	0.968	999.8	0	4.208	0.558	4.8	182.5	1.790
10	0.968	999.7	42.04	4.191	0.563	4.9	133.0	1.300
20	0.968	998.2	83.87	4.183	0.593	5.1	102.0	1.000
30	0.968	995.7	125.61	4.179	0.611	5.3	81.7	1.805
40	0.968	992.2	167.40	4.179	0.627	5.4	66.6	0.659
50	0.968	988.1	209.14	4.183	0.643	5.6	56.0	0.556
60	0.968	983.2	250.97	4.183	0.657	5.7	48.0	0.479
70	0.968	977.8	292.80	4.191	0.668	5.9	41.4	0.415
80	0.968	971.8	334.75	4.195	0.676	6.0	36.3	0.366
90	0.968	965.3	376.75	4.208	0.680	6.1	32.1	0.326
100	0.997	958.4	418.87	4.216	0.683	6.1	28.8	0.295
110	1.41	951.0	461.07	4.229	0.685	6.1	26.0	0.268
120	1.96	943.1	503.70	4.246	0.686	6.2	23.5	0.244
130	2.66	934.8	545.98	4.267	0.686	6.2	21.6	0.226
140	3.56	926.1	587.85	4.292	0.685	6.2	20.0	0.212
150	4.69	916.9	631.82	4.321	0.684	6.2	18.9	0.202
160	6.10	907.4	657.36	4.354	0.683	6.2	17.5	0.190
170	7.82	897.3	718.91	4.388	0.679	6.2	16.6	0.181
180	9.90	886.9	762.87	4.426	0.675	6.2	15.6	0.173
190	12.39	876.0	807.25	4.463	0.670	6.2	14.8	0.166
200	15.35	864.7	852.05	4.514	0.663	6.1	14.1	0.160
210	18.83	852.8	897.27	4.606	0.655	6.0	13.4	0.154
220	23.00	840.3	943.33	4.648	0.645	6.0	12.8	0.149
230	27.61	827.3	898.81	4.689	0.637	6.0	12.2	0.145
240	33.04	813.6	1037.12	4.731	0.628	5.9	11.7	0.141

注：1atm=101325Pa。

附录 3　几种气体或蒸气的爆炸特性

气体		最低着火温度 /℃		爆炸极限（容积）/%			
				与氧混合		与空气混合	
名称	分子式	与空气混合	与氧混合	下限	上限	下限	上限
一氧化碳	CO	610	590	13	96	12.5	75
氢	H_2	530	450	4.5	95	4.15	75

续表

气体		最低着火温度/℃		爆炸极限（容积）/%			
				与氧混合		与空气混合	
名称	分子式	与空气混合	与氧混合	下限	上限	下限	上限
甲烷	CH_4	645	645	5	60	4.9	15.4
乙烷	C_2H_6	530	500	3.9	50.5	2.5	15.0
丙烷	C_3H_8	510	490			2.2	7.3
乙炔	C_2H_2	335	95	2.8	93	1.5	80.5
乙烯	C_2H_4	540	485	3.0	80	3.2	34.0
丙烯	C_3H_6	420	455			2.2	9.7
硫化氢	H_2S	290	220			4.3	46.0
氰	HCN					6.6	42.6

附录4 几种粉尘的爆炸特性

粉尘种类	浮游粉尘的发火点/℃	最小点火能/mJ	爆炸下限/（g/m^3）	最大爆炸压力/atm	压力上升速度/（atm/s）		临界氧气浓度/%	容许最大氧气浓度/%
					平均	最大		
镁	520	20	20	4.8	298	322	a	—
铝	645	20	35	6.0	146	386	a	—
硅	775	900	160	4.2	31	81	15	—
铁	316	＜100	120	2.4	15	29	10	—
聚乙烯	450	80	25	5.6	28	84	15	8
乙烯	550	160	40	3.3	15	33	—	11
尿素	450	80	75	4.3	48	122	17	9
棉绒	470	25	50	4.5	59	202	—	—
玉米粉	470	40	45	4.8	72	146	—	—
大豆	560	100	40	4.5	54	166	17	—
小麦	470	160	60	4.0	—	—	—	—
砂糖	10	—	19	3.8	—	—	—	—
硬质橡胶	350	50	25	3.9	58	227	15	—
肥皂	430	60	45	4.1	45	88	—	—
硫黄	19	15	35	2.8	47	133	11	—
沥青煤	610	40	35	3.1	24	54	16	—
焦油沥青	—	80	80	3.3	24	44	15	—

注：1. a表示在纯二氧化碳中能发火。

2. 1atm=101325Pa。

附录 5　局部阻力系数

<table>
<tr><th>序号</th><th>名称</th><th>图形和断面</th><th colspan="12">局部阻力系数 ζ（ζ 值以图内所示的速度 v 计算）</th></tr>
<tr><td rowspan="4">1</td><td rowspan="4">带有倒锥体的伞形风帽</td><td rowspan="4"></td><td colspan="12">h/D_0</td></tr>
<tr><td rowspan="2">进风</td><td>0.1</td><td>0.2</td><td>0.3</td><td>0.4</td><td>0.5</td><td>0.6</td><td>0.7</td><td>0.8</td><td>0.9</td><td>1.0</td><td>∞</td></tr>
<tr><td>2.9</td><td>1.9</td><td>1.59</td><td>1.41</td><td>1.33</td><td>1.25</td><td>1.15</td><td>1.10</td><td>1.07</td><td>1.06</td><td>1.06</td></tr>
<tr><td>排风</td><td>—</td><td>2.90</td><td>1.90</td><td>1.50</td><td>1.30</td><td>1.20</td><td>—</td><td>1.10</td><td>—</td><td>1.00</td><td>—</td></tr>
<tr><td rowspan="3">2</td><td rowspan="3">伞形罩</td><td rowspan="3"></td><td>α/（°）</td><td colspan="2">10</td><td colspan="2">20</td><td colspan="2">30</td><td colspan="2">40</td><td>90</td><td>120</td><td>150</td></tr>
<tr><td>圆形</td><td colspan="2">0.14</td><td colspan="2">0.07</td><td colspan="2">0.04</td><td colspan="2">0.05</td><td>0.11</td><td>0.20</td><td>0.30</td></tr>
<tr><td>矩形</td><td colspan="2">0.25</td><td colspan="2">0.13</td><td colspan="2">0.10</td><td colspan="2">0.12</td><td>0.19</td><td>0.27</td><td>0.37</td></tr>
<tr><td rowspan="8">3</td><td rowspan="8">渐扩管</td><td rowspan="8"></td><td rowspan="2">$\frac{F_1}{F_0}$</td><td colspan="11">α/（°）</td></tr>
<tr><td colspan="2">10</td><td colspan="2">15</td><td colspan="2">20</td><td colspan="2">25</td><td colspan="3">30</td></tr>
<tr><td>1.25</td><td colspan="2">0.02</td><td colspan="2">0.03</td><td colspan="2">0.05</td><td colspan="2">0.06</td><td colspan="3">0.07</td></tr>
<tr><td>1.50</td><td colspan="2">0.03</td><td colspan="2">0.06</td><td colspan="2">0.10</td><td colspan="2">0.12</td><td colspan="3">0.13</td></tr>
<tr><td>1.75</td><td colspan="2">0.05</td><td colspan="2">0.09</td><td colspan="2">0.14</td><td colspan="2">0.17</td><td colspan="3">0.19</td></tr>
<tr><td>2.00</td><td colspan="2">0.06</td><td colspan="2">0.13</td><td colspan="2">0.20</td><td colspan="2">0.23</td><td colspan="3">0.26</td></tr>
<tr><td>2.25</td><td colspan="2">0.08</td><td colspan="2">0.16</td><td colspan="2">0.26</td><td colspan="2">0.38</td><td colspan="3">0.33</td></tr>
<tr><td>3.50</td><td colspan="2">0.09</td><td colspan="2">0.19</td><td colspan="2">0.30</td><td colspan="2">0.36</td><td colspan="3">0.39</td></tr>
<tr><td>4</td><td>渐缩管</td><td></td><td colspan="12">当 $\alpha \leqslant 45°$ 时　ζ=0.10</td></tr>
</table>

续表

序号	名称	图形和断面	局部阻力系数 ζ（ζ 值以图内所示的速度 v 计算）				
5	90° 圆形弯头（及非 90° 弯头）		α=90°				
			R/D	二中节二端节	三中节二端节	五中节二端节	八中节二端节
			1.0	0.29	0.28	0.24	0.24
			1.5	0.25	0.23	0.21	0.21
			非 90° 弯头的阻力系数修正值				
			$\zeta_\alpha=C_\alpha\zeta_{90°}$	α	60°	45°	30°
				C_α	0.8	0.6	0.4

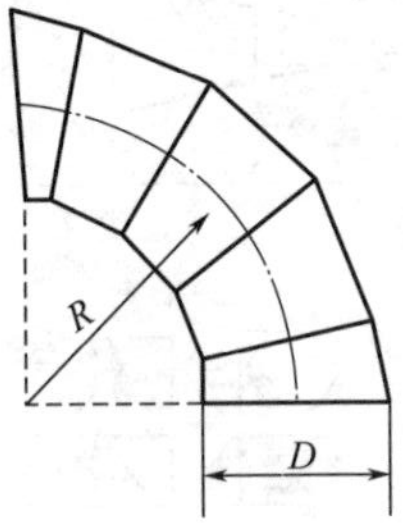

序号	名称	图形和断面	局部阻力系数 ζ										
6	90° 矩形弯头		α=90°（R/b=1.0）										
			$h/$	0.32	0.40	0.50	0.63	0.80	1.00	1.20	1.60	2.00	2.50	3.20
			ζ	0.34	0.32	0.31	0.30	0.29	0.28	0.28	0.27	0.26	0.24	0.20

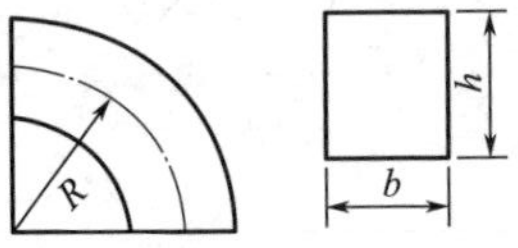

序号	名称	图形和断面	α \ R	D	$1.5D$	$2D$	$2.5D$	$3D$	$6D$	$10D$	
7	圆形弯头		7.5	0.028	0.021	0.018	0.016	0.014	0.010	0.008	$\zeta=0.008\dfrac{\alpha^{0.75}}{n^{0.6}}$ 式中，$n=\dfrac{R}{D}$
			15	0.058	0.044	0.037	0.033	0.029	0.021	0.016	
			30	0.11	0.081	0.069	0.061	0.054	0.038	0.030	
			60	0.18	0.41	0.12	0.10	0.091	0.064	0.051	
			90	0.23	0.18	0.15	0.13	0.12	0.083	0.066	
			120	0.27	0.20	0.17	0.15	0.13	0.10	0.076	
			150	0.30	0.22	0.19	0.17	0.15	0.11	0.084	
			180	0.33	0.25	0.21	0.18	0.16	0.12	0.092	

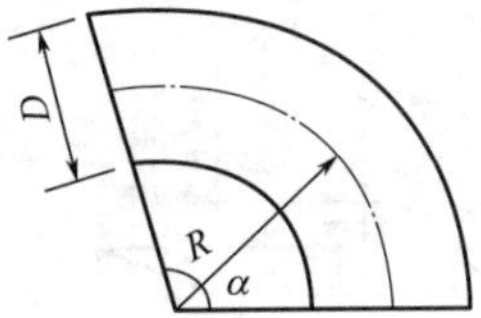

续表

序号	名称	图形和断面	局部阻力系数 ζ（ζ_1、ζ_2 值以图内所示的速度 v_1、v_2 计算）												
				L_2/L_3											
			$\frac{F_2}{F_3}$	0	0.03	0.05	0.1	0.2	0.3	0.4	0.5	0.6	0.7	0.8	1.0
				ζ_2											
8	合流三通	v_1F_1，v_2F_2，v_3F_3，α $F_1+F_2=F_3$ $\alpha=30°$	0.06	−1.13	−0.07	−0.30	+1.82	10.1	23.3	41.5	65.2	—	—	—	—
			0.10	−1.22	−1.00	−0.76	+0.02	2.88	7.34	13.4	21.1	29.4	—	—	—
			0.20	−1.50	−1.35	−1.22	−0.84	+0.05	+1.4	2.70	4.46	6.48	8.70	11.4	17.3
			0.33	−2.00	−1.80	−1.70	−1.40	−0.72	−0.12	+0.52	1.20	1.89	2.56	3.30	4.80
			0.50	−3.00	−2.80	−2.60	−2.24	−1.44	−0.91	−0.36	0.14	0.56	0.84	1.18	1.53
				ζ_1											
			0.01	0	0.06	+0.04	−0.10	−0.81	−2.10	−4.07	−6.60	—	—	—	—
			0.10	0.01	0.10	0.08	+0.04	−0.33	−1.05	−2.14	−3.60	5.40	—	—	—
			0.20	0.06	0.10	0.13	0.16	+0.06	−0.24	−0.73	−1.40	−2.30	−3.34	−3.59	−8.64
			0.33	0.42	0.45	0.48	0.51	0.52	+0.32	+0.07	−0.32	−0.83	−1.47	−2.19	−4.00
			0.50	1.40	1.40	1.40	1.36	1.26	1.09	+0.86	+0.53	+0.15	−0.52	−0.82	−2.07

序号	名称	图形和断面	$\frac{L_2}{L_3}$	F_2/F_3						
				0.1	0.2	0.3	0.4	0.6	0.8	1.0
				ζ_2						
9	合流三通（分支管）	v_1F_1，v_2F_2，v_3F_3，α $F_1+F_2>F_3$ $F_1=F_2$ $\alpha=30°$	0	−1.00	−1.00	−1.00	−1.00	−1.00	−1.00	−1.00
			0.1	+0.21	−0.46	−0.57	−0.60	−0.62	−0.63	−0.63
			0.2	3.1	+0.37	−0.06	−0.20	−0.28	−0.30	−0.35
			0.3	7.6	1.50	+0.50	+0.20	+0.05	−0.08	−0.10
			0.4	13.50	2.95	1.15	0.59	0.26	+0.18	+0.16

续表

序号	名称	图形和断面	局部阻力系数 ζ（$\frac{\zeta_1}{\zeta_2}$ 值以图内所示的速度 $\frac{v_1}{v_2}$ 计算）							
9	合流三通（分支管）	v_1F_1，v_2F_2，v_3F_3，α；$F_1+F_2>F_3$，$F_1=F_2$，$\alpha=30°$	0.5	21.2	4.58	1.78	0.97	0.44	0.35	0.27
			0.6	30.4	6.42	2.60	1.37	0.64	0.46	0.31
			0.7	41.3	8.50	3.40	1.77	0.76	0.56	0.40
			0.8	53.8	11.50	4.22	2.14	0.85	0.53	0.45
			0.9	58.0	14.20	5.30	2.58	0.89	0.52	0.40
			1.0	83.7	17.30	6.33	2.92	0.89	0.39	0.27
10	合流三通（直管）	v_1F_1，v_2F_2，v_3F_3，α；$F_1+F_2>F_3$，$F_1=F_2$，$\alpha=30°$	$\frac{L_2}{L_3}$	F_2/F_3						
				0.1	0.2	0.3	0.4	0.6	0.8	1.0
				ζ_1						
			0	0.00	0	0	0	0	0	0
			0.1	0.02	0.11	0.13	0.15	0.16	0.17	0.17
			0.2	−0.33	0.01	0.13	0.18	0.20	0.24	0.29
			0.3	−1.10	−0.25	−0.01	+0.10	0.22	0.30	0.35
			0.4	−2.15	−0.75	−0.30	−0.05	0.17	0.26	0.36
			0.5	−3.60	−1.43	−0.70	−0.35	0.00	0.21	0.32
			0.6	−5.40	−2.35	−1.25	−0.70	−0.20	+0.06	0.25
			0.7	−7.60	−3.40	−1.95	−1.2	−0.50	−0.15	+0.10
			0.8	−10.1	−4.61	−2.74	−1.82	−0.90	−0.43	−0.15
			0.9	−13.0	−6.02	−3.70	−2.55	−1.40	−0.80	−0.45
			1.0	−16.30	−7.70	−4.75	−3.35	−1.90	−1.17	−0.75

附录 6 病态建筑综合征及其可能的相关因素

测量因素	结果	建筑因素	结果
低通风率	++	没有空调的机械通风	?
CO_2	O	新的建筑	?
TVOCs	?	通风维护不好	?
甲醛	O	工作空间因素	结果
各种颗粒	O	离子化	?
可吸入颗粒物	?	办公室干净	?
地板上的灰尘	?	有地毯	+
各种细菌	O	有羊毛材料	?
各种霉菌	O	在办公室里或者附近有影印机	?
内毒素	?	有人吸烟	?
β-1，3-葡聚糖	?	办公室人比较多	+
低的负离子	?	工作类型和个人的因素	结果
高的室温	?	书记员类型的工作	?
低的湿度	?	无碳复印	?
风速	O	使用影印机	?
灯光强度	?	使用显示器	+
噪声	O	工作有压力或者对工作不满意	++
建筑因素	结果	女性	+
空调	++	吸烟者	?
加湿	?	过敏或者哮喘患者	++

注：其中“++”表示总是有比较高的综合征；“+”表示大多数情况下有比较高的综合征；“O”表示通常没有综合征发生；“？”表示有不一致的发现。

附录 7 实现双碳目标的重点领域的主要技术清单

1．能源领域

大力发展可再生能源产业化关键技术、智能电网与储能技术、非电二次清洁能源开发技术。

（1）太阳能电池的设计、制备和机理研究。

（2）分布式光伏系统智慧运维技术。

（3）大型海上风电机组运行关键技术。

（4）生物质生物、化学、热化学转化液体燃料机理与调控技术。

（5）地源热泵技术。

（6）大规模风 / 光互补制氢关键技术和氢储能的规模化应用技术。

（7）分布式可再生能源智能配电网和储能技术。

（8）多类型异质能源的互补开发和协调优化调度技术。

2．工业领域

应加快电气化，提高工业生产过程能源使用效率、创新低碳工艺、发展循环经济技术。

（1）电能替代技术。

（2）多种可再生能源综合利用智能微网系统关键技术。

（3）工业园区多能协同供应和能源综合梯级利用技术。

（4）低碳化的新能源、新材料应用于战略新兴产业和高端制造业的技术。

（5）重点工业行业节能减排技术：a. 钢铁行业高效利用冶金煤气化学能、回收钢铁工业冶金渣、气的余热余能技术。b. 水泥行业生产窑炉工艺技术，水泥原燃料应用技术，协同处置废弃物以及替代原燃料应用技术，余热利用技术。

3．建筑领域

应加快创新老旧小区绿色化升级改造技术和绿色建筑节能减排技术。

（1）减少建筑能耗的技术。

（2）优化建筑用能结构的技术。

（3）促进可再生能源在建筑中规模化应用的技术。

4．交通领域

应进一步加强新能源汽车、电池和相关基础设施建设新技术的推广，加大零碳替代燃料的研发，推广数字技术提升交通运输效率，提效降碳。

（1）公共交通低碳化技术。

（2）促进清洁能源的应用技术。

（3）提高燃料利用效率技术。

（4）提高交通管理效率的技术。

5．固碳领域

（1）农田草地土壤固碳技术。

（2）湿地固碳技术。

（3）林地固碳技术。

（4）碳捕集和封存（CCS）技术。

6．城市建设领域

（1）市政基础设施节能增汇技术：a. 垃圾分类、循环、能源化利用技术；b. 污水能源化利用技术；c. 城市绿色基础设施建设技术。

（2）低碳化的城市空间格局规划技术：a. 优化城市功能区、产业空间布局技；b. 城市碳汇绿地网络构建技术；c. 零碳排放的城市用地综合规划技术。

7．管理领域

（1）面向双碳目标的环境协同治理技术。

（2）含碳税、碳奖励、碳抵消、碳交易为组合的碳管理技术。

（3）碳达峰和碳中和行动有效性监测评估技术。

参考文献

[1] 郭静，阮宜纶．大气污染控制工程．2 版．[M]．北京：化学工业出版社，2008.
[2] 郝吉明，马广大，王书肖．大气污染控制工程 [M]．3 版．北京：高等教育出版社，2010.
[3] 杨飏．二氧化硫减排技术与烟气脱硫工程 [M]．北京：冶金工业出版社，2004.
[4] 程祖田．流化床燃烧技术及应用 [M]．北京：中国电力出版社，2013.
[5] 李建新．燃烧污染物控制技术 [M]．北京：中国电力出版社，2012.
[6] 沈恒根，苏仕军，钟秦．大气污染控制原理与技术 [M]．北京：清华大学出版社，2009.
[7] 刘建民．火电厂氮氧化物控制技术 [M]．北京：中国电力出版社，2012.
[8] 西安热工研究院．火电厂 SCR 烟气脱硝技术 [M]．北京：中国电力出版社，2013.
[9] 朱颖心．建筑环境学 [M]．北京：中国建筑工业出版社，2010.
[10] 伯鑫．空气质量模型（SMOKE、WRF、CMAQ 等）操作指南及案例研究 [M]．北京：中国环境出版社 .2019.
[11] 肖钢，常乐 .CO_2 减排技术 [M]．北京：武汉大学出版社，2015.11.
[12] 王献红．二氧化碳捕集和利用 [M]．北京：化学工业出版社，2016.4.
[13] 陆诗建．碳捕集、利用与封存技术 [M]．北京：中国石化出版社 .2020.12.
[14] 贺克斌，张强．中国城市空气质量改善和温室气体协同减排方法指南 [R]．北京：亚洲清洁空气中心，2019.
[15] 郝吉明，Lars-Erik Liljelund，Michael P・Walsh，等．应对气候变化与大气污染治理协同控制政策研究 [N]．中国环境报，2015-11-11（002）.
[16] 联合国环境规划署．北京二十年大气污染治理历程与展望 [R]．内罗毕：联合国环境规划署，2019：6-33.
[17] 张远航．中国大气 O_3 污染防治蓝皮书（2020 年）[Z]．广东：中国环境科学学会 O_3 污染控制专业委员会，2020：20-21.
[18] 王文兴，柴发合，任阵海，等．新中国成立 70 年来我国大气污染防治历程、成就与经验 [J]．环境科学研究，2019（10）.
[19] 郝吉明，李欢欢．中国大气污染防治进程与展望 [J]．世界环境，2014，(1): 58-61.
[20] 郝吉明．穿越风雨 任重道远——大气污染防治 40 年回顾与展望 [J]．环境保护，2013，41（14): 28-31.
[21] 柴发合．中国未来三年大气污染治理形势预判与对策分析 [J]．中国环境监察，2019，37（1): 31-33.
[22] 国务院．打赢蓝天保卫战三年行动计划 [J]．环境影响评价，2018.
[23] Wang Z H，Cen K F，Zhou J H，et al. Simultaneous multi-pollutants removal in flue gas by ozone [J] .Zhejiang University Press，2014.
[24] 李红，彭良，毕方，等．我国 $PM_{2.5}$ 与臭氧污染协同控制策略研究 [J]．环境科学研究，2019，32（10): 1763-1778.
[25] 王灿，邓红梅，郭凯迪，等．温室气体和空气污染物协同治理研究展望 [J]．中国环境管理，2020，12（04): 5-12.
[26] 雷宇，严刚．关于“十四五”大气环境管理重点的思考 [J]．中国环境管理，2020，12（4): 35-39.